微课版

高等学校理工科化学化工类规划教材

化工原理

（第四版）

主 编 / 李素君 赵 薇
编 写 / 李凤华 刘红晶 张 莹 贾 鹏

HUAGONG
YUANLI

大连理工大学出版社
Dalian University of Technology Press

图书在版编目(CIP)数据

化工原理 / 李素君，赵薇主编. -- 4 版. -- 大连 ：
大连理工大学出版社，2024.2
高等学校理工科化学化工类规划教材
ISBN 978-7-5685-4634-8

Ⅰ. ①化… Ⅱ. ①李… ②赵… Ⅲ. ①化工原理－高等学校－教材 Ⅳ. ①TQ02

中国国家版本馆 CIP 数据核字(2023)第 196853 号

大连理工大学出版社出版
地址：大连市软件园路 80 号 邮政编码：116023
发行：0411-84708842 邮购：0411-84708943 传真：0411-84701466
E-mail：dutp@dutp.cn URL：https://www.dutp.cn
辽宁新华印务有限公司印刷 大连理工大学出版社发行

幅面尺寸：185mm×260mm 印张：21 字数：538 千字
2004 年 9 月第 1 版 2024 年 2 月第 4 版
2024 年 2 月第 1 次印刷

责任编辑：王晓历 责任校对：孙兴乐
封面设计：张 莹

ISBN 978-7-5685-4634-8 定 价：49.80 元

前言

化工原理是一门技术基础课程，是高等院校化学化工类各专业的骨干课之一，其主要内容为单元操作基本原理及其典型设备的设计和操作计算。

本教材自2004年出版以来，已被多所院校选作教材，其章节体系和内容能很好地满足教学需要。为了进一步提升教材质量，在基本框架和篇幅不变的前提下，本次修订对部分章节进行了调整，增加一些化工单元操作的新技术、新工艺、新方法，加强了理论与生产实际的联系，对重点内容增加了数字化、立体化资源，注重思政元素的融入、拓宽思政元素的教学面，对一些不足之处进行了改进。

本次修订保留了前三版的特色：

(1)体系完整，内容精炼。在保证内容体系完整的前提下，充分体现"理论够用为度，注重技能培养"的原则，最大限度优化了课程内容。

(2)立足实际，注重应用。围绕提高学生解决工程实际问题的能力这一理念，从例题和习题选取到典型设备介绍等都贴近实际生产过程。

本次修订所做的改进如下：

(1)为响应教育部全面推进高等学校课程思政建设工作的要求，挖掘了相关的思政元素，逐步培养学生正确的思政意识，树立爱国主义和肩负建设国家重任的意识，从而实现全员、全过程、全方位育人。

(2)增加了非均相混合物的分离、吸收、精馏等单元操作的新技术、新工艺、新理论、新方法。

(3)重要章节及例题增加了化工生产装置的实际案例，调整了部分书后习题并重新修订了参考答案。

(4)重点内容随文增加了视频微课，学生即时扫描二维码学习观看，实现了教材的数字化、信息化、立体化，增强了学生学习的自主性与自由性，将课堂教学与课下学习紧密结合，为广大读者提供更为全面并且多样化的教材配套服务。

本教材共8章，包括流体流动、流体输送机械、非均相混合物的分离、传热、气体吸收、蒸馏、液液萃取和固体物料的干燥。

参加本教材第4版修订工作的有李素君(前言、绪论、第8章、附录)、赵薇(第1至第3章)、李凤华(附录)、刘红晶(附录)、张莹(第5、第6章及第1至第4章习题)、贾鹏(第4、第7章及第5至第8章习题)。李素君对所有修订工作进行了最后的审查及归纳。

参加本教材第3版修订工作的有李素君(绪论、第4、第7、第8章)、赵薇(第1至第3章)、刘红晶(第5章)、李凤华(第6章、附录)。李素君对所有修订工作进行了最后的审查及归纳。

参加本教材第2版修订工作的有李凤华(前言、附录、第7章)、于士君(前言、附录)、赵薇(第1、第2章)、王晓丽(第3、第4章)、刘红晶(第5、第6章)、李素君(绪论、第7章)、姚辉(第8章)。全书由李凤华、于士君统稿并最后定稿。

参加本教材第1版编写工作的有于士君(绪论、第6章)、赵薇(第1章)、李凤华(第2章、第5至第8章及附录)、李素君(第2至第4章及附录)。全书由李凤华、于士君统稿并最后定稿。在本教材第1版的编写过程中得到了教研室全体同事的关心和支持,得到了沈国良教授的大力帮助。匡国柱教授审阅了教材,并提出了宝贵意见。

感谢一些热心的读者包括学生在使用过程中提出的宝贵意见,正是由于他们的热心督促才促成了此次修订。鉴于编者学识有限,虽经努力,难免还有不妥之处,请广大读者继续不吝赐教,以进一步提高教材质量。

编　者

2024年2月

所有意见和建议请发往:dutpbk@163.com
欢迎访问高教数字化服务平台:https://www.dutp.cn/hep/
联系电话:0411-84708445　84708462

目录

绪 论

1. 化工过程与单元操作

在化学工业中，对原料进行大规模的加工处理，使其不仅在状态与物理性质上发生变化，而且在化学性质上也发生变化，最后成为合格的产品，此过程即为化学工业的生产过程，简称为化工过程。例如，中石油辽阳石化分公司烯烃厂高压聚乙烯的生产是以常温、常压下的乙烯为原料，经过加压、升温，在 200 ℃、150 MPa 以及催化剂的作用下进行聚合反应获得聚乙烯。具体生产过程可用图 0-1 表示。

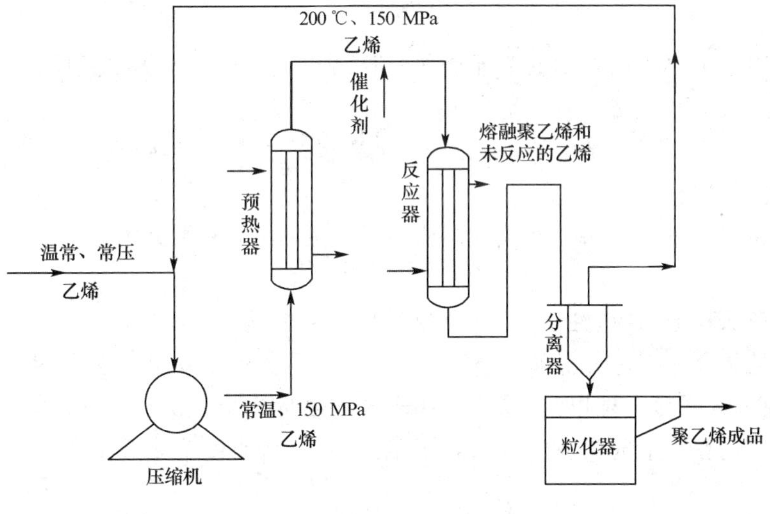

图 0-1 高压聚乙烯的生产过程示意图

在以上生产过程中，除单体合成、聚合属化学过程外，原料和反应物的提纯、单体精制等工序均属物理过程。

在化学工程学科形成之前，每一类化学工艺均被视为一门专门知识。后来人们发现不管化工生产的工艺如何千差万别，它们在很多典型设备中进行着原理相同的物理过程，人们将不同化学工艺中相同或类似的物理过程放在一起研究，就形成了单元操作概念。所谓的单元操作，是指在各类不同化工工艺中通用的物理操作“单元”。化工生产中的物理操作过程由各个操作单元组成，同一单元遵循的原理是相同的。例如，无论是在制糖工业中，还是在化肥工业中，都有溶液蒸发操作，这就是蒸发单元操作。虽然溶液蒸发是在两个不同过程中的操作，但都遵循蒸发操作原理。像这样的操作还有流体流动、流体输送、过滤、传热、蒸馏、吸收、萃取、结晶、干燥等20余种，在生活中使用的84消毒液、医用酒精以及治疗药物，口罩、防护服、试剂检测盒等都与化工生产过程有关，与这些单元操作密切相关。化工过程中常用单元操作见表0-1。

表0-1　化工过程中常用单元操作

单元操作	目的	物态	原理	传递过程
流体输送	输送	液或气	输入机械能	动量传递
搅拌	混合或分散	气-液，液-液，固-液	输入机械能	动量传递
过滤	非均相混合物分离	液-固，气-固	尺度不同的截留	动量传递
沉降	非均相混合物分离	液-固，气-固	密度差引起的沉降运动	动量传递
加热、冷却	升温、降温、改变相态	气或液	利用温度差而传入或移出热量	热量传递
蒸发	溶剂与不挥发性溶质的分离	液	供热以汽化溶剂	热量传递
气体吸收	均相混合物分离	气	各组分在溶剂中溶解度的不同	质量传递
蒸馏	均相混合物分离	液	各组分间挥发度的不同	热、质传递
萃取	均相混合物分离	液	各组分在溶剂中溶解度的不同	质量传递
干燥	去湿	固	供热汽化物料内的湿分	热、质同时传递
吸附	均相混合物分离	液或气	各组分在吸附剂中的吸附能力不同	质量传递

当人们对单元操作了解得更加深入后，又发现各单元操作之间存在着共性。例如，蒸发是热量传递的一种形式，萃取和吸收属于质量传递，干燥和蒸馏属于热量传递与质量传递同时进行的过程等。因此，按单元操作依据的原理可以分为以下几类：

(1)流体动力过程

以动量传递为主要理论基础的单元操作，主要包括流体输送、沉降、过滤等单元操作。

(2)传热过程

以热量传递为主要理论基础的单元操作，主要包括加热、蒸发等单元操作。

(3)传质分离过程

以质量传递为主要理论基础的单元操作，主要包括蒸馏、气体吸收、萃取等单元操作。

(4)热质传递过程

由热量传递和质量传递两种规律共同决定的单元操作，主要包括增湿、减湿、干燥、结晶等单元操作。

2. 化工原理课程的内容、性质、特点及教学基本要求

化工原理是研究化工单元操作的基本原理、典型设备的结构和工艺尺寸计算的一门技术基础课，化工原理的学习必须以高等数学、物理学和物理化学等课程为基础。化工原理将具有共性的物理操作过程归纳成为数不多的若干单元操作，从而使单元操作在一定程度上具有“通用”的性质。

化工原理课程的特点：

(1)化工原理是一门工程学科，学习它的目的不只是认识一些自然现象，更重要的是培养学生建立起工程概念，培养学生的实际动手能力，培养学生在单元操作中运用基础理论去分析、解决化工实际问题的能力。

(2)化工原理课程中所采用的研究方法有其自身的特点。一种是经验方法，另一种是半经验半理论方法，而不是纯粹的公式或逻辑推理。

化工原理课程的教学基本要求：

(1)掌握各单元操作的基本原理，并具有一定的“过程和设备”的选择能力。

(2)掌握各单元操作的基本计算方法，包括过程的计算、设备的设计和选型计算。

(3)根据生产的要求和变化，能根据实际情况对操作参数进行调节，对于常见故障，能找到产生故障的原因并具有一定的排除故障能力。

(4)了解过程强化的方向及改进设备的途径。

3. 物理量的单位制

化工原理课程采用国际单位制(简称 SI 制)。在国际单位制中，规定了 7 个基本单位：长度单位米(m)、质量单位千克(kg)、时间单位秒(s)、温度单位开尔文(K)、物质的量单位摩尔(mol)、电流强度单位安培(A)、发光强度单位坎德拉(cd)。其他单位均由这 7 个基本单位导出。化工计算中常用前 5 个基本单位。

在化工生产中，经常使用一些非 SI 的法定计量单位，如时间单位中的分(min)、小时(h)、日(d)、年(y)，温度单位还常使用摄氏度(℃)，旋转速度用转/分(r/min)等。由于历史原因，年代久远一点的化工文献、手册、资料中的数据常常是一些非 SI 或非法定计量单位，如压力单位使用物理大气压(atm)、工程大气压(at)、巴(bar)、毫米汞柱(mmHg)、毫米水柱(mmH_2O)等。

在化工原理使用的数据中，过去常用的非国际单位制有：工程单位制(又称重力单位制)、厘米·克·秒制(简称 CGS 制，又称物理单位制)和米·千克·秒制(简称 MKS 制)。

在工程单位制中，以长度单位米、时间单位秒、力的单位千克力作为基本单位，质量是导出单位。在 CGS 中，以长度单位厘米、质量单位克、时间单位秒作为基本单位，其他物理量的单位可以通过物理或力学的定律导出。在 MKS 制中，以长度单位米、质量单位千克、时间单位秒作为基本单位，其他单位均由这 3 个基本单位导出。

在化工计算中，计算前必须把不同的单位换算成统一的单位。在单位换算时，根据换算因数进行换算。

4. 单元操作中常用的基本概念

在研究化工单元操作时，经常用到下面 4 个基本概念，即物料衡算、能量衡算、物系的平衡关系及过程速率。这 4 个基本概念贯穿本课程的始终，在这里仅做简要说明，详细内容见各章中的叙述。

(1)物料衡算

根据质量守恒定律，某一化工系统输入与输出的物料质量之差，必等于积累在该系统中的物料质量，即

$$\text{输入量}-\text{输出量}=\text{积累量}$$

上式称为物料衡算式。该式适用于任何指定的系统，如一个化工厂、一个车间或一个设备等。过程所涉及的系统中，可以对全部物料进行衡算，也可以对物料中的某一个组分(无化学反应时)进行衡算。

对于连续操作过程，若各个物理量不随时间改变，即处于稳定操作状态时，系统中无物料的积累，物料衡算式可写成：

$$\text{输入量}=\text{输出量}$$

通过物料衡算，可由系统的已知量求出未知量。

(2)能量衡算

根据能量守恒定律，对于连续稳定系统，进入系统的总能量必等于系统输出的总能量。能量的形式很多，如机械能、热能、电能、化学能等。各种能量之间可以相互转换，如机械能转换成热能等。但在化工单元操作中，绝大多数场合不考虑能量相互转换问题，能量衡算主要指机

械能衡算和热量衡算。本书将在第 1 章流体流动中介绍机械能衡算，热量衡算将在传热、蒸馏、干燥等章节中结合具体单元操作详细说明。

(3)物系的平衡关系

平衡关系是自然界中广泛存在的现象。例如，在一定温度下，不饱和糖溶液与固体糖接触，糖向溶液中溶解，直至糖溶液饱和，此时，固体糖表面与溶液呈动态平衡。若溶液中糖的浓度大于饱和溶液浓度，则溶液中的糖就会析出，直至达到平衡为止。一定温度下糖的饱和浓度，就是这个物系的平衡浓度。

传热过程中，只要两种流体的温度不相等，热量就会从高温流体传给低温流体，直至两种流体的温度相等，达到热量平衡为止。

任何一个不平衡系统都有达到平衡的趋势，不平衡系统在一定条件下都能达到平衡。系统的平衡关系可用于判断一个过程在一定条件下能否进行、进行的方向及进行的极限。

(4)过程速率

平衡关系只能反映过程进行的方向和极限，并不能反映过程进行的快慢，而过程进行的快慢对实际生产过程更为重要，过程进行的快慢用过程速率表示。单位时间内，过程的变化量称为过程速率。例如，单位时间内传递的热量称为传热速率，单位时间内传递的物质量称为传质速率。

过程速率可用下式表示：

$$\text{过程速率}=\frac{\text{过程推动力}}{\text{过程阻力}}$$

过程推动力是指在某一瞬间，过程的实际状态与平衡状态的差距。如传质过程的推动力，通常用某一瞬间过程的实际组成与平衡组成之差来表示；传热过程的推动力为进行传热的温度差。构成过程阻力的因素很多，其值因过程的性质不同而异。

在生产实际中，人们不仅仅关注过程进行的极限，更关注过程进行的速率。过程速率越大，设备的生产能力越大，在完成同样产量的情况下，设备的尺寸越小。具体的速率问题在单元操作中将结合实例进行讨论。

第1章 流体流动

1.1 概 述

气体和液体统称为流体。在化工生产中所处理的物料有很多是流体。根据生产要求，往往需要将这些流体按照生产程序从一个设备输送到另一个设备。除了流体输送外，化工生产中的传热、传质过程以及化学反应大都是在流体流动状态下进行的，流体流动状态对这些单元操作有着很大影响。

在研究流体流动时，常将流体视为由无数流体微团或流体质点组成的连续介质。所谓流体微团或流体质点是指这样的小块流体：它的大小与容器或管道相比是微不足道的，但是与分子自由程长度相比却要大得多；它包含足够多的分子，能够用统计平均的方法来求出宏观的参数(如压力、温度)，从而可以观察这些参数的变化情况。连续性的假设首先意味着流体介质是由连续的液体质点组成的，其次还意味着质点运动过程的连续性。例如，高度真空下的气体就不再视为连续介质了。

如果流体的体积不随压力及温度变化，则这种流体称为不可压缩流体；如果随压力及温度变化，则称为可压缩流体。实际流体都是可压缩的。液体的体积随着压力和温度的变化较小，一般可看作不可压缩流体；而气体具有较大的可压缩性，当压力或温度改变时，气体体积会有较大的变化，应当属于可压缩流体。但是，如果压力或温度变化很小，气体有时也可当作不可压缩流体处理。一般认为，气体压力变化的相对值小于20%时，气体可看作不可压缩流体。

流体流动过程

1.2 流体静力学

1.2.1 流体的物理性质

1. 密度

单位体积流体的质量称为流体的密度，其表达式为

$$\rho=\frac{m}{V} \tag{1-1}$$

式中 ρ—— 流体的密度，kg/m^3；

m—— 流体的质量，kg；

V—— 流体的体积，m^3。

流体的密度随流体的种类、温度、压力的变化而变化。对一定的流体，密度是压力(或压强) p 和温度 T 的函数，可用下式表示：

$$\rho=f(p,T) \tag{1-2}$$

式中 p—— 流体的压力，Pa；

T—— 流体的温度，K。

液体的密度随压力的变化甚小(极高压力下除外)，可忽略不计，故常称液体为不可压缩流体，但其随温度的变化稍有改变。气体的密度随压力和温度的变化较大，当压力不太高、温度不太低时，气体的密度可近似地按理想气体状态方程式计算，由

$$pV=nRT=\frac{m}{M}RT \tag{1-3}$$

得

$$\rho=\frac{m}{V}=\frac{pM}{RT} \tag{1-4}$$

式中 p—— 气体的压力，Pa；

T—— 气体的温度，K；

M—— 气体的摩尔质量，kg/kmol；

R—— 通用气体常数，8.314 kJ/(kmol·K)。

气体密度也可按下式计算：

$$\rho=\rho_0\frac{T_0p}{Tp_0} \tag{1-5}$$

式中 ρ_0—— 标准状态下气体的密度；

T_0—— 标准状态下气体的温度；

p_0—— 标准状态下气体的压力。

生产中遇到的流体常常不是单一组分，而是由若干组分所构成的混合物。当气体混合物的温度、压力接近理想气体时，可按理想气体计算密度。但计算时气体的摩尔质量 M 应以混合气体的平均摩尔质量 M_m 代替，即

$$M_m=M_1x_1+M_2x_2+\cdots+M_nx_n \tag{1-6}$$

式中 M_m—— 气体混合物的平均摩尔质量，kg/kmol；

$M_1, M_2, \cdots, M_n$—— 气体混合物中各组分的摩尔质量，kg/kmol；

$x_1, x_2, \cdots, x_n$—— 气体混合物中各组分的摩尔分数。

气体混合物的组成通常以体积分数表示。对于理想气体，体积分数与摩尔分数相等。

液体混合时，体积往往有所改变。若液体混合前后体积不变，则 1 kg 混合液的体积等于各组分单独存在时的体积之和，则可由下式求出混合液体的平均密度 ρ_m：

$$\frac{1}{\rho_m}=\frac{w_1}{\rho_1}+\frac{w_2}{\rho_2}+\cdots+\frac{w_n}{\rho_n} \tag{1-7}$$

式中 ρ_m—— 液体混合物的平均密度，kg/m³；

$w_1, w_2, \cdots, w_n$—— 液体混合物中各组分的质量分数；

$\rho_1, \rho_2, \cdots, \rho_n$—— 液体混合物中各组分的密度，kg/m³。

2. 比容

单位质量流体的体积称为流体的比容或比体积，用符号 υ 表示，单位为 m³/kg，则

$$\upsilon=\frac{V}{m}=\frac{1}{\rho} \tag{1-8}$$

亦即流体的比容是密度的倒数。

【例 1-1】 对某重油燃烧的尾气进行分析，其中含 CO_2 8.6%，O_2 7.5%，N_2 75%，H_2O 8.9%（均为体积分数），试求 500 ℃、101.3 kPa 时，该混合气体的平均密度。

解 由式(1-6)求混合气体的平均摩尔质量，得

$$M_m=44\times 8.6\%+32\times 7.5\%+28\times 75\%+18\times 8.9\%=28.786\ \text{kg/kmol}$$

则其平均密度为

$$\rho_m=\frac{pM_m}{RT}=\frac{101.3\times 10^3\times 28.786\times 10^{-3}}{8.314\times(500+273.15)}=0.45\ \text{kg/m}^3$$

【例 1-2】 30 ℃ 下乙醇水溶液的组成为 0.3（乙醇的质量分数），求该溶液的平均密度。

解 从附录 5 和附录 8 查得 30 ℃ 下水和乙醇的密度分别为 995.7 kg/m³ 和787 kg/m³。根据式(1-7)得

$$\frac{1}{\rho_m}=\frac{w_1}{\rho_1}+\frac{w_2}{\rho_2}=\frac{0.3}{787}+\frac{1-0.3}{995.7}=0.001\ 08$$

则乙醇水溶液的平均密度为

$$\rho_m=922.3\ \text{kg/m}^3$$

3. 黏度

流体具有黏性。表征流体黏性的物理性质称为黏滞系数，简称黏度，用符号 μ 表示。液体的黏度随温度升高而减小，气体的黏度则随温度升高而增大。压力变化时，液体的黏度基本不变；气体的黏度随压力增加而增加得很少，在一般工程计算中可忽略不计。只有在极高或极低的压力下，才需考虑压力对气体的黏度的影响。

国际单位制中黏度的单位为 Pa·s。厘米·克·秒制中黏度的单位为 P（泊）和 cP（厘泊），它们的换算关系如下：

$$1\ \text{Pa}\cdot\text{s}=10\ \text{P}=1\ 000\ \text{cP}$$

黏度与密度之比称为运动黏度，以 ν 表示，即

$$\nu=\frac{\mu}{\rho} \tag{1-9}$$

国际单位制中运动黏度的单位为 m^2/s。厘米·克·秒制中运动黏度的单位为 cm^2/s，计为 St(斯)，1 斯的 1/100 称为厘斯(cSt)。换算关系为

$$1\ \mathrm{St}=100\ \mathrm{cSt}=10^{-4}\ \mathrm{m^2/s}$$

黏度的数据来源有数据手册、实验测定和经验公式。本书附录 9、附录 10 中列出了常见液体和气体在常温下的黏度数值及不同温度下某些物质的黏度图表。

对于混合物的黏度，可按经验公式进行计算。如对分子不缔合的混合液可用下式计算：

$$\lg \mu_{\mathrm{m}}=\sum x_i \lg \mu_i \tag{1-10}$$

式中 μ_{m}—— 混合液的黏度，Pa·s；

x_i—— 混合液中第 i 组分的摩尔分数；

μ_i—— 与混合液同温度下第 i 组分的黏度，Pa·s。

常压下气体混合物的黏度可用下式计算：

$$\mu_{\mathrm{m}}=\frac{\sum y_i \mu_i M_i^{\frac{1}{2}}}{\sum y_i M_i^{\frac{1}{2}}} \tag{1-11}$$

式中 μ_{m}—— 气体混合物的黏度，Pa·s；

y_i—— 气体混合物中第 i 组分的摩尔分数；

μ_i—— 气体混合物中第 i 组分的黏度，Pa·s；

M_i—— 气体混合物中第 i 组分的摩尔质量，kg/kmol。

1.2.2 流体的压力

1. 定义

流体垂直作用于单位面积上的力称为流体的压强，简称压强，习惯上称为压力。在静止流体中，从各方向作用于某一点的压力大小均相等。

流体压力具有以下两个重要特性：

(1) 流体压力处处与它的作用面垂直，并总是指向流体的作用面。

(2) 流体中任一点压力的大小与所选定的作用面在空间的方位无关。

例如，当测定流体内某点的压力时，不论将测压管按水平、垂直还是其他方向插入，只要测压管的管端正好与该点接触，则压力表上所显示的读数都是相同的。

2. 压力的单位和单位换算

在国际单位制中，压力的单位是 N/m^2，以 Pa 表示，称为帕斯卡。但长期以来采用的单位为 atm(标准大气压)、某流体柱高度(mH_2O，mmHg) 或 kgf/cm^2 等。它们之间的换算关系为

$$1\ \mathrm{atm}=1.013\times10^5\ \mathrm{Pa}=1.033\ \mathrm{kgf/cm^2}=10.33\ \mathrm{mH_2O}=760\ \mathrm{mmHg}$$

3. 压力的基准

压力可以有不同的计量基准。如果以绝对真空(零压)为基准，则称为绝对压力；如果以大气压为基准，则称为表压。

表压 = 绝对压力 − 大气压力

当被测流体的绝对压力小于大气压力时，其低于大气压力的数值称为真空度，即

真空度 = 大气压力 − 绝对压力

注意，此处的大气压力均应指当地大气压，在本章中如不加说明时均可按标准大气压计

算;压力的数值如不加特殊说明,均指绝对压力。

绝对压力、表压和真空度的关系如图1-1所示。

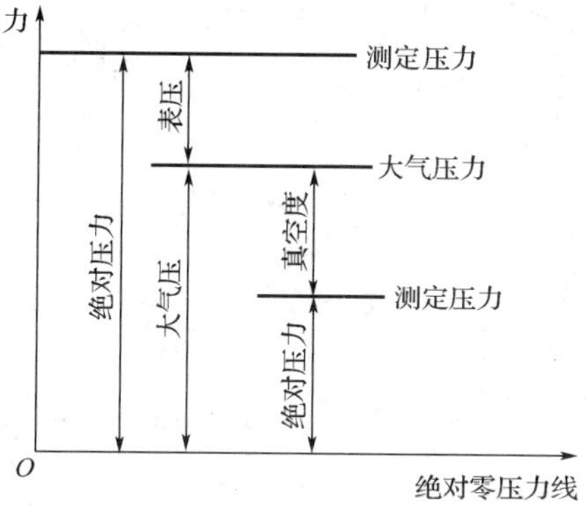

图1-1 绝对压力、表压和真空度的关系

【例1-3】 某离心泵进口真空表读数为88 kPa,出口压力表读数为220 kPa,试求离心泵进出口间压差。

解 离心泵进口表压为−88 kPa,则两表间压差为

$$220-(-88)=308\ \text{kPa}$$

评析 求取压差时,相减的两压力基准必须统一,同为绝对压力或表压。

1.2.3 流体静力学基本方程式及应用

1. 流体静力学基本方程式

流体静力学基本方程式是用于描述静止流体内部的压力沿着高度变化的数学表达式。对于不可压缩流体,密度不随压力变化,其静力学基本方程可用下述方法推导。

在静止液体中取一液柱,如图1-2所示。液柱水平方向的横截面积为A,液体密度为ρ。若以容器器底为基准水平面,则液柱的上、下底面与基准水平面的垂直距离分别为z_1和z_2,以p_1与p_2分别表示高度为z_1及z_2处的压力。

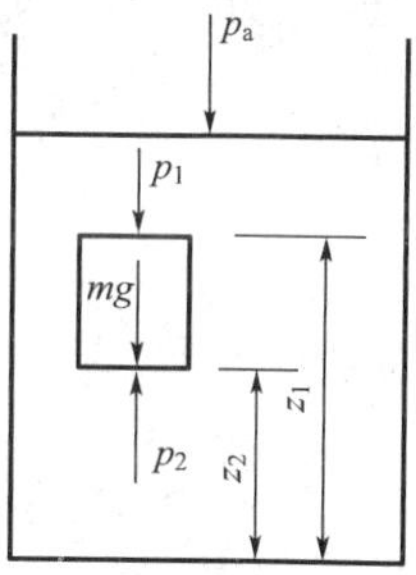

图1-2 静力学基本方程式的推导

在垂直方向上作用于液柱的力有:

(1) 下底面所受的向上总压力p_2A。

(2) 上底面所受的向下总压力p_1A。

(3) 该液柱的重力$mg=\rho gA(z_1-z_2)$。

在静止液体中,上述三力的合力应为零,即

$$p_2A-p_1A-\rho gA(z_1-z_2)=0$$

化简并消去A,得

$$p_2=p_1+\rho g(z_1-z_2) \tag{1-12}$$

如果将液柱的上底面取在液面上,设液面上方的压力为p_a,液柱高度$z_1-z_2=h$,则式(1-12)可改写为

$$p_2=p_a+\rho gh \tag{1-13}$$

式(1-12)及式(1-13)均称为静力学基本方程式。

由式(1-12)及式(1-13)可知:

(1) 当液面上方的压力一定时，在静止液体内任一点压力的大小，与液体本身的密度和该点距液面的深度有关。因此，在静止的、连续的同一液体内，处于同一水平面上的各点，因其深度相同，其压力亦相等。压力相等的水平面，称为等压面。

(2) 当液面的上方压力 p_a 有变化时，必将引起液体内部各点压力发生同样大小的变化。

(3) 式(1-13) 可改写为

$$\frac{p_2 - p_a}{\rho g} = h \tag{1-14}$$

由式(1-14) 可知，压力或压力差的大小可用液柱高度来表示。

虽然静力学基本方程式是用液体进行推导的，流体的密度可视为常数，而气体密度则随压力而改变，考虑到两截面高度差较小时，气体密度变化甚微，可视为常数，故静力学基本方程式也适用于气体。

2. 流体静力学基本方程式的意义

下面进一步讨论静力学基本方程式中各项的意义。将式(1-12) 两边除以 ρg 并加以整理可得

$$z_1 + \frac{p_1}{\rho g} = z_2 + \frac{p_2}{\rho g} \tag{1-15}$$

式(1-15) 中各项的单位均为米(m)，其中第一项 z 为流体距基准面的高度，称为位压头。该流体所具有的位能为 mgz，单位重量流体的位能为 $\frac{mgz}{mg}$，所以式(1-15) 中 z(位压头) 表示单位重量的流体从基准面算起的位能。

式(1-15) 中的第二项 $p/\rho g$ 称为静压头，又称为单位重量流体的静压能。因而式(1-15) 可表示为

静压头 + 位压头 = 常数

可将式(1-15) 中各项均乘以 g，可得

$$gz_1 + \frac{p_1}{\rho} = gz_2 + \frac{p_2}{\rho} \tag{1-16}$$

因质量为 m 的流体的位能为 mgz，所以单位质量流体的位能为 gz。故式(1-16) 中第一项为单位质量流体的位能。同理，式(1-16) 中第二项为单位质量流体的静压能。因此式(1-16) 的物理意义为

静压能 + 位能 = 常数 = 流体的势能

由此可见，流体的势能不仅与相对基准面的高度有关，还取决于流体的压力。一个简单的实验可以说明这一点。

图 1-3 是一个盛有一定高度液体的敞口容器，在液面下方某处的器壁上开一小孔，容器内的液体必会喷出，而不是沿器壁垂直流下。可见，流体不仅具有位能的势，还具有静压能的势。若在小孔位置连一透明玻璃管，则会观察到液体在管内上升一段高度 h，其值为小孔处流体表压。

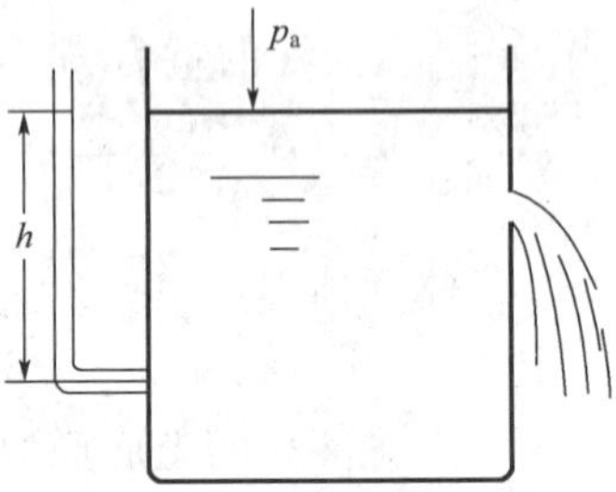

图 1-3　静压能的物理意义

3. 流体静力学基本方程式的应用

在化工生产中，有许多化工仪表的操作原理是以液体静力学基本方程式为依据的。下面将介绍该方程式在压力和液面测量方面的应用。

(1) 压差测量

①U 形管压差计

U 形管压差计的结构如图 1-4 所示，它是在一根 U 形玻璃管内装指示液，指示液与被测流体不互溶，不起化学反应，且其密度要大于被测流体的密度。常用的指示液有汞、四氯化碳、水和液体石蜡等。将 U 形管的两端与管道中的两截面相连通，若作用于 U 形管两端的压力 p_1 和 p_2 不等(图中 $p_1 > p_2$)，则指示液就在 U 形管两端出现高差 R。利用 R 的数值，再根据静力学基本方程式，就可算出液体两点间的压力差。

在图 1-4 中，U 形管下部的液体是密度为 ρ_0 的指示液，上部为被测流体，其密度为 ρ。图 1-4 中 a、b 两截面的压力是相等的，因为两截面在同一种静止液体(指示液)的同一水平面上。

根据流体静力学基本方程式，从 U 形管左侧来计算，可得

$$p_a = p_1 + (z_2 + R)\rho g$$

同理，从 U 形管的右侧计算，可得

$$p_b = p_2 + z_2\rho g + R\rho_0 g$$

由 $p_a = p_b$ 可得

$$p_1 - p_2 = R(\rho_0 - \rho)g \tag{1-17}$$

测量气体时，由于气体的密度 ρ 比指示液的密度 ρ_0 小得多，式(1-17) 可简化为

$$p_1 - p_2 = R\rho_0 g \tag{1-18}$$

图 1-5 所示的是倒 U 形管压差计。

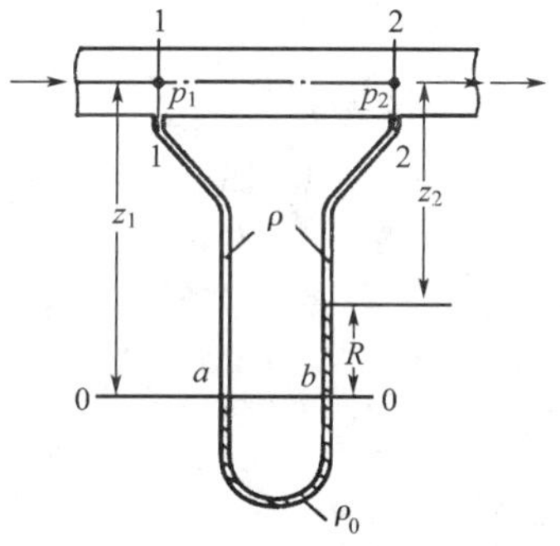

图 1-4 U 形管压差计

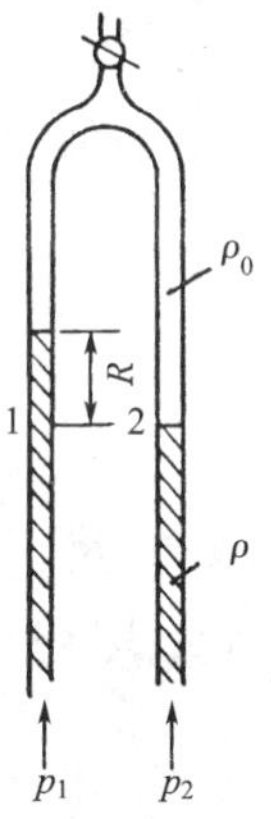

图 1-5 倒 U 形管压差计

② 斜管压差计

当被测量的流体压力或压差不大时，读数 R 必然很小。为得到精确的读数，可采用如图 1-6 所示的斜管压差计。此时 R' 与 R 的关系为

$$R' = \frac{R}{\sin\alpha} \tag{1-19}$$

式中 α—— 倾斜角，其值愈小，则 R 放大为 R' 的倍数愈大。

③ 微差压差计

若斜管压差计所示的读数仍然很小，则可采用微差压差计，其构造如图 1-7 所示。在 U 形管中放置两种密度不同、互不相溶的指示液，管的上端有扩张室，扩张室有足够大的截面积，当读数 R 变化时，两扩张室中液面不致有明显的变化。按静力学基本方程式可推出

$$p_1 - p_2 = Rg(\rho_a - \rho_b) \tag{1-20}$$

式中　ρ_a—— 重指示液的密度,kg/m^3;

ρ_b—— 轻指示液的密度,kg/m^3。

从式(1-20)可看出,对于一定的压差,$(\rho_a - \rho_b)$ 愈小,则读数 R 愈大,所以应该使用两种密度接近的指示液。

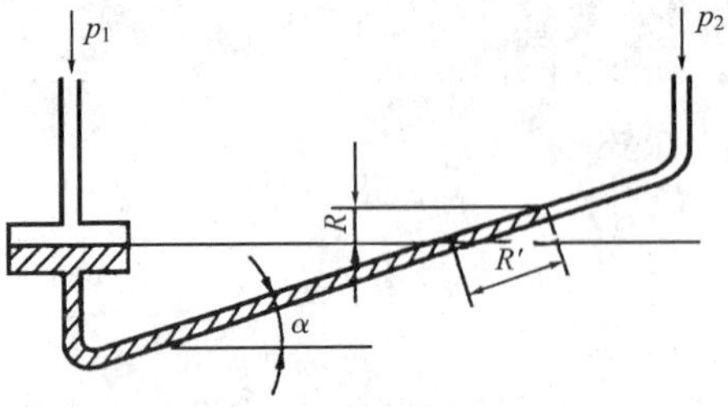

图 1-6　斜管压差计

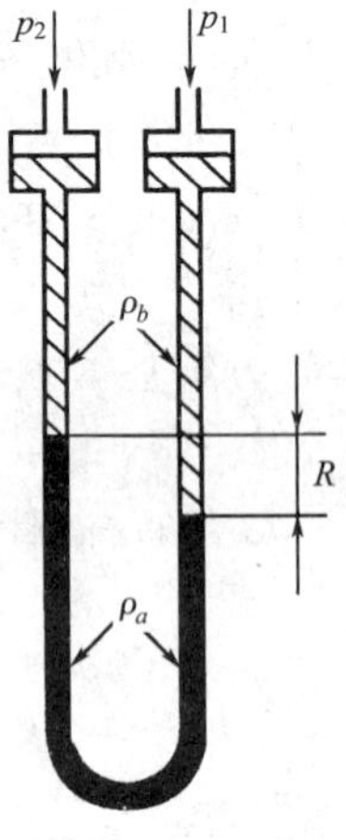

图 1-7　微差压差计

【例 1-4】　试根据微差压差计的读数计算容器中气体表压。如图 1-8 所示,微差压差计中以油和水为指示液,油的密度为 900 kg/m^3,水的密度为 998 kg/m^3,压差计读数 R 为 250 mm,两扩大室截面积与 U 形管截面积相比相差不是很大。

若不可忽略扩大室液面差,分别计算在两种情况下气体表压为多少?(扩大室与 U 形管直径比为 10 和 2。)

解　设 p 为容器中气体表压,根据微差压差计压差公式(1-20),得

$$p - 0 = Rg(\rho_a - \rho_b)$$

$$p = 0.25 \times 9.81 \times (998 - 900) = 240.35\ \text{Pa}$$

当扩大室与 U 形管直径比为 10 时,两扩大室高度差为

$$h = \left(\frac{d}{D}\right)^2 R = \left(\frac{1}{10}\right)^2 \times 0.25 = 0.0025\ \text{m}$$

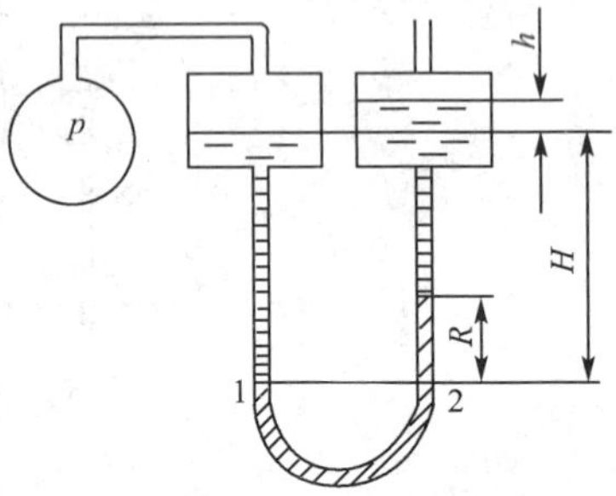

图 1-8　例 1-4 附图

截面 1 的压力为

$$p_1 = p + \rho_b g H$$

截面 2 的压力为

$$p_2 = p_a + \rho_a g R + \rho_b g(H - R + h)$$

则气体表压为

$$\begin{aligned} p &= \rho_a g R + \rho_b g(h - R) \\ &= 998 \times 9.81 \times 0.25 + 900 \times 9.81 \times (-0.25) \\ &= 262.42\ \text{Pa} \end{aligned}$$

同理,可计算扩大室与 U 形管直径比为 2 时,气体表压为 792.16 Pa。

评析　由上述计算可知,当微差压差计扩大室截面积不大时,忽略扩大室液位差会产生

较大误差。

(2) 液位测定

化工生产中经常需要了解容器里液体的贮存量,或需要控制设备里液体的液面,因此要对液面进行测定。有些液面测定方法,是以静力学基本方程式为依据的。

图 1-9 为用液柱压差计进行液位测量的示意图。图 1-9 中平衡室中所装的液体与容器里的液体相同,平衡室里液面高度维持在容器液面允许到达的最大高度处。将一装有指示液的 U 形管压差计的两端分别与容器内的液体和平衡器内的液体连通,容器里的液面高度可根据压差计的读数 R 求得(读者可自行推导)。液面越高,读数越小。当液面达到最大高度时,压差计的读数为零。若把 U 形管压差计换上一个能够变换和传递压差读数的传感器,这种测量装置便可以与自动控制系统连接起来。

(3) 液封高度的确定

在化工生产中,为了控制设备内气体压力不超过规定的数值,常常装有如图 1-10 所示的安全液封(或称为水封)装置。其作用是当设备内压力超过规定值时,气体就从液封管排出,以确保设备操作的安全。若设备要求压力不超过 p(表压),按静力学基本方程式,则安全液封管插入液面下的深度 h 为

$$h = \frac{p}{\rho_{水} g} \tag{1-21}$$

为了安全起见,实际安装时管子插入液面下的深度应略小于计算值。

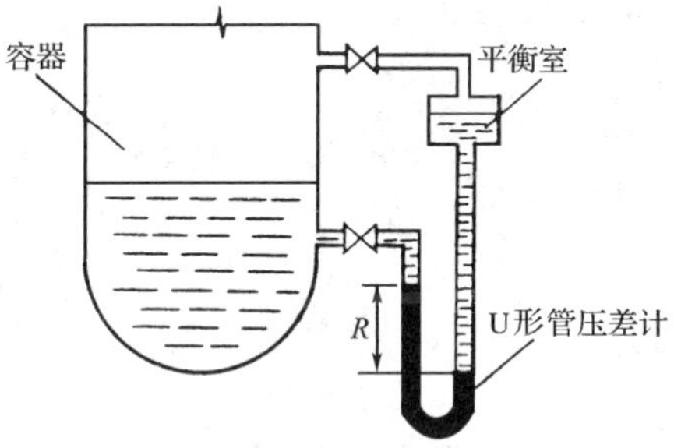

图 1-9 液位测量

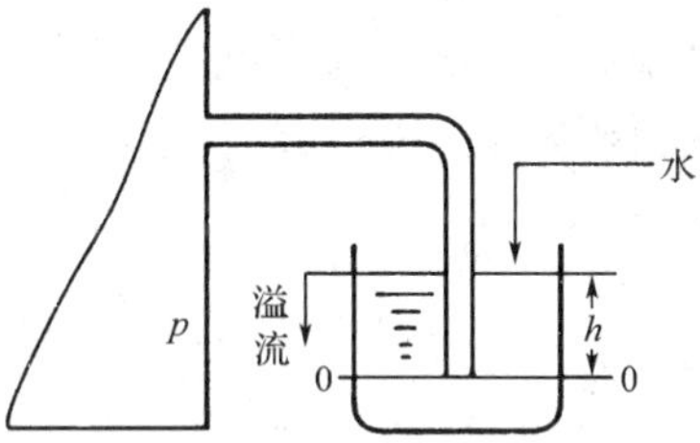

图 1-10 安全液封

1.3 流体动力学

化工生产中流体大多是沿密闭的管道流动,因此研究管内流体流动的规律是十分必要的。反映管内流体流动规律的基本方程式有连续性方程式和伯努利方程式,本节主要围绕这两个方程式进行讨论。

1.3.1 流量与流速

1. 流量

(1) 体积流量

单位时间内流体流经管道任一截面的流体的体积,称为体积流量,以 q_V 表示,其单位为

m^3/s 或 m^3/h。

气体的体积流量随温度、压力的变化而变化，因此经常以标准状况下的体积流量来表示，在计算中要注意换算。

(2) 质量流量

单位时间内流体流经管道任一截面的流体的质量，称为质量流量，以 q_m 表示，其单位为 kg/s 或 kg/h。

体积流量与质量流量之间的关系为

$$q_m = \rho q_V \tag{1-22}$$

2. 流速

(1) 平均流速

流速是指单位时间内液体质点在流动方向上所流经的距离。实验证明，流体在管道内流动时，由于流体具有黏性，管道横截面上流体质点速度是沿半径变化的。管道中心流速最大，愈靠近管壁速度愈小。在紧靠管壁处，由于液体质点黏附在管壁上，其速度等于零。但工程上一般以体积流量与管道截面积之比来表示流体在管道中的速度。此速度称为平均速度，简称流速，以 u 表示，单位为 m/s。

流速与流量的关系为

$$u = \frac{q_V}{A} = \frac{q_m}{\rho A} \tag{1-23}$$

式中　A—— 管道的截面积，m^2。

(2) 质量流速

单位时间内流体流经管道单位截面的质量称为质量流速，以 G 表示，单位为 $kg/(m^2 \cdot s)$。它与质量流量及流速的关系为

$$G = \frac{q_m}{A} = \frac{\rho u A}{A} = \rho u \tag{1-24}$$

由于气体的体积与温度、压力有关，显然，当温度、压力发生变化时，气体的体积流量与其相应的流速也将随之改变，但其质量流量不变。此时，采用质量流速比较方便。

【例 1-5】 20 ℃ 的水以 40 m^3/h 的流量流过 ϕ108 mm × 4 mm 的无缝钢管，求其质量流量及平均流速。

解　由附录 5 查得 20 ℃ 水的密度为 998.2 kg/m^3，分别由式(1-22) 和式(1-23) 得

$$q_m = \rho q_V = 998.2 \times 40 = 3.99 \times 10^4 \ \text{kg/h}$$

$$u = \frac{q_V}{A} = \frac{40}{3\,600 \times \frac{\pi}{4} \times 0.1^2} = 1.41 \ \text{m/s}$$

1.3.2　流体流动的质量衡算

1. 稳定流动与不稳定流动

流体在管道中流动时，在任一点上的流速、压力等有关物理参数都不随时间而改变，这种流动称为稳定流动。若流动的流体中，任一点上的物理参数有部分或全部随时间而改变，这种流动称为不稳定流动。

如图1-11所示，将带有溢流管1的贮槽中的水从排水管2引出，开启进水阀门3以保持水位不变，截面1-1′的水流速度和压力均保持不变，为稳定流动；而当阀门3关闭时，截面1-1′的上述参数均随槽内液位的降低而变化，为非稳定流动。

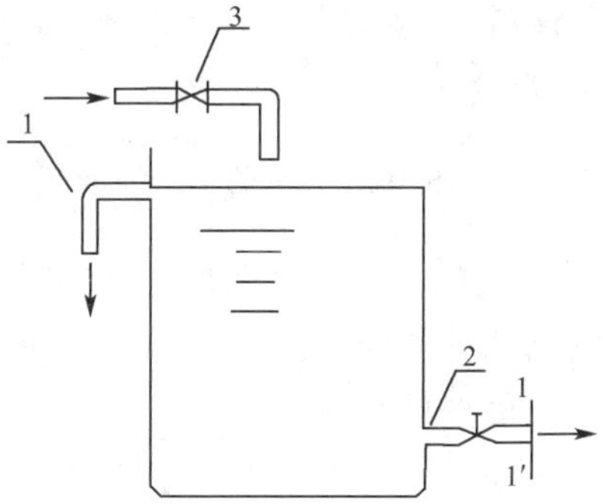

图1-11 流动情况示意图

在化工生产中，流体的流动情况大多为稳定流动。故除非有特别指明者外，本书中所讨论的均系稳定流动问题。

2. 连续性方程式

设流体在如图1-12所示的管道中做连续稳定流动，从截面1-1′流入，从截面2-2′流出。若在管道两截面之间无流体漏损，根据质量守恒定律，从截面1-1′进入的流体质量流量q_{m1}应等于从截面2-2′流出的流体质量流量q_{m2}，即

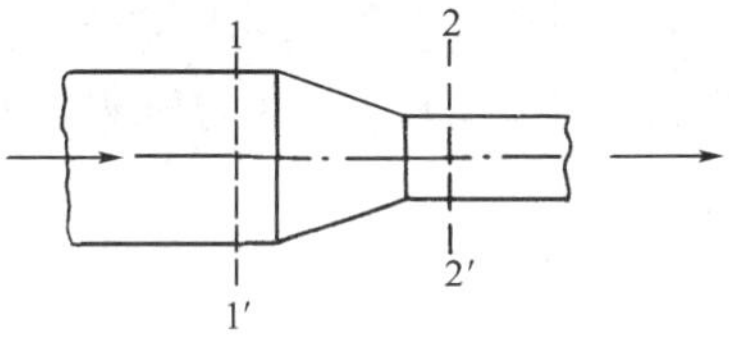

图1-12 连续性方程式的推导

$$q_{m1}=q_{m2} \tag{1-25}$$

或
$$\rho_1 A_1 u_1=\rho_2 A_2 u_2 \tag{1-26}$$

此关系可推广到管道的任一截面，即

$$\rho A u=\text{常数} \tag{1-27}$$

式(1-27)称为连续性方程式。若液体不可压缩，$\rho=$常数，则式(1-27)可简化为

$$Au=\text{常数} \tag{1-28}$$

由此可知，在连续稳定的不可压缩流体的流动中，流体流速与管道的截面积成反比。截面积愈大之处流速愈小，反之亦然。

对于圆形管道，式(1-28)可写成

$$\frac{\pi}{4}d_1^2 u_1=\frac{\pi}{4}d_2^2 u_2 \tag{1-29}$$

或
$$\frac{u_1}{u_2}=\left(\frac{d_2}{d_1}\right)^2 \tag{1-30}$$

式中 d_1——管道上截面1处的管内径；

d_2——管道上截面2处的管内径。

式(1-30)说明不可压缩流体在管道中的流速与管道内径的平方成反比。当流体在均匀管中流动时，流速不变，与管路安排以及管件阀门和输送设备无关。

【例1-6】 直径为800 mm的流化床反应器底部装有分布板，其上开有640个直径为10 mm的小孔，空气从分布板下部送入。反应器的流速为0.5 m/s，求空气通过分布板小孔的流速。

解 设小孔处流速为u_1，反应器内流速为u_2，根据连续性方程式得

$$\frac{u_1}{u_2}=\frac{A_2}{A_1}=\frac{\frac{\pi}{4}D^2}{640\times\frac{\pi}{4}d^2}=\frac{1}{640}\times\left(\frac{D}{d}\right)^2$$

$$u_1=\frac{u_2}{640}\cdot\left(\frac{D}{d}\right)^2=\frac{0.5}{640}\times\left(\frac{800}{10}\right)^2=5\ \text{m/s}$$

评析　中国古代水利工程，如大禹治水，采取疏通河道，拓宽峡口的方法，让洪水能更快地通过，这也正符合连续性方程原理，即流体流径越大，流速越小。

1.3.3　流体流动的能量衡算

当流体在系统中做稳定流动时，其具有能量守恒性，即输入系统的能量等于输出系统的能量，该能量守恒式称为伯努利方程式。

1. 伯努利方程式

黏度为 0 的流体称为理想流体。理想流体是一个假想的模型，实际生产中并不存在理想流体，这里，我们通过引入这一概念，忽略流体流动阻力，先推导出理想流体的伯努利方程式。

(1) 理想流体的伯努利方程式

理想流体（无黏性流体）在如图 1-13 所示的管道内做稳定流动，在管截面上液体质点的速度分布是均匀的。流体的压力、密度都取管截面上的平均值，流体质量流量为 q_m，管截面积为 A。

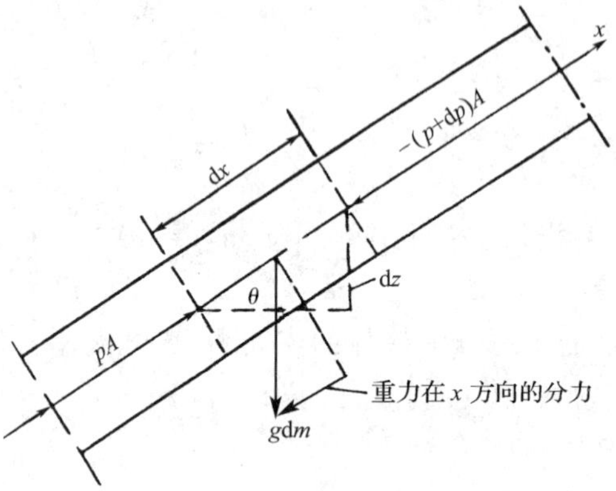

图 1-13　伯努利方程式的推导

在管道中取一微管段 dx，微管段中的流体质量为 dm。作用于此微管段的力有：

① 作用于两端的总压力分别为 pA 和 $-(p+dp)A$；

② 作用于重心的重力为 $g\,dm$；因 $dm=\rho A\,dx$，而 $\sin\theta\,dx=dz$，故作用于重心的重力沿 x 方向的分力为

$$g\sin\theta\,dm=g\rho A\sin\theta\,dx=g\rho A\,dz$$

由上述内容可知，作用于微管段流体上的各力沿 x 方向的分力之和为

$$pA-(p+dp)A-g\rho A\,dz=-A\,dp-g\rho A\,dz$$

另外，流体流经管道时，不仅压力发生变化，动量也要发生变化。流体流进微管段的流速为 u，流出的流速为 $(u+du)$。因此动量的变化速率为

$$q_m\,du=\rho Au\,du$$

根据动量原理，作用于微管段流体上力的合力等于液体的动量变化的速率：

$$\rho Au\,du=-A\,dp-g\rho A\,dz$$

化简得

$$g\,dz+\frac{dp}{\rho}+u\,du=0$$

对不可压缩流体，ρ 为常数，对上式积分得

$$gz+\frac{p}{\rho}+\frac{u^2}{2}=\text{常数} \tag{1-31}$$

式(1-31)称为伯努利方程式，适用于不可压缩的理想流体，故又称式(1-31)为理想流体的伯努利方程式。

对于气体，若管道两截面间压差很小，如 $p_1-p_2\leqslant 0.2p_1$，密度 ρ 变化也很小，则可以作为不可压缩流体处理，此时伯努利方程式仍可适用。计算时密度可采用两截面的平均值。

(2) 伯努利方程式的物理意义

式(1-31)中，gz 为单位质量液体所具有的位能，p/ρ 为单位质量液体所具有的静压能。因质量为 m、速度为 u 的流体所具有的动能为 $mu^2/2$，故伯努利方程式中的 $u^2/2$ 为单位质量流体所具有的动能。位能、静压能及动能均属于机械能，三者之和称为总机械能。这三种形式的能量可以相互转换，但总机械能量保持不变。所以，伯努利方程式是单位质量流体机械能守恒方程式。

式(1-31)可变为

$$z+\frac{p}{\rho g}+\frac{u^2}{2g}=\text{常数} \tag{1-32}$$

式(1-32)为单位重量流体能量守恒方程式。在流体静力学中，把 z 称为位压头，$p/\rho g$ 称为静压头。同样，$u^2/2g$ 称为动压头或速度压头。$\left(z+\dfrac{p}{\rho g}+\dfrac{u^2}{2g}\right)$ 为总压头。因为 z、$p/\rho g$ 和 $u^2/2g$ 的因次都是长度，所以各种单位重量流体的能量都可以用液柱高度表示。

(3) 实际流体的伯努利方程式

由于实际流体有黏性，管截面上液体质点的速度分布是不均匀的。因此，管内流体的流速取管截面上的平均流速。另外，从截面 1 流至截面 2 时，由于流体的内摩擦作用，不可避免要消耗一部分机械能，而引起机械能的损失，称为能量损失或压头损失、阻力损失。因此必须在机械能衡算时加入能量损失项，即

$$z_1+\frac{p_1}{\rho g}+\frac{u_1^2}{2g}=z_2+\frac{p_2}{\rho g}+\frac{u_2^2}{2g}+\sum H_f \tag{1-33}$$

式中　$\sum H_f$—— 压头损失，m。

由此可知，只有当截面 1-1′ 处总机械能大于截面 2-2′ 处总机械能时，流体才能克服阻力流至截面 2-2′。但在化工生产中，常常需要将流体从总机械能较小的地方输送到较大的地方。这种过程是不能自动进行的，需要从外界向流体输入机械功 H，以补偿管路两截面处的总机械能之差以及流体流动的能量损失，即

$$z_1+\frac{p_1}{\rho g}+\frac{u_1^2}{2g}+H=z_2+\frac{p_2}{\rho g}+\frac{u_2^2}{2g}+\sum H_f \tag{1-34}$$

式中　H—— 外加压头，m。

式(1-34)亦可写成如下形式

$$gz_1+\frac{p_1}{\rho}+\frac{u_1^2}{2}+W_e=gz_2+\frac{p_2}{\rho}+\frac{u_2^2}{2}+\sum R \tag{1-35}$$

式中　$W_e=gH$—— 单位质量流体的外加能量，也称为有效功，J/kg；

$\sum R=g\sum H_f$—— 单位质量流体的能量损失，J/kg。

式(1-34)和式(1-35)均称为实际流体机械能衡算式，习惯上也称它们为伯努利方程式。

2. 伯努利方程式的应用

伯努利方程式是流体流动的基本方程式，它的应用范围很广。就化工生产过程来说，该方程式常用来确定高位槽供液系统的液面高度，确定系统中指定位置的压力，求取做功设备的功率，确定系统流量等。下面举例说明伯努利方程式的应用。

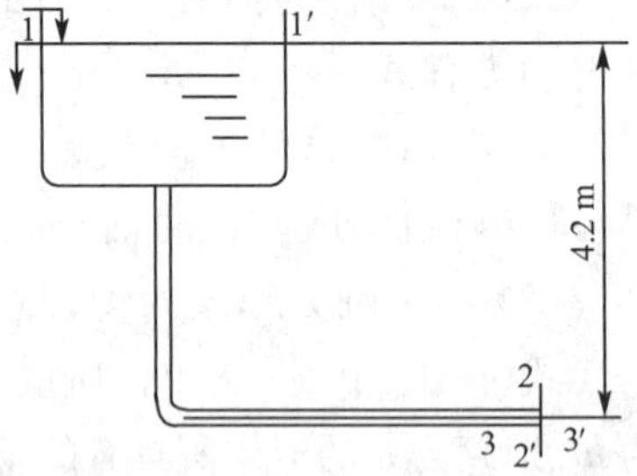

图 1-14　例 1-7 附图

【例 1-7】　如图 1-14 所示，水从高位槽通过出口管流出。高位槽液面上的压力为大气压。高位槽液面与出口管中心线间的垂直高度为 4.2 m，管子规格为 ϕ114 mm×4 mm 的无缝钢管。设水在管内能量损失为 39.2 J/kg(不包括出口能量损失)，试求管路中水的体积流量为多少？

解　根据题意，选取高位槽液面为截面 1-1′，管出口截面为 2-2′(内侧)，取出口管中心线为基准水平面。

在两截面间列伯努利方程式，即

$$gz_1+\frac{p_1}{\rho}+\frac{u_1^2}{2}+W_e=gz_2+\frac{p_2}{\rho}+\frac{u_2^2}{2}+\sum R$$

已知：$z_1=4.2$ m，$z_2=0$；$p_1=p_2=0$(表压)；$W_e=0$；$u_1=0$；$\sum R=39.2$ J/kg。

将上述数据代入伯努利方程式，解得

$$u_2=2\ \text{m/s}$$

则体积流量

$$q_V=Au=\frac{\pi}{4}d^2u_2=\frac{\pi}{4}\times(0.114-0.004\times2)^2\times2\times3\ 600=63.54\ \text{m}^3/\text{h}$$

评析　由本题可知，应用伯努利方程式解题时，需要注意下列事项：

① 选取截面

选取截面时应考虑到流体输送系统应在连续、稳定的范围内。在本例中，截面 2-2′一定要选在管内侧，这样才可以求出流速，并与阻力损失的大小相对应。

需要说明的是，只要在连续稳定的范围内，任意两个截面均可选用。不过，为了计算方便，截面常取在输送系统的起点和终点的相应截面，因为起点和终点的已知条件多。另外，两截面均应与流动方向垂直，如图 1-14 所示的输送系统，下游截面应选截面 2-2′，而不能选截面 3-3′。

② 确定基准面

基准面是用以衡量位能大小的基准。为了简化计算，通常取相应于所选定的截面之中较低的一个水平面为基准，如图 1-14 所示的截面 2-2′为基准面比较合适。这样，例 1-7 中 z_2 为零，z_1 值等于两截面之间的垂直距离。由于所选的截面 2-2′与基准水平面不平行，则 z_2 值应取截面 2-2′中心点到基准水平面之间的垂直距离。

③ 压力

压力的概念已在静力学中说明了。这里需要强调的是，伯努利方程式中的压力 p_1 与 p_2 只能同时使用表压或绝对压力，不能混合使用。

【例 1-8】 如图 1-15(a) 所示，20 ℃ 的水（密度为 998.2 kg/m^3）从水平均匀直管中流过，截面 1-1′ 和 2-2′ 间的倒 U 形管压差计读数 R 为 10 mm，指示剂为空气，密度为1.2 kg/m^3，试求：(1) 两截面间的压差为多少？(2) 若指示剂改为密度为 900 kg/m^3 的煤油，R 变为多少？(3) 若管路倾斜放置，两截面间的垂直高度差 a 为 0.3 m，如图 1-15(b) 所示，指示剂仍为空气，压差计读数及两截面间的压差有何变化？

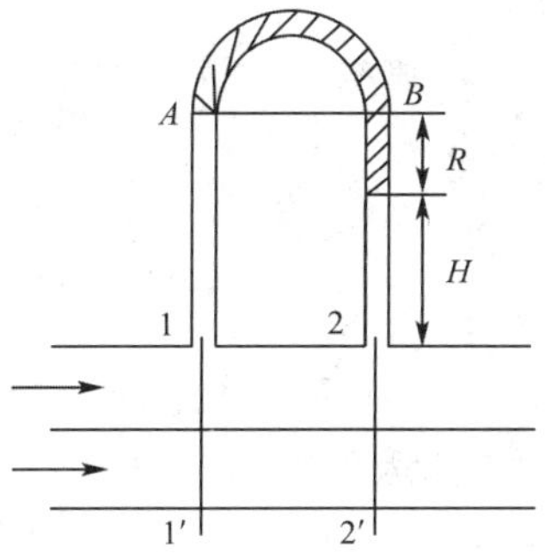

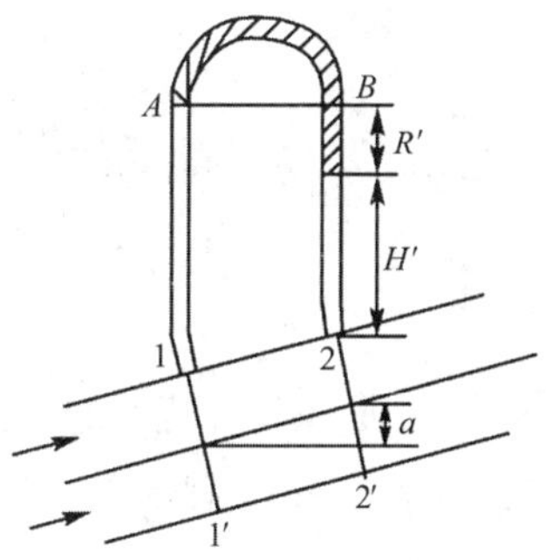

图 1-15　例 1-8 附图

解　(1) 由静力学方程式得

$$p_1 = \rho g(R + H) + p_A$$

$$p_2 = \rho g H + \rho_0 g R + p_B$$

因为 $p_A = p_B$，所以

$$p_1 - p_2 = (\rho - \rho_0)gR = (998.2 - 1.2) \times 9.81 \times 0.01 = 97.81 \text{ Pa}$$

(2) 指示剂变为煤油时，压差并不改变，因此

$$p_1 - p_2 = (\rho - \rho_0')gR$$

所以

$$R = \frac{p_1 - p_2}{(\rho - \rho_0')g} = \frac{97.81}{(900 - 1.2) \times 9.81} = 11.1 \text{ mm}$$

(3) 当管路倾斜放置，在截面 1-1′ 和截面 2-2′ 间列伯努利方程式

$$gz_1 + \frac{p_1}{\rho} + \frac{u_1^2}{2} = gz_2 + \frac{p_2}{\rho} + \frac{u_2^2}{2} + \sum R$$

可得

$$p_1 - p_2 = \rho \sum R + \rho g a$$

流量不变时，阻力损失不变，所以压差变大。

由静力学方程式得两截面间压差为

$$p_1 - p_2 = \rho g a + (\rho - \rho_0)gR$$

则

$$R = \frac{\rho \sum R}{(\rho - \rho_0)g}$$

由伯努利方程式可知，管路水平放置时两截面压差为

$$p_1 - p_2 = \rho \sum R$$

压差计读数为

$$R=\frac{\rho\sum R}{(\rho-\rho_0)g}$$

比较水平和倾斜两种情况下压差计读数表达式可知，管路倾斜放置时，压差计读数不变。

1.4 流体流动的阻力

由前述可知，在使用伯努利方程式进行管路计算时，如果流体不能视为理想流体，就必须知道能量损失的数值。本节将讨论产生能量损失的原因及计算方法。

1.4.1 牛顿黏性定律

与固体一样，流体在流动时也会产生摩擦力，只是这种摩擦力并不是由于流体与壁面间的摩擦而产生的。1687 年，牛顿在《自然哲学的数学原理》一书中提出了牛顿黏性假说，他将流体看成由许多流体薄层组成，流体层间的摩擦力称为内摩擦力或黏滞力，并通过假想实验说明了内摩擦力的影响因素。

在两块面积很大而间距很小的大平板间充满某种静止流体，如图 1-16 所示，在某一时刻，用力 F 以速度 u 水平移动上面一块大平板。由于黏附作用，紧贴在该板上的一层流体也必然以速度 u 随平板运动；而紧靠下层平板的流体，因附着于板面而静止不动，在两层平板之间流体中则形成上大下小的流速分布。此两平板间的液体可看成许多平行于平板的流体层，层与层之间存在着速度差，即各液层之间存在着相对运动。当流速不大时，层间的速度变化是线性的。由于液体分子运动的结果，运动较快的液层对其相邻的运动较慢的液层，有着拖动其向运动方向前进的力。而同时运动较慢的液层，对其上运动较快的液层也作用着一个大小相等、方向相反的力，从而阻碍较快的液层的运动。这种运动着的流体内部相邻两流体层间产生的相互作用力即为内摩擦力。流体运动时内摩擦力的大小，体现了流体黏性的大小，它是流动阻力产生的原因之一。

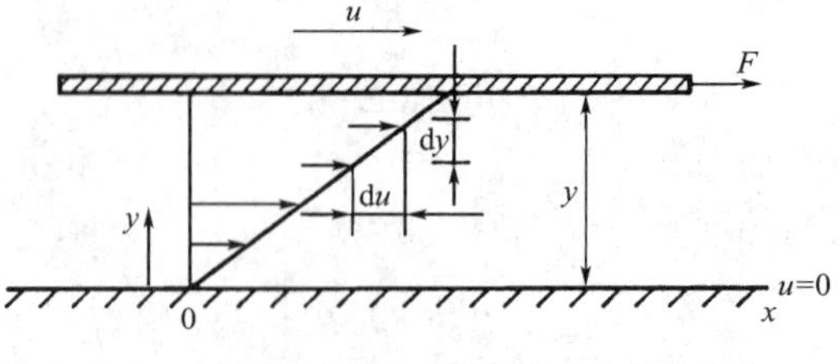

图 1-16　平板间流体的内摩擦力与速度梯度的关系

根据实验测定，内摩擦力 F 与黏度 μ、平板面积 A 以及速度梯度 $\frac{du}{dy}$ 有如下关系：

$$\frac{F}{A}=\mu\frac{du}{dy}$$

令 $\tau = \dfrac{F}{A}$,则

$$\tau = \mu \frac{\mathrm{d}u}{\mathrm{d}y} \tag{1-36}$$

式中 τ—— 内摩擦应力,Pa;

μ—— 流体的黏度,Pa·s;

$\dfrac{\mathrm{d}u}{\mathrm{d}y}$—— 法向速度梯度,$s^{-1}$。

式(1-36)所表示的关系称为牛顿黏性定律。它的物理意义是流体流动时产生的内摩擦应力与法向速度梯度成正比。满足牛顿黏性定律的流体称为牛顿型流体,反之为非牛顿型流体。本书仅讨论牛顿型流体的流动规律。

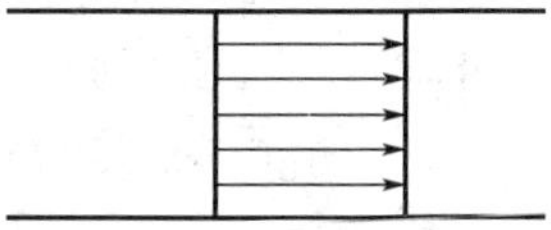

图 1-17 理想流体的速度分布

对于理想流体,由于黏度为零,其速度分布将是均匀的,如图 1-17 所示。

1.4.2 流体流动类型与雷诺数

1. 流体的流动类型

观察流体流动我们发现,依不同的流动条件,流体可以出现两种不同的流动状态。一种如前面提到的大平板间流体的分层流动,另一种则体现在流体质点剧烈扰动的流动。这种现象可用雷诺实验进行说明。

图 1-18 为雷诺实验装置示意图。有一入口为喇叭状的玻璃管浸没在透明的水槽内,管出口有调节水流量用的阀门,水槽上方的小瓶内充有有色示踪液体。实验时,有色液体从瓶中流出,经喇叭口中心处的针状细管流入玻璃管内。从有色流体的流动情况可以观察到玻璃管内水流中质点的运动情况,如图 1-19 所示。

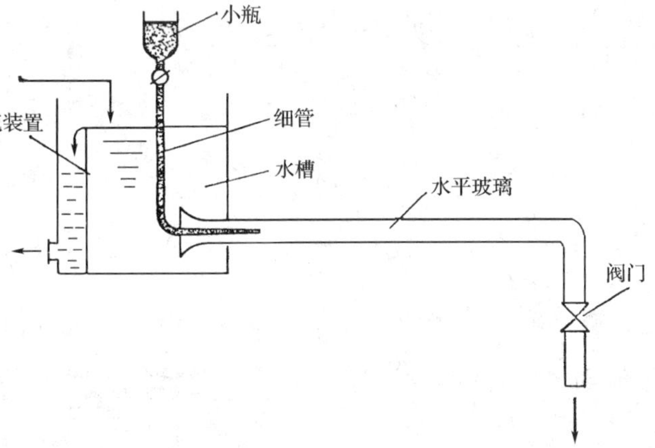

图 1-18 雷诺实验装置示意图

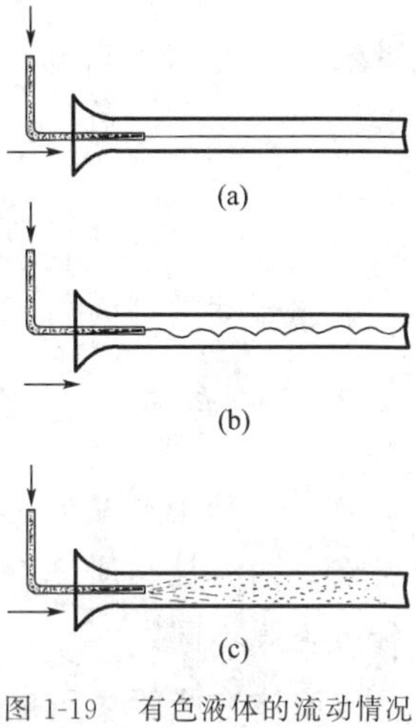

图 1-19 有色液体的流动情况

流速较小时,管中心的有色流体在管内沿轴线方向成一条轮廓清晰的直线,平稳地流过整根玻璃管,与旁侧的水丝毫不相混合。此实验现象表明,水的质点在管内都是沿着与管轴平行的方向做直线运动。当开大阀门使水流速逐渐增大到一定数值时,呈直线流动的有色细流便

开始出现波动而成波浪形细线，并且不规则地波动，并随阀门的继续开大而波动加剧；速度增大到某一数值时，细线被冲断而向四周散开，最后可使整个玻璃管中的水呈现均匀的颜色。显然，此时流体的流动状况已发生了质的变化。

上述实验表明：流体在管道中的流动状态可分为两种类型：

（1）当流体在管中流动时，若其质点始终沿着与管轴平行的方向做直线运动，质点之间互不混合，充满整个管的流体就如一层一层的同心圆筒在平行地流动，这种流动状态称为层流或滞流。

（2）当流体流速增大时，若有色液体与水迅速混合，则表明流体质点除了沿着管道向前流动外，各质点还做剧烈的径向脉动，这种流动状态称为湍流或紊流。

从层流到湍流的变化可有一过渡状态，这种状态是不稳定的。

2. 雷诺数

不同的流体和不同的管径所获得的实验结果表明：影响流体流动类型的因素，除了流体的流速 u 外，还有管径 d、流体密度 ρ 和流体的黏度 μ。u、d、ρ 越大，μ 越小，就越容易从层流转变为湍流。雷诺得出结论：上述 4 个因素所组成的数群 $du\rho/\mu$ 是判断流体流动类型的依据。该数群称为雷诺准数，或雷诺数，用 Re 表示。雷诺数的因次是

$$[Re]=\left[\frac{du\rho}{\mu}\right]=\frac{\mathrm{L}\cdot\dfrac{\mathrm{L}}{\mathrm{T}}\cdot\dfrac{\mathrm{M}}{\mathrm{L}^3}}{\dfrac{\mathrm{M}}{\mathrm{L}\cdot\mathrm{T}}}=\mathrm{L}^0\mathrm{M}^0\mathrm{T}^0 \tag{1-37}$$

上述结果表明，Re 是一个无因次数群。不管采用何种单位制，只要 Re 中各物理量用同一单位制的单位，所求得 Re 的数值均相同。根据大量实验得知：当 $Re\leqslant 2\ 000$ 时，流动类型为层流；当 $Re\geqslant 4\ 000$ 时，流动类型为湍流；当 $2\ 000<Re<4\ 000$ 时，流动类型不稳定，可能是层流，也可能是湍流，或是两者交替出现，流动类型与外界干扰情况有关。例如周围振动及管道入口处等都易出现湍流。这一范围称为过渡区。

【例 1-9】 试计算例 1-5 中水的雷诺数，并判断其流动类型。

解 由例 1-5 可知，水的流速为 1.41 m/s，密度为 998.2 kg/m³，管内径为 0.1 m，由附录 5 查得 20 ℃ 水的黏度为 100.5×10^{-5} Pa·s，则雷诺数为

$$Re=\frac{du\rho}{\mu}=\frac{0.1\times1.41\times998.2}{100.5\times10^{-5}}=140\ 045.97>4\ 000$$

水的流动类型为湍流。

1.4.3 流体在圆管内的速度分布

流体在圆管内的速度分布是指流体流动时，管截面上质点的轴向速度沿半径的变化。由于层流与湍流是本质完全不同的两种流动类型，故两者速度分布规律不同。

1. 流体在圆管中层流时的速度分布

由实验可以测得层流流动时的速度分布，即沿着管径测定不同半径处的流速，标绘在图上，连成光滑曲线。可以发现，速度分布为抛物线形状，如图 1-20 所示。管中心的流速最大，

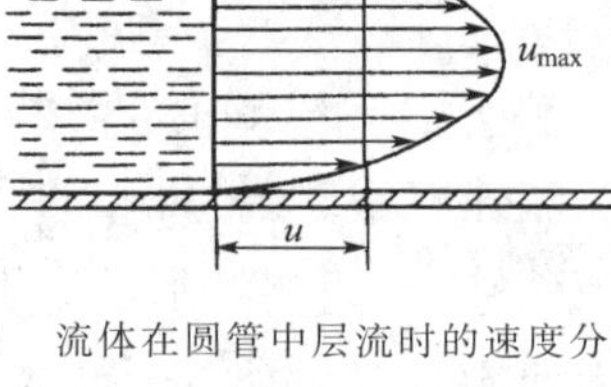

图 1-20　流体在圆管中层流时的速度分布

向管壁的方向渐减，靠管壁的流速为零。由理论推导可知，其平均速度为最大速度的一半。

实验证明，层流速度的抛物线分布规律，并不是流体刚入管口就立刻形成的，而是要流过一段距离后才能充分发展成抛物线的形状。其发展过程说明如下：

假设流体在流入管口之前速度分布是均匀的，进入管口之后，靠近管壁的一层非常薄的流体层，因附着在管壁上，其速度突然降为零。而流体在继续往管中流动的过程中，靠近管壁的各层流体，由于黏性的作用，而逐渐滞缓下来。又由于各截面上的流量为一定值，管中心处各点的速度必然增大。当液体深入一定距离之后，管中心的速度等于平均速度的两倍时，层流速度分布的抛物线规律才完全形成。尚未形成层流抛物线规律的这一段，称为层流的进口段。由于进口段内流体流动是不稳定的，考察流体流动状态以及测量流动参数要避开进口段。

2. 流体在圆管中湍流时的速度分布

流体做湍流流动时，流体中充满着各种大小的旋涡，流体质点除了沿管道轴线方向流动外，在半径方向上，流体质点的运动方向和速度大小随时在变化，即发生所谓的径向脉动。但由于管内流体是在稳定情况下流动的，对于整个管截面来说，流体的平均速度是不变的。在管中心部分为湍流的核心部分，流体质点除了沿管道轴线方向流动外，还在截面上横向脉动，产生旋涡。流速较快的质点带动较慢的质点，同时流速较慢的质点阻滞着流速较快的质点的运动。流体质点间进行着湍流动量传递，使管截面上的速度分布比较均匀。雷诺数增大，流体湍动程度增大，速度分布曲线顶部区域则越宽阔而平坦。图1-21为湍流速度分布。

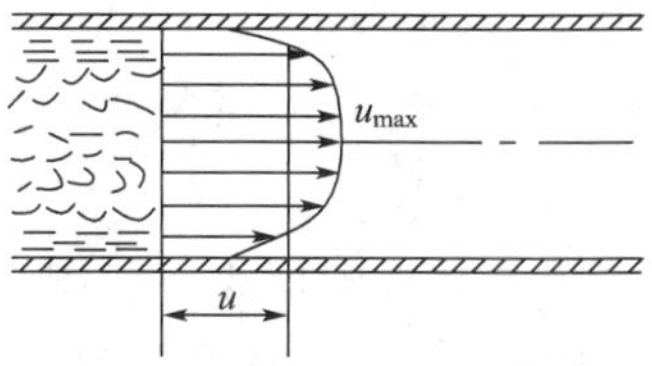

图1-21　流体在圆管中湍流时的速度分布

值得注意的是，在靠近管壁的区域，仍有一极薄的流体做层流流动，称这一极薄流体层为层流内层或层流底层。流体的湍流程度越大，层流底层越薄。层流底层的存在，对传质、传热有着重要影响。

1.4.4　管、管件及阀门

管路系统是由管、管件、阀门以及流体输送机械等组成的。当流体流经管、管件和阀门时，会产生旋涡而消耗能量。因此，在讨论流体在管内的流动阻力时，必须对管、管件以及阀门有所了解。

1. 管

管子的种类很多，目前已在化工生产中广泛应用的有铸铁管、钢管、特殊钢管、有色金属管、塑料管及橡胶管等。钢管又有有缝与无缝之分。有色金属管又可分为紫铜管、黄铜管、铅管及铝管等。有缝钢管多用低碳钢制成；无缝钢管的材料有普通碳钢、优质碳钢以及不锈钢等。不锈钢管价格昂贵，但适用于输送强腐蚀性的流体，如稀硝酸用管、混酸用管等。铸铁管常用于埋在地下的给水总管、煤气管及污水管等。输送浓硝酸、稀硫酸则应分别使用铝管及铅管。

管子的规格有以下几种表示方法：

(1) 以 $\phi A\times B$ 表示，其中 A 指管外径，B 指管壁厚度，如 ϕ108 mm×4 mm 即管外径为108 mm，管壁厚度为4 mm。这种方法常用于普通无缝钢管。

(2) 以公称直径表示，常用于承插式铸铁管、输水管及燃气输送管路。如800 mm管子，1/8英寸管，800和1/8并不等于内径或外径。

2. 管件

管件为管与管的连接部件，它主要是用来改变管道方向、连接支管、改变管径及堵塞管道等，常用的管件有弯头、三通、活管接、大小头等。图 1-22 所示为管路中常用的几种管件。

管件

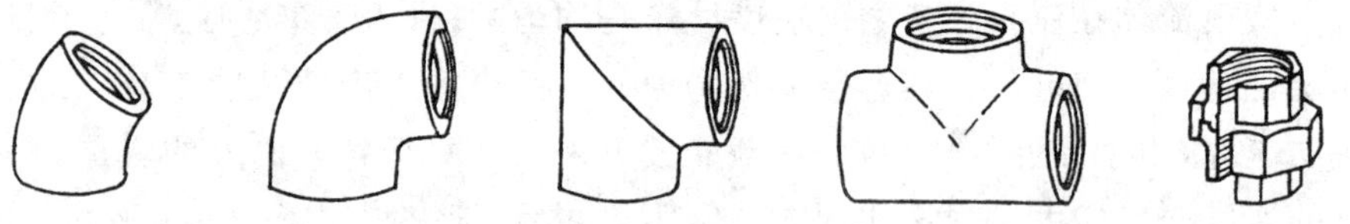

(a) 45°弯头　(b) 90°弯头　(c) 90°方弯头　(d) 三通　(e)活管接

图 1-22　常用管件

3. 阀门

阀门装于管道中用以调节流量。常用的阀门有以下几种：

(1) 截止阀

截止阀构造如图 1-23 所示，它是依靠阀盘的上升或下降，改变阀盘与阀座的距离，以达到调节流量的目的。

截止阀构造比较复杂，在阀体部分流体流动方向经数次改变，流动阻力较大。但这种阀门严密可靠，而且可较精确地调节流量，所以常用于蒸气、压缩空气及液体输送管道。若流体中含有悬浮颗粒时应避免使用。

(2) 闸阀

闸阀又称闸板阀。如图 1-24 所示，闸阀是利用闸板的上升或下降，以开启或关闭管路。

闸阀构造简单，液体阻力小，且不易被悬浮物堵塞，故常用于大直径管道。其缺点是闸阀阀体高，制造、检修比较困难。闸阀的阀瓣频繁运动，很容易被磨损而产生泄漏，所以不宜用闸阀调节流量。

单向阀

(3) 止逆阀

止逆阀又称单向阀。其用途在于只允许流体沿单方向流动。如遇到有反向流动时，阀自动关闭，如图 1-25 所示。止逆阀只能在单向开关的特殊情况下使用。离心泵吸入管路上就装有止逆阀，往复泵的进口和出口也装有止逆阀。

除以上几种外，常用的阀门还有球阀、疏水阀、安全阀等。

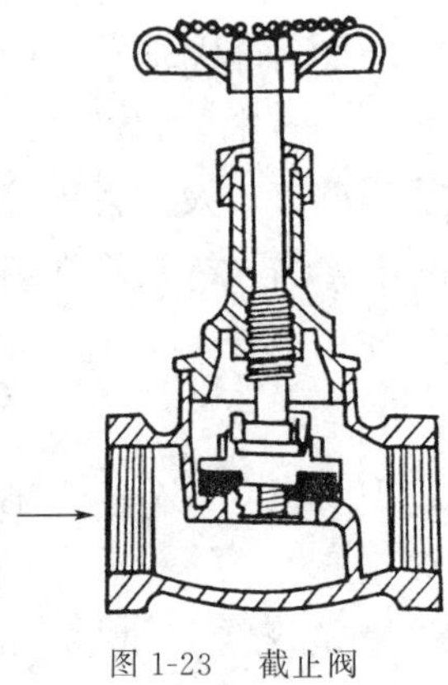

图 1-23　截止阀

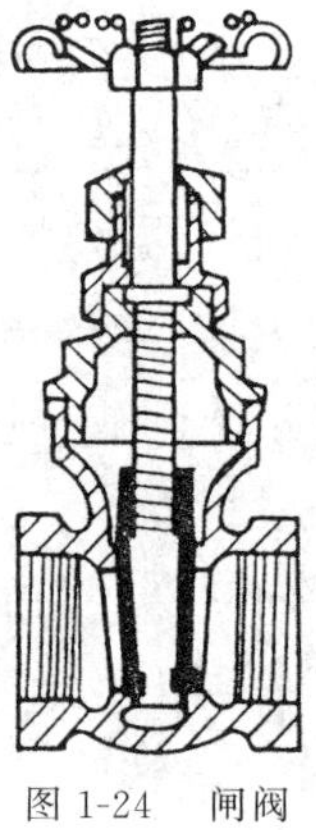

图 1-24　闸阀

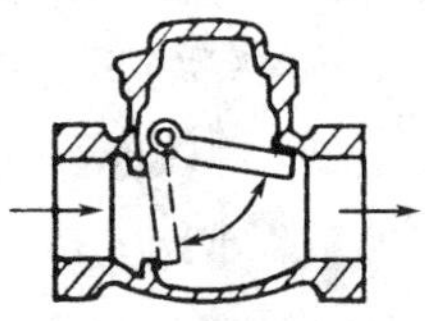

图 1-25　止逆阀

1.4.5 流体在直管中的流动阻力

流体在直管中流动时产生内摩擦力而引起的阻力损失称为直管阻力损失；而流体流经管件、阀门等所产生的阻力损失称为局部阻力损失。局部阻力损失是由于流体改变方向产生的漩涡引起的。

1. 直管阻力计算式

如图1-26所示，流体在一段水平管内稳定流动，在截面1-1′和截面2-2′间列伯努利方程式：

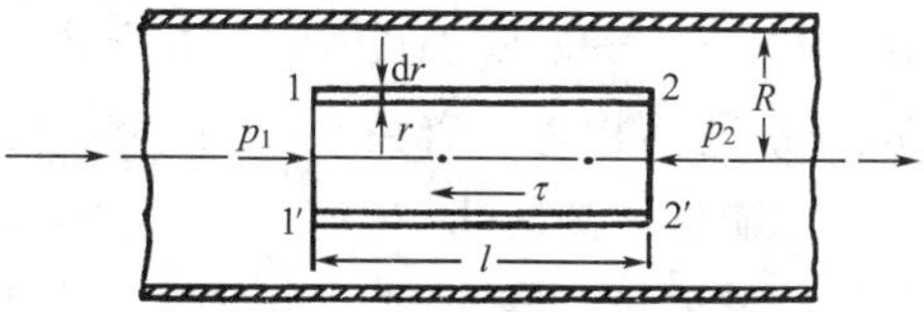

图1-26 范宁公式的推导

$$gz_1+\frac{p_1}{\rho}+\frac{u_1^2}{2}=gz_2+\frac{p_2}{\rho}+\frac{u_2^2}{2}+\sum R$$

因为

$$z_1=z_2, u_1=u_2=u$$

所以

$$p_1-p_2=\rho\sum R \tag{1-38}$$

现对长度为 l 的流体柱做受力分析。

垂直作用于截面1-1′上的压力为

$$p_1A=p_1\frac{\pi}{4}d^2$$

垂直作用于截面2-2′上的压力为

$$p_2A=p_2\frac{\pi}{4}d^2$$

平行作用于流体柱表面的摩擦力为

$$F=\tau A=\tau\pi dl$$

根据牛顿第二定律，流体保持匀速运动的条件是：作用于流体柱上的合外力为零。即

$$(p_1-p_2)\frac{\pi}{4}d^2=\tau\pi dl$$

则

$$p_1-p_2=\frac{4l}{d}\tau$$

将式(1-38)代入上式，得

$$\sum R=\frac{4l}{\rho d}\tau \tag{1-39}$$

式(1-39)为流体流动阻力与内摩擦力的关系式，但内摩擦力的表达式与流体流动状况有关，式(1-39)还需进一步变换。经常把流体流动阻力表示为动能的平方的函数，即把式(1-39)写成：

$$\sum R=\frac{4\tau}{\rho}\frac{2}{u^2}\frac{l}{d}\frac{u^2}{2}$$

令 $\lambda=\frac{8\tau}{\rho u^2}$，则

$$\sum R=\lambda\frac{l}{d}\frac{u^2}{2} \tag{1-40}$$

或

$$\Delta p_f = \rho \sum R = \lambda \frac{l}{d} \frac{\rho u^2}{2} \tag{1-41}$$

式中　λ—— 摩擦系数；

Δp_f—— 流体流动的压力降，Pa。

式(1-40) 和式(1-41) 称为范宁公式，适用于层流和湍流的阻力损失的计算。λ 与流体流动状况、管路粗糙度有关。下面分别讨论层流和湍流时 λ 的计算方法。

2. 流体层流时摩擦系数的计算方法

设流体在半径为 R 的水平直管内做层流流动，在管中心线处取一流体柱，其半径为 r，长度为 l，如图 1-27 所示，对该流体柱做受力分析。

作用于流体柱两端面的压力为 $p_1\pi r^2$ 和 $p_2\pi r^2$，设距管中心 r 处的流体速度为 u_r，$(r+\mathrm{d}r)$ 处的相邻流体层的速度为 $(u_r+\mathrm{d}u_r)$，则流体的速度梯度为 $\frac{\mathrm{d}u_r}{\mathrm{d}r}$，相邻流体层间内摩擦应力为 τ_r，根据牛顿黏性定律得

$$\tau_r = -\mu \frac{\mathrm{d}u_r}{\mathrm{d}r}$$

式中，负号是由于沿半径方向的速度梯度为负。

作用在流体柱上的内摩擦力为

$$\tau_r A = -\mu \frac{\mathrm{d}u_r}{\mathrm{d}r}(2\pi r l) = -2\pi r l \mu \frac{\mathrm{d}u_r}{\mathrm{d}r}$$

流体做匀速运动时，合外力为零，即

$$p_1\pi r^2 - p_2\pi r^2 = (p_1 - p_2)\pi r^2 = \Delta p_f \pi r^2 = -2\pi r l \mu \frac{\mathrm{d}u_r}{\mathrm{d}r}$$

整理得

$$\mathrm{d}u_r = -\frac{\Delta p_f}{2\mu l} r\,\mathrm{d}r$$

积分边界条件为：$r=r, u_r=u_r$；$r=R, u_r=0$。积分得

$$u_r = \frac{\Delta p_f}{4\mu l}(R^2 - r^2) \tag{1-42}$$

式(1-42) 即为流体在圆形直管内做层流流动的速度分布，称为抛物线方程。

根据管截面的速度分布，可求得通过整个截面的流量。如图 1-27 所示，取半径 r 处厚度为 $\mathrm{d}r$ 的一个微小环形面积，通过此环形面积的流量为

$$\mathrm{d}q_V = 2\pi r\,\mathrm{d}r u_r$$

将式(1-42) 代入上式并积分得

$$q_V = \int_0^R 2\pi u_r r\,\mathrm{d}r$$

而平均流速为

$$u = \frac{q_V}{A}$$

于是

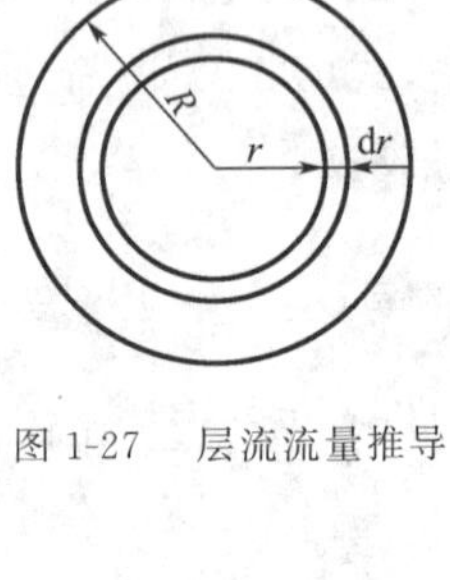

图 1-27　层流流量推导

$$u=\frac{\Delta p_{\mathrm{f}}}{2\mu lR^{2}}\int_{0}^{R}(R^{2}-r^{2})r\mathrm{d}r=\frac{\Delta p_{\mathrm{f}}}{8\mu l}R^{2}$$

把 $R=\frac{d}{2}$ 代入上式，经整理得

$$\Delta p_{\mathrm{f}}=\frac{32\mu lu}{d^{2}} \tag{1-43}$$

式(1-43)为流体做层流流动时的直管阻力计算式，称为哈根-泊谡叶方程。

将式(1-43)与式(1-41)相比较可知

$$\lambda=\frac{64\mu}{du\rho}=\frac{64}{\frac{du\rho}{\mu}}=\frac{64}{Re} \tag{1-44}$$

式(1-44)为流体在圆管内做层流流动时 λ 与 Re 的关系式。

3. 流体湍流时摩擦系数的计算方法

流体做湍流流动时的摩擦阻力不仅与 Re 有关，还与管壁的粗糙度有关。

(1) 管壁粗糙度的影响

化工生产上所铺设的管道，按其材料的性质和加工情况，可大致分为光滑管与粗糙管。通常把玻璃管、黄铜管、塑料管等称为光滑管；把钢管和铸铁管等称为粗糙管。实际上，即使是用同一材质的管子铺设的管道，由于使用时间的长短、腐蚀与结垢的程度不同，管壁的粗糙度也会有很大的差异。

流体做湍流流动时，管壁粗糙度对能量损失有影响。管壁粗糙面凸出部分的平均高度，称为绝对粗糙度，以 ε 表示。绝对粗糙度 ε 与管内径 d 之比 $\frac{\varepsilon}{d}$ 称为相对粗糙度。表1-1列出某些工业管道的绝对粗糙度。

表1-1 某些工业管道的绝对粗糙度

金属管	绝对粗糙度 ε/mm	非金属管	绝对粗糙度 ε/mm
无缝黄铜管、铜管及铅管	0.01～0.05	干净玻璃管	0.0015～0.01
钢管、锻铁管	0.046	橡皮软管	0.01～0.03
新无缝钢管、镀锌铁管	0.1～0.2	木管道	0.25～1.25
新铸铁管	0.3	陶土排水管	0.45～6.0
具有轻度腐蚀的无缝钢管	0.2～0.3	很好整平的水泥管	0.33
具有显著腐蚀的无缝钢管	0.5以上	石棉水泥管	0.03～0.8
旧铸铁管	0.85以上		
铆钢	0.9～9		

(2) 因次分析

前面已经指出，在湍流情况下，由于流体质点的不规则运动，所产生的内摩擦力比层流要大得多，而且内摩擦力的大小不能用牛顿黏性定律来表示，所以必须通过实验研究的方法得到湍流摩擦系数的计算式。

通过实验可知，影响湍流阻力损失的因素有：流体的物理性质(包括黏度和密度)，管路的几何尺寸(包括管长和管径)，流体的流速，管路的相对粗糙度。将阻力损失写成上述影响因素的函数：

$$\sum R=f\left(\rho,\mu,d,l,u,\frac{\varepsilon}{d}\right) \tag{1-45}$$

式(1-45)所包含的变量有7个，确定这样一个多变量的函数关系，实验的工作量必然很大，同时还要将实验结果关联成一个便于应用的关系式，往往很困难，有时几乎不可能。

利用因次分析法可将简单变量的关系式变换成无因次数群的关系式，而数群的数目与变量的数目相比要大大减少，这样，实验次数可以大大减少，数据关联工作也将大为简化。

因次分析法的基础是因次一致性原则和 π 定理。

因次一致性原则是指任何一个物理方程两边，不仅数值相等，因次也必须相等。

π 定理是指任何一个物理方程都可以转变为无因次形式，即以无因次数群代替物理方程，无因次数群的个数等于变量数减去基本因次数。

具体的因次分析过程，以层流摩擦阻力计算式 —— 范宁公式 —— 为例。

$$\sum R=\lambda\frac{l}{d}\frac{u^2}{2}=\frac{64}{Re}\frac{l}{d}\frac{u^2}{2}$$

$$\frac{\sum R}{u^2/2}=\frac{64}{Re}\frac{l}{d}$$

即

$$\frac{\sum R}{u^2/2}=f\left(Re,\frac{l}{d}\right)$$

式中 $\frac{\sum R}{u^2/2}$、Re 和 $\frac{l}{d}$ —— 无因次数群。

湍流时阻力损失的影响因素是在层流的基础上加上相对粗糙度。可以设想，湍流时阻力损失的无因次数群表达式可能为

$$\frac{\sum R}{u^2/2}=f\left(Re,\frac{l}{d},\frac{\varepsilon}{d}\right)$$

上面的表达式包括4个变量，比式(1-45)少了3个。下面来验证这一设想。

因次分析研究方法可总结为以下步骤：

① 对所研究的过程做初步实验，找出所求函数的所有影响因素。这一步很重要，它决定了最后的表达式是否正确。

② 通过无因次化将复杂的函数表达式变换为无因次数群的形式。

③ 做实验确定具体的函数关系。

第①步的结果为式(1-45)，将式(1-45)无因次化。

首先，将式(1-45)写成幂函数的形式，即

$$\sum R=Kd^a l^b \mu^c \rho^d \left(\frac{\varepsilon}{d}\right)^e u^f \tag{1-46}$$

其次，列出各物理量的因次，即

$$\left[\sum R\right]=L^2T^{-2},\quad [d]=L,\quad [l]=L,\quad [\mu]=ML^{-1}T^{-1},$$

$$[\rho]=ML^{-3},\quad \left[\frac{\varepsilon}{d}\right]=M^0L^0T^0,\quad [u]=LT^{-1}$$

代入式(1-46)，得

$$L^2T^{-2}=KL^aL^b(ML^{-1}T^{-1})^c(ML^{-3})^d(LT^{-1})^f$$

整理得

$$L^2T^{-2}=KL^{(a+b-c-3d+f)}M^{(c+d)}T^{(-c-f)}$$

由因次一致性原则得

对L： $a+b-c-3d+f=2$

对M： $c+d=0$

对T： $-c-f=-2$

设 b、f 为已知，则

$$a=-2-b+f$$

$$c=2-f$$

$$d=f-2$$

将以上结果代回式(1-46)，得

$$\sum R=Kd^{(-2-b+f)}l^b\mu^{(2-f)}\rho^{(f-2)}\left(\frac{\varepsilon}{d}\right)^e u^f$$

将指数相同的物理量合在一起，得

$$\sum R=K\left(\frac{d\rho}{\mu}\right)^{-2}\left(\frac{l}{d}\right)^b\left(\frac{du\rho}{\mu}\right)^f\left(\frac{\varepsilon}{d}\right)^e$$

$$\sum R=u^2K\left(\frac{du\rho}{\mu}\right)^{f-2}\left(\frac{l}{d}\right)^b\left(\frac{\varepsilon}{d}\right)^e$$

令 $h=f-2$，得

$$\frac{\sum R}{u^2/2}=2K\left(\frac{du\rho}{\mu}\right)^h\left(\frac{l}{d}\right)^b\left(\frac{\varepsilon}{d}\right)^e$$

式(1-47)可写成

$$\frac{\sum R}{u^2/2}=f\left(Re,\frac{l}{d},\frac{\varepsilon}{d}\right) \tag{1-47}$$

式(1-47)即为湍流时阻力损失的无因次数群函数式。具体的函数关系仍需实验测定。

与范宁公式比较可知：

$$\lambda=f\left(Re,\frac{\varepsilon}{d}\right) \tag{1-48}$$

只需测得式(1-48)所表达的关系，便可根据范宁公式求得湍流的摩擦阻力。

因次分析法除了可以减少实验工作量外，还有以下优点：可将小尺寸模型的实验结果应用于大型装置；可将水、空气等介质的实验结果应用于其他流体。

以式(1-47)为例，由于该式为无因次数群关系式，改变数群中任一变量的值即可改变数群的值。因此，对 $\frac{\sum R}{u^2/2}$，可改变流速 u；对 $\frac{l}{d}$，可改变测压点位置；对 $\frac{\varepsilon}{d}$，可改变管径 d。无须改变流体种类、管子种类。

(3) 湍流流动的摩擦系数

摩擦系数 λ 与雷诺数及相对粗糙度的关系由实验确定，并绘在图 1-28 上。该图可分为 4 个区域：

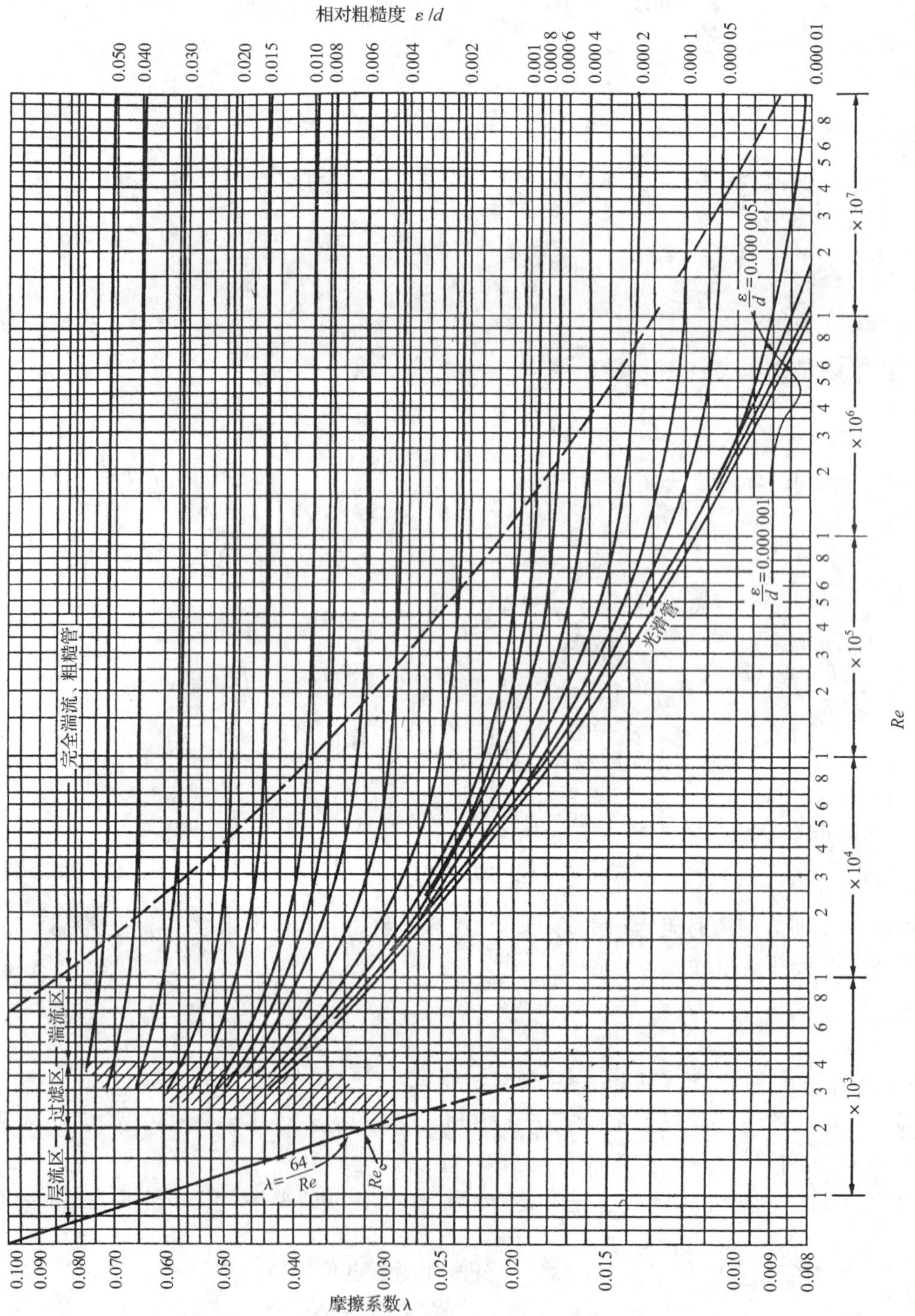

图 1-28　摩擦系数 λ 与雷诺数及相对粗糙度的关系

① 层流区：$Re \leqslant 2\,000$，$\lambda = \dfrac{64}{Re}$，λ 与 Re 为直线关系，而与 $\dfrac{\varepsilon}{d}$ 无关。阻力损失与速度的一次方成正比。

因为流体做层流流动时，管壁上凸凹不平的地方都被有规则的流体层所覆盖，而流动速度又比较缓慢，流体质点对管壁凸出部分不会有碰撞作用。所以在层流时，摩擦系数与管壁粗糙度无关。

② 过渡区：$2\,000 < Re < 4\,000$，流动类型不稳定，为安全起见，一般按湍流计算 λ。

③ 湍流区：$Re \geqslant 4\,000$ 及虚线以下的区域，λ 与 Re 和 $\dfrac{\varepsilon}{d}$ 均有关。

④ 完全湍流区（在图中虚线以上的区域）：λ 仅与 $\dfrac{\varepsilon}{d}$ 有关，而与 Re 无关。Re 一定时，λ 随 $\dfrac{\varepsilon}{d}$ 增大而增大。由于阻力损失与速度的平方成正比，此区域也称为阻力平方区。

流体做湍流流动时，靠管壁处总是存在着一层层流底层。如果层流底层的厚度大于壁面的绝对粗糙度，此时管壁粗糙度对摩擦系数的影响与层流相近。随着 Re 的增加，层流底层的厚度逐渐变薄，当其小于管壁的绝对粗糙度时，壁面凸出部分便深入湍流区内与流体质点发生碰撞，使湍动加剧，此时壁面粗糙度对摩擦系数的影响便成为重要的因素。Re 越大，层流底层越薄，这种影响越显著。

湍流摩擦系数 λ 除了可以查图，还可以采用经验公式计算。

(1) 伯拉修斯(Blasius) 公式

$$\lambda = \frac{0.316\,4}{Re^{0.25}} \tag{1-49}$$

适用于 $2.5 \times 10^{3} < Re < 10^{5}$ 的光滑管。

(2) 考莱布鲁克(Colebrook) 公式

$$\frac{1}{\sqrt{\lambda}} = 1.74 - 2\lg\left(\frac{2\varepsilon}{d} + \frac{18.7}{Re\sqrt{\lambda}}\right) \tag{1-50}$$

式(1-50) 适用于湍流区的光滑管与粗糙管直至完全湍流区。在完全湍流区 Re 对 λ 的影响很小，式(1-50) 中含 Re 的项可以忽略。

(3) 顾毓珍公式

$$\lambda = 0.005\,6 + \frac{0.500}{Re^{0.32}} \tag{1-51}$$

顾毓珍

式(1-51) 适用于光滑管 $3 \times 10^{3} < Re < 3 \times 10^{6}$。

除此之外，λ 的计算式还有很多，读者可参考有关资料。需要说明的是，每一个经验公式都有各自的应用条件，选用时要注意。

4. 非圆形管内流动阻力

前面所讨论的是流体在圆管内的流动阻力。当流体在非圆形管内湍流流动时，计算 $\sum R$ 时管径 d 用当量直径 d_e 代替。

当量直径是流体流经管道截面积的 4 倍除以流体润湿周边长度，即

$$d_e = \frac{4A}{L} = 4r_H \tag{1-52}$$

式中　d_e—— 当量直径，m；

r_H—— 水力半径，m。

如图 1-29 所示的套管的环隙，当外管的内径为 d_2，内管的外径为 d_1 时，则

$$d_e = \frac{4\left(\frac{\pi}{4}d_2^2 - \frac{\pi}{4}d_1^2\right)}{\pi d_1 + \pi d_2} = d_2 - d_1$$

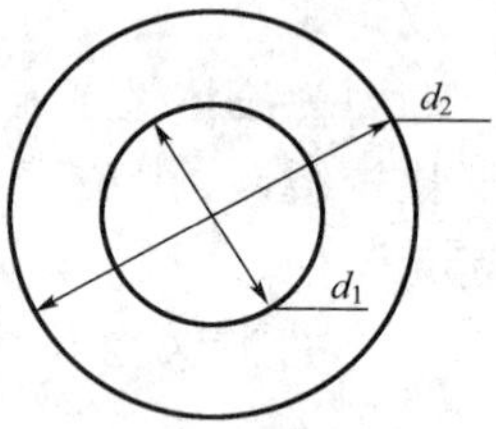

图 1-29　套管的环隙

对于矩形管，截面的长为 a，宽为 b，则

$$d_e = \frac{4ab}{2(a+b)} = \frac{2ab}{a+b}$$

在层流情况下，当采用当量直径计算阻力时，$\lambda = C/Re$，C 可由表 1-2 查得。

表 1-2　某些非圆形管的当量直径 d_e 及 C 值

非圆形管的截面形状	当量直径 d_e	C	非圆形管的截面形状	当量直径 d_e	C
正方形，边长为 a	a	57	长方形，长为 $2a$，宽为 a	$1.3a$	62
等边三角形，边长为 a	$0.58a$	53	长方形，长为 $4a$，宽为 a	$1.6a$	73
环隙形，环宽度 $\delta = \frac{d_1 - d_2}{2}$	$2\delta = d_1 - d_2$	96			

【例 1-10】　采用离心泵将水池中的 20 ℃ 的水送至高位槽中，要求送水量达到70 m^3/h，水池和高位槽间的直管长 80 m，管子采用 ϕ114 mm×4 mm 的无缝钢管，求管路的直管阻力损失。

解　由附录 5 查得 20 ℃ 时水的密度为 998.2 kg/m^3，黏度为 1.005×10^{-3} Pa·s。由表 1-1 可知无缝钢管的绝对粗糙度为 0.2 ～ 0.3 mm，取 $\varepsilon = 0.2$。

水的流速为

$$u = \frac{q_V}{\frac{\pi}{4}d^2} = \frac{70}{3\ 600 \times \frac{\pi}{4} \times 0.106^2} = 2.203\ \text{m/s}$$

雷诺数为

$$Re = \frac{du\rho}{\mu} = \frac{0.106 \times 2.203 \times 998.2}{1.005 \times 10^{-3}} = 2.3 \times 10^5$$

管路的相对粗糙度为

$$\frac{\varepsilon}{d} = \frac{0.2}{106} = 0.001\ 9$$

由图 1-28 查得摩擦系数为 0.024 2，则阻力损失为

$$\sum R = \lambda\ \frac{l}{d}\ \frac{u^2}{2} = 0.024\ 2 \times \frac{80}{0.106} \times \frac{2.203^2}{2} = 44.32\ \text{J/kg}$$

1.4.6　流体流动局部阻力的计算

在流体输送管路上，除了直管外，还有管件、阀门和其他构件。当流体流过这些地方时，由于速度的大小和方向都发生改变，产生旋涡，使湍流程度增大，摩擦阻力显著增加。这种由于阀门和管件对流体流动产生的阻力，统称为局部阻力。

局部阻力所引起的阻力损失有两种计算方法：阻力系数法和当量长度法。

1. 阻力系数法

局部阻力可按下式计算：

$$\sum R = \sum \xi \frac{u^2}{2} \tag{1-53}$$

式中　ξ——局部阻力系数。

管件不同，ξ也不同，其值由实验测定，表1-3给出了某些管件和阀门的局部阻力系数及当量长度与管径之比。

表1-3　某些管件和阀门的局部阻力系数及当量长度与管径之比(管内湍流)

名称	阻力系数ξ	当量长度与管径之比l_e/d	名称	阻力系数ξ	当量长度与管径之比l_e/d
弯头，45°	0.35	17	标准截止阀(球阀)		
弯头，90°	0.75	35	全开	6.0	300
三通	1.0	50	半开	9.5	475
回弯头	1.5	75	角阀		
管接头	0.04	2	全开	2.0	100
活接头	0.04	2	止逆阀		
闸阀			球式	70.0	3 500
全开	0.17	9	摇板式	2.0	100
半开	4.5	225	水表，盘式	7.0	350

除了管件和阀门会产生局部阻力外，流体在管截面上的突然扩大和突然缩小也会产生局部阻力，如图1-30所示。

突然扩大和突然缩小的局部阻力系数可按下式计算：

突然扩大时，

$$\xi = \left(1 - \frac{A_1}{A_2}\right)^2 \tag{1-54}$$

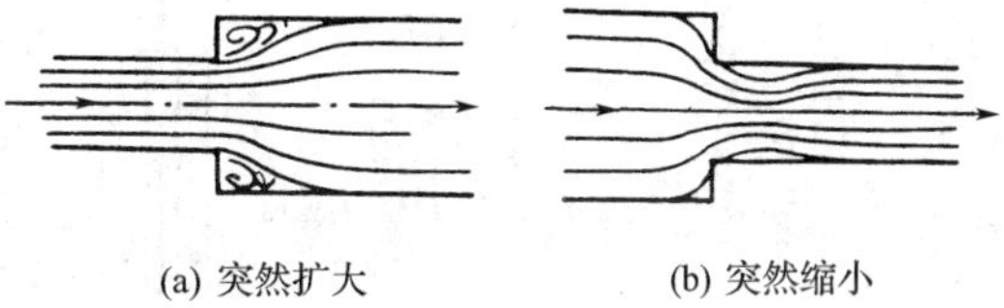

图1-30　突然扩大和突然缩小

突然缩小时，

$$\xi = 0.5\left(1 - \frac{A_2}{A_1}\right)^2 \tag{1-55}$$

当流体从管道中流入截面较大的容器或气体从管道排放到大气中时：

$$\frac{A_1}{A_2} \approx 0,\quad \xi = 1$$

当流体自容器进入管的入口，相当于自很大的截面突然缩小到很小的截面时：

$$\frac{A_2}{A_1} \approx 0,\quad \xi = 0.5$$

注意，计算突然扩大或突然缩小的局部阻力损失时，流速u均为小管中的流速。

2. 当量长度法

此法是将流体流过管件或阀门所产生的局部阻力损失，折合成流体流过长度为l_e的直管的阻力损失。l_e称为管件、阀门的当量长度，l_e由实验测定。有了l_e的值，则可用下式计算局部阻力损失：

$$\sum R = \lambda \frac{l_e}{d} \frac{u^2}{2} \tag{1-56}$$

l_e的实验结果常用l_e/d的值表示，表1-3还列出了某些管件和阀门的当量长度与管径之比，l_e的数值也可由图1-31查得。

【例1-11】　在例1-10提及的输送管路上，有3个$\xi_1=0.75$的90°弯头，1个$\xi_2=0.17$的全开闸阀和1个$\xi_3=8$的底阀。求管路的局部阻力损失和总阻力损失。

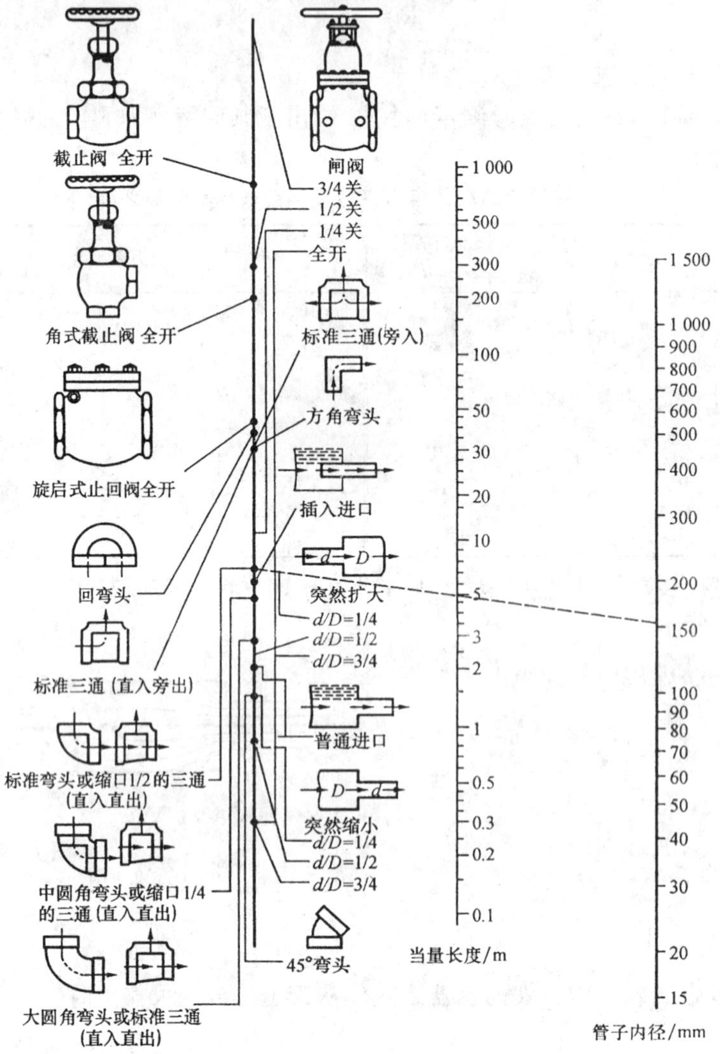

图 1-31　管件和阀门的当量长度共线图

解　局部阻力损失为

$$\sum R' = \sum \xi \frac{u^2}{2} = (0.75 \times 3 + 0.17 + 8 + 0.5 + 1) \times \frac{2.203^2}{2} = 28.93\ \text{J/kg}$$

总阻力损失为

$$\sum R = 44.32 + 28.93 = 73.25\ \text{J/kg}$$

1.4.7　流体在管内流动的总阻力损失计算

管路系统中的总能量损失为直管阻力和局部阻力之和。对于一段直径为 d 的直管，总阻力损失计算式为

$$\sum R = \left(\lambda \frac{l + \sum l_e}{d}\right) \frac{u^2}{2} \tag{1-57}$$

式中　$\sum l_e$—— 管路中全部管件和阀门的当量长度之和，m。

如果还有部分局部阻力用阻力系数来表示，则总阻力计算式为

$$\sum R=\left[\lambda\left(\frac{l+\sum l_e}{d}\right)+\sum\xi\right]\frac{u^2}{2} \tag{1-58}$$

式中 $\sum l_e$—— 管路中部分管件和阀门的当量长度之和，m；

$\sum\xi$—— 管路中部分管件和阀门的局部阻力系数之和。

如果管路中串联的管子直径不同，局部阻力要分段计算再相加。

【例 1-12】 如图 1-32 所示，将敞口贮槽中的溶液用泵输送到另一敞口高位槽中，两槽之间的距离为 15 m，输送管路的规格为 ϕ108 mm × 4 mm，溶液在管内的平均流速为 1.235 m/s，管路摩擦系数取 0.02，管路总长为 130 m(包括全部管件和阀门的当量长度，但不包括进、出口)。试求：(1) 有效功；(2) 泵的轴功率(效率 $\eta=60\%$)(溶液的密度为 1 500 kg/m³)。

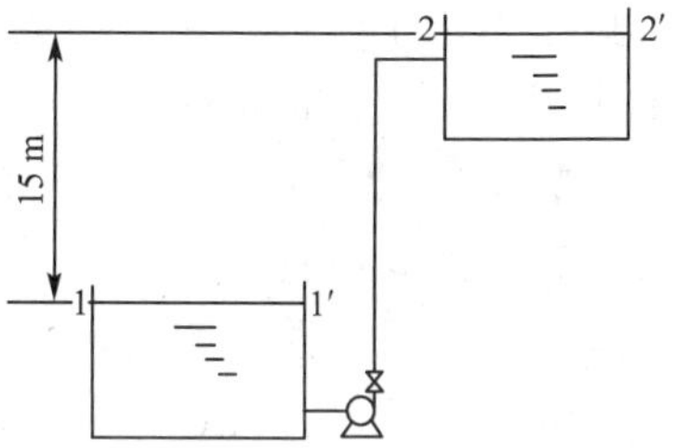

图 1-32 例 1-12 附图

解 从贮槽液面 1-1′ 到高位槽液面 2-2′ 列伯努利方程式

$$gz_1+\frac{p_1}{\rho}+\frac{u_1^2}{2}+W_e=gz_2+\frac{p_2}{\rho}+\frac{u_2^2}{2}+\sum R$$

其中，$u_1=u_2=0$，$p_1=p_2=0$(表压)，$z_2-z_1=15$ m，而

$$\sum R=\left[\lambda\left(\frac{l+\sum l_e}{d}\right)+1.5\right]\frac{u^2}{2}=\left(0.02\times\frac{130}{0.1}+1.5\right)\times\frac{1.235^2}{2}=20.972\ \mathrm{J/kg}$$

(1) 有效功

$$W_e=g(z_2-z_1)+\frac{p_2-p_1}{\rho}+\frac{u_2^2-u_1^2}{2}+\sum R$$
$$=9.81\times15+20.972=168.12\ \mathrm{J/kg}$$

(2) 轴功率

$$P=\frac{P_e}{\eta}=\frac{W_e q_m}{\eta}=\frac{W_e\frac{\pi}{4}d^2u\rho}{\eta}=\frac{168.12\times\frac{\pi}{4}\times0.1^2\times1.235\times1\,500}{0.6}=4.08\ \mathrm{kW}$$

1.5 管路计算

管路计算是连续性方程式、伯努利方程式及能量损失计算式的具体应用。

管路计算问题可分为设计型计算和操作型计算。设计型计算是指对于给定的流体输送任务，选用合理且经济的管路和输送设备；操作型计算是指管路系统的设置已经固定，要求核算某些条件下的输送能力或某些技术指标。上述两类计算可归纳为以下三种情况：

(1) 已知管径、管长和管路设置，以及流体的流量，求输送设备的功率。

(2) 已知管径、管长和管路设置，以及允许的能量损失，求管路的输送量。

(3) 已知管长、管路设置、流体的输送量和允许的能量损失，确定输送管路的管径。

第(1)种情况比较简单,对于第(2)(3)种情况,由于流量或管径为未知,会产生非线性方程组。采用试差法可避免解非线性方程组。

化工管路按其连接和配置情况可分为两类:简单管路和复杂管路。下面分别举例说明这两种管路的计算方法。

1.5.1 简单管路

简单管路是指流体从进口到出口没有分支或汇合的情况,既可以是管径不变的管路,又可以是由若干异径管串联而成。关于简单管路的非试差型计算,前面已经介绍过,下面举两个例子说明试差法的应用。

【例 1-13】 如图 1-33 所示,将常温水从水塔引至车间,管路为 $\phi 114\ \mathrm{mm}\times 4\ \mathrm{mm}$ 的钢管,总长为 150 m(包括除进、出口外所有管件和阀门的当量长度)。水塔内液面维持恒定,并高于出口 10 m,求管路中水的流量。(设 $\varepsilon/d=0.002$)

解 在水塔内液面 1-1′ 和管出口 2-2′(内侧)间列伯努利方程式

$$gz_1+\frac{p_1}{\rho}+\frac{u_1^2}{2}=gz_2+\frac{p_2}{\rho}+\frac{u_2^2}{2}+\sum R \tag{a}$$

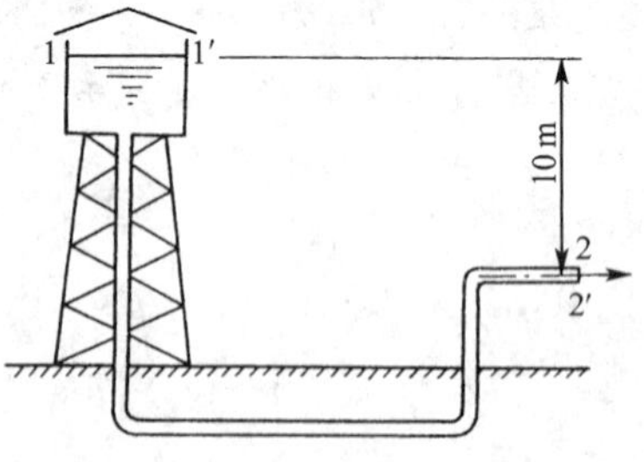

图 1-33 例 1-13 附图

其中,$z_1-z_2=10\ \mathrm{m}$,$p_1=p_2=0$(表压),$u_1=0$,

$$\sum R=\left[\lambda\left(\frac{l+\sum l_e}{d}\right)+1.5\right]\frac{u^2}{2}$$

由以上条件可得

$$u=\sqrt{\frac{196.2}{1\ 415\lambda+1.5}} \tag{b}$$

而

$$\lambda=f\left(\frac{\varepsilon}{d},Re\right) \tag{c}$$

可用试差法解上面方程组,即按以下步骤求解:

设 λ → 由式(b)求 u → 求 Re → 查图 $\lambda=f\left(\frac{\varepsilon}{d},Re\right)$ 得 λ' → 比较 λ' 与 λ,若 λ' 与 λ 不相等,则以 λ' 代替 λ 重复上述步骤,直到合适为止。λ 的初值通常取 0.02 ~ 0.03。

查附录5得常温下水的黏度为 $1.005\times10^{-3}\ \mathrm{Pa\cdot s}$,由以上步骤求得流速为 $u_2=2.37\ \mathrm{m/s}$,则体积流量为

$$q_V=3\ 600\times\frac{\pi}{4}d^2u_2=3\ 600\times\frac{\pi}{4}\times0.106^2\times2.37=75.25\ \mathrm{m^3/h}$$

【例 1-14】 用一台离心水泵,将水池中的水输送至冷却塔顶,每小时送液量为 $36\ \mathrm{m^3/h}$,试确定输水管所需管径。

解 体积流量 $q_V=\frac{\pi}{4}d^2u$,则管径

$$d=\sqrt{\frac{4q_V}{\pi u}}$$

由表 1-4 查得水的经验流速为 1.5 ~ 3.0 m/s,取 $u=2\ \mathrm{m/s}$,则

$$d=\sqrt{\frac{4q_V}{\pi u}}=\sqrt{\frac{4\times36/3\ 600}{\pi\times2}}=79.8\ \mathrm{mm}$$

查附录18,选择 ϕ89 mm×3.5 mm 的无缝钢管。

水的实际流速为

$$u=\frac{4q_V}{\pi d^2}=\frac{4\times 36/3\ 600}{\pi\times 0.082^2}=1.89\ \text{m/s}$$

评析　流速的合理选择是出于经济上的考虑。流速选得太大,管径可以减小,但流体流动阻力增大,能耗增大,操作费增加;反之,流速选得太小,操作费减少,但随着管径的增大,设备费将增加。适宜的流速应在二者间权衡,目标是使总费用最小(图1-34)。

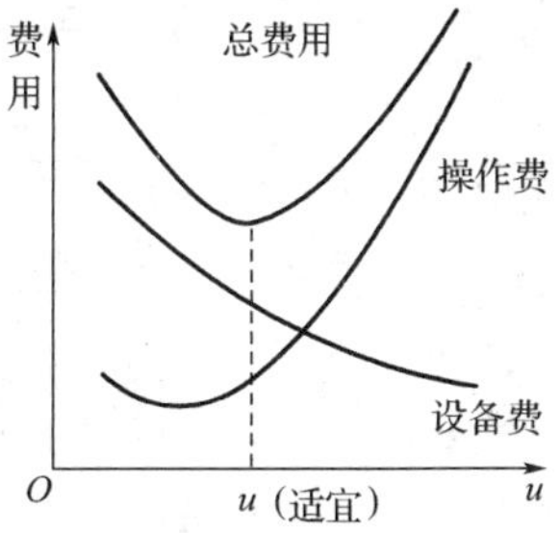

图1-34　适宜流速的选择

车间内部的工艺管线,其管内流速可选用经验数据。表1-4为某些流体在管道中的常用流速范围。

表1-4　某些流体在管道中的常用流速范围

流体的种类及状况	常用流速范围/($m\cdot s^{-1}$)	流体的种类及状况	常用流速范围/($m\cdot s^{-1}$)
自来水(3×10^5 Pa左右)	1.0～1.5	水及低黏度液体(10^5～10^6 Pa)	1.5～3.0
黏度较大的液体	0.5～1.0	工业供水(8×10^5 Pa以下)	1.5～3.0
锅炉供水(8×10^5 Pa以下)	>3.0	饱和水蒸气(3×10^5 Pa以下)	20～40
过热水蒸气	30～50	蛇管、螺旋管内的冷却水	<1.0
低压空气	8～15	高压空气	15～25
一般空气(常压)	10～20	易燃、易爆的低压气体(如乙炔等)	<8
真空操作下气体	<10	饱和水蒸气(8×10^5 Pa以下)	40～60
鼓风机吸入管	10～15	鼓风机排出管	15～20
离心泵吸入管(水一类液体)	1.5～2.0	离心泵排出管(水一类液体)	2.5～3.0
往复泵吸入管(水一类液体)	0.75～1.0	往复泵排出管(水一类液体)	1.0～2.0
液体自流(冷凝水等)	0.5		

1.5.2　复杂管路

管路中存在分支或合流时,称为复杂管路。复杂管路又可分为并联管路和分支管路。

1. 并联管路

出现分支又汇合的管路为并联管路。如图1-35所示,对于不可压缩流体,并忽略管路交叉点处的局部阻力损失,有:

(1) 总管流量等于各支管流量之和:

$$q_V=q_{V1}+q_{V2}+q_{V3} \tag{1-59}$$

(2) 单位质量流体流经各支管的阻力损失相等:

$$\sum R_1=\sum R_2=\sum R_3 \tag{1-60}$$

2. 分支管路

流体从总管分流至几条支管或从几条支管汇合于总管,称为分支管路(图1-36)。分支管路具有如下特点:

(1) 总管流量等于各支管流量之和。

$$q_V=q_{V1}+q_{V2}+q_{V3} \tag{1-61}$$

(2) 单位质量流体在支管进口(或出口)的总机械能与能量损失之和相等。

$$gz_1+\frac{u_1^2}{2}+\frac{p_1}{\rho}+\sum R_1=gz_2+\frac{u_2^2}{2}+\frac{p_2}{\rho}+\sum R_2=gz_3+\frac{u_3^2}{2}+\frac{p_3}{\rho}+\sum R_3 \tag{1-62}$$

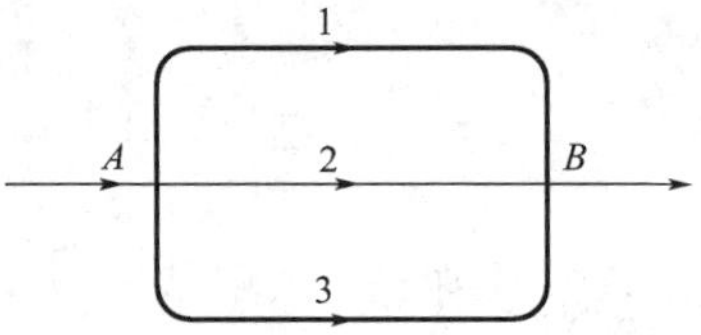

图 1-35 并联管路

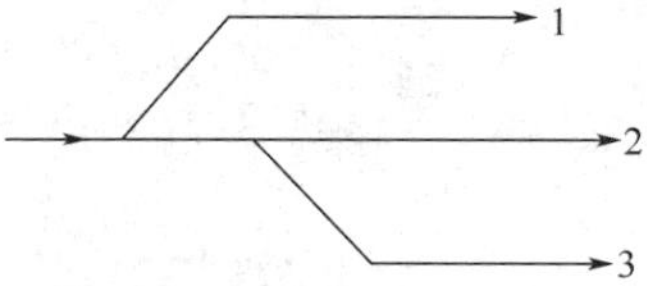

图 1-36 分支管路

【例 1-15】 如图 1-37 所示，用离心泵由水池 Ⅰ 以相同流量 14.4 m^3/h 向 Ⅱ、Ⅲ 槽送水，水温为 20 ℃。管段 AD 长为 100 m，直径为 75 mm。管段 DB 长为 50 m，直径为 50 mm。管段 DC 长为 50 m，直径为 50 mm。假定所有管段内流动均进入阻力平房区，且摩擦系数为 0.025（以上各管段的长度均包括局部阻力的当量长度，DC 段的阀门除外）。试求：

(1) 泵的压头与有效功率；

(2) 支管 DC 中阀门的局部阻力系数。设分支点的局部阻力可忽略。

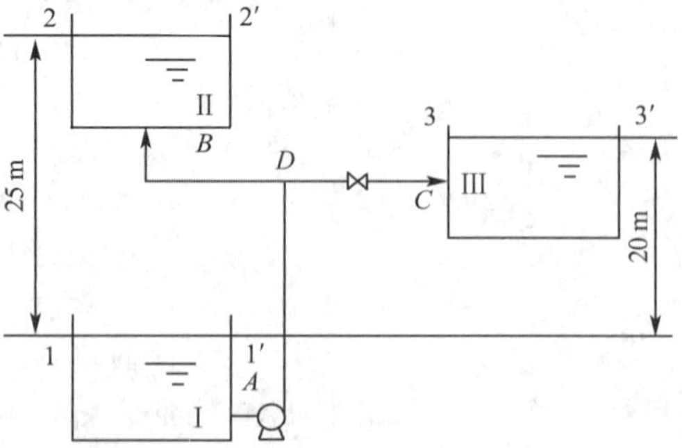

图 1-37 例 1-15 附图

解 (1) 在截面 1-1′ 和截面 2-2′ 间列伯努利方程

$$\frac{u_1^2}{2g}+z_1+\frac{p_1}{\rho g}+H=\frac{u_2^2}{2g}+z_2+\frac{p_2}{\rho g}+\sum h_{f,1\text{-}2}$$

其中，$u_1=u_2=0$，$p_1=p_2=0$（表压），$z_2-z_1=25$ m，则压头

$$H=(z_2-z_1)+\frac{p_2-p_1}{\rho g}+\frac{u_2^2-u_1^2}{2g}+\sum h_{f,1\text{-}2}$$

$$=z_2-z_1+\sum h_{f,1\text{-}2}=25+\sum h_{f,1\text{-}2}$$

总管 AD 和支管 BD 中水的流速分别为

$$u_{AD}=\frac{q_{V,AD}}{\frac{\pi}{4}d_{AD}^2}=\frac{14.4\times 2}{3\,600\times\frac{\pi}{4}\times 0.075^2}=1.811\text{ m/s}$$

$$u_{BD}=\frac{q_{V,BD}}{\frac{\pi}{4}d_{BD}^2}=\frac{14.4}{3\,600\times\frac{\pi}{4}\times 0.05^2}=2.037\text{ m/s}$$

总管 AD 和支管 BD 的压头损失分别为

$$\sum h_{f,AD}=\lambda\frac{l_{AD}}{d_{AD}}\frac{u_{AD}^2}{2g}=0.025\times\frac{100}{0.075}\times\frac{1.811^2}{2\times 9.81}=5.572\text{ m}$$

$$\sum h_{f,BD}=\lambda\frac{l_{BD}}{d_{BD}}\frac{u_{BD}^2}{2g}=0.025\times\frac{50}{0.05}\times\frac{2.037^2}{2\times 9.81}=5.287\text{ m}$$

截面 1-1′ 到截面 2-2′ 的总阻力损失为

$$\sum h_{f,1\text{-}2}=\sum h_{f,AD}+\sum h_{f,BD}=5.572+5.287=10.859\text{ m}$$

所以泵的压头为

$$H=25+\sum h_{f,1-2}=25+10.859=35.859\text{ m}$$

由附录 5 查得 20 ℃ 水的密度为 998.2 kg/m^3，则泵的有效功率为

$$P_e=Hq_V\rho g=\frac{35.859\times 14.4\times 2\times 998.2\times 9.81}{3\ 600}=2.81\text{ kW}$$

(2) 在截面 1-1′ 和截面 3-3′ 间列伯努利方程

$$\frac{u_1^2}{2g}+z_1+\frac{p_1}{\rho g}+H=\frac{u_3^2}{2g}+z_3+\frac{p_3}{\rho g}+\sum h_{f,1\text{-}3}$$

其中，$u_1=u_3=0$，$p_1=p_3=0$(表压)，$z_3-z_1=20$ m，则压头

$$H=(z_3-z_1)+\frac{p_3-p_1}{\rho g}+\frac{u_3^2-u_1^2}{2g}+\sum h_{f,1\text{-}3}=20+\sum h_{f,1\text{-}3}$$

支管 CD 中水的流速为

$$u_{CD}=\frac{q_{V,CD}}{\frac{\pi}{4}d_{CD}^2}=\frac{14.4}{3\ 600\times\frac{\pi}{4}\times 0.05^2}=2.037\text{ m/s}$$

支管 CD 的压头损失为

$$\sum h_{f,CD}=\left(\lambda\frac{l_{CD}}{d_{CD}}+\xi\right)\frac{u_{CD}^2}{2g}=\left(0.025\times\frac{50}{0.05}+\xi\right)\times\frac{2.037^2}{2\times 9.81}=0.211(25+\xi)$$

则

$$\sum h_{f,1\text{-}3}=\sum h_{f,AD}+\sum h_{f,CD}=5.572+0.211(25+\xi)=10.847+0.211\xi$$

即

$$35.859=20+10.847+0.211\xi$$

解得 $\xi=23.75$。

1.6 流速和流量的测量

1.6.1 测速管

测速管又称皮托管，用来测量管路中流体的点速度。

如图 1-38 所示，测速管系由两根弯成直角的同心套管组成。内管壁无孔，外管壁上近端点处沿管壁的圆周开有若干个测压小孔，两管之间环隙的端点是封闭的。测量流速时，测量管的管口正对着流体的流动方向，U 形管压差计的两端分别与测速管的内管与套管环隙相连。

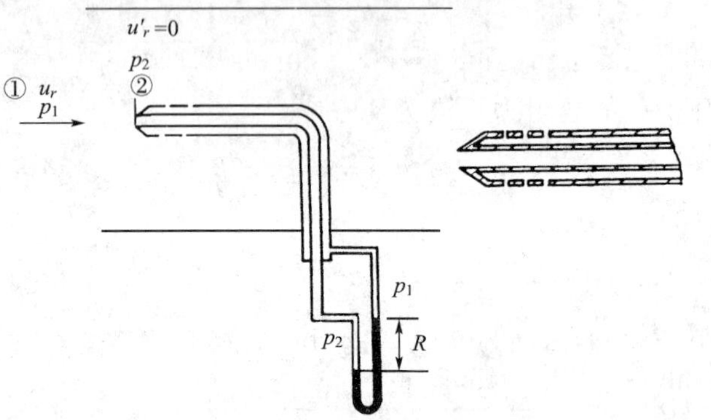

图 1-38　测速管

设在测速管前一段距离 l 处，点速度为 u_r，压力为 p_1，当流体流至测速管口点 ② 处，因内管已充满被测流体，到达 ② 处，速度降为零，于是动能转化为静压能。

$$\frac{p_2}{\rho}=\frac{p_1}{\rho}+\frac{u_r^2}{2}$$

$$\frac{\Delta p}{\rho}=\frac{p_2}{\rho}-\frac{p_1}{\rho}=\frac{u_r^2}{2}$$

则

$$u_r=\sqrt{\frac{2\Delta p}{\rho}}=\sqrt{\frac{2gR(\rho_0-\rho)}{\rho}} \tag{1-63}$$

若被测流体为气体，因 $\rho_0 \gg \rho$，式(1-63) 可简化为

$$u_r=\sqrt{\frac{2gR\rho_0}{\rho}} \tag{1-64}$$

测速管测得的是流体的点速度，因此可利用测速管测出管截面上流体的速度分布。要想得到平均流速，可用测速管测出管中心处的最大速度 u_{max}。

如果是层流，$u=\frac{1}{2}u_{max}$；如果是湍流，可通过图 1-39 由 $\frac{du_{max}\rho}{\mu}$ 查得 $\frac{u}{u_{max}}$，求得 u。

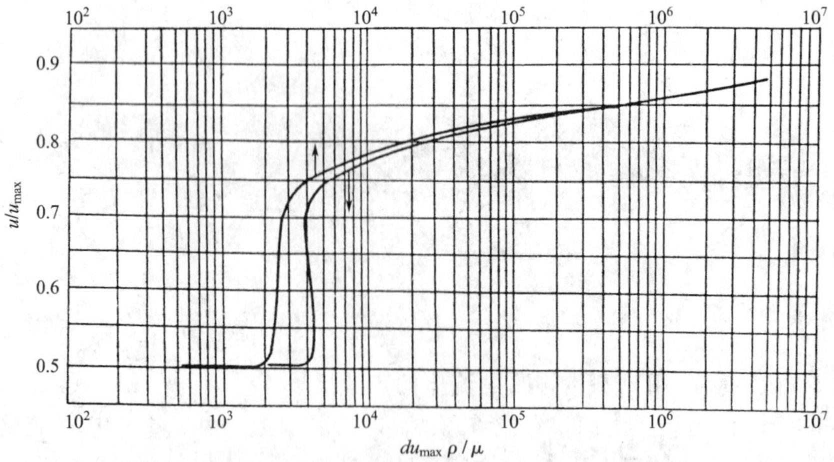

图 1-39　平均流速与最大流速之比随 Re 变化的关系

测速管的优点是产生的流动阻力较小，适用于测量大直径管路中的气体流速。测速管不

能直接测出平均流速，且读数较小，常需配用微差压差计。当流体中含有固体杂质时，会将测速管堵塞，故此种情况下不宜采用测速管。

1.6.2　孔板流量计

孔板流量计是在管道中安装一片中央带有圆孔的孔板构成的。如图 1-40 所示，在截面 1-1′ 的流速和压力分别为 u_1、p_1，当流体流过孔板的开孔（面积为 A_0）时，由于截面积减小，流速增大。开孔处的流速以 u_0 表示。从开孔处流出后，由于惯性作用，截面继续收缩到达截面 2-2′ 处（面积为 A_2），其截面收缩到最小，而流速达到最大 u_2，流通截面的最小处称为缩脉。再继续往前流动，流通截面逐渐扩大，当流到截面 3-3′ 处，流体又恢复到原有的流通截面，而流速也恢复到原来的流速。

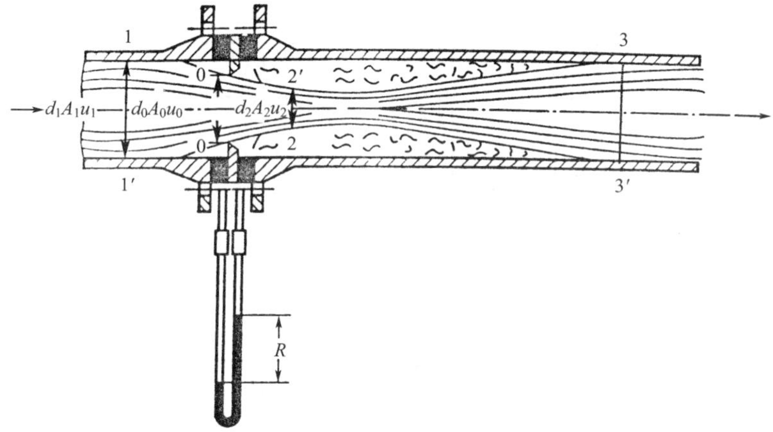

孔板流量计

图 1-40　孔板流量计

在截面 1-1′ 处压力为 p_1，截面 2-2′ 处压力为 p_2（最小），由于在孔板出口处截面突然扩大，流体形成旋涡要消耗一部分能量，所以截面 3-3′ 处的压力 p_3 不能恢复到原来的 p_1。管道中流体的流量愈大，在孔板前后产生的压差 $\Delta p = p_1 - p_2$ 也就越大，q_V 与 Δp 一一对应。所以只要用压差计测出孔板前后的压差 Δp，就能确定流量 q_V。这就是利用孔板流量计测量流量的原理。q_V 与 Δp 的关系推导如下。

在截面 1-1′ 和截面 2-2′ 间列伯努利方程：

$$\frac{p_1}{\rho} + \frac{u_1^2}{2} = \frac{p_2}{\rho} + \frac{u_2^2}{2}$$

$$\frac{u_2^2 - u_1^2}{2} = \frac{p_1 - p_2}{\rho}$$

因为 $u_1A_1 = u_2A_2$，$u_1 = \dfrac{A_2}{A_1}u_2$，代入上式得

$$u_2 = \frac{1}{\sqrt{1 - \left(\dfrac{A_2}{A_1}\right)^2}}\sqrt{\frac{2\Delta p}{\rho}}$$

由于 A_2 未知，在上式中要用 A_0 代替 A_2。另外，推导该式时没有考虑能量损失。考虑这两个因素，引入校正系数 C_0。

$$u_0 = C_0\sqrt{\frac{2\Delta p}{\rho}} = C_0\sqrt{\frac{2gR(\rho_0 - \rho)}{\rho}} \tag{1-65}$$

$$q_V = C_0 A_0 \sqrt{\frac{2Rg(\rho_0-\rho)}{\rho}} \tag{1-66}$$

式中　C_0—— 流量系数或孔流系数，其值由实验确定。

在应用孔板流量计测量速度时，可由图1-41查取C_0。由图1-41可见，C_0与孔板的孔径d_0和管直径d_1之比d_0/d_1及Re有关。对每一d_0/d_1值，当Re大于一定数值后，C_0即为一常数。d_0/d_1越大，C_0也越大。对于标准孔板，当$d_0/d_1 < 0.5$、$Re > 6\times10^6$时，C_0为$0.60\sim0.65$，但Re要用试差法计算。即先假定Re大于其限度值，根据已知d_0/d_1值，查出C_0，由式(1-65)求出速度u_0，再由连续性方程式求出u_1，从而可计算出Re。如果计算出的Re值大于其限度值，则表示原假定值正确，否则需重新假设Re。重复上述计算，直到假设的Re与计算的Re相符为止。

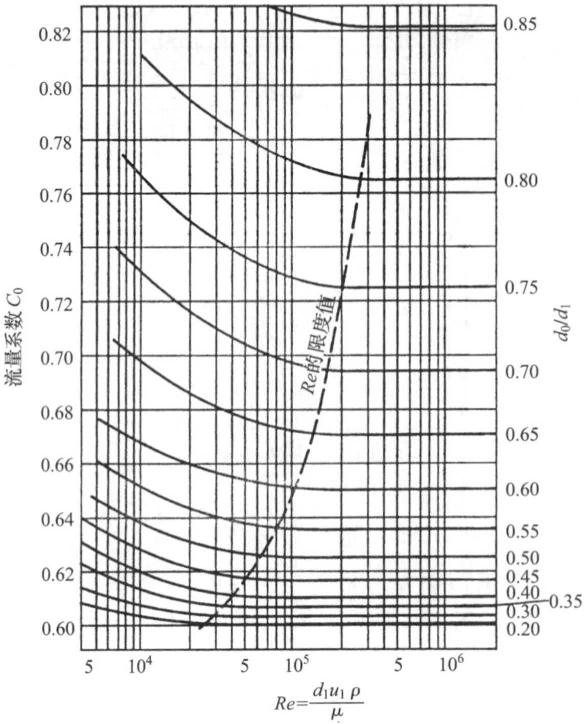

图1-41　流量系数与d_0/d_1及Re的关系

流量计所测定的流量范围最好是落在C_0为定值的区域里，设计合适的孔板流量计，其C_0值为$0.6\sim0.7$。

孔板流量计安装位置的上、下游都要有一段内径不变的直管，以保证通过孔板之前的速度分布稳定。通常要求上游直管长度为$50d_1$，下游直管长度为$10d_1$，若A_0/A_1较小，则这段长度可缩短一些。

孔板流量计的优点是结构简单，更换孔板方便。缺点是流体流经孔板的能量损失较大，并随A_0/A_1的减小而加大；孔板的边缘很容易腐蚀，所以应定期校正。

【例1-16】　在$\phi38\ \text{mm}\times2.5\ \text{mm}$的管路上装有标准孔板流量计，孔板的孔径为16.4 mm，管中流动30 ℃的水，用U形管压差计测量孔板两侧的压力差，以水银为指示液，测压连接管中充满水。现测得U形管压差计的读数为600 mm，试计算管中水的体积流量。(由

附录5查得30 ℃水的密度为995.7 kg/m^3，黏度为80.07×10^{-5} Pa·s)

解 体积流量用下式计算：

$$q_V = C_0 A_0 \sqrt{\frac{2Rg(\rho_0-\rho)}{\rho}} \tag{a}$$

其中

$$A_0 = \frac{\pi}{4}d_0^2 = \frac{\pi}{4}\times 0.016\,4^2 = 0.000\,211\ \text{m}^2$$

因Re未知，无法从图1-41查取C_0，故设Re大于Re的限度值，由$d_0/d_1=\dfrac{16.4}{33}=0.5$查得$C_0=0.627$，代入式(a)得

$$q_V = 0.627\times 0.000\,211\times\sqrt{\frac{2\times0.6\times9.81\times(13.6\times10^3-995.7)}{995.7}}$$
$$=0.001\,61\ \text{m}^3/\text{s}$$

$$u_1=\frac{q_V}{\dfrac{\pi}{4}d_1^2}=\frac{0.001\,61}{\dfrac{\pi}{4}\times0.033^2}=1.882\ \text{m/s}$$

校核Re：

$$Re=\frac{d_1u_1\rho}{\mu}=\frac{0.033\times1.882\times995.7}{80.07\times10^{-5}}=7.7\times10^4>6.4\times10^4$$

假定正确，计算结果有效。

1.6.3 文氏流量计

为了减少流体流经孔板的能量损失，可以用一段渐缩、渐扩管代替孔板，这样的流量计称为文氏流量计或文丘里流量计，如图1-42所示。

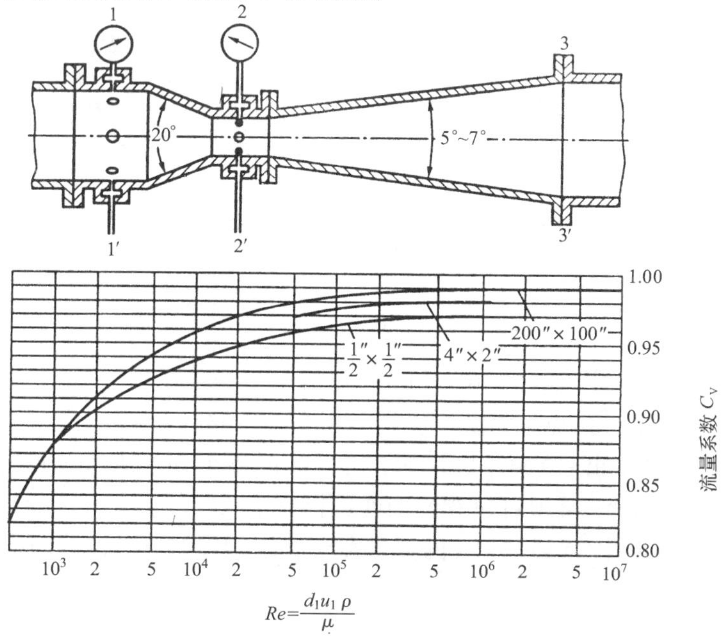

图1-42 文氏流量计及其流量系数

文氏流量计的测量原理与孔板流量计相同，可用下式计算速度和流量：

$$u_2 = C_V \sqrt{\frac{2gR(\rho_0 - \rho)}{\rho}} \tag{1-67}$$

$$q_V = C_V A_2 \sqrt{\frac{2gR(\rho_0 - \rho)}{\rho}} \tag{1-68}$$

式中 u_2—— 喉管处的速度，m/s；

A_2—— 喉管处的截面积，m^2；

C_V—— 文氏流量计的流量系数，一般可取 $C_V = 0.98$。

文氏流量计的优点是能量损失小，约为测得压头的 10%；但各部分尺寸都有严格要求，需要精细加工，因而造价较高。

1.6.4 转子流量计

转子流量计是由一根截面积逐渐向下缩小的锥形玻璃管和一个能上下移动而比流体重的转子所构成的，如图 1-43 所示。对于一定的流量，转子会停于一定的位置，说明作用于转子的上升力（即作用于转子下端与上端的压力差）与转子的净重力（转子的重力与浮力之差）相等。无论转子静止时停在什么位置，其 Δp 恒定。当流量增大时，Δp 增大，转子的上升力大于净重力，转子上升，上升力逐渐下降；当上升力等于净重力时，转子停留在一个新的位置，Δp 又降至原来的数值。转子的停止位置越高，流量越大，反之越小。

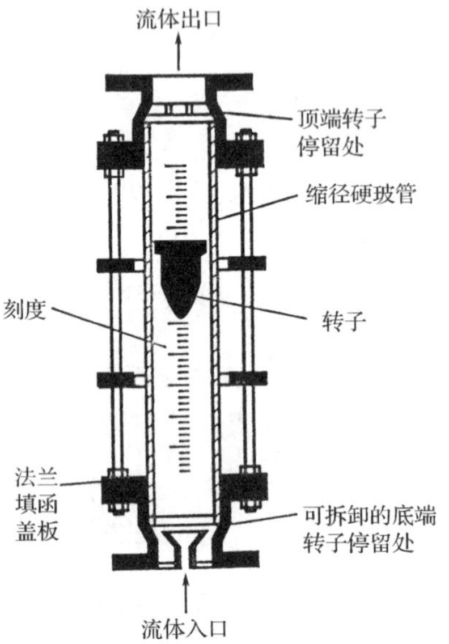

图 1-43 转子流量计

设 V_f 为转子的体积，A_f 为转子的最大部分的截面积，ρ_f 为转子材质的密度，ρ 为被测流体的密度。

当转子在流体中处于平衡状态时，转子承受的压力差等于转子所受的重力减去流体对转子的浮力，即

$$(p_1 - p_2)A_f = V_f \rho_f g - V_f \rho g$$

$$\frac{p_1 - p_2}{\rho} = \frac{V_f g(\rho_f - \rho)}{\rho A_f}$$

仿照孔板流量计，得

$$u_R = C_R \sqrt{\frac{2\Delta p}{\rho}}$$

$$q_V = u_R A_R = C_R A_R \sqrt{\frac{2gV_f(\rho_f - \rho)}{\rho A_f}} \tag{1-69}$$

式中 A_R—— 转子与玻璃管间的环隙面积，m^2；

C_R—— 转子流量计的流量系数（与 Re、转子的形状有关）。

转子流量计的刻度，是出厂前用 20 ℃ 水或 20 ℃ 时 1 个标准大气压的空气（气体）标定的。当用于测量其他流体时，必须对原有的刻度进行校正。

若下标 1 代表标定流体（水或空气）的流量和密度值，下标 2 代表实际操作中所用流体的流量和密度值，则

$$\frac{q_{V2}}{q_{V1}} = \sqrt{\frac{\rho_1(\rho_f - \rho_2)}{\rho_2(\rho_f - \rho_1)}} \tag{1-70}$$

转子流量计读取流量方便，能量损失小，能用于腐蚀性流体的测量；但由于是玻璃制品，不耐高压，安装时也容易破碎，并且必须垂直安装。

思考题

1-1 什么是绝对压力、表压和真空度？它们之间有何关系？

1-2 静力学方程式有哪些应用？

1-3 说明流体的体积流量、质量流量、流速（平均流速）及质量流速的定义及相互关系。

1-4 连续性方程式有哪些形式，应用条件是什么？

1-5 什么是理想流体？

1-6 伯努利方程式的三种形式及其物理意义是什么？

1-7 伯努利方程式可以解决哪些问题，应用时有哪些注意事项？

1-8 流体流动阻力产生的原因是什么？什么是牛顿黏性定律？

1-9 雷诺数的物理意义是什么？如何计算？

1-10 流体在圆形直管内做层流和湍流流动时的流速分布有何不同？

1-11 流体的流动类型有哪几种？如何判断？

1-12 如何计算直管阻力损失？

1-13 如何计算摩擦系数？

1-14 计算管路局部阻力的方法有哪两种？

1-15 比较测速管、孔板流量计、文氏流量计及转子流量计的结构、测量原理及应用场合。

习　题

1-1 某烟道气温度为 400 ℃，压力为 98.64 kPa，其组成中含 CO_2 13%，H_2O 11%，N_2 76%。(1) 若以上组成为体积百分率，求该混合气体的密度；(2) 若以上组成为质量百分数，求该混合气体的密度。($\rho_{m1}=0.511\ kg/m^3$；$\rho_{m2}=0.487\ kg/m^3$)

1-2 20 ℃ 的水从如图 1-44 所示的倾斜管中流过，在 A、B 间接一倒 U 形压差计，指示剂为空气，其读数 R 为 30 mm，两测压点垂直距离 $z=0.5$ m，试求 A、B 两点间压差为多少？($\Delta p=5.20\times10^3$ Pa)

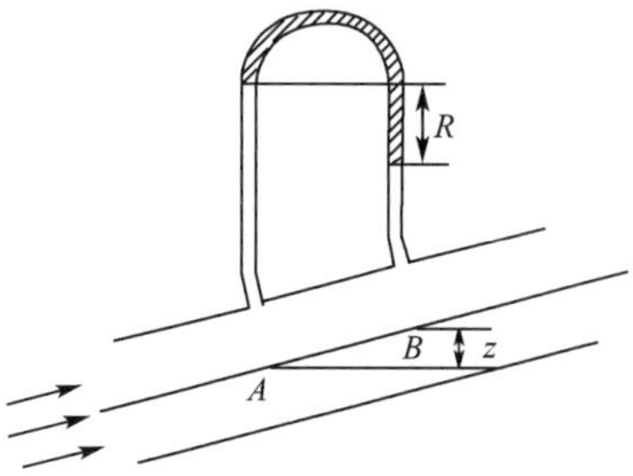

图 1-44　习题 1-2 附图

1-3 以内径为 105 mm 的钢管输送标准状态下的空气，已知空气的体积流量为 630 m^3/h，试求此空气在管内的质量流量和平均流速。若空气的输送压力为 202.7 kPa，温度为 120 ℃，其体积流量、质量流量和流速分别为多少？($q_m=0.226$ kg/s，$u=20.22$ m/s，$q'_V=0.126\ m^3/s$，$q'_m=0.2268$ kg/s，$u'=14.56$ m/s)

1-4 20 ℃ 的水在如图 1-45 所示的变径管中流动。截面 1 处的管内径为 0.2 m，流速为 0.6 m/s。截面 2 处的管内径为0.1 m，此处水的流速为多少？若忽略两截面间的能量损失，试求截面 1、2 处两水柱的高度差 h 为多少米？($h=0.275$ m，$u_2=2.4$ m/s)

1-5 如图 1-46 所示，一管道直径由 ϕ219 mm×6 mm 逐渐缩小到 ϕ159 mm×4.5 mm，操作条件下管中甲烷的流量为 1 700 m^3/h，密度为 1.43 kg/m^3。在大小两管的管壁上接一 U 形管压差计，指示剂为水，试问其读数为多少？忽略该管段的阻力损失，水的密度取 1 000 kg/m^3。($R=37.8$ mm)

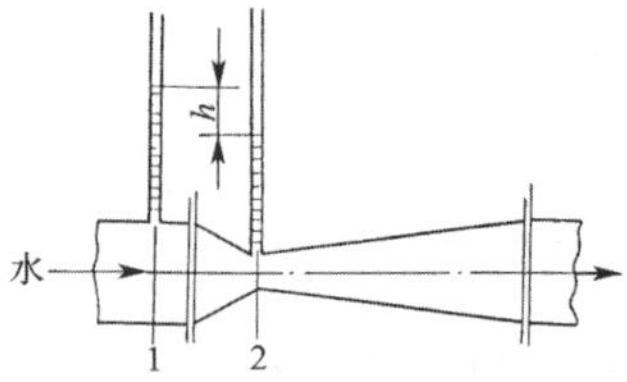

图 1-45　习题 1-4 附图

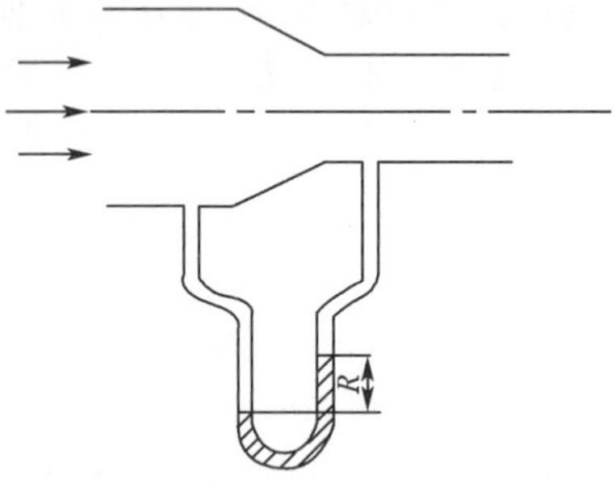

图 1-46　习题 1-5 附图

1-6　如图 1-47 所示，从高位槽向精馏塔加料，槽内液面高度维持恒定，液面上的压力为标准大气压，精馏塔内进料口处的表压力为 0.1 kgf/cm^2（1 $kgf/cm^2 = 9.81 \times 10^4$ Pa）。管道内径为 37.75 mm，要求进料量为 5 m^3/h，料液密度为 850 kg/m^3，料液流经加料管的压头损失为 3 m（不包括出口阻力）。求高位槽液面高出精馏塔进口多少米才合适？（$h = 4.25$ m）

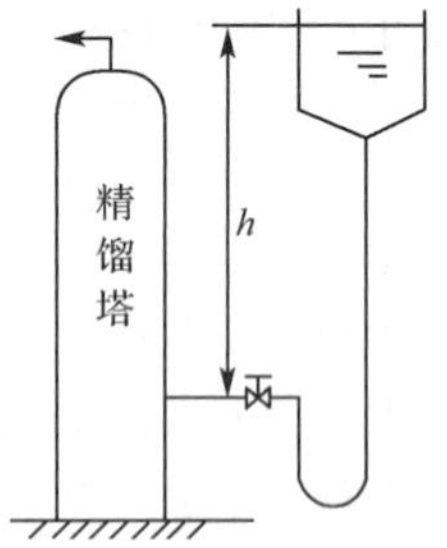

图 1-47　习题 1-6 附图

1-7　黏度为 8×10^{-3} Pa·s、密度为 850 kg/m^3 的液体在内径为 14 mm 的水平管内流动，流速为 1 m/s。试求：(1) 雷诺数 Re，并指明属于何种流动类型；(2) 若上游某点的压力为 1.47×10^5 Pa，流体自该点开始流经多长的管子后，其下降为 1.27×10^5 Pa？（$Re = 1\ 488$，属于层流，$l = 15.32$ m）

1-8　某流体在圆形直管内做层流流动，若管长及流体不变，而管径减至原来的一半，试问因流动阻力而产生的能量损失变为原来的多少倍？若在完全湍流区流动，其他条件同上，能量损失变为原来的多少倍？（16 倍，32 倍）

1-9　如图 1-48 所示，用虹吸管从高位槽向反应器加料，高位槽液面恒定。已知高位槽和反应器均与大气相通，要求料液在管内以 1.2 m/s 的速度流动，料液在管内流动时的能量损失为 25 J/kg（不包括出口的能量损失），问高位槽的液面应高于虹吸管多少？（$H = 2.62$ m）

1-10　如图 1-49 所示，出水管直径为 ϕ57 mm×3.5 mm，当阀门关闭时，压力表读数为 30.4 kPa，而阀门开启后，压力表读数降至 20.3 kPa，设总压头损失为 0.5 m，水的密度取 1 000 kg/m^3，试求水的流量为多少？（$q_V = 22.86\ m^3/h$）

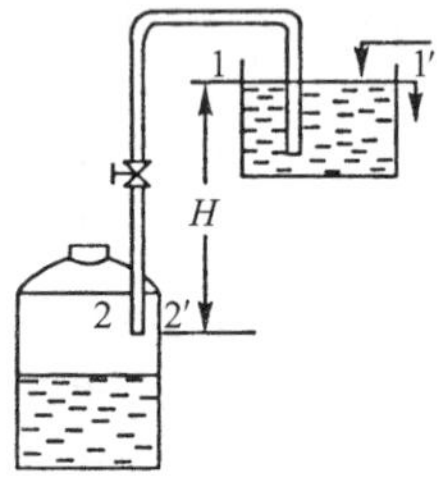

图 1-48　习题 1-9 附图

图 1-49　习题 1-10 附图

1-11　如图 1-50 所示的输水系统，管路尺寸为 ϕ57 mm×3.5 mm。已知全部流动阻力为 $\sum R = 40\frac{u^2}{2}$（u 为管内流速，m/s）。试求：(1) 水的流量为多少（m^3/h）？(2) 欲将输水量增加 20%，水箱内水面应升高多少？（$q_V = 10.95\ m^3/h$，2.23 m）

1-12　如图 1-51 所示，某离心泵安装于高于水井面 5.5 m 处，吸水量为 20 m^3/h，吸水管内径为 106 mm，在吸水管路中的摩擦阻力为 2.45 J/kg（包括泵吸入管入口处的阻力损失），水的密度取 1 000 kg/m^3，试求泵入口处的真空度。（56 700 Pa）

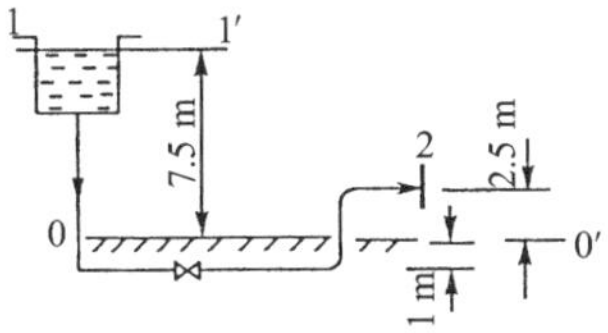

图 1-50 习题 1-11 附图

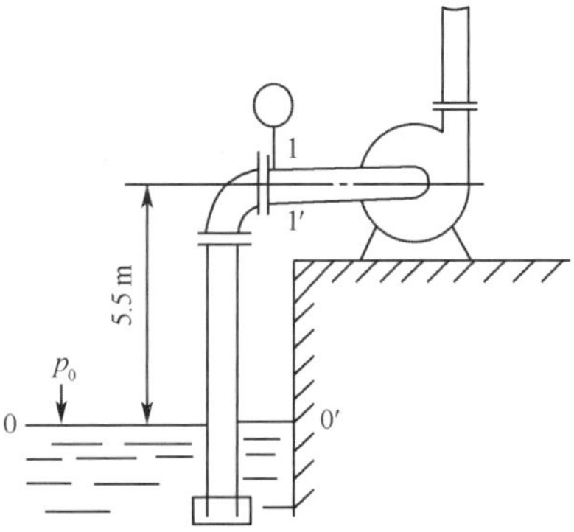

图 1-51 习题 1-12 附图

1-13 用 ϕ168 mm×9 mm 的钢管输送原油，管线总长为 100 km，油量为 60 000 kg/h，输送条件下油的密度为 890 kg/m^3，黏度为 181 mPa·s。油管最大抗压能力为 15.7 MPa。假定输油管水平放置，其局部阻力忽略不计，试问为完成上述输送任务，中途需几个加压站？（2 个）

1-14 如图 1-52 所示为某泵的一段吸水管，其内径为 200 mm，管下端浸入贮水池水面以下 2 m，管入口装有带滤网的底阀，其阻力相当于 $10\frac{u^2}{2}$，吸水管上距水面 3 m 处装有一个真空表，其读数为 40 kPa，若从 A 到 B 的阻力为 $0.1\frac{u^2}{2}$，水的密度取 1 000 kg/m^3，试求：(1) 吸水管入口 A 点的压力为多少？(2) 吸水管内水的流量为多少？（p_A = 9 145.22 Pa(表压)，q_V = 156 m^3/h）

1-15 如图 1-53 所示，用泵将 20 ℃ 的苯从地下贮罐送到高位槽，流量为 18 m^3/h。高位槽液面比贮罐高 10 m，泵吸入管为 ϕ89 mm×4 mm 无缝钢管，直管长度为 15 m，管路上装有 1 个底阀(可按旋启式止逆阀全开计)、1 个标准弯头；泵排出管为 ϕ57 mm×3.5 mm 的无缝钢管，直管长度为 50 m，管路上装有 1 个全开的闸阀、1 个全开的截止阀和 3 个标准弯头。贮罐及高位槽液面上方均为大气压。设贮罐液面维持恒定。试求泵的轴功率，设泵的效率为 70%。（P = 1.48 kW）

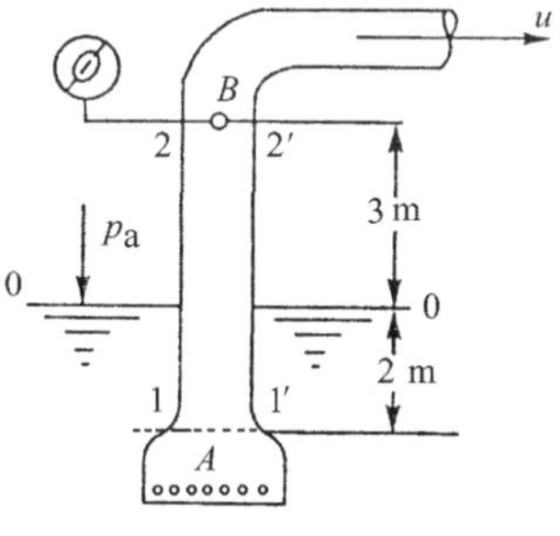

图 1-52 习题 1-14 附图

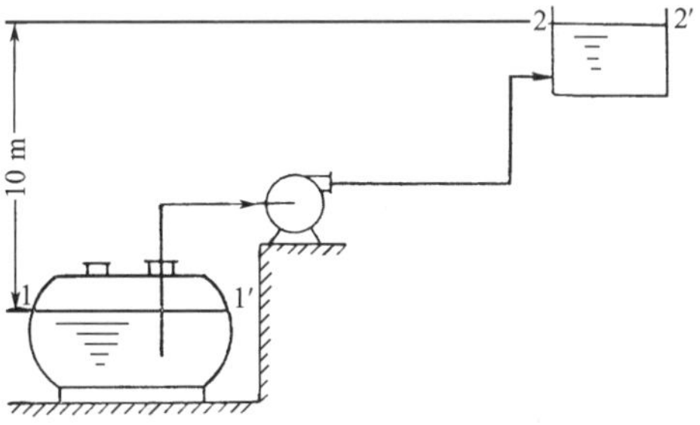

图 1-53 习题 1-15 附图

1-16 如图 1-54 所示，将黏度为 1.7 mPa·s、密度为 765 kg/m^3 的某液体，从高位槽经直径为 ϕ114 mm×4 mm 的钢管送入压力为 0.16 MPa(表压)的密闭槽中。流体在管内流速为 1 m/s。如果两槽液面保持不变，钢管的相对粗糙 $\frac{\varepsilon}{d}$ = 0.002，管路上的阀门的当量长度 le = 50 d，试求两槽液面的垂直距离 ΔZ。（ΔZ = 23.88 m）

1-17 如图 1-55 所示，用泵自河边的吸水站将 20 ℃ 的河水送到水塔中。水塔进水口到河水水面的垂直高度为 34.5 m，管道采用 ϕ114 mm×4 mm 的钢管，管长为 1 800 m，包括全部管路长度及管件的当量长度。若泵的流量为 30 m^3/h，试求外加能量为多少(设 $\frac{\varepsilon}{d}$ = 0.002)。（W_e = 526.44 J/kg）

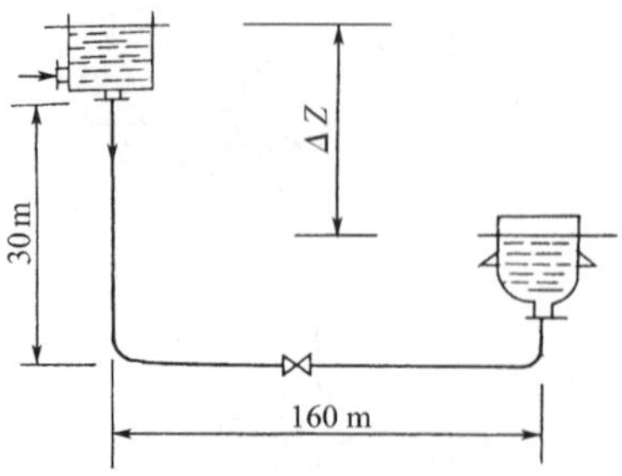

图 1-54　习题 1-16 附图

图 1-55　习题 1-17 附图

1-18　如图 1-56 所示，某气体以 3 600 m^3/h(操作条件下）的流量流经洗涤塔，其物理性质与 50 ℃ 下空气的性质相同。气体进入鼓风机前管路上装有 U 形管压差计，其指示剂为水（密度为 1 000 kg/m^3)，读数为 30 mm，输气管与放空管的内径均为 250 mm，管件、管长与阀门的当量长度之和为 50 m(不包括进出口阻力)，放空口与鼓风机进口的垂直距离为 20 m。估计气体通过填料层的压降为 1.96×10^3 Pa，管壁粗糙度可取 0.15 mm，试求鼓风机的有效功率。($P_e=3.08$ kW)

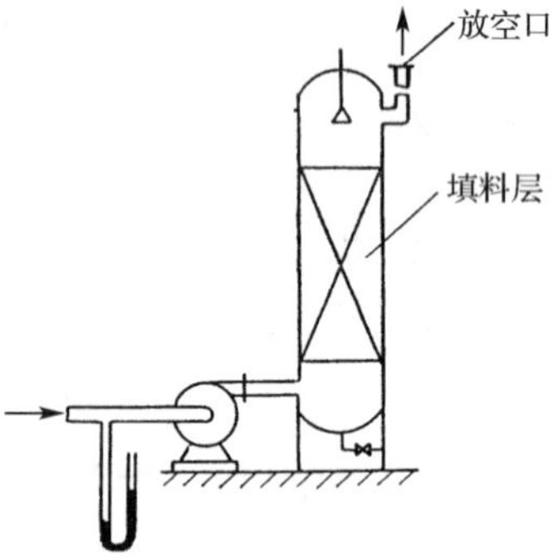

图 1-56　习题 1-18 附图

1-19　如图 1-57 所示，将水从水塔引至车间，水温 12 ℃，管路为 ϕ114 mm×4 mm 的钢管，共长 150 m(包括管件及阀门的当量长度，但不包括进、出口的阻力损失)。水塔内水面维持恒定，并高于排水口 12 m，设 $\dfrac{\varepsilon}{d}=0.002$，试求此管路的输水量为多少($m^3/h$)？($q_V=80.33$ m^3/h)

1-20　如图 1-58 所示，在两座尺寸相同的吸收塔内，各填充不同的填料，并以相同的管路并联组合。每条支管上均装有闸阀，两支路的管长均为 5 m(包括除了闸阀以外的管件局部阻力的当量长度)，管内径为 200 mm。通过填料层的能量损失可分别折算为 $5u_1^2$ 与 $4u_2^2$，u 为气体在管内的流速(m/s)。气体在支管内流动的摩擦系数 $\lambda=0.02$。管路的气体总流量为 0.3 m^3/s。试求：(1) 当两阀全开时，两塔的通气量分别为多少(m^3/s)；(2) 附图中 A 到 B 的能量损失。($q_{V1}=0.142$ m^3/s，$q_{V2}=0.158$ m^3/s，$\sum R=108.6$ J/kg)

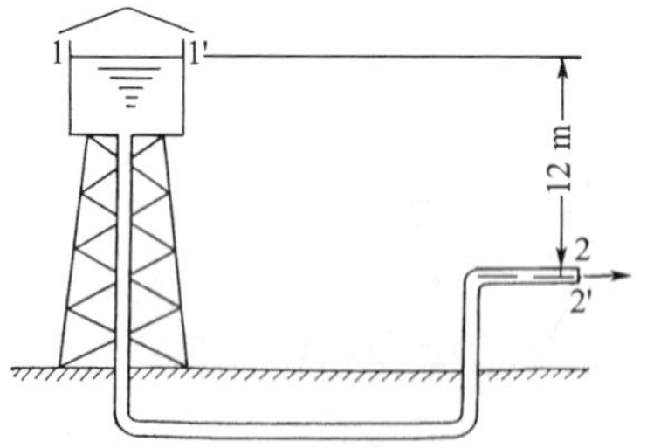

图 1-57　习题 1-19 附图

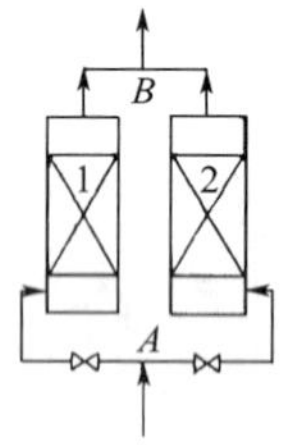

图 1-58　习题 1-20 附图

1-21　在一内径为 320 mm 的管道中，用皮托管测定平均摩尔质量为 64 g/mol 的某气体的流速。管内气体的压力为 101.33 kPa，温度为 40 ℃，黏度为 0.022×10^{-3} Pa·s。已知在管道同一截面上皮托管所连接的 U 形管压差计最大读数为 30 mmH_2O。试问此时管道内气体的平均流速为多少？($u=13.1$ m/s)

1-22　在 ϕ38 mm×2.5 mm 的管路上装有标准孔板流量计。已知孔板的孔径为 16.4 mm，管内流体为 20 ℃ 的甲苯。在孔板流量计上设有 U 形管压差计测孔板两侧压差，指示剂为水银。其读数为 600 mmHg，求管中甲苯的流量为多少？($q_V=5\ 430.89$ kg/h)

主要符号说明

符号	意义与单位	符号	意义与单位
A	表面积，m^2	R	摩尔气体常数，J/(mol·K)；管道半径，m
C_0，C_V，C_R	流量系数	u	平均速度，m/s
d	直径，m	u_{max}	管中心的最大速度，m/s
d_e	当量直径，m	u_r	半径为 r 处点速度，m/s
F	力，N	V	体积，m^3
G	质量流速，kg/(m^2·s)	υ	比容，m^3/kg
g	重力加速度，m/s^2	w	质量分数
H_f	压头损失，m	W_e	流体获得的机械能，J/kg
l	长度，m	x	摩尔分数
l_e	当量长度，m	y	摩尔分数
M	摩尔质量，kg/kmol	z	几何高度，m
M_m	平均摩尔质量，kg/kmol	ε	管道的绝对粗糙度，m
m	质量，kg	ξ	阻力系数
P	输送设备的轴功率，W 或 kW	η	效率
P_e	输送设备的有效功率，W 或 kW	λ	摩擦系数
Δp_f	压降，Pa	μ	黏度，Pa·s
p	压力，Pa	ν	运动黏度，m^2/s
q_m	质量流量，kg/s 或 kg/h	ρ	密度，kg/m^3
q_V	体积流量，m^3/s 或 m^3/h	ρ_0	标准状况下密度，kg/m^3
r_H	水力半径，m；U 形管压差计读数，m 或 mm	τ	内摩擦应力，Pa
T	热力学温度，K		

第2章 流体输送机械

2.1 概 述

2.1.1 对流体输送机械的基本要求

在化工生产中，常常需要将流体从低处输送到高处，或从低压送至高压，或沿管道送至较远的地方。为达到此目的，必须对流体施加外功，以克服流体阻力及补充输送流体时所不足的能量。为流体提供能量的机械称为流体输送机械。对流体输送机械的基本要求是：

(1)满足工艺上对流量和能量的要求。

(2)结构简单，投资费用低。

(3)运行可靠，效率高，日常维护费用低。

(4)能适应被输送流体的特性，如腐蚀性、黏性、可燃性等。

在上述的要求中，以满足流量和能量的要求最为重要。

2.1.2 流体输送机械的分类

化工生产中，输送的流体种类很多。流体的温度、压力等操作条件，流体的性质、流量以及所需要提供的能量等方面有很大的不同。为了适应不同情况下的流体输送要求，需要不同结构和特性的流体输送机械。流体输送机械根据工作原理的不同通常分为四类，即离心式、回转式、往复式、液体作用式，见表2-1。

表2-1 流体输送机械的分类

流体	离心式	回转式	往复式	液体作用式
液体	离心泵、旋涡泵、轴流泵	齿轮泵、螺杆泵	往复泵、柱塞泵、计量泵、隔膜泵	喷射泵、空气升液器
气体	离心式通风机、鼓风机与压缩机	罗茨鼓风机、液环(水环)压缩机与真空泵	往复压缩机与真空泵、隔膜压缩机	蒸气或水喷射真空泵

气体与液体不同，气体具有可压缩性，因此，气体输送机械与液体输送机械不尽相同。用于输送液体的机械称为泵，用于输送气体的机械称为风机及压缩机。

本章将结合化工生产的特点，讨论流体输送机械的作用原理、基本构造与性能及有关计算，以达到能正确选择和使用的目的，但将以离心泵为重点进行讨论。

2.2 离心泵

离心泵是化工生产中最常用的一种液体输送机械，它输送的工质范围很广，包括腐蚀性液体和含固体悬浮物的液体。这类液体输送机械运转时液体流量的调节十分方便，使用量占化工用泵的 80%～90%。

2.2.1 离心泵的工作原理

图 2-1 是离心泵的装置简图。离心泵蜗壳形泵壳内，有一固定在泵轴上的工作叶轮。叶轮上有 6～12 片稍微向后弯曲的叶片，叶片之间形成了使液体通过的通道。泵壳中央有一个液体吸入口与吸入管连接。液体经底阀和吸入管进入泵内。泵壳上的液体排出口与排出管连接，泵轴用电机或其他动力装置带动。启动前，先将泵壳内灌满被输送的液体。启动后，泵轴带动叶轮高速旋转，其转速一般为 1 000～3 000 r/min。叶轮的旋转迫使叶片之间的液体随叶轮一起旋转，在离心力的作用下，液体沿着叶片间的通道从叶轮中心进口处被甩到叶轮外围，以很高的速度流入泵壳。液体流到蜗形通道后，由于截面逐渐扩大，液体的流速减慢而静压能提高。于是液体以较高的压力从排出口进入排出管，输送到所需的场所。图 2-2 表示了液体在泵内的流动情况。

离心泵的工作原理

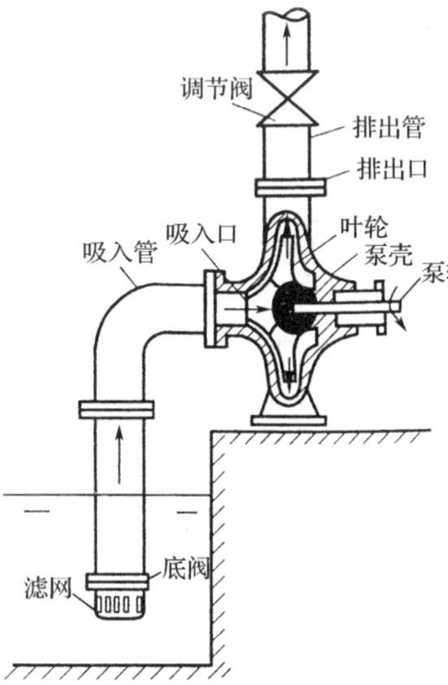

图 2-1 离心泵的装置简图

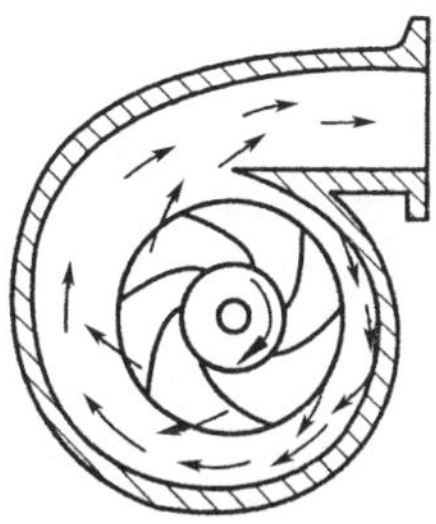

图 2-2 液体在泵内的流动情况

当叶轮中心的液体被甩出后，泵壳的吸入口就形成了一定的真空，外面的大气压力迫使液体经底阀、吸入管进入泵内，填补了液体排出后的空间。这样，只要叶轮旋转不停，液体就源源不断地被吸入与排出。这就是离心泵的基本工作原理。

必须强调的是，离心泵是一种没有自吸能力的输送机械，即必须在吸入管到泵壳内完全充满被输送液体的前提下才能正常工作。若离心泵在启动前未充满被输送液体，则泵壳内存在空气。由于空气密度很小，所产生的离心力也很小。此时，在吸入口处所形成的真空不足以将液体吸入泵内。这样，虽然启动了离心泵，但不能输送液体。此现象称为“气缚”。当然，若将离心泵的吸入口置于液体贮槽的液位之下，液体会自动流入泵中。另外，为便于使泵内充满液体，在吸入管底部安装带吸滤网的底阀，底阀为止逆阀，可以防止离心泵启动前泵内及吸入管内的液体泄漏。滤网是为了防止固体物质进入泵内，损坏叶轮的叶片或妨碍泵的正常操作。

离心泵的气缚现象

2.2.2 离心泵的主要部件

离心泵的主要部件有叶轮、泵壳和轴封装置。

1. 叶轮

从离心泵的工作原理可知，叶轮是离心泵的核心部件。高速旋转的叶轮将机械能传给液体，使液体的静压能和动能都有所提高。叶轮按结构可分为以下三种。

(1)开式叶轮

如图 2-3(a)所示，开式叶轮两侧都没有盖板，制造简单，清洗方便。但由于叶轮和壳体不能很好地密合，部分液体会流回吸液侧，因而效率较低。它适用于输送含杂质较多的悬浮液或输送浆状、糊状的液体。

(2)半开式叶轮

如图 2-3(b)所示，半开式叶轮吸入口一侧没有前盖板，而另一侧有后盖板。它适用于输送含固体颗粒和杂质的液体。

(3)闭式叶轮

如图 2-3(c)所示，闭式叶轮叶片两侧都有盖板。这种叶轮效率较高，应用最广，但只适用于输送清洁液体。一般离心泵大多采用闭式叶轮。

闭式或半开式叶轮的后盖板与泵壳之间的缝隙内，液体的压力较入口侧高，这使叶轮遭受到向入口端推移的轴向推力。轴向推力能引起泵的振动，使轴承发热，甚至损坏机件。为了减弱轴向推力，可在后盖板上钻几个小孔，称为平衡孔[图 2-4(a)]，让一部分高压液体漏到低压区以降低叶轮两侧的压力差。平衡孔对消除轴向推力的作用是明显的，但由于液体通过平衡孔短路回流，增加了内泄漏量，因而降低了泵的效率。

叶轮

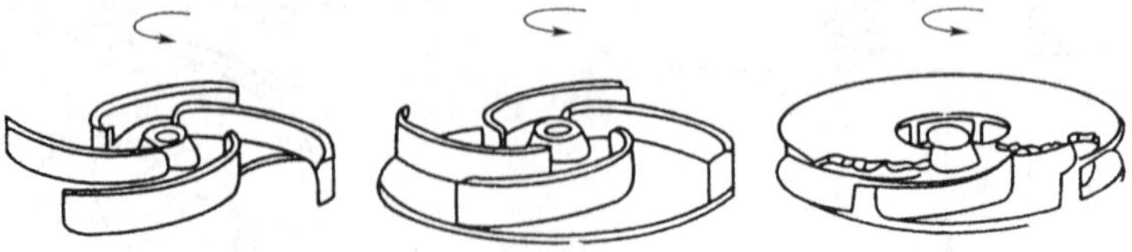

(a) 开式　　(b) 半开式　　(c) 闭式

图 2-3　叶轮的类型

按吸液方式的不同，叶轮可分为单吸式和双吸式两种，如图 2-4 所示。单吸式叶轮构造简单，液体从叶轮一侧被吸入；双吸式叶轮比较复杂，液体从叶轮两侧吸入。双吸式叶轮具有较大的吸液能力，而且基本上可以消除轴向推力。

根据叶轮上叶片的几何形状，可将叶片分为后弯、径向和前弯三种。由于后弯叶片有利于液体的动能转化为静压能，故而被广泛采用。

2. 泵壳

离心泵的泵壳多做成蜗壳形，其内有一个截面逐渐扩大的蜗形通道。叶轮在泵壳内沿着蜗形通道逐渐扩大的方向旋转。由于通道逐渐扩大，以高速度从叶轮四周抛出的液体可逐渐降低流速，减少能量损失，从而使部分动能有效地转化为静压能。因此，泵壳的作用不仅在于汇集液体，作为导出液体的通道，而且又是一个能量转换装置。

有的离心泵为了减少液体进入蜗壳时的碰撞，在叶轮与泵壳之间安装一固定的导轮，如图 2-5 所示。导轮的叶片间形成了多个逐渐转向的孔道，使高速液体流过时能均匀而缓慢地将动能转化为静压能，使能量损失降到最低程度。

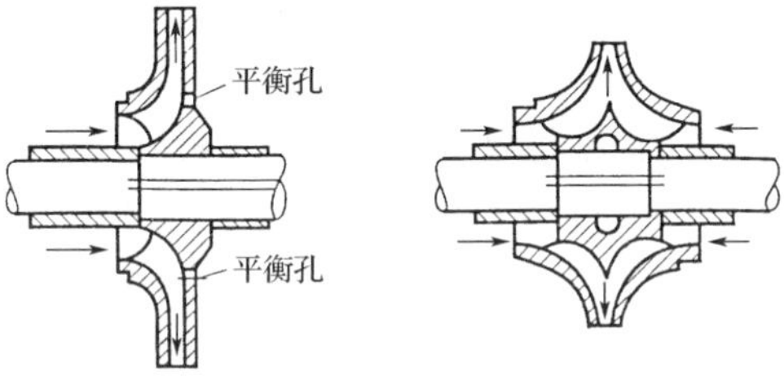

(a)单吸式　　(b)双吸式

图 2-4　离心泵的吸液方式

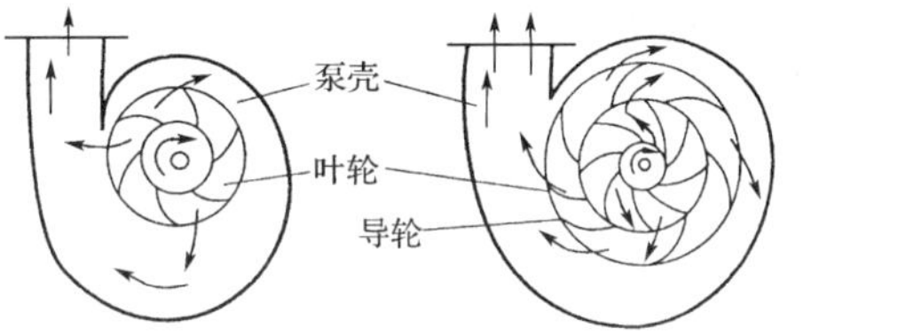

图 2-5　泵壳与导轮

3. 轴封装置

由于泵轴转动而泵壳固定不动，在轴和泵壳的接触处必然有一定间隙。为避免泵内高压液体沿间隙漏出，或防止外界空气进入泵内，必须设置轴封装置。离心泵的轴封装置有如图 2-6 所示的填料密封装置（填料函）和如图 2-7 所示的机械密封装置两种。

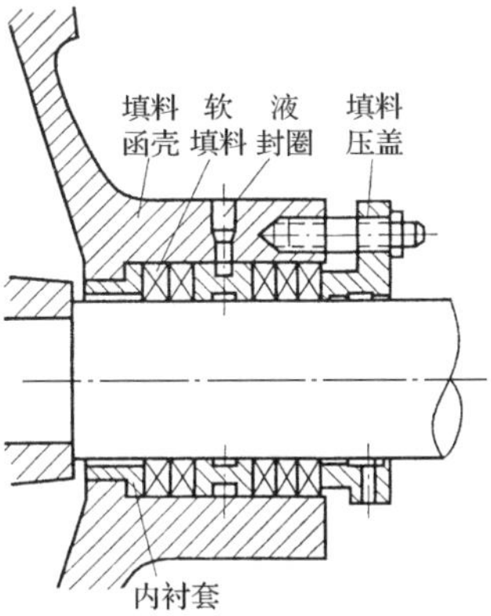

图 2-6　填料密封装置示意图

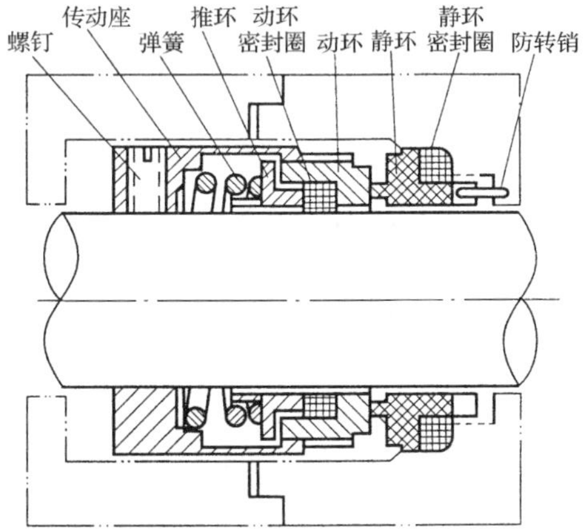

图 2-7　机械密封装置示意图

填料密封装置（填料函）主要由填料函壳、软填料和填料压盖构成。软填料一般选用浸油或涂石墨的石棉绳。用螺钉将压盖压紧，填料压紧在填料函壳和转轴之间，以达到密封的目的。机械密封装置是由一个装在转轴上的动环和另一个固定在泵壳上的静环所构成。两个环形端面由弹簧的弹力使之贴紧在一起，起到密封的作用。机械密封装置适用于对密封要求较高的场合，如输送酸、碱、易燃、易爆及有毒的液体。

离心泵结构分解动画

随着磁能应用技术的发展，磁防漏技术已引起人们的关注。它可借助加在泵壳内的磁性液体达到密封和润滑作用。

2.2.3 离心泵的主要性能参数

为了正确选择和使用离心泵，需要了解离心泵的性能。离心泵的主要性能参数为流量、压头、轴功率、效率、转速和气蚀余量等。

1. 流量 q_V

泵的流量（又称送液能力）是指单位时间内泵所输送的液体体积，以 q_V 表示，其单位为 m^3/s。我国生产的泵规格中也有用 m^3/h 或 L/s 表示的。离心泵的流量取决于泵的结构、尺寸（主要为叶轮的直径与叶片的宽度）和转数。

2. 压头 H

离心泵的压头（又称扬程）是指离心泵对单位质量液体所提供的能量，以 H 表示，其单位为 m。离心泵的压头取决于泵的结构（如叶轮直径、叶片的弯曲方向等）以及转速和流量。对于某一特定的泵而言，在转速一定的条件下，压头与流量之间具有确定的关系。但由于流体在泵内的流动情况比较复杂，难以定量计算，泵的压头 H 与流量 q_V 的关系只能通过实验测定。

压头测定的实验装置如图 2-8 所示。在泵的进、出口管路处分别安装真空表和压力表，在这两处管路截面 1、2 间列伯努利方程，即

$$H=(z_2-z_1)+\frac{p_2-p_1}{\rho g}+\frac{u_2^2-u_1^2}{2g}+\sum H_f \tag{2-1}$$

$$z_2-z_1=h_0$$

式中 h_0—— 压力表与真空表之间的垂直距离，m；

u_2、u_1—— 泵出、入管中的液体流速，m/s；

p_2、p_1—— 泵出、入口截面处的压力，其差值等于入口处的真空表读数与出口处的压力表读数之和，Pa；

$\sum H_f$—— 两截面间的压头损失，即泵内部的各种压头损失之和，m。

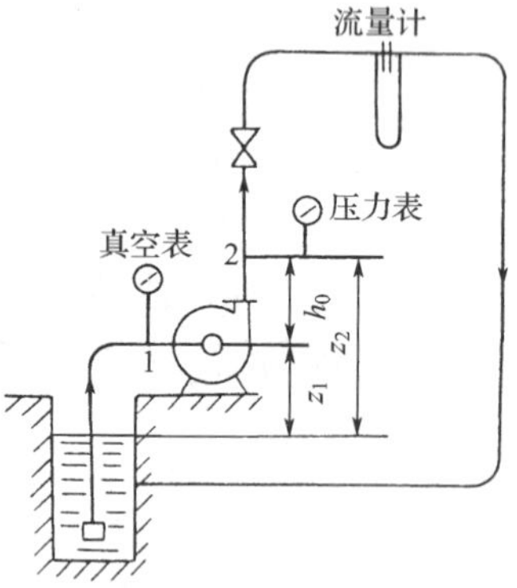

图 2-8 压头测定的实验装置

由于两截面之间管路很短，其压头损失 $\sum H_f$ 可忽略不计。又因两截面的动压头差 $\frac{u_2^2-u_1^2}{2g}$ 很小，通常也可不计，则式(2-1) 可写为

$$H=h_0+\frac{p_2-p_1}{\rho g} \tag{2-2}$$

【例 2-1】 用 20 ℃ 清水测定某离心泵的压头 H。当流量为 10 m^3/h 时，测得泵吸入口处真空表的读数为 21.3 kPa，泵出口压力表的读数为 180 kPa，两表间的垂直距离为 0.4 m。试求该泵在此流量条件下的压头。

解 由附录 5 查得 20 ℃ 清水的密度 $\rho=998.2\ kg/m^3$。

根据题意有 $h_0=0.4$ m，$p_1=21.3$ kPa（真空度），$p_2=180$ kPa（表压），所以

$$H=h_0+\frac{p_2-p_1}{\rho g}=0.4+\frac{[180-(-21.3)]\times 10^3}{998.2\times 9.81}=20.96\ m$$

3. 轴功率 P

离心泵的轴功率是指泵轴所需的功率。当泵直接由电动机带动时，它即是电机传给泵轴

的功率，以 P 表示，其单位为 W 或 kW。离心泵的轴功率通常随设备的尺寸、流体的黏度、流量等的增大而增大，其值可用功率表等装置进行测量。

4. 效率 η

离心泵工作时，泵内存在各种功率损失，因此从电动机输入的轴功率 P 不能全部转变为液体的有效功率 P_e，二者之差即为泵内损失功率，其大小用泵效率 η 来衡量。泵效率等于有效功率与轴功率之比，其表达式为

$$\eta = \frac{P_e}{P} \tag{2-3}$$

式中 P_e—— 离心泵的有效功率，指泵在单位时间内对液体所做的净功，W 或 kW。

离心泵的有效功率 P_e 与泵的流量 q_V 及压头 H 之间的关系应满足下式：

$$P_e = q_V H \rho g \tag{2-4}$$

式中 q_V—— 泵的流量，m^3/s；

H—— 泵的压头或扬程，m；

ρ—— 被输送液体的密度，kg/m^3。

一般小型泵的效率为 50% ～ 70%；大型泵可达 90%。离心泵的效率与泵的大小、类型、制造精密程度及其所输送的液体性质有关。

泵内造成功率损失的原因有：

① 泵内的流体流动阻力损失（又称水力损失），使叶轮给出的能量不能全部被液体获得，仅获得有效压头 H。

② 泵内有部分高压液体泄漏到低压区，使排出的液体流量小于流经叶轮的流量，而造成的功率损失称为流量损失（又称容积损失）。

③ 泵轴与轴承之间的摩擦，以及泵轴密封处的摩擦等造成的功率损失，称为机械损失。

离心泵启动或运转时可能超过正常负荷，所配电机的功率应比泵的轴功率大些。电机功率大小在泵样本中有说明。

2.2.4 离心泵的特性曲线及其影响因素

1. 离心泵的特性曲线

将实验测得的离心泵的流量 q_V 与压头 H、轴功率 P 及效率 η 间的关系，通过特定的坐标系绘成一组关系曲线，称为离心泵的特性曲线或工作性能曲线。此曲线通常由泵的制造商提供并附于离心泵样本或说明书中，供用户选择和操作离心泵时参考。

图 2-9 表示某型号离心泵在转速 $n = 2\,900$ r/min 下用 20 ℃ 清水测得的特性曲线。

(1) H-q_V 曲线

表示 H 与 q_V 的关系，通常 H 随 q_V 的增大而减小。不同型号的离心泵，H-q_V 曲线的形状有所不同。有的离心泵 H-q_V 曲线较平坦，其特点是流量变化较大而压头变化不大；而有的离心泵 H-q_V 曲线陡峭，当流量变动很小时，压头变化很大，适用于压头变化大而流量变化小的情况。

(2) P-q_V 曲线

表示 P 与 q_V 的关系，P 随 q_V 的增大而增大。当 $q_V = 0$ 时，P 最小。所以在离心泵启动前应先关闭泵的出口阀门，以减小启动电流，达到保护电机的目的。

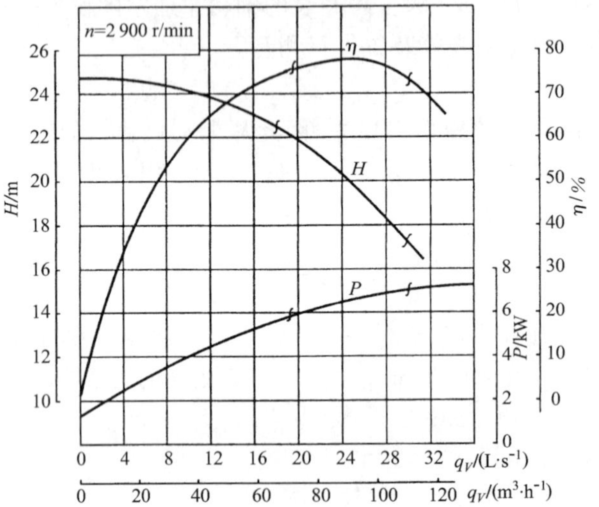

图 2-9　某离心泵的特性曲线

(3) η-q_V 曲线

表示 η 与 q_V 的关系，开始 η 随 q_V 的增大而增大，达到最大值后，又随 q_V 的增大而减小。曲线上最高效率点通常称为设计点。泵在与最高效率点相对应的流量及压头下工作最为经济，与最高效率点对应的 q_V、H、P 值称为最佳工况参数。离心泵的铭牌上标出的性能参数就是指该泵在运行时效率最高点的性能参数。实际生产中，泵不可能正好在设计点下运转，所以各种离心泵都规定一个高效区，一般取最高效率的 93% 范围内为高效区。

2. 影响离心泵特性的主要因素

(1) 液体物性对离心泵特性的影响

① 密度的影响　离心泵的压头、流量、效率均与液体的密度无关，所以离心泵特性曲线中的 H-q_V 及 η-q_V 曲线保持不变。但泵的轴功率与输送液体的密度有关，随液体密度而改变。因此，当被输送液体与水不同时，原离心泵特性曲线中的 P-q_V 曲线不再适用，此时离心泵的轴功率需重新计算。

② 黏度的影响　若被输送液体的黏度大于常温下清水的黏度，则泵体内部液体的能量损失增大，泵的压头、流量都要减小，效率下降，而轴功率增大，亦即离心泵的特性曲线发生改变，对小型离心泵的影响尤为显著。当液体的运动黏度 $\nu(\nu=\mu/\rho)>2\times10^{-5}\ m^2/s$ 时，需要参考有关手册予以校正。

(2) 转速对离心泵特性的影响

离心泵的特性曲线是在一定转速 n 下测定的，当 n 改变时，泵的流量 q_V、压头 H 及功率 P 也相应改变。对同一型号泵、同一种液体，在效率 η 不变的条件下，q_V、H、P 随 n 的变化关系如下式所示：

$$\frac{q_{V2}}{q_{V1}}=\frac{n_2}{n_1},\quad \frac{H_2}{H_1}=\left(\frac{n_2}{n_1}\right)^2,\quad \frac{P_2}{P_1}=\left(\frac{n_2}{n_1}\right)^3 \tag{2-5}$$

式中　q_{V1}、H_1、P_1——n_1 时的特性参数；

q_{V2}、H_2、P_2——n_2 时的特性参数。

式(2-5) 称为离心泵的比例定律。当泵的转速变化在 ±20%、泵的效率可视为不变时，用式(2-5) 进行计算误差不大。

若在转速为 n_1 的特性曲线上多选几个点，利用比例定律算出转速为 n_2 时的相应数据，并将结果标绘在坐标纸上，即可得到转速为 n_2 时的离心泵特性曲线。

(3) 叶轮直径对离心泵特性的影响

当离心泵的转速一定时，通过切割叶轮直径 D，使其变小，也能改变特性曲线，即改变流量 q_V、压头 H 及功率 P。对同一型号泵、同一液体、同一转速，当叶轮直径 D 的切割量小于 5% 时，离心泵的效率不变。此时，离心泵的 q_V、H、P 随 D 的变化关系如下式所示：

$$\frac{q_{V2}}{q_{V1}}=\frac{D_2}{D_1},\quad \frac{H_2}{H_1}=\left(\frac{D_2}{D_1}\right)^2,\quad \frac{P_2}{P_1}=\left(\frac{D_2}{D_1}\right)^3 \tag{2-6}$$

式中 q_{V1}、H_1、P_1——D_1 时的特性参数；

q_{V2}、H_2、P_2——D_2 时的特性参数。

为方便用户的使用，通常离心泵的生产厂家以原叶轮为基准，按规范对叶轮分别进行 1 ~ 2 次切割，用 A 或 B 表示切割序号，以供用户选购。

2.2.5 离心泵的工作点与流量调节

离心泵安装在一定的管路系统中，以一定转速工作时，其流量与压头不仅与离心泵本身的特性有关，而且与管路的工作特性有关。

1. 管路特性曲线

图 2-10 是一个输送系统示意图。若贮槽与高位槽的液面及液面上的压力均保持恒定，液体在管路系统中流动时所需的外加压头可通过在两槽液面间列伯努利方程式求得，即

$$H=\Delta z+\frac{\Delta p}{\rho g}+\frac{\Delta u^2}{2g}+\sum H_f$$

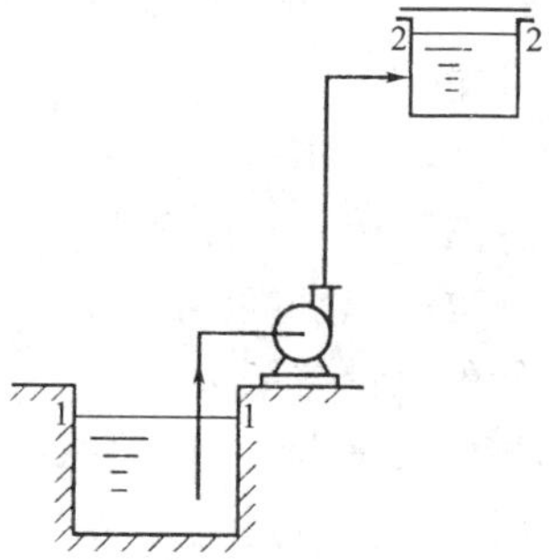

图 2-10 输送系统示意图

对于特定的管路系统，$\Delta z+\dfrac{\Delta p}{\rho g}$ 为固定值，与管路中的液体流量 q_V 无关，令 $A=\Delta z+\dfrac{\Delta p}{\rho g}$。因液体贮槽与高位槽的截面比管路截面大很多，则槽中液体流速很小，可忽略不计，即 $\dfrac{\Delta u^2}{2g}\approx 0$。上式可简化为

$$H=A+\sum H_f \tag{2-7}$$

式(2-7) 中的压头损失为

$$\sum H_f=\left(\lambda\frac{l+\sum l_e}{d}+\sum\xi\right)\frac{u^2}{2g}$$

将 $u=\dfrac{q_V}{\dfrac{\pi}{4}d^2}$ 代入上式得

$$\sum H_f=\frac{8}{\pi^2 g}\left(\lambda\frac{l+\sum l_e}{d^5}+\frac{\sum\xi}{d^4}\right)q_V^2 \tag{2-8}$$

式中 q_V—— 管路中液体流量，m^3/s；

d—— 管子内径，m；

$l+\sum l_e$—— 管路中的直管长度与局部阻力的当量长度之和，m；

ξ—— 局部阻力系数；

λ—— 摩擦系数。

对于给定的管路，且当阀门开度一定时，d、l、l_e 及 ξ 均为定值，湍流时摩擦系数 λ 的变化很小，一般多处于阻力平方区，λ 可视为常数，所以可令

$$B=\frac{8}{\pi^2 g}\left(\lambda\frac{l+\sum l_e}{d^5}+\frac{\sum\xi}{d^4}\right)$$

则式(2-8)可写成

$$\sum H_f = Bq_V^2 \tag{2-9}$$

将式(2-9)代入式(2-7)中得

$$H = A + Bq_V^2 \tag{2-10}$$

式(2-10)称为管路特性方程，表示在给定管路系统中，在一定操作条件下，流体通过该管路系统时所需要的压头和流量的关系。将此关系标绘在相应的坐标图上，即得如图2-11所示的 H-q_V 曲线，该曲线称为管路特性曲线或管路阻力曲线。式(2-10)中，B 为管路特性系数，它与管路长度、管径、摩擦系数及局部阻力系数有关。B 值较大的管路，称为高阻力管路；B 值较小的管路，则称为低阻力管路。

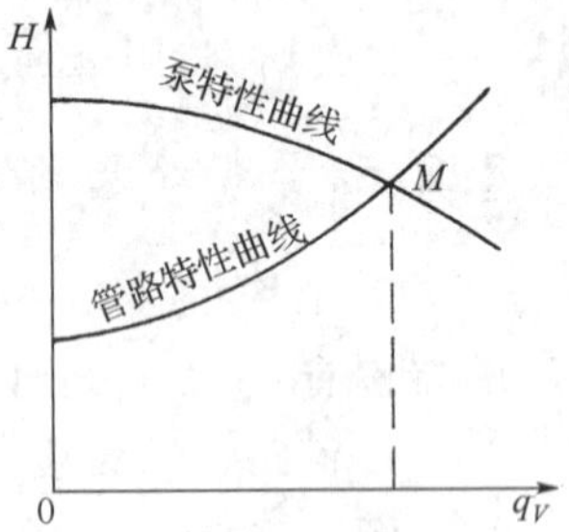

图 2-11　管路特性曲线

2. 工作点

输送液体是靠泵和管路共同完成的。一台离心泵安装在一定的管路系统中，包括阀门开度也一定时，就有一定的流量与压头。此流量与压头是离心泵特性曲线与管路特性曲线交点处的流量与压头。此点称为泵的工作点，如图2-11中 M 点所示。显然，该点所表示的流量 q_V 与压头 H，既是管路系统所要求，又是离心泵所能提供的。若该点对应效率是在最高效率区，则该工作点是适宜的。

【例 2-2】 用离心泵向密闭容器中输送清水，管路情况如图2-12所示。贮槽A和密闭容器B内液面恒定，位差为18 m。管路系统有关参数为：管径为 ϕ104 mm × 4 mm，管长（包括所有局部阻力的当量长度）为150 m，容器B内的表压为 9.81×10^4 Pa，管路摩擦系数 λ 为0.018，如要求输水量为45 m^3/h。试计算：(1)管路特性方程；(2)离心泵的压头与轴功率（效率 $\eta=70\%$，水的密度可取1 000 kg/m^3）。

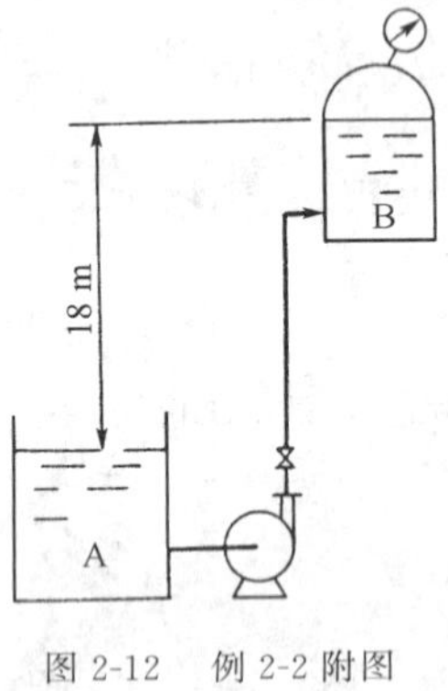

图 2-12　例 2-2 附图

解　(1) $A=\Delta z+\dfrac{\Delta p}{\rho g}=18+\dfrac{9.81\times10^4}{1\,000\times9.81}=28\ \text{m}$

$$B=\frac{8}{\pi^2 g}\left(\lambda\frac{l+\sum l_e}{d^5}+\frac{\sum\xi}{d^4}\right)$$

$$=\frac{8}{3.14^2\times9.81}\times0.018\times\frac{150}{0.1^5}$$

$$=2.23\times10^4\ \text{s}^2/\text{m}^5$$

管路特性方程

$$H=A+Bq_V^2=28+2.23\times10^4q_V^2$$

(2) $H=28+2.23\times10^4\times\left(\dfrac{45}{3\,600}\right)^2=31.48\ \text{m}$

$$P_e = q_V H\rho g = \frac{45}{3\ 600} \times 31.48 \times 1\ 000 \times 9.81 = 3\ 860.24\ \text{W} = 3.86\ \text{kW}$$

$$P = \frac{P_e}{\eta} = \frac{3.86}{0.7} = 5.51\ \text{kW}$$

3. 流量调节

离心泵在指定的管路上工作时，由于生产任务发生变化，出现泵的工作流量与生产要求不相适应；或已选好的离心泵在特定的管路中运转时，所提供的流量不一定符合输送任务的要求等情况。对于这两种情况，都需要对泵进行流量调节。而离心泵的流量调节实际上就是改变泵的工作点。离心泵的工作点由管路特性曲线和泵的特性曲线所决定，改变这两种特性曲线之一均可达到调节流量的目的。

(1) 改变管路特性曲线

改变离心泵出口管路上阀门的开度，即可改变管路特性曲线。例如，当阀门关小时，管路的局部阻力加大，管路特性曲线变陡，如图 2-13 中曲线 Ⅰ 所示。工作点由 M 点移至 A 点，流量由 $q_{V,M}$ 降至 $q_{V,A}$。当阀门开大时，管路局部阻力减小，管路特性曲线变得平坦，如图 2-13 中曲线 Ⅲ 所示，工作点移至 B 点，流量加大到 $q_{V,B}$。

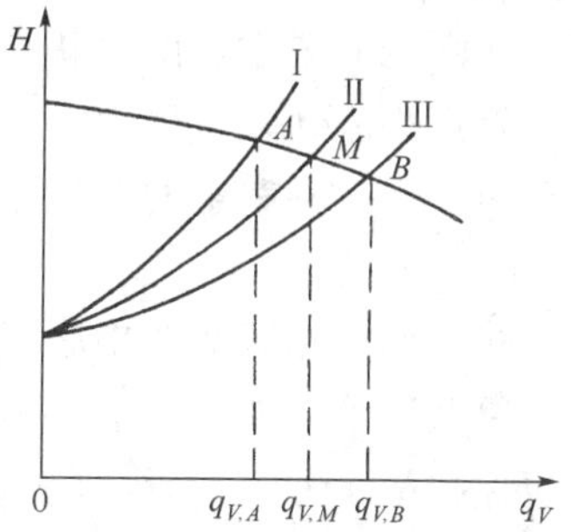

图 2-13　阀门开度对工作点的影响

采用阀门来调节流量快速简便，且流量可以连续变化，适合化工连续生产的特点，应用十分广泛。其缺点是阀门开度变小时，因流动阻力加大需要额外消耗一部分能量。这种通过改变管路特性曲线的形状，从而达到改变离心泵的工作点的方法，称为管路特性曲线调节法，也叫节流调节。

(2) 改变泵的特性曲线

改变离心泵转速调节流量，实质上是维持管路特性曲线不变，而改变泵的特性曲线。如图 2-14 所示，泵原来的转速为 n_1，工作点为 M；若转速降至 n_2，泵的特性曲线 H-q_V 向下移，工作点由 M 变至 A 点，流量由 $q_{V,M}$ 降至 $q_{V,A}$；若转速提高至 n_3，H-q_V 曲线便向上移，工作点移至 B 点，流量加大到 $q_{V,B}$。由式(2-5)可知，流量随转速的下降而减小，动力消耗也相应降低。因此，从能量消耗的角度来看是比较合理的。但是改变泵的转速需要变速装置或价格昂贵的变速原动机，且难以做到流量的连续调节，故化工生产过程中较少采用。

此外，根据式(2-6)，减小叶轮直径也可以改变泵的特性曲线，使泵的流量变小并降低能耗(图 2-15)，但一般可调节范围不大，与改变转速相同，难以做到流量的连续调节，且直径减小不当还会降低泵的效率，故实际生产中也很少采用。

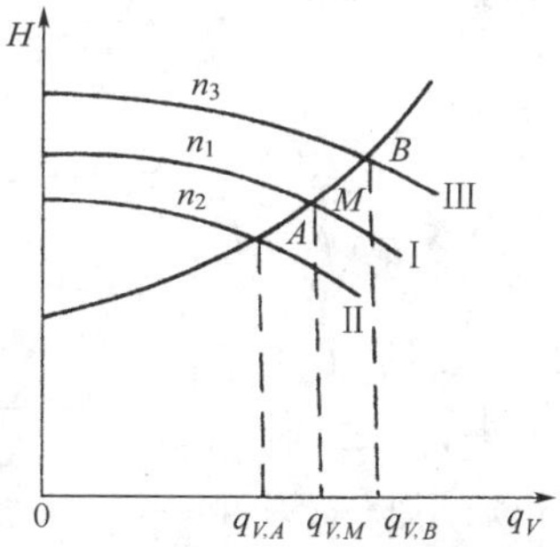

图 2-14　叶轮转速对工作点的影响

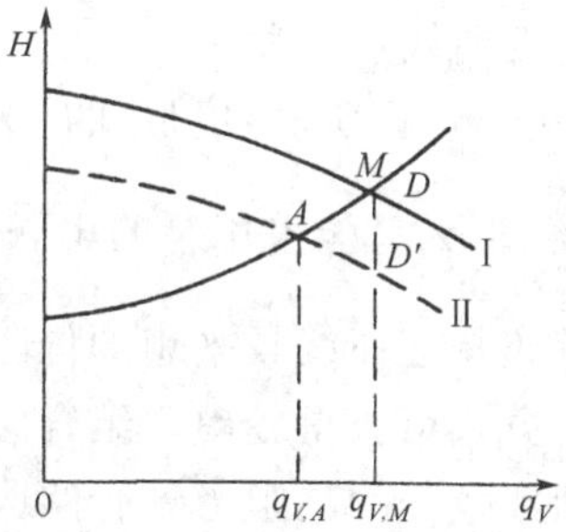

图 2-15　叶轮直径对工作点的影响

这种通过改变离心泵特性曲线的形状，从而达到改变离心泵的工作点的方法，称为泵特性曲线调节法。

(3) 离心泵的并联与串联

在实际生产过程中，当单台离心泵不能满足输送任务时，可采用离心泵的并联或串联操作。下面以两台性能相同的泵为例，讨论离心泵组合操作的特性。

① 离心泵的并联

设将两台型号相同的泵并联于管路系统中，且各自的吸入管路相同，则两台泵的流量和压头必定相同。显然，在同一压头下，并联泵的流量为单台泵的两倍。并联泵的特性曲线可以这样得到：依据图 2-16 中单台泵特性曲线 Ⅰ 上一系列坐标点，保持纵坐标不变，而将横坐标加倍，连接一系列加倍横坐标值的点便可得到两台泵并联操作的合成特性曲线 Ⅱ。

并联泵的工作点由并联特性曲线与管路特性曲线的交点决定。由图 2-16 可见，由于流量加大使管路流动阻力加大，并联后的总流量必低于单台泵流量的两倍，而且并联压头略高于单台泵的压头。并联泵的总效率与单台泵的效率相同。

② 离心泵的串联

两台型号相同的泵串联操作时，每台泵的流量和压头也各自相同。因此，在同一流量下，两台串联泵的压头为单台泵压头的两倍。串联泵的合成特性曲线可用图 2-17 中单台泵特性曲线保持横坐标不变，纵坐标加倍的方法合成曲线 Ⅱ。

同样，串联泵的工作点由串联特性曲线与管路特性曲线的交点来决定。由图 2-17 可见，两台泵串联操作的总压头必低于单台泵压头的两倍，流量大于单台泵。串联泵的总效率为串联状况下单台泵的效率。

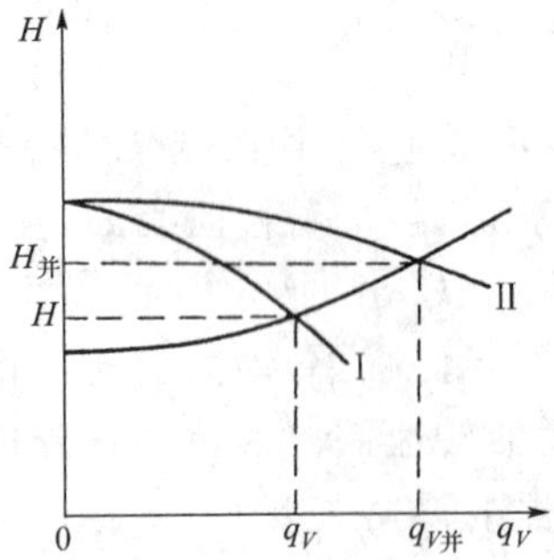

图 2-16　离心泵的并联

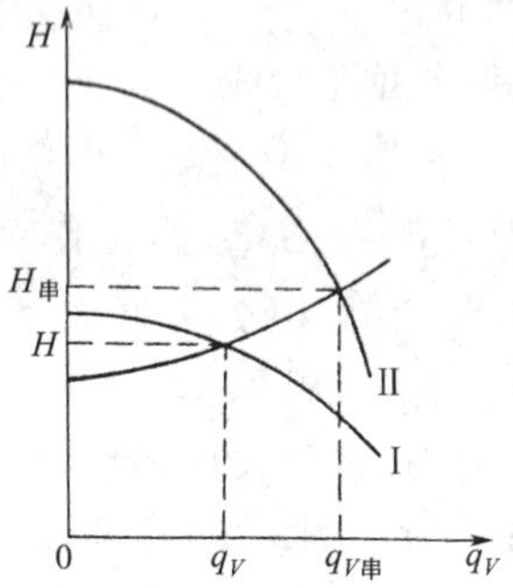

图 2-17　离心泵的串联

③ 离心泵组合方式的选择

生产中采用何种组合方式能够取得最佳经济效果，应视管路要求的压头和特性曲线形状而定。

a. 如果单台泵所能提供的最大压头小于管路两端的 $\left(\Delta z+\dfrac{\Delta p}{\rho g}\right)$ 值，那么只能采用泵的串联操作。

b. 对于管路特性曲线较平坦的低阻力型管路(图 2-18 曲线 Ⅰ)，采用并联组合方式可获得较串联组合方式高的流量和压头；反之，对于管路特性曲线较陡的高阻力型管路(图 2-18 中曲线 Ⅱ)，则宜采用串联组合方式。

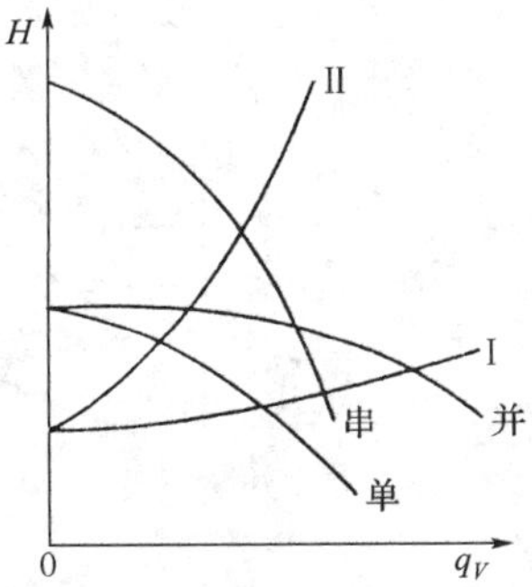

图 2-18　离心泵组合方式的选择

【例 2-3】 某输水系统,泵和管路的特性方程分别为

$$H = 30 - 0.01q_V^2 \quad （泵）$$

$$H = 10 + 0.05q_V^2 \quad （管路）$$

式中,q_V 的单位是 m^3/h。试求:(1) 该系统的输水量为多少?(2) 若要求输水量为 $16\ m^3/h$,应采取什么措施,两条特性曲线有何变化?

解 (1) 离心泵在工作时,$H_泵 = H_管$,即

$$30 - 0.01q_V^2 = 10 + 0.05q_V^2$$

解得

$$q_V = 18.3\ m^3/h$$

(2) 若要求输水量为 $16\ m^3/h$,由于流量减小程度不大,可采用调节出口阀门的措施。在此情况下,泵的特性方程不变,而管路的特性方程将有所改变。

$$30 - 0.01q_V^2 = 10 + Bq_V^2$$

将 $q_V = 16\ m^3/h$ 代入上式,可求得 $B = 0.068$,则新的管路特性方程为

$$H = 10 + 0.068q_V^2$$

评析 改变管路系统的流量就是改变泵的工作点,方法有几种,生产实际中最为常用的是改变离心泵出口阀门的开度,即改变管路特性曲线。

【例 2-4】 已知某台泵的特性方程为 $H = 20 - 2q_V^2$,式中 H 为泵的压头(m),q_V 为流量(m^3/min)。现该泵用于在两敞口容器之间送液,已知单泵使用时流量为 $1\ m^3/min$。欲使流量增加 50%,试问应该将相同两台泵并联还是串联使用?两容器的液面位差为 10 m。

解 设管路的特性方程为

$$H = A + Bq_V^2$$

根据已知条件:当 $q_V = 0$ 时,$H = 10$ m;当 $q_V = 1$ 时(单泵),$H = 20 - 2 \times 1^2 = 18$ m。因此,管路特性方程为

$$H = 10 + 8q_V^2$$

(1) 两台泵并联操作

令管路总流量为 q_V,每台泵的流量为 $\frac{1}{2}q_V$,单台泵的压头不变,则有

$$10 + 8q_V^2 = 20 - 2\left(\frac{1}{2}q_V\right)^2$$

解得

$$q_V = 1.08\ m^3/min$$

(2) 两台泵串联操作

在此情况下,单台泵的流量和管路内的总流量一致,泵的压头加倍,即

$$10 + 8q_V^2 = 2(20 - 2q_V^2)$$

解得

$$q_V = 1.58\ m^3/min$$

因此,欲使流量增加 50%,需要采用两泵的串联组合方式。

评析 本题的关键是并联时,单台泵的压头不变,而流量为总流量的 1/2;串联时,单台泵的流量与总流量相同,但泵的压头加倍。

2.2.6 离心泵的气蚀现象与安装高度

1. 气蚀现象

通过对离心泵工作原理的分析可知，泵之所以能吸入液体，是由于液体的离心运动而使泵的吸入口处产生了一定的真空度，然而，当泵的性能一定时，这个真空度与泵的安装高度有关，并不是越大越好。

离心泵的吸液管路如图 2-19 所示。以贮液槽的液面为基准面，列出槽液面 0-0′ 与截面 1-1′ 间的伯努利方程，得

$$\frac{p_1}{\rho g}=\frac{p_0}{\rho g}-H_g-\frac{u_1^2}{2g}-\sum H_f \tag{2-11}$$

由式(2-11)可知，贮槽液面上方压力 p_0 一定时，泵的安装高度 H_g 越高，吸液管路内液体流速 u_1 与压头损失 $\sum H_f$ 越大，p_1 就越小。当泵入口处压力 p_1 减小到等于或小于输送温度下液体的饱和蒸气压时，液体将在泵的吸入口附近沸腾汽化并产生大量的气泡，这些气泡随液体从泵低压区流到高压区后，在高压作用下迅速凝结或破裂，此时周围的液体以极高的速度冲向原气泡所占据的空间，在冲击点处产生几万千帕的压力，冲击频率可高达几万至几十万赫兹。冲击作用使泵体振动并产生噪声，叶轮局部在巨大冲击力的反复作用下，材料表面疲劳，从开始的点蚀到生成裂缝，最终形成海绵状物质剥落，直至叶轮或泵体遭到破坏，这种现象称为离心泵的“气蚀现象”。

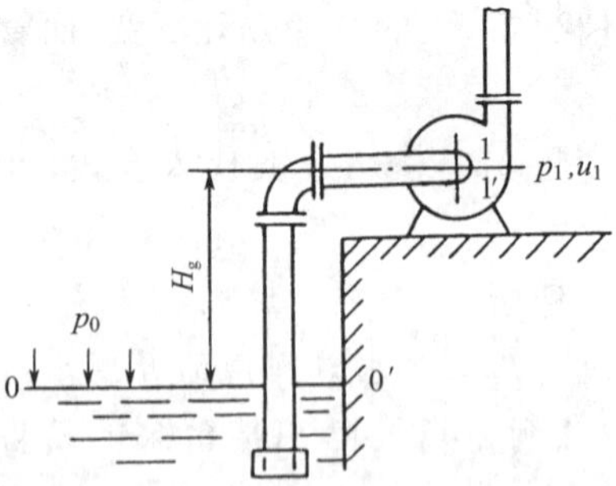

图 2-19　离心泵吸液管路示意图

离心泵的
气蚀现象

离心泵开始发生气蚀时，气蚀区域较小，对泵的正常工作没有明显影响。但当气蚀发展到一定程度时，气泡产生量较大，泵内液体流动的连续性遭到破坏，泵的流量、压头和效率均会明显下降，不能正常操作。

2. 离心泵的最大安装高度

为了避免气蚀的发生，泵的安装高度不能太高。国产离心泵标准中规定了两种气蚀性能参数，用以限定泵吸入口的最低压力并计算泵的最大安装高度。

(1) 必需气蚀余量

在一定流量下，泵发生气蚀时，叶轮入口截面 K-K' 处的压力 p_K 刚好等于输送条件下液体的饱和蒸气压 p_v，此时，泵入口截面 1-1′ 的压力 p_1 等于某最小值 $p_{1,\min}$，此时泵的安装高度 H_g 为最大值，称为允许安装高度$[H_g]$。

$$[H_g]=\frac{p_0}{\rho g}-\frac{p_{1,\min}}{\rho g}-\frac{u_1^2}{2g}-\sum H_f \tag{2-12}$$

将此时泵入口的动压头和最小静压头之和与饱和蒸气压头的差值定义为必需气蚀余量 Δh，即

$$\Delta h=\left(\frac{p_{1,\min}}{\rho g}+\frac{u_1^2}{2g}\right)-\frac{p_v}{\rho g} \tag{2-13}$$

为了安全起见，在测定气蚀性能时，要在此 Δh 值基础上再加上 0.5 m，写入泵的性能表中。必需气蚀余量是在一个标准大气压下，以 20 ℃ 的清水为介质测定的。

由式(2-12)和(2-13)可知，离心泵的允许安装高度 $[H_g]$ 为

$$[H_g]=\frac{p_0}{\rho g}-\frac{p_v}{\rho g}-\Delta h-\sum H_f \tag{2-14}$$

必须指出，Δh 与流量有关，流量大时 Δh 也较大，因此在计算泵的最大允许安装高度时，必须以泵使用过程中可能达到的最大流量进行计算。

为保证泵的安全操作，不发生气蚀，泵的实际安装高度 H_g 必须小于或等于 $[H_g]$。

(2) 允许吸上真空度

若大气压为 p_a，泵入口处允许的最低压力为 $p_{1,min}$，则泵入口处的最高真空度为 $(p_a-p_{1,min})$，单位为Pa。习惯上，真空度常以输送液体的液柱高度来计量，称之为允许吸上真空度，以 H'_s 来表示，单位为m液柱，即

$$H'_s=\frac{p_a-p_{1,min}}{\rho g} \tag{2-15}$$

需要指出，H'_s 是表示真空度的物理量，应具有压力的单位(m液柱)，但在离心泵的性能表里一般把它的单位写成m(严格说应是 mH_2O)，对此要特别注意。为了安全起见，在测定允许吸上真空度时，要在此 H'_s 值的基础上减去 0.5 m，写入泵的性能表中。

H'_s 是离心泵的抗气蚀性能参数，其值越大，泵的安装高度 H_g 越高。H'_s 与泵的结构、被输送液体的性质及当地大气压有关，且随流量加大而变小。H'_s 值由泵的制造厂家在 98.1 kPa(10 mH_2O)大气压下，用 20 ℃ 清水实验测得。实验值列在泵样本或说明书的性能表中。一些泵的特性曲线上也画出了 H'_s-q_V 曲线。

若操作条件与上述实验条件不一致或输送其他液体时，可按下式对 H'_s 进行换算。

$$H_s=\left[H'_s+(H_a-10)-\left(\frac{p_s}{9.81\times10^3}-0.24\right)\right]\frac{1\,000}{\rho'} \tag{2-16}$$

式中 H_s——操作条件下输送液体时的允许吸上真空度，m液柱；

H'_s——实验条件下送水时的允许吸上真空度，mH_2O；

H_a——泵安装地区的大气压力，mH_2O；

p_s——操作条件下液体的饱和蒸气压，Pa；

10——实验条件下的大气压，mH_2O；

0.24——20 ℃ 下水的饱和蒸气压，mH_2O；

1 000——实验条件下水的密度，kg/m^3；

ρ'——操作条件下液体的密度，kg/m^3。

将式(2-15)中的 H'_s 换算成 H_s 后，代入式(2-12)可得

$$[H_g]=H_s-\frac{u_1^2}{2g}-\sum H_f \tag{2-17}$$

【例 2-5】 某台离心泵，从样本上查得允许气蚀余量 $\Delta h=2.0$ mH_2O。若泵吸入口距水面以上 4 m 高度处，吸入管路的压头损失为 1.5 mH_2O，当地大气压为 0.1 MPa。试求：(1) 用此泵将敞口蓄水池中 40 ℃ 的水输送出去，泵的安装高度是否合适？(2) 若水温为

80 ℃,此时泵的安装高度是否合适?

解 (1)40 ℃ 的水的饱和蒸气压 $p_s = 7.377$ kPa,密度 $\rho = 992.2\ kg/m^3$,已知:$p_0 = 100$ kPa,$\sum H_f = 1.5\ mH_2O$,$\Delta h = 2.0\ mH_2O$

$$[H_g] = \frac{p_0 - p_s}{\rho g} - \Delta h - \sum H_f = \frac{(100 - 7.377) \times 10^3}{992.2 \times 9.81} - 2.0 - 1.5 = 6.02\ m > 4\ m$$

说明安装高度合适。

(2)80 ℃ 的水的饱和蒸气压 $p_s = 47.36$ kPa,密度 $\rho = 971.8\ kg/m^3$。

$$[H_g] = \frac{p_0 - p_s}{\rho g} - \Delta h - \sum H_f = \frac{(100 - 47.36) \times 10^3}{971.8 \times 9.81} - 2.0 - 1.5 = 2.02\ m$$

由于实际安装高度大于最大允许安装高度,在输送过程中会发生气蚀现象,故泵的安装高度不合适。

评析 同一台离心泵,当输送不同状况的流体时,允许的最大安装高度不同。在确定离心泵实际安装高度时必须加以考虑。

2.2.7 离心泵的类型与选用

1. 离心泵的类型

由于化工生产及石油工业中被输送液体的性质相差悬殊,对流量和压头的要求千变万化,因而设计和制造出种类繁多的离心泵。按叶轮数目,离心泵分为单级泵和多级泵;按叶轮吸液方式,离心泵可分为单吸泵和双吸泵;按泵输送液体性质和使用条件,离心泵分为清水泵、油泵、耐腐蚀泵、杂质泵、高温泵、高温高压泵、低温泵、液下泵等。20 世纪 80 年代后问世的磁力泵在科研和工业生产中得到了广泛应用。各种类型的离心泵按照其结构特点各自成为一个系列,并以一个或几个汉语拼音字母作为系列代号。在每一个系列中,由于有各种规格,因而附以不同的字母和数字予以区别。下面对化工生产过程中常用离心泵的类型做简要介绍。

(1) 清水泵

清水泵(IS 型、D 型、Sh 型) 是化工生产最常用的泵型,适用于输送各种工业用水以及物理、化学性质类似于水的其他液体,其中以 IS 型泵最为先进。该类型泵是我国按国际标准(ISO) 设计、研制的第一个新产品。它具有结构可靠、振动小、噪声低等特点。与我国生产的老产品(B 型或 BA 型) 比较,其机械效率提高 3% ~ 6%,是理想的节能产品。

IS 型泵的结构如图 2-20 所示,它只有一组叶轮,从泵的一侧吸液,叶轮装在伸出轴承外的轴端处,如同伸出的手臂一样,故称为单级单吸悬臂式离心水泵。

IS 型泵的型号以字母加数字所组成的代号表示。例如 IS50-32-200 型泵,IS 表示泵的型式,50 表示吸入口径,32 表示排出口径,200 表示叶轮的直径。以上数字均以 mm 为单位。

IS 型泵的全系列扬程为 8 ~ 98 m,流量为 4.5 ~ 360 m^3/h。若要求的扬程较高而流量并不太大时,可采用多级泵,如图 2-21 所示。这种泵在同一泵壳内有多级叶轮,液体串联通过各叶轮。国产多级泵的系列代号为 D,称为 D 型离心泵。叶轮级数一般为 2 ~ 9 级,最多为 12 级。全系列扬程为 14 ~ 351 m,流量为 10.8 ~ 850 m^3/h。

D 型离心泵的型号表示方法以 D12-25 × 3 型泵为例:D 为型号;12 表示公称流量(公称流量是指最高效率时流量的整数值);25 表示该泵在效率最高时的单级扬程,单位为 m;3 表示级

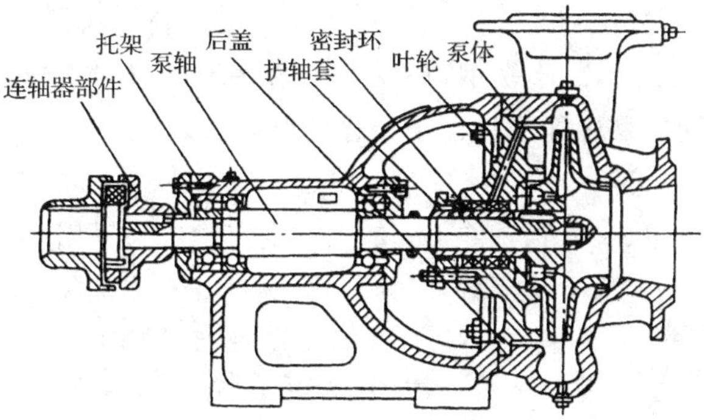

图 2-20 IS 型泵示意图

数，即该泵在效率最高时的总扬程为 75 m。

若泵送液体的流量较大而所需扬程并不高时，则可采用双吸泵。双吸泵的叶轮有两个吸入口。国产双吸泵的系列代号为 Sh，如图 2-22 所示。全系列扬程为 9 ～ 140 m，流量为 120 ～ 12 500 m^3/h。

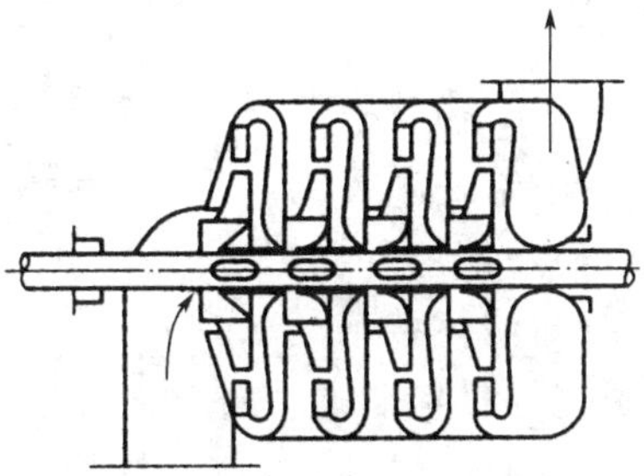

图 2-21 多级泵示意图

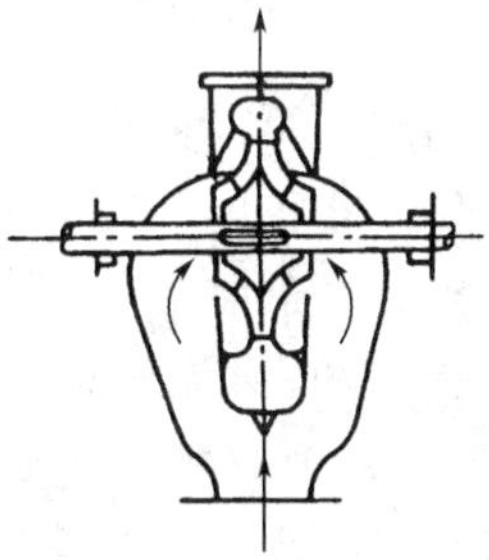

图 2-22 Sh 型泵示意图

Sh 型泵的代号编制原则与上述表示方法略有不同。如 100S90 型泵，100 表示吸入口径，单位为 mm；S 表示泵的类型为双吸式离心泵；90 表示效率最高时的扬程，单位为 m。

(2) 油泵

输送石油产品的泵称为油泵（Y 型泵）。因为油品易燃易爆，因此要求油泵必须有良好的密封性能。当输送高温油品（200 ℃ 以上）时，需采用具有冷却措施的高温泵，其轴承和轴封装置均需借助冷却水夹套进行冷却。

国产油泵的系列代号为 Y，有单吸和双吸、单级和多级（2 ～ 6 级）之分。全系列扬程为 60 ～ 603 m，流量为 6.25 ～ 500 m^3/h。

油泵的型号表示方法以 50Y60A 为例：50 表示吸入口径；Y 表示离心式油泵；60 表示公称扬程（公称扬程是指最高效率时扬程的整数值）；A 为叶轮切割序号，表示该泵装配的是比标准直径小一号的叶轮。

(3) 耐腐蚀泵

当输送酸、碱及浓氨水等腐蚀性液体时应采用耐腐蚀泵。该类泵中所有与腐蚀性液体接触的部件都用抗腐蚀材料制造，其系列代号为 F。F 型泵多采用机械密封装置，以保证高度密封要求。F 型泵全系列扬程为 15 ～ 105 m，流量为 2 ～ 400 m^3/h。

耐腐蚀泵可采用多种耐腐蚀材料制造。在 F 后面再加一个字母表示材料代号，例如，FH 表示由灰口铸铁制造，用于输送浓硫酸。

耐腐蚀泵的型号表示方法以25FB-16A型泵为例：25表示吸入口径，mm；F表示耐腐蚀泵；B表示所用材料为1Cr18Ni9不锈钢；16表示泵在最高效率时的扬程，单位为m；A为叶轮切割序号，表示该泵装配的是比标准直径小一号的叶轮。

(4) 液下泵

如图2-23所示，液下泵（又称潜液泵）也是化工生产中广为采用的一种离心泵。它的泵体通常置于贮槽液面以下，实际上是一种将泵轴伸长并竖直安置的离心泵。由于泵体浸在液体之内，对轴封的要求不高，适用于输送化工生产过程中各种腐蚀性液体，既节省了空间，又改善了操作环境。其缺点是效率不高。

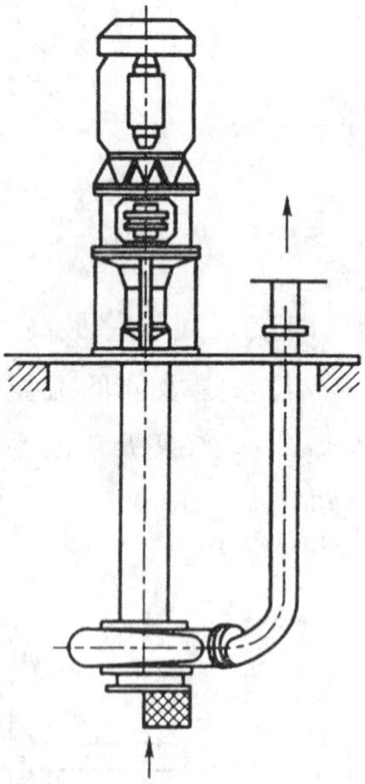

图2-23　液下泵示意图

(5) 杂质泵

杂质泵用于输送悬浮液及稠厚的浆液，其系列代号为P。根据其用途又可细分为污水泵PW、砂泵PS、泥浆泵PN等。对这类泵的要求是：不易被杂质堵塞，耐磨，容易拆洗。所以该泵的特点是叶轮流道宽，叶片数目少，常采用半开式或开式叶轮。其缺点是泵的效率低。

(6) 磁力泵

磁力泵是高效节能的特种离心泵，系列代号为C，其结构特点是采用一对永磁性联轴器将电机力矩透过隔板和气隙传递给一个密封容器带动叶轮旋转。由于采用永磁联轴驱动，无轴封，消除液体渗漏，使用极为安全，在泵运转时无摩擦，故高效节能。该泵与液体接触的部分可用耐腐蚀、高强度的刚玉陶瓷、工程塑料、不锈钢等材料制造，因而具有良好的耐腐蚀性。主要用于输送不含固体颗粒的酸、碱、盐溶液和挥发性、剧毒性液体等。特别适用于输送易燃易爆液体。

C型磁力泵全系列扬程为1.2～100 m，流量为0.1～100 m^3/h。磁力泵一般安装为倒灌式，开车前必须使泵内充满被输送的液体。

2. 离心泵的选用

离心泵的选用通常可按下列步骤进行。

(1) 根据被输送液体的性质和操作条件，确定泵的类型。

① 根据输送介质决定选用清水泵、油泵、耐腐蚀泵等。

② 根据现场安装条件决定选用卧式泵、立式泵等。

③ 根据流量大小选用单吸泵、双吸泵等。

④ 根据扬程大小选用单级泵、多级泵等。

(2) 根据管路系统对泵提出的流量和压头的要求，从泵的样本、产品目录中选出合适的型号。

在确定泵的型号时，要考虑操作条件的变化而给出一定的裕量，即所选泵所能提供的流量和压头比管路要求值要稍大一点，并使泵在高效范围内工作。当遇到几种型号的泵同时在最佳工作范围内满足流量和压头的要求时，应选择效率最高者，并参考泵的价格做出适当的选择。

(3) 核算泵的轴功率

若被输送液体的密度大于水的密度，则要核算泵的轴功率。

【例2-6】 用离心泵从敞口贮槽向敞口的高位槽中输送水，两液面位差为12 m，泵的排出管路采用ϕ108 mm×4 mm的钢管，其长度为110 m（包括排出管路所有的当量长度），摩擦系数可取为 0.028，泵吸入管路的阻力损失不大于 1 m。若要求输水量为 60 m^3/h，现库房内有 4 台离心泵，其性能见表 2-2，试选用一台适宜的泵。

表 2-2　例 2-6 附录

序号	型号	$q_V/(m^3 \cdot h^{-1})$	H/m	$n/(r \cdot min^{-1})$	$\Delta h/m$	$\eta/\%$	P/kW	$P_{电}/kW$	参考价/元
1	IS125-100-400	60 100 120	52.0 60.0 48.5	1 450	2.5 2.5 3.0	53 65 67	16.1 21.0 23.6	30	1 500
2	IS125-100-250	60 100 120	21.5 20.0 18.5	1 450	2.5 2.5 3.0	63 76 77	5.59 7.17 7.84	11	1 300
3	IS125-100-200	60 100 120	14.0 12.5 11.0	1 450	2.5 2.5 3.0	62 76 75	3.83 4.48 4.79	7.5	1 100
4	IS100-80-125	60 100 120	24.0 20.0 16.5	2 900	4.0 4.5 5.0	67 78 74	5.86 7.00 7.28	11	800

解　管内流速

$$u = \frac{q_V/3\ 600}{\frac{\pi}{4} \times d^2} = \frac{60/3\ 600}{0.785 \times 0.1^2} = 2.12\ m/s$$

管路所需压头

$$H = \Delta z + \frac{\Delta p}{\rho g} + \sum H_f$$

已知 $\Delta z = 12$ m，$\Delta p = 0$，则

$$H = 12 + 1 + \lambda \frac{l + \sum l_e}{d} \cdot \frac{u^2}{2g} = 13 + 0.028 \times \frac{110}{0.1} \times \frac{2.12^2}{2 \times 9.81} = 20.06\ m$$

根据流量 $q_V = 60\ m^3/h$，压头 $H = 20.06$ m 选择 4 号泵，即选择 IS100-80-125 型离心泵。

评析　在泵的类型确定的前提下，一般根据流量、压头选择泵的型号。1 号泵的压头 H 和轴功率 P 均过大，选用它不经济；3 号泵的压头不能满足要求；2 号、4 号泵均能满足要求，但考虑价格因素，最终确定选用 4 号泵。

2.3　其他类型化工用泵

为满足液体的不同输送要求，在生产过程中还会用到其他类型的化工用泵，如往复泵、计量泵、齿轮泵、螺杆泵、旋涡泵等。下面对上述类型泵的结构、工作原理、操作特性等做简要介绍。

2.3.1　往复泵

往复泵是一种容积式泵，在化工生产过程中应用较为广泛，主要适用于小流量、高扬程的场合。它是依靠活塞的往复运动并依次开启吸入阀和排出阀，从而吸入和排出液体。

1. 往复泵的工作原理

往复泵的工作原理

如图 2-24 所示，往复泵的主要部件有泵缸、活塞、活塞杆、吸入阀和排出阀。吸入阀和排出阀均为单向阀。当活塞在外力的作用下从左向右运动时，泵缸内的工作容积增大而形成低压，排出阀在压出管内液体的压力作用下关闭，吸入阀则被泵外液体的压力推开，将液体吸入泵缸内。当活塞移到右端，工作室的容积最大，吸入行程结束。随后，活塞便自右向左移动，泵缸内液体受到挤压，压力增大，使吸入阀关闭而排出阀打开，并将液体排出。活塞移至左端时，排液结束，完成了一个工作循环。活塞在泵缸内两端间移动的距离，称为冲程（行程）。

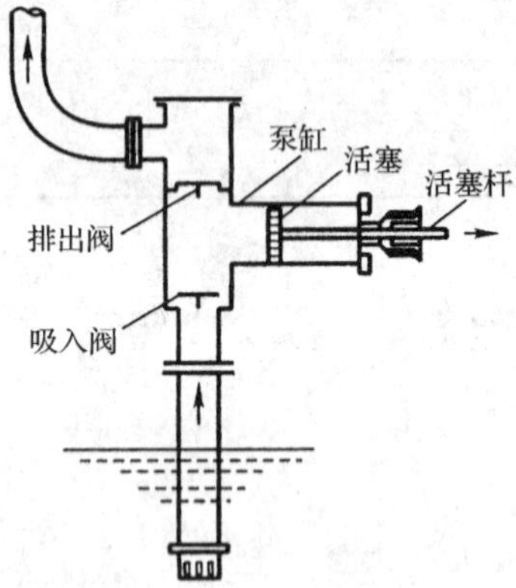

图 2-24　往复泵装置简图

往复泵启动前不用灌泵，即往复泵具有自吸能力。但实际操作中，仍希望在启动时泵缸内有液体，这样不仅可以立即吸、排液体，而且可避免活塞在泵缸内干摩擦，以减少磨损。往复泵的转速（即往复频率）对泵的自吸能力有影响。若转数太大，流体流动阻力增大，当泵缸内压力低于液体饱和蒸气压时，会造成泵的抽空，而失去吸液能力。因此，往复泵转速不能太高，一般控制在 80 ～ 200 r/min，吸入高度（安装高度）为 4 ～ 5 m。

2. 往复泵的类型与流量

具有一个泵缸的往复泵，在一个循环中活塞往复一次，吸入和排出液体各一次，称为单动泵。单动泵供液的不均匀性是往复泵的严重缺点，它使整个管路内的液体处于变速运动状态，增加了惯性能量损失，引起泵吸液能力的下降。同时，某些对流量均匀性要求较高的场合，也不适宜采用往复泵。单动泵的流量曲线如图 2-25(a) 所示。

双动泵　三联泵

为了改善单动泵流量的不均匀性，设计出了双动泵和三联泵。图 2-26 为双动泵的示意图。在活塞两侧的泵缸内均装有吸入阀和排出阀，活塞每往复一次各吸液和排液两次，使吸入管路和压出管路总有液体流过，所以送液连续。但由于活塞运动的不匀速性，流量曲线仍有起伏。由于活塞连杆占据一定容积，使两行程的排液量不完全相同。双动泵和三联泵的流量曲线分别如图 2-25(b)、图 2-25(c) 所示。为使流量平稳，还可在气缸排出管线上增设空气室。当一侧压力较高、排液量较大时，将有一部分液体压入该侧的空气室内暂存起来。当该侧压力下降至一定程度，流量减少时，在空气室内压力作用下，可将室内的液体压出，补充到排出液中。这样，依靠空气室内空气的压缩和膨胀作用进行缓冲调节，使泵的流量更为平稳。

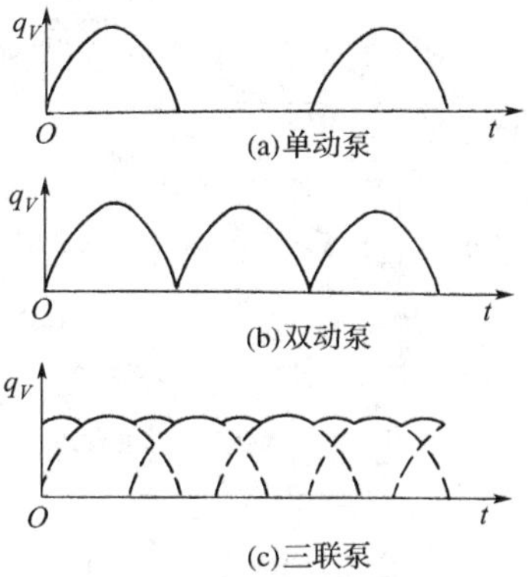

图 2-25　往复泵的流量曲线

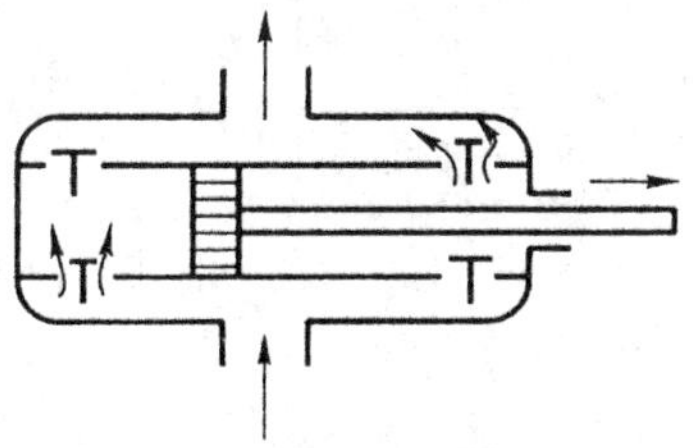

图 2-26　双动泵示意图

单动泵的工作过程是由吸入和排出液体的两个行程组成的循环过程。若忽略阀门开关的滞后现象及液体的泄漏，则单动泵和双动泵的平均理论流量 $q_{V,\mathrm{T}}$ 分别为

单动泵：

$$q_{V,\mathrm{T}}=\frac{zA_{\mathrm{F}}sn_{\mathrm{r}}}{60} \tag{2-18}$$

双动泵：

$$q_{V,\mathrm{T}}=\frac{z(2A_{\mathrm{F}}-A_{\mathrm{f}})sn_{\mathrm{r}}}{60} \tag{2-19}$$

式中　z—— 泵缸数目；

A_{F}—— 活塞面积，m^2；

s—— 活塞冲程，m；

n_{r}—— 活塞每分钟往复次数，min^{-1}；

A_{f}—— 活塞杆截面积，m^2。

往复泵系正位移泵，其理论流量只与活塞面积、位移以及单位时间内往返次数等泵的参数有关，与管路的情况无关。对于某一特定的往复泵，其理论流量为定值，即

$$q_{V,\mathrm{T}}=\text{常数}$$

实际上，由于阀门不能及时开关，活塞与泵体间存在间隙，且随压头增高而使泄漏量增大等原因，往复泵的实际流量 q_V 小于理论流量。往复泵的特性曲线如图 2-27 所示。

往复泵的工作点仍是泵特性曲线和管路特性曲线的交点，如图 2-28 所示，其压头只取决于管路系统的实际需要，而与流量无关。可见，对于往复泵，只要泵的机械强度及原动机功率允许，管路系统需要多高的压头即可提供多高的压头。所以，在化工生产中，当要求压头较高而流量不大时，常采用往复泵。

3. 往复泵的流量调节

与离心泵不同，往复泵不能采用出口阀门来调节流量。这主要是因为往复泵的流量与管路特性曲线无关，即无论扬程多大，只要往复一次，就能排出一定体积的液体，所以出口阀门完全关闭时，会使泵缸内压力急剧上升，从而使泵缸或电动机等损坏。通常往复泵采用下列方法调节流量。

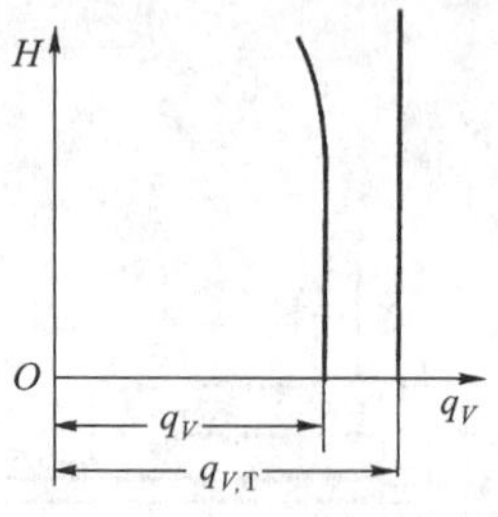

图 2-27　往复泵的特性曲线

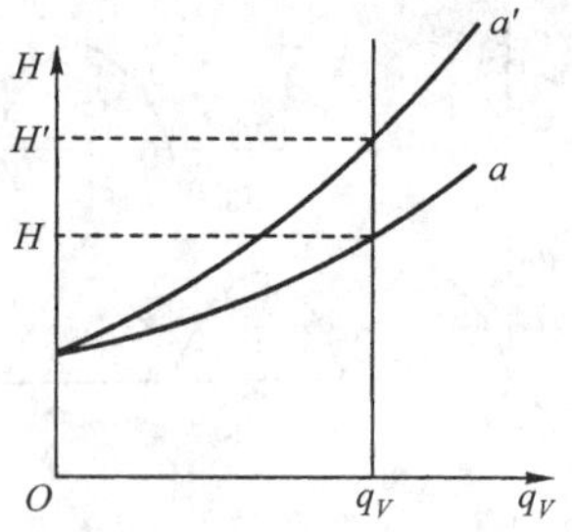

图 2-28　往复泵的工作点

(1) 旁路调节

如图 2-29 所示，改变旁路阀的开度，以增减泵出口回流到进口处的流量，来调节进入管路系统的流量。当泵出口的压力超过规定值时，旁路管线上的安全阀会被高压液体顶开，液体流回进口处，使泵出口处减压，以保护泵和电机。这种调节简便，但增加功率消耗。

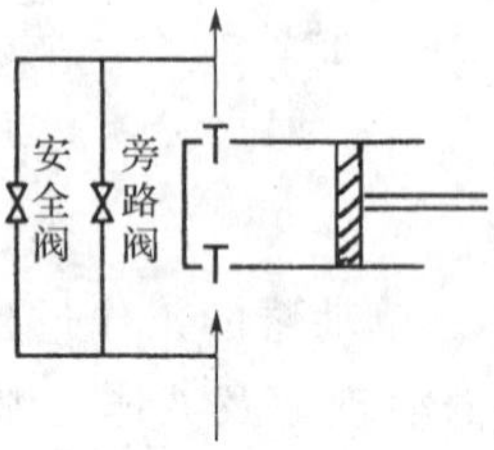

图 2-29　往复泵流量调节示意图

(2) 改变转速和活塞行程

由式(2-18)可以看出，改变原动机的转速以调节活塞的往复频率或改变活塞的行程，均可以改变往复泵的流量。

2.3.2　计量泵

在连续或半连续的生产过程中，往往需要按照工艺流程的要求来精确地输送定量的液体，有时还需要将若干种液体按比例地输送，计量泵就是为了满足这些要求而设计制造的。

计量泵是往复泵的一种，基本构造和操作原理和往复泵相同。计量泵有两种基本形式：柱塞式和隔膜式，其结构如图 2-30 和图 2-31 所示。它们都是通过偏心轮把电机的旋转运动变成柱塞的往复运动。隔膜式计量泵与柱塞式计量泵的区别在于：隔膜式计量泵使用金属薄片或耐腐蚀橡皮制成的隔膜将柱塞与被输送液体隔开，便于输送腐蚀性液体或悬浮液体。由于偏心轮的偏心距离可以调整，使柱塞的冲程随之改变。若单位时间内柱塞的往复次数不变，则泵的流量与柱塞的冲程成正比，所以可通过调节冲程而达到比较严格地控制和调节流量的目的。若用一台电机带动几台计量泵，可使每台泵的液体按一定比例输出，这种泵又称为比例泵。

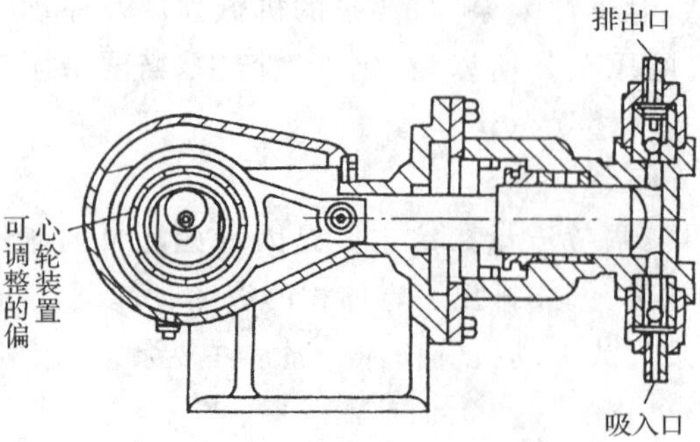

图 2-30　柱塞式计量泵示意图

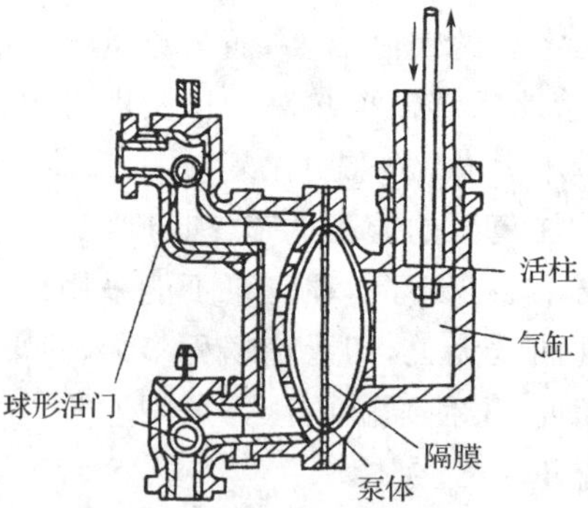

图 2-31　隔膜式计量泵示意图

2.3.3 齿轮泵

齿轮泵是正位移泵的一种，如图 2-32 所示。泵壳内的两个齿轮相互啮合，按图 2-32 所示的方向转动。在泵的吸入口，两个齿轮的齿向两侧拨开，形成低压区，液体吸入。齿轮旋转时，液体封闭于齿穴和泵壳体之间，被强行压向排出端。在排出端两齿轮的齿互相合拢，形成高压区，将液体排出。

齿轮泵可以产生较高的压头，但流量较小。它适用于输送黏稠的液体，但不能输送含颗粒的悬浮液。

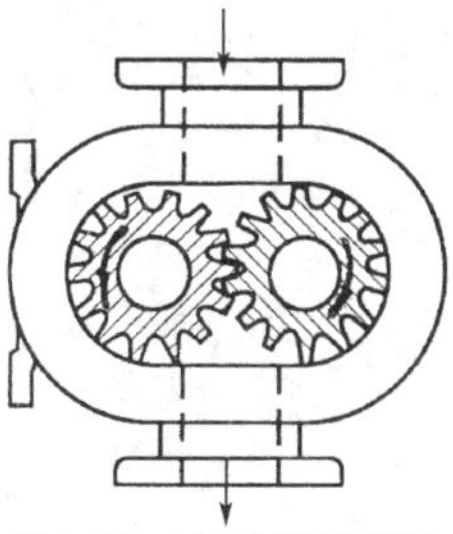

图 2-32 齿轮泵示意图

2.3.4 螺杆泵

螺杆泵分为单螺杆泵、双螺杆泵、三螺杆泵、五螺杆泵等。图 2-33(a) 为单螺杆泵，螺杆在具有内螺纹的泵壳中偏心转动，将液体沿轴向推进，最终由排出口排出。图 2-33(b) 则是一个双螺杆泵，其工作原理与齿轮泵十分相似，利用两根相互啮合的螺杆来输送液体。

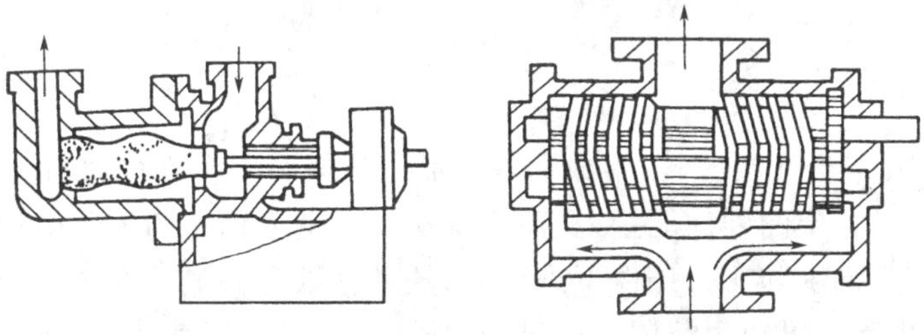

(a) 单螺杆泵 (b) 双螺杆泵

图 2-33 螺杆泵示意图

螺杆泵的压头高、效率高、噪声低，适用于在高压下输送黏稠性液体。

螺杆泵和齿轮泵的作用原理与往复泵的区别在于：往复泵(包括柱塞式计量泵和隔膜式计量泵)是靠活塞的往复运动所造成的容积变化来吸液和排液的，而螺杆泵和齿轮泵则是靠泵体内转子的旋转运动造成的容积变化而吸液和排液的。所以，螺杆泵和齿轮泵又称为旋转泵。它们也都属于正位移泵，其流量也需采用旁路调节。

2.3.5 旋涡泵

旋涡泵是一种特殊类型的离心泵，其结构如图 2-34 所示。旋涡泵的内壁为圆形，吸入口与排出口均在泵壳的顶部，两者由间壁隔开。间壁与叶轮的间隙非常小，以减少液体由排出口漏回吸入口。在圆盘形叶轮两侧的边缘处，沿半径方向铣有许多长条形凹槽，构成叶片，以辐射状排列。叶轮两侧平面紧靠泵壳，间隙很小。而叶轮上的叶片周围与泵壳之间有一定的空隙，形成了液体流道。

泵壳内充满液体后，当叶轮旋转时，叶片推着液体向前运动的同时，叶片槽中的液体在离心力的作用下甩向流道，流道内的液体压力增大，导致流道与叶片槽之间产生旋涡流。叶片带着液体从吸入口流到排出口的过程中，经过许多次旋涡流作用，液体压力逐渐增大，最后达到出口压力而排出。当流量较小时，旋涡流作用次数较多，压头和功率均较大。当流量增大时，压头急剧降低，故一般适用于小流量液体的输送。因为流量小时功率大，所以旋涡泵在启动时，不要关闭出口阀，并且应采用旁路调节流量。

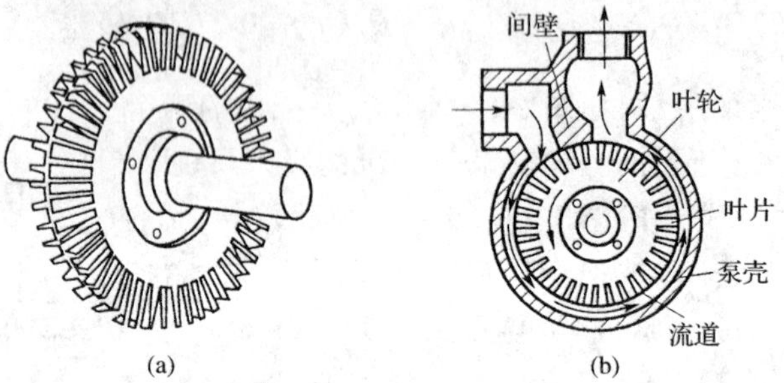

图 2-34 旋涡泵示意图

旋涡泵的结构简单,可以用耐腐蚀材料制造,适用于高压头、小流量的场合,不宜输送黏度大或含固体颗粒的液体。

2.4 气体输送机械

在化工生产中,常会涉及原料、半成品或成品以气体状态存在的过程。对此类过程,也需要通过输送机械赋予一定的外加能量,从而将其从一个地方输送到另一个地方。同时,由于化工生产往往是在一定温度和压力条件下进行的,这就需要通过特定的机械来创造必要的压力条件。因此,生产中除大量使用液体输送机械之外,还广泛使用气体输送机械。

气体输送机械与液体输送机械有许多相似之处,但是气体具有压缩性,当压力变化时,其体积和温度将随之发生变化。气体输送机械通常根据终压(出口表压)或出口压力与进口压力之比(称为压缩比)来进行分类:

通风机:终压(表压)不大于 15 kPa,压缩比不大于 1.15;

鼓风机:终压(表压)为 15 ~ 300 kPa,压缩比小于 4;

压缩机:终压(表压)在 300 kPa 以上,压缩比大于 4;

真空泵:将低于大气压的气体从容器或设备内抽到大气中,出口压力为大气压或略高于大气压,压缩比根据所造成的真空度决定。

2.4.1 离心式通风机、离心式鼓风机和离心式压缩机

离心式气体输送机械和离心泵的工作原理相似,但在结构上随压缩比的变化而有某些差异。通风机都是单级的,对气体只起输送作用;鼓风机和压缩机都是多级的,两者对气体都有明显的压缩作用。在离心压缩机系统中,需要采取冷却措施,以防气体温度过高。

常用的通风机有离心式和轴流式两种。轴流式通风机的送气量较大,但风压较低,常用于通风换气,而离心式通风机使用广泛。

1. 离心式通风机

(1) 离心式通风机的基本结构和工作原理

离心式通风机的结构如图 2-35 所示。它的机壳也是蜗壳形的,但出口气体流道的断面有方形和圆形两种。一般低、中压通风机的叶片多是平直的,与轴心成辐射状安装。中、高压通风机的叶片则是弯曲的。高压通风机的外形和结构与单级离心泵更为相似。

离心式通风机的工作原理和离心泵相似。高速旋转的叶轮带动壳内气体进行旋转运动，因离心力作用，气体流向叶轮的边缘处，气体的压力和速度均有所增加。气体进入蜗形外壳时，一部分动能转变为静压能，从而使气体具有一定的静压能与动能而排出；同时，中心处产生低压，将气体由吸入口不断吸入机体内。

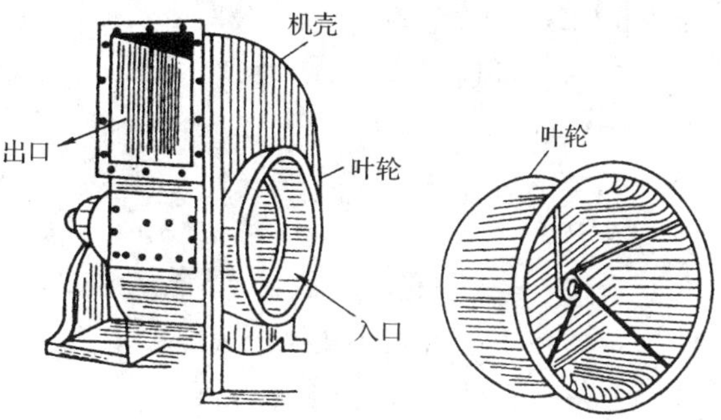

图 2-35 离心式通风机示意图

(2) 离心式通风机的主要性能参数与特性曲线

离心式通风机的主要性能参数有风量、风压、轴功率和效率。

① 风量

风量是气体通过进风口的体积流量，以符号 q_V 表示，单位为 m^3/s 或 m^3/h。

② 风压

风压是指单位体积的气体流过风机时所获得的能量，以符号 H_T 表示，单位为 Pa。

由于气体通过风机的压力变化较小，在风机内的气体可视为不可压缩流体，对风机进出截面（分别以下标 1、2 表示）做能量衡算，可得风机的压头为

$$H=(z_2-z_1)+\frac{p_2-p_1}{\rho g}+\frac{u_2^2-u_1^2}{2g}+\sum H_{f,1-2} \tag{2-20}$$

为使用上方便，习惯上以 1 m^3 气体为计算基准，于是式(2-20)即可改为

$$H_T=\rho g(z_2-z_1)+(p_2-p_1)+\frac{\rho(u_2^2-u_1^2)}{2}+\rho g\sum H_{f,1-2} \tag{2-21}$$

式(2-21)中，$\rho g(z_2-z_1)$ 与 $\rho g\sum H_{f,1-2}$ 都不大，当气体直接由大气进入风机时，u_1 也较小，若均忽略不计，则式(2-21)又可简化为

$$H_T=(p_2-p_1)+\frac{\rho u_2^2}{2}=H_p+H_k \tag{2-22}$$

从式(2-22)可以看出，通风机的压头由两部分组成，其中 (p_2-p_1) 称为静风压 H_p；$\frac{\rho u_2^2}{2}$ 称为动风压 H_k。两者之和为全风压 H_T。如图 2-36 所示，H_T-q_V 和 H_p-q_V 曲线即分别表示全风压和静风压与流量的关系。

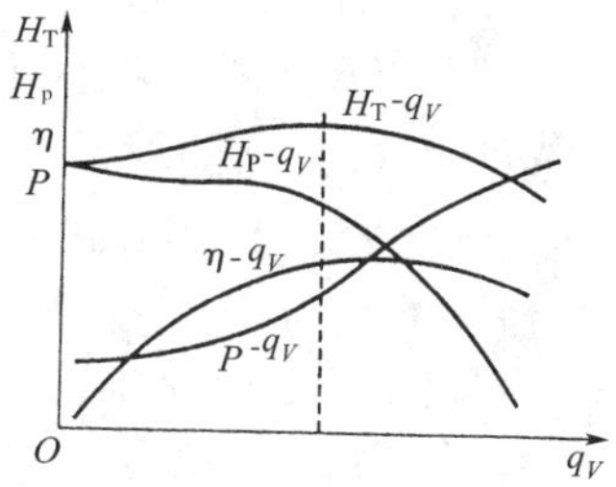

图 2-36 离心式通风机特性曲线

由式(2-22)可以看出，风机的风压随进入风机的气体密度而变。风机性能表上的风压，一般都是在 20 ℃、101.3 kPa 的条件下用空气作介质测定的。该条件下空气的密度为 1.2 kg/m^3。若实际操作条件与上述实验条件不同，则在选择离心式通风机时，应将操作条件下的风压按下式换算为实验条件下的风压，即

$$H_T=H'_T\frac{\rho}{\rho'}=H'_T\frac{1.2}{\rho'} \tag{2-23}$$

式中 ρ'—— 操作条件下空气的密度，kg/m^3。

③ 轴功率与效率

离心式通风机的轴功率为

$$P=\frac{H_{T}q_{V}}{1\,000\eta} \tag{2-24}$$

式中　P—— 轴功率,kW;

q_V—— 风量,m^3/s;

H_T—— 风压或全风压,Pa;

η—— 效率,因按全风压定出,故又称为全风压效率。

应用式(2-24)计算轴功率时,其中的 q_V 与 H_T 必须是同一状态下的数值。

风机的轴功率与被输送气体的密度有关。风机性能表上所列出的轴功率均为实验条件下(空气的密度为 1.2 kg/m^3 时)的数值。若所输送的气体密度与此不同,可按下式进行换算,即

$$P'=P\ \frac{\rho}{1.2} \tag{2-25}$$

式中　P'—— 气体密度为 ρ 时的轴功率,kW;

P—— 气体密度为 1.2 kg/m^3 时的轴功率,kW。

(3) 离心式通风机的选用

离心式通风机的选用与离心泵的选用类似,其选择步骤如下:

① 计算风压

根据管路布局和工艺条件,计算输送系统所需的实际风压,并按式(2-23)换算为风机实验条件下的风压 H_T。

② 确定风机的类型

根据所输送气体的性质(如清洁空气、易燃、易爆或腐蚀性气体以及含尘气体等)与风压的范围,确定风机的类型。若输送的是清洁空气,或与空气性质相近的气体,可选用一般类型的离心式通风机,常见的有 4-72 型、8-18 型和 9-27 型。第一类属于中、低压通风机,后两类属于高压通风机。

③ 选用设备

根据以风机进口状态计的实际风量和实验条件下的风压,从风机样本的性能表或特性曲线选择适宜的风机型号。选择原则与离心泵的原则相同。

【例 2-7】 用离心式通风机将 30 ℃、101.3 kPa 下流量为 15 000 m^3/h 的空气送入加热器,加热至 90 ℃ 后进入干燥器。输送系统所需全风压为 2 100 Pa(按 60 ℃、常压计)。(1) 试选择合适型号的通风机;(2) 若将所选定的通风机安装到加热器之后是否满足输送要求?

解　(1) 由附录 6 查得 60 ℃、常压空气的密度为 1.06 kg/m^3,故实验条件下的风压为

$$H_T=H_T'\frac{1.2}{\rho'}=2\,100\times\frac{1.2}{1.06}=2\,377.4\ \text{Pa}$$

根据风量 $q_V=15\,000\ m^3/h$ 和风压 $H_T=2\,377.4$ Pa,由附录查得 4-72-11No. 6c 型离心式通风机可满足要求,其性能见表 2-3。

表 2-3　例 2-7 附录

转速 /($r\cdot min^{-1}$)	风压 /Pa	风量 /($m^3\cdot h^{-1}$)	效率	功率 /kW
2 240	2 432.1	15 800	91%	14.1

(2) 若将通风机安装到加热器之后，假定其转速及风压不变，但通风机入口气体状态为 90 ℃、101.3 kPa，与此对应的空气流量为

$$q_V = 15\ 000 \times \frac{273+90}{273+30} = 17\ 970.3\ \mathrm{m^3/h}$$

可知，将通风机安装到加热器之后，在维持原转速不变的情况下，将不能满足输送要求。

2. 离心式鼓风机与离心式压缩机

离心式鼓风机(又称透平风机)与离心式压缩机的结构类似于多级离心泵，每级叶轮之间都有导轮，工作原理和离心式通风机相同。离心式鼓风机与离心式压缩机的规格、性能及用途见有关产品目录或手册。

图 2-37 为一台五级离心式鼓风机示意图。气体由进气口吸入后，依次经过各级叶轮和导轮，最后由排气口排出。

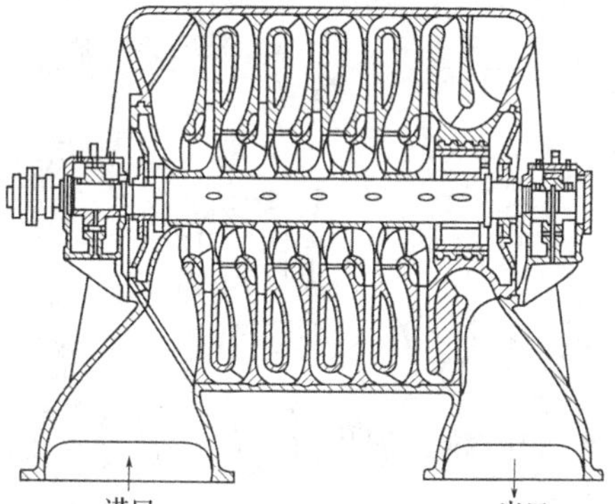

图 2-37　五级离心式鼓风机示意图

离心式鼓风机的送风量大，多级离心式鼓风机产生的风压仍不太高，各级叶轮的直径大小大致相同，各级的压缩比亦不大。所以离心式鼓风机无须冷却装置。

离心式压缩机的特点是叶轮级数多，通常在 10 级以上；叶轮转速高，一般在 5 000 r/min 以上。这样就可以产生很高的出口压力。由于压缩比高，气体体积缩小很多，温度升高大，故压缩机都分成几段，每段包括若干级，叶轮的直径逐渐缩小，叶轮宽度也逐渐缩小，在各段之间设有中间冷却器。

离心式压缩机生产能力大，供气均匀，机体内易损部件少，能安全可靠连续运行，维修方便，且机体无润滑油污染气体，因此，除要求很高的压缩比外，大都采用离心式压缩机。

2.4.2　往复式压缩机

往复式压缩机的基本结构和工作原理与往复泵相似。但因为气体的密度小，可压缩，故压缩机的吸入和排出活门必须更加灵巧精密。为移除压缩产生的热量以降低气体的温度，必须附设冷却装置。

图 2-38 为单作用往复式压缩机的工作过程。当活塞运动至气缸的最左端(图中 A 点)，压出行程结束。虽然活塞已达行程的最左端，但由于机械结构的原因，气缸左侧还有一些容积，称为余隙容积。由于余隙的存在，吸入行程开始阶段为余隙内压力为 p_2 的高压气体膨胀过程，直至气压降至吸入气压 p_1(图中 B 点)，吸入活门才开启，压力为 p_1 的气体被吸入缸内。在整个吸气过程中，压力 p_1 基本保持不变，直至活塞移至最右端(图中 C 点)，吸入行程结束。当压缩行程开始，吸入活门关闭，缸内气体被压缩。当缸内气体的压力增大至稍高于 p_2(图中

D 点）时排出活门开启，气体从缸体排出，直至活塞移至最左端，排出过程结束。

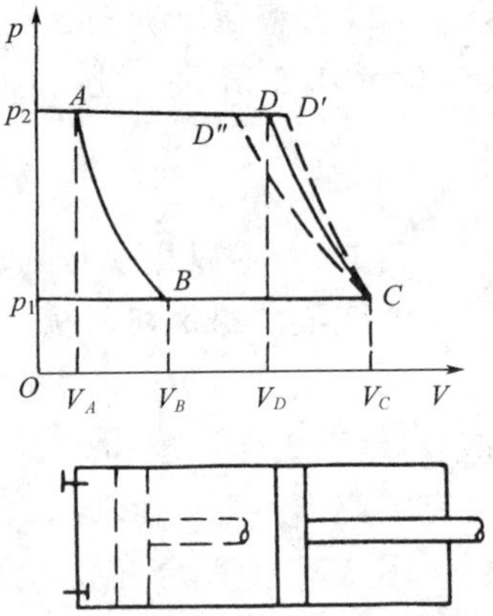

图 2-38　单作用往复式压缩机的工作过程

由此可见，压缩机的一个工作循环是由膨胀、吸入、压缩和排出四个阶段组成的。四边形 $ABCD$ 所包围的面积，为活塞在一个工作循环中对气体所做的功。

根据气体和外界的换热情况，压缩过程可分为等温（CD''）、绝热（CD'）和多变（CD）三种情况。由图 2-38 可见，等温压缩消耗的功最小，因此压缩过程中希望能较好冷却，使其接近等温压缩。实际上，等温和绝热条件都很难达到，所以压缩过程都是介于两者之间的多变过程。若不考虑余隙的影响，则多变压缩后的气体温度 T_2 和一个工作循环所消耗的外功 W 分别为

$$T_2 = T_1\left(\frac{p_2}{p_1}\right)^{\frac{k-1}{k}} \tag{2-26}$$

和

$$W = p_1 V_c \frac{k}{k-1}\left[\left(\frac{p_2}{p_1}\right)^{\frac{k-1}{k}} - 1\right] \tag{2-27}$$

式中　k—— 多变指数，为一实验常数；

V_c—— 吸入容积。

式(2-26) 和式(2-27) 说明，影响排气温度 T_2 和压缩功 W 的主要因素是：

(1) 压缩比愈大，T_2 和 W 也愈大。

(2) 压缩功 W 与吸入气体量（即式中的 p_1V_c）成正比。

(3) 多变指数 k 愈大，则 T_2 和 W 也愈大。压缩过程的换热情况影响 k 值，热量及时全部移除，则为等温过程，相当于 $k=1$；完全没有热交换，则为绝热过程，$k=\gamma$；部分换热，则 $1<k<\gamma$。值得注意的是 γ 大的气体 k 也较大。对于空气、氢气等，$\gamma=1.4$，而对于石油气，$\gamma\approx1.2$，因此在石油气压缩机用空气试车或用氮气置换石油气时，必须注意超负荷及超温问题。

压缩机在工作时，余隙内气体无益地进行着压缩膨胀循环，且使吸入气量减少。余隙的这一影响在压缩比 p_2/p_1 大时更为显著。当压缩比增大至某一极限时，活塞扫过的全部容积恰好使余隙内的气体由 p_2 膨胀至 p_1，此时压缩机已不能吸入气体，即流量为零。这是压缩机的极限压缩比。此外，压缩比增高，气体温升很高，甚至可能导致润滑油变质，机件损坏。因此，当生产过程的压缩比大于 8 时，尽管离压缩极限尚远，也应采用多级压缩。

图2-39 为两级压缩机示意图。在第一级压缩中，气体沿多变线 ab 被压缩至中间压力 p，以后进入中间冷却器等压冷却到原始温度，体积缩小，图中以线 bc 表示。在第二级压缩中，从中间压力开始，图中以线 cd 表示。这样，由一级压缩变为两级压缩后，其总的压缩过程较接近于等温压缩，所节省的功用阴影面积 $bcdd'$ 表示。

在多级压缩中，每级压缩比减小，余隙的不良影响减弱。

往复式压缩机的产品有多种，除空气压缩机外，还有氨气压缩机、氢气压缩机、石油气压缩机等，以适应各种特殊需要。

往复式压缩机的选用主要依据生产能力和排出压力（或压缩比）两个指标。生产能力用 m^3/min 表示，以吸入常压空气来测定。在实际选用时，首先根据所输送气体的特殊性质，决定压缩机的类型；然后根据生产能力和排出压力，从产品样本中选用适用的压缩机。

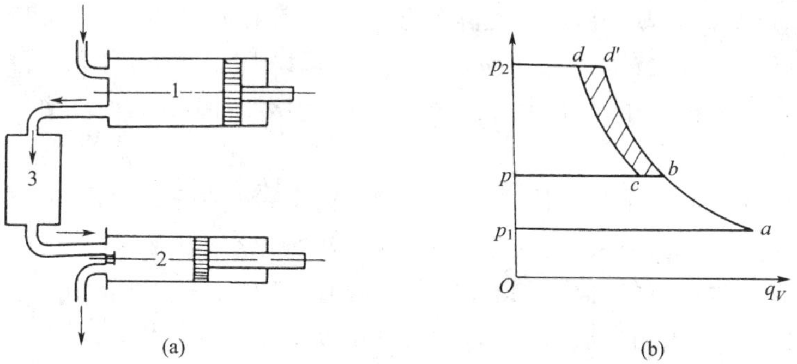

图 2-39　两级压缩机示意图

与往复泵一样，往复式压缩机的排气量也是脉动的。为使管路内流量稳定，压缩机出口应连接气柜。气柜兼起沉降器作用。气体中夹带的油沫和水沫在气柜中沉降，定期排放。为安全起见，气柜要安装压力表和安全阀。压缩机的吸入口需安装过滤器，以免吸入灰尘杂物，造成机件的磨损。

2.4.3　罗茨鼓风机

罗茨鼓风机属于容积回转式鼓风机，利用两个叶形转子在气缸内做相对运动来压缩和输送气体。这种鼓风机靠转子轴端的同步齿轮使两转子保持啮合。转子上每一凹入的曲面部分与气缸内壁组成工作容积，在转子回转过程中从吸气口带走气体，当移到排气口附近与排气口相连通的瞬时，因有较高压力的气体回流，这时工作容积中的压力突然升高，然后将气体输送到排气通道。

罗茨鼓风机

罗茨鼓风机结构简单，制造方便，适用于低压力场合的气体输送和加压，也可用作真空泵。罗茨鼓风机的排气量为 0.15 ～ 150 m^3/min，转速为 150 ～ 3 000 r/min。单级压缩比通常小 1.7，最高可达 2.1，可以多级串联使用。

2.4.4　真空泵

真空泵用于从设备或系统中抽出气体而使其中保持低于外界大气压的绝对压力，也就是将气体从低于大气压力的状态压缩提压至某一压力（通常为大气压）而排出。真空泵的型式很多，下面就化工厂常用的几种型式做简要介绍。

1. 水环真空泵

水环真空泵主要由呈圆形的泵壳和带有辐射状叶片的叶轮组成。叶轮偏心安装，示意图如图 2-40 所示。泵内充有一定量的水，当叶轮旋转时，水在离心力作用下形成水环。水环具有密封作用，将叶片间的空隙密封分隔为大小不等的气室。当气室由小变大时，形成真空，在吸入口气体被吸入；当气室由大变小时，气体被压缩，在排气口排出。

水环真空泵属湿式真空泵，结构简单。由于旋转部分没有机械摩擦，使用寿命长，操作可靠，适用于抽吸夹带有液体的气体。但效率低，一般为 30% ～ 50%，所能造成的真空度还受泵体内水温的限制。

2. 旋片真空泵

如图 2-41 所示，旋片真空泵主要由泵壳、带有两个旋片的偏心转子和排气阀组成。当转子按图 2-41 中所示箭头方向旋转时，旋片在弹簧及自身离心力的作用下，紧贴壁面随转子滑动，这样使吸气工作室扩大，形成真空，气体被吸入。当旋片转子转至垂直状态时，吸气完毕。随着转子的继续旋转，气体被压缩，当气体压力超过排气阀上方的压力时，阀被顶开，气体通过油层经排气口排出。泵在工作时，旋片始终将泵腔分为吸气、排气两个工作室，即转子每转一周，完成两次吸气、排气过程。

旋片泵的主要部分浸没于真空油中，以确保对各部件缝隙的密封和对相互摩擦部件的润滑。旋片真空泵属于干式真空泵，适用于抽除干燥或含有少量可凝性蒸气的气体，不适宜抽除含尘和与润滑油起化学反应的气体。旋片真空泵可达较高的真空度，如能有效控制管路与泵等接口处的空气漏入，且采用高质量的真空油，真空度可超过 99.99%。

3. 往复式真空泵

往复式真空泵的工作原理与往复式压缩机相同，结构上也无大差异。只是因抽吸的气体压力很小，要求排出和吸入阀门更加轻巧灵活，易于启动。此外，当往复式真空泵达到较高真空度时，泵的压缩比很高，如 95% 的真空度，压缩比约为 20。为减少余隙的不利影响，真空泵气缸设有一连通活塞左、右两端的平衡气道。在排气终了时让平衡气道短时间连通，使余隙中的残留气体从活塞的一侧流至另一侧，从而减少余隙的影响。

往复式真空泵属于干式真空泵，不适宜抽吸含有较多可凝性蒸气的气体。

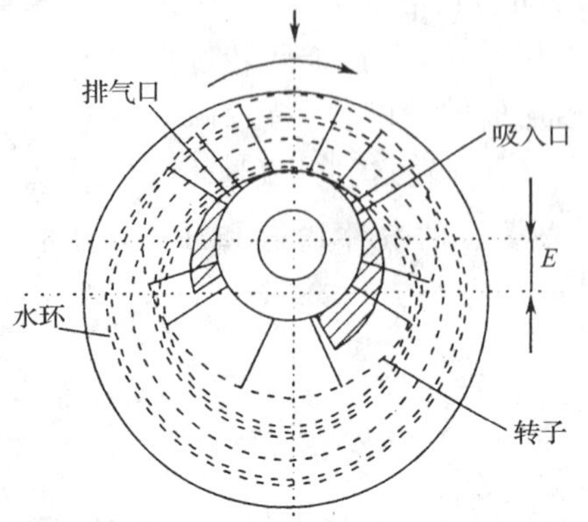

图 2-40　水环真空泵示意图

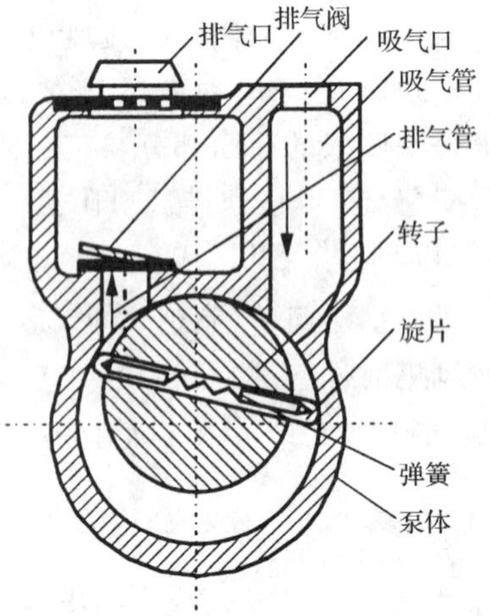

图 2-41　旋片真空泵示意图

4. 喷射式真空泵

喷射泵

喷射式真空泵利用工作流体通过喷嘴高速射流时静压能部分转换为动能而产生真空将气体吸入泵内，在泵体内被抽吸的气体与工作流体混合，并随流道的增大，速度逐渐降低，压力随之升高，而后排出。喷射式真空泵的工作流体可以是蒸气或液体，如图 2-42 所示为单级蒸气喷射式真空泵。喷射式真空泵结构简单，无运动部件，但效率低，工作流体消耗大。单级喷射式真空泵的真空度可达大气压的 90%。如果将几个喷射式真空泵串联起来用（多级喷射式真空泵），可获得更高的真空度。

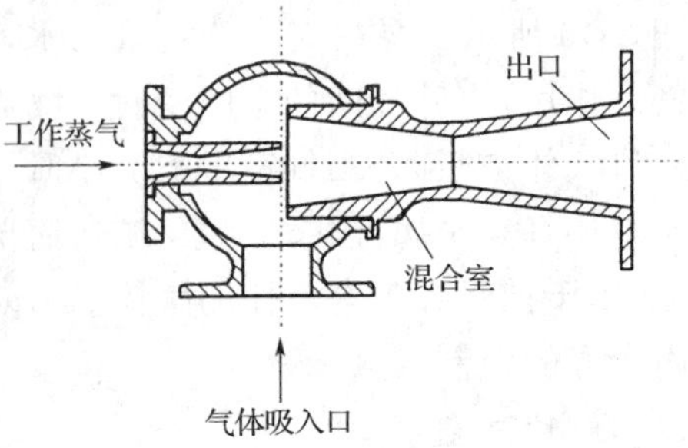

图 2-42　单级蒸气喷射式真空泵

思考题

2-1　根据其结构和工作原理，泵可分为哪几种类型？

2-2　离心泵主要部件有哪些，各有什么作用？

2-3　离心泵在启动前为什么要在泵内充满液体？什么是气缚现象？

2-4　离心泵的主要性能参数有哪些？如何测定离心泵的性能曲线？

2-5　何谓管路特性曲线？何谓工作点？调节离心泵工作点的方法有哪几种，各有什么特点？

2-6　什么是离心泵的气蚀现象？如何确定离心泵的安装高度？

2-7　离心泵常用的类型有哪些？如何选择合适的离心泵？

2-8　简述计量泵、齿轮泵、螺杆泵和旋涡泵的结构、工作原理及应用场合，并与离心泵比较。

2-9　根据压缩比或出口压力，气体输送机械有哪些类型？根据结构和工作原理又如何分类？

2-10　离心式通风机有哪些性能参数？特性曲线包括哪几条曲线？

2-11　简述选择离心式通风机的方法和步骤。

2-12　常用的旋转式和流体作用式气体输送机械有哪些？分别简述其结构和工作原理。

习　题

2-1　用20 ℃清水测定某离心泵的压头H。已知泵的转速为2 900 r/min，当流量为10 m^3/h时，测得泵吸入口处真空表的读数为21.3 kPa，泵出口压力表的读数为170 kPa；两表间的垂直距离为0.3 m。试求该泵在此流量条件下的压头。($H = 19.8$ m)

2-2　一台离心泵在转速为1 450 r/min时，流量为22 m^3/h，压头为25 m。现将转速调至1 300 r/min，试求此时的流量和压头。($q_V = 19.7$ m^3/h，$H = 20$ m)

2-3　型号为IS65-40-200的离心泵，转速为2 900 r/min，流量为25 m^3/h，压头为50 m，必需气蚀余量为2.0 m。已知吸入管路的压头损失为2 m，当地大气压为100 kPa。试求：(1) 用此泵将敞口蓄水池中50 ℃的水输送出去，泵的允许安装高度为多少？(2) 若水温为80 ℃，大气压为85 kPa，此时泵的允许安装高度为多少？($H_{g1} = 5.04$ m；$H_{g2} = -0.056$ m)

2-4　用清水测定某离心泵的特性曲线，实验装置如图2-43所示。当管路流量为25 m^3/h时，泵出口处压力表读数为0.28 MPa(表压)，泵入口处真空表读数为0.025 MPa，测得泵的轴功率为3.35 kW，电机转速为2 900 r/min，真空表与压力表间的垂直距离h_0为0.5 m。试求在该管路状态下的压头和效率。($H = 31.6$ m；$\eta = 64.3\%$)(水密度取1 000 kg/m^3)

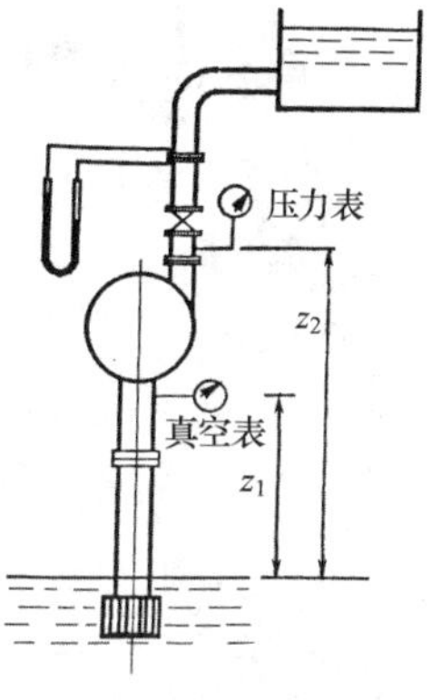

图2-43　习题2-4附图

2-5　用离心泵向高位槽送水。在某转速下，泵的送水量为0.013 m^3/s，压头为45 m。当泵的出口阀全开时，管路特性曲线为$H = 20 + 1.1 \times 10^5 q_V^2$($q_V$的单位为$m^3/s$)。为了适应泵的特性，将泵的出口阀关小以改变管路特性。试求：(1) 因关小阀门而损失的压头；(2) 关小阀门后的管路特性曲线。($\sum H_f = 6.41$ m；$H = 20 + 1.479 \times 10^5 q_V^2$)

2-6　某厂所用离心泵，其转数$n = 1\ 000$ r/min，当流量$q_V = 0.1$ m^3/h时压头$H = 16$ m。今拟提高转速，以适应流量$q_V = 0.12$ m^3/s、压头$H = 20$ m的要求，试求泵的转数应为多少？($n = 1\ 200$ r/min)

2-7　某型号离心泵特性曲线方程为$H = 60 - 0.08 q_V^2$(H的单位为m，q_V的单位为m^3/h)，现将两台这样的泵串联使用，试求泵串联后的特性方程。($H = 120 - 0.16 q_V^2$)

2-8 有两台型号完全相同的离心泵，其特性方程为 $H = 25 - 6.0 \times 10^{-4} q_V^2$（$q_V$ 的单位为 m^3/h，下同），管路特性方程为 $H = 20 + 7.2 \times 10^{-4} q_V^2$，为获得尽可能大的流量而对压头要求不高，试确定两台泵是并联还是串联，并求得其相应的流量。（串联，$q_V = 125\ m^3/h$）

2-9 用 $\phi 108\ mm \times 4\ mm$ 的无缝钢管将流量为 $60\ m^3/h$ 的水从低位的水槽送至高位蓄水池（两容器均通大气）中，蓄水池与水槽的高度差为 15 m，管路总长度为 140 m（包括所有的局部阻力在内），管路的摩擦系数为 0.028。试选择一台适合的离心泵。（答案：略）

2-10 已知空气的最大输送量为 14 500 kg/h，在最大风量下输送系统所需的风压为 1 600 Pa（以风机进口状态计）。由于工艺条件的要求，风机进口与温度为 40 ℃、真空度为 196 Pa 的设备连接。试选择一台适合的离心式通风机。（当地大气压为 93.3×10^3 Pa）（答案：略）

主要符号说明

符号	意义与单位	符号	意义与单位
A_f	活塞杆的截面积，m^2	n_r	活塞的往复次数，min^{-1}
A_F	活塞的截面积，m^2	P	泵的轴功率，W 或 kW
d	管子直径，m	P_e	泵的有效功率，W 或 kW
D	叶轮或活塞直径，m	p	压力，Pa
Δh	允许气蚀余量，m	p_a	当地大气压，Pa
H	泵的压头，m	p_s	液体的饱和蒸气压，Pa
H_f	压头损失，m	q_V	泵或风机的流量，m^3/s 或 m^3/h
H_g	泵的允许安装高度，m	$q_{V,T}$	泵的理论流量，m^3/s
H_p	离心式通风机的静风压，Pa	s	活塞的冲程，m
H_T	离心式通风机的全风压，Pa	V	体积，m^3
n	离心泵的转速，r/min	z	泵缸数目

第3章 非均相混合物的分离

3.1 概　述

化工生产中经常要分离混合物。混合物大致分为均相混合物和非均相混合物两大类。若物系内部物料性质均匀,没有相界面,则为均相混合物或均相物系。溶液及混合气体属于均相混合物。若物系内部有隔开两相的界面存在,而在界面两侧的物料性质截然不同,则为非均相混合物或非均相物系。本章讨论的非均相混合物只限于以流体相为主体的非均相混合物,包括气体非均相混合物和液体非均相混合物。气体非均相混合物指气体中含有悬浮的固体颗粒或液滴所形成的混合物。液体非均相混合物指液体中含有分散的固体颗粒(称悬浮液)或与液体不互溶的液滴(称乳浊液)、气泡(称泡沫液)所形成的混合物。非均相混合物中处于分散状态的物质,称为分散相(或分散物质)。例如,气体非均相混合物中的固体颗粒或液滴、悬浮液中的固体颗粒、乳浊液中的液滴、泡沫液中的气泡均属于分散相。非均相混合物中包围着分散相、处于连续状态的流体称为连续相(或分散介质)。例如,气体非均相混合物中的气体、液体非均相混合物中连续的液体为连续相。

非均相混合物中连续相与分散相的物理性质不同,一般采用机械分离的方法,主要分为沉降和过滤,还有微滤、超滤、纳滤等膜分离方法。非均相混合物分离的目的主要有以下几个方面。

(1)回收有价值的分散介质。例如,从流化床干燥器出口的气-固混合物中分离出干燥产品。

(2)净制介质。例如,除去含尘气体中的尘粒。

(3)劳动保护和环保的需要。例如,工业废气在排放前必须除去其中的粉尘和酸雾,以减少对环境的污染等。

本章将简要介绍沉降及过滤的操作原理及设备。

3.2 重力沉降

沉降操作是指在外力的作用下，利用连续相与分散相的密度差异，使之发生相对运动而分离的操作。根据外力的不同，沉降可分为重力沉降和离心沉降两类。

重力沉降是指在重力的作用下所发生的沉降过程。

根据颗粒在重力沉降过程中是否受到流体及其他粒子的影响，可将沉降过程分为自由沉降和干扰沉降。对单个颗粒在流体中的沉降过程，或者颗粒在沉降过程中不受其他粒子影响的沉降过程，称为自由沉降，反之则称为干扰沉降。很显然，自由沉降是一种理想的沉降过程，而实际生产中的沉降几乎都是干扰沉降。但由于自由沉降过程的影响因素少，研究起来相对简单，所以，对重力沉降的研究通常从自由沉降入手。

3.2.1 颗粒的自由沉降

自由沉降是无干扰沉降，要求物系中分散相的颗粒为球形，且颗粒的光洁度、直径、密度相同，颗粒的浓度较稀，沉降设备的尺寸相对较大，器壁对颗粒的沉降无干扰作用，连续相的流动对颗粒的沉降无干扰作用。满足上述条件方可视为自由沉降。

1. 球形颗粒的自由沉降速度

如图 3-1 所示，直径为 d_s，密度为 ρ_s 的光滑球形颗粒，处于密度为 ρ 的静止流体中，颗粒的密度 ρ_s 大于流体密度 ρ，颗粒将在重力作用下做沉降运动。分析颗粒的受力情况，在垂直方向上，颗粒在最初只受指向地心的重力 F_g 和向上的浮力 F_b，即

$$F_g = \frac{1}{6}\pi d_s^3 \rho_s g \quad (\text{重力，向下})$$

$$F_b = \frac{1}{6}\pi d_s^3 \rho g \quad (\text{浮力，向上})$$

由于 $\rho_s > \rho$，故 $F_g > F_b$，颗粒将在 $(F_g - F_b)$ 作用下，向下加速运动。当颗粒开始向下运动时，颗粒将受到流体向上作用的局部阻力 F_d。F_d 可按照第 1 章中的阻力系数法确定，方向向上。

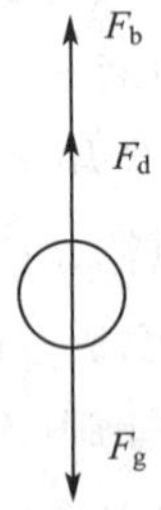

图 3-1　球形颗粒在静止流体中的受力情况

$$F_d = \xi A \frac{\rho u^2}{2} = \xi \cdot \frac{\pi}{4} d_s^2 \frac{\rho u^2}{2} \quad (\text{阻力，向上})$$

式中　F_d—— 颗粒所受阻力，N；

ξ —— 阻力系数，量纲一的量；

A —— 颗粒在沉降方向上的投影面积，m^2；

u —— 颗粒与流体的相对运动速度，m/s。

若以颗粒沉降的方向为正方向，颗粒在瞬间受到的合力为 $\sum F$，根据牛顿第二定律有

$$\sum F = F_g - F_b - F_d = ma \tag{3-1}$$

或

$$\frac{\pi}{6} d_s^3 (\rho_s - \rho) g - \frac{1}{4}\pi d_s^2 \xi \left(\frac{\rho u^2}{2}\right) = \frac{1}{6}\pi d_s^3 \rho_s a \tag{3-2}$$

式中　m—— 颗粒的质量,kg;

a—— 加速度,m/s^2。

当流体和颗粒一定时,$(F_g - F_b)$为常数,颗粒开始沉降的瞬间,速度 u 为零,F_d 也为零,加速度 a 具有最大值。颗粒开始沉降后,阻力 F_d 随着 u 的增大而增大,因此,a 逐渐减小。当 u 增加到某一定数值时,F_g、F_b、F_d 达到平衡,即 $\sum F = 0$,$a = 0$,颗粒开始做匀速沉降运动,此时颗粒相对于流体的运动速度称为颗粒的自由沉降速度或终端速度,用 u_t 表示。根据 $\sum F = 0$,可求出沉降速度:

$$u_t = \sqrt{\frac{4d_s(\rho_s - \rho)g}{3\xi\rho}} \tag{3-3}$$

式(3-3)即为球形颗粒的自由沉降速度基本计算式。

由于在沉降过程中,颗粒尺寸较小,加速阶段较短,可以忽略不计,故只考虑匀速阶段。

2. 阻力系数 ξ

(1) 球形颗粒

用式(3-3)计算沉降速度,首先要确定阻力系数 ξ。通过因次分析,ξ 是流体相对于颗粒运动时的雷诺数的函数,即

$$\xi = f(Re_t)$$

$$Re_t = \frac{d_s u_t \rho}{\mu} \tag{3-4}$$

式中　μ—— 连续相(流体)的黏度,Pa·s。

ξ 的函数关系需由实验测定。球形颗粒的 ξ 的实验数据如图 3-2 所示,图中曲线大致分为三个区域:

① 层流区或斯托克斯区($10^{-3} < Re_t \leqslant 1$)

$$\xi = \frac{24}{Re_t} \tag{3-5}$$

② 过渡区或艾伦区($1 < Re_t \leqslant 10^3$)

$$\xi = \frac{18.5}{Re_t^{0.6}} \tag{3-6}$$

③ 湍流区或牛顿区($10^3 < Re_t < 2 \times 10^5$)

$$\xi = 0.44 \tag{3-7}$$

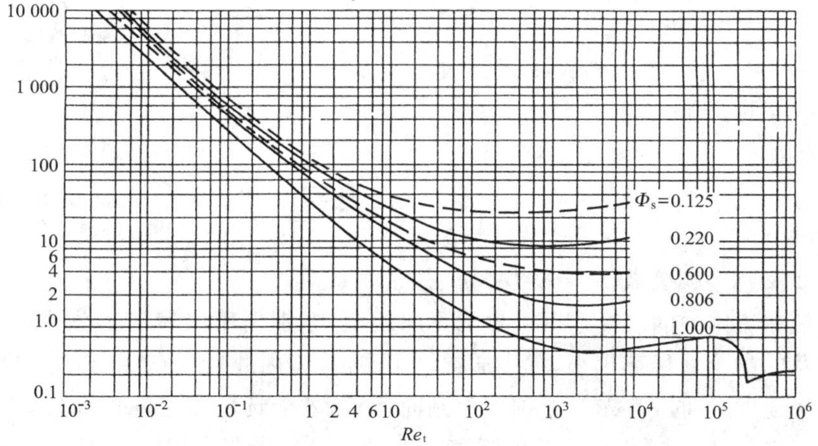

图 3-2　不同球形度下的 ξ 与 Re_t 的关系曲线

(2) 非球形颗粒

工程上所处理的颗粒往往不是球形粒子。实验表明,非球形颗粒的沉降速度小于等当量直径的球形颗粒(即与实际颗粒体积相等的球形粒子)的沉降速度。颗粒形状越偏离球形,相差越大。因此,非球形颗粒的自由沉降中,阻力系数ξ不仅与Re_t有关,同时还与颗粒的球形度有关。

球形度用来表征颗粒形状与球形的差异程度,即

$$\Phi_s = \frac{S}{S_p} \tag{3-8}$$

式中　Φ_s—— 颗粒的球形度,量纲为1的量;

S—— 与实际颗粒体积相等的球形颗粒的表面积,m^2;

S_p—— 实际颗粒的表面积,m^2。

对于球形颗粒,$\Phi_s=1$。颗粒形状与球形的差异越大,球形度Φ_s越小。不同Φ_s的值对应的阻力系数ξ与Re_t的关系,也绘制在图3-2中。对于非球形颗粒,Re_t中的直径要用实际颗粒的当量直径d_e代替。

$$\frac{\pi}{6}d_e^3 = V_s$$

即

$$d_e = \sqrt[3]{\frac{6V_s}{\pi}} \tag{3-9}$$

式中　V_s—— 实际颗粒的体积,m^3;

d_e—— 实际颗粒的当量直径,m。

3. 沉降速度的计算

将不同沉降区域的阻力系数ξ的计算式代入式(3-3),即可获得颗粒在不同沉降区域中的自由沉降速度u_t的计算公式。

(1) 层流区

$$u_t = \frac{gd_s^2(\rho_s - \rho)}{18\mu} \tag{3-10}$$

式(3-10)又称斯托克斯公式。

(2) 过渡区

$$u_t = 0.27\sqrt{\frac{d_s(\rho_s - \rho)g}{\rho}Re_t^{0.6}} \tag{3-11}$$

式(3-11)又称艾伦公式。

(3) 湍流区

$$u_t = 1.74\sqrt{\frac{d_s(\rho_s - \rho)g}{\rho}} \tag{3-12}$$

式(3-12)又称牛顿公式。

球形颗粒在流体中的沉降速度可根据不同流型,分别选用上述三个公式进行计算。由于沉降操作涉及的颗粒直径都较小,沉降通常处于层流区,因此斯托克斯公式应用较多。

计算沉降速度u_t时,首先要根据Re_t判断流型,才能选用相应的计算公式。但是,Re_t中含有待求的沉降速度u_t,所以u_t的计算需采用试差法。先假设沉降属于某一流型(例如层流

区)，选用相应公式计算 u_t，然后用 u_t 计算 Re_t，检验是否在原假设的流型区域内。若与原假设一致，则计算的 u_t 有效。否则，按计算的 Re_t 的值的范围重新假设流型，另选相应的计算公式求 u_t，直到用 u_t 计算的 Re_t 值在假设的流型区域内为止。

【例 3-1】 已知固体颗粒的密度为 2 600 kg/m³，大气压力为 1.013×10^5 Pa，试求直径为 30 μm 的球形颗粒在 30 ℃ 大气中的自由沉降速度。

解 由附录 6 查取 30 ℃、101.3 kPa 空气的物性参数：

密度 $\rho=1.165\ \mathrm{kg/m^3}$，黏度 $\mu=1.86\times10^{-5}\ \mathrm{Pa\cdot s}$。

假设沉降处于层流区，由式(3-10) 得

$$u_t=\frac{d_s^2(\rho_s-\rho)g}{18\mu}=\frac{(30\times10^{-6})^2\times(2\ 600-1.165)\times9.81}{18\times1.86\times10^{-5}}=0.068\ 5\ \mathrm{m/s}$$

校核 Re_t：

$$Re_t=\frac{d_s u_t\rho}{\mu}=\frac{30\times10^{-6}\times0.068\ 5\times1.165}{1.86\times10^{-5}}=0.13<1$$

与假设相符，计算结果有效，因此 $u_t=0.068\ 5$ m/s。

4. 影响沉降速度的其他因素

(1) 干扰沉降

当流体中颗粒浓度较大时，颗粒沉降时会彼此影响，这种沉降称为干扰沉降。干扰沉降的速度比自由沉降的要小。

(2) 壁面效应

当颗粒在靠近器壁的位置沉降时，由于器壁的影响，其沉降速度较自由沉降速度小，这种影响称为壁面效应。

3.2.2 重力沉降设备

1. 降尘室

降尘室是依靠重力沉降从含尘气体中分离出尘粒的设备，常见的降尘室如图 3-3 所示。含尘气体进入降尘室后，颗粒随气流向出口流动，水平流速为 u，同时向下沉降，沉降速度为 u_t。只要颗粒能够在气体通过降尘室的时间内降至室底，便可从气流中分离出来。如图 3-4 所示为颗粒在降尘室中的运动情况。设降尘室长为 L，宽度为 b，高度为 H，含尘气体通过降尘室的体积流量(降尘室的生产能力) 为 q_V。现在讨论直径为 d_s 的球形颗粒在降尘室被分离的条件。

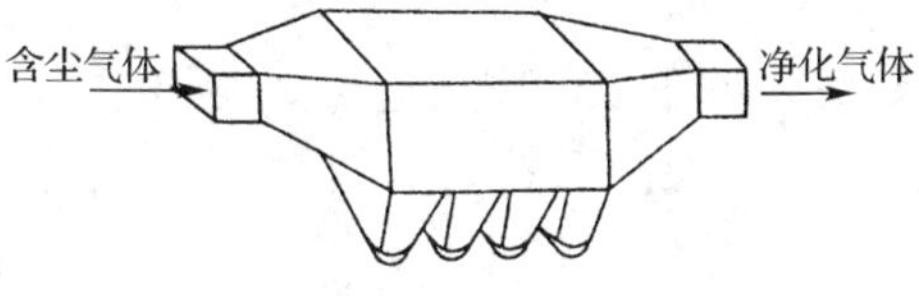

图 3-3　降尘室示意图

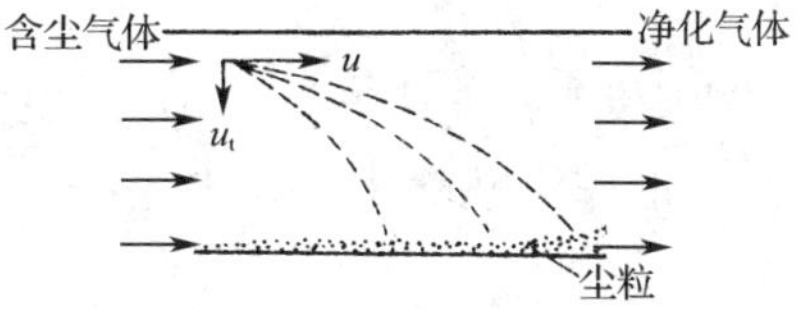

图 3-4　颗粒在降尘室中的运动情况

颗粒在降尘室中沉降到室底所需时间为

$$\tau_t=\frac{H}{u_t}\tag{3-13}$$

颗粒在降尘室中的停留时间为

$$\tau=\frac{L}{u}\tag{3-14}$$

水平流速为

$$u=\frac{q_V}{Hb} \tag{3-15}$$

故

$$\tau=\frac{LHb}{q_V} \tag{3-16}$$

颗粒被分离的条件为

$$\tau \geqslant \tau_t \quad 或 \quad \frac{LHb}{q_V} \geqslant \frac{H}{u_t}$$

即

$$q_V \leqslant Lbu_t \tag{3-17}$$

若在各种颗粒中，有一种颗粒刚好满足 $\tau=\tau_t$ 的条件，此粒径为降尘室能 100% 除去的最小粒径，称为临界粒径，用 d_{pc} 表示。

$$q_V=Lbu_t \tag{3-18}$$

临界沉降速度为

$$u_{tc}=\frac{q_V}{Lb} \tag{3-19}$$

当沉降处于层流区时，将式(3-10)代入式(3-19)，可得临界粒径

$$d_{pc}=\sqrt{\frac{18\mu}{(\rho_s-\rho)g}\cdot\frac{q_v}{Lb}} \tag{3-20}$$

式(3-17)表明，降尘室的生产能力 q_V 仅与其底面积 Lb 及颗粒的沉降速度 u_t 有关，而与降尘室的高度 H 无关。所以降尘室一般采用扁平的几何形状，或在室内加多层水平隔板，构成多层降尘室，如图 3-5 所示。含尘气体经气体分配道进入隔板缝隙，隔板间距通常为 40～100 mm，进、出口气量可通过流量调节阀调节；流动中颗粒沉降在隔板的表面，净化气体自隔板出口经气体集聚道汇集后再由出口气道排出。

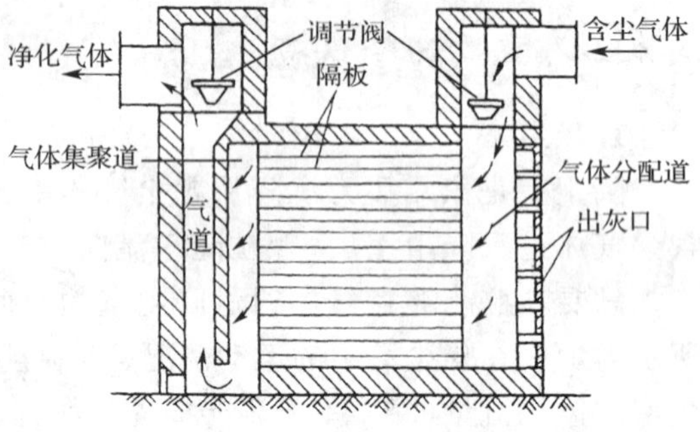

图 3-5 多层降尘室示意图

若降尘室内设置 n 层水平隔板，则层数为 $N=n+1$，生产能力为

$$q_V \leqslant NLbu_t \tag{3-21}$$

降尘室结构简单，流动阻力小，但体积庞大，分离效率低，通常只适用于分离粒径大于 75 μm 的粗粒，一般作为预除尘用。多层降尘室虽能分离较细的颗粒且节省占地面积，但清灰比较麻烦。

【例 3-2】 降尘室总高 4 m、宽 1.7 m、长 4.55 m，中间等高水平安装 39 块隔板，每小时通过降尘室的含尘气体为 2 000 m^3，气体密度为 1.6 kg/m^3（均为标况），气体温度为 400 ℃，压力为 101.3 kPa，此时黏度为 3×10^{-5} Pa·s，粉尘密度为 3 700 kg/m^3。试求：(1) 此降尘室能分离的最小尘粒的直径；(2) 除去 6 μm 颗粒的百分率。

解 (1) 将标况下含尘气体的体积、密度转化为操作条件下的体积、密度。

$$q_V=q_{V0}\frac{T}{T_0}=2\ 000\times\left(\frac{273+400}{273}\right)\Big/3\ 600=1.369\ m^3/s$$

$$\rho=\rho_0\frac{T_0}{T}=1.6\times\frac{273}{273+400}=0.649\ \text{kg/m}^3$$

降尘室能分离的最小尘粒的沉降速度为

$$u_t=\frac{q_V}{NLb}=\frac{1.369}{40\times4.55\times1.7}=0.004\ 425\ \text{m/s}$$

假设该颗粒沉降处于层流区，则

$$u_t=\frac{gd_{pc}^2(\rho_s-\rho)}{18\mu}$$

$$d_{pc}=\sqrt{\frac{18\mu u_t}{(\rho_s-\rho)g}}=\sqrt{\frac{18\times3\times10^{-5}\times0.004\ 425}{(3\ 700-0.649)\times9.81}}=8.11\times10^{-6}\ \text{m}=8.11\ \mu\text{m}$$

校核 Re_t：

$$Re_t=\frac{d_s u_t\rho}{\mu}=\frac{8.11\times10^{-6}\times0.004\ 425\times0.649}{3\times10^{-5}}=7.76\times10^{-4}<1$$

以上假设成立，计算结果有效，能除去的最小尘粒直径为 8.11 μm。

(2) 由以上计算可知，直径为 6 μm 的颗粒的沉降必定在层流区，沉降速度为

$$u_t=\frac{gd_s^2(\rho_s-\rho)}{18\mu}=\frac{9.81\times(6\times10^{-6})^2\times(3\ 700-0.649)}{18\times3\times10^{-5}}=0.002\ 419\ \text{m/s}$$

气体通过降尘室的水平流速为

$$u=\frac{q_V}{Hb}=\frac{1.369}{4\times1.7}=0.201\ \text{m/s}$$

气体通过降尘室的时间为

$$\tau=L/u=4.55/0.201=22.60\ \text{s}$$

直径为 6 μm 的颗粒在 22.60 s 的沉降高度为

$$h'=u_t\cdot\tau=0.002\ 419\times22.60=0.054\ \text{m}$$

降尘室每层高度为

$$h=\frac{4}{40}=0.1\ \text{m}$$

6 μm 颗粒被除去的百分率为

$$\frac{h'}{h}=\frac{0.054}{0.1}=54\%$$

评析　该题首先要把标况下的体积流量与密度转化成操作条件下的体积流量与密度。在问题(2)中，入口处炉气均匀情况下，颗粒在降尘室内的沉降高度与降尘室高度之比约等于该尺寸颗粒被分离下来的百分率，其余则被气流带走。

2. 沉降槽

沉降槽是利用重力沉降来分离悬浮液，并得到澄清液体的设备。沉降槽又称增稠器或澄清槽，可间歇操作，也可连续操作。

间歇沉降槽通常是带有锥底的圆槽，需要处理的悬浮液在槽内静置足够时间后，增浓的沉渣由槽底排出，清液则由槽上部排出管排出。

连续沉降槽主体部分是一略呈锥形底的大直径浅槽，如图 3-6 所示。料浆由位于中央的进料口送至液面下，分散到槽的横截面上，液体向上流动，清液经由槽顶端四周的溢流槽连续流出，称为溢流。固体颗粒下沉至底部，形成沉淀层，在槽底通过缓慢转动的耙将颗粒由排渣

口排出，称为底流。

连续沉降槽的直径从几米到数十米，高度一般为 2.5 ～ 4.0 m。为了节省占地面积，可将几个沉降槽叠在一起构成多层沉降槽。

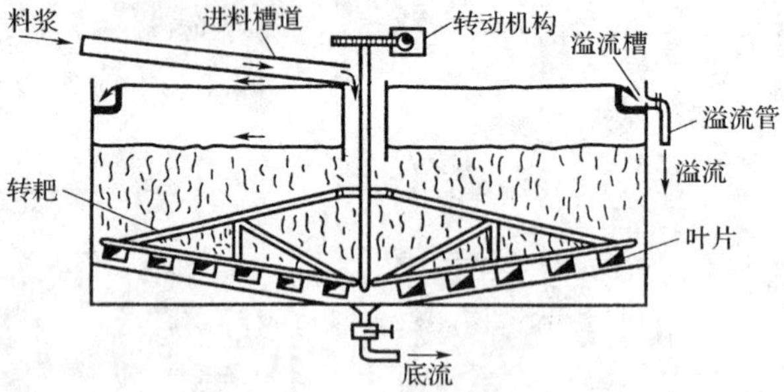

图 3-6　连续沉降槽

3.3　离心沉降

依靠离心力的作用实现的沉降过程称为离心沉降。由前节的重力沉降可知，当颗粒较小时，其沉降速度小，需要较大的沉降设备。为了提高生产能力，可采用离心沉降。离心沉降的设备产生的离心力可以是重力的 10^3 ～ 10^4 倍。

3.3.1　离心沉降速度

如图 3-7 所示，以角速度 ω 旋转的圆筒内装有悬浮液，连续相的密度为 ρ，黏度为 μ。分散相的颗粒为球形颗粒，密度为 ρ_s，直径为 d_s，质量为 m。筒内流体与圆筒具有相同的转数，流体将处于离心力场中，颗粒受到离心力、向心力、阻力作用。离心力 F_c 的方向径向向外。向心力 F_b 相当于重力场中的浮力，其方向为沿半径指向旋转中心。颗粒在离心力的作用下在径向上与流体发生相对运动而飞离中心，必然存在着与离心力方向相反的阻力，因此阻力 F_d 的方向为沿半径指向中心。

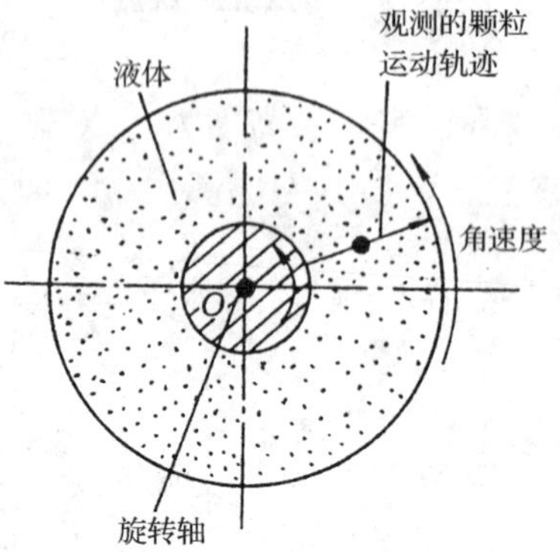

图 3-7　转筒内颗粒在流体中的运动

假设颗粒与圆心的距离为 r，角速度为 ω，切向速度为 u_T，则离心力、向心力、阻力分别为

$$F_c = mr\omega^2 = \frac{\pi}{6}d_s^3\rho_s r\omega^2 \quad （径向向外）$$

$$F_b = \frac{\pi}{6}d_s^3\rho r\omega^2 \quad （径向向内）$$

$$F_d = \xi\,\frac{\pi}{4}d_s^2\,\frac{\rho u_r^2}{2} \quad （径向向内）$$

式中　u_r—— 距中心 r 处的颗粒在径向上相对于流体的运动速度，m/s。

当 F_c、F_b、F_d 三力达到平衡，有

$$\sum F = F_c - F_b - F_d = 0$$

$$\frac{\pi}{6}d_s^3\rho_s r\omega^2 - \frac{\pi}{6}d_s^3\rho r\omega^2 - \xi\frac{\pi}{4}d_s^2\frac{\rho u_r^2}{2} = 0$$

此时 u_r 称为颗粒的离心沉降速度，根据上式，其计算公式为

$$u_r = \sqrt{\frac{4d_s(\rho_s - \rho)}{3\xi\rho}r\omega^2} \tag{3-22}$$

将式(3-22)与重力沉降速度公式(3-3)比较可知，颗粒的离心沉降速度 u_r 的计算式与重力沉降速度 u_t 的计算式具有相似的关系，只是将式(3-3)中的重力加速度 g 换成了离心加速度 $r\omega^2$。离心沉降的方向径向向外，重力沉降的方向向下。u_r 与 u_t 还有一个更重要的区别：离心沉降速度 u_r 随旋转半径而变化，而重力沉降速度 u_t 则是恒定值。

采用离心沉降的颗粒较小，颗粒沉降一般处于层流区，将阻力系数 $\xi = \frac{24}{Re_t}$ 代入式(3-22)，得到层流区的离心沉降速度公式：

$$u_r = \frac{d_s^2(\rho_s - \rho)}{18\mu}r\omega^2 \tag{3-23}$$

将式(3-23)与式(3-10)相比较可知，同一颗粒在相同介质中的离心沉降速度与重力沉降速度的比值为

$$\frac{u_r}{u_t} = \frac{r\omega^2}{g} = K_c \tag{3-24}$$

比值 K_c 是粒子所在位置上的惯性离心力场强度与重力场强度之比，称为离心分离因数。离心分离因数是离心分离设备的重要指标，某些高速离心机离心分离因数 K_c 的值可高达数十万。例如，旋转半径 $r = 0.3$ m，转数 $n = 600$ r/min，分离因数为

$$K_c = \frac{r\omega^2}{g} = \frac{r(2\pi n/60)^2}{g} = \frac{0.3 \times (2 \times 3.14 \times 600/60)^2}{9.81} = 120$$

上式表明颗粒在上述条件下的离心沉降速度是重力沉降速度的 120 倍，可以看出离心沉降设备的分离效果远高于重力沉降。

3.3.2 旋风分离器

旋风分离器是利用惯性离心力作用，从气体中分离出尘粒的设备。其结构简单，没有活动部件，制造方便，分离效率高，并可用于高温含尘气体的分离，所以在化工、轻工、机械、冶金等行业得到广泛应用。

旋风分离器

1. 结构与操作原理

如图 3-8 所示的标准旋风分离器，上部为带有切向入口的圆筒，下部为圆锥形。各部分尺寸均与圆筒直径成比例。含尘气体以 15 ～ 20 m/s 的速度由圆筒上部的进气管切向进入，受到器壁的约束由上向下做螺旋运动。在惯性离心力的作用下，颗粒被甩到器壁，沿壁面落至锥底的排灰口排出而与气体分离。净化后的气体在中心轴附近由下向上做螺旋运动，最后由顶部排气管排出。如图 3-9 所示为气流在分离器内的运动情况。通常，将下行的螺旋形气流称为外旋流，上行的螺旋形气流称为内旋流(又称气心)。内、外旋流的旋转方向相同。

旋风分离器一般用于除去气流中直径为 5 ～ 50 μm 的颗粒。对于直径在 200 μm 以上的

大颗粒，最好先用重力沉降法除去，以减少其对旋风分离器器壁的磨损。旋风分离器不适用于处理黏性大、含湿量高、腐蚀性较强的粉尘。

2. 旋风分离器的性能

(1) 临界粒径

临界粒径即是指理论上能够完全被旋风分离器分离下来的最小颗粒直径。临界粒径是判断旋风分离器效率高低的重要指标。临界粒径越小，旋风分离器的分离性能越好。临界粒径的大小很难精确测定，一般可在如下假设条件下推导出临界粒径的计算式。

① 进入旋风分离器的气流严格按螺旋形路线做等速运动，其切向速度恒定且为进口气速 u_i。

② 颗粒向器壁沉降时，其沉降距离为整个进气管宽度 B。

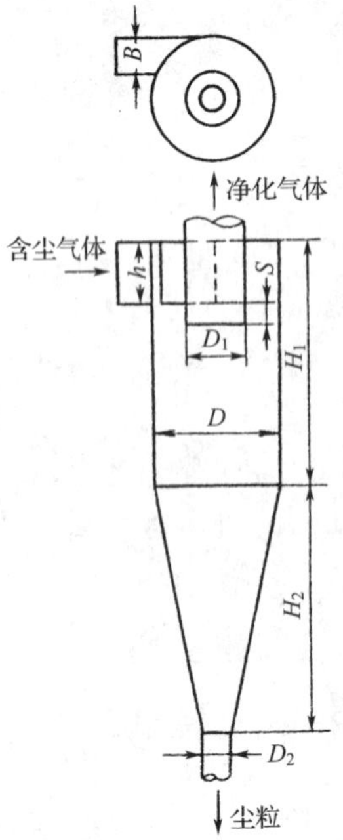

$h=D/2, B=D/4, D_1=D/2, H_1=2D,$

$H_2=2D, S=D/8, D_2=D/4$

图 3-8 标准旋风分离器

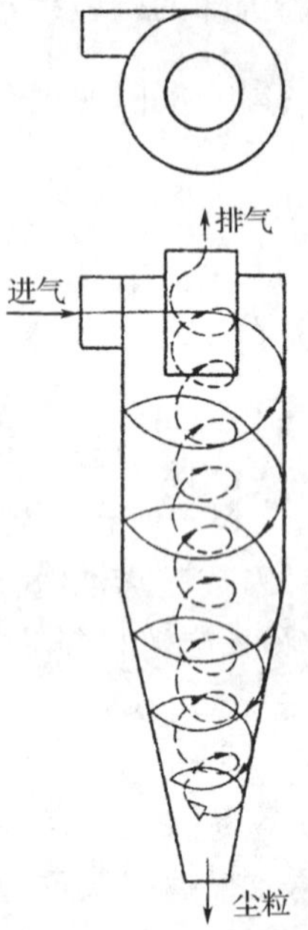

图 3-9 气体在旋风分离器内的运动情况

③ 颗粒沉降处于层流区。

对于气固混合物，固体颗粒的密度远大于气体密度，即 $\rho_s \gg \rho$，故式(3-23)中的 $\rho_s-\rho \approx \rho_s$；旋转半径 r 可取平均值 r_m，切向速度为 u_i，则颗粒离心沉降速度为

$$u_r=\frac{d_s^2\rho_s u_i^2}{18\mu r_m}$$

颗粒到达器壁所需的沉降时间为

$$\tau_t=\frac{B}{u_r}=\frac{18\mu r_m B}{d_s^2\rho_s u_i^2}$$

式中　B—— 进气口宽度，m。

令气流的有效旋转圈数为 n_e，则气流在器内运行的距离为 $2\pi r_m n_e$，停留时间为

$$\tau=\frac{2\pi r_{m}n_{e}}{u_{i}}$$

若沉降时间 τ_t 刚好等于停留时间 τ，此时被完全分离的最小颗粒的直径即为临界粒径。

$$\frac{18\mu r_{m}B}{d_{pc}^{2}\rho_{s}u_{i}^{2}}=\frac{2\pi r_{m}n_{e}}{u_{i}}$$

整理得

$$d_{pc}=\sqrt{\frac{9\mu B}{\pi n_{e}\rho_{s}u_{i}}} \tag{3-25}$$

式(3-25)中的 d_{pc} 的计算公式与实际情况有一定差距，主要是由于①、②两项的假设与实际情况差别较大，但计算公式较简单，只要给出合适的 n_e 值，就可以使用。n_e 值一般为 0.5～3.0，标准旋风分离器的 n_e 为 5。

由于旋风分离器的尺寸均与 D 成一定比例，由式(3-25)可见，随着 D 增大，B 也相应增大，分离尺寸也随之增大，因此旋风分离器的分离效率，随着分离器尺寸增大而减小。所以，当气体处理量很大时，可采用若干小尺寸的旋风分离器并联使用，以获得较好的分离效果。

(2) 压力降

气体通过旋风分离器而引起的摩擦损失称为气体通过旋风分离器的压力降。一般用下式表示：

$$\Delta p_{f}=\xi\cdot\frac{\rho u_{i}^{2}}{2} \tag{3-26}$$

式中　u_i—— 气体入口速度，m/s；

ξ—— 旋风分离器的阻力系数，量纲一的量。

ξ 与旋风分离器的型式有关。不论尺寸大小，相同型式的阻力系数接近同一常数。标准旋风分离器的阻力系数约为 8。

一般通过旋风分离器的压降为 500～2 000 Pa。

(3) 分离效率

旋风分离器的分离效率有两种表示方法。一是总效率，以 η_o 表示；二是粒级效率，以 η_i 表示。

总效率是指进入旋风分离器的全部颗粒中被分离下来的颗粒的质量分数，即

$$\eta_{o}=\frac{c_{1}-c_{2}}{c_{1}} \tag{3-27}$$

式中　c_1—— 旋风分离器进口气体中颗粒浓度，g/m^3；

c_2—— 旋风分离器出口气体中颗粒浓度，g/m^3。

总效率易于测定，但不能表明旋风分离器对各种尺寸颗粒的分离效率。用粒级效率可以表示之。粒级效率是指进入旋风分离器的直径为 d_i 的颗粒被分离下来的质量分数，即

$$\eta_{i}=\frac{c_{1i}-c_{2i}}{c_{1i}} \tag{3-28}$$

式中　c_{1i}—— 进口气体中粒径为 d_i 的颗粒的浓度，g/m^3；

c_{2i}—— 出口气体中粒径为 d_i 的颗粒的浓度，g/m^3。

3.3.3 旋液分离器

旋液分离器又称水力旋流器，是利用离心沉降原理从悬浮液中分离固体颗粒的设备，它的结构及操作原理与旋风分离器类似。设备主体也是由圆筒和圆锥两部分组成，如图 3-10 所示。悬浮液从圆筒上部的切向入口进入器内，旋转向下流动。液流中的颗粒受离心力作用，沉降到器壁，并随液流下降到锥形底的出口，成为较稠的悬浮液而排出，称为底流。澄清的液体或含有较轻颗粒的液体，则形成向上的内旋流，经上部中心管从顶部溢流排出，称为溢流。

旋液分离器的结构特点是圆筒部分短而圆锥部分长，这样的结构有利于液体固体的分离。旋液分离器的圆筒直径一般为 75 ～300 mm，悬浮液进口速度一般为 5 ～ 15 m/s，压力损失为 50 ～200 kPa，分离的颗粒直径为 10 ～ 40 μm。

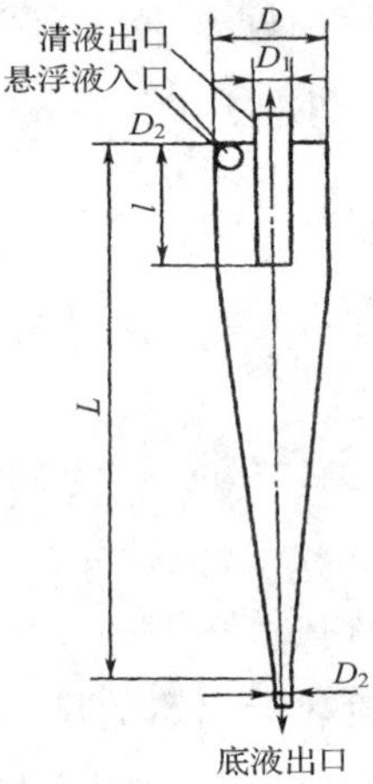

$D_2 = \dfrac{D}{4}, D_1 = \dfrac{D}{3}$,

$L = 5D, l = 3D$

图 3-10 旋液分离器

3.3.4 离心沉降机

离心沉降机用于液体非均相混合物（乳浊液或悬浮液）的分离。与旋流器比较，它有转动部件，转速可以根据需要任意增加。对于难分离的混合物可以采用转速高、离心分离因数大的设备。

根据离心分离因数 K_c 的大小，离心机可分为如下三种：

① 常速离心机：$K_c < 3\,000$。

② 高速离心机：$3\,000 < K_c < 50\,000$。

③ 超速离心机：$K_c > 50\,000$。

1. 转鼓式离心沉降机

图 3-11 为转鼓式离心沉降机的转鼓示意图。它的主体是上面带有翻边的圆筒，由中心轴带动其高速旋转。由于惯性离心力的作用，筒内液体形成环柱体。这样，悬浮液从底部进入，同时受离心力的作用向筒壁沉降。如果颗粒随液体到达顶端以前沉到筒壁，即可从液体中除去，否则仍随液体流出。

2. 碟式分离机

碟式分离机的转鼓内装有许多倒锥形碟片，碟片直径一般为 0.2 ～ 0.6 m，碟片数目为 50 ～ 100 片，转鼓以 4 700 ～ 8 500 r/min 的转速旋转，分离因数为 4 000 ～ 10 000。这种分离机可用作分离悬浮液中少量细小颗粒以获得澄清的液体，也可用于乳浊液中轻、重两相的分离。图 3-12(a) 为用于分离乳浊液的碟式分离机的工作原理示意图。料液由空心转轴顶部进入后流到碟片组的底部，碟片上带有小孔，料液通过小孔分配到各碟片通道之间。在离心力作用下，重液逐步沉于每一碟片的下方并向转鼓外缘移动，经汇集后由重液出口连续排出。轻液则流向轴心并由轻液出口排出。图 3-12(b) 为用于澄清液体的碟式分离机的工作原理示意图。这种分离机的碟片上不开孔，料液从转动碟片的四周进入碟片间的通道并向轴心流动。

同时固体颗粒则逐渐向每一碟片的下方沉降，并在离心力作用下向碟片外缘移动，沉积在转鼓内壁的沉渣可在停车后用人工卸除或间歇地用液压装置自动地排除。重液出口用垫圈堵住，澄清液体由轻液出口排出。人工卸渣要停车清洗，故只适用于含固量＜1％的悬浮液。

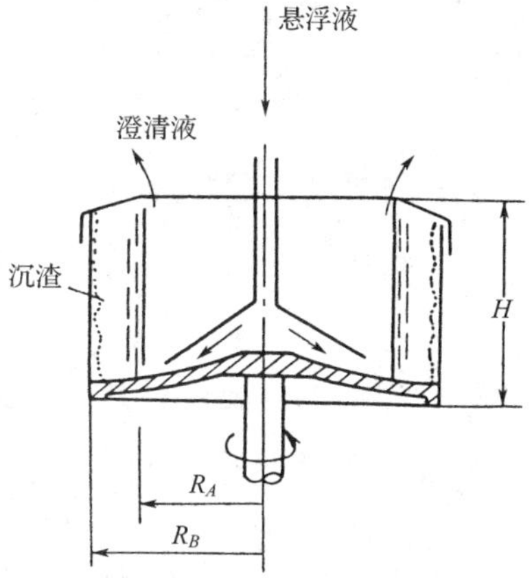

图 3-11　转鼓式离心沉降机转鼓示意图

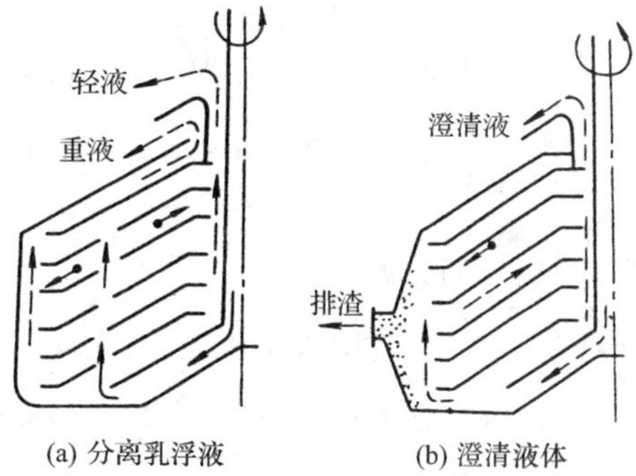

图 3-12　碟式分离机示意图

3.4　过　滤

过滤是分离悬浮液最有效的单元操作之一，与沉降相比，过滤操作可使悬浮液的分离更迅速更彻底。在某些场合下，过滤是沉降的后续操作。

3.4.1　过滤的基本概念

过滤是以某种多孔性物质为介质，在外力作用下，使悬浮液中的液体通过介质的孔道，而固体颗粒被截留在介质上，从而实现悬浮液中固液分离的操作。如图 3-13 所示，过滤操作采用的多孔物质称为过滤介质，所处理的悬浮液称为滤浆或料浆，通过介质孔道的液体称为滤液，被介质截留的固体颗粒层称为滤饼或滤渣。

1. 过滤方式

工业上将过滤分为两大类，即饼层过滤（也称表面过滤）和深床过滤。

饼层过滤时悬浮液置于过滤介质的一侧。过滤介质常采用的是多孔性织物，网孔的尺寸有可能大于悬浮液中颗粒的直径。因此，在过滤初始阶段，会有部分颗粒穿过过滤介质的孔道而进入滤液中，也会有部分颗粒进入介质孔道中发生“架桥”现象，如图 3-14 所示。随着过滤的进行，在介质上形成一个滤渣层，称为滤饼。不断增厚的滤饼才是真正的、有效的过滤介质，这时穿过滤饼的液体才变成澄清的滤液。通常，过滤开始阶段得到的浑浊滤液，需在滤饼形成之后重新过滤。

深床过滤采用砂子等堆积介质作为过滤介质。介质层一般较厚，在介质层内部构成长而曲折的通道，通道的尺寸大于颗粒的直径。过滤时，颗粒随液体进入介质孔道，在惯性和扩散作用下，进入通道的固体颗粒靠静电与表面力附着其上。深床过滤常用于颗粒浓度小（体积分数＜0.1％）的场合。

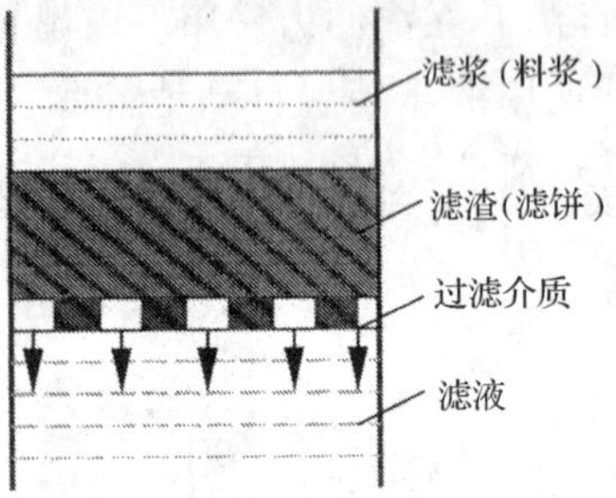

图 3-13 过滤示意图

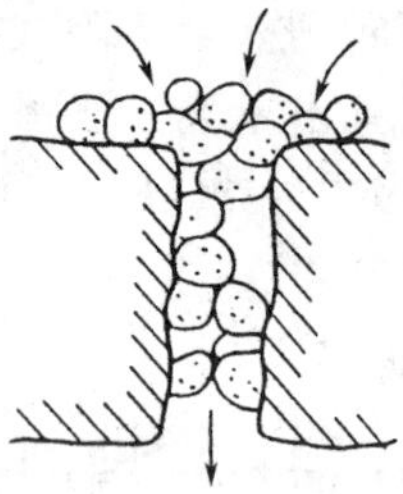

图 3-14 架桥现象

2. 过滤介质

过滤介质是滤饼的支承物,应具有足够的机械强度、稳定的物理化学性质、相应的耐腐蚀性和耐热性。

工业上常用的过滤介质主要有以下几类:

(1) 织物介质(又称滤布)

由棉、毛、丝、麻等天然纤维及合成纤维制成的织物构成,此外还有用金属丝织成的网。这类介质能截留的颗粒的粒径范围为 5 ～ 65 μm。织物介质薄,阻力小,清洗与更新方便,价格比较便宜,是工业上应用最广泛的过滤介质。

(2) 堆积介质

由各种固体颗粒(细砂、木炭、石棉、硅藻土)或非编织纤维等堆积而成,多用于深床过滤中。

(3) 多孔固体介质

由很多微细孔道的固体材料构成,如多孔陶瓷、多孔塑料及多孔金属制成的管或板,这类介质较厚,孔道细,阻力较大,能截拦 1 ～ 3 μm 的微细颗粒。

3. 滤饼的压缩性和助滤剂

若悬浮液中的颗粒具有一定的刚性,所形成的滤饼不受操作压差的增大而变形,这种滤饼称为不可压缩性滤饼;若悬浮液中的颗粒比较软,所形成的滤饼在压差的作用下变形,使滤饼中流动通道变小,阻力增大,这种滤饼称为可压缩性滤饼。此外,如悬浮液中含有很细的颗粒,它们可能进入过滤介质的孔隙,使介质的空隙减小,阻力增加,同时细颗粒形成的滤饼阻力也大。对于这两种情况,可采用加入助滤剂的方法。助滤剂是一些不可压缩的粒状或纤维状固体,它的加入可以改变滤饼结构,提高刚性,增加空隙,减少流动阻力。加入助滤剂可以有两种方法。一是预涂。用助滤剂配成悬浮液,在正式过滤前用它进行过滤,在过滤介质上形成一层由助滤剂组成的滤饼,然后再进行过滤。二是将助滤剂混在滤浆中一起过滤。后一种方法要求助滤剂不能污染滤液,粒度适当,能悬浮于料液中。常用的助滤剂有硅藻土、石棉、炭粉、纸浆粉等。必须指出的是当把滤饼作为产品时不能使用助滤剂。

4. 过滤过程的推动力

过滤过程的推动力可以是重力、离心力或压力差。依靠重力为推动力的过滤称为重力过滤。它是以饼层上方的滤浆所具有的重力为推动力来推动滤液在滤饼层及过滤介质中流动的。重力过滤的过滤速度慢,仅适用于小规模、大颗粒、颗粒浓度低的悬浮液。离心过滤是以离心力作为推动力,过滤速度快,但设备投资、动力消耗相对较大,多用于颗粒浓度高的悬浮液。人为的在滤饼上游和滤液出口间造成压力差,并以此压力差为推动力的过滤称为压差过滤。压差过滤在工业生产中应用最为广泛。压差过滤分为加压过滤和减压(真空)过滤。操作压差可根据生产需要进行调节。在整个过滤过程中,若操作压差维持不变,则称为恒压过滤。本书主要讨论恒压过滤过程。

3.4.2 过滤的基本方程式

单位时间内获得的滤液体积,称为过滤速率,单位为 m^3/s。单位时间内单位过滤面积上获得的滤液体积,称为过滤速度,单位为 m/s。若过滤面积为 A,过滤时间为 τ,滤液体积为 V,则过滤速率为 $dV/d\tau$,过滤速度为 $dV/(A d\tau)$。

过滤基本方程式是描述滤液量 V 随着过滤时间 τ 的变化关系,用来计算一定过滤时间所获得的滤液或滤饼量。

过滤操作的特点是:随着过滤操作的进行,滤饼厚度逐渐增大,过滤阻力也随之增大。如果在恒定压差条件下,过滤速度必然逐渐减小。如果要保持一定的过滤速度,就要逐渐增大压差,来克服逐渐增大的过滤阻力。过滤速度可以写成

$$过滤速度=\frac{过滤推动力}{过滤阻力} \tag{3-29}$$

式中,过滤推动力就是压差 $\Delta p=\Delta p_c+\Delta p_m$。其中,$\Delta p_c$ 为滤饼两侧的压差,Δp_m 为过滤介质两侧的压差。过滤阻力也由两部分组成,包括滤饼阻力和过滤介质阻力,如图 3-15 所示。

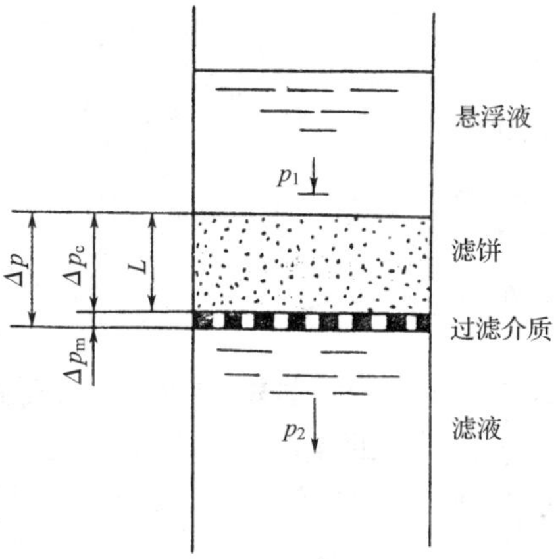

图 3-15 过滤推动力与过滤阻力

为了获得过滤基本方程式,首先分析滤液在滤饼中的流动情况。在过滤过程中,滤液在滤饼层中的流动过程可视为在直径细小的毛细管中的流动过程。毛细管的直径很细,方向曲折多变,且长度随滤饼厚度的增加而增加,流动过程中阻力较大,故流速较小,其流动类型属于层流。在过程的某一瞬间,滤液在毛细管内的流动规律应符合哈根-泊谡叶方程,即

$$\Delta p_c=\frac{32\mu l u}{d^2} \tag{3-30}$$

式中 Δp_c—— 滤液通过滤饼的压差,即滤饼两侧的压差,Pa;

μ—— 滤液的黏度,Pa·s;

l—— 毛细管的平均长度,m;

u—— 滤液在毛细管内的平均流速,m/s;

d—— 毛细管的平均直径,m。

将式(3-30)变成为滤液在毛细管内平均流速 u 的计算形式:

$$u=\frac{\Delta p_c}{32\mu l/d^2} \tag{3-31}$$

过滤速度 $\frac{dV}{A d\tau}$ 与平均流速 u 应成正比关系,即 $\frac{dV}{A d\tau}\propto\frac{\Delta p_c}{32\mu l/d^2}$;毛细管的平均长度 l 与滤饼的厚度 L 成正比关系,即 $l\propto L$,因此,式(3-31)可以写成

$$\frac{dV}{A d\tau}=\frac{\Delta p_c}{32c\mu L/d^2}$$

式中　c—— 比例系数。

对于一定性质的滤饼层，毛细管的平均直径 d 应为常数，因此，上式可以写成

$$\frac{\mathrm{d}V}{A\,\mathrm{d}\tau}=\frac{\Delta p_c}{r\mu L} \tag{3-32}$$

式中　r—— 比例系数，也称为滤饼的比阻，$1/\mathrm{m}^2$。

r 的大小随着滤浆的性质、操作条件等而改变，反映了滤饼的结构特征，一般由实验测定。

滤液通过滤饼后将继续穿过过滤介质层。由于过滤介质两侧压差为 Δp_m，阻力的确定可仿照流体力学中的当量长度法，将过滤介质产生的阻力折合成一定厚度滤饼层 L_e 所形成的阻力。L_e 称为过滤介质的当量滤饼厚度，此厚度为虚拟的滤饼厚度，单位为 m。式(3-32) 可写成

$$\frac{\mathrm{d}V}{A\,\mathrm{d}\tau}=\frac{\Delta p_c+\Delta p_m}{r\mu(L+L_e)}=\frac{\Delta p}{r\mu(L+L_e)} \tag{3-33}$$

设获得 1 m^3 滤液所形成的滤饼体积为 v m^3，则任一瞬间的滤饼厚度 L 与滤液体积 V 之间的关系为

$$LA=v\cdot V$$

则

$$L=\frac{v\cdot V}{A} \tag{3-34}$$

同理

$$L_e=\frac{v\cdot V_e}{A} \tag{3-35}$$

式中　V_e—— 过滤介质当量滤液体积，或称虚拟滤液体积，m^3。

在一定的操作条件下，以一定介质过滤一定的悬浮液时，V_e 为定值，但同一介质在不同的过滤操作中，V_e 值不同。式(3-33) 可以写成

$$\frac{\mathrm{d}V}{\mathrm{d}\tau}=\frac{A^2\Delta p}{r\mu v(V+V_e)} \tag{3-36}$$

式(3-36) 称为过滤基本方程式。它表示过滤过程中，某一时刻过滤速率 $\frac{\mathrm{d}V}{\mathrm{d}\tau}$ 与各有关因素间的关系，是过滤计算的基本依据。

3.4.3　恒压过滤

1. 恒压过滤方程式

恒压过滤时，Δp 保持恒定，随着滤饼的增厚，过滤阻力逐渐增大，过滤速率逐渐减小。

对于一定的悬浮液，若滤饼不可压缩，则 μ、r、v、V_e、A 均为定值。式(3-36) 中的 $\frac{1}{r\mu v}$ 的值应为常数，令

$$k=\frac{1}{r\mu v} \tag{3-37}$$

式中　k—— 过滤物料特性常数，$\mathrm{m}^4/(\mathrm{N}\cdot\mathrm{s})$。

k 与过滤推动力及悬浮液的性质有关，其值通常用实验进行测定。

将式(3-37)代入式(3-36),则有

$$\frac{dV}{d\tau}=\frac{kA^2\Delta p}{V+V_e} \tag{3-38}$$

将式(3-38)分离变量,积分为

$$\int_0^V (V+V_e)dV = kA^2\Delta p\int_0^\tau d\tau$$

令 $K=2k\Delta p$,称为过滤常数,单位为 m^2/s。

积分得

$$V^2+2V_eV=KA^2\tau \tag{3-39}$$

式(3-39)称为恒压过滤方程式,它表明恒压过滤时滤液体积与过滤时间的关系为抛物线方程。

令 $q=\frac{V}{A}$ 及 $q_e=\frac{V_e}{A}$,则式(3-39)可写成如下形式,即

$$q^2+2q_eq=K\tau \tag{3-40}$$

式(3-40)也称为恒压过滤方程式。

恒压过滤方程式中 V_e、q_e 是反映过滤介质阻力大小的常数,也为介质常数,单位分别为 m^3 及 m^3/m^2。V_e、q_e 与 K 统称为过滤常数。

当过滤介质阻力可以忽略不计时,$V_e=0$,$q_e=0$,过滤方程式可化简为

$$V^2=KA^2\tau \tag{3-41}$$

$$q^2=K\tau \tag{3-42}$$

【例 3-3】 实验室用叶滤机对某种悬浮液进行恒压过滤,已测得过滤面积为 0.2 m^2,操作压差为 0.15 MPa。现测得当过滤进行到 10 min 时,共得到滤液 0.002 m^3。又过滤10 min,再得到滤液 0.001 m^3。试求:(1) 恒压过滤的基本方程式;(2) 再过滤 10 min,又能得到多少滤液?

解 (1) 根据题意得

$$\tau_1=10\ \text{min}=600\ \text{s}$$

$$V_1=0.002\ \text{m}^3$$

$$\tau_2=(10+10)\text{min}=1\ 200\ \text{s}$$

$$V_2=(0.002+0.001)\ \text{m}^3=0.003\ \text{m}^3$$

代入恒压过滤方程式

$$V^2+2V_eV=KA^2\tau$$

得

$$(0.002)^2+2\times 0.002V_e=600\times 0.2^2\ K \tag{a}$$

$$(0.003)^2+2\times 0.003V_e=1\ 200\times 0.2^2\ K \tag{b}$$

联立(a)、(b)两式,得

$$K=2.5\times 10^{-7}\ \text{m}^2/\text{s}$$

$$V_e=5\times 10^{-4}\ \text{m}^3$$

恒压过滤方程式为

$$V^2+10^{-3}V=10^{-8}\tau$$

(2) 将 $\tau_3=1\ 800\ \text{s}$ 代入(1) 中恒压过滤方程式得

$$V_3^2+10^{-3}V_3=10^{-8}\times 1\ 800$$

$$V_3=0.003\ 75\ \text{m}^3$$

$$\Delta V=V_3-V_2=0.003\ 75-0.003=0.000\ 75\ \text{m}^3$$

评析　利用恒压过滤的基本方程式时,要注意过滤时间和滤液量均是累计量。

【例 3-4】　用一台工业过滤机过滤某碳酸钙悬浮液,过滤面积为 12 m^2,可容纳滤饼的容积为 0.15 m^3,实验测得过滤常数 K 为 $2\times10^{-4}\ \text{m}^2/\text{s}$,$V_e$ 为 $5\times10^{-3}\ \text{m}^3$,滤饼体积与相应的滤液体积之比 ν 为 0.03 m^3/m^3。试求:(1) 当过滤到设备内充满滤渣时所需的过滤时间;(2) 当设备内充满滤渣时的过滤速率。

解　(1) 根据题意,当过滤到设备内充满滤渣时,滤饼体积为 0.15 m^3,故所得滤液的体积为

$$V=\frac{0.15}{0.03}=5\ \text{m}^3$$

由式(3-39),即

$$V^2+2VV_e=KA^2\tau$$

得过滤时间为

$$\tau=\frac{V^2+2VV_e}{KA^2}=\frac{5^2+2\times5\times5\times10^{-3}}{2\times10^{-4}\times12^2}=870\ \text{s}=14.5\ \text{min}$$

(2) 由式(3-38) 得

$$\frac{\mathrm{d}V}{\mathrm{d}\tau}=\frac{kA^2\Delta p}{V+V_e}=\frac{KA^2}{2(V+V_e)}$$

由(1) 可知,当设备内充满滤渣时,所得滤液的体积为 $V=5\ \text{m}^3$,所以

$$\left(\frac{\mathrm{d}V}{\mathrm{d}\tau}\right)_e=\frac{KA^2}{2(V+V_e)}=\frac{2\times10^{-4}\times12^2}{2\times(5+5\times10^{-3})}=2.88\times10^{-3}\ \text{m}^3/\text{s}$$

评析　恒压过滤时,随着过滤的进行,过滤速度逐渐减小。

2. 过滤常数测定

在恒压过滤工艺计算中,必须首先确定过滤常数 τ_e、V_e、q_e、K。目前还无法从理论上准确描述过滤过程,因此过滤常数的获取通常是借助于实验。在小型实验设备上,在与工业过滤过程相同的条件下,用同一种物料进行测定,得到过滤常数,就可以应用到工业过滤过程的计算。如例 3-3 中,可以通过过滤过程任意两个时刻 τ_1、τ_2 所获得的滤液体积 V_1、V_2,由式(3-39)建立方程组

$$\begin{cases}V_1^2+2V_1V_e=KA^2\tau_1\\V_2^2+2V_2V_e=KA^2\tau_2\end{cases}$$

解方程组,即可估算出 V_e、q_e、K 的值。

在实验室测定过滤常数时,为减小实验误差,往往需测定多组 V-τ 数据。

恒压过滤方程式(3-40) 两边均除以 qK,得

$$\frac{\tau}{q}=\frac{1}{K}q+\frac{2}{K}q_e \tag{3-43}$$

式(3-43) 表明,在恒压过滤时,τ/q 与 q 呈直线关系,直线的斜率为 $1/K$,截距为 $2q_e/K$。因此,只要测出不同过滤时间单位面积所获得的滤液量,即可由式(3-43) 求得 K 和 q_e。

【例 3-5】 对某种悬浮液进行恒压过滤实验，过滤面积为 2 m^2，测得数据列于下表。试求过滤常数 K 和 q_e。

表 3-1 实验数据

τ/s	V/m^3	τ/s	V/m^3
38	0.2	380	0.8
115	0.4	572	1.0
228	0.6		

解 依题中所给数据可求得 q、$\frac{\tau}{q}$ 如下：

表 3-2 数据处理结果

$q/(m^3 \cdot m^{-2})$	$\frac{\tau}{q}/(s \cdot m^{-1})$	$q/(m^3 \cdot m^{-2})$	$\frac{\tau}{q}/(s \cdot m^{-1})$
0.1	380	0.4	950
0.2	575	0.5	1 144
0.3	760		

以 q 为横坐标，$\frac{\tau}{q}$ 为纵坐标作图，如图 3-16 所示。

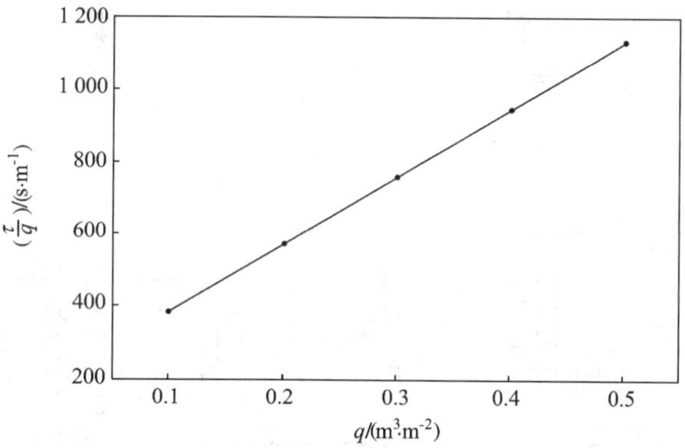

图 3-16 $\frac{\tau}{q}$-q 关系图

由图 3-16 可得 $\frac{\tau}{q}$-q 直线的斜率 $\frac{1}{K}=1\ 890$，截距 $\frac{2q_e}{K}=300$，故

$$K=\frac{1}{1\ 890}=5.29\times10^{-4}\ m^2/s$$

$$q_e=\frac{300K}{2}=\frac{300\times5.29\times10^{-4}}{2}=7.94\times10^{-2}\ m^3/m^2$$

3.4.4 过滤设备

工业生产需要分离的悬浮液种类很多，性质差别较大，过滤目的、生产能力各不相同。因此，工业上使用的过滤设备有多种类型。按操作方式可分为间歇式和连续式。间歇操作的过

滤设备的操作周期一般由过滤、洗涤、卸渣、复原等环节组成,连续过滤设备则同时完成上述环节。按照产生压差的方式不同,过滤设备可分为压滤机、吸滤机、离心过滤机。

下面介绍几种常用的过滤设备。

1. 板框压滤机

板框压滤机在工业生产中应用最早,至今仍沿用不衰。如图 3-17 所示,设备由多块带有凸凹纹路的滤板和滤框交替排列而成,用支架架在横梁上,用压紧装置压紧。滤板和滤框通常为正方形。如图 3-18 所示,板和框的角端均开有圆孔,装合、压紧后即构成滤浆、滤液或洗涤水的通道。框的两侧覆以滤布,空框与滤布围成了容纳滤浆及滤饼的空间。板又分为洗涤板与过滤板两种,为了便于区别,常在板、框外侧铸小钮,过滤板为一钮,框为二钮,洗涤板为三钮。装合时即按 1—2—3—2—1—2—3…… 的顺序排列板与框。压紧装置可以是手动、电动或液压传动等方式。

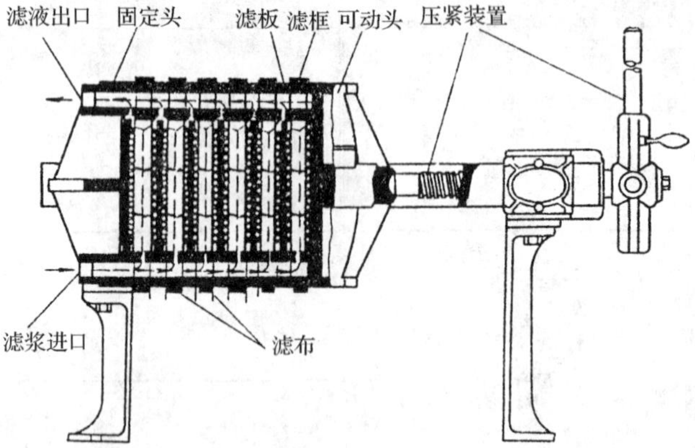

图 3-17　板框压滤机示意图

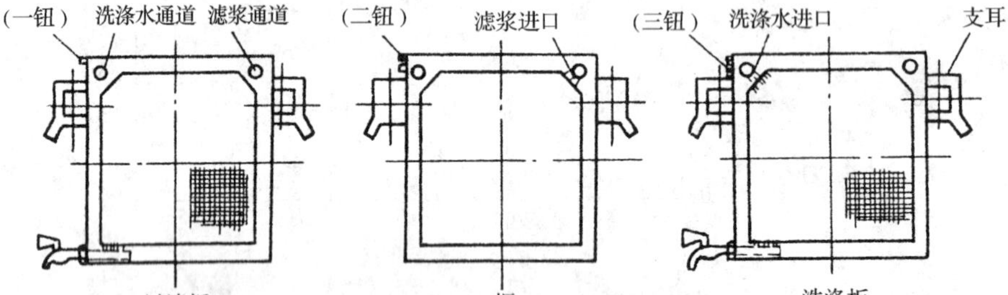

图 3-18　滤板和滤框示意图

过滤时,滤浆在操作压力下由滤浆通道经滤框角端的暗孔进入框内。滤液分别横穿过两侧滤布,再经相邻板流到滤液出口排走,固体颗粒则被截留于框内。如图 3-19(a) 所示,待滤饼充满滤框后,即停止过滤。滤液排出方式有明流与暗流之分。若滤液经每块滤板底部侧管直接排出(图 3-19),则称为明流。若滤液不宜暴露在空气中,可将各板流出的滤液汇集于总管排出(图 3-17),则称为暗流。

如果滤饼需要洗涤,将洗涤水压入洗涤水通道,经洗涤板角端的暗孔进入板面与滤布之间。此时应关闭洗涤板底部的滤液出口,洗涤水在压差作用下横穿过一层滤布及整个厚度的滤饼,再横穿过另一层滤布,最后由过滤板底部的滤液出口排出,如图 3-19(b) 所示。显然,洗涤与过滤时液体所走的路径是不同的。过滤时的面积是洗涤时的面积的 2 倍,而过滤时滤液经过的滤饼厚度仅为洗涤时的 1/2。洗涤结束后，旋开压紧装置并将板和框拉开，卸出滤饼，清洗滤布，重新组合，进入下一个操作循环。

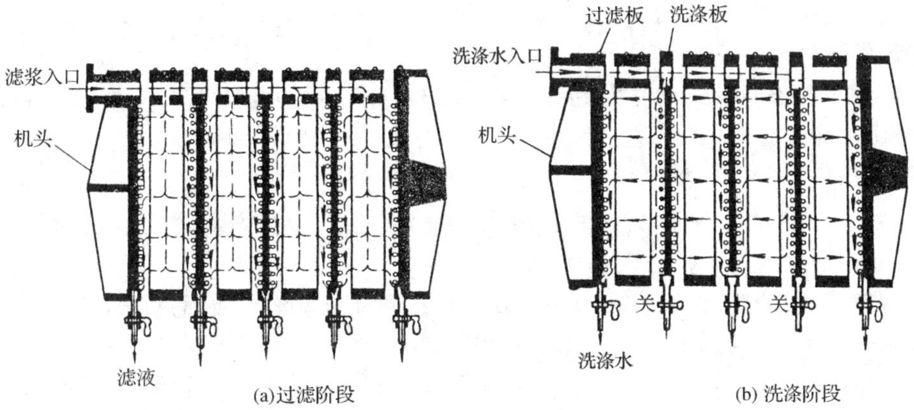

图 3-19　板框压滤机内液体流动路径

板框压滤机操作表压为 $3\times10^5\sim15\times10^5$ Pa。滤板和滤框可由金属材料、塑料及木材制造。板框压滤机属于间歇式过滤机，结构简单，制造方便，过滤面积较大，操作压力高，适应性强。其缺点是生产效率低，劳动强度大，滤布损耗较快。近几年已出现可减轻劳动强度的自动板框压滤机。

【例 3-6】　用一台工业板框压滤机过滤悬浮液，操作压差为 101.3 kPa(表压)，操作温度为 20 ℃。已测得过滤常数 $K=1.6\times10^{-5}\ \mathrm{m^2/s}$，$q_e=3.7\times10^{-3}\ \mathrm{m^3/m^2}$。过滤 3 h 得到6 $\mathrm{m^3}$ 的滤液，试求所需的过滤面积。

解　利用恒压过滤方程式

$$q^2+2q_eq=K\tau$$

$$q=-q_e+\sqrt{q_e^2+K\tau}$$

$$q=-3.7\times10^{-3}+\sqrt{(3.7\times10^{-3})^2+1.6\times10^{-5}\times3\times3\,600}=0.412\ \mathrm{m^3/m^2}$$

所以过滤面积为

$$A=V/q=6/0.412=14.6\ \mathrm{m^2}$$

【例 3-7】　拟用 810 mm×810 mm 的板框压滤机过滤某悬浮液。在一定压差下的过滤常数 $K=2.73\times10^{-5}\ \mathrm{m^2/s}$，过滤介质阻力忽略不计。每立方米滤液可得滤饼体积 0.2 $\mathrm{m^3}$。试求：欲在 1 h 得滤液 0.4 $\mathrm{m^3}$，所需的滤框数和滤框的厚度。

解　设滤框数为 n，则过滤面积为

$$A=0.81\times0.81n=0.656\,1n\ \mathrm{m^2}$$

恒压过滤方程式为 $V^2=KA^2\tau$，即

$$0.4^2=2.73\times10^{-5}\times3\,600\times(0.656\,1n)^2$$

解得 $n=3.78\approx4$。

设滤框的厚度为 b(mm)，则滤框的容积为

$$4\times0.81\times0.81\times10^{-3}b=2.624\times10^{-3}b\ \mathrm{m^3}$$

过滤 1 h 得滤饼体积为

$$0.4\times0.2=0.08\ \mathrm{m^3}$$

依题意得

$$2.624\times10^{-3}b=0.08$$

解得

$$b=30.5\ \text{mm}$$

2. 加压叶滤机

加压叶滤机属于间歇式过滤机，主要是由长方形或圆形的滤叶组成。滤叶由金属丝网制成，覆以滤布。如图 3-20 所示，若干块平行排列的滤叶组装成一体，插入盛滤浆的密闭机壳内，以便进行加压过滤。滤浆用泵压送到机壳内，滤液穿过滤布进入滤叶，汇集至总管后排出机外，颗粒则积于滤布外侧形成滤饼。当滤饼积到一定厚度，停止过滤。滤饼厚度通常为 5 ～ 35 mm，视滤浆情况及操作条件而定。

若滤饼需要洗涤，则过滤完毕后，通入洗涤水。洗涤时洗涤水所通过的路径与过滤时滤液的路径相同。洗涤后打开机壳上盖，拔出滤叶，卸除滤饼。

叶滤机密闭操作，劳动条件较好，劳动强度较小，其缺点是结构比较复杂，造价较高。

3. 转筒真空过滤机

转筒真空过滤机是一种连续操作的过滤机械，广泛应用于各种工业生产中。设备的主体是一个能转动的水平圆筒，其表面有一层金属网，网上覆盖滤布，筒的下部浸入滤浆，如图 3-21 所示。圆筒沿径向分隔成若干扇形格，每格都有单独的孔道通至分配头。圆筒转动时，借助分配头的作用使这些孔道依次分别与真空管及压缩空气管相通，因而在回转一周的过程中每个扇形格表面即可按顺序进行过滤、洗涤、吹松、卸饼等项操作。

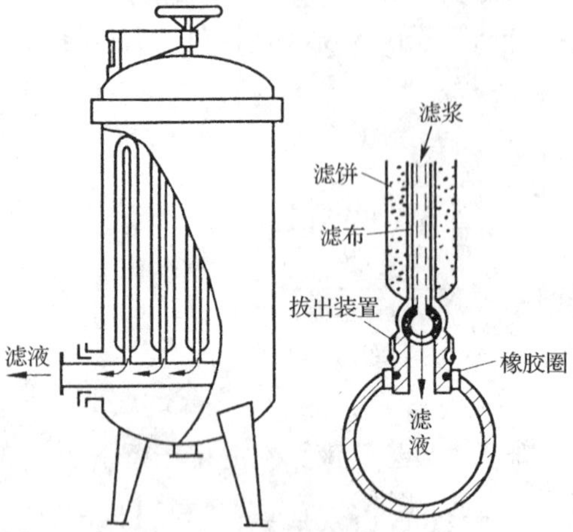

图 3-20　加压叶滤机示意图

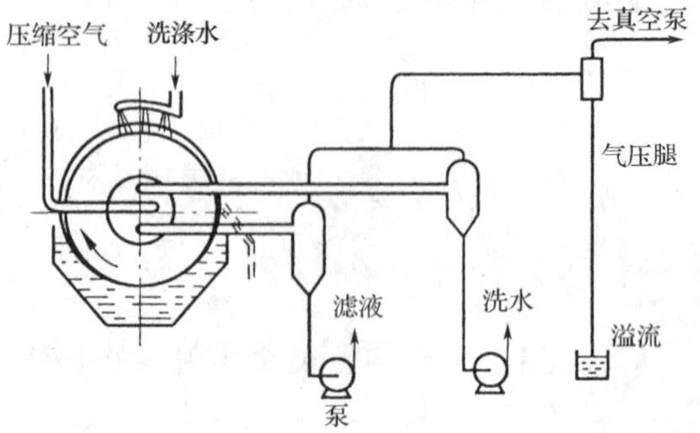

图 3-21　转筒真空过滤机示意图

分配头由紧密贴合着的转动盘与固定盘构成。转动盘随着筒体一起旋转，固定盘内侧面各凹槽分别与各种不同作用的管道相通。如图 3-22 所示，当扇形格 1 开始浸入滤浆时，转动盘上相应的小孔便与固定盘上的凹槽 f 相对，从而与真空管道连通，吸走滤液。图 3-22 中扇形格 1 ～ 7 所处的位置称为过滤区。扇形格转出滤浆槽后，仍与凹槽 f 相通，继续吸干残留在滤饼中的滤液。扇形格 8 ～ 10 所处的位置称为吸干区。扇形格转至 12 的位置时，洗涤水喷洒于滤饼上，此时扇形格与固定盘上的凹槽 g 相通，经另一真空管道吸走洗涤水。扇形格 12、13 所处的位置称为洗涤区。扇形格 11 对应于固定盘上的凹槽 f 与 g 之间，不与任何管道相连通，该位置称为不工作区。当扇形格由一区转入另一区时，因有不工作区的存在，方使操作区不至相互连通。扇形格 14 的位置为吸干区，扇形格 15 为不工作区。扇形格 16、扇形格 17 与固定盘凹槽 h 相通，再与压缩空气

转筒真空
过滤机

管道相连，压缩空气从内向外穿过滤布而将滤饼吹松，随后由刮刀将滤饼卸除。扇形格16、扇形格17的位置称为吹松区及卸料区，扇形格18为不工作区。如此连续运转，整个转筒表面构成了连续的过滤操作。

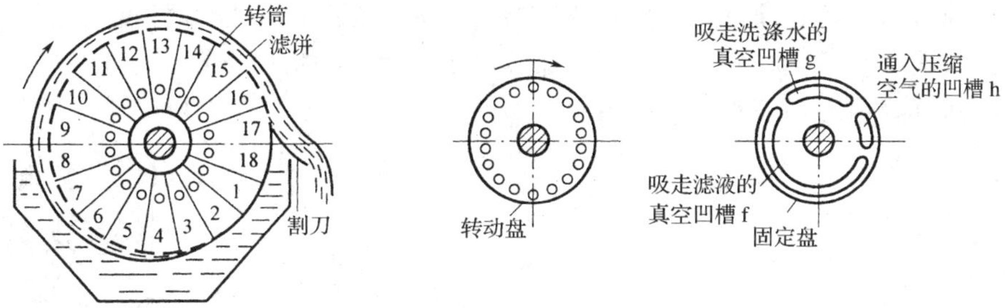

图3-22 转筒及分配头的结构

转筒的过滤面积一般为5～40 m^2，浸没部分占总面积的30%～40%。转速可在一定范围内调整，通常为0.1～3 r/min。滤饼厚度一般保持在40 mm以内，转筒过滤机所得滤饼中的液体含量很少低于10%，常可达30%。

转筒真空过滤机能连续自动操作，节省人力，生产能力大，特别适宜于处理量大而容易过滤的料浆，对难于过滤的胶体物系或细微颗粒的悬浮液，若采用预涂助滤剂措施也比较方便。该过滤机附属设备较多，投资费用高，过滤面积不大。此外，由于它是真空操作，因而过滤推动力有限，尤其不能过滤温度较高（饱和蒸气压高）的滤浆，滤饼的洗涤也不充分。20世纪60年代以来，特别是20世纪70年代末期，过滤技术发展较快。过滤设备的发展主要考虑了以下几个方面：

(1) 连续操作，提高自动化程度，减少体力劳动和人工操作强度，改善劳动条件。

(2) 减少过滤阻力，提高过滤速率。

(3) 减少设备所占空间，增加过滤面积。

(4) 降低滤饼含水率，减少后继干燥操作的能耗。

近年来，过滤设备和新过滤技术不断涌现，诸如预涂层转筒真空过滤机、真空带式过滤机、节约能源的压榨机，采用动态过滤技术的叶滤机等已在大型生产中获得很好的效益。

4. 离心过滤机

离心过滤机的基本构造除了转鼓上有孔外，与离心沉降机类似。它们的作用原理有类似之处，又有原则区别。类似之处是都利用惯性离心力的作用，不同之处是离心沉降机利用沉降原理，而离心过滤机则利用惯性离心力的作用使液体穿过颗粒层和滤布而流动，因而它们的设计有原则的区别。离心过滤机所得滤饼的含液量少。

离心过滤机分为间歇式与连续式两类，下面介绍两种常用的离心过滤机。

(1) 三足式离心过滤机

三足式离心过滤机是一种常用的人工卸料的间歇式离心过滤机，图3-23为其结构示意图。其主要部件是一框式转鼓，壁面钻有许多小孔，内壁衬有金属丝网及滤布。整个机座和外罩借助三根拉杆弹簧悬挂于三足支脚上，以减轻运转时的振动。料液加入转鼓后，滤液穿过转鼓上的滤布并于机座下部排出，滤渣沉积于转鼓内壁的滤布上。待一批料液过滤完毕，或转鼓内的滤渣量达到设备允许的最大值时，停止加料，继续运转一段时间以沥干滤渣。如滤渣需洗涤，可于滤渣表面洒清水进行洗涤，然后停车卸料，清洗设备。

三足式离心过滤机结构简单，适应性强，滤渣颗粒不易受损伤，适用于处理量不大，要求滤渣含液量较低的场合。其缺点是卸料时劳动强度大,需经常启动和停车,生产能力低。近年来已在卸料等方面不断改进,出现了自动卸料及连续生产的三足式离心过滤机。

(2) 卧式刮刀卸料离心过滤机

卧式刮刀卸料离心过滤机是自动操作的间歇离心机。它的操作特点是加料、分离、洗涤、甩干、卸料、洗网等工序的循环操作都是在转鼓全速运转的情况下自动地依次进行。每一工序的操作时间可按预定要求实行自动控制。如图 3-24 所示是其结构及操作的示意图。

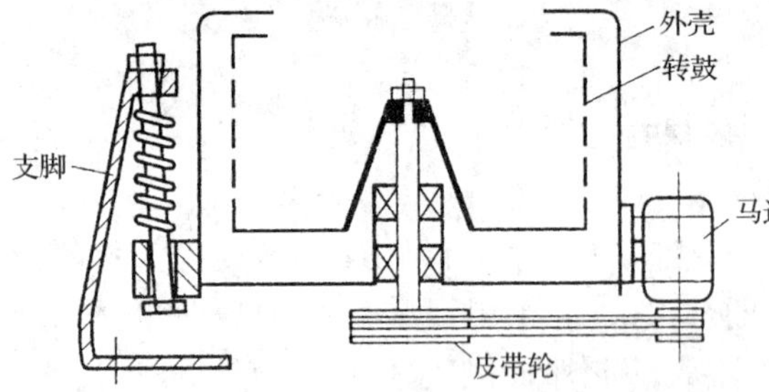

图 3-23　三足式离心过滤机示意图

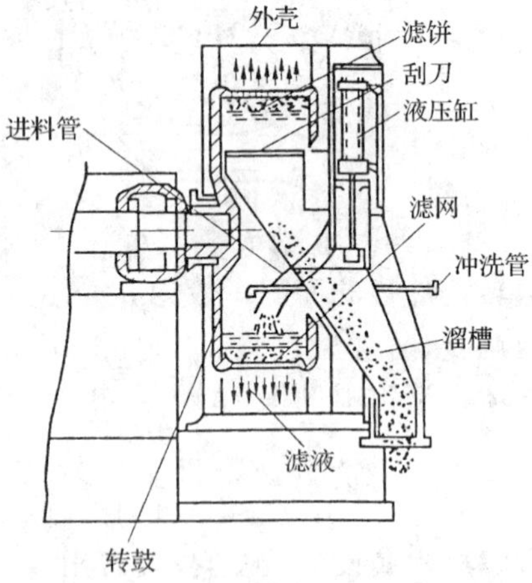

图 3-24　卧式刮刀卸料离心过滤机示意图

操作时,进料阀门自动定时开启,悬浮液进入全速运转的鼓内,滤液经滤网及鼓壁小孔被甩到鼓外,再经机壳的排液口排出。被滤网截留的颗粒被耙齿均匀分布在滤网面上。当滤饼达到指定厚度时,进料阀门自动关闭,停止进料。随后冲洗阀门自动开启,洗水喷洒在滤饼上,洗涤滤饼,再甩干一定时间后,刮刀自动上升,滤饼被刮下,并经倾斜的溜槽排出。刮刀升至极限位置后自动退下,同时冲洗阀门又开启,对滤网进行冲洗,即完成一个操作循环,接着开始下一个循环的进料。此种离心机也可人工操纵。

由于卧式刮刀卸料离心过滤机操作简便,生产能力大,适宜于大规模连续生产。目前已较广泛地用于石油、化工行业,如硫铵、尿素、碳酸氢铵、聚氯乙烯、食盐、糖等物料的脱水。由于刮刀卸料使颗粒破碎严重,对于必须保持晶粒完整的物料不宜采用。

思考题

3-1　什么是均相物系?什么是非均相物系?

3-2　什么是重力沉降?如何计算重力沉降速度?

3-3　固体颗粒的沉降速度与哪些因素有关?

3-4　简述降尘室的结构和工作原理。

3-5　降尘室的气体处理量与哪些因素有关?为什么降尘室通常做成多层和扁平的结构?

3-6　什么是离心分离因数?其值大小说明了什么?

3-7　简述旋风分离器的结构和工作原理,评价其性能的主要指标有哪些?

3-8　什么是饼层过滤和深床过滤,分别应用于什么场合?

3-9　过滤介质的类型有哪几种?分别适用于什么场合?

3-10　什么是不可压缩滤饼和可压缩滤饼?什么是助滤剂?

3-11 过滤的典型方式有哪两种？分别用于哪些场合？

3-12 恒压过滤时，滤液量与过滤面积和过滤时间的管式是什么？

3-13 如何测定恒压过滤常数？

3-14 常用的过滤设备有哪些？结构和工作原理各是什么？

习 题

3-1 分别求直径为 40 μm，密度为 2 650 kg/m^3 的球形颗粒在 20 ℃水和 20 ℃常压空气中的自由沉降速度。(u_{t1} = 0.001 433 m/s，u_{t2} = 0.127 6 m/s)

3-2 密度为 2 000 kg/m^3 的球形颗粒在 20 ℃ 水中沉降，试求其在层流区沉降的最大直径和最大沉降速度。(d_{max} = 123 μm，u_t = 8.22×10^{-3} m/s)

3-3 一种测定液体黏度的仪器由一钢球和一玻璃筒组成，测试时筒内充满被测液体，通过记录钢球在液体中下落一定距离的时间求得沉降速度，进而求出液体黏度。现测试一种液体，其密度为1 300 kg/m^3，钢球的直径为 6 mm，密度为 7 900 kg/m^3，下落距离 200 mm 的时间为 7.32 s。求被测液体的黏度。(μ = 4.74 Pa·s)

3-4 用某降尘室在常压下处理 2 500 m^3/h 含尘气体，设尘粒为球形，密度为 2 400 kg/m^3，气体密度为 1 kg/m^3，黏度为 2×10^{-5} Pa·s。如果该降尘室长 3 m，能够除去的最小颗粒直径为 40 μm，求降尘室宽度。(b = 2.2 m)

3-5 有一重力降尘室长 4 m，宽 2 m，高 2.5 m，内部用隔板分成 25 层，炉气进入降尘室时的密度为 0.5 kg/m^3，黏度为 0.035 cP，炉气所含尘粒密度为 4 500 kg/m^3。现要用此降尘室分离 100 μm 以上的颗粒，求可处理的炉气流量。(q_V = 140 m^3/s)

3-6 用一多层降尘室除去炉气中的矿尘，降尘室长为 4.1 m，宽为 1.8 m，高为 4.2 m。矿尘最小粒径为 8 μm，密度为 4 000 kg/m^3。常压下气体温度为 427 ℃，黏度为 3.4×10^{-5} Pa·s，密度为 0.5 kg/m^3。若每小时处理的炉气量为 2 160 m^3(标准状态)，试确定降尘室内隔板间距及个数。(h = 0.082 m，n = 50 个)

3-7 降尘室总高为 4 m，宽为 1.7 m，长为 4.55 m，其中安装 39 块隔板，每块隔板间距为 0.1 m。现每小时通过降尘室的含尘气体量为2 000 m^3(标准状态)，尘粒的密度为 3 700 kg/m^3，气体密度为1.6 kg/m^3(标准状态)，气体温度为 400 ℃，此时气体黏度为 3×10^{-5} Pa·s，求此降尘室内沉降等最小尘粒的直径。(d = 8.11 μm)

3-8 采用筒体直径为 1 m 的标准旋风分离器处理流量为 2.5 m^3/s 的含尘气体。分离器入口宽度为 0.25 m，长度为 0.5 m，已知气体密度为 0.68 kg/m^3，黏度为 2.4×10^{-5} Pa·s，尘粒可视为球形颗粒，密度为 2 000 kg/m^3。试求：(1) 旋风分离器能够完全分离的最小颗粒直径；(2) 气流通过旋风分离器的压力降。(d = 9.27 μm；ΔP_f = 1 088 Pa)

3-9 用板框压滤机处理某悬浮液，滤框尺寸为 1 000 mm×1 000 mm，个数为 10 个。已知过滤常数为 1.5×10^{-3} m^2/h，滤布阻力忽略不计，求过滤 3 小时能得到多少 m^3 滤液。(V = 1.34 m^3)

3-10 某板框压滤机共有 10 个滤框，框的长、宽皆为 500 mm，在一定压力下恒压过滤 30 min 后，获得滤液 5 m^3，继续过滤 30 min，又可得滤液 2.5 m^3，试求：压滤机的过滤常数 K、V_e 和 τ_e。(8.33×10^{-4} m^2/s，1.25 m^3，75 s)

3-11 拟用一板框压滤机在恒压下过滤某一悬浮液，滤框尺寸为1 000 mm×1 000 mm×30 mm，要求经过 3 h 能获得 4 m^3 滤液，若已知过滤常数 $K = 1.48\times10^{-3}$ m^2/h，滤布阻力可以忽略不计，试求需要滤框和滤板各几块？(30；31)

3-12 板框压滤机过滤面积为 0.2 m^2，过滤压差为 202 kPa，过滤开始 2 h 得滤液 40 m^3，过滤介质阻力忽略不计，问：(1) 若其他条件不变，面积加倍可得多少滤液？(2) 若其他条件不变，过滤压差加倍，可得多少滤液？(V' = 80 m^3，V'' = 56.6 m^3)

主要符号说明

符号	意义与单位	符号	意义与单位
A	过滤面积,m^2	r	颗粒与圆心距离,m;或滤饼比阻,$1/m^2$
a	加速度,m/s^2	r_m	平均旋转半径,m
b	降尘室宽度,m	Re_t	沉降雷诺数,量纲一的量
c_1	进口气体中颗粒浓度,g/m^3	S	球形颗粒表面积,m^2
c_2	出口气体中颗粒浓度,g/m^3	u_i	旋风分离器入口气速,m/s
c_{1i}	进口气体中粒径为 d_i 的颗粒浓度,g/m^3	u_r	离心沉降速度,m/s
		u_t	重力沉降速度,m/s
c_{2i}	出口气体中粒径为 d_i 的颗粒浓度,g/m^3	u_{tc}	临界沉降速度,m/s
		V	滤液体积,m^3
d_e	颗粒的当量直径,m	V_e	当量滤液体积,m^3
d_{pc}	临界粒径,m	V_s	颗粒体积,m^3
d_s	颗粒直径,m	S_p	实际颗粒的表面积,m^2
F_b	浮力或向心力,N	ρ	流体密度,kg/m^3
F_c	离心力,N	ρ_s	颗粒密度,kg/m^3
F_d	阻力,N	μ	流体黏度,Pa·s
g	重力加速度,m/s^2	ξ	阻力系数,量纲一的量
H	降尘室高度,m	η_o	总效率,量纲一的量
K	过滤常数,m^2/s	η_i	粒级效率,量纲一的量
K_c	离心分离因数,量纲一的量	Φ_s	颗粒的球形度,量纲一的量
l	毛细管的平均长度,m	τ	沉降时间或过滤时间,s
L	降尘室长度,滤饼厚度,m	τ_e	当量过滤时间,s
L_e	当量滤饼厚度,m	ω	角速度,rad/s
m	颗粒质量,kg	v	滤饼体积与相应滤液体积之比,m^3/m^3
n_e	气流旋转圈数,量纲一的量	Δp	过滤总压差,Pa
q	单位过滤面积的滤液量,m^3/m^2	Δp_c	滤饼两侧的压差,Pa
q_V	降尘室生产能力,m^3/s	Δp_f	旋风分离器的压力降,Pa
q_{V0}	标准状况下体积流量,m^3/s	Δp_m	过滤介质两侧的压差,Pa

第4章 传热

4.1 概述

4.1.1 传热过程在化工生产中的应用

传热即是由于温度差而引起的热量传递过程，又称热传递。由热力学第二定律可知，热量总是从高温处向低温处传递。温度差是传热过程的推动力，温度差越大，传递的热量也越多。

传热在自然界、科学技术、工业生产、日常生活中普遍存在，化工生产与传热的关系尤为密切。例如，几乎所有的化学反应都需要控制在一定的温度下进行。为了达到所要求的温度，反应物在进入反应器前需加热或冷却到一定温度。在过程进行中，由于反应物吸收或放出一定的热量，故又要不断地导入或移出热量。许多设备或管道在高温或低温下操作，若要保证管路中输送的流体能维持一定的温度以及减少热量损失，则需要保温。因此，传热设备在化工厂设备投资中占有很大的比例。可见，在化工生产中，传热过程具有相当重要的地位。

化工生产中所涉及的传热过程有以下两类：

(1)强化传热过程：在传热设备中加热或冷却物料，要求热量传递速率越高越好。

(2)削弱传热过程：对设备及管道进行保温，要求热量传递速率越低越好。

学习传热的目的：

(1)分析影响传热速率的因素。

(2)掌握控制传热速率的一般规律。

(3)根据生产要求选择适宜的换热器。

4.1.2 传热的基本方式

根据传热机理不同，传热的基本方式有三种：热传导、热对流和热辐射。

1. 热传导

物体各部分之间不发生相对位移，依靠原子、分子、自由电子等微观粒子的热运动而引起的热量传递，称为热传导，简称导热。当物体内部或两个直接接触的物体之间存在温度差时，物体中温度较高部分的分子因振动而与相邻的分子碰撞，并将能量的一部分传给后者，热能就从物体的温度较高部分传到温度较低部分。热传导存在于静止物质内或垂直于热流方向的层流底层中。在金属固体中依靠自由电子的迁移运动，在不良导体的固体和大部分液体中，依靠原子、分子碰撞而传递热量，在气体中热传导是依靠分子的不规则运动而进行的。

2. 热对流

由于流体质点的位移和混合，将热能由一处传至另一处的传递热量的方式称为热对流。热对流过程中往往伴有热传导。若流体的运动是由于受到外力的作用（如风机、水泵或其他外界压力等）所引起，则称为强制对流；若流体的运动是由于流体内部冷、热部分的密度不同而引起的，则称为自然对流。在流体进行强制对流传热的同时往往伴随着自然对流。工程中通常将流体和固体壁面之间的传热称为对流传热。

3. 热辐射

因热的原因而产生的电磁波在空间的传递称为热辐射。任何物体，只要其热力学温度大于零，物体都会以电磁波的形式向外界辐射能量。当遇到能够吸收辐射能的物质时，被其部分或全部接收后，又重新转变为热能。辐射传热即是物体间相互辐射和吸收能量的总结果。热辐射的电磁波波长为 0.38～100 μm，属于可见光和红外线范围。

实际上，上述三种传热方式很少单独存在，往往是同时出现的。如化工生产中广泛应用的间壁式换热器，热量从热流体经间壁（如管壁）传向冷流体的过程，是以热传导和热对流两种方式进行的。

4.1.3 间壁换热过程的剖析

1. 稳态传热与非稳态传热

在传热过程中物系各点温度不随时间变化的热量传递过程称为稳态传热。连续的化工生产过程大都属于稳态传热。

在传热过程中物系各点温度随时间变化的热量传递过程称为非稳态传热。化工生产中的间歇操作传热过程和连续生产中开、停车或改变操作参数时的传热过程属于非稳态传热。

化工生产过程的传热大都属于稳态传热，因此，本章讨论的内容均属于稳态传热。

2. 传热速率与热流密度

传热速率 Q 是指单位时间内通过传热面的热量，单位为 W。传热速率也称热流量。传热速率是传热过程的基本参数，用来表示换热器传热的快慢。

热流密度 q 是指单位时间内通过单位传热面积的热量，即单位传热面积的传热速率，单位为 W/m^2。热流密度又称为热通量。

若传热面积为 A，热流密度与传热速率的关系为

$$q=\frac{Q}{A} \tag{4-1}$$

与其他传递过程类似，传热速率与传热温差成正比，与传热阻力成反比，即

$$传热速率=\frac{传热温差}{热阻(阻力)}$$

3. 间壁式换热器

进行换热的设备称为换热器。工业生产中冷、热两种流体的热交换，一般情况下不允许两种流体直接接触，要求用固体壁面隔开，这种换热器称为间壁式换热器。套管式换热器是间壁

式换热器的一种。它是由两根同心的管子套在一起组成的。如图4-1所示，两种流体分别在内管及两根管的环隙中流动，通过内管的壁面进行热量交换。热流体的温度由 t_{h1} 降至 t_{h2}，冷流体的温度由 t_{c1} 升至 t_{c2}。

4. 两流体通过间壁的换热过程

两流体通过间壁的传热过程由对流、导热、对流三个过程串联组成，如图4-2所示。

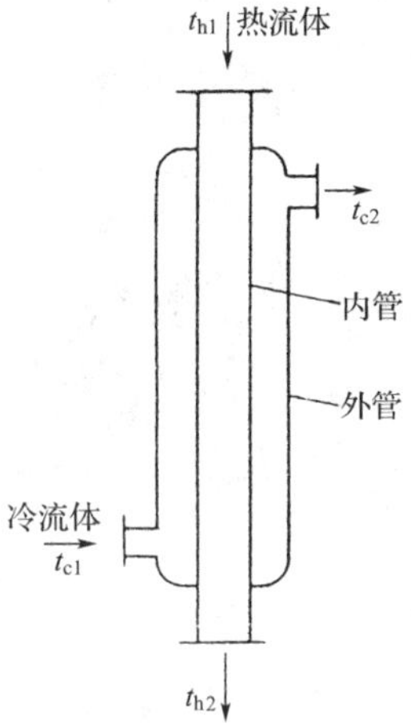

图4-1　套管式换热器

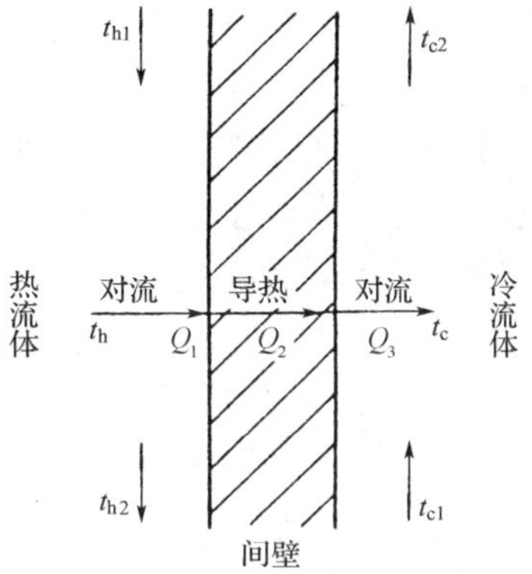

图4-2　间壁两侧流体的传热过程

(1) 热流体以对流方式将热量传递到间壁的左侧 Q_1。

(2) 热量从间壁的左侧以热传导的方式传递到间壁的右侧 Q_2。

(3) 最后以对流方式将热量从间壁的右侧传递给冷流体 Q_3。

间壁两侧流体传热过程

热流体沿流动方向温度不断下降，而冷流体温度不断上升，即在不同的空间位置温度是不同的，但对于某一固定位置，温度不随时间而变，属于稳态传热过程。

$$Q_1 = Q_2 = Q_3 = Q \tag{4-2}$$

流体与固体壁面之间的传热以对流为主，并伴有分子热运动引起的热传导。研究间壁式换热器内热流体与冷流体之间如何换热，受哪些因素影响，怎样提高传热速率，是本章内容的重点。

4.2　热传导

4.2.1　傅里叶定律

1. 温度场和等温面

在某一瞬间，物系内所有各点温度分布的总和，称为温度场。通常，温度场是空间坐标和时间的函数，即

$$t = f(x, y, z, \tau) \tag{4-3}$$

式中　t—— 温度，℃；

x,y,z—— 空间坐标；

τ—— 时间，s。

若温度场中温度只沿着一个坐标方向变化，则称为一维温度场。一维温度场的温度分布表达式为

$$t=f(x,\tau) \tag{4-4}$$

如果温度场内各点温度随时间而改变，则称为非稳态温度场；若温度不随时间而改变，则称为稳态温度场。稳态温度场的数学表达式为

$$t=f(x,y,z) \tag{4-5}$$

若稳态温度场中温度仅沿一个坐标方向发生变化，则此温度场称为一维稳态温度场。一维稳态温度场的数学表达式为

$$t=f(x) \tag{4-6}$$

温度场中同一时刻相同温度各点组成的面称为等温面。因为空间同一点不能同时具有两个不同的温度，所以不同的等温面彼此不相交。

2. 温度梯度

等温面上没有温度变化，因此没有热量传递。如图 4-3 所示，在穿越等温面的方向上才有热量传递。温度随距离的变化率，以等温面的法线方向上最大。将等温面法线方向上的温度变化率称为温度梯度，记作 **grad** t。数学表达式为

$$\mathbf{grad}\ t=\lim_{\Delta n\to 0}\frac{\Delta t}{\Delta n}=\frac{\partial t}{\partial n} \tag{4-7}$$

温度梯度是向量，其方向垂直于等温面，并以温度增加的方向为正。

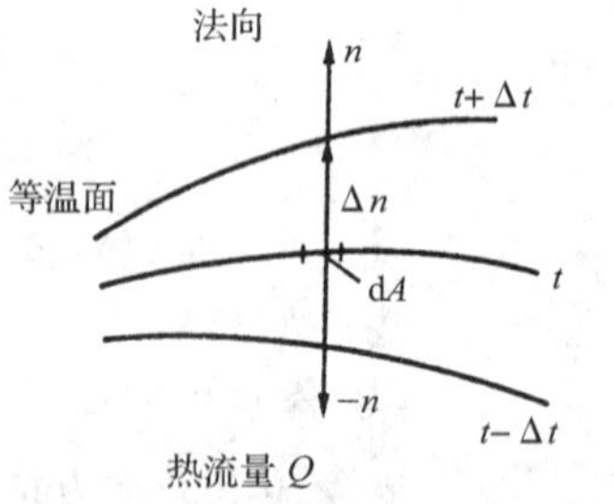

图 4-3　温度梯度与傅里叶定律

对于一维的温度场，温度梯度可表示为

$$\mathbf{grad}\ t=\frac{\mathrm{d}t}{\mathrm{d}x} \tag{4-8}$$

物系内的温度梯度是热传导的推动力。

3. 傅里叶定律

傅里叶定律是热传导的基本定律，它表示热传导的速率与温度梯度和垂直于热流方向的导热面积成正比。即

$$Q\propto A\frac{\mathrm{d}t}{\mathrm{d}x} \tag{4-9}$$

$$Q=-\lambda A\frac{\mathrm{d}t}{\mathrm{d}x} \tag{4-10}$$

式中　Q—— 传热速率，W；

λ—— 导热系数，W/(m・K) 或 W/(m・℃)；

A—— 导热面积，垂直于热流方向的截面积，m^2；

$\frac{\mathrm{d}t}{\mathrm{d}x}$—— 温度梯度，℃/m。

式(4-10) 中的负号表示热流方向与温度梯度方向相反(图 4-3)。

傅里叶定律也可以表示为

$$q = \frac{Q}{A} = -\lambda \frac{\mathrm{d}t}{\mathrm{d}x} \tag{4-11}$$

4.2.2 导热系数

将式(4-10)和式(4-11)改写为

$$\lambda = -\frac{Q}{A\dfrac{\mathrm{d}t}{\mathrm{d}x}} = -\frac{q}{\dfrac{\mathrm{d}t}{\mathrm{d}x}} \tag{4-12}$$

式(4-12)即为导热系数的定义式。由此可知,导热系数在数值上等于单位温度梯度下的热通量。因此,导热系数的大小表征物质的导热能力的大小,是物质的一个重要的物性参数,其单位为W/(m·K)或W/(m·℃)。导热系数的数值和物质的种类、相态(固、液、气)、组成、结构、温度及压力有关。

各种物质的导热系数通常用实验方法测定。各种物质的导热系数差别很大。一般情况下,金属的导热系数最大,非金属次之,液体的较小,而气体的最小。各类物质的导热系数的范围见表4-1。

表4-1 各类物质的导热系数的范围

物质种类	导热系数 λ/($W \cdot m^{-1} \cdot K^{-1}$)	物质种类	导热系数 λ/($W \cdot m^{-1} \cdot K^{-1}$)
纯金属	100 ~ 1 000	非金属液体	0.5 ~ 5
金属合金	50 ~ 500	绝热材料	0.05 ~ 1
液态金属	30 ~ 300	气体	0.005 ~ 0.5
非金属固体	0.05 ~ 50		

工程中常见物质的导热系数可以从有关手册中查得,本书附录15 ~ 附录17中列出了常用物质的导热系数,供查用。导热系数也可以利用有关专著和手册中的各种物质的导热系数的经验和半经验公式进行计算。下面分别对固体、液体、气体的导热系数进行讨论。

1. 固体的导热系数

在所有固体中,金属是最好的导热体。纯金属的导热系数一般随温度升高而降低。金属的纯度对导热系数影响很大,如含碳1%的普通碳钢的导热系数为45 W/(m·K),不锈钢的导热系数仅为16 W/(m·K)。非金属建筑材料和绝热材料的导热系数与温度、组成及结构的紧密程度有关。

大多数均质的固体材料,其导热系数与温度近似成直线关系,可用下式表示:

$$\lambda = \lambda_0(1 + a_\lambda t) \tag{4-13}$$

式中 λ—— 固体在 t ℃时的导热系数,W/(m·℃);

λ_0—— 固体在0 ℃时的导热系数,W/(m·℃);

t—— 温度,℃;

a_λ—— 温度系数,对大多数金属材料为负值,对大多数非金属材料为正值,$℃^{-1}$。

在工程计算中,经常遇到的是固体壁面两侧温度不同,在此情况下,选用导热系数时,常以壁面两侧温度的算术平均值下的导热系数计算。

常用固体材料的导热系数见表4-2。

表 4-2　常用固体材料的导热系数

固体	温度 t/℃	导热系数 λ/(W·m^{-1}·℃$^{-1}$)	固体	温度 t/℃	导热系数 λ/(W·m^{-1}·℃$^{-1}$)
铝	300	230	石棉板	50	0.17
铜	100	377	石棉	0 ~ 100	0.15
熟铁	18	61	保温砖	0 ~ 100	0.12 ~ 0.21
铸铁	53	48	建筑砖	20	0.69
银	100	412	绒毛毯	0 ~ 100	0.047
钢(1%C)	18	45	棉毛	30	0.050
不锈钢	20	16	玻璃	30	1.09
石墨	0	151	软木	30	0.043

2. 液体的导热系数

液体分为金属液体和非金属液体两类，前者导热系数较高，后者较低。在非金属液体中，水的导热系数最大。除去水和甘油，绝大多数液体的导热系数随温度升高而略有减小。一般来说，溶液的导热系数低于此溶液组成中纯液体的导热系数。如图 4-4 所示为几种常用液体的导热系数与温度的关系。

3. 气体的导热系数

气体的导热系数随温度升高而增大。在通常的压力范围内，其导热系数随压力变化很小，只有在压力大于 200 MPa，或压力小于 2.67 kPa 时，导热系数才随压力的增加而增大。故工程计算中常可忽略压力对气体导热系数的影响。

气体的导热系数很小，故对导热不利，但对保温有利。如图 4-5 所示为几种常用气体的导热系数与温度的关系。

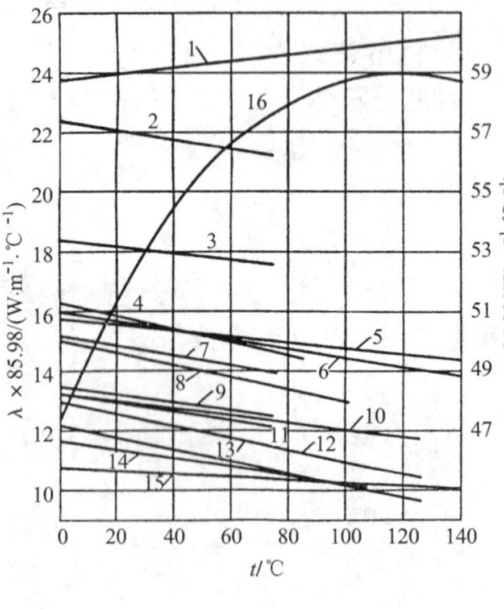

图 4-4　几种常用液体的导热系数与温度的关系

1— 无水甘油；2— 蚁酸；3— 甲醇；4— 乙醇；5— 蓖麻油；6— 苯胺；7— 醋酸；8— 丙酮；9— 丁醇；10— 硝基苯；11— 异丙苯；12— 苯；13— 甲苯；14— 二甲苯；15— 凡士林油；16— 水(用右边的坐标)

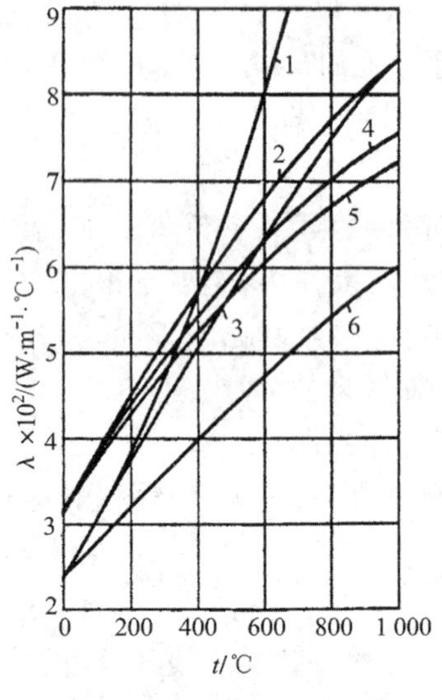

图 4-5　几种常用气体的导热系数与温度的关系

1— 水蒸气；2— 氧气；3— 二氧化碳；4— 空气；5— 氮气；6— 氩气

4.2.3 平壁的稳态热传导

1. 单层平壁的稳态热传导

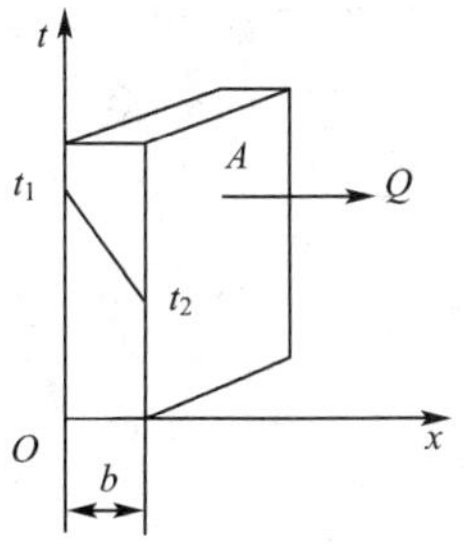

图 4-6 单层平壁热传导

如图4-6所示为一平壁。壁厚为 b，壁的面积为 A。假定平壁的材质均匀，导热系数 λ 不随温度变化，视为常数。平壁的温度只沿着垂直于壁面的 x 轴方向变化，故等温面皆为垂直于 x 轴的平行平面。若平壁侧面的温度 t_1 及 t_2 不随时间而变化，则该平壁的热传导为一维稳态热传导。传热速率 Q、传热面积 A 均为恒定值，傅里叶定律可以表示为

$$Q=-\lambda A\frac{\mathrm{d}t}{\mathrm{d}x}$$

当 $x=0$ 时，$t=t_1$；$x=b$ 时，$t=t_2$，且 $t_1>t_2$，积分上式可得

$$Q\int_0^b \mathrm{d}x=-\lambda A\int_{t_1}^{t_2}\mathrm{d}t$$

求得传热速率方程式为

$$Q=\frac{\lambda}{b}A(t_1-t_2) \tag{4-14}$$

或

$$Q=\lambda A\frac{t_1-t_2}{b}=\frac{t_1-t_2}{\dfrac{b}{\lambda A}}=\frac{\Delta t}{R} \tag{4-15}$$

或

$$q=\frac{Q}{A}=\frac{t_1-t_2}{\dfrac{b}{\lambda}}=\frac{\Delta t}{r} \tag{4-16}$$

式中 b—— 平壁厚度，m；

Δt—— 温度差，传热的推动力，K 或 ℃；

R—— 导体的热阻，K/W 或 ℃/W；

r—— 单位传热面积的导体的热阻，m^2 · K/W 或 m^2 · ℃/W。

由式(4-15)、式(4-16)可以看出，传热速率与传热的推动力成正比，与热阻成反比。壁厚 b 越厚，传热面积 A 与导热系数 λ 越小，则热阻越大。

设壁厚 x 处的温度为 t，则由式(4-14)可得

$$Q=\frac{\lambda A}{x}(t_1-t) \tag{4-17}$$

即

$$t=t_1-\frac{Q}{\lambda A}x \tag{4-18}$$

或

$$t=t_1-\frac{q}{\lambda}x \tag{4-19}$$

式(4-18)、式(4-19)即为平壁的温度分布关系式，由此可以看出平壁内温度沿壁厚呈直线关系。（应注意的是平壁内温度分布呈直线关系的前提是导热系数 λ 为常数。）

【例 4-1】 现有一平壁,厚度为 400 mm,内壁温度为 500 ℃,外壁温度为 100 ℃。试求:(1) 通过平壁的热通量(单位为 W/m^2);(2) 平壁内距内壁 150 mm 处的温度。已知该温度范围内平壁的平均导热系数 $\lambda = 0.6\ W/(m \cdot ℃)$。

解 (1) 由式(4-16)得

$$q = \frac{t_1 - t_2}{\dfrac{b}{\lambda}} = \frac{500 - 100}{\dfrac{0.4}{0.6}} = 600\ W/m^2$$

(2) 由式(4-19)得

$$t = t_1 - \frac{q}{\lambda}x = 500 - \frac{600}{0.6} \times 0.15 = 350\ ℃$$

2. 多层平壁的稳态热传导

工业上常遇到由多层不同材料组成的平壁,称为多层平壁。如生产工业普通砖用的窑炉,其炉壁通常由耐火砖、保温砖、普通建筑砖组成。以三层平壁为例,讨论多层平壁的稳态热传导问题。如图 4-7 所示,假设各层平壁的厚度分别为 b_1、b_2、b_3,各层材质均匀,导热系数分别为 λ_1、λ_2、λ_3,皆可视为常数,层与层之间接触良好,相互接触的表面上温度相等,各等温面亦皆为垂直于 x 轴的平行平面。平壁的面积为 A,在稳态热传导过程中,通过各层的导热速率必相等。与单层平壁同样处理,可得下列方程。

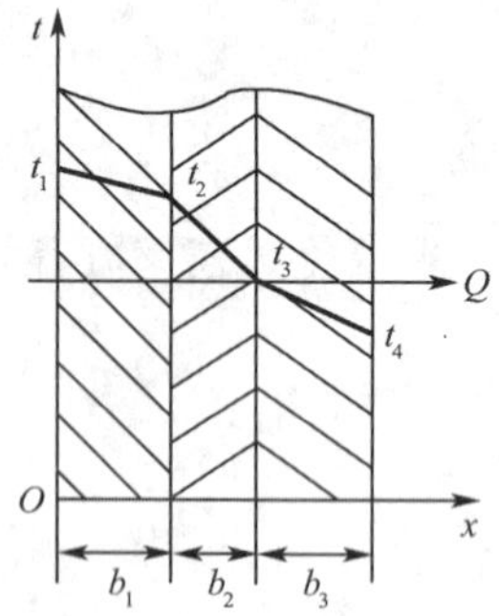

图 4-7 多层平壁的稳态热传导

第一层:

$$Q_1 = \lambda_1 A \frac{t_1 - t_2}{b_1} = \frac{\Delta t_1}{\dfrac{b_1}{\lambda_1 A}}$$

第二层:

$$Q_2 = \frac{\Delta t_2}{\dfrac{b_2}{\lambda_2 A}}$$

第三层:

$$Q_3 = \frac{\Delta t_3}{\dfrac{b_3}{\lambda_3 A}}$$

对于稳态热传导过程,$Q_1 = Q_2 = Q_3 = Q$,因此

$$Q = \frac{\Delta t_1 + \Delta t_2 + \Delta t_3}{\dfrac{b_1}{\lambda_1 A} + \dfrac{b_2}{\lambda_2 A} + \dfrac{b_3}{\lambda_3 A}}$$

亦可写成下面形式

$$Q = \frac{\Delta t_1 + \Delta t_2 + \Delta t_3}{R_1 + R_2 + R_3} = \frac{t_1 - t_4}{R_1 + R_2 + R_3} \tag{4-20}$$

同理,对 n 层平壁,穿过各层导热速率的一般公式为

$$Q=\frac{\sum_{i=1}^{n}\Delta t_i}{\sum_{i=1}^{n}\frac{b_i}{\lambda_i A}}=\frac{t_1-t_{n+1}}{\sum_{i=1}^{n}R_i} \tag{4-21}$$

即

$$Q=\frac{\sum_{i=1}^{n}\Delta t_i}{\sum_{i=1}^{n}R_i}=\frac{总推动力}{总阻力} \tag{4-22}$$

式中 i——n 层平壁的壁层序号。

多层平壁热传导是一种串联的传热过程，由式(4-20)和式(4-21)可以看出，串联传热过程的推动力(总温度差)为各分传热过程的温度差之和，串联传热过程的总热阻为各分传热过程的热阻之和，此为串联热阻叠加原则。这与电学中串联电阻的欧姆定律类似。热传导中串联热阻叠加原则，对传热过程的分析及传热计算都是非常重要的。

【例 4-2】 有一锅炉的墙壁由三种保温材料组成。最内层是耐火砖，厚度 $b_1=150$ mm，导热系数 $\lambda_1=1.06$ W/(m·℃)；中间为保温砖，厚度 $b_2=310$ mm，导热系数 $\lambda_2=0.15$ W/(m·℃)；最外层为建筑砖，厚度 $b_3=200$ mm，导热系数 $\lambda_3=0.69$ W/(m·℃)。测得炉的内壁温度为 1 000 ℃，耐火砖与保温砖之间界面处的温度为 946 ℃。试求：

(1) 单位面积的热损失。

(2) 保温砖与建筑砖之间界面的温度。

(3) 建筑砖外侧温度。

解 用下标 1 表示耐火砖，2 表示保温砖，3 表示建筑砖。t_3 为保温砖与建筑砖的界面温度，t_4 为建筑砖的外侧温度。

(1) 单位面积的热损失(热通量)q

$$q=\frac{Q}{A}=\frac{\lambda_1}{b_1}(t_1-t_2)=\frac{1.06}{0.15}\times(1\ 000-946)=381.6\ \text{W/m}^2$$

(2) 保温砖与建筑砖之间界面的温度 t_3

因为是稳态热传导，所以

$$q_1=q_2=q_3=q$$

$$q=\frac{\lambda_2}{b_2}(t_2-t_3)$$

$$381.6=\frac{0.15}{0.31}\times(946-t_3)$$

解得

$$t_3=157.3\ ℃$$

(3) 建筑砖外侧温度 t_4

同理

$$q=\frac{\lambda_3}{b_3}(t_3-t_4)$$

$$381.6=\frac{0.69}{0.2}\times(157.3-t_4)$$

解得

$$t_4 = 46.7\ ℃$$

各层温度差与热阻的数值见表 4-3。

表 4-3　各层温度差与热阻计算结果

保温材料	温度差 Δt/℃	热阻 $r/(m^2 \cdot ℃ \cdot W^{-1})$
耐火砖	$\Delta t_1 = 1\ 000 - 946 = 54$	0.142
保温砖	$\Delta t_2 = 946 - 157.3 = 788.7$	2.07
建筑砖	$\Delta t_3 = 157.3 - 46.7 = 110.6$	0.28

评析　多层平壁的稳态热传导中，热阻大的保温层，分配于该层的温度差亦大，即温度差与热阻成正比。

4.2.4　圆筒壁的稳态热传导

1. 单层圆筒壁的稳态热传导

如图 4-8 所示，设圆筒的内半径为 r_1，内壁温度为 t_1，外半径为 r_2，外壁温度为 $t_2(t_1 > t_2)$，圆筒的长度为 L，平均导热系数 λ 为常数。若圆筒壁的长度超过其外径的 10 倍以上，沿轴向散热可忽略不计，温度只沿半径方向变化，等温面为同心圆柱面。圆筒壁与平壁的不同点是其传热面积随半径而变化。在半径 r 处取一厚度为 dr 的薄层，则半径为 r 处的传热面积为 $A = 2\pi rL$。由傅里叶定律，对此薄圆筒层写出传热速率为

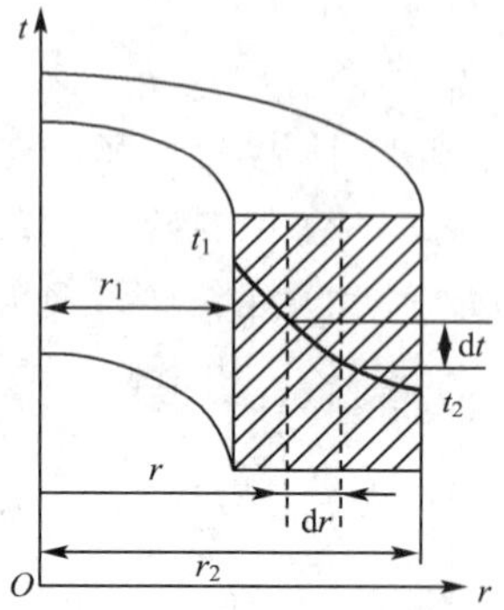

图 4-8　单层圆筒壁的稳态热传导

$$Q = -\lambda A \frac{dt}{dr} = -\lambda 2\pi rL \frac{dt}{dr}$$

稳态热传导时，Q 为常量，将上式分离变量并积分，得

$$Q\int_{r_1}^{r_2} \frac{dr}{r} = -2\pi L\lambda \int_{t_1}^{t_2} dt$$

$$Q\ln \frac{r_2}{r_1} = 2\pi L\lambda (t_1 - t_2)$$

移项，得

$$Q = 2\pi L\lambda \frac{t_1 - t_2}{\ln \frac{r_2}{r_1}} = \frac{t_1 - t_2}{\frac{1}{2\pi\lambda L}\ln \frac{r_2}{r_1}} = \frac{\Delta t}{R} \tag{4-23}$$

式(4-23) 即为单层圆筒壁的稳态热传导速率方程式。该式可以进行下面的转换，写成与平壁热传导速率方程式相似的形式。

$$Q = \frac{2\pi L(r_2 - r_1)\lambda (t_1 - t_2)}{(r_2 - r_1)\ln \frac{2\pi r_2 L}{2\pi r_1 L}} = \frac{(A_2 - A_1)\lambda (t_1 - t_2)}{(r_2 - r_1)\ln \frac{A_2}{A_1}}$$

$$= \lambda A_m \frac{t_1 - t_2}{b} = \frac{t_1 - t_2}{\frac{b}{\lambda A_m}} \tag{4-24}$$

式中　b—— 圆筒壁的厚度，$b = r_2 - r_1$，m；

A_m—— 对数平均面积，$A_m=\dfrac{A_2-A_1}{\ln\dfrac{A_2}{A_1}}$，$m^2$。当 $A_2/A_1\leqslant 2$ 时，可用算术平均值 $A_m=\dfrac{A_2+A_1}{2}$ 近似计算。

设距圆筒内壁 x 处的温度为 t，则由式(4-23)可得

$$Q=2\pi L\lambda\frac{t_1-t}{\ln\dfrac{r}{r_1}}$$

即

$$t=t_1-\frac{Q}{2\pi L\lambda}\ln\frac{r}{r_1} \tag{4-25}$$

式(4-25)即为圆筒壁的温度分布关系式，由此可以看出圆筒壁内温度沿半径呈对数曲线关系。

2. 多层圆筒壁的稳态热传导

多层圆筒壁在工程上也是经常遇到的，如蒸气管道的保温。热量由多层圆筒壁的最内壁传导到最外壁，依次经过各层，所以多层圆筒壁的导热过程可视为各单层圆筒壁串联进行的导热过程。对稳态导热过程，单位时间内由多层壁所传导的热量，与经过各单层壁所传导的热量相等。以三层圆筒壁为例。如图4-9所示，假定各层壁厚分别为 $b_1=r_2-r_1$，$b_2=r_3-r_2$，$b_3=r_4-r_3$；各层材料的导热系数 λ_1、λ_2、λ_3 皆视为常数，层与层之间接触良好，相互接触的表面温度相等，各等温面皆为同心圆柱面。多层圆筒壁的热传导计算可参照多层平壁。

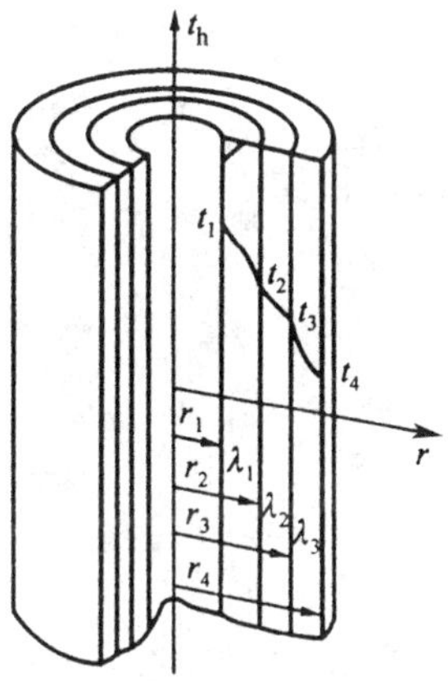

图4-9 多层圆筒壁的稳态热传导

第一层：

$$Q_1=\frac{2\pi L\lambda_1(t_1-t_2)}{\ln\dfrac{r_2}{r_1}}$$

第二层：

$$Q_2=\frac{2\pi L\lambda_2(t_2-t_3)}{\ln\dfrac{r_3}{r_2}}$$

第三层：

$$Q_3=\frac{2\pi L\lambda_3(t_3-t_4)}{\ln\dfrac{r_4}{r_3}}$$

稳态热传导：

$$Q_1=Q_2=Q_3=Q$$

根据各层温度差之和等于总温度差的原则，整理上三式可得

$$Q=\frac{2\pi L(t_1-t_4)}{\dfrac{1}{\lambda_1}\ln\dfrac{r_2}{r_1}+\dfrac{1}{\lambda_2}\ln\dfrac{r_3}{r_2}+\dfrac{1}{\lambda_3}\ln\dfrac{r_4}{r_3}} \tag{4-26}$$

同理，对于 n 层圆筒壁，热传导的一般公式为

$$Q=\frac{2\pi L(t_1-t_{n+1})}{\sum_{i=1}^{n}\frac{1}{\lambda_i}\ln\frac{r_{i+1}}{r_i}} \tag{4-27}$$

式中　i——n 层圆筒壁的壁层序号。

可以写成与多层平壁计算公式相仿的形式：

$$Q=\frac{t_1-t_4}{\frac{b_1}{\lambda_1 A_{m1}}+\frac{b_2}{\lambda_2 A_{m2}}+\frac{b_3}{\lambda_3 A_{m3}}} \tag{4-28}$$

式中　A_{m1}、A_{m2}、A_{m3}—— 各层圆筒壁的对数平均面积，m^2。

由多层平壁或多层圆筒壁热传导的公式可见，多层壁的总热阻等于串联的各层热阻之和，传热速率正比于总温度差，反比于总热阻，即

$$传热速率=\frac{总温差}{总热阻}$$

【例 4-3】　为了减少热损失，在 ϕ133 mm×4 mm 的蒸气管道外层包扎一层厚度 50 mm 的石棉层，其平均导热系数 $\lambda_2=0.2$ W/(m·℃)。蒸气管道内壁温度为 180 ℃，要求石棉层外侧温度为 50 ℃，管壁的导热系数 $\lambda_1=45$ W/(m·℃)。试求每米管长的热损失及蒸气管道外壁的温度。

解　此题为多层圆筒壁稳态热传导。

$$r_1=\frac{0.133-0.004\times 2}{2}=0.062\ 5\ \text{m}$$

$$t_1=180\ ℃$$

$$r_2=0.062\ 5+0.004=0.066\ 5\ \text{m}$$

$$r_3=0.066\ 5+0.05=0.116\ 5\ \text{m}$$

$$t_3=50\ ℃$$

每米管长的热损失为

$$\frac{Q}{L}=\frac{2\pi(t_1-t_3)}{\frac{1}{\lambda_1}\ln\frac{r_2}{r_1}+\frac{1}{\lambda_2}\ln\frac{r_3}{r_2}}=\frac{2\pi(180-50)}{\frac{1}{45}\times\ln\frac{0.066\ 5}{0.062\ 5}+\frac{1}{0.2}\times\ln\frac{0.116\ 5}{0.066\ 5}}$$

$$=291.07\ \text{W/m}$$

由于圆筒壁稳态热传导，每米管长的热损失相等，即

$$291.07=\frac{2\pi(t_1-t_2)}{\frac{1}{\lambda_1}\ln\frac{r_2}{r_1}}=\frac{2\pi(180-t_2)}{\frac{1}{45}\times\ln\frac{0.066\ 5}{0.062\ 5}}$$

解得

$$t_2=179.9\ ℃$$

评析　由计算结果可知，蒸气管道的内外壁面温度相近，保温材料石棉起到了较好的保温隔热作用。

4.3 对流传热

4.3.1 对流传热方程与对流传热系数

对流传热是借流体质点的移动和混合而完成的,因此对流传热与流体的流动状况密切相关。工业上遇到的对流传热,常指间壁式换热器中两侧流体与固体壁面之间的热交换,即流体将热量传给固体壁面或者由壁面将热量传给流体的过程。

在第1章流体流动中已指出,流体的流动类型只有层流与湍流两种。当流体做层流流动时,在垂直于流体流动方向上的热量传递,主要以热传导的方式进行。而当流体为湍流流动时,无论流体主体的湍动程度多大,紧邻壁面处总有一薄层流体沿着壁面做层流流动(层流底层)。同理,此层内在垂直于流体流动方向上的热量传递,仍是以热传导方式为主。由于大多数流体的导热系数较小,热阻主要集中在层流底层中,温度差也主要集中在该层中。在层流底层与湍流主体之间存在着一个过渡区,过渡区内的热量传递是传导与对流的共同作用。而在湍流主体中,由于流体质点的剧烈混合,可以认为无传热阻力,即温度梯度为零。在处理上,将有温度梯度存在的区域称为传热边界层,传热的主要热阻即在此层中。如图4-10所示,表示对流传热时截面上的温度分布情况。

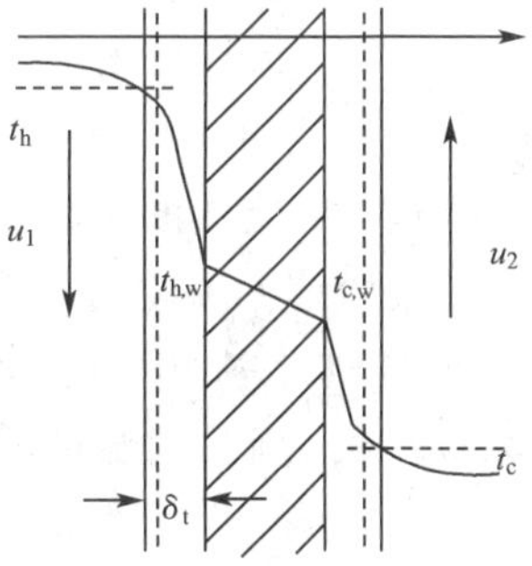

图4-10 对流传热的温度分布

由上述分析可见,对流传热与流体的流动情况及流体的性质有关,其影响因素很多。目前是采用一种简化的方法,即将流体的全部温度差集中在厚度为δ_t的有效膜内,如图4-10所示。此有效膜的厚度δ_t又难以测定,所以在处理上,以α代替λ/δ_t,热流体与壁面间对流传热可用下式描述:

$$Q=\alpha_h A(t_h-t_{h,w})=\alpha_h A\Delta t \tag{4-29}$$

或

$$Q=\frac{(t_h-t_{h,w})}{\dfrac{1}{\alpha_h A}}=\frac{\Delta t}{\dfrac{1}{\alpha_h A}} \tag{4-30}$$

式(4-29)和式(4-30)称为牛顿冷却定律。

同理,冷流体侧对流传热关系亦可表示为

$$Q=\alpha_c A(t_{c,w}-t_c)=\alpha_c A\Delta t \tag{4-31}$$

式中 Q—— 对流传热速率,W;

A—— 传热面积,m^2;

Δt—— 对流传热温度差,$\Delta t=t_h-t_{h,w}$或$\Delta t=t_{c,w}-t_c$,℃;

t_h—— 热流体平均温度,℃;

$t_{h,w}$—— 与热流体接触的壁面温度,℃;

t_c—— 冷流体平均温度,℃;

$t_{c,w}$—— 与冷流体接触的壁面温度，℃；

α_h—— 热流体侧的对流传热系数，W/(m^2·K) 或 W/(m^2·℃)；

α_c—— 冷流体侧的对流传热系数，W/(m^2·K) 或 W/(m^2·℃)。

牛顿冷却定律并非理论推导的结果，而是一种推论，即假设单位面积传热量与温度差 Δt 成正比。该公式的形式简单，并未揭示对流传热过程的本质，也未减少计算的困难，只不过将所有的复杂的因素都转移到对流传热系数 α 中。所以如何确定在各种具体条件下的对流传热系数，是对流传热的中心问题。

4.3.2 对流传热系数的经验关联式

1. 影响对流传热系数的主要因素

理论分析和实验表明，影响对流传热系数 α 的因素有以下几个方面。

(1) 流体的种类和状态

液体、气体、蒸气及在传热过程中是否有相变化，对 α 均有影响。有相变化时对流传热系数比无相变化时大得多。

(2) 流体的物理性质

影响对流传热系数 α 的物性有密度 ρ、比热容 C_p、导热系数 λ、黏度 μ 等。

(3) 流体的流动状态

流体的流动状态取决于 Re 的大小。流动状态分为层流和湍流。Re 越大，流体的湍动程度越大，层流底层的厚度越薄，α 值越大；反之，则越小。

(4) 流体对流的状况

对流分为自然对流和强制对流。流动的原因不同，其对流传热规律也不相同。自然对流是流体内部冷(温度 t_1)、热(温度 t_2)各部分的密度不同所产生的浮升力作用而引起的流动。因 $t_2 > t_1$，所以 $\rho_2 < \rho_1$。若流体的体积膨胀系数为 β，则 ρ_1 与 ρ_2 的关系为 $\rho_1 = \rho_2(1+\beta\Delta t)$，$\Delta t = t_2 - t_1$。单位质量流体由于密度不同所产生的浮升力为

$$\frac{(\rho_1-\rho_2)g}{\rho_2} = \frac{[(1+\beta\Delta t)\rho_2-\rho_2]g}{\rho_2} = \beta g\Delta t \tag{4-32}$$

(5) 传热面的形状、位置及大小

传热面的形状多种多样，如管、板、管束、管径、管长、管子排列方式、垂直放置或水平放置等都将影响对流传热系数。通常对于一种类型的传热面用一个特性尺寸 L(对流体流动和传热有决定性影响的尺寸)来表征其大小。

2. 对流传热过程的因次分析

由上述分析可见，影响对流传热的因素很多，故对流传热系数的确定是一个极为复杂的问题。在第 1 章中用因次分析法求得湍流时的摩擦系数的无因次数群关系式，这里用同样方法求得对流传热系数的关系式。

对于一定的传热面，流体无相变的对流传热系数的影响因素有流速 u、传热面的特性尺寸 L、流体的黏度 μ、比热容 C_p、流体的密度 ρ、流体的导热系数 λ、单位质量流体的浮升力 $\beta g\Delta t$，写成函数形式为

$$\alpha = f(u, L, \mu, \lambda, \rho, C_p, \beta g\Delta t) \tag{4-33}$$

采用第 1.4.5 节所述的无因次化方法可以将式(4-33)转化成无因次形式：

$$\frac{\alpha L}{\lambda}=f\left(\frac{Lu\rho}{\mu},\frac{C_p\mu}{\lambda},\frac{L^3\rho^2\beta g\Delta t}{\mu^2}\right) \tag{4-34}$$

式(4-34)表示无相变条件下，对于一定类型的传热面，对流传热系数无因次准数关联式。式(4-34)中准数的名称、符号、意义见表4-4。

表4-4　准数的符号和意义

准数	准数名称	符号	意义
$\frac{\alpha L}{\lambda}$	努塞尔(Nusselt)准数	Nu	包含对流传热系数
$\frac{Lu\rho}{\mu}$	雷诺(Reynolds)数	Re	表示流动状态的影响
$\frac{C_p\mu}{\lambda}$	普兰特(Prandtl)准数	Pr	表示流体物性的影响
$\frac{L^3\rho^2\beta g\Delta t}{\mu^2}$	格拉斯霍夫(Grashof)准数	Gr	表示自然对流的影响

式(4-34)可以表示成

$$Nu=KRe^aPr^fGr^h \tag{4-35}$$

或

$$Nu=f(Re,Pr,Gr) \tag{4-36}$$

具体的函数关系式由实验确定，所得到的准数关联式是一种半经验的公式，在使用时应注意：

(1) 适用范围

各个关联式都规定了准数的适用范围，这是根据实验数据确定的，使用时不能超过 Re、Pr、Gr 的规定范围。

(2) 特性尺寸

在建立准数关联式时，通常选用对流体流动和传热产生主要影响的尺寸，作为准数中的特性尺寸 L。如圆管内对流传热时选用管内径，非圆管内对流传热时选用当量直径。

(3) 定性温度

流体在对流传热过程中，从进口到出口温度是变化的，确定准数中流体的物性参数(μ，λ，ρ，C_p)的温度称为定性温度。不同的关联式有不同的确定方法，一般有以下3种方法：

① 取流体的平均温度

$$t_m=(t_1+t_2)/2$$

② 取壁面的平均温度

$$t_m=t_w$$

③ 取流体与壁面的平均温度(膜温)

$$t_m=(t+t_w)/2$$

4.3.3　流体无相变时对流传热系数的经验关联式

工业生产中常遇到流体无相变时的对流传热情况，对流传热系数关联式为式(4-36)，包括强制对流和自然对流。在强制对流时 Gr 可忽略不计，而自然对流时 Re 可忽略不计。这样式(4-36)可进一步简化为

强制对流：

$$Nu=f(Re,Pr) \tag{4-37}$$

自然对流：

$$Nu = f(Pr, Gr) \tag{4-38}$$

下面按照强制对流和自然对流两大类，介绍工程上常用的流体无相变时的对流传热系数的经验关联式。

1. 流体在管内强制对流时的对流传热系数

(1) 流体在圆形直管内强制湍流时的对流传热系数

① 低黏度流体

$$Nu = 0.023Re^{0.8}Pr^{n} \tag{4-39}$$

即

$$\alpha = 0.023\frac{\lambda}{d}\left(\frac{du\rho}{\mu}\right)^{0.8}\left(\frac{C_p\mu}{\lambda}\right)^{n} \tag{4-40}$$

当流体被加热时，$n = 0.4$；

当流体被冷却时，$n = 0.3$。

适用范围：$Re > 10^4$，$0.6 < Pr < 160$，管长与管径之比 $L/d \geqslant 50$，$\mu < 2\times10^{-3}$ Pa·s；

特性尺寸：管内径 d_i；

定性温度：流体进、出口温度的算术平均值。

式中的 n 值代表了层流底层中温度对流体黏度和导热系数的影响。对液体而言，其黏度随着温度的升高而降低，从而使底层厚度变薄。而液体的导热系数一般皆随着温度的升高而降低，但其变化不显著。所以总的结果是对流传热系数增大；对气体情况则不同，气体的黏度随着温度的升高而增大，显然底层厚度增厚，同时气体温度升高，导热系数增大，但其影响不及前者大，所以总的效果是对流传热系数变小。液体被冷却时，情况与上述相反。又由于大多数液体的 $Pr > 1$，故 $Pr^{0.4} > Pr^{0.3}$，而大多数气体的 $Pr < 1$，其结果必是 $Pr^{0.4} < Pr^{0.3}$。

② 高黏度液体

因靠近管壁处的液体黏度与管中心处的黏度相差较大，所以计算对流传热系数时应考虑壁温对黏度的影响，引入一无因次的黏度比后，方能与实验结果相符。

$$Nu = 0.027Re^{0.8}Pr^{0.33}\left(\frac{\mu}{\mu_w}\right)^{0.14} \tag{4-41}$$

适用范围：$Re > 10^4$，$0.7 < Pr < 16\ 700$，管长与管径之比 $L/d \geqslant 60$；

特性尺寸：管内径 d_i；

定性温度：除黏度 μ_w 取壁温外，其余均取流体进、出口温度的算术平均值；

由于壁温通常较难确定，在壁温未知的情况下，用下式近似计算亦可满足工程计算的需要。

当液体被加热时，

$$\left(\frac{\mu}{\mu_w}\right)^{0.14} = 1.05$$

当液体被冷却时，

$$\left(\frac{\mu}{\mu_w}\right)^{0.14} = 0.95$$

对于气体，不管是加热或冷却，$\left(\frac{\mu}{\mu_w}\right)^{0.14}$ 皆取 1。

③ 短管

对于 $L/d < 50$ 的短管，管子入口处扰动较大，所以 α 较高，需要修正，需要乘以短管修正

系数 ϕ_i：

$$\phi_i = 1 + \left(\frac{d_i}{L}\right)^{0.7} \tag{4-42}$$

④ 弯管

流体在弯管内流动时，由于离心力的作用，扰动增大，对流传热系数较直管的大一些。此时 α 可以乘以弯管校正系数 ε_R：

$$\varepsilon_R = 1 + 1.77\frac{d_i}{R} \tag{4-43}$$

式中 d_i—— 管内径，m；

R—— 弯管的曲率半径，m。

(2) 流体在圆形直管内强制层流时的对流传热系数

流体在管内层流流动时传热较复杂，往往伴有自然对流。只有在小管径，并且流体和壁面的温差较小的情况下，即 $Gr < 25\ 000$ 时，自然对流的影响可忽略不计，此时可采用下述关系式计算对流传热系数：

$$Nu = 1.86\left(Re \cdot Pr \cdot \frac{d_i}{L}\right)^{\frac{1}{3}}\left(\frac{\mu}{\mu_w}\right)^{0.14} \tag{4-44}$$

适用范围：$Re < 2\ 300$，$Re \cdot Pr \cdot \dfrac{d_i}{L} > 10$，$0.6 < Pr < 6\ 700$；

特性尺寸：管内径 d_i；

定性温度：除黏度 μ_w 取壁温外，其余均取流体进、出口温度的算术平均值。

当 $Gr > 25\ 000$ 时，自然对流的影响不能忽略，可按式(4-44)计算，然后乘以修正系数：

$$\Psi = 0.8(1 + 0.015Gr^{1/3}) \tag{4-45}$$

(3) 流体在圆形直管内处于过渡区时的对流传热系数

流体在过渡区范围内，即当 Re 为 2 300～10 000 时，用湍流公式计算出 α 值后再乘以校正系数：

$$f = 1 - \frac{6 \times 10^5}{Re^{1.8}} \tag{4-46}$$

(4) 流体在非圆形管内强制对流时的对流传热系数

对于流体在非圆形管内强制对流时的对流传热系数的计算，上述有关经验关联式均适用，只要将管内径改为当量直径即可。但这种方法计算的结果误差较大。对一些常用的非圆形管道，宜采用直接根据实验得到的关联式，如套管环隙的对流传热系数关联式为

$$\alpha = 0.02\frac{\lambda}{d_e}\left(\frac{d_o}{d_i}\right)^{0.53} Re^{0.8} Pr^{1/3} \tag{4-47}$$

适用范围：$12\ 000 < Re < 220\ 000$，$1.65 < d_o/d_i < 17$（d_o 为外管内径，d_i 为内管外径）；

特性尺寸：当量直径 $d_e = d_o - d_i$；

定性温度：流体进、出口温度的算术平均值。

【例 4-4】 常压下，空气以 15 m/s 的流速在长为 4 m、ϕ60 mm×3.5 mm 的钢管中流动，温度由 160 ℃ 升到 240 ℃。试求管壁对空气的对流传热系数。

解 此题为空气在圆形直管内做强制对流。

定性温度为

$$t_m=(160+240)/2=200\ ℃$$

查 200 ℃ 时空气的物性数据(附录 6) 如下：

$$C_p=1.026\times10^3\ J/(kg\cdot ℃),\quad \lambda=0.039\ 1\ W/(m\cdot ℃)$$

$$\mu=26.0\times10^{-6}\ Pa\cdot s,\quad \rho=0.746\ kg/m^3,\quad Pr=0.68$$

$$Re=\frac{du\rho}{\mu}=\frac{0.053\times15\times0.746}{26\times10^{-6}}=2.28\times10^4>10^4$$

特性尺寸：

$$d_i=0.060-2\times0.003\ 5=0.053\ m$$

$$L/d=4/0.053=75.5>60$$

空气被加热，$n=0.4$，则

$$Nu=0.023Re^{0.8}Pr^{0.4}=0.023\times(2.28\times10^4)^{0.8}\times0.68^{0.4}=60.4$$

$$\alpha=\frac{Nu\lambda}{d}=\frac{60.4\times0.039\ 28}{0.053}=44.8\ W/(m^2\cdot ℃)$$

【例 4-5】 一套管换热器，外管为 $\phi89\ mm\times3.5\ mm$ 钢管，内管为 $\phi25\ mm\times2.5\ mm$ 钢管。环隙中为 $p=100\ kPa$ 的饱和水蒸气冷凝，冷却水在内管中流过，进口温度为 15 ℃，出口温度为 35 ℃，冷却水流速为 0.4 m/s，试求管壁对水的对流传热系数。

解 此题为水在圆形直管内流动。

定性温度为

$$t=(15+35)/2=25\ ℃$$

查 25 ℃ 时水的物性数据(附录 5) 如下：

$$C_p=4.179\times10^3\ J/(kg\cdot ℃),\quad \lambda=0.608\ W/(m\cdot ℃)$$

$$\mu=90.27\times10^{-5}\ Pa\cdot s,\quad \rho=997\ kg/m^3$$

$$Re=\frac{du\rho}{\mu}=\frac{0.02\times0.4\times997}{90.27\times10^{-5}}=8\ 836\quad (Re\ 为\ 2\ 300\sim10\ 000，过渡区)$$

$$Pr=\frac{c_p\mu}{\lambda}=\frac{4.179\times10^3\times90.27\times10^{-5}}{0.608}=6.2$$

水被加热，$n=0.4$，则

$$f=1-\frac{6\times10^5}{Re^{1.8}}=1-\frac{6\times10^5}{8\ 836^{1.8}}=0.952\ 4$$

$$\begin{aligned}\alpha&=0.023\frac{\lambda}{d_i}Re^{0.8}Pr^{0.4}f\\&=0.023\times\frac{0.608}{0.02}\times8\ 836^{0.8}\times6.2^{0.4}\times0.952\ 4\\&=1\ 978\ W/(m^2\cdot K)\end{aligned}$$

评析 求取对流传热系数的关键是首先确定流体的种类、流动类型、对流的种类等问题，然后选择合适的经验公式进行计算，计算时要满足公式的适用范围。

2. 流体在管外强制对流时的对流传热系数

在化工生产中经常遇到流体在管外流动，与管外壁进行对流传热的情况。流体在管外流动时分如下三种情况：流体与单根管子或管束之间相互平行、相互垂直或垂直与平行交替。在列管式换热器中壳程中的流体与管壁间的传热多数属于最后这种情况。流体在管外平行于管子流动的传热，其传热规律与准数关联式均与流体在管内强制对流时相同，特性尺寸为当量直径。下面讨论流体垂直流过单管和管束时的对流传热过程。

流体在管外垂直流过时，分为垂直流过单根和垂直流过管束两种情况。由于工业上所用的换热器多为流体垂直流过管束，故只介绍这种情况的计算方法。

流体垂直流过管束时的对流传热很复杂，管束的排列又分为直排和错排两种，如图 4-11 所示。对第一排管子，不论直排还是错排，流体流动情况相同。但从第二排开始，流体在错排管束间通过时受到阻拦，使湍动增强，故错排式管束的对流传热系数大于直排式。

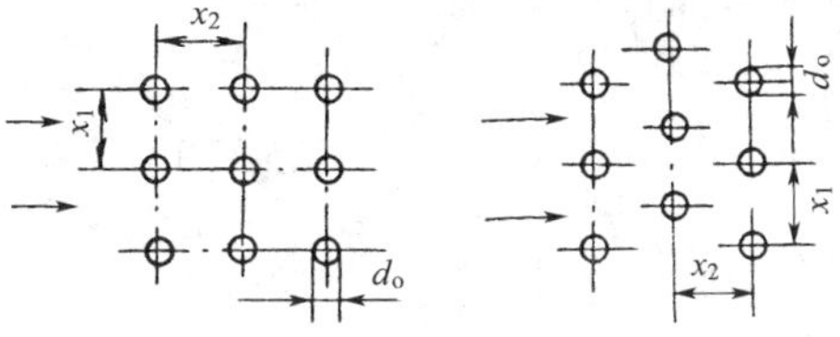

(a)直排　　(b)错排

图 4-11　管束的排列

流体在管束外垂直流过时的对流传热系数可用下式计算：

$$Nu = C\varepsilon Re^n Pr^{0.4} \tag{4-48}$$

式中，C、ε、n 由实验确定，其值见表 4-5。

适用范围：Re 为 5 000 ～ 70 000，x_1/d_o 为 1.25 ～ 5，x_2/d_o 为 1.25 ～ 5。流速 u 取流动方向上最窄通道处的流速。

管外强制对流

特性尺寸：管外径 d_o；

定性温度：流体进、出口温度的算术平均值。

表 4-5　流体垂直于管束时的 C、ε、n

排数	直排		错排		C
	n	ε	n	ε	
1	0.60	0.171	0.6	0.171	x_1/d_o 为 1.2 ～ 3
2	0.65	0.157	0.6	0.228	$C = 1 + 0.1x_1/d_o$
3	0.65	0.157	0.6	0.290	$x_1/d_o > 3$
4	0.65	0.157	0.6	0.290	$C = 1.3$

由于用式(4-48)求出各排对流传热系数不同，故管束的平均对流传热系数可按下式计算：

$$\alpha_m = \frac{\sum \alpha_i A_i}{\sum A_i} \tag{4-49}$$

式中　α_i—— 各排对流传热系数，$\mathrm{W/(m^2 \cdot ℃)}$；

A_i—— 各排传热管的外表面积，$\mathrm{m^2}$。

在列管式换热器中壳程中的流体与管壁间的对流传热是流体与管束垂直与平行交替的，根据换热器的结构，选用相应的经验公式进行计算。

3. 大空间自然对流传热

大空间自然对流是指传热面与周围的流体温度不同，且在周围没有阻碍自然对流的物体存在时所产生的纯自然对流传热过程。例如沉浸式换热器和管道、设备表面与周围大气之间的传热属于这种情况。

大空间自然对流传热时，其准数关联式可写为

$$Nu = C(Gr, Pr)^n \tag{4-50}$$

即

$$\alpha = C\frac{\lambda}{L}\left(\frac{d^3\rho^2\beta g\Delta t}{\mu^2} \cdot \frac{C_p\mu}{\lambda}\right)^n \tag{4-51}$$

式中，C、n 由实验确定，见表 4-6。

表 4-6　式(4-50) 中的 C、n

传热面的形状	特性尺寸	$GrPr$	C	n
水平圆管	外径 d_o	$1 \sim 10^4$	1.09	1/5
		$10^4 \sim 10^9$	0.53	1/4
		$10^9 \sim 10^{12}$	0.13	1/3
垂直管或板	高度 L	$< 10^4$	1.36	1/5
		$10^4 \sim 10^9$	0.59	1/4
		$10^9 \sim 10^{12}$	0.10	1/3

定性温度：流体与壁面温度的算术平均值，$t_m = (t_w + t)/2$，Gr 中的 $\Delta t = t_w - t$，t_w 为壁面温度，t 为流体的温度。

【例 4-6】　水平放置的蒸气管道，外径为 100 mm，管长为 5 m。若管外温度为 110 ℃，大气温度为 20 ℃，试计算蒸气管道通过自然对流散失的热量。

解　此问题属于自然对流，用式(4-51) 计算。

定性温度 $t_m = \dfrac{110 + 20}{2} = 65$ ℃，查附录 6 知 65 ℃ 时空气的物性数据为

$$\rho = 1.05\ \text{kg/m}^3,\quad \mu = 2.04 \times 10^{-5}\ \text{Pa·s},\quad \lambda = 0.029\,3\ \text{W/(m·K)}$$

$$Pr = 0.695,\ \beta = \frac{1}{T} = \frac{1}{273 + 65} = 2.96 \times 10^{-3}\ \text{K}^{-1}$$

计算 $GrPr$：

$$Gr = \frac{d_o^3 \rho^2 \beta g \Delta t}{\mu^2} = \frac{0.1^3 \times 1.05^2 \times 2.96 \times 10^{-3} \times 9.81 \times (110 - 20)}{(2.04 \times 10^{-5})^2} = 6.92 \times 10^6$$

$$GrPr = 6.92 \times 10^6 \times 0.695 = 4.81 \times 10^6$$

查表 4-6，$C = 0.53$，$n = 1/4$，则

$$\alpha = C \frac{\lambda}{d_o} (Gr \cdot Pr)^n = 0.53 \times \frac{0.029\,3}{0.1} \times (4.81 \times 10^6)^{1/4}$$
$$= 7.27\ \text{W/(m}^2 \cdot \text{K)}$$

散热量为

$$Q = \alpha A \Delta t = \alpha \pi d_o L \Delta t = 7.27 \times 3.14 \times 0.1 \times 5 \times 90 = 1\,027.25\ \text{W}$$

4.3.4　流体有相变时对流传热系数的经验关联式

有相变时的对流传热可分为蒸气冷凝和液体沸腾两种情况。由于流体与壁面间的传热过程中同时又发生相的变化，因此要比无相变时的传热更为复杂。相变时流体放出或吸收大量的相变热，但流体的温度不发生变化，对流传热系数要比无相变时大得多。

1. 蒸气冷凝时的对流传热

当饱和蒸气与低于饱和温度的壁面接触时，将冷凝成液滴并释放出汽化热，这就是蒸气冷凝传热。这种传热方式在工业生产中广泛应用。

(1) 蒸气冷凝的方式

蒸气冷凝有两种方式，即膜状冷凝和滴状冷凝。

① 膜状冷凝

冷凝液能够润湿壁面，在壁面上形成一层完整的液膜。壁面被冷凝液所覆盖，蒸气冷凝只能在液膜表面进行，即蒸气冷凝放出的潜热只有通过液膜后才能传给壁面。由于蒸气冷凝产生相变化，热阻较小，这层液膜往往成为冷凝传热的主要热阻。如果壁面竖直放置，液膜在重力的作用下，沿壁面向下流动，逐渐增厚，最后在壁面的底部滴下。水平放置较粗的管子，液膜较厚，使得平均对流传热系数下降。如图 4-12(a)、图 4-12(b) 所示。

② 滴状冷凝

冷凝液不能够润湿壁面，在壁面上形成许多小液滴，液滴长大到一定程度后，在重力作用下落下，如图 4-12(c) 所示。

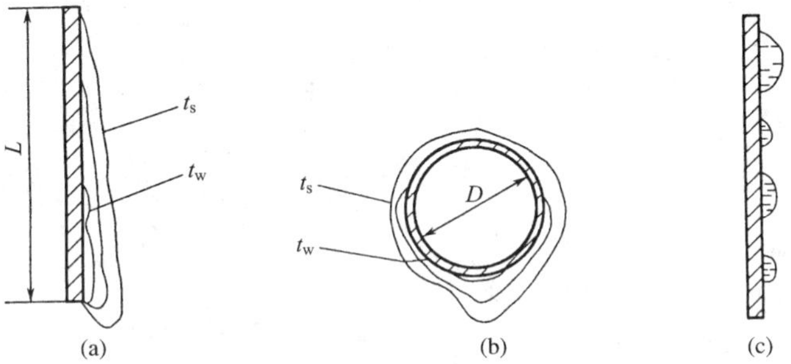

图 4-12 蒸气冷凝方式

滴状冷凝时，由于形成液滴，大部分壁面与蒸气直接接触，蒸气可以直接在壁面上冷凝，没有液膜引起的附加热阻。因此滴状冷凝的对流传热系数比膜状冷凝要高出几倍到十几倍。但是，到目前为止，在工业冷凝器中即使采用了促进滴状冷凝的措施，液滴也不能持久。所以，工业冷凝器的设计都按膜状冷凝考虑。

(2) 膜状冷凝的对流传热系数

① 蒸气在水平管外冷凝

蒸气在水平管外冷凝的对流传热系数 α 可用下式计算：

$$\alpha = 0.725\left(\frac{\rho^2 g\lambda^3 r}{n^{2/3}\mu d_o \Delta t}\right)^{1/4} \tag{4-52}$$

式中 ρ—— 冷凝液的密度，kg/m^3；

λ—— 冷凝液的导热系数，W/(m · K)；

r—— 蒸气汽化热，取饱和温度 t_s 下的数值，J/kg；

n—— 水平管束在垂直列上的管子数，若为单根水平管，则 $n=1$；

μ—— 冷凝液的黏度，Pa · s；

Δt—— 饱和温度 t_s 与壁面温度 t_w 之差，$\Delta t = t_s - t_w$。

定性温度：流体温度与壁面温度的算术平均值，$t=(t_s+t_w)/2$；

特性尺寸：管外径。

② 蒸气在竖壁或竖直管外冷凝

蒸气在竖壁或竖直管外的冷凝如图 4-13 所示。冷凝液在重力的作用下，液膜以层流状态从顶端向下流动，逐渐变厚。若壁面足够高，随着液膜的增厚，在壁面的下部液膜有可能发展为湍流。从层流变为湍流的临界 Re 值为 2 000。用来判断冷凝传热液膜流型的 Re 通常表示为冷凝液的质量流量的函数。

由此得冷凝液膜的 Re 的表达式为

$$Re=\frac{d_e u\rho}{\mu}=\frac{(4A/b)\cdot(q_m/A)}{\mu}=\frac{4q_m/b}{\mu} \tag{4-53}$$

式中 A—— 冷凝液流通截面积，m^2；

b—— 冷凝液润湿周边。对于竖直的平壁为壁的宽度；对于竖管壁为管外壁周长，m；

q_m—— 冷凝液质量流量，kg/s。

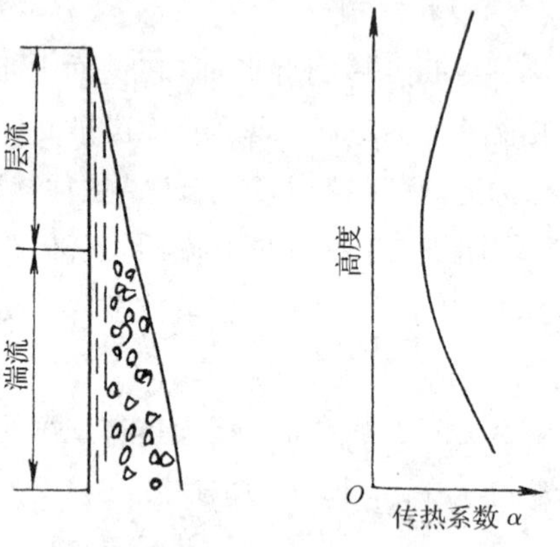

(a)液膜流动　(b)对流传热系数

图 4-13　蒸气在竖壁或竖直管外的冷凝

因为

$$Q=q_m r=\alpha A\Delta t=\alpha bL\Delta t$$

故

$$Re=\frac{4\alpha L\Delta t}{r\mu} \tag{4-54}$$

式中 L—— 竖壁或竖直管长度，m。

蒸气在竖壁或竖直管外冷凝的对流传热系数可用下式计算：

液膜为层流（$Re<2\ 000$）时，

$$\alpha=1.13\left(\frac{\rho^2 g\lambda^3 r}{\mu L\Delta t}\right)^{1/4} \tag{4-55}$$

液膜为湍流（$Re>2\ 000$）时，

$$\alpha=0.007\ 7\left(\frac{\rho^2 g\lambda^3}{\mu^2}\right)^{1/3} Re^{0.4} \tag{4-56}$$

式中各量意义同式(4-52)。

定性温度：流体饱和温度与壁面温度的算术平均值，$t=(t_s+t_w)/2$；

特性尺寸：竖壁长或竖直管高，m。

【例 4-7】 温度为 100 ℃ 的饱和水蒸气，在单根圆管外冷凝，管外径为 80 mm，管长为 1 m，管外壁温度维持在 80 ℃。试求：(1) 管子垂直放置时水蒸气冷凝对流传热系数；(2) 管子水平放置时水蒸气冷凝对流传热系数。

解 (1) 管子垂直放置

$t_s=100$ ℃，查附录 3 得水蒸气的汽化热 $r=2\ 258\times10^3$ J/kg。

定性温度 $t_m=\frac{100+80}{2}=90$ ℃，查附录 5 得水的物性参数为

$$\rho=965.3\ \text{kg/m}^3,\quad \lambda=0.680\ \text{W/(m}\cdot\text{K)},\quad \mu=0.316\ 5\times10^{-3}\ \text{Pa}\cdot\text{s}$$

假设液膜为层流，由式(4-55)得

$$\alpha=1.13\left(\frac{\rho^2 g\lambda^3 r}{\mu L\Delta t}\right)^{1/4}=1.13\times\left(\frac{965.3^2\times9.81\times0.680^3\times2\ 258\times10^3}{0.316\ 5\times10^{-3}\times1\times20}\right)^{1/4}$$

$$=6\ 400\ \text{W/(m}^2\cdot\text{K)}$$

核算 Re，由式(4-54)得

$$Re=\frac{4\alpha L\Delta t}{r\mu}=\frac{4\times6\ 400\times1\times20}{2\ 258\times10^3\times0.316\ 5\times10^{-3}}=716<2\ 000$$

故假设层流是正确的。

(2) 管子水平放置

$$n=1$$

$$\alpha=0.725\left(\frac{\rho^2 g\lambda^3 r}{\mu d_o \Delta t}\right)^{1/4}$$

$$\frac{\alpha_{水平}}{\alpha_{垂直}}=\frac{0.725}{1.13}\left(\frac{L}{d_o}\right)^{1/4}=\frac{0.725}{1.13}\left(\frac{1}{0.08}\right)^{1/4}=1.206$$

$$\alpha_{水平}=1.206\times 6\ 400=7\ 718.4\ \mathrm{W/(m^2\cdot K)}$$

(3) 影响冷凝传热的因素

由前面讨论可知，饱和蒸气冷凝时，热阻集中在冷凝液膜内，液膜的厚度和流动状况是影响冷凝传热的关键。因此，凡是影响液膜状况的因素均影响冷凝传热。

① 液膜两侧温差

当液膜呈层流流动时，液膜两侧的温差 Δt 加大，则蒸气冷凝速率增加，因而液膜增厚，则冷凝传热系数下降。

② 冷凝液物性

冷凝液的密度越大，黏度越小，则液膜的厚度越小，因而冷凝传热系数越大。同时导热系数的增加也有利于冷凝传热。

③ 蒸气的流向与速度

前面讨论的冷凝传热系数计算中，忽略了蒸气流速的影响，故只适用于蒸气静止或流速较低的情况。当蒸气流速较大时，蒸气与液膜之间的摩擦力作用不能忽略。若蒸气与液膜的流动方向相同，这种作用力会使液膜减薄，可促使液膜产生一定的波动，因而使冷凝传热系数增大。若蒸气与液膜的流动方向相反，摩擦力会阻碍液膜的流动，使液膜增厚，对传热不利。但是当蒸气的流速较大，摩擦力超过液膜的重力时，液膜会被蒸气吹离壁面，反而使冷凝传热系数增大。蒸气流速对 α 的影响与蒸气压力有关，随着压力增大，则影响加剧。

④ 不凝性气体的影响

前面讨论的是纯蒸气冷凝。在实际工业生产中，蒸气往往含有空气等不凝气体，在蒸气冷凝过程中在液膜表面会形成一层气膜，蒸气在液膜表面冷凝时，必须通过此不凝气膜。气膜的导热系数较小，使得热阻增大，传热系数大大减小。在静止的蒸气中，不凝气含量只有1%，就使得冷凝传热系数降低60%。因此，在冷凝器的设计中必须设置不凝气排出口，操作中定时排出不凝气。若蒸气价高或有毒，需集中处理，不可放空。

⑤ 蒸气过热的影响

蒸气温度高于操作压力下的饱和温度，即为过热蒸气。过热蒸气与低于饱和温度的壁面相接触时，包括冷却和冷凝两个过程。液膜壁面仍维持饱和温度 t_s，只有远离液膜处维持过热，对于冷凝而言，温差仍为 t_s-t_w，故通常过热蒸气的冷凝过程按饱和蒸气冷凝处理。用前述关联式计算的 α 值，误差约为3%，可以忽略不计。在计算时，要考虑过热蒸气的显热部分，即原公式中的 r 改为 $r'=r+C_p(t_v-t_s)$，C_p 为过热蒸气的比热容，t_v 为过热蒸气温度。

⑥ 冷凝壁面的影响

冷凝液膜为膜状冷凝传热的主要热阻，如何减薄液膜厚度，降低热阻，是强化膜状冷凝传热的关键。

对水平放置的管束，冷凝液从上部各管子流到下部管排，液膜变厚，使 α 变小。为强化传热应设法减少垂直方向上管排数目，或将管束由直排改为错排。对于竖壁或竖直管，在壁面上开若干纵向沟槽，冷凝液由槽峰流到槽底，借重力顺槽下流，以减薄壁面上的液膜厚度。也可在壁面上沿纵向装金属丝或直翅片，使冷凝液在表面张力的作用下，流向金属丝或翅片附近集中，形成一股股小溪向下流动，从而使壁面上液膜减薄，这种方法可使冷凝传热系数大大提高。

2. 液体沸腾时的对流传热

液体加热时，在液体内部伴有由液相变成气相产生气泡的过程，称为液体沸腾。因在加热面上有气泡不断生成、长大和脱离，故造成对流体的强烈扰动。沸腾传热的对流传热系数远远大于单相传热的对流传热系数。

(1) 液体沸腾的分类

① 大容器沸腾

大容器沸腾是指加热面被沉浸在无强制对流的液体内部而引起的沸腾传热过程。液体在壁面附近加热，产生气泡，气泡逐渐长大，脱离表面，自由上浮，属于自然对流。同时气泡的运动导致液体扰动。两者加和是一种很强的对流传热过程。

② 管内沸腾

当液体在压差作用下，以一定的流速流过加热管，在管内发生沸腾，称为管内沸腾，也称为强制对流沸腾。这种情况下管壁所产生的气泡不能自由上浮，而是被迫与液体一起流动，与大容器沸腾相比，其机理更为复杂。

③ 饱和沸腾

如果液体的主体温度达到饱和温度，从加热面上产生的气泡不再重新凝结的沸腾称为饱和沸腾。

本节只讨论大容器中的饱和沸腾。

(2) 液体沸腾产生的条件

在一定压力下，若液体饱和温度为 t_s，液体主体温度为 t_1，则 $\Delta t = t_1 - t_s$，称为液体的过热度。过热度是液体中气泡存在和成长的条件，也是气泡形成的条件。过热度越大，则越容易生成气泡，生成的气泡数量越多。在壁面过热度最大。若壁面温度为 t_w，则过热度 $\Delta t = t_w - t_s$。

产生沸腾除了保持一定的过热度外，还要有汽化核心存在。加热壁面有许多粗糙不平的小坑和划痕等，这些地方有微量气体，当被加热时，就会膨胀生成气泡，成为汽化核心。

(3) 大容器饱和沸腾曲线

如图 4-14 所示为实验得到的常压下水的大容器饱和沸腾曲线，它表明 α 与 Δt 之间的关系。曲线分为几个区域：自然对流区、核状沸腾区、膜状沸腾区。

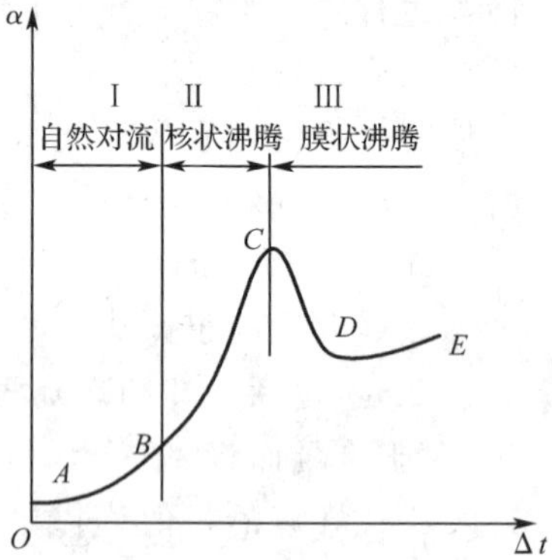

图 4-14　常压下水沸腾时 α 与 Δt 的关系

当 Δt 较小时，只有少量汽化核心，产生的气泡较少，长大速度较慢，汽化主要在液体表面发生，传热以自然对流为主，α 较小，如图中 AB 段，称为自然对流区。随着 Δt 的逐渐增大，汽化核心数目增多，气泡产生速度加大，气泡逐渐上升，脱离表面。由于气泡的产生、长大、脱离、上升，扰动了液体，起到了搅拌的作用，从而使 α 很快上升，如图中 BC 段，这个阶段称为核状沸腾区。当 Δt 增大到一定程度，气泡产生速度大于脱离的速度，在壁面形成一层不稳定的气膜，液体必须通过此膜才能接受壁面的热量，因气体的导热系数比液体小得多，使传热困难，对流传热系数 α 下降。随着 Δt 的逐渐增大，气膜逐渐稳定，对流传热系数 α 基本不变，如图中 CDE 段，这个阶段称为膜状沸腾区。由核状沸腾向膜状沸腾的转折点 C 称为临界点。临界点下的温度差和传热系数分别称为临界温度差 Δt_c 和临界传热系数 α_c。工业设备中的液体沸腾，一般应控制在核状沸腾区，控制 Δt 不大于临界温度差 Δt_c。

(4) 沸腾对流传热系数关联式

沸腾对流传热系数可用下式计算：

$$\alpha = C\Delta t^m p^n \tag{4-57}$$

式中 p—— 绝对压力，Pa；

Δt—— 过热度，K；

C,m,n—— 由实验测定。

(5) 影响沸腾传热的因素

由于液体沸腾要产生气泡，所以凡是影响气泡生成、长大和脱离壁面的因素均对沸腾有影响。概括起来，主要有以下几个方面。

① 液体的物性

影响沸腾传热的物性主要有液体的导热系数、密度、黏度及表面张力等。一般情况下，随导热系数、密度的增加而增大，随黏度、表面张力的增加而减小。

② 过热度 Δt

过热度 Δt 是影响沸腾传热的重要因素，其影响在前面已经进行了详细分析。在设计和操作中，要控制好过热度，使传热尽可能在核状沸腾下进行。

③ 操作压力

提高操作压力，将提高液体的汽化温度，使液体的黏度和表面张力减小，从而使 α 增大。

④ 加热面的状况

新的或清洁的壁面，α 较大。壁面越粗糙，汽化核心越多，越有利于沸腾传热。

4.3.5 选用对流传热系数关联式的注意事项

α 的计算大致分为两类。一类是用因次分析法确定准数之间的关系，通过实验确定关系式中的系数和指数，属于半经验公式；另一类是纯经验公式。在选用时要注意以下几点：

(1) 针对所要解决的传热问题的类型，选择适当的关联式。

(2) 要注意关联式的适用范围、特性尺寸和定性温度要求。

(3) 要注意正确使用各物理量的单位。对于纯经验公式，必须使用公式所要求的单位。α 值的范围见表 4-7。

表 4-7 α 值的范围

传热类型	$\alpha/(\mathrm{W\cdot m^{-2}\cdot K^{-1}})$	传热类型	$\alpha/(\mathrm{W\cdot m^{-2}\cdot K^{-1}})$
空气自然对流	5 ～ 25	水蒸气冷凝	5 000 ～ 15 000
空气强制对流	30 ～ 300	有机蒸气冷凝	500 ～ 3 000
水自然对流	200 ～ 1 000	水沸腾	1 500 ～ 30 000
水强制对流	1 000 ～ 8 000	有机物沸腾	500 ～ 15 000
有机液体强制对流	500 ～ 1 500		

4.4 传热计算

4.4.1 热量衡算

在传热计算中首先要确定换热器的热负荷。所谓热负荷，是指生产上要求流体温度变化而吸收或放出的热量。如图 4-15 所示，换热器中冷、热两流体进行热交换。若忽略热损失，则根据能量守恒原理，单位时间内热流体放出的热量 Q_h 等于冷流体吸收的热量 Q_c，即 $Q_h=Q_c=Q$，称此为热量衡算式。

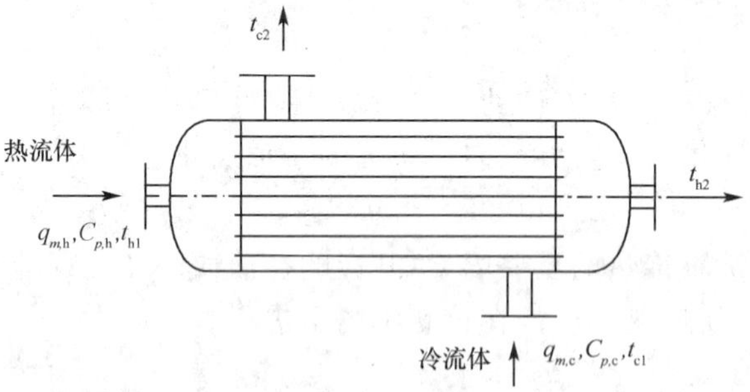

图 4-15　换热器热量衡算

1. 无相变的传热过程

冷热流体均不发生相变化时，换热器的热负荷可表示为

$$Q=q_{m,h}C_{p,h}(t_{h1}-t_{h2})=q_{m,c}C_{p,c}(t_{c2}-t_{c1}) \tag{4-58}$$

式中　Q—— 热负荷，W；

$q_{m,h}$、$q_{m,c}$—— 热、冷流体的质量流量，kg/s；

$C_{p,h}$、$C_{p,c}$—— 热、冷流体的平均定压比热，J/(kg·K) 或 J/(kg·℃)；

t_{h1}、t_{h2}—— 热流体的进、出口温度，℃；

t_{c1}、t_{c2}—— 冷流体的进、出口温度，℃。

2. 有相变的传热过程

在传热过程中，冷热流体发生相变化时温度不变，其放出或吸收的热量称为潜热。潜热可根据汽化热或冷凝热来计算，如饱和蒸气冷凝，其热负荷及热量衡算式可表示为

$$Q=q_{m,c}C_{p,c}(t_{c2}-t_{c1})=q_{m,h}r \tag{4-59}$$

式中　r—— 冷凝潜热，J/kg。

若冷凝液出口温度 t_{h2} 低于饱和温度 t_s（深冷）时，热负荷及热量衡算式为

$$Q=q_{m,c}C_{p,c}(t_{c2}-t_{c1})=q_{m,h}r+q_{m,h}C_{p,h}(t_s-t_{h2}) \tag{4-60}$$

应当注意的是，热负荷是由工艺条件决定的，是对换热器换热能力的要求；而传热速率是换热器本身在一定操作条件下的换热能力，是换热器本身的特性。但对于一个能满足工艺要

求的换热器而言，其传热速率值必须等于或略大于热负荷值。在设计换热器时，通过计算热负荷并结合热损失等传热状况，可确定换热器所应具有的传热速率，再依此计算换热器的传热面积。

【例 4-8】 用压力为143.3 kPa的饱和水蒸气将1 500 kg/h的冷水由20 ℃加热至60 ℃，蒸气冷凝为同温度下的水，忽略热损失。试计算水蒸气冷凝放出的热量及冷凝量。

解 由附录7查得143.3 kPa下水蒸气汽化热为2 232.0 kJ/kg。

水的定性温度为(20+60)/2= 40 ℃，由附录5查得该温度下水的比热容为4.174 kJ/(kg·K)。

则冷凝水放出的热量为

$$Q=q_{m,c}C_{p,c}(t_{c2}-t_{c1})$$

代入数据得

$$Q=\frac{1\ 500}{3\ 600}\times 4.174\times 10^3\times(60-20)=69.57\ \text{kW}$$

根据热量衡算方程，蒸气放出的热量等于冷水吸收的热量，即

$$Q=q_{m,c}C_{p,c}(t_{c2}-t_{c1})=q_{m,h}r$$

蒸气冷凝量为

$$q_{m,h}=\frac{Q}{r}=\frac{69.57\times 3\ 600}{2\ 232}=112.20\ \text{kg/h}$$

4.4.2 总传热速率方程微分式和总传热系数

1. 总传热速率方程微分式

在稳定传热条件下，两侧流体的对流传热速率以及间壁的导热速率都应相等。如图4-16所示，两流体通过管壁的传热包括以下过程：

① 热流体以对流传热的方式将热量传给管壁一侧。

② 通过管壁的热传导。

③ 由管壁另一侧以对流传热的方式将热量传给冷流体。

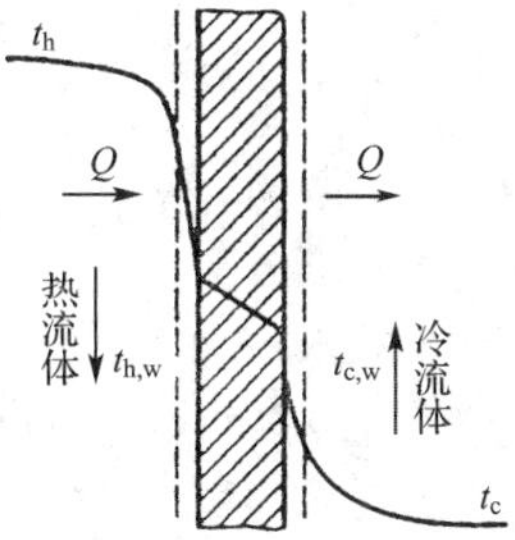

图 4-16 流体通过间壁两侧的热交换

在管子任一截面上取长度为 dl 的微元，管内、外壁面的传热面积及管壁的平均传热面积 dA_o、dA_i、dA_m 分别可表示为 $dA_o=\pi d_o dl$、$dA_i=\pi d_i dl$、$dA_m=\pi d_m dl$，d_o、d_i、d_m 分别为管子的外径、内径和平均直径。

假设冷、热流体分别在管内和管外流动，则通过微元传热面的传热速率 dQ 可表示如下：

管内：

$$dQ=\alpha_i(t_{c,w}-t_c)dA_i=\frac{(t_{c,w}-t_c)}{\dfrac{1}{\alpha_i dA_i}} \tag{4-61}$$

管壁：

$$dQ=\lambda(t_{h,w}-t_{c,w})dA_m=\frac{(t_{h,w}-t_{c,w})}{\frac{1}{\lambda dA_m}} \tag{4-62}$$

管外：

$$dQ=\alpha_o(t_h-t_{h,w})dA_o=\frac{(t_h-t_{h,w})}{\frac{1}{\alpha_o dA_o}} \tag{4-63}$$

式中　α_i、α_o—— 管内、外流体的对流传热系数，W/(m^2·℃)；

t_c、t_h—— 冷、热流体的温度，℃；

$t_{c,w}$、$t_{h,w}$—— 冷、热流体侧壁温，℃；

dA_o、dA_i—— 管内、外壁面的传热面积，m^2；

dA_m—— 管壁的平均面积，m^2；

λ—— 管壁的导热系数，W/m·℃；

b—— 管壁厚度，m。

将式(4-61)～式(4-63)相加并整理可得

$$dQ=\frac{(t_h-t_{h,w})}{\frac{1}{\alpha_o dA_o}}+\frac{(t_{h,w}-t_{c,w})}{\frac{1}{\lambda dA_m}}+\frac{(t_{c,w}-t_c)}{\frac{1}{\alpha_i dA_i}}=\frac{t_h-t_c}{\frac{1}{\alpha_o dA_o}+\frac{1}{\lambda dA_m}+\frac{1}{\alpha_i dA_i}} \tag{4-64}$$

将式(4-64)的分子和分母同时乘以 dA_o 得

$$dQ=\frac{(t_h-t_c)dA_o}{\frac{dA_o}{\alpha_o dA_o}+\frac{dA_o}{\lambda dA_m}+\frac{dA_o}{\alpha_i dA_i}}=\frac{(t_h-t_c)dA_o}{\frac{1}{\alpha_o}+\frac{d_o}{\lambda d_m}+\frac{d_o}{\alpha_i d_i}} \tag{4-65}$$

令

$$\frac{1}{K_o}=\frac{1}{\alpha_o}+\frac{d_o}{\lambda d_m}+\frac{d_o}{\alpha_i d_i} \tag{4-66}$$

则式(4-65)变为

$$dQ=K_o(t_h-t_c)dA_o \tag{4-67}$$

式(4-67)称为总传热速率方程的微分式，$\frac{1}{K_o}$称为总热阻，K_o称为以管外表面积为基准的总传热系数。

2. 总传热系数和污垢热阻

总传热系数亦可以管内表面积为基准，写为

$$\frac{1}{K_i}=\frac{1}{\alpha_i}+\frac{b}{\lambda}\cdot\frac{d_i}{d_m}+\frac{1}{\alpha_o}\cdot\frac{d_i}{d_o} \tag{4-68}$$

式中　K_i—— 以传热面 A_i 为基准的总传热系数。

若以管壁平均面积为基准，相应的计算式为

$$\frac{1}{K_m}=\frac{1}{\alpha_i}\cdot\frac{d_m}{d_i}+\frac{b}{\lambda}+\frac{1}{\alpha_o}\cdot\frac{d_m}{d_o} \tag{4-69}$$

式中　K_m—— 以传热面 A_m 为基准的总传热系数。

如何合理地确定 K 值是设计换热器中的一个重要问题。目前,总传热系数 K 值的来源有三个:一是选取经验值,即目前生产设备中所用的经过实践证实并总结出来的生产实践数据,工业生产用列管式换热器中总传热系数 K 值的大致范围见表4-8;二是实验测定 K 值;三是计算。

表4-8　列管式换热器中总传热系数 K 值的大致范围

热流体	冷流体	传热系数 $K/(W\cdot(m^2\cdot K)^{-1})$
水	水	850 ~ 1 700
轻油	水	340 ~ 910
重油	水	60 ~ 280
气体	水	17 ~ 280
水蒸气冷凝	水	1 420 ~ 4 250
水蒸气冷凝	气体	30 ~ 300
低沸点烃类蒸气冷凝(常压)	水	455 ~ 1 140
高沸点烃类蒸气冷凝(减压)	水	60 ~ 170
水蒸气冷凝	水沸腾	2 000 ~ 4 250
水蒸气冷凝	轻油沸腾	455 ~ 1 020
水蒸气冷凝	重油沸腾	140 ~ 425

换热器操作一段时间后,其传热表面常有污垢积存,形成附加的传热热阻,称为污垢热阻。在计算总传热系数时,污垢热阻一般不可忽略。由于污垢层的厚度及其导热系数不易估计,工程计算时,通常根据经验选用污垢热阻。如传热面两侧污垢热阻分别用 $R_{s,i}$ 及 $R_{s,o}$ 表示,以管外表面积为基准的总热阻可表示为

$$\frac{1}{K_o}=\frac{1}{\alpha_o}+R_{s,o}+\frac{b}{\lambda}\frac{d_o}{d_m}+\frac{1}{\alpha_i}\frac{d_o}{d_i}+R_{s,i}\frac{d_o}{d_i} \tag{4-70}$$

常见流体的污垢热阻的大致数值可参考表4-9。

表4-9　常用流体的污垢热阻

流体	污垢热阻 $/(m^2\cdot K\cdot kW^{-1})$	流体	污垢热阻 $/(m^2\cdot K\cdot kW^{-1})$
水(速度<1 m/s,温度<47 ℃):		溶剂蒸气	0.14
蒸馏水	0.09	水蒸气:	
海水	0.09	优质(不含油)	0.052
清净的河水	0.21	劣质(不含油)	0.09
未处理的凉水塔用水	0.58	往复机排出	0.176
已处理的凉水塔用水	0.26	液体:	
已处理的锅炉用水	0.26	处理过的盐水	0.264
硬水、井水	0.58	有机物	0.176
气体:		燃料油	1.056
空气	0.26 ~ 0.53	焦油	1.76

当传热面为平壁或薄壁管时,$A_o\approx A_i\approx A_m\approx A$,则式(4-70)变为

$$\frac{1}{K_o}=\frac{1}{\alpha_o}+R_{s,o}+\frac{b}{\lambda}+\frac{1}{\alpha_i}+R_{s,i} \tag{4-71}$$

当管壁热阻 b/λ 较 $1/\alpha_o$、$1/\alpha_i$ 小得多时,则 b/λ 可忽略。若同时忽略污垢热阻,总传热系数可简化成下式:

$$\frac{1}{K_o}=\frac{1}{\alpha_o}+\frac{1}{\alpha_i} \tag{4-72}$$

由式(4-72)可知,K 值必然趋近且小于 α_o、α_i 中较小的一个;当 $\alpha_i \ll \alpha_o$ 时,$K\approx\alpha_i$。

【例 4-9】 一列管换热器的列管由 $\phi 25\ \text{mm} \times 2.5\ \text{mm}$ 的无缝钢管组成，钢管的导热系数为 45 W/(m·K)，管内为冷却水，其对流传热系数为 450 W/(m·K)，管外为饱和水蒸气冷凝，对流传热系数为 1×10^4 W/(m·K)，试求：(1) 总传热系数 K；(2) 若将水侧的对流传热系数增大一倍，总传热系数有何变化？(3) 若将蒸气侧的对流传热系数增大一倍，总传热系数有何变化？(4) 若考虑污垢热阻，总传热系数有何变化？

解 (1) 以外表面积为基准的总传热系数

$$K_o=\frac{1}{\dfrac{1}{\alpha_o}+\dfrac{bd_o}{\lambda d_m}+\dfrac{d_o}{\alpha_i d_i}}=\frac{1}{\dfrac{1}{10\ 000}+\dfrac{0.002\ 5\times 25}{45\times 22.5}+\dfrac{25}{450\times 20}}=340\ \text{W/(m}^2\cdot\text{K)}$$

各部分热阻所占比例见表 4-10。

表 4-10 各部分热阻所占比例

热阻名称	热阻值 /($10^3\ \text{m}^2\cdot\text{K}\cdot\text{W}^{-1}$)	各热阻所占比例
总热阻$\left(\dfrac{1}{K}\right)$	2.939 5	100%
管内(水侧)热阻$\left(\dfrac{d_o}{\alpha_i d_i}\right)$	2.777 8	94.5%
管外(蒸气侧)热阻$\left(\dfrac{1}{\alpha_o}\right)$	0.1	3.4%
管壁热阻$\left(\dfrac{bd_o}{\lambda d_m}\right)$	0.061 7	2.1%

由表 4-10 可以看出，管内对流传热热阻占主导地位，欲提高 K 值，要减小管内对流热阻。

(2) $\alpha'_i=2\alpha_i$

$$K'_o=\frac{1}{\dfrac{1}{\alpha_o}+\dfrac{bd_o}{\lambda d_m}+\dfrac{d_o}{\alpha'_i d_i}}=\frac{1}{\dfrac{1}{10\ 000}+\dfrac{0.002\ 5\times 25}{45\times 22.5}+\dfrac{25}{900\times 20}}=644\ \text{W/(m}^2\cdot\text{K)}$$

K 值增加的百分率：

$$\frac{K'_o-K_o}{K_o}\times 100\%=\frac{644-340}{340}\times 100\%=89.4\%$$

(3) $\alpha'_o=2\alpha_o$

$$K''_o=\frac{1}{\dfrac{1}{\alpha'_o}+\dfrac{bd_o}{\lambda d_m}+\dfrac{d_o}{\alpha_i d_i}}=\frac{1}{\dfrac{1}{20\ 000}+\dfrac{0.002\ 5\times 25}{45\times 22.5}+\dfrac{25}{450\times 20}}=346\ \text{W/(m}^2\cdot\text{K)}$$

K 值增加的百分率：

$$\frac{K''_o-K_o}{K_o}\times 100\%=\frac{346-340}{340}\times 100\%=1.76\%$$

(4) 查表 4-9，取水侧污垢热阻 $R_{s,i}=0.58(\text{m}^2\cdot\text{K})/\text{kW}$，取蒸气侧污垢热阻 $R_{s,o}=0.09(\text{m}^2\cdot\text{K})/\text{kW}$，则

$$K'''_o=\frac{1}{\dfrac{1}{\alpha_o}+R_{s,o}+\dfrac{bd_o}{\lambda d_m}+\dfrac{d_o}{\alpha_i d_i}+R_{s,i}\dfrac{d_o}{d_i}}$$

$$=\frac{1}{\dfrac{1}{10\ 000}+0.09\times10^{-3}+\dfrac{0.002\ 5\times 25}{45\times 22.5}+\dfrac{25}{450\times 20}+0.58\times10^{-3}\cdot\dfrac{25}{20}}$$

$$=277\ \text{W/(m}^2\cdot\text{K)}$$

K_o 值减少的百分率：

$$\frac{K_o - K'''_o}{K_o} \times 100\% = \frac{340-277}{340} \times 100\% = 18.5\%$$

评析　水侧的对流传热系数 α_i 远小于蒸气侧对流传热系数 α_o，所以提高 K 值，应尽量减小管内对流热阻，即提高 α_i 值。另外换热器在使用一段时间后，应考虑污垢热阻的影响。

4.4.3　传热平均温度差和总传热速率方程

按照参与热交换的两种流体在沿着换热器壁面流动时各点温度变化的情况，可将传热分为恒温传热与变温传热两类。而变温传热又可分为一侧流体变温与两侧流体变温两种情况。

1. 恒温传热时的平均温度差

两种流体进行热交换时，在沿传热壁面的不同位置上，在任何时间两种流体的温度皆不变化，这种传热称为稳态的恒温传热。如蒸发器中，间壁的一侧是饱和水蒸气在一定温度下冷凝，另一侧是液体在一定温度下沸腾，两侧流体温度沿传热面无变化，两流体的温度差亦处处相等，可表示为

$$\Delta t = t_h - t_c$$

2. 变温传热时的平均温度差

在传热过程中，间壁一侧或两侧的流体沿着传热壁面，在不同位置时温度不同，但各点的温度皆不随时间而变化，即为稳态的变温传热过程。

(1) 流动型式

按照冷热流体间的相互流动方向，可分为不同的流动型式，如图 4-17 所示。换热的两种流体在传热面的两侧向相同的方向流动，称为并流；以相对的方向流动，称为逆流。换热的两种流体在传热面的两侧彼此呈垂直方向流动，称为错流；而其中一侧流体只沿一个方向流动，而另一侧的流体先沿一个方向流动，然后折回以相反方向流动，如此反复地做折反流动，使两侧流体间有并流与逆流交替存在，此种情况称为折流。

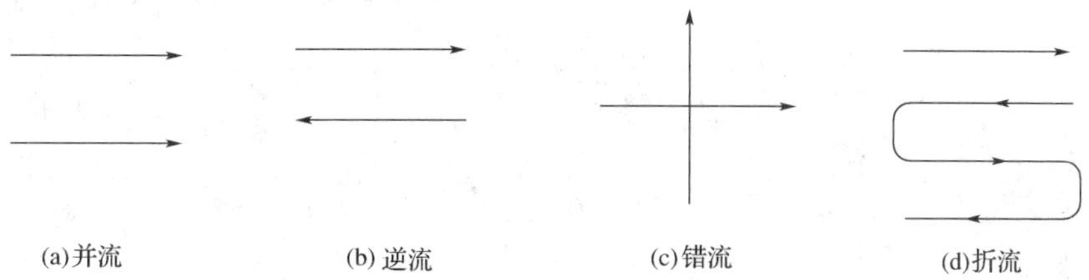

图 4-17　流体的流动型式示意图

变温传热包括一侧流体变温传热与两侧流体变温传热。一侧流体变温传热，如用蒸气加热另一流体。蒸气冷凝放出潜热，冷凝温度不变，另一流体被加热。又如用热流体来加热另一种在较低温度下进行沸腾的液体，液体的沸腾温度保持在沸点。

(2) 并流和逆流时的平均温度差 Δt_m

间壁两侧流体皆发生温度变化时，两种流体在传热面两侧的流动方式不同，传热平均温度差亦不同，即平均温度差与两种流体的流向有关。图 4-18 为逆流、并流时两种流体的温度沿传热面的变化情况。无论是哪一种情况，壁面两侧冷、热流体的温度均沿着传热面而变化，其相应各点的温度差也随之变化。

图 4-19 表示逆流时流体的温度随着传热量的变化情况。在换热器中取一微元段为研究

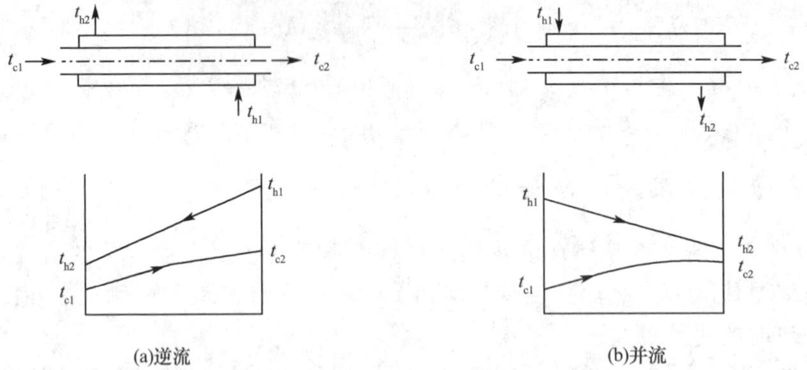

图 4-18　两侧流体变温传热时的温度差变化

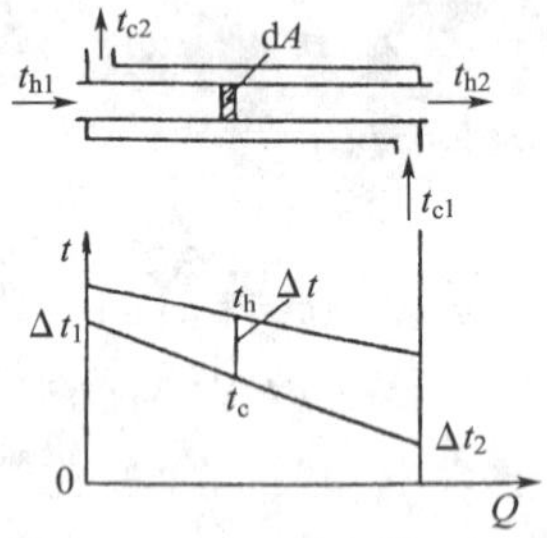

图 4-19　逆流过程传热平均温度差的推导

对象,其传热面积为 dA_o,在 dA_o 内热流体因放热而温度下降 dt_h,冷流体因受热而温度上升 dt_c,传热量为 dQ。列出 dA_o 段内热量衡算的微分式得

$$dQ = q_{m,h} C_{p,h} \, dt_h = q_{m,c} C_{p,c} \, dt_c$$

稳态传热时,冷热流体的流量不变,其比热视作常数,此时,

$$\frac{dQ}{dt_h} = q_{m,h} C_{p,h} = 常数$$

Q 与热流体的温度成直线关系,同理

$$\frac{dQ}{dt_c} = q_{m,c} C_{p,c} = 常数$$

Q 与冷流体的温度也呈直线关系,那么

$$\frac{d(t_h - t_c)}{dQ} = \frac{1}{q_{m,h} C_{p,h}} - \frac{1}{q_{m,c} C_{p,c}} = 常数$$

Q 与冷、热流体之间的温度差 $\Delta t = t_h - t_c$ 必然也呈直线关系,该直线的斜率为

$$\frac{d\Delta t}{dQ} = \frac{\Delta t_1 - \Delta t_2}{Q} \tag{4-73}$$

式中,$\Delta t_1 = t_{h1} - t_{c2}$,$\Delta t_2 = t_{h2} - t_{c1}$。

将总传热速率方程微分式 $dQ = K_o \Delta t \, dA_o$ 代入式(4-73)得

$$\frac{d(\Delta t)}{K_o \Delta t \, dA_o} = \frac{\Delta t_1 - \Delta t_2}{Q}$$

或

$$\frac{d(\Delta t)}{K_o \Delta t} = \frac{\Delta t_1 - \Delta t_2}{Q} dA_o$$

如将换热器内传热系数 K_o 视为常数(K 值不随位置变化),将上式积分,即

$$\frac{1}{K_o}\int_{\Delta t_2}^{\Delta t_1} \frac{d(\Delta t)}{\Delta t} = \frac{\Delta t_1 - \Delta t_2}{Q}\int_0^{A_o} dA_o$$

得

$$\frac{1}{K_o} \ln \frac{\Delta t_1}{\Delta t_2} = \frac{\Delta t_1 - \Delta t_2}{Q} A_o$$

移项得

$$Q=K_oA_o\frac{\Delta t_1-\Delta t_2}{\ln\frac{\Delta t_1}{\Delta t_2}}$$

令

$$\Delta t_m=\frac{\Delta t_1-\Delta t_2}{\ln\frac{\Delta t_1}{\Delta t_2}} \tag{4-74}$$

则

$$Q=K_oA_o\Delta t_m \tag{4-75}$$

式中，Δt_m 为换热器进、出口处两种流体温度差的对数平均值，故称为对数平均温度差。当 $\Delta t_1/\Delta t_2\leqslant 2$ 时，可用算术平均值 $\Delta t_m=(\Delta t_1+\Delta t_2)/2$ 代替对数平均值。

式(4-75) 称为总传热速率方程。

式(4-75) 对各种变温传热都适用。当一侧流体变温而另一侧流体恒温时，不论并流或逆流，两种情况的平均温度差相等；当两侧流体变温传热时，并流和逆流时的平均温度差则不同。在计算时需注意，常取两端温度差中大者作为 Δt_1，小者作为 Δt_2，以使式(4-74) 中分子与分母都是正数。

【例 4-10】 现用一列管式换热器加热原油，原油在管外流动，进口温度为 100 ℃，出口温度为 160 ℃；某反应物在管内流动，进口温度为 250 ℃，出口温度为 180 ℃。试分别计算并流与逆流时的平均温度差。

解 并流：250 → 180

100 → 160

150　20

$$\Delta t_m=\frac{\Delta t_1-\Delta t_2}{\ln\frac{\Delta t_1}{\Delta t_2}}=\frac{150-20}{\ln\frac{150}{20}}=65\ ℃$$

逆流：250 → 180

160 → 100

90　80

$$\Delta t_m=\frac{\Delta t_1-\Delta t_2}{\ln\frac{\Delta t_1}{\Delta t_2}}=\frac{90-80}{\ln\frac{90}{80}}=84.7\ ℃$$

逆流操作时，因 $\frac{\Delta t_1}{\Delta t_2}=\frac{90}{80}<2$，故可以用算术平均值进行计算：

$$\Delta t_m=(\Delta t_1+\Delta t_2)/2=(90+80)/2=85\ ℃$$

评析　由上例可见，当两种流体的进、出口温度皆已确定时，逆流时的平均温度差比并流时大。

(3) 错流或折流时的平均温度差

计算错流或折流时的平均温度差，通常采用的方法是先按纯逆流的情况求得其对数平均温度差 $\Delta t_{m,逆}$，然后再乘以校正系数 $\varepsilon_{\Delta t}$，即

$$\Delta t_m=\varepsilon_{\Delta t}\cdot\Delta t_{m,逆} \tag{4-76}$$

校正系数 $\varepsilon_{\Delta t}$ 与冷、热两种流体的温度变化有关，是 R 和 P 的函数，即

$$\varepsilon_{\Delta t}=f(R,P) \tag{4-77}$$

式中
$$R=\frac{t_{h1}-t_{h2}}{t_{c2}-t_{c1}},\quad P=\frac{t_{c2}-t_{c1}}{t_{h1}-t_{c1}}$$

根据冷、热流体进、出口的温度，依上式求出 R 和 P 的值后，校正系数 $\varepsilon_{\Delta t}$ 的值可根据 R 和 P 两参数从相应的图 4-20 中查得。对于错流时的 $\varepsilon_{\Delta t}$，可从图 4-21 中查得。

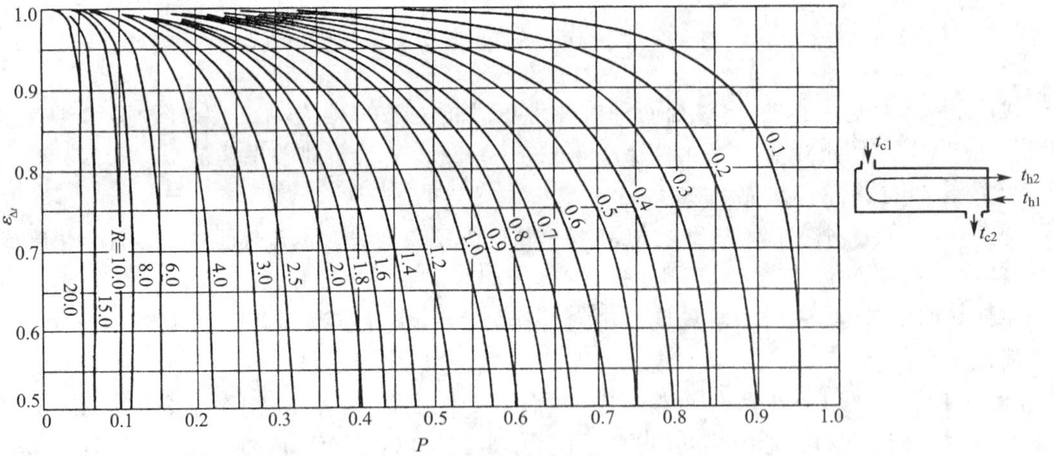

(a)单壳程

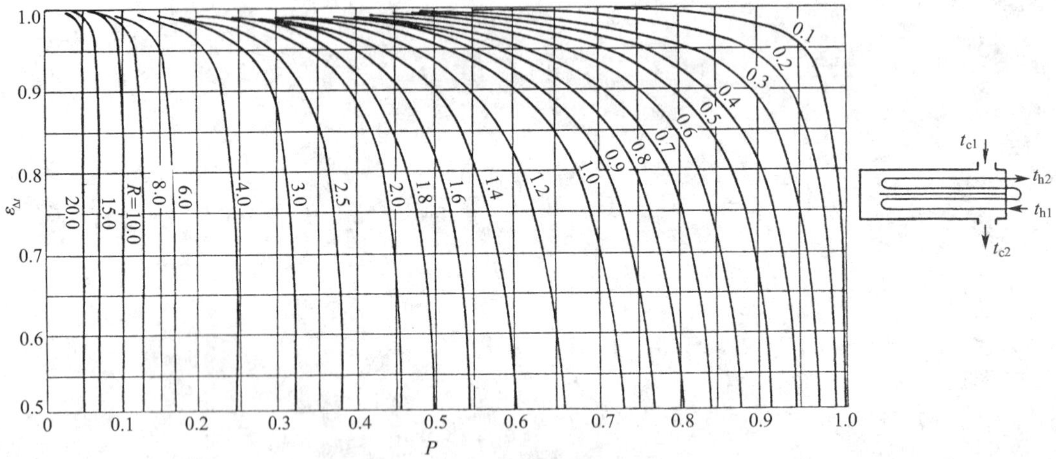

(b)双壳程

图 4-20 折流时的 $\varepsilon_{\Delta t}$ 值

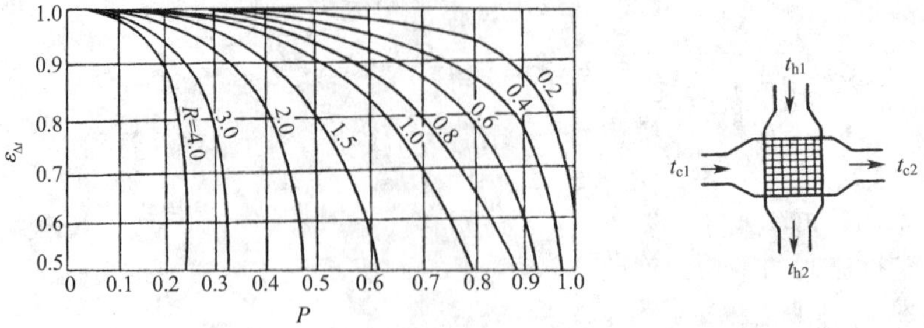

图 4-21 错流时的 $\varepsilon_{\Delta t}$ 值

【例 4-11】 在一单壳程、四管程的列管换热器中，用水冷却热油，冷却水在管内流动，进口温度为 20 ℃，出口温度为 35 ℃；热油在壳程流动，进口温度为 120 ℃，出口温度为60 ℃。试求对数平均温度差。

解 先按逆流计算

$$\begin{array}{c} 120 \rightarrow 60 \\ \underline{35 \leftarrow 20} \\ 85 \quad 40 \end{array} \qquad \Delta t_{\mathrm{m,逆}}=\frac{\Delta t_1-\Delta t_2}{\ln\frac{\Delta t_1}{\Delta t_2}}=\frac{85-40}{\ln\frac{85}{40}}=59.7\ ℃$$

$$P=\frac{t_{c_2}-t_{c_1}}{t_{h_1}-t_{c_1}}=\frac{35-20}{120-20}=0.15$$

$$R=\frac{t_{h_1}-t_{h_2}}{t_{c_2}-t_{c_1}}=\frac{120-60}{35-20}=4$$

查图 4-19，$\varepsilon_{\Delta t}=0.95$，故

$$\Delta t_{\mathrm{m}}=\varepsilon_{\Delta t}\cdot\Delta t_{\mathrm{m,逆}}=0.95\times59.7=56.7\ ℃$$

【例 4-12】 在一套管换热器中用水冷却某有机物，冷却水在 ϕ25 mm×2.5 mm的管内流动，进、出口温度分别为15 ℃和30 ℃。流量为4 000 kg/h的有机物在环隙中流动，进、出口温度分别为 100 ℃ 和 40 ℃，平均比热为 1.9 kJ/(kg·℃)。两流体逆流流动。已知的水侧和有机物侧的对流传热系数分别为1 200 W/(m^2·℃)和500 W/(m^2·℃)。忽略污垢热阻及管壁热阻，试求换热器的传热面积。

解 换热器的热负荷为

$$Q=q_{m,\mathrm{h}}C_{p,\mathrm{h}}(t_2-t_1)=4\ 000/3\ 600\times1.9\times10^3\times(100-40)=126.667\ \mathrm{kW}$$

对数平均温度差为

$$\begin{array}{c} 100 \rightarrow 40 \\ \underline{30 \leftarrow 15} \\ 70 \quad 25 \end{array} \qquad \Delta t_{\mathrm{m}}=\frac{\Delta t_1-\Delta t_2}{\ln\frac{\Delta t_1}{\Delta t_2}}=\frac{70-25}{\ln\frac{70}{25}}=43.71\ ℃$$

忽略污垢热阻和管壁热阻时总热阻为

$$\frac{1}{K_{\mathrm{o}}}=\frac{1}{\alpha_{\mathrm{o}}}+\frac{1}{\alpha_{\mathrm{i}}}\cdot\frac{d_{\mathrm{o}}}{d_{\mathrm{i}}}=\frac{1}{500}+\frac{25}{20\times1\ 200}=0.003\ 04$$

则总传热系数为

$$K_{\mathrm{o}}=328.95\ \mathrm{W/(m^2\cdot℃)}$$

$$A_{\mathrm{o}}=\frac{Q}{K_{\mathrm{o}}\Delta t_{\mathrm{m}}}=\frac{126.667\times10^3}{328.95\times43.71}=8.81\ \mathrm{m^2}$$

【例 4-13】 用一单管列、单壳程列管换热器冷却石油产品。换热器的管尺寸为 ϕ25 mm×2.5 mm，管子根数为85根。管长为6 m，石油产品走壳程，温度由 90 ℃ 降至50 ℃。冷却水走管程，流量为 50 m^3/h，进口温度为 25 ℃，出口温度为 40 ℃。两流体逆流流动，若忽略管壁热阻及污垢热阻，试求：(1) 总传热系数；(2) 管内对流传热系数；(3) 壳程对流传热系数。

解 (1) 总传热系数可由传热基本方程式求得，即

$$K=\frac{Q}{A\Delta t_{\mathrm{m}}}$$

冷却水的定性温度 $t_m=\frac{25+40}{2}=32.5\ ℃$,查附录5知物性参数为

$$\rho=995.7\ \mathrm{kg/m^3},\quad C_p=4.174\ \mathrm{kJ/(kg\cdot K)},$$
$$\lambda=0.618\ \mathrm{W/(m\cdot K)},\quad \mu=0.801\times10^{-3}\ \mathrm{Pa\cdot s}$$

换热器的传热量:

$$Q=q_{m,c}C_{p,c}(t_{c_2}-t_{c_1})=\frac{50}{3\ 600}\times995.7\times4.174\times10^3\times(40-25)$$
$$=8.658\times10^5\ \mathrm{W}$$

对数平均温度差:

$$\begin{array}{cc} 90 \rightarrow 40 \\ \underline{40 \leftarrow 25} \\ 50\quad 25 \end{array}\qquad \Delta t_m=\frac{\Delta t_1-\Delta t_2}{\ln\frac{\Delta t_1}{\Delta t_2}}=\frac{50-25}{\ln\frac{50}{25}}=36.067\ ℃$$

传热面积:

$$A_o=n\pi d_o l=85\times3.14\times0.025\times6=40.035\ \mathrm{m^2}$$

总传热系数:

$$K_o=\frac{Q}{A_o\Delta t_m}=\frac{8.658\times10^5}{40.035\times36.067}=599.61\ \mathrm{W/(m^2\cdot K)}$$

(2) 管内对流传热系数

管内流速: $$u_i=\frac{q_V}{A_i}=\frac{50/3\ 600}{\frac{1}{4}\pi\times0.02^2\times85}=0.520\ 4\ \mathrm{m/s}$$

雷诺数: $$Re=\frac{d_i u_i\rho}{\mu}=\frac{0.02\times0.520\ 4\times995.7}{0.801\times10^{-3}}=1.293\ 7\times10^4$$

普兰特准数:

$$Pr=\frac{C_p\mu}{\lambda}=\frac{4.174\times10^3\times0.801\times10^{-3}}{0.618}=5.41$$

可用式(4-40)求出 α_i

$$\alpha_i=0.023\frac{\lambda}{d_i}Re^{0.8}Pr^{0.4}=0.023\times\frac{0.618}{0.02}\times(1.293\ 7\times10^4)^{0.8}\times5.41^{0.4}$$
$$=2\ 719\ \mathrm{W/(m^2\cdot K)}$$

(3) 壳程对流传热系数

$$\frac{1}{K_o}=\frac{1}{\alpha_o}+\frac{d_o}{\alpha_i d_i},\quad \frac{1}{599.61}=\frac{1}{\alpha_o}+\frac{25}{2\ 719\times20},\quad \alpha_o=828.7\ \mathrm{W/(m^2\cdot K)}$$

4.4.4 壁温的计算

利用传热基本方程式 $Q=KA\Delta t_m$,可避开壁温(因壁温往往未知)而直接根据冷、热流体的始、终温度进行传热计算。而当计算自然对流、强制对流的层流、蒸气冷凝、液体沸腾时的对流传热系数时,以及选用换热器类型和管材时都需要知道壁温。可根据导热速率方程及牛顿冷却定律计算壁温。

稳态传热时,导热速率及对流传热速率必然相等,即

$$Q=\frac{t_h-t_{h,w}}{\frac{1}{\alpha_o A_o}}=\frac{t_{h,w}-t_{c,w}}{\frac{b}{\lambda A_m}}=\frac{t_{c,w}-t_c}{\frac{1}{\alpha_i A_i}}$$

式中，$t_{h,w}$、$t_{c,w}$ 分别为热、冷流体侧管壁的平均温度。利用上述方程式求壁温有时需要试差。壁温总是接近 α 较大一侧的流体温度。若 $\alpha_i \approx \alpha_o$，则壁温 $t_w=\frac{t_h+t_c}{2}$。

【例 4-14】 在由 ϕ25 mm×2.5mm 钢管构成的废热锅炉中，管内通入高温气体，进口温度为500 ℃，出口温度为 400 ℃。管外为 $p=981$ kPa 压力的水沸腾。已知高温气体对流传热系数$\alpha_i=250$ W/(m^2·℃)，水沸腾的对流传热系数 $\alpha_o=10\ 000$ W/(m^2·℃)。忽略污垢热阻，试求管内壁平均温度及管外壁平均温度。

解 (1) 求总传热系数

以管子外表面积 A_o 为基准。

$$K_o=\frac{1}{\frac{1}{\alpha_o}+\frac{b}{\lambda}\cdot\frac{d_o}{d_m}+\frac{1}{\alpha_i}\frac{d_o}{d_i}}=\frac{1}{\frac{1}{10\ 000}+\frac{0.002\ 5}{45}\times\frac{25}{22.5}+\frac{1}{250}\times\frac{25}{20}}=193.7\ \text{W/(m}^2\cdot℃)$$

(2) 求平均温度差

在 $p=981$ kPa，水的饱和温度为 179 ℃。

$$\begin{array}{l}500\rightarrow 400\\ \underline{179\rightarrow 179}\\ 321\quad 221\end{array}\qquad \Delta t_m=\frac{321+221}{2}=271\ ℃$$

(3) 求单位面积传热量

$$Q/A_o=K_o\Delta t_m=193.7\times 271=52\ 493\ \text{W/m}^2$$

(4) 求管壁温度

水的温度 $t_c=179$ ℃。

管外壁温度：

$$t_{c,w}=t_c+\frac{Q}{\alpha_o A_o}=179-\frac{52\ 493}{10\ 000}=184.2\ ℃$$

管内壁温度：

$$t_{h,w}=t_h-\frac{Q}{\alpha_i A_i}$$

其中

$$t_h=(500+400)/2=450\ ℃$$

$$K_i=\frac{K_o A_o}{A_i}=\frac{193.7\times 25}{20}=242\ \text{W/(m}^2\cdot℃)$$

$$\frac{Q}{A_i}=K_i\Delta t_m=242\times 271=65\ 582\ \text{W/m}^2$$

故
$$t_{h,w}=t_h-\frac{Q}{\alpha_i A_i}=450-\frac{65\ 582}{250}=187.7\ ℃$$

评析 由于水沸腾对流传热系数很大，水侧热阻很小，则壁温接近于水的温度。壁温总是接近于对流传热系数较大一边的流体的温度。又因管壁热阻很小，所以管壁两侧的温度比较接近。

4.5 热辐射

4.5.1 基本概念

物体由于热的原因而产生的电磁波在空间的传递称为热辐射。前已述及，辐射传热就是物体间相互辐射和吸收能量的总结果。热辐射与光辐射的本质完全相同，区别只是波长不同。热辐射的波长范围理论上是从零到无穷大，有实际意义的波长为 0.38 ～ 100 μm。随着温度的升高，辐射传热的作用将变得更加重要。

热辐射线和可见光一样，具有相同的传播规律，服从反射定律、折射定律。在真空和大多数气体（惰性气体和对称双原子气体）中热射线可以完全透过，但不能完全透过液体和大多数固体。因此，只有互相能“照见”的物体间才能进行热辐射。

设投射到某物体上的辐射能为 Q，物体吸收辐射能为 Q_A，反射辐射能为 Q_R，透过辐射能为 Q_D。如图 4-22 所示。则有

$$Q = Q_A + Q_R + Q_D \tag{4-78}$$

或

$$\frac{Q_A}{Q} + \frac{Q_R}{Q} + \frac{Q_D}{Q} = 1 \tag{4-79}$$

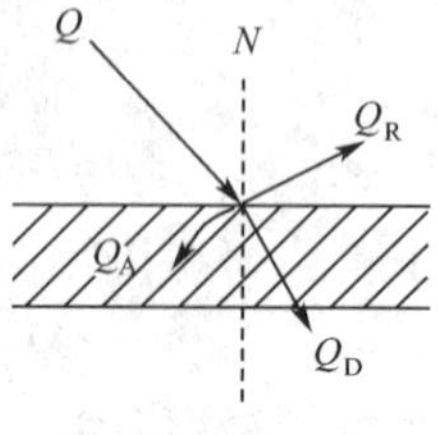

图 4-22　辐射能的反射、吸收和透过

令 $A = Q_A/Q, R = Q_R/Q, D = Q_D/Q$。$A$、$R$、$D$ 分别称为该物体的吸收率、反射率、透过率，则

$$A + R + D = 1 \tag{4-80}$$

若 $A = 1$，则表示物体能吸收全部辐射能，这种物体称为绝对黑体，简称黑体。如无光泽的黑煤，吸收率可达 0.98。

若 $R = 1$，则表示物体能反射全部辐射能，这种物体称为绝对白体，简称白体。如磨光的铜镜，反射率可达 0.97。

若 $D = 1$，则表示物体能透过全部辐射能，这种物体称为透热体。如单原子和对称双原子气体可视为透热体。

物体的吸收率 A、反射率 R、透过率 D 取决于物体的性质、表面状况、温度及射线的波长。

4.5.2 物体的辐射能力与斯蒂芬 - 玻尔兹曼定律

物体在一定温度下，单位面积、单位时间内所发射的全部波长的总能量，称为该物体在该温度下的辐射能力，以 E 表示，单位为 W/m^2。

1. 黑体的辐射能力与斯蒂芬 - 玻尔兹曼定律

理论证明，黑体的辐射能力 E_b 与其表面的热力学温度 T 的四次方成正比，即

$$E_b = C_0 \left(\frac{T}{100}\right)^4 \tag{4-81}$$

式中　C_0—— 黑体的辐射系数，$C_0 = 5.67\ W/(m^2 \cdot K^4)$。

式(4-81) 称为斯蒂芬 - 玻尔兹曼定律。

【例4-15】 某黑体初始温度为20 ℃，后升温至600 ℃，问其前后辐射能力的变化。

解　黑体在20 ℃的辐射能力为

$$E_{b1}=C_0\left(\frac{T}{100}\right)^4=5.67\times\left(\frac{273+20}{100}\right)^4=418\ \text{W/m}^2$$

黑体在600 ℃的辐射能力为

$$E_{b2}=C_0\left(\frac{T}{100}\right)^4=5.67\times\left(\frac{273+600}{100}\right)^4=32\ 930\ \text{W/m}^2$$

辐射能力变化为

$$\frac{E_{b2}}{E_{b1}}=\frac{32\ 930}{418}=78.8$$

评析　由此例题可见，同一黑体温度变化600/20＝30倍，而辐射能力为原来的78.8倍，说明温度对辐射能力的影响在低温时较小，往往可以忽略不计，而在高温时则可成为主要的传热方式。

2. 实际物体的辐射能力

在同一温度下，实际物体的辐射能力E恒小于黑体的辐射能力E_b。不同物体的辐射能力有很大差别，通常以黑体的辐射能力为基准，引进黑度的概念。实际物体的辐射能力E与同温度下黑体的辐射能力E_b之比，称为该物体的黑度，用ε表示：

$$\varepsilon=\frac{E}{E_b} \tag{4-82}$$

黑度表示物体的辐射能力接近黑体的程度，表示实际物体辐射能力的大小。ε与物体的性质、表面温度、表面粗糙度和氧化程度有关，由实验测定其值，范围为0～1。常用工业材料的黑度见表4-11。实际物体的辐射能力可表示为

$$E=\varepsilon\cdot E_b=\varepsilon\cdot C_0\left(\frac{T}{100}\right)^4 \tag{4-83}$$

表4-11　常用工业材料的黑度

材料	温度/℃	黑度	材料	温度/℃	黑度
红砖	20	0.93	铝(磨光的)	225～575	0.039～0.057
耐火砖	—	0.8～0.9	铜(氧化的)	200～600	0.57～0.87
钢板(氧化的)	200～600	0.8	铜(磨光的)	—	0.03
钢板(磨光的)	940～1 100	0.55～0.61	铸铁(氧化的)	200～600	0.64～0.78
铝(氧化的)	200～600	0.11～0.19	铸铁(磨光的)	330～910	0.6～0.7

4.5.3　克希霍夫定律

理论证明，任何物体的辐射能力与其吸收率的比值恒为常数，且等于同温度下绝对黑体的辐射能力，表示为

$$\frac{E}{A}=E_b \tag{4-84}$$

式(4-84)称为克希霍夫定律。比较式(4-82)和式(4-84)可见

$$\frac{E}{E_b}=\varepsilon=A \tag{4-85}$$

式(4-85)表明，在同一温度下，物体的吸收率与黑度在数值上相等。因此实际物体难以确定的吸收率均可用其黑度的数值。

4.5.4 两固体间的辐射传热

工业上常遇到两固体间的相互辐射传热。辐射传热量不仅与两固体的吸收率、反射率、形状及大小有关，而且与两者之间距离和相互位置有关。一般以下式表示由较高温度的物体1传给较低温度的物体2的热量。

$$Q_{1\text{-}2}=C_{1\text{-}2}\varphi A\left[\left(\frac{T_1}{100}\right)^4-\left(\frac{T_2}{100}\right)^4\right] \tag{4-86}$$

式中　$C_{1\text{-}2}$——总辐射系数，$W/(m^2\cdot K^4)$；

A——传热面积，m^2；

φ——角系数，量纲一的量；

T_1——较热物体的温度，K；

T_2——较冷物体的温度，K。

总辐射系数 $C_{1\text{-}2}$ 及角系数 φ 的数值由物体的黑度、形状、大小、距离及相互位置确定。工业上遇到的固体间相互辐射有以下几种情况：

(1) 一物体被另一物体包围时的辐射，包括很大的物体2包住物体1和物体2恰好包住物体1两种情况。

(2) 两平行物面间的辐射，分为极大的两平行面的辐射和面积有限的两相等平行面间的辐射两种情况。

对于上述简单情况，辐射面积 A、角系数 φ、总辐射系数 $C_{1\text{-}2}$ 可如图4-23所示，计算式见表4-12。

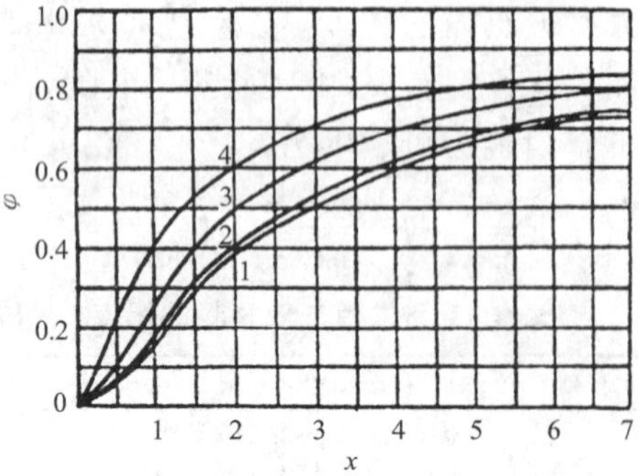

图4-23　平行平面间辐射传热的角系数

1—圆盘形；2—正方形；3—长方形(边长之比为2∶1)；4—长方形(狭长)

$$x=\frac{l}{b}\left(\frac{d}{b}\right)=\frac{\text{边长(长方形用短边)或直径}}{\text{辐射面间的距离}}$$

表4-12　φ 值与 $C_{1\text{-}2}$ 的计算式

序号	辐射情况	面积 A	角系数 φ	总辐射系数 $C_{1\text{-}2}$
1	极大的两平行面	A_1 或 A_2	1	$\dfrac{C_0}{\dfrac{1}{\varepsilon_1}+\dfrac{1}{\varepsilon_2}-1}$
2	面积有限的两相等平行面	A_1	$<1^*$	$\varepsilon_1\varepsilon_2C_0$
3	很大的物体2包住物体1	A_1	1	ε_1C_0
4	物体2恰好包住物体1($A_2\approx A_1$)	A_1	1	$\dfrac{C_0}{\dfrac{1}{\varepsilon_1}+\dfrac{1}{\varepsilon_2}-1}$
5	在3、4两种情况之间	A_1	1	$\dfrac{C_0}{\dfrac{1}{\varepsilon_1}+\dfrac{A_1}{A_2}\left(\dfrac{1}{\varepsilon_2}-1\right)}$

* 此处 φ 值由图4-23查得。

4.6 换热器

4.6.1 换热器的分类

化工生产中所用的换热器类型很多,可按不同的分类方法进行分类。

1. 按用途分类

换热器按用途不同可分为加热器、预热器、冷却器、蒸发器、再沸器、冷凝器等。

2. 按热量的传递方式分类

(1) 间壁式换热器

间壁式换热器是冷热流体被固体壁面隔开,互不接触,热量由热流体通过壁面传给冷流体。该类型换热器适用于冷、热流体不允许混合的场合。间壁式换热器应用广泛,形式多样,各种管壳式和板式结构的换热器均属此类。

(2) 直接接触式换热器

直接接触式换热器亦称混合式换热器。在此类换热器中,冷、热流体直接接触,相互混合传递热量。该类型换热器结构简单,传热效率高,适用于冷热流体允许直接混合的场合。例如中石油辽阳石化分公司热电厂的凉水塔,属于直接混合式换热器。

(3) 蓄热式换热器

蓄热式换热器主要由热容较大的蓄热室构成,室中可充填耐火砖等填料,热流体通过蓄热室时将室内填料加热,然后冷流体通过蓄热室时将热量带走。这样冷、热流体交替通过同一蓄热室时,蓄热室即可将热量传递给冷流体,达到换热的目的。这类换热器结构较为简单,耐高温,常用于高温气体热量的回收与冷却。其缺点是设备体积庞大,且不能完全避免两种流体的混合。

3. 按换热器传热面的形状和结构分类

(1) 管式换热器

管式换热器通过管子壁面进行传热。按传热管的结构型式可分为列管式换热器、蛇管式换热器、套管式换热器和翅片管式换热器等。管式换热器在工业生产中应用最为广泛。

(2) 板式换热器

板式换热器通过板面进行传热。按传热板的结构不同,可分为平板式换热器、螺旋板式换热器、板翅式换热器和热板式换热器等。

4.6.2 间壁式换热器

在化工生产中,大多数情况下,冷、热两种流体在换热过程中不允许混合,故间壁式换热器在化工生产中被广泛使用。下面就常用的换热器做以简要介绍。

1. 管式换热器

(1) 夹套式换热器

夹套式换热器的结构如图 4-24 所示。它由一个装在容器外部的夹套构成,主要用于反应过程的加热或冷却，器壁是传热面。当用蒸气进行加热时，蒸气由上部接管进入夹套，冷凝水由下部接管中排出。冷却时，则冷却水由下部进入，由上部流出。这种换热器结构简单，容易制造，但传热面积有限，传热系数较低。为了提高传热系数，可在釜内安装搅拌器，在夹套中增加螺旋隔板等措施。

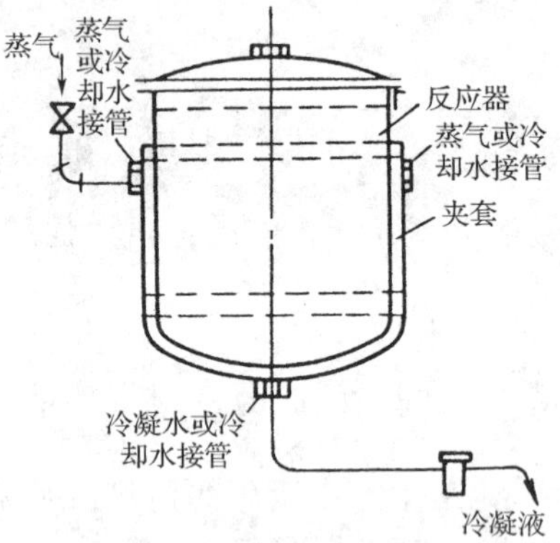

图 4-24　夹套式换热器的结构

(2) 套管式换热器

套管式换热器是将两种直径大小不同的标准管套在一起组成同心套管，并用 U 形弯管把管段串联起来，如图 4-25 所示。每一段套管称为一程，换热器的程数可以按照传热面大小而增减，亦可几排并列，每排与总管相连。换热时一种流体在内管中流动，另一种流体在套管的环隙中流动，两种流体可始终保持逆流流动。

套管换热器

由于两个管径都可以适当选择，以使内管与环隙间的流体呈湍流状态，故一般具有较高的总传热系数，同时也可减少垢层的形成。这种换热器的优点是结构简单，能耐高压，制造方便，应用灵便，传热面易于增减。其缺点是单位传热面积的金属消耗量很大；管子接头多，检修清洗不方便；占地面积较大。故一般适用于流量不大、所需传热面亦不大及高压的场合。

蛇管换热器
蛇管的形状

(3) 蛇管式换热器

蛇管式换热器可分为沉浸式和喷淋式两种。

① 沉浸蛇管式换热器

沉浸蛇管式换热器中的蛇管多以金属管子弯绕而成，或制成适应容器需要的形状，沉浸在容器中，两种流体分别在管内、外进行换热。此种换热器的主要优点是结构简单，便于制造，便于防腐，且能承受高压。其主要缺点是管外液体的对流传热系数较小，从而总传热系数亦小，如增设搅拌装置，则可提高传热效果。几种常用的蛇管的形状如图 4-26 所示。

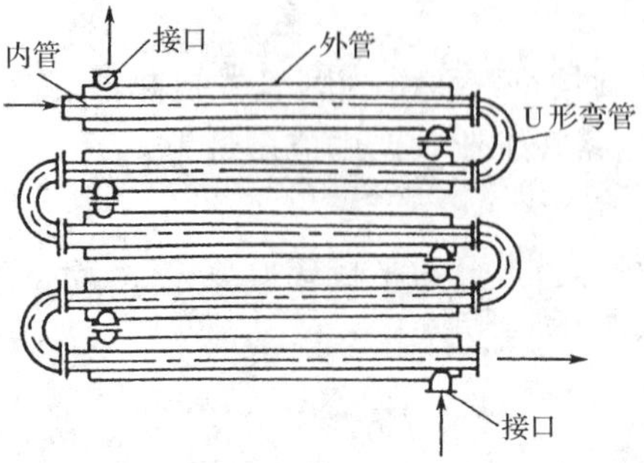

图 4-25　套管式换热器

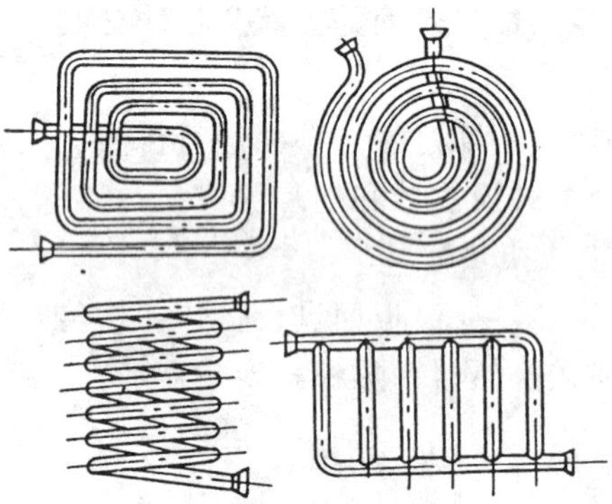
图 4-26　蛇管的形状

② 喷淋蛇管式换热器

喷淋蛇管式换热器如图 4-27 所示。此种换热器多用于管内热流体的冷却。冷水由最上面管子的喷淋装置中淋下，沿管表面下流，而被冷却的流体自最下面管子流入，由最上面管子中流出，与外面的冷流体进行热交换。该装置通常放在室外空气流通处，冷却水在空气中汽化，可以带走部分热量。与沉浸蛇管式换热器相比，该换热器便于检修和清洗。其缺点是占地面积较大，冷却水消耗量较大，水滴容易溅洒到周围环境，且喷淋不易均匀。

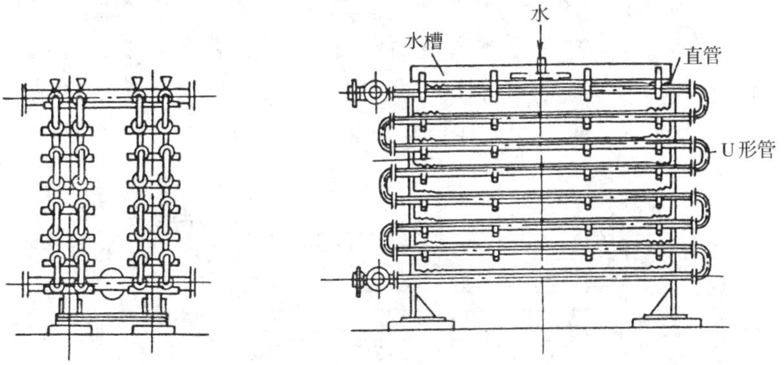

图 4-27　喷淋蛇管式换热器

(4) 列管式换热器

列管式换热器又称管壳式换热器，是一种通用的标准换热器。它具有结构简单、坚固耐用、造价低廉、用材广泛、清洗方便、适应性强等优点，在化工厂中应用最为广泛。列管式换热器一般由壳体、管板、管束、封头、折流挡板构成。

列管式换热器冷、热流体分别流经管程、壳程，由于温度不同，热膨胀程度有所不同，当温差大于 50 ℃ 时，导致设备弯曲、变形，甚至破裂，此时应考虑热膨胀因素，并设法加以补偿。根据热补偿的方式不同，列管式换热器可分为固定管板式、浮头式、U 形管式、釜式等。

① 固定管板式换热器

固定管板式换热器由壳体、管束、管板、封头、接管和折流挡板等部件组成。两端管板与壳体焊在一起。如图 4-28 所示，整个换热器分为两部分：换热管内的通道及两端相贯通处称为管程；换热管外的通道及其相贯通处称为壳程。冷、热流体分别在管程和壳程中连续流动。若管内流体一次通过管程，称为单管程。当换热器传热面积较大，所需管子数目较多时，为提高流体的流速，可分为多管程，程数可分为 2、4、6、8。壳流体一次通过壳程，称为单壳程。为提高壳程流体流速，也可在与管束轴线平行方向放置纵向隔板使壳程分为多程。

固定管板
换热器结构

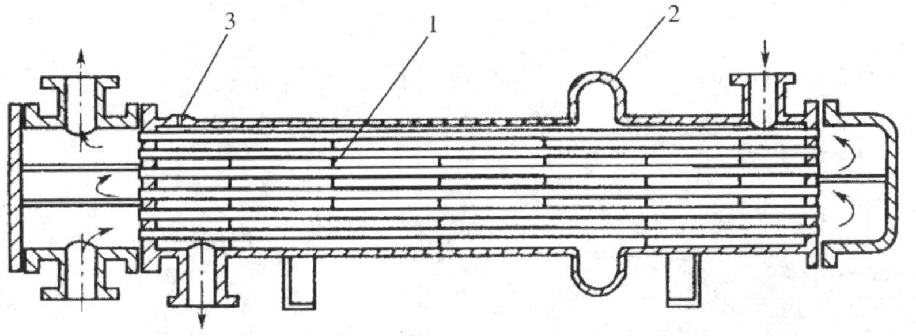

固定管板
换热器原理

图 4-28　具有补偿圈的固定管板式换热器

1— 挡板；2— 补偿圈；3— 放气嘴

固定管板式换热器的优点是结构简单、紧凑，管内便于清洗；当管程与壳程流体的温差大于 50 ℃ 时，可引起很大的内应力，需在壳体上设置膨胀节。此种换热器适用于壳程流体洁净且不易结垢，两流体温差不大的场合。

② 浮头式换热器

浮头式
换热器结构

浮头式换热器的结构如图 4-29 所示。其结构特点是两端管板之一不与壳体固定连接，可以在壳体内沿轴向自由伸缩，称为浮头。此种换热器的优点是可以消除热应力，管束可以从管内抽出，便于管内和管间的清洗。缺点是结构复杂，造价高。适用于壳体与管束温差较大或壳程流体容易结垢的场合。

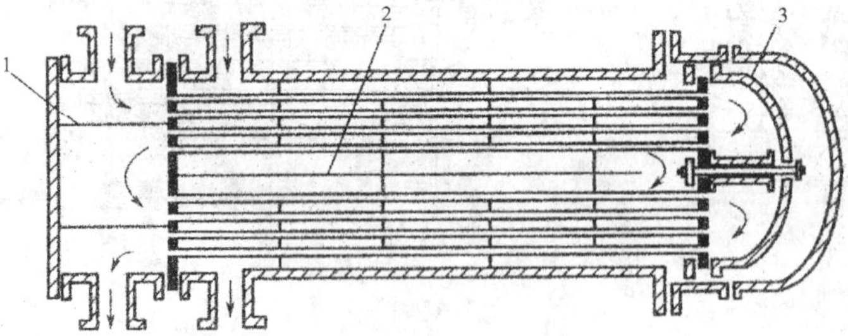

浮头式
换热器原理

图 4-29　浮头式换热器

1— 管程隔板；2— 壳程隔板；3— 浮头

③U 形管式换热器

U 形管式换热器的结构如图 4-30 所示。每根换热管都弯成 U 形，进、出口分别安装在同一管板的两侧，封头以隔板分成两室，这样，每根管子皆可自由伸缩，而与外壳无关。在结构上 U 形管式换热器比浮头式简单，但管程不易清洗，只适用于洁净而不易结垢的流体。

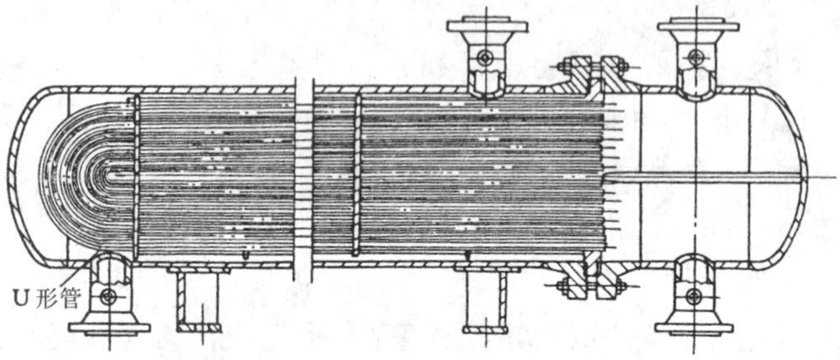

U形管式
换热器结构

U形管式换热
器工作原理

图 4-30　U 形管式换热器

④ 釜式换热器

釜式换热器的结构如图 4-31 所示。其结构特点是壳体上部设置蒸发空间。管束可以为固定管板式、浮头式或 U 形管式。釜式换热器清洗方便，并能承受高压、高温，适用于液体沸腾汽化的场合。

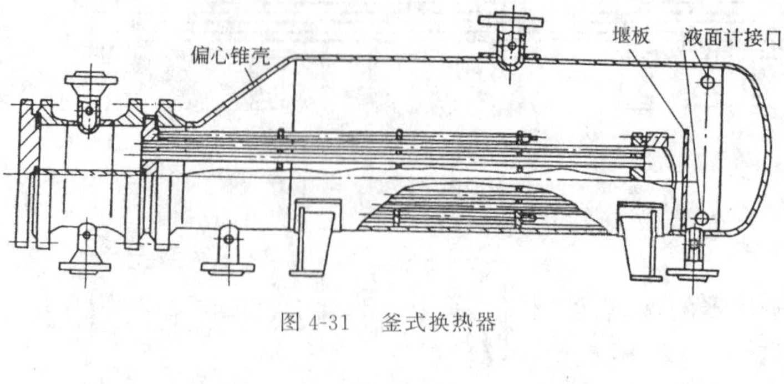

图 4-31　釜式换热器

(5) 翅片管式换热器

翅片管式换热器又称为管翅式换热器，如图 4-32 所示。其结构特点是在换热器的外表面或内表面装有许多翅片，常用的翅片有纵向和横向两类。图 4-33 是工业广泛应用的几种翅片形式。当两种流体的对流传热系数之比超过 3∶1 时，采用翅片式换热器在经济上是合理的。翅片式换热器作为空气冷却器，在工业上应用很广。

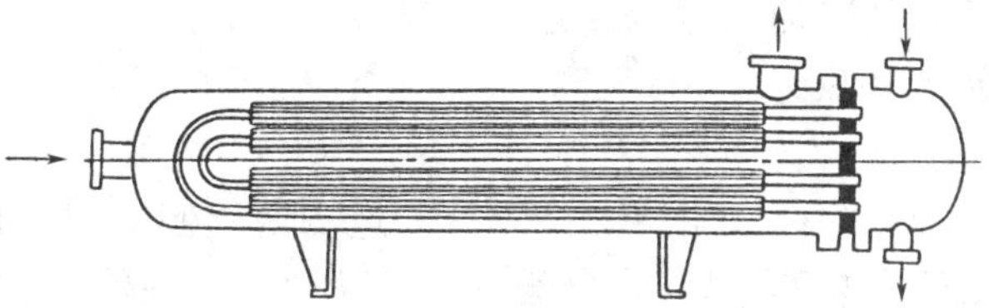

图 4-32 翅片管式换热器

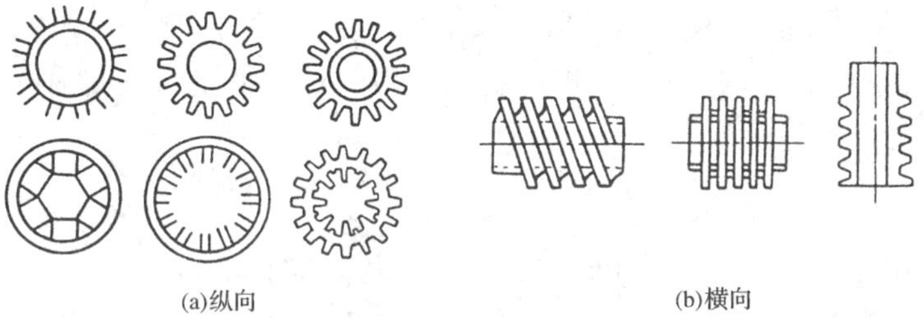

图 4-33 常见的翅片形式

2. 板式换热器

(1) 平板式换热器

平板式换热器简称板式换热器，它是由一组长方形的薄金属板平行排列构成，用框架将板片夹紧组装于支架上，两相邻板片的边缘衬以垫片（橡胶或压缩石棉等）压紧，达到密封的目的。板片四角有圆孔，形成流体的通道。冷热流体交替地在板片两侧流过，通过板片进行换热，如图 4-34 所示。板片通常被压制成各种槽形或波纹形的表面，这样既增强了刚性和流体的湍动程度，又增大了传热面积，如图 4-35 所示。板间距通常为 4～6 mm，板片材料可用不锈钢，亦可用其他耐腐蚀合金材料。板式换热器的优点是总传热系数大，为 1 500～7 000 $W/(m^2 \cdot K)$；结构紧凑，单位体积设备提供的传热面积大；装拆方便，操作灵活性大。其缺点是处理量小，允许操作压力较低，操作温度不能太高。

平板式换热器

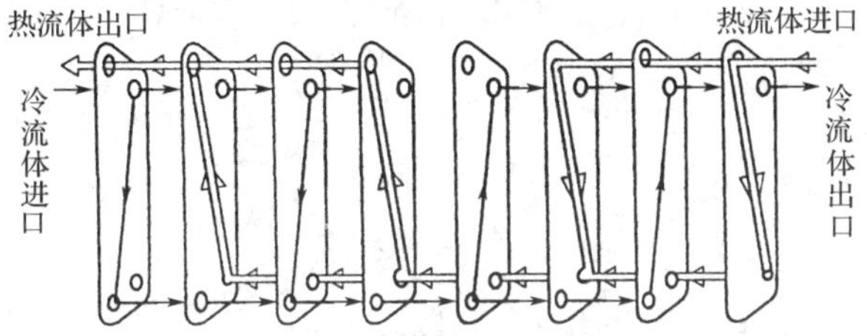

图 4-34 板式换热器流体流向示意图

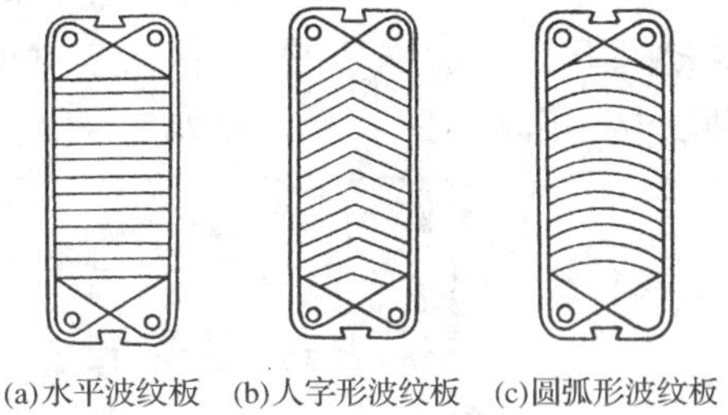

图 4-35 板式换热器的板片

(2) 螺旋板式换热器

螺旋板式换热器的结构如图 4-36 所示。它是由焊在中心隔板上的两块金属薄板卷制而成，两薄板之间形成螺旋形通道，两板之间焊有一定数量的定距柱以维持通道间距，两端用盖板焊死。两流体分别在两通道内流动，隔着薄板进行换热。其中一种流体由外层的一个通道流入，顺着螺旋通道流向中心，最后由中心的接管流出；另一种流体则由中心的另一个通道流入,沿螺旋通道反方向向外流动,最后由外层接管流出。两流体在换热器内做逆流流动。

螺旋板式换热器的优点是结构紧凑;单位体积设备提供的传热面积大,约为列管式换热器的 3 倍;流体在换热器内做严格的逆流流动,可在较小的温差下操作,能充分利用低温能源;由于流向不断改变,且允许选用较高流速,故传热系数大,为列管式换热器的 1 ~ 2 倍;又由于流速较高,同时有惯性离心力的作用,污垢不易沉积。其缺点是制造和检修比较困难;流动阻力大,在同样物料和流速下,其流动阻力为直管阻力的 3 ~ 4 倍;操作压力和温度不能太高,一般压力在 2 MPa 以下,温度则不超过 400 ℃。

(3) 板翅式换热器

板翅式换热器是一种更为高效紧凑的换热器。过去由于制造成本较高,板翅式换热器仅用于宇航、电子、原子能等少数部门,现在已逐渐应用于化工和其他工业,取得了良好效果。

如图 4-37 所示,在两块平行金属薄板之间,夹入波纹状或其他形状的翅片,将两侧面封死,即成为一个换热基本元件。将各基本元件适当排列(两元件之间的隔板是公用的),并用钎焊固定,制成逆流式或错流式板束。将板束放入适当的集流箱(外壳)就成为板翅式换热器。

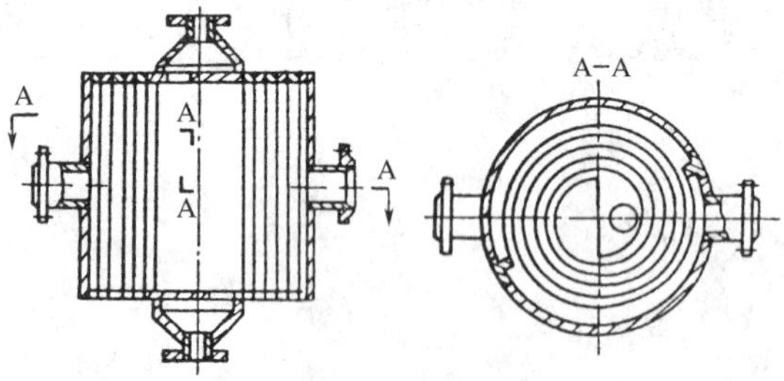

图 4-36　螺旋板式换热器

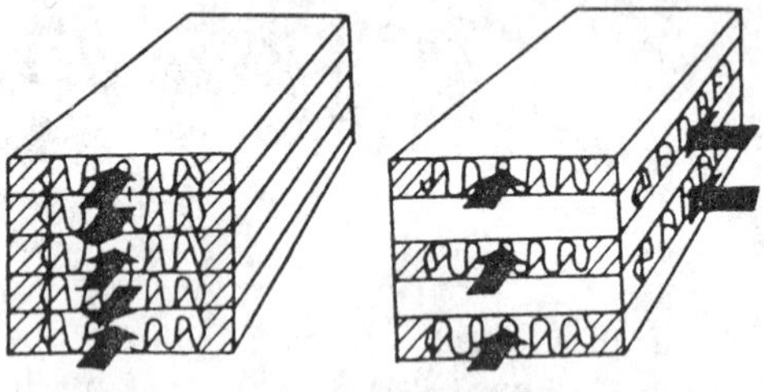

(a)逆流　(b)错流

图 4-37　板翅式换热器

板翅式换热器的结构高度紧凑,单位容积可提供的传热面积为 2 500 ~4 000 m^2/m^3。所用翅片的形状可促进流体的湍动,故其传热系数也很高。因翅片对隔板有支撑作用,板翅式换热器允许操作压力也较高,可达 5 MPa。

(4) 热板式换热器

热板式换热器是一种新型高效换热器,其基本单元为热板,热板结构如图 4-38 所示。它是将两层或多层金属平板点焊或滚焊成各种图形,并将边缘焊接密封成一体。平板之间在高压下充气形成空间,得到最佳流动状态的流道形式。各层金属板道厚度可以相等,也可以不相等,板数可以为双层,也可以为多层,这样就构成了多种热板传热表面形式。热板式换热器具有流动阻力小,传热效率高,根据需要可做成各种形状等优点,可用于加热、保温、干燥、冷凝等多种场合。作为一种新型换热器,热板式换热器具有广阔的应用前景。

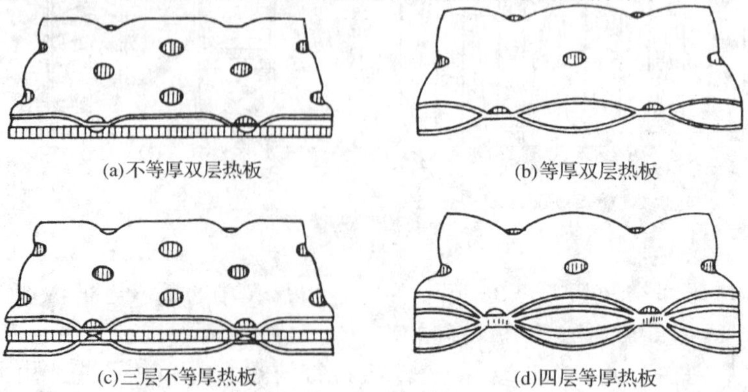

(a)不等厚双层热板　(b)等厚双层热板

(c)三层不等厚热板　(d)四层等厚热板

图 4-38　热板式换热器的热板结构

3. 其他类型换热器

(1) 热管换热器

热管是一种新型传热元件,如图 4-39 所示。最典型的热管是在一根装有毛细吸芯的金属管内充以定量的某种工作液体,然后封闭并抽除不凝性气体。当加热段受热时,工作液体遇热沸腾,产生的蒸气流至冷却段遇冷后凝结放出潜热。冷凝液沿具有毛细结构的吸液芯在毛细管力的作用下回流至加热段再次沸腾。如此反复循环,热量则由加热段传至冷却段。

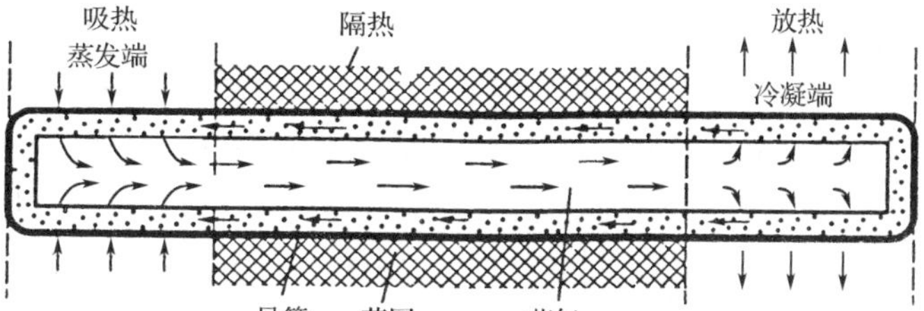

图 4-39 热管换热器

在传统的管式换热器中,热量是穿过管壁在管内、外表面间传递的。管外可采用翅片化的方法加以强化,而管内虽可安装内插物,但强化程度远不如管外。热管把传统的内、外表面间的传热巧妙地转化为管外表面的传热,使冷、热两侧皆可采用加装翅片的方法进行强化。因此,用热管制成的换热器,对冷、热两侧给热系数皆很小的气-气传热过程特别有效。近年来,热管换热器广泛地应用于回收锅炉排出的废热以预热燃烧所需空气,取得了很好的经济效果。

在热管内部,热量的传递是通过沸腾冷凝过程。由于沸腾和冷凝对流传热系数皆很大,蒸气流动的阻力很小,因此管壁温度相当均匀。由热管的传热量和相应的管壁温差折算而得的表观导热系数,是最优良金属热体的 $10^2 \sim 10^3$ 倍。因此,热管对于某些等温性要求较高的场合,尤为适用。

此外,热管还具有传热能力大,应用范围广,结构简单,工作可靠等优点。

(2) 板壳式换热器

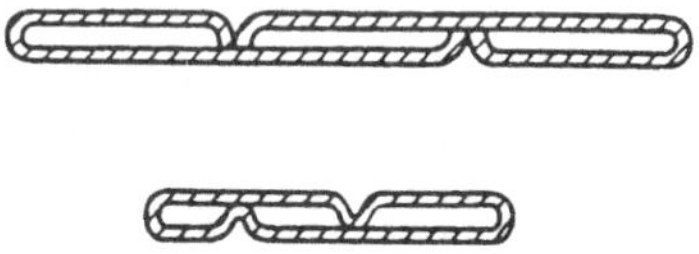

图 4-40 板壳式换热器结构示意图

板壳式换热器与列管式换热器的主要区别是以板束代替管束。板束的基本元件是将条状钢板滚压成一定形状然后焊接而成,如图 4-40 所示。板束元件可以紧密排列、结构紧凑,单位体积提供的换热面积为列管式的 3.5 倍以上。为保证板束充满圆形壳体,板束元件的宽度应该与元件在壳体内所占弦长相当。与圆管相比,板束元件的当量直径较小,对流传热系数也较大。

板壳式换热器不仅有各种板式换热器结构紧凑、传热系数高的特点,而且结构坚固,能承受很高的压力和温度,较好地解决了高效紧凑与耐温抗压的矛盾。目前,板壳式换热器最高操作压力可达 6.4 MPa,最高温度可达 800 ℃。板壳式换热器的缺点是制造工艺复杂,焊接要求高。

4.6.3 强化传热的途径

换热器是工业生产中进行热量交换的通用设备,广泛用于石油、化工、电力、冶金、航空、动力、食品等领域,在设备投资中占有相当大的比例,在运行中实现热量的合理利用,强化传热降低能耗,符合践行人类命运共同体、节能绿色低碳发展的理念。

所谓强化传热，就是设法提高换热器的传热速率。从传热基本方程式可以看出，增大传热面积 A、增大传热平均温度差 Δt_m 及增大传热系数 K 都可以达到强化传热的目的。

1. 增大传热面积 A

增大传热面积，可以提高换热器的传热速率。增大传热面积不能单纯依靠增大换热器的尺寸来实现，因为这样会使设备费用增加。实践证明，从改进设备的结构入手，增加单位体积的传热面积，可以使设备更加紧凑，结构更加合理。目前出现的一些新型换热器，如螺旋板式换热器、板式换热器等，其单位体积的传热面积大大超过了列管式换热器。同时，改进传热面结构，使用高效能传热面，也能增大传热面积。如图 4-41 所示的几种带翅片或异形表面的传热管，是工程上常用的高效能传热管。它们不仅增加了传热面积，而且使流体的湍动程度增大，使传热系数显著提高。

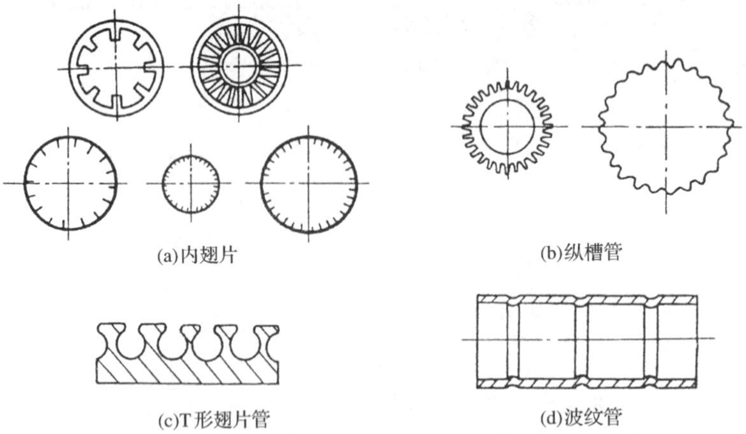

图 4-41　几种带翅片或异形表面的传热管

2. 增大传热平均温度差 Δt_m

增大传热平均温度差，可以提高换热器的传热速率。传热平均温度差的大小取决于两流体的温度大小及流动型式。流体温度是由生产工艺条件所决定，一般不能随意变动，而加热剂或冷却剂，可以根据 Δt_m 的需要，选择不同的介质和流量加以改变。但需要注意的是，改变加热剂和冷却剂的温度，必须考虑到技术上的可行性和经济上的合理性。另外，采用逆流操作或增加壳程数，均可得到较大的平均温度差。

3. 增大传热系数 K

增大传热系数，可以提高换热器的传热速率。增大传热系数，实际上就是降低换热器的热阻。为分析方便起见，总热阻按平壁考虑，有

$$\frac{1}{K}=\frac{1}{\alpha_i}+R_{s,i}+\frac{b}{\lambda}+R_{s,o}+\frac{1}{\alpha_o}$$

由此可见，要降低总热阻，必须减少各分热阻。在不同情况下，各分热阻所占比例不同，应设法减少占比例较大的分热阻。一般来说，在金属换热器中，壁面较薄且导热系数较大，管壁热阻不会成为主要热阻；污垢热阻是一个可变因素，在换热器刚投入使用时，可不予考虑，但随着使用时间的加长，污垢热阻逐渐增加，便可成为主要热阻，故换热器必须定期清洗。

提高 K 值的具体途径和措施如下：

(1) 提高流体的 α 值

如前所述，当管壁及污垢热阻忽略不计时，欲提高 K 值，就要提高 α 较小流体的对流传热系数值。若 α_i 与 α_o 接近，必须同时提高两侧的 α 值。提高 α 的方法有增大流体流速、改变传

热面的形状和增加粗糙度等。

(2) 抑制污垢的生成或及时除垢

当壁面两侧的对流传热系数都很大,即两侧的对流传热热阻都很小,而污垢热阻很大时,欲提高 K 值,则必须设法减缓污垢的形成,同时及时清除垢层。减小污垢热阻的措施有:提高流体的流速,以减弱垢层的沉积;加强水质处理,采用软化水;加入阻垢剂,防止和减缓垢层形成;定期采用机械或化学方法清除垢。

4.6.4 列管式换热器的设计与选用

1. 列管式换热器设计和选用应考虑的问题

(1) 冷、热流体流动通道的选择

① 不洁净或易结垢的液体宜走管程,因管内清洗方便。

② 腐蚀性流体宜走管程,以免管束和壳体同时受到腐蚀。

③ 有毒易污染的流体宜走管程,使泄漏的机会减少。

④ 压力高的流体宜走管程,以免壳体承受压力。

⑤ 饱和蒸气宜走壳程,因饱和蒸气比较洁净,对流传热系数与流速无关,而且冷凝液容易排出。

⑥ 流量小而黏度大($\mu > 1.5 \times 10^{-3}$ Pa·s)的流体一般以壳程为宜,因在壳程 $Re > 100$ 即可达到湍流,以提高传热系数。

⑦ 若两流体温差较大,对于刚性结构的换热器,宜将对流传热系数大的流体通入壳程,以减小热应力。

⑧ 需要被冷却物料一般走壳程,便于散热。

以上讨论的原则并不是绝对的,对具体的冷热流体而言,上述原则可能是互相矛盾的。因此,在选择流径时,必须根据具体情况,抓住主要矛盾进行确定。

(2) 流体流速的选择

流体在管程或壳程中的流速,直接影响传热系数、流动阻力、污垢热阻及换热器的结构等,因此选择适宜的流速是十分重要的。根据经验,表 4-13 列出了列管换热器内常用的流速范围,以供参考。

表 4-13 列管换热器内常用的流速范围

流体种类	流体速度 $u/(m \cdot s^{-1})$	
	壳程	管程
一般液体	0.2 ~ 1.5	0.5 ~ 3
易结垢液体	> 0.5	> 1
气体	3 ~ 15	5 ~ 30

(3) 冷却介质(或加热介质) 进、出口温度的选择

在换热器设计中,进、出换热器物料的温度一般由工艺条件确定,而冷却介质(或加热介质) 进、出口温度则由设计者视具体情况而定。为确保换热器在所有条件下均能满足工艺要求,加热介质的进口温度应按所在地的冬季状况确定,冷却介质的进口温度应按所在地的夏季状况确定。在用冷却水作冷却介质时,进、出口温度差一般控制在 5 ~ 10 ℃。

(4) 换热管的规格

换热管的规格包括管径和管长。换热管直径越小,换热器单位体积的传热面积越大。因此,对于洁净的流体管径可取小些,但对于不洁净或易结垢的流体,管径应取得大些,以免堵

塞。目前我国试行的系列标准规定采用 $\phi 25\ mm \times 2.5\ mm$ 和 $\phi 19\ mm \times 2\ mm$ 两种规格，对一般流体是适用的。此外，还有 $\phi 38\ mm \times 2.5\ mm$，$\phi 57\ mm \times 2.5\ mm$ 的无缝钢管。

我国生产的钢管系列标准中管长有 1.5 m、2 m、3 m、4.5 m、6 m 和 9 m，按选定的管径和流速确定管子数目，再根据所需传热面积，求得管长，合理截取。同时，管长又应与壳径相适应，一般管长与壳径之比，即 L/D 为 4 ～ 6。

管子的排列方式有等边三角形和正方形两种，如图 4-42(a)、图 4-42(b) 所示。与正方形排列相比，等边三角形排列比较紧凑，管外流体湍动程度高，表面传热系数大。正方形排列虽比较松散，传热效果也较差，但管外清洗方便，对易结垢流体更为适用。如将正方形排列的管束斜转 45° 安装，如图 4-42(c) 所示，可在一定程度上提高对流传热系数。

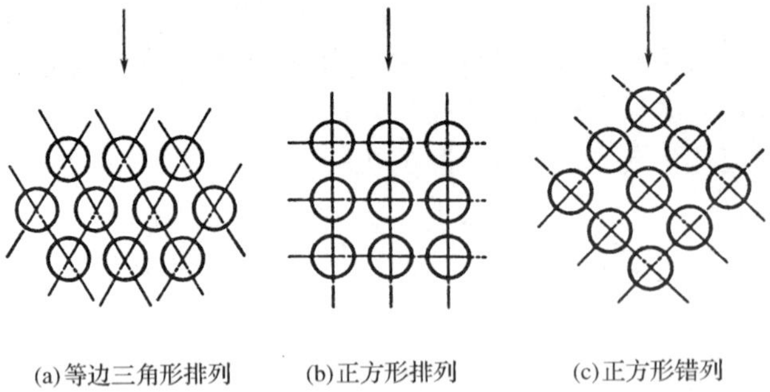

图 4-42　管子在管板上的排列

(5) 折流挡板

安装折流挡板的目的是提高管外对流传热系数。为取得良好效果，挡板的形状和间距必须适当。对常用的圆缺形挡板，弓形缺口的大小对壳程流体的流动情况有重要影响。由图 4-43 可以看出，弓形缺口太大或太小都会产生“死区”。弓形缺口太大不利于传热，太小又增加流体阻力。

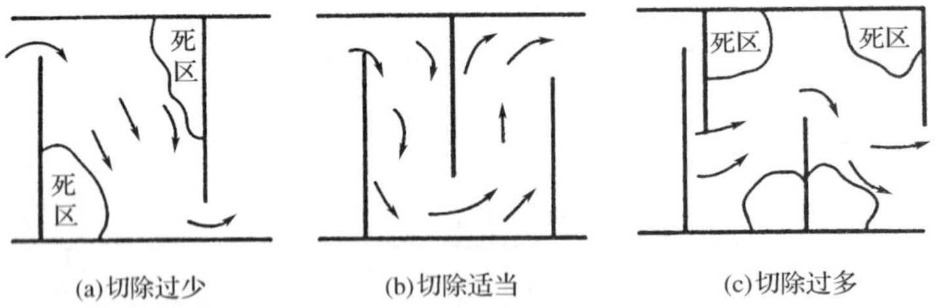

图 4-43　挡板切除对流动的影响

挡板的间距对壳程的流动亦有重要的影响。间距太大，不能保证流体垂直流过管束，使管外对流传热系数下降；间距太小，不便于制造和检修，阻力损失亦大。一般取挡板间距为壳体内径的 0.2 ～ 1.0 倍。我国系列标准中采用的挡板间距为：固定管板式有 100 mm、150 mm、200 mm、300 mm、450 mm、600mm、700 mm 7 种；浮头式有 100 mm、150 mm、200 mm、250 mm、300 mm、350 mm、450 mm(或 480 mm)、600 mm 8 种。

(6) 流体通过换热器时阻力(压降)的计算

换热器管程及壳程的流动阻力，常常控制在一定允许范围内。若计算结果超过允许值，则应修改设计参数或重新选择其他规格的换热器。按一般经验，对于液体常控制在 10^4 ～ 10^5 Pa，对于气体则以 10^3 ～ 10^4 Pa 为宜。

① 管程阻力

流体通过管程阻力包括每程直管摩擦阻力 Δp_1、每程回弯阻力 Δp_2 以及进出口阻力 Δp_3 三项之和。而 Δp_3 对比之下常可忽略不计。因此可用下式计算管程总阻力 $\sum \Delta p_i$。

$$\sum \Delta p_i = (\Delta p_1 + \Delta p_2) F_t \cdot N_s \cdot N_p \tag{4-87}$$

式中 Δp_1—— 每程直管摩擦阻力，$\Delta p_1 = \lambda \frac{L}{d} \frac{\rho u^2}{2}$，Pa；

Δp_2—— 每程回弯阻力，$\Delta p_2 = 3 \times \frac{\rho u^2}{2}$，Pa；

F_t—— 结垢校正系数，量纲一的量。对于 $\phi 25\ \text{mm} \times 2.5\ \text{mm}$ 的管子，$F_t = 1.4$。对于 $\phi 19\ \text{mm} \times 2\ \text{mm}$ 的管子，$F_t = 1.5$；

N_s—— 壳程数；

N_p—— 管程数。

② 壳程阻力

对于壳程阻力的计算，由于流动状态比较复杂，相应的计算公式较多，所得计算结果相差很多。下面为埃索法计算壳程阻力的公式：

$$\sum \Delta p_o = [\Delta p'_1 + \Delta p'_2] F_s N_s \tag{4-88}$$

式中 $\sum \Delta p_o$—— 壳程总阻力，Pa；

$\Delta p'_1$—— 流过管束的阻力，Pa；

$\Delta p'_2$—— 流过折流板缺口的阻力，Pa；

F_s—— 壳程阻力结垢校正系数，对液体可取 $F_s = 1.15$，对气体或可凝蒸气可取 $F_s = 1.0$。

管束阻力：

$$\Delta p'_1 = F f_o N_c (N_B + 1) \frac{\rho u_o^2}{2} \tag{4-89}$$

折流板缺口阻力：

$$\Delta p'_2 = N_B \left(3.5 - \frac{2B}{D}\right) \frac{\rho u_o^2}{2} \tag{4-90}$$

式中 F—— 管子排列形式对压降的校正系数。对于三角形排列，$F = 0.5$。对于正方形排列，$F = 0.3$。对于正方形斜转 45° 排列，$F = 0.4$；

f_o—— 壳程流体摩擦系数，根据 $Re_o = \frac{d_o u_o \rho}{\mu}$，当 $Re_o > 500$ 时，$f_o = 5.0 Re_o^{-0.228}$；

N_c—— 横过管束中心的管子数。对于三角形排列的管束，$N_c = 1.1 N_T^{0.5}$。对于正方形排列的管束，$N_c = 1.19 (N_T)^{0.5}$。N_T 为每一壳程的管子总数；

N_B—— 折流板数目；

u_o—— 按壳程最大流通截面积 $A_o = B(D - N_c d_o)$ 计算所得的壳程流速，m/s；

B—— 折流挡板间距，m；

D—— 壳体直径，m。

2. 列管式换热器的选型设计的一般步骤

(1) 确定流体在换热器内的流动空间。

(2) 根据传热任务计算热负荷。

(3) 根据传热量确定第二种换热流体的未知量(用量、出口温度等)。

(4) 根据两流体的温度差和流体类型,确定换热器的型式。

(5) 计算定性温度,确定定性温度下流体物性。

(6) 先按逆流(单壳程,单管程)计算平均温度差,若 $\varepsilon_{\Delta t} < 0.8$,应增加壳程数。

(7) 根据总传热系数的经验值或按生产实际情况,选择总传热系数 $K_{选}$。

(8) 由传热基本方程式初算出传热面积 $A_{估}$。

(9) 由初选的换热面积 $A_{估}$,从系列标准中选取换热器型号,从而确定初选的换热器的实际换热面积 $A_{实}$。

(10) 校核总传热系数。计算管、壳程流体的对流传热系数,确定污垢热阻,计算总传热系数 $K_{计}$,由传热基本方程式求出所需传热面积 $A_{需}$,与换热器的实际换热面积 $A_{实}$ 比较。若 $A_{实}$ 比 $A_{需}$ 大 10% ~ 25%,即可以为合理,否则重新选择 $K_{选}$,重复步骤(7) ~ (10)。

(11) 校核压力降。根据初选换热器的结构,计算管、壳程压力降。若不符合要求,重新选择其他型号的换热器,直至压力降满足要求。

在确定换热器的壳程数、换热面积、核算管程压力降和壳程压力降时,计算过程纷繁复杂,需要多次反复核算,需要有一丝不苟的工匠精神及抗挫折能力。

下面通过一实例说明具体步骤和方法。

【例 4-16】 某油厂拟采用列管式换热器,将原油从 70 ℃ 加热至 110 ℃,原油处理能力为 2.95×10^5 t/a。加热剂采用柴油,柴油进口温度为 175 ℃,出口温度为 150 ℃,要求管壳程压力降均小于 0.05 MPa,年操作时间为 8 000 h。试选择一适当型号的列管式换热器。

原油平均温度下的物性参数为

$\rho = 815\ \text{kg/m}^3$, $C_p = 2.2\ \text{kJ/(kg·K)}$, $\lambda = 0.128\ \text{W/(m·℃)}$, $\mu = 6.65 \times 10^{-3}\ \text{Pa·s}$

柴油平均温度下的物性参数为

$\rho = 715\ \text{kg/m}^3$, $C_p = 2.48\ \text{kJ/(kg·K)}$, $\lambda = 0.133\ \text{W/(m·℃)}$, $\mu = 0.64 \times 10^{-3}\ \text{Pa·s}$

解 (1) 计算并初选换热器

① 确定流体流动空间

由于原油黏度较大,选择原油走壳程,柴油走管程。

② 计算热负荷,确定柴油用量

$$Q = q_{m,c} C_{p,c} (t_{c2} - t_{c1})$$

$$= \frac{29.5 \times 10^4 \times 10^3}{8\,000 \times 3\,600} \times 2.2 \times 10^3 \times (110 - 70) = 9.01 \times 10^5\ \text{W}$$

$$Q = q_{m,h} C_{p,h} (t_{h1} - t_{h2})$$

$$q_{m,h} = \frac{Q}{C_{p,h}(t_{h1} - t_{h2})}$$

$$= \frac{9.01 \times 10^5}{2.48 \times 10^3 \times (175 - 150)} = 14.5\ \text{kg/s} = 4.187 \times 10^5\ \text{t/a}$$

③ 确定流体定性温度、温差、换热器型式

$$t_{m,h} = \frac{t_{h1} + t_{h2}}{2} = \frac{175 + 150}{2} = 162.5\ ℃$$

$$t_{m,c} = \frac{t_{c1} + t_{c2}}{2} = \frac{70 + 110}{2} = 90\ ℃$$

两流体温度差 $\Delta t = t_{m,h} - t_{m,c} = 162.5 - 90 = 72.5\ ℃ > 50\ ℃$，故选用浮头式列管换热器。

④ 计算平均温度差

先按逆流：

$$\begin{array}{cc} 175 \rightarrow 150 \\ 110 \leftarrow 70 \\ \hline 65 \quad\ 80 \end{array} \qquad \Delta t_{m,逆} = \frac{\Delta t_1 + \Delta t_2}{2} = \frac{65+80}{2} = 72.5\ ℃$$

$$R = \frac{t_{h1} - t_{h2}}{t_{c2} - t_{c1}} = \frac{175-150}{110-70} = 0.625$$

$$P = \frac{t_{c2} - t_{c1}}{t_{h1} - t_{c1}} = \frac{110-70}{175-70} = 0.381$$

按单壳程，偶数管程考虑，查图 4-20，$\varepsilon_{\Delta t} = 0.98 > 0.8$，故采用单壳程

$$\Delta t_m = \Delta t_{m,逆} \times \varepsilon_{\Delta t} = 72.5 \times 0.98 = 71.05\ ℃$$

⑤ 选 K 值，估算传热面积

参照表 4-8，取 $K_{选} = 250\ W/(m^2 \cdot K)$，则

$$A_{估} = \frac{Q}{K_{选} \cdot \Delta t_m} = \frac{9.01 \times 10^5}{250 \times 71.05} = 50.72\ m^2$$

⑥ 初选换热器型号

查附录 21，初选换热器有关参数见表 4-14。

表 4-14　初选换热器有关参数

参数	数值	参数	数值
壳径 D/mm	500	管数 n	124
公称面积 A/m^2	57.4	管径 d_o/mm	25
管程数 N_p	2	管心径 t/mm	32
管长 L/m	6	管子排列方式	正方形
折流挡板间距 B/m	0.1		

换热器实际传热面积：

$$A_{实} = n\pi d_o (L - 0.1)$$
$$= 124 \times 3.14 \times 0.025 \times (6 - 0.1) = 57.4\ m^2$$

(2) 校核总传热系数

① 管内对流传热系数 α_i

管内柴油流速：

$$u_i = \frac{q_{m,h}}{\rho_i \cdot \frac{1}{4}\pi d_i^2 \cdot \frac{n}{N_T}} = \frac{14.5}{715 \times \frac{1}{4} \times 3.14 \times 0.02^2 \times \frac{124}{2}} = 1.04\ m/s$$

$$Re_i = \frac{d_i u_i \rho_i}{\mu_i} = \frac{0.02 \times 1.04 \times 715}{0.64 \times 10^{-3}} = 2.3 \times 10^4$$

$$Pr_i = \frac{C_{p,i}\mu_i}{\lambda_i} = \frac{2.48 \times 10^3 \times 0.64 \times 10^{-3}}{0.133} = 11.9$$

$$\alpha_i = 0.023 \times \frac{\lambda_i}{d_i} Re_i^{0.8} Pr_i^{0.3}$$

$$= 0.023 \times \frac{0.133}{0.02} \times (2.3 \times 10^4)^{0.8} \times 11.9^{0.3} = 992.19\ W/(m^2 \cdot K)$$

② 壳程对流传热系数 α_o

壳程流通面积：

$$A = BD\left(1-\frac{d_o}{t}\right)=0.1\times 0.5\times\left(1-\frac{25}{32}\right)=0.010\ 9\ \mathrm{m}^2$$

原油流速：

$$u_o=\frac{q_{m,c}}{\rho_o A}=\frac{29.5\times 10^7}{8\ 000\times 3\ 600\times 815\times 0.010\ 9}=1.149\ \mathrm{m/s}$$

当量直径：

$$d_{eo}=\frac{4\times\left(t^2-\frac{\pi}{4}d_o^2\right)}{\pi d_o}=\frac{4\times\left(0.032^2-\frac{3.14}{4}\times 0.025^2\right)}{3.14\times 0.025}=0.027\ \mathrm{m}$$

$$Re_o=\frac{d_{eo}u_o\rho_o}{\mu_o}=\frac{0.027\times 1.149\times 815}{6.65\times 10^{-3}}=3\ 802.1$$

$$Pr_o=\frac{C_{po}\mu_o}{\lambda_o}=\frac{2.2\times 10^3\times 6.65\times 10^{-3}}{0.128}=114$$

原油被加热，取 $\left(\frac{\mu_o}{\mu_w}\right)^{0.14}=1.05$，则

$$\begin{aligned}\alpha_o&=0.23\left(\frac{\lambda_o}{d_{eo}}\right)Re_o^{0.55}Pr_o^{1/3}\left(\frac{\mu_o}{\mu_w}\right)^{0.14}\\&=0.23\times\frac{0.128}{0.027}\times 3\ 802.1^{0.55}\times 114^{1/3}\times 1.05\\&=516.09\ \mathrm{W/(m^2\cdot ℃)}\end{aligned}$$

取污垢热阻：

$$R_{s,i}=0.000\ 2\ (\mathrm{m^2\cdot ℃})/\mathrm{W}（柴油）$$

$$R_{s,o}=0.000\ 4\ (\mathrm{m^2\cdot ℃})/\mathrm{W}（原油）$$

碳钢的导热系数 $\lambda=45\ \mathrm{W/(m\cdot ℃)}$，则

$$\begin{aligned}\frac{1}{K_{计}}&=\frac{1}{\alpha_o}+\frac{bd_o}{\lambda d_m}+\frac{d_o}{\alpha_i d_i}+R_{s,o}+R_{s,i}\frac{d_o}{d_i}\\&=\frac{1}{516.09}+\frac{0.002\ 5\times 25}{45\times 22.5}+\frac{25}{992.19\times 20}+0.000\ 4+0.000\ 2\times\frac{25}{20}\\&=0.003\ 91\end{aligned}$$

则

$$K_{计}=255.81\ \mathrm{W/(m^2\cdot ℃)}$$

$$A_{需}=\frac{Q}{K_{计}\Delta t_m}=\frac{9.01\times 10^5}{255.81\times 71.05}=49.57\ \mathrm{m}^2$$

$$\frac{A_{实}-A_{需}}{A_{需}}=\frac{57.4-49.57}{49.57}=15.8\%$$

(3) 校核压力降

① 管程压力降

$$\sum\Delta p_i=(\Delta p_1+\Delta p_2)F_t N_s N_p$$

当 $Re_i=2.3\times 10^4$，$\varepsilon=0.2\ \mathrm{mm}$，$\varepsilon/d=0.01$ 时，查得 $\lambda=0.041$，则

$$\Delta p_1=\lambda\frac{L}{d_i}\cdot\frac{\rho_i u_i^2}{2},\quad \Delta p_2=3\times\frac{\rho_i u_i^2}{2}$$

$$\Delta p_1+\Delta p_2=\left(\lambda\frac{L}{d_i}+3\right)\frac{\rho_i u_i^2}{2}=\left(0.041\times\frac{6}{0.02}+3\right)\times\frac{715\times1.04^2}{2}=5\ 916\ \text{Pa}$$

$$\sum\Delta p_i=5\ 916\times1.4\times2\times1=16\ 564\ \text{Pa}<0.05\ \text{MPa}$$

② 壳程压强降

$$\sum\Delta p_o=(\Delta p_1'+\Delta p_2')F_sN_s$$

$$\Delta p_1'=Ff_oN_c\frac{\rho_o u_o^2}{2}$$

$$\Delta p_2'=N_B\left(3.5-\frac{2B}{D}\right)\frac{\rho_o u_o^2}{2}$$

正方形排列 $F=0.4$，则

$$N_c=1.19\sqrt{n}=1.19\times\sqrt{124}=13$$

$$N_B=\frac{L}{B}-1=\frac{6}{0.1}-1=59$$

$$F_s=1.15$$

$$A_o=B(D-N_cd_o)=0.1\times(0.5-13\times0.025)=0.017\ 5\ \text{m}^2$$

$$u_o=\frac{q_V}{A_o}=\frac{29.5\times10^7}{8\ 000\times3\ 600\times815\times0.017\ 5}=0.718\ \text{m/s}$$

$$Re_o=\frac{d_ou_o\rho_o}{\mu_o}=\frac{0.025\times0.718\times815}{6.65\times10^{-3}}=2\ 199.9>500$$

$$f_o=5.0Re_o^{-0.228}=5.0\times2\ 199.9^{-0.228}=0.865$$

$$\Delta p_1'=Ff_oN_c\frac{\rho_o u_o^2}{2}=0.4\times0.865\times13\times\frac{815\times0.718^2}{2}=944.92\ \text{Pa}$$

$$\Delta p_2'=N_B\left(3.5-\frac{2B}{D}\right)\frac{\rho_o u_o^2}{2}=59\times\left(3.5-\frac{2\times0.1}{0.5}\right)\times\frac{815\times0.718^2}{2}=38\ 422.9\ \text{Pa}$$

$$\sum\Delta p_o=(\Delta p_1'+\Delta p_2')F_sN_s=(944.92+38\ 422.9)\times1.15\times1=45\ 273\ \text{Pa}<0.05\ \text{MPa}$$

以上计算可知，选用的换热器是合适的。

思考题

4-1　传热按机理可分为哪几种方式，各有什么特点和本质区别？

4-2　什么是傅里叶定律？材料的导热系数与温度的关系如何？

4-3　什么是牛顿冷却定律？影响对流传热系数的因素有哪些？如何计算对流传热系数？

4-4　为什么滴状冷凝的对流传热系数比膜状冷凝的对流传热系数要大？

4-5　工业上沸腾传热应在什么条件下操作？为什么？

4-6　什么是辐射传热？为什么低温时热辐射可以忽略，而高温时热辐射则往往成为主要的传热方式？

4-7　什么是黑体、白体、灰体？如何计算工程材料的辐射传热速率？

4-8　什么是换热器的热负荷？如何计算热负荷？

4-9　总传热速率与传热推动力和阻力的关系如何？如何计算传热平均温度差？

4-10　什么是传热的热阻？稳态传热中各层热阻与温度差的关系如何？

4-11　当间壁两侧流体的对流传热系数相差较大时，为减小热阻并提高总传热系数 K，应采取什么措施？为什么？此时壁面温度接近哪一侧流体的温度？

4-12 什么叫强化传热？强化传热的有效途径有哪些？

4-13 换热器是如何分类的？常用的间壁式换热器有哪几种？各有什么特点？

4-14 列管式换热器有哪几种型式？各有什么特点？

4-15 在列管式换热器中，热应力是如何产生的，对换热器有何影响？可采取哪些措施消除热应力？

4-16 设计列管式换热器时，如何确定流体的流动空间？

4-17 列管式换热器采用多管程有什么好处？又有什么弊端？

4-18 列管式式换热器的壳程数是如何确定的？

习　题

4-1 某一炉壁的导热系数为 0.76 W/(m·℃)，由壁外表面上的垂直小孔测得距离外表 5 cm、20 cm 处的温度分别为 76 ℃、123 ℃。试求：(1) 该炉壁单位面积的热损失；(2) 炉壁外表面的温度。($q = 238\ \text{W/m}^2$，$t = 60.3$ ℃)

4-2 燃烧炉的平壁是由一层耐火砖和一层普通砖砌成，两层砖厚度均为 120 mm，操作达到稳定后测得炉壁内表面温度为 700 ℃，外表面温度为 130 ℃。为减少热量损失，在普通砖外面增加一层厚度为 40 mm 的氧化镁保温材料，此时测得炉壁内表面温度为 740 ℃，保温层外表面温度为 90 ℃。试求：加保温层后每平方米壁面减少的热损失量。耐火砖、普通砖、氧化镁的导热系数分别为 1.05 W/(m·℃)、0.7 W/(m·℃)、0.07 W/(m·℃)($\Delta q = 1\ 236.7\ \text{W/m}^2$)

4-3 某平壁燃烧炉由一层 400 mm 厚的耐火砖和一层 200 mm 厚的绝缘砖砌成，操作稳定后，测得炉的内表面温度为 1 500 ℃，外表面温度为 100 ℃。试求：(1) 导热的热通量；(2) 两砖界面的温度。设两砖接触良好。已知耐火砖和绝缘砖的导热系数分别为 $\lambda_1 = 0.8 + 0.000\ 6t$ W/(m·℃) 和 $\lambda_2 = 0.3 + 0.000\ 3t$ W/(m·℃)，两式中的 t 取各层材料的平均温度。($q = 2\ 017.6\ \text{W/m}^2$；$t = 977$ ℃)

4-4 有一 ϕ32 mm×3.5 mm，长为 6 m 的钢管，已知管内壁温度为 100 ℃，外壁温度为 90 ℃，试求：该管在单位时间内的散热量。($Q = 68.7$ kW)

4-5 工厂用 ϕ170 mm×5 mm 的无缝钢管输送水蒸气。为了减少沿途的损失，在管外包两层绝缘材料，第一层为厚 30 mm 的矿渣棉，其导热系数为 0.065 W/(m·℃)；第二层为厚 30 mm 的石灰棉，其导热系数为 0.21 W/(m·℃)。管内壁温度为 300 ℃，保温层外壁温度为 40 ℃，管道长为 50 m。试求：该管道的散热量。($Q = 14.18$ kW)

4-6 一根尺寸为 ϕ60 mm×3 mm 铝铜合金钢，外包一层 30 mm 厚的软木及一层 30 mm 厚的保温材料。软木及保温材料的导热系数分为 0.043 W/(m·℃) 和 0.07 W/(m·℃)。管内壁温度为 −110 ℃，保温材料外表面温度为 10 ℃。试求：(1) 每米管长散失的冷量；(2) 若将两绝缘材料位置互换，假设互换后管内壁温度及最外保温层外表面温度不变，则传热量变为多少？($q_1 = -34.38\ \text{W/m}^2$，$q_2 = -38.98\ \text{W/m}^2$)

4-7 一套管换热器，外管尺寸为 ϕ38 mm×2.5 mm，内管尺寸为 ϕ25 mm×2.5 mm 的钢管，冷水在管内以 0.3 m/s 的流速流动。水的进、出口温度分别为 20 ℃ 和 40 ℃。试求：管壁对水的对流传热系数。设 $L/d > 50$。[$\alpha = 1\ 638.63\ \text{W/(m}^2\cdot$℃)]

4-8 有一列管式换热器，由 60 根 ϕ25 mm×2.5 mm 的钢管组成。通过该换热器，用饱和水蒸气加热苯。苯在管内流动，由 20 ℃ 被加热至 80 ℃，苯的流量为 13 kg/s。试求：(1) 苯的对流传热系数；(2) 若苯的流量提高 80%，假设仍维持原来的出口温度，问此时的对流传热系数又为多少？[$\alpha_1 = 1\ 350\ \text{W/(m}^2\cdot$℃)，$\alpha_2 = 2\ 160.5\ \text{W/(m}^2\cdot$℃)]

4-9 在内径为 50 mm、长 3 m 的圆形直管内，5 ℃ 的水以 50 kg/h 的流量流过，管内壁温度为 90 ℃，水的出口温度为 35 ℃。试求水与管内壁之间的对流传热系数。[$\alpha = 90.43\ \text{W/(m}^2\cdot$℃)]

4-10 苯蒸气于常压下在 ϕ25 mm×2.5 mm 的单根垂直管外冷凝，管长为 3 m，设壁温为 60 ℃。试计算苯蒸气冷凝时的对流传热系数。(已知苯蒸气在常压下冷凝温度为 80 ℃,膜温下的冷凝液的黏度 $\mu=0.34\times 10^{-3}$ Pa·s,导热系数 $\lambda=0.131$ W/(m·℃),密度 $\rho=830$ kg/m³)。此管改为水平放置时,其对流传热系数为多少?[$\alpha_{垂直}=832$ W/(m²·℃),$\alpha_{水平}=1\ 763.84$ W/(m²·℃)]

4-11 2 000 kg/h 的硝基苯由 82 ℃ 冷却至 27 ℃,冷却水初温为 15 ℃,终温为 30 ℃。试求:(1) 冷却水用量;(2) 若冷却水流量增加到 3.5 m³/h,冷却水终温为多少。($q_{m,c}=2\ 667.6$ kg/h,$t'_{c2}=26.5$ ℃)

4-12 在一间壁式换热器中,用渣油加热石油,若渣油的初温为 300 ℃,终温为 200 ℃;石油的初温为 25 ℃,终温为 150 ℃。试分别求并流与逆流时的对数平均温度差。($\Delta t_{m,并}=132$ ℃,$\Delta t_{m,逆}=162.2$ ℃)

4-13 一单壳程、双管程列管式换热器,要求冷却水将热气体从 120 ℃ 冷却至 60 ℃,冷却水进出口温度分别为 20 ℃ 和 50 ℃,试求在此温度条件下的对数平均温度差。($\Delta t_m=46.1$ ℃)

4-14 某列管式换热器由 ϕ25 mm×2.5 mm 的钢管组成,导热系数为 45 W/(m·℃),热空气流经管程,对流传热系数为500 W/(m²·℃),冷却水在管外与空气逆流流动,对流传热系数为1 000 W/(m²·℃),忽略污垢热阻。试求:(1) 基于管外表面积的总传热系数;(2) 将管内对流传热系数提高一倍,总传热系数增加的百分率;(3) 将管外对流传热系数提高一倍,总传热系数增加的百分率。($K_o=280.76$ W/(m²·℃),$\Delta K'/\Delta K=54.07\%$,$\Delta K''/\Delta K=16.33\%$)

4-15 在一套管式换热器中,用冷却水将 0.125 kg/s 的苯由 350 K 冷却至 300 K,冷却水在ϕ25 mm×2.5 mm 的内管中流动,其进出口温度分别为 290 K 和 320 K。已知水和苯的对流传热系数分别为 850 W/(m²·℃)和 1 700 W/(m²·℃),忽略污垢热阻和管壁热阻。试求:(1) 所需要的管长;(2) 冷却水的消耗量。($L=16.4$ m,$q_{m,c}=0.090\ 8$ kg/s)

4-16 单壳程单管程列管式换热器中,甲苯在管程中流动,流量为 5 000 kg/h,进口温度为 80 ℃,出口温度为 50 ℃;水在壳程中流动,进口温度为 15 ℃,出口温度为 30 ℃,两流体逆流流动,换热面积为2.5 m²。试求总传热系数。[$K=725.5$ W/(m²·℃)]

4-17 某厂用一套管式换热器冷凝甲苯蒸气,冷凝温度为 110 ℃,冷凝量为 2 000 kg/h。甲苯的汽化潜热为 363 kJ/kg,其冷凝对流传热系数为 14 000 W/(m²·℃),冷却水于 16 ℃ 及 5 000 kg/h 的流量进入套管内管(规格为 ϕ54 mm × 2 mm)湍流流动,其对流传热系数为 1 740 W/(m²·℃),水的比热可取 4.19 kJ/(kg·℃),忽略管壁热阻及污垢热阻,试求套管管长。($L=10.91$ m)

4-18 一单管程单壳程列管式换热器由多根 ϕ25 mm × 2.5 mm 的钢管组成管束。管程为某种有机液体,流速为 0.5 m/s,流量为 15 000 kg/h,比热为 1.76 kJ/(kg·℃),密度为858 kg/m³,温度由 20 ℃ 加热至 50 ℃。壳程为120 ℃ 的饱和水蒸气冷凝为同温度的水。管壳和壳程的对流传热系数分别为600 W/(m²·℃)和 10 000 W/(m²·℃),碳钢的导热系数为 45 W/(m·℃),管程和壳程的污垢热阻忽略不计。试求:(1) 总传热系数;(2) 所需的管子根数和管长。(445.4 W/(m²·℃),31 根,2.41 m)

4-19 在一套管式换热器中,内管为 ϕ180 mm × 10 mm 的钢管,内管中热水被冷却,热水流量为 3 000 kg/h,进口温度为90 ℃,出口温度为60 ℃。环隙中冷却水进口温度为20 ℃,出口温度为60 ℃,总传热系数为 2 000 W/(m²·℃)。试求:(1) 冷却水用量;(2) 并流流动时的平均温度差及所需的管子长度;(3) 逆流流动时的平均温度差及所需的管子长度。($q_{m,c}=2\ 256.74$ kg/h,$L_{并流}=2.65$ m,$L_{逆流}=2.65$ m)

4-20 在传热面积为 80 m² 的列管式换热器中,管内走空气,管外饱和水蒸气冷凝。空气流量为 2.5×10⁴ kg/h,进口温度为 30 ℃,比热为 1 kJ/(kg·℃)。管外饱和水蒸气冷凝量为 567 kg/h,蒸气饱和温度为 120 ℃,汽化潜热为 2 205 kJ/kg,忽略热损失。试求:(1) 空气的出口温度;(2) 换热器的总传热系数;(3) 若增加空气的流量,测得空气的出口温度变为76 ℃,求此时空气的质量流量为多少。假设空气的物性参数不变。($t_2=80$ ℃,$K=70.4$ W/(m²·℃),$q_{m,c}=2.72\times 10^4$ kg/h)

4-21 某一列管式换热器,其传热面积为 20 m²,用温度为 20 ℃、流量为 13 500 kg/h 的冷水将某油品从 110 ℃ 冷却至 40 ℃,冷却水出口温度为 50 ℃。运转一年后,两流体的流量和进口温度均不变,而测得冷却水出口温度降至 40 ℃,经分析是由于污垢积累所至,试计算污垢热阻的增加量。可忽略热损失,水的平均比热 4.2 kJ/(kg·℃)。[$\Delta R_s=0.002$(m²·℃)/W]

4-22 水和油在一套管式换热器中逆流换热。水的流量为 4 000 kg/h，进口温度为 25 ℃。油的流量为 6 500 kg/h，进口温度为 110 ℃，油的比热为 1.925 kJ/(kg·℃)，换热器的传热面积为 15 m^2，总传热系数为 348.8 W/(m^2·℃)。试求油和水的出口温度。(t_{h2} = 54.75 ℃；t_{c2} = 66.37 ℃)

主要符号说明

符号	意义与单位
A	传热面积，m^2；吸收率，量纲一的量
a_{λ}	温度系数，c^{-1}
B	折流挡板间距，m
b	厚度，m；润湿周边，m
C_o	黑体辐射系数，W/(m^2·k^4)
C_p	流体的定压比热容，J/(kg·K) 或 J/(kg·℃)
D	换热器壳径，m
d	管径，m
d_e	当量直径，m
E_b	黑体辐射能力，W/m^2
f	校正系数
f_o	壳程流体摩擦系数
F_s	壳程压降结垢校正系数
F_t	管程压降结垢校正系数
Gr	格拉斯霍夫准数
K	传热系数，W/(m^2·K) 或 W/(m^2·℃)
L	管子长度，m
N_B	折流挡板数目
N_s	换热器壳程数
N_T	管程数
n	管子总数
Pr	普兰特准数
Q	热流量，W
q	热流密度，W/m^2
q_m	质量流量，kg/s
r	汽化热，J/kg
r	半径，m
Re	雷诺数，量纲一的量
t	流体温度，℃ 或 K；管中心距，m
t_c	冷流体温度，℃
t_w	壁面温度，℃
t_h	热流体温度，℃
u	流速，m/s
α	对流传热系数，W/(m^2·K) 或 W/(m^2·℃)
β	体积膨胀系数，1/K
δ	冷凝液膜厚度，m
ε	黑度，量纲一的量
λ	导热系数，W/(m·K) 或 W/(m·℃)
μ	黏度，Pa·s
ρ	流体密度，kg/m^3
φ	角系数，量纲一的量
$\varepsilon_{\Delta t}$	温度差校正系数
ϕ_i	短管校正系数，量纲一的量
ε_R	弯管校正系数，量纲一的量

第5章 气体吸收

5.1 概　述

5.1.1 吸收操作在化工生产中的应用

在化工生产中所处理的原料、中间产物、粗产品等几乎都是混合物，而且大部分是均相混合物。为进一步加工和使用，常需将这些混合物分离为较纯净或几乎纯态的物质。对于均相物系，要想进行组分间的分离，必须要造成一个两相物系，利用原物系中各组分间某种物性的差异，而使其中某个组分(或某些组分)从一相转移到另一相，以达到分离的目的。物质在相间的转移过程称为物质传递过程(简称传质过程)。化学工业中常见的传质过程有蒸馏、吸收、干燥、萃取和吸附等单元操作。

1. 吸收操作的依据

使气体混合物与适当的液体接触，气体中的一个或几个组分溶解于液体中，不能溶解的组分仍保留在气体中，于是混合气体得到了分离。这种利用气体混合物中各组分在液体中溶解度的差异使气体中不同组分分离的操作称为吸收。所用液体称为吸收剂(或溶剂)，以 S 表示；气体中被溶解的组分称为吸收质或溶质，以 A 表示；不被溶解的组分称为惰性气体或载体，以 B 表示。吸收操作得到的溶液称为吸收液，或溶液。排出的气体称为吸收尾气或废气。

2. 吸收操作的目的

(1) 分离和净化原料气

原料气在加工以前，其中无用的或有害的成分都要预先除去。如从合成氨所用的原料气中分离出 CO_2、CO、H_2S 等杂质。

(2) 分离和吸收气体中的有用组分

如从合成氨厂的放空气中用水回收氨；从焦炉煤气中以洗油回收粗苯(含甲苯、二甲苯等)蒸气和从某些干燥废气中回收有机溶剂蒸气等。

(3) 制取液体产品

如用水分别吸收混合气体中的 HCl、SO_3 和 NO_2 制取盐酸、硫酸和硝酸。

(4) 废气的治理

生产过程中排放的废气往往含有对人体和环境有害的物质，如 SO_2、H_2S 等。这类环境保护问题已越来越受重视，选择适当的工艺和溶剂进行吸收是废气治理中应用较广的方法。

5.1.2 吸收操作必须解决的问题

1. 选择合适的溶剂

合适的溶剂所应具备的条件：

(1) 对被吸收的组分要有较大的溶解度，且有较好的选择性。即对溶质的溶解度要大，而对惰性气体几乎不溶解。

(2) 要有较低的蒸气压，以减少吸收过程中溶剂的挥发损失。

(3) 要有较好的化学稳定性，以免使用过程中变质。

(4) 腐蚀性要小，以减小设备费用和维修费用。

(5) 黏度要低，以利于传质及输送。

(6) 不易燃，以利于安全生产。

(7) 吸收后的溶剂应易于再生。

实际上很难找到一种能同时满足以上所有要求的溶剂，因此，应对可供选用的溶剂做经济评价后再进行合理的选择。

2. 提供气液接触的场所(传质设备)

生产中为了提高传质的效果，总是力求让两相接触充分，即尽可能增大两相的接触面积与湍动程度。根据这个原则，吸收设备大致可分成两大类，即板式塔和填料塔，如图 5-1 所示。

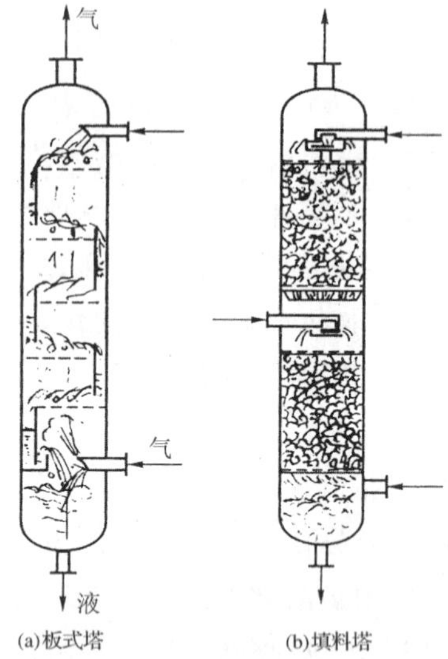

图 5-1　两种吸收设备

板式塔内部由塔板分成许多层，各层之间有溢流管连通，可以让液体从上层流到下层。板上有许多孔道，气体可以通过它们从下层升入上层。气体在塔板上的液层内分散成许多小气泡，增加了两相的接触面积，且提高了液体的湍动程度。液体从塔顶进入，气、液两相逆流流动，在塔板上接触，溶质部分地溶解于溶剂中，故气体每向上经过一层塔板，溶质浓度阶跃式地下降，而液相中溶质的浓度从上至下阶跃式地升高。

填料塔内充以诸如瓷环之类的填料层。溶剂从塔顶进入，沿着填料的表面广为散布并逐渐下流。气体通过各个填料的间隙上升，与液体做连续地逆流接触。气相中的溶质不断地被吸收，其浓度从下而上连续降低。液体则相反，其浓度从上而下连续地增高。

3. 溶剂的再生

在化工生产中有时需要将吸收得到的溶质气体从液体中取出来，这种使溶质从溶液里脱除的过程称为解吸(或脱吸)。解吸过程不仅能得到气相溶质，而且能使溶剂得到再生。所以工业吸收过程通常由吸收和解吸两大部分构成。现以从焦炉气回收粗苯的流程(图 5-2)为例,对吸收和解吸流程加以说明。在常温下煤气从塔底进入吸收塔,其内含的粗苯被塔顶淋下的洗油吸收,脱苯煤气由塔顶送出。溶有较多粗苯的洗油(或称富油)由吸收塔底排出。为回收富油中的粗苯,并使洗油再生,在另一称为解吸塔的设备中进行解吸操作。解吸的常用方法是使溶液升温,降低溶质的溶解度,使溶质逸出。因此,将富油加热至 170 ℃ 左右从解吸塔顶淋下,塔底通入过热水蒸气。富油中的粗苯在高温下被水蒸气脱出,并从塔顶带走,进入冷凝器。冷凝后的水与粗苯在液体分层器内分离,最终得到粗苯。由塔顶流至塔底的洗油含苯量已经很低,由泵打至冷却器后,再进入吸收塔作为溶剂重新使用。

吸收与解吸操作

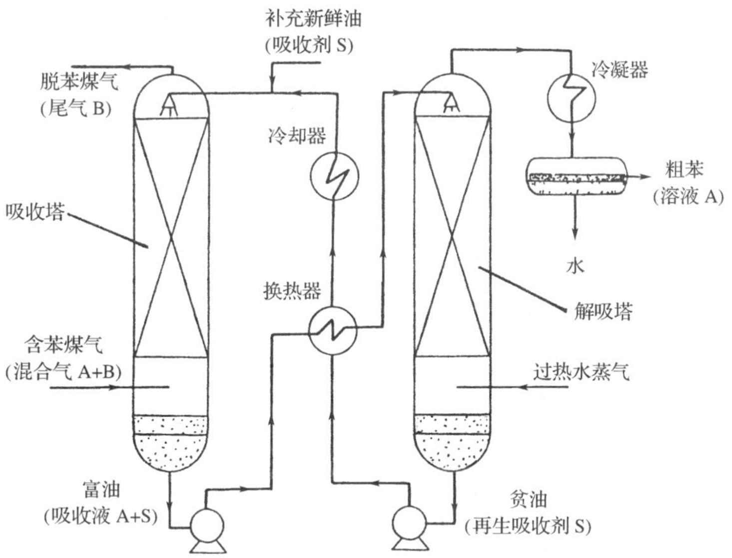

图 5-2 吸收与解吸流程

5.1.3 吸收操作的分类

在吸收过程中,如果溶质不与溶剂发生明显的化学反应,所进行的操作称为物理吸收,如用水吸收 HCl、NH_3 等。若气体溶解后与溶剂或预先溶于溶剂里的其他物质进行化学反应,则称为化学吸收。如用 NaOH 溶液吸收 CO_2、SO_2 等。

按被吸收组分数目可将吸收操作分为单组分吸收和多组分吸收。如制取盐酸、硫酸等为单组分吸收,用洗油吸收焦炉气为多组分吸收(苯、甲苯、二甲苯都能溶于洗油中)。

在吸收的过程中,温度变化很小,则为等温吸收(如用大量的溶剂吸收少量的溶质,溶解热或反应热很小,可看作是等温吸收)。若吸收过程中温度发生显著的变化则为非等温吸收。

本章只着重介绍单组分吸收、等温吸收、物理吸收。

气体吸收是物质自气相到液相的转移,是一种传质过程。混合气体中某一组分能否进入溶剂里,是由气体中该组分的分压和溶剂里该组分的平衡分压决定的。因此,气液两相的平衡关系将指出传质过程能否进行、进行的方向和最终的极限。

5.2 气液相平衡

5.2.1 气体在液体中的溶解度

吸收过程气液两相的平衡关系可以用溶质在液体中的溶解度表示。

在一定温度和压力下，气液两相接触时将发生溶质气体向液相转移，使其在液相中的浓度增加，当长期充分接触后，液相中溶质浓度不再增加达到饱和，这时两相达到相平衡。此时，溶质在液相中的浓度称为平衡溶解度，简称为溶解度。平衡时溶质在气相中的分压称为平衡分压。部分物系的平衡分压 p_e 与溶解度间的关系如图 5-3 ～ 图 5-5 所示。图 5-3 ～ 图 5-5 中的这些曲线称为溶解度曲线。

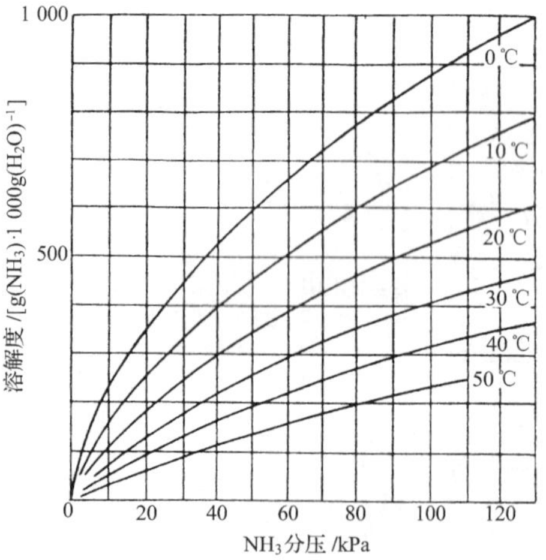

图 5-3　氨在水中的溶解度

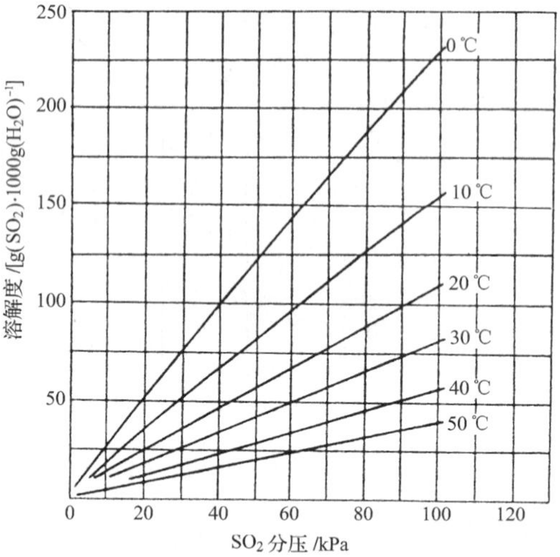

图 5-4　二氧化硫在水中的溶解度

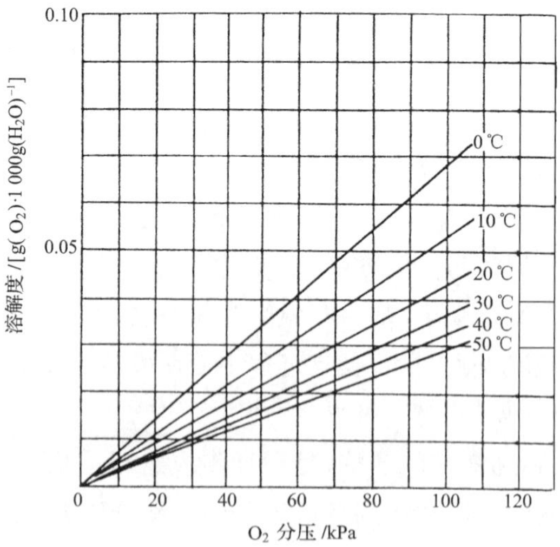

图 5-5　氧在水中的溶解度

不同气体在同一溶剂中的溶解度有很大差异。从图5-3～图5-5中可以看到，在相同温度下，氨在水中的溶解度很大，氧在水中的溶解度极小，而二氧化硫在水中的溶解度则居中。当气相分压一定时，温度越低气体溶解度越大。对于同样浓度的溶液，易溶气体在溶液上方的气相平衡分压小，难溶气体在溶液上方的气相平衡分压大。换言之，欲得到一定浓度的溶液，易溶气体所需的分压较低，而难溶气体所需的分压则很高。加压和降温可以提高气体的溶解度，对吸收操作有利。反之，升温和减压对解吸有利。但加压、减压费用太高而一般不采用。

5.2.2 亨利定律

1. 亨利定律

1803年，亨利(Henry)在研究气体在液体中的溶解度时发现，当总压不高(一般小于500 kPa)时，在一定温度下，稀溶液上方气体溶质的平衡分压与该溶质在液相中的组成之间存在如下关系：

$$p_e = Ex \tag{5-1}$$

式中 p_e—— 溶质在气相中的平衡分压，kPa；

x—— 溶质在液相中的摩尔分数；

E—— 亨利系数，其数值随物系的特性及温度而异，kPa。

式(5-1)称为亨利定律。该式表明，稀溶液上方的溶质分压与该溶质在液相中的摩尔分数成正比，其比例系数即为亨利系数。

亨利定律适用于稀溶液，即溶液越稀，溶质越能较好地服从亨利定律。亨利系数较大表示溶解度较小。一般E值随温度的升高而增大。常见气体水溶液的亨利系数见表5-1。

亨利定律其他几种表达形式：

(1) 气相中溶质A的分压用p_e表示，液相中溶质A的摩尔浓度用c_A表示时，亨利定律可表示为

$$p_e = \frac{c_A}{H} \tag{5-2}$$

式中 c_A—— 液相中溶质的摩尔浓度，$kmol/m^3$；

H—— 溶解度系数，$kmol/(m^3 \cdot kPa)$。

在亨利定律适用的范围内，H是温度的函数。对于一定的溶质和溶剂，H值随温度的升高而减小。易溶气体H值很大，难溶气体H值很小。

(2) 气液两相组成分别用溶质A的摩尔分数y与x表示，亨利定律可表示为

$$y_e = mx \tag{5-3}$$

式中 y_e—— 与液相平衡的气相中溶质的摩尔分数；

m—— 相平衡常数，量纲一的量。m值越大，表示溶解度越小。

在吸收过程中，常可认为惰性气体不溶于液相，因而在吸收塔的任一截面上惰性气体和溶剂的摩尔流量均不发生变化，故以惰性气体和溶剂的量为基准，分别表示溶质在气液两相

表 5-1　常见气体水溶液的亨利系数 / ×10^6 kPa

气体种类	温度 /(℃)															
	0	5	10	15	20	25	30	35	40	45	50	60	70	80	90	100
H_2	5.87	6.16	6.44	6.70	6.92	7.16	7.39	7.52	7.61	7.70	7.75	7.75	7.71	7.65	7.61	7.55
N_2	5.35	6.05	6.77	7.48	8.15	8.76	9.36	9.98	10.5	11.0	11.4	12.2	12.7	12.8	12.8	12.8
空气	4.38	4.94	5.56	6.15	6.73	7.30	7.81	8.34	8.82	9.23	9.59	10.2	10.6	10.8	10.9	10.8
CO	3.57	4.01	4.48	4.95	5.43	5.88	6.28	6.68	7.05	7.39	7.71	8.32	8.57	8.57	8.57	8.57
O_2	2.58	2.95	3.31	3.69	4.06	4.44	4.81	5.14	5.42	5.70	5.96	6.37	6.72	6.96	7.08	7.10
CH_4	2.27	2.62	3.01	3.41	3.81	4.18	4.55	4.92	5.27	5.58	5.85	6.34	6.75	6.91	7.01	7.10
NO	1.71	1.96	2.21	2.45	2.67	2.91	3.14	3.35	3.57	3.77	3.95	4.24	4.44	4.45	4.58	4.60
C_2H_6	1.28	1.57	1.92	2.90	2.66	3.06	3.47	3.88	4.29	4.69	5.07	5.72	6.31	6.70	6.96	7.01
C_2H_4	0.559	0.662	0.778	0.907	1.03	1.16	1.29	—	—	—	—	—	—	—	—	—
N_2O	—	0.119	0.143	0.168	0.201	0.228	0.262	0.306	—	—	—	—	—	—	—	—
CO_2	0.037 8	0.08	0.105	0.124	0.144	0.166	0.188	0.212	0.236	0.260	0.287	0.346	—	—	—	—
C_2H_2	0.073	0.085	0.097	0.109	0.123	0.135	0.148	—	—	—	—	—	—	—	—	—
Cl_2	0.027 2	0.033 4	0.039 9	0.046 1	0.053 7	0.060 4	0.066 9	0.074	0.080	0.086	0.090	0.097	0.099	0.097	0.096	—
H_2S	0.027 2	0.031 9	0.037 2	0.041 8	0.048 9	0.055 2	0.061 7	0.068 6	0.075 5	0.082 5	0.068 9	0.104	0.121	0.137	0.146	0.150
SO_2	0.001 67	0.002 03	0.002 45	0.002 94	0.003 55	0.004 13	0.004 85	0.005 67	0.006 61	0.0076 3	0.0087 1	0.011 1	0.013 9	0.017 0	0.020 1	—

中的浓度,以便简化吸收过程的计算。因此,常将组成以摩尔比 X、Y 表示。摩尔比的定义为

$$X=\frac{\text{液相中溶质的摩尔数}}{\text{液相中溶剂的摩尔数}}=\frac{x}{1-x} \tag{5-4}$$

$$Y=\frac{\text{气相中溶质的摩尔数}}{\text{气相中惰性气体的摩尔数}}=\frac{y}{1-y} \tag{5-5}$$

$$x=\frac{X}{1+X} \tag{5-6}$$

$$y=\frac{Y}{1+Y} \tag{5-7}$$

(3) 气液两相组成分别用溶质 A 的摩尔比 Y 与 X 表示时,亨利定律可表示为

$$Y_e=\frac{mX}{1+(1-m)X} \tag{5-8}$$

当溶液浓度很低时,式(5-8) 可表示为

$$Y_e=mX \tag{5-9}$$

2. 亨利定律各系数之间的关系

(1)H 和 E 之间的关系

由式(5-1) 和式(5-2) 可得

$$H=\frac{c_A}{Ex}$$

而

$$c_A=cx, \quad c=\frac{\rho_L}{M}$$

式中 c—— 溶液的总浓度,$kmol/m^3$;

ρ_L—— 溶液的密度,kg/m^3;

M—— 溶液的平均摩尔质量,kg/kmol。

由于溶液很稀,故溶液的密度 ρ_L 可近似用溶剂密度 ρ_s 代替,即 $\rho_L \approx \rho_s$。溶液的平均摩尔质量 M 可用溶剂的摩尔质量 M_s 代替,则

$$c\approx\frac{\rho_s}{M_s}, \quad c_A\approx\frac{\rho_s}{M_s}x$$

所以,对于低浓度气体吸收有

$$H\approx\frac{\rho_s}{EM_s} \tag{5-10}$$

(2)E 和 m 之间的关系

根据理想气体分压定律,有 $p_e=py_e$,代入式(5-1),得

$$y_e=\frac{E}{p}x$$

上式与式(5-3) 比较,得

$$m=\frac{E}{p} \tag{5-11}$$

【例 5-1】 含有 30%(体积分数)CO_2 的某种混合气体与水接触,系统温度为 30 ℃,总压为 101.3 kPa。试求液相中的 CO_2 平衡浓度 c_A。

解 令 p_A 表示 CO_2 在气相中的分压,则由分压定律可知

$$p_A = py = 101.3 \times 0.3 = 30.4\ \text{kPa}$$

$$c_A = Hp_A$$

由 $H \approx \dfrac{\rho_s}{EM_s}$ 得

$$c_A \approx \frac{\rho_s}{EM_s} p_A$$

由表 5-1 知 30 ℃ 时 CO_2 在水中的亨利系数 $E = 1.88 \times 10^5$ kPa。又因为 CO_2 为难溶于水的气体，故溶液浓度很低，溶液密度可按纯水计算，即取 $\rho_s = 995.7\ \text{kg/m}^3$，则

$$c_A = \frac{\rho_s}{EM_s} p_A = \frac{995.7}{1.88 \times 10^5 \times 10^3 \times 18 \times 10^{-3}} \times 30.4 = 8.94 \times 10^{-3}\ \text{kmol/m}^3$$

评析　本题关键是用水吸收 CO_2 所得的溶液为稀溶液，适用于亨利定律。

5.2.3　相平衡关系在吸收过程中的应用

1. 判断过程方向

不平衡的气液两相接触后所发生的传质过程是吸收还是解吸，取决于相平衡关系。如果气、液相组成分别为 Y 和 X（摩尔比），与液相组成 X 成平衡的气相组成为 Y_e（与气相组成 Y 成平衡的液相组成为 X_e），则过程方向如下：

当 $Y > Y_e$（$X_e > X$）时，吸收过程；

当 $Y = Y_e$（$X_e = X$）时，平衡状态；

当 $Y < Y_e$（$X_e < X$）时，解吸过程。

【例 5-2】　在总压为 101.3 kPa，温度为 30 ℃ 的条件下，SO_2 组成为 $Y = 0.1$ 的混合空气与 SO_2 组成分别为 $X = 0.002$ 和 $X = 0.003$ 的水溶液接触，试判断过程进行的方向。已知操作条件下气液平衡关系为 $Y_e = 47.9X$。

解　从气相分析：

$$Y_e = 47.9X = 47.9 \times 0.002 = 0.0958 < Y = 0.1$$

故 SO_2 必由气相传递到液相，是吸收过程。

从液相分析：

$$X_e = \frac{Y}{47.9} = \frac{0.1}{47.9} = 0.002\,1 > X = 0.002$$

结论同上。

当液相组成为 $X = 0.003$ 时，$X_e < X$，该过程为解吸过程。

评析　判断吸收过程进行的方向必须根据操作条件下的相平衡关系。

2. 指明过程的极限

在一定的操作条件下，当气液两相达到平衡时，过程即行停止，可见平衡是过程的极限。因此在工业生产的逆流填料吸收塔中，即使填料层很高，吸收剂用量很少的情况下，离开吸收塔的吸收液组成 X_1 也不会无限增大，其极限是与进塔气相组成 Y_1 成平衡，即

$$X_{1,\max} = \frac{Y_1}{m}$$

反之，当吸收剂用量大，气体流量小时，即使填料层很高，出塔气体组成也不会低于与吸收剂入口组成 X_2 成平衡的气相组成，即

$$Y_{2,\min} = mX_2$$

由此可见，相平衡关系限制了吸收剂出塔时的最高浓度和气体混合物出塔时的最低浓度。

3. 计算过程推动力

在吸收过程中，通常以实际的气液相组成与其平衡组成的偏离程度来表示吸收过程推动力。实际组成偏离平衡组成越远，过程推动力越大，过程速率也越快。

如图 5-6 所示，若气液相实际组成为 Y、X（如图中 A 点），则过程推动力可用气相组成表示，即 $\Delta Y = Y - Y_e$；也可用液相组成表示，即 $\Delta X = X_e - X$。

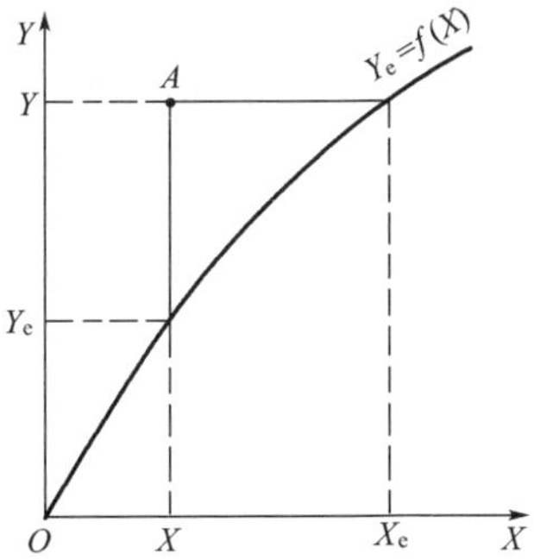

图 5-6　吸收过程推动力表示方法

5.3　传质机理与吸收过程的速率

用液体吸收气体中某一组分，是该组分从气相转移到液相的传质过程。它包括：

(1) 该组分从气相主体传递到气液两相的界面。

(2) 在相界面上溶解而进入液相。

(3) 从液相一侧界面向液相主体传递。

在相内（气相或液相）传质方式包括分子扩散和湍流扩散。

当流体内部某一组分存在浓度差时，因微观的分子热运动使组分从浓度高处传递到较低处，这种现象称为分子扩散。

当流体流动或搅拌时，由于流体质点的宏观运动（湍流），使组分从浓度高处向低处移动，这种现象称为湍流扩散。在湍流状态下，流体内部产生旋涡，故又称为涡流扩散。

5.3.1　分子扩散与费克定律

1. 分子扩散

在如图 5-7 所示的容器中，左、右两室分别充入同压力同温度但性质不同的 A、B 两种气体。当抽掉其中间的隔板后，A、B 分子在浓度差的作用下，向低浓度区做分子扩散。由于容器中压力始终恒定，可知：右移的 A 分子数 = 左移的 B 分子数。这是一个非稳态分子扩散过程。工业生产中，一般为稳态过程，下面讨论稳态条件下双组分物系的分子扩散。

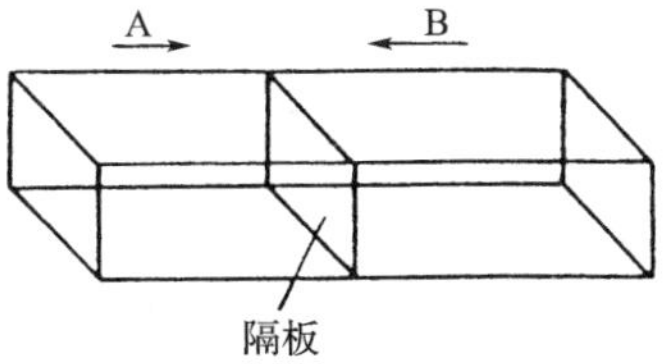

图 5-7　两种气体相互扩散

2. 费克定律

当物质 A 在介质 B 中发生扩散时，任一点处物质 A 的扩散速率（通量）与该位置上 A 的浓度梯度成正比，即

$$J_A = -D_{AB}\frac{dc_A}{dz} \tag{5-12}$$

式中　J_A—— 组分 A 的扩散速率（扩散通量），$kmol/(m^2 \cdot s)$；

$\frac{dc_A}{dz}$—— 组分 A 沿扩散方向 z 上的浓度梯度，$kmol/m^4$；

D_{AB}—— 比例系数，也称组分 A 在 A、B 双组分混合物系中的扩散系数，m^2/s。

式(5-12)中,负号表示扩散沿着组分A浓度降低的方向进行,与浓度梯度方向相反。

式(5-12)称为费克定律。它是描述物质分子扩散现象的基本规律。

对于理想气体混合物,组分A的浓度 c_A 与其分压 p_A 的关系为 $c_A=\dfrac{p_A}{RT}$,$dc_A=\dfrac{dp_A}{RT}$,代入式(5-12),求得费克定律的另一表达式为

$$J_A=-\frac{D_{AB}}{RT}\frac{dp_A}{dz} \tag{5-13}$$

式中 p_A—— 气体混合物中组分A的分压,kPa;

T—— 热力学温度,K;

R—— 摩尔气体常数,8.314 kJ/(kmol·K)。

下面分别介绍等摩尔反向扩散和组分A通过静止组分B的扩散(单向扩散)。

5.3.2 等摩尔反向扩散

如图5-8所示,有温度和总压均相同的两个大容器,分别装有不同浓度的A、B混合气体,中间用直径均匀的细管连通,两容器内装有搅拌器,各自保持气体浓度均匀。由于 $p_{A1}>p_{A2}$,$p_{B1}<p_{B2}$,在连通管内将发生分子扩散现象,组分A向右扩散,而组分B向左扩散。在1、2两截面上,A、B的分压各自保持不变,因此为稳定状态下的分子扩散。

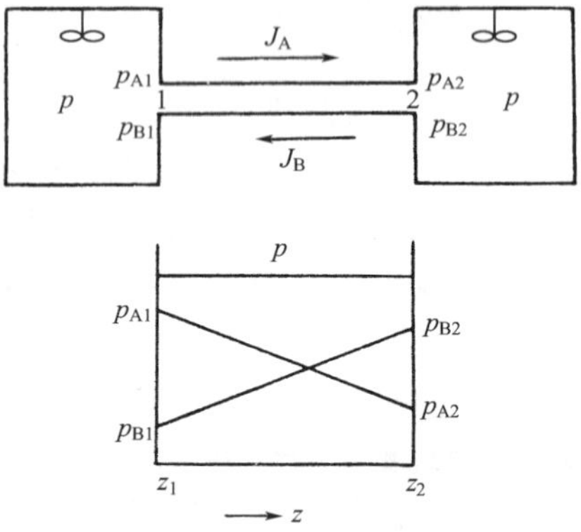

图5-8 稳态等摩尔反向扩散

因为两容器中气体总压相同,所以A、B两组分相互扩散的物质的量 n_A 与 n_B 必相等,则称为等摩尔反向扩散。此时,两组分的扩散速率相等,但方向相反,若以A的扩散方向(z)为正,则有

$$J_A=-J_B$$

而

$$J_B=-D_{BA}\frac{dc_B}{dz}=-\frac{D_{BA}}{RT}\frac{dp_B}{dz}$$

式中 D_{BA}—— 组分B在A、B双组分混合物系中的扩散系数,m^2/s。

在如图5-8所示的稳态等摩尔反向扩散中,系统内任一点的总压力 p 保持不变,即

$$p=p_A+p_B=常数$$

因此 $\dfrac{dp_A}{dz}=-\dfrac{dp_B}{dz}$,将该式代入式(5-13)中可得

$$D_{AB}=D_{BA}$$

上式表明,在由A、B两组分组成的混合气体中,无论A在B中扩散或反之,扩散系数相等。

两容器总压相同,A、B做等分子反向扩散,在稳定的浓度梯度下,单位时间、单位扩散面积上传递的分子数是恒定的,即

$$J=常数$$

表征任何情况下传质快慢的量为传质速率(单位时间、单位传质面积上通过的摩尔)。在只有等分子反向扩散的传质过程中,有

$$传质速率 = 扩散通量$$

对于组分 A：

$$N_A = J_A = -D_{AB}\frac{dc_A}{dz} = -\frac{D}{RT}\frac{dp_A}{dz}$$

$$N_A\int_0^z dz = -\frac{D}{RT}\int_{p_{A1}}^{p_{A2}} dp_A$$

分离变量并积分得

$$N_A = \frac{D}{RTz}(p_{A1} - p_{A2}) \tag{5-14}$$

等摩尔反向扩散的主要范例是上述两种气体在一有限空间的混合及精馏过程中两组分的反向扩散。

5.3.3 单向扩散

对于 A、B 形成的均相气体混合物与液体溶剂接触，A 溶解而 B 不溶解，液相中不存在组分 B。因此，吸收过程是组分 A 通过“静止”组分 B 的单向扩散。在气液界面附近的气相中，有组分 A 向液相溶解，其浓度降低，分压减小。因此，在气相主体与相界面之间产生分压梯度，则组分 A 从气相主体向界面扩散。同时，由于组分 A 在界面处溶解，使得界面处的压力稍低于气相主体的压力，在压差的作用下而产生整体移动，即 A + B 一起向右移动，如图 5-9 所示。

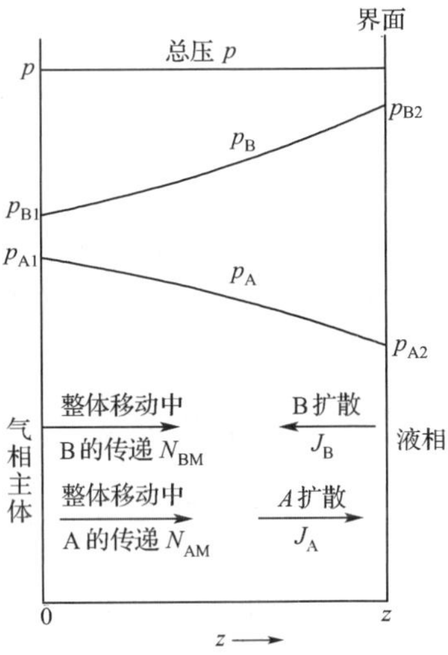

图 5-9 单向扩散

在整体移动的作用下，界面处的压力有所回升。同时，随整体移动而来的组分 A 穿过界面，组分 B 继续被拦截下来。于是，组分 B 以整体移动的方式流向界面又以分子扩散的方式回到气相主体中，即

$$J_B = -N_{BM}$$

当扩散稳定时，既存在等分子反向扩散，又存在整体移动。

对组分 A 来说，其扩散方向与气体整体移动方向相同，所以与等摩尔反向扩散比较，组分 A 的传质速率较大。

在气相的整体移动中，组分 A 与组分 B 的摩尔之比等于它们的分压之比，即

$$\frac{N_{AM}}{N_{BM}} = \frac{p_A}{p_B}$$

式中 N_{AM}、N_{BM}—— 整体移动中组分 A 与组分 B 的传质速率，kmol/(m^2 · s)；

p_A、p_B—— 组分 A 与组分 B 的分压，kPa。

组分 A 从气相主体至界面的传质速率为分子扩散与整体移动之和，即

$$N_A = J_A + N_{AM} = J_A + \frac{p_A}{p_B}N_{BM}$$

因为

$$N_{BM} = -J_B = J_A$$

所以

$$N_A = \left(1 + \frac{p_A}{p_B}\right)J_A = -\frac{D}{RT}\left(1 + \frac{p_A}{p_B}\right)\frac{dp_A}{dz}$$

分离变量，并积分得到

$$N_A=\frac{D}{RTz}\frac{p}{\dfrac{p_{B2}-p_{B1}}{\ln\dfrac{p_{B2}}{p_{B1}}}}(p_{A1}-p_{A2})=\frac{D}{RTz}\frac{p}{p_{Bm}}(p_{A1}-p_{A2}) \tag{5-15}$$

式中 $p_{Bm}=\dfrac{p_{B2}-p_{B1}}{\ln\dfrac{p_{B2}}{p_{B1}}}$—— 组分 B 分压的对数平均值；

$\dfrac{p}{p_{Bm}}$—— 漂流因子，反映整体移动对传质速率的影响。

因为$\dfrac{p}{p_{Bm}}$的值恒大于 1，所以单向扩散传质速率 N_A 大于等摩尔反向扩散的传递速率。$\dfrac{p}{p_{Bm}}$的值越大，整体移动使组分 A 的传质速率增加得越快，即越有利于传质。

根据气体混合物的浓度 c 与压力 p 的关系 $c=p/RT$，可将总浓度 $c=p/RT$、分浓度$c_A=p_A/RT$ 与 $c_{Bm}=p_{Bm}/RT$ 代入式(5-15)，得

$$N_A=\frac{D}{z}\frac{c}{c_{Bm}}(c_{A1}-c_{A2}) \tag{5-16}$$

式(5-16) 也适用于液相。

对于吸收操作，组分 A 从界面向溶剂中的扩散就是典型的“一个组分通过另一停滞组分的扩散”，即单向扩散。

5.3.4 分子扩散系数

分子扩散系数是物质的物性常数之一，表示物质在介质中的扩散能力。同一种物质的分子扩散系数随介质的种类、温度、压强及其浓度的不同而异。对于气体的分子扩散系数，浓度的影响可忽略；对于液体的分子扩散系数，压强的影响不显著。

物质的分子扩散系数的获取途径为查手册、查资料或实测等。在缺乏数据时，可用经验公式进行估算。气体分子扩散系数一般为0.1 ～ 1.0 cm^2/s。液体分子扩散系数一般比气体的小得多，为 1×10^{-5} ～5×10^{-5} cm^2/s。某些组分在空气中和在水中的分子扩散系数见表 5-2 与表 5-3。

表 5-2 某些组分在空气中的分子扩散系数

(25 ℃，101.325 kPa)

组分	$D/(cm^2\cdot s^{-1})$	组分	$D/(cm^2\cdot s^{-1})$
H_2	0.410	CH_3OH	0.159
H_2O	0.256	CH_3COOH	0.133
NH_3	0.236	C_2H_5OH	0.119
O_2	0.206	C_6H_6	0.088
CO_2	0.164	$C_6H_5CH_3$	0.084

表 5-3 某些组分在水中的分子扩散系数

(20 ℃，稀溶液)

组分	$D/(cm^2\cdot s^{-1})$	组分	$D/(cm^2\cdot s^{-1})$
H_2	5.13×10^{-5}	H_2S	1.41×10^{-5}
O_2	1.80×10^{-5}	CH_3OH	1.28×10^{-5}
NH_3	1.76×10^{-5}	Cl_2	1.22×10^{-5}
N_2	1.64×10^{-5}	C_2H_5OH	1.00×10^{-5}
CO_2	1.74×10^{-5}	CH_3COOH	0.88×10^{-5}

5.3.5 单相内对流传质

分子扩散现象只存在于静止流体或层流流体中。但工业生产中常见的是物质在湍流流体中的对流传质现象。与对流传热类似，对流传质通常指流体与某一界面(例如气体吸收过程中的气、液两相界面)之间的传质。对流传质包括分子扩散和湍流扩散(也称涡流扩散)。

1. 湍流扩散

湍流起着混合作用,使主体内物质的浓度随湍动程度增加而更趋于均一。湍流扩散的强度远远大于分子扩散的强度。仿照费克定律,湍流扩散速率可用下式表述:

$$J_{AE}=-D_E\frac{dc_A}{dz} \tag{5-17}$$

综合考虑分子扩散和湍流扩散的作用,则

$$J_A=-(D+D_E)\frac{dc_A}{dz} \tag{5-18}$$

式中 D_E—— 涡流扩散系数,m^2/s。

涡流扩散系数 D_E 不是物性参数,它与流体的湍动程度及质点所处位置有关。

2. 对流传质

对流传质是指流体与固体壁面或相界面之间的质量传递。在每个流体相中,都可以划分出滞流底层(层流底层)、过渡区及湍流主体。以气体为例,气体呈湍流流动,但靠近相界面处仍有一层层流膜,厚度以 z'_G 表示。湍流程度越大,则层流膜的厚度越薄。层流膜内是分子扩散,层流膜外是湍流扩散。

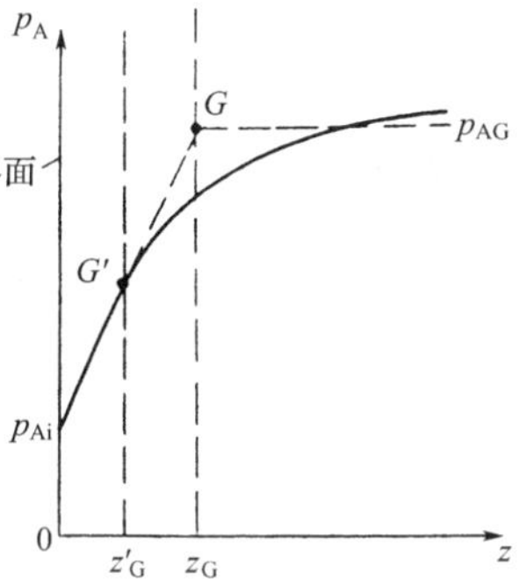

图 5-10 传质有效膜层

溶质 A 自气相主体向界面转移时,由于气体做湍流流动,大量旋涡所起的混合作用使气相主体内溶质的分压趋于一致,分压线几乎为水平线,靠近层流膜层时才略向下弯曲。在层流膜层内,溶质只能靠分子扩散而转移,没有涡流的帮助,需要较大的分压差才能克服扩散阻力,故分压迅速下降。这种分压变化曲线与对流传热中的温度变化曲线相似。仿照对流传热时将热阻集中在虚拟层流底层(有效层流膜),然后按导热计算的方法进行计算,如图 5-10 所示。将全部分压差集中在有效膜层 z_G 中,假设其内只有层流流动,即全部扩散都集中在该层中以分子扩散的形式传质。

按上述理论,将流体的对流传质折合成有效层流膜的分子扩散,仿照式(5-15),将式中扩散距离写为 z_G,p_{A1} 与 p_{A2} 分别写为 p_{AG}、p_{Ai},得到气相对流传质方程为

$$N_A=\frac{D}{RTz_G}\frac{p}{p_{Bm}}(p_{AG}-p_{Ai}) \tag{5-19}$$

式(5-19) 中的有效层流膜厚度 z_G 实际上不能直接计算,也难于直接测定。若令

$$k_G=\frac{D}{RTz_G}\frac{p}{p_{Bm}}$$

且省略 p_{AG} 下标中的 G 以及 p_{Ai} 下标中的 A,则式(5-19) 可改写为下列气相传质速率方程:

$$N_A=k_G(p_A-p_i)=\frac{p_A-p_i}{\dfrac{1}{k_G}}=\frac{\text{气膜传质推动力}}{\text{气膜传质阻力}} \tag{5-20}$$

式中 k_G—— 气膜传质系数,或称气相传质分系数,$kmol/(m^2 \cdot s \cdot kPa)$;

p_A、p_i—— 溶质 A 在气相主体和界面处的分压,kPa。

同理,根据式(5-16) 可以写出液相对流传质速率方程

$$N_A = k_L(c_i - c_A) = \frac{c_i - c_A}{\frac{1}{k_L}} = \frac{\text{液膜传质推动力}}{\text{液膜传质阻力}} \tag{5-21}$$

式中　k_L—— 液膜传质系数，或称液相传质分系数，$kmol/(m^2 \cdot s \cdot kmol/m^3)$ 或 m/s；

c_i、c_A—— 溶质 A 在界面和液相主体的浓度，$kmol/m^3$。

5.3.6　两相间传质的双膜理论

前面所讨论的扩散是在一相中进行的。而气体吸收是溶质先从气相主体扩散到气液界面，再从界面扩散到液相主体中的相际间的传质过程。关于两相间的物质传递的机理应用最广泛的还是较早提出的"双膜理论"，它的基本观点如下：

(1) 相互接触的气、液两相流体间存在着稳定的相界面，界面两侧各有一层很薄的层流膜，溶质 A 以分子扩散的方式通过两层膜，由气相进入液相主体。

(2) 在相界面处，气、液两相互成平衡。

(3) 在气、液两相的主体中，由于流体的强烈湍动，各处浓度均匀一致。

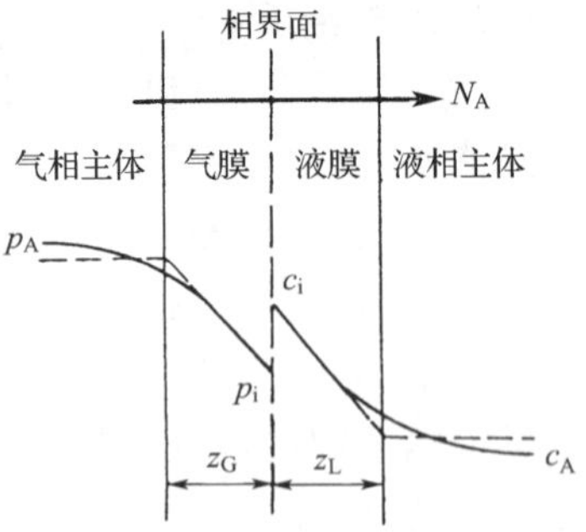

图 5-11　双膜理论示意图

通过上述三个假定把吸收过程简化为通过气、液两膜层的分子扩散过程。相际间的阻力全部集中在两个膜层中，溶质以一定的分压或浓度差克服两膜层的阻力。图 5-11 为双膜理论示意图。

由于界面参数 p_i、c_i 很难确定，引出了用两相主体浓度差为推动力的总传质速率方程式。

5.3.7　总传质速率方程式

1. 总传质速率方程式

(1) 以气相总传质系数表示的吸收速率方程式

仿照总传热速率方程，可写出

$$N_A = K_G(p_A - p_e) = \frac{p_A - p_e}{\frac{1}{K_G}} \tag{5-22}$$

式中　p_e—— 与液相主体浓度 c_A 平衡的气相平衡分压，kPa；

K_G—— 气相总传质系数，$kmol/(m^2 \cdot s \cdot kPa)$。

式(5-22) 即为以气相总传质系数表示的吸收速率方程式。

吸收过程的总阻力包括气膜阻力和液膜阻力，其表达式为

$$\frac{1}{K_G} = \frac{1}{k_G} + \frac{1}{Hk_L} \tag{5-23}$$

对于易溶气体，其溶解度很大，即 H 值很大，则 $\frac{1}{Hk_L}$ 相对 $\frac{1}{k_G}$ 来说要小得多，故可略去不计，则 $K_G \approx k_G$。这就是说，易溶气体的吸收速率主要由气相一方即气膜的作用来控制，这种情况称为"气膜控制"。因此，要提高吸收速率，关键是降低气膜层的厚度，提高 k_G，即增大气相的湍动程度。用水吸收氨可视为气膜控制的吸收过程。

（2）以液相总传质系数表示的吸收速率方程式

同理，可写出以液相总传质系数表示的吸收速率方程式，即

$$N_A = K_L(c_e - c_A) = \frac{c_e - c_A}{\dfrac{1}{K_L}} \tag{5-24}$$

式中　c_e—— 与气相主体分压 p_A 平衡的液相平衡浓度，kmol/m^3；

K_L—— 液相总传质系数，m/s。

式(5-24)即为以液相总传质系数表示的吸收速率方程式。

$\dfrac{1}{K_L}$ 为与$(c_e - c_A)$相对应的吸收总阻力，它包括气膜阻力和液膜阻力，即

$$\frac{1}{K_L} = \frac{1}{k_L} + \frac{H}{k_G} \tag{5-25}$$

对于难溶气体，其溶解度很低，即 H 值很小，则$\dfrac{H}{k_G}$ 相对$\dfrac{1}{k_L}$ 来说要小得多，故可略去不计，则 $K_L \approx k_L$。这就是说，难溶气体的吸收速率主要由液相一方即液膜的作用来控制，这种情况称为“液膜控制”。因此，要提高吸收速率，关键是降低液膜的厚度，提高吸收剂的流速，增大液相的湍动程度，使液膜传质分系数增大，从而增大总传质系数。

对于溶解度适中气体的吸收，气膜阻力和液膜阻力均不能忽略，因此要提高吸收速率，必须同时增大两相的湍动程度。

2. 相组成以摩尔比表示的吸收速率方程式

在吸收计算中，相组成常用摩尔比或摩尔分数表示，且对于低浓度气体吸收，摩尔比和摩尔分数在数值上近似相等。

（1）以$(Y - Y_e)$表示总推动力的吸收速率方程式

$$N_A = K_Y(Y - Y_e) \tag{5-26}$$

$$K_Y = \frac{K_G p}{(1+Y)(1+Y_e)} \tag{5-27}$$

式中　K_Y—— 气相总传质系数，kmol/(m^2·s)；

Y_e—— 与液相主体浓度 X 平衡的气相平衡浓度，量纲一的量。

当气相中溶质 A 含量很低时，Y 与 Y_e 均很小，式(5-27)可简化为

$$K_Y = pK_G \tag{5-28}$$

吸收过程总阻力$\dfrac{1}{K_Y}$ 包括气膜阻力和液膜阻力，即

$$\frac{1}{K_Y} = \frac{1}{k_Y} + \frac{m}{k_X} \tag{5-29}$$

（2）以$(X_e - X)$表示总推动力的吸收速率方程式

$$N_A = K_X(X_e - X) \tag{5-30}$$

$$K_X = \frac{K_L c}{(1+X)(1+X_e)} \tag{5-31}$$

式中　K_X—— 液相总传质系数，kmol/(m^2·s)；

X_e—— 与液相主体浓度 Y 平衡的气相平衡浓度，量纲一的量。

对于低浓度吸收过程，X、X_e 均很小，式(5-31)可简化为

$$K_X = cK_L \tag{5-32}$$

同样，吸收过程总阻力$\frac{1}{K_X}$包括气膜阻力和液膜阻力，即

$$\frac{1}{K_X} = \frac{1}{k_X} + \frac{1}{mk_Y} \tag{5-33}$$

3. 吸收速率方程式小结

由于吸收过程推动力所涉及的范围不同以及气、液相浓度表示方法不同，吸收速率方程式有多种表达形式。

(1) 以传质分系数表示的吸收速率方程式

$$N_A = k_G(p_A - p_i) = k_L(c_i - c_A) = k_y(y - y_i) = k_x(x_i - x)$$
$$= k_Y(Y - Y_i) = k_X(X_i - X)$$

(2) 以传质总系数表示的吸收速率方程式

$$N_A = K_G(p_A - p_e) = K_L(c_e - c_A) = K_y(y - y_e) = K_x(x_e - x)$$
$$= K_Y(Y - Y_e) = K_X(X_e - X)$$

(3) 总阻力与分阻力关系

$$\frac{1}{K_G} = \frac{1}{k_G} + \frac{1}{Hk_L}, \quad \frac{1}{K_L} = \frac{1}{k_L} + \frac{H}{k_G}$$
$$\frac{1}{K_Y} = \frac{1}{k_Y} + \frac{m}{k_X}, \quad \frac{1}{K_X} = \frac{1}{k_X} + \frac{1}{mk_Y}$$

前面介绍的所有吸收速率方程式，都是以气、液相浓度保持不变为前提的，因此它们只能用于表示稳定操作的吸收塔内任一截面上的速率关系，而不能直接用来描述全塔的吸收速率。在塔内不同截面上，气、液相浓度不同，吸收速率也不同。

应予指出，在使用与总传质系数相对应的吸收速率方程式时，在整个吸收过程所涉及的浓度范围内，平衡关系须为直线。因为在推导这些方程式时，引用了亨利定律，即溶解度系数 H 为常数。否则，即使 k_G 和 k_L 为常数，总传质系数仍随浓度而变化，这将不宜采用以总传质系数表示的吸收速率方程式来进行吸收塔的计算。但是也有一些例外的情况。例如，对于易溶气体，$K_G \approx k_G$，或对于难溶气体，$K_L \approx k_L$，此时可以分别使用总传质系数 K_G 或 K_L 和与其对应的吸收速率方程式。

【例 5-3】 已知某低浓度气体溶质被吸收时，平衡关系服从亨利定律，气膜传质分系数 $k_G = 2.74 \times 10^{-7}$ kmol/(m^2 · s · kPa)，液膜传质分系数 $k_L = 6.94 \times 10^{-5}$ m/s，溶解度系数 $H = 1.5$ kmol/(m^3 · kPa)。试求气相总传质系数 K_G，并分析该吸收过程的控制因素。

解 因系统符合亨利定律，故

$$\frac{1}{K_G} = \frac{1}{k_G} + \frac{1}{Hk_L} = \frac{1}{2.74 \times 10^{-7}} + \frac{1}{1.5 \times 6.94 \times 10^{-5}}$$
$$= 3.66 \times 10^6 \ (\text{m}^2 \cdot \text{s} \cdot \text{kPa})/\text{kmol}$$

气膜阻力为

$$\frac{1}{k_G} = \frac{1}{2.74 \times 10^{-7}} = 3.65 \times 10^6 \ (\text{m}^2 \cdot \text{s} \cdot \text{kPa})/\text{kmol}$$

液膜阻力为

$$\frac{1}{Hk_L} = \frac{1}{1.5 \times 6.94 \times 10^{-5}} = 9.6 \times 10^3 \ (\text{m}^2 \cdot \text{s} \cdot \text{kPa})/\text{kmol}$$

因为液膜阻力远小于气膜阻力，所以该吸收过程为气膜控制。

评析 本题的关键是该吸收过程属于低浓度气体吸收，符合亨利定律，才可以用上述方法计算气相总传质系数 K_G。分析吸收过程的控制因素，就是比较气膜阻力和液膜阻力的大小。

5.4 填料吸收塔的计算

吸收过程既可以采用板式塔，又可以采用填料塔。本章中对于吸收操作的分析和讨论将主要结合填料塔进行，而板式塔则放在精馏过程进行分析。

在填料塔内气、液两相可做逆流流动，也可做并流流动。在一般情况下多采用逆流操作。与传热过程相似，在对等条件下，逆流的平均推动力大于并流。同时，逆流时下降至塔底的液体与刚进塔的气体接触，有利于提高出塔的液体浓度，且减小吸收剂的用量；上升至塔顶的气体与刚进塔的新鲜吸收剂接触，有利于降低出塔气体的浓度，从而提高溶质的回收率。

但是，逆流操作时向下流的液体受到上升气体的作用力（又称为曳力），这种曳力过大时会阻碍液体的顺利下流，因而限制了吸收塔所允许的液体和气体流量，但若设计、操作恰当，这一缺点则可以克服，故一般吸收操作多采用逆流。

在许多工业吸收中，进塔混合气体中的溶质浓度不高，如小于5%，因为被吸收的溶质量很小，所以流经全塔的混合气体量与液体量变化不大。同时，由溶质的溶解热而引起的塔内液体温度升高不显著，故可以认为吸收是在等温下进行，因而可以不作热量衡算。由于气、液两相在塔内的流量变化不大，全塔的流动状态基本相同，传质分系数在全塔为常数。若在操作范围内平衡线斜率变化不大，传质总系数也可认为是常数。这样，就可使低浓度气体吸收计算大为简化。

填料吸收塔计算的内容主要是通过物料衡算及操作线方程，确定吸收剂的用量、出塔溶液组成和塔设备的主要尺寸。

5.4.1 物料衡算与操作线方程

通过吸收塔的气体混合物中含有溶质和不被吸收的惰性组分，而液体中含有吸收剂和溶解于其中的溶质。在吸收过程中，气相中的溶质不断转移到液相中，使其在气体混合物中的量不断减少，而在溶液中的量不断增多。但气相中惰性气体量和液相中吸收剂的量始终不变。因此，在进行物料衡算时，以不变的惰性气体流量和吸收剂流量作为计算基准，并用摩尔比表示气相和液相的组成最为方便。

1. 物料衡算

图5-12为一逆流操作吸收塔，现以全塔为衡算范围对溶质进行物料衡算得

$$q_{nG}Y_1 + q_{nL}X_2 = q_{nG}Y_2 + q_{nL}X_1$$

整理后得

$$q_{nG}(Y_1 - Y_2) = q_{nL}(X_1 - X_2) \tag{5-34}$$

或
$$\frac{q_{nL}}{q_{nG}}=\frac{Y_1-Y_2}{X_1-X_2}$$

式中　q_{nG}—— 惰性气体的摩尔流量，kmol/h；

q_{nL}—— 吸收剂的摩尔流量，kmol/h；

Y_1、Y_2—— 吸收塔的塔底和塔顶的气相中溶质的摩尔比，kmol(A)/kmol(B)；

X_1、X_2—— 吸收塔的塔底和塔顶的液相中溶质的摩尔比，kmol(A)/kmol(S)。

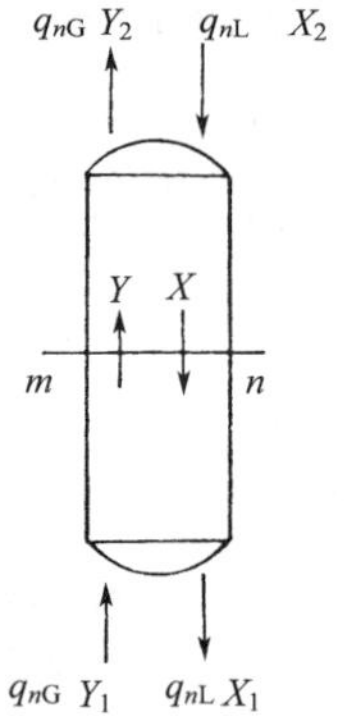

图 5-12　逆流吸收塔物料衡算

式(5-34) 表明了逆流吸收塔中气、液两相流量 q_{nG}、q_{nL} 和塔底、塔顶两端的气、液两相组成 Y_1、X_1 与 Y_2、X_2 之间的关系。一般情况下，进塔混合气的组成与流量是由吸收任务规定的，而吸收剂的初始组成和流量往往根据生产工艺要求确定，故 q_{nG}、Y_1、q_{nL} 及 X_2 均为已知数。如果吸收任务又规定了溶质的回收率(吸收率)φ_A，则气体出塔时的组成 Y_2 为

$$Y_2=Y_1(1-\varphi_A) \tag{5-35}$$

回收率的定义为

$$\varphi_A=\frac{\text{被吸收的溶质量}}{\text{进塔气体的溶质量}}=\frac{q_{nG}Y_1-q_{nG}Y_2}{q_{nG}Y_1}=\frac{Y_1-Y_2}{Y_1}$$

由此，q_{nG}、Y_1、q_{nL}、X_2 及 Y_2 均为已知，再通过全塔物料衡算式(5-34)，便可以求得出塔溶液的组成 X_1。

2. 操作线方程与操作线

如图 5-12 所示，取塔内任一截面 m-n(Y 是任意截面处气相中溶质的摩尔比，X 是任意截面处液相中溶质的摩尔比) 与塔底做溶质的物料衡算(也可在截面 m-n 与塔顶之间做溶质的物料衡算)，可得

$$q_{nG}Y+q_{nL}X_1=q_{nG}Y_1+q_{nL}X$$

或

$$Y=\frac{q_{nL}}{q_{nG}}X+\left(Y_1-\frac{q_{nL}}{q_{nG}}X_1\right) \tag{5-36}$$

式(5-36) 称为吸收操作线方程。在稳定吸收的条件下，q_{nL}、q_{nG}、X_1、Y_1 均为定值，故吸收操作线是一直线方程式，其斜率为 $\frac{q_{nL}}{q_{nG}}$，在 Y-X 图上的截距为 $Y_1-\frac{q_{nL}}{q_{nG}}X_1$。操作线方程描述了塔内任意截面上气、液两相浓度之间的关系。在吸收过程中，气相中的溶质分压总是大于液相中溶质的平衡分压，所以吸收操作线总是在平衡线的上方。如图 5-13 所示，操作线 BT 上任一点 A 的坐标(X,Y) 代表塔内相应截面上液、气组成 X、Y。端点 T 代表塔顶(又称“稀端”)，端点 B 代表塔底(又称“浓端”)。如果操作线位于平衡线的下方，则应进行解吸过程。操作线方程应用的唯一必要条件是稳定状态下连续逆流操作。

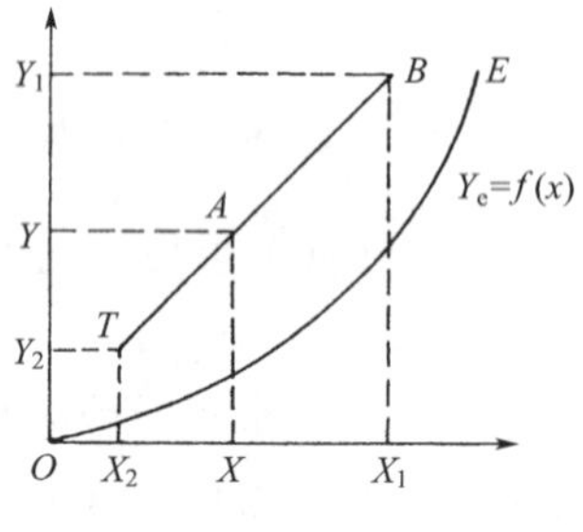

图 5-13　逆流吸收过程的操作线

若所处理的气体混合物中，溶质含量较低(低于 5% ～ 10%)，所形成的溶液组成也较低，此时，$Y\approx y$，$X\approx x$，而且通过任一截面上混合气体量近似等于惰性气体量，通过任一截面上的溶液量近似等于纯溶剂的量，此时气、液相组成可用摩尔分数表示，则操作线方程式(5-36)

可写成

$$y=\frac{q_{nL}}{q_{nG}}x+\left(y_1-\frac{q_{nL}}{q_{nG}}x_1\right) \tag{5-37}$$

式(5-37)表示对于低浓度气体的吸收，在 y-x 坐标上绘出的操作线基本上呈直线，其斜率为$\frac{q_{nL}}{q_{nG}}$。

5.4.2 吸收剂用量与最小液气比

吸收剂用量是影响吸收操作的重要因素之一，它直接影响设备尺寸和操作费用，但当气体处理量一定时，操作线斜率$\frac{q_{nL}}{q_{nG}}$取决于吸收剂用量的多少。

如图5-14(a)所示，若增大吸收剂用量，则操作线向远离平衡线方向偏移，由 TB 变为 TB'，吸收推动力增大，传质速率增加，在单位时间内吸收相同量的溶质时设备尺寸可以减小。但溶液浓度变稀，溶剂再生所需设备费和操作费增大。若减小吸收剂用量则情况正相反。当吸收剂用量减小到使操作线由 TB 变为 TB_e，此时传质推动力为零，所需的相际接触面积为无穷大，此时吸收剂用量为最小，用 $q_{nL\min}$ 表示。操作线的斜率为最小，液气比用$\left(\frac{q_{mL}}{q_{nG}}\right)_{\min}$表示。

在这里，B_e 点是平衡线与操作线在 $Y=Y_1$ 处的交点。

$$\left(\frac{q_{nL}}{q_{nG}}\right)_{\min}=\frac{Y_1-Y_2}{X_{e1}-X_2} \tag{5-38}$$

式中 X_{e1}——操作线与平衡线相交时液相的浓度，可按 $Y_e=f(X)$ 求出 X_{e1}，或读取 B_e 点的横坐标。

如果平衡曲线的形状使操作线与平衡线相切[图5-14(b)]，则应读取 B' 点的横坐标 X_1' 的数值，然后按下式计算最小液气比，即

$$\left(\frac{q_{nL}}{q_{nG}}\right)_{\min}=\frac{Y_1-Y_2}{X_1'-X_2} \tag{5-39}$$

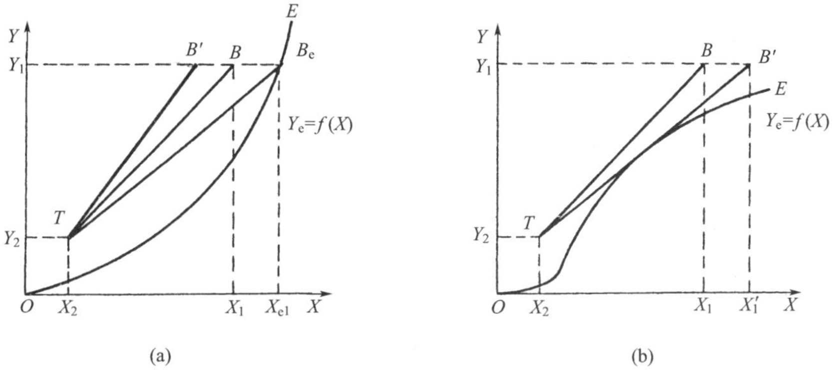

图5-14 吸收塔的最小液气比

若气液平衡关系符合亨利定律，可用 $Y_e=mX$ 表示，则式(5-38)可改写为

$$\left(\frac{q_{nL}}{q_{nG}}\right)_{\min}=\frac{Y_1-Y_2}{Y_1/m-X_2} \tag{5-40}$$

最小液气比是操作的一种极限状态，此时塔底的传质推动力为零，实际操作液气比一定大于该值。液气比的确定是一个过程的经济性优化问题，依据操作费和设备费之和为最小的经济性优化原则，可以确定出适宜的操作液气比一般为最小液气比的 1.1 ～ 2.0 倍，即

$$\frac{q_{nL}}{q_{nG}}=(1.1\sim 2.0)\left(\frac{q_{nL}}{q_{nG}}\right)_{\min}$$

【例 5-4】 中石油辽阳石化分公司环氧乙烷装置的逆流吸收塔中，用水吸收乙烯氧化气中的环氧乙烷，操作条件下环氧乙烷的平衡常数为 0.7。氧化气流量为 200 kmol/h，其中环氧乙烷含量为 2.2%，要求环氧乙烷回收率为 98%。若取水的用量为最小用量的 1.5 倍，求：(1) 液气比和水的用量；(2) 出塔环氧乙烷溶液的组成。

解 (1)

$$Y_1=\frac{y_1}{1-y_1}=\frac{0.022}{1-0.022}=0.022\ 5$$

$$Y_2=Y_1(1-\varphi_{\mathrm{A}})=0.022\ 5\times(1-98\%)=0.000\ 45$$

$$\left(\frac{q_{\mathrm{nL}}}{q_{\mathrm{nV}}}\right)_{\min}=\frac{Y_1-Y_1}{\dfrac{Y_1}{m}-X_2}=\frac{0.022\ 5-0.000\ 45}{\dfrac{0.022\ 5}{0.7}-0}0.686$$

液气比为

$$\frac{q_{\mathrm{nL}}}{q_{\mathrm{nV}}}=1.5\left(\frac{q_{\mathrm{nL}}}{q_{\mathrm{nV}}}\right)_{\min}=1.5\times 0.686=1.03$$

惰性气体流量为

$$q_{\mathrm{nV}}=200\times(1-0.022)=195.6\ \mathrm{kmol/h}$$

则水的用量为

$$q_{\mathrm{nL}}=1.03\times 195.6=201.47\ \mathrm{kmol/h}$$

(2)
$$\frac{q_{\mathrm{nL}}}{q_{\mathrm{nV}}}=1.03=\frac{Y_1-Y_2}{X_1-X_2}=\frac{0.022\ 5-0.000\ 45}{X_1-0}$$

则出塔环氧乙烷溶液组成为

$$X_1=0.021\ 4$$

评析 本题的解题思路是将题中所给出的氧化气流量换算成惰性气体的流量计算。

5.4.3 填料层高度的计算

填料吸收塔的高度主要取决于填料层的高度。这里仅介绍低浓度稳态吸收过程所需填料层高度的计算。高浓度气体吸收，此处不做讨论。

1. 填料层高度的基本计算式

塔设备的形状通常为圆柱体，因此，可以从填料层高度与填料层体积及塔截面积的关系出发，做以下分析：

$$\text{填料层高度}=\frac{\text{填料层体积}}{\text{塔截面积}}$$

$$\text{填料层体积}=\frac{\text{总传质面积}(\mathrm{m^2})}{1\ \mathrm{m^3}\ \text{填料提供的有效传质面积}(\mathrm{m^2/m^3})}$$

$$\text{总传质面积}=\frac{\text{吸收负荷}(\mathrm{kmol/s})\quad(\text{物料衡算})}{\text{传质速率}[\mathrm{kmol/(m^2\cdot s)}]\quad(\text{吸收速率方程})}$$

所以填料层高度计算涉及物料衡算、传质速率和相平衡关系。我们前面介绍的所有传质速率方程都适用于稳态操作的吸收塔中的"某一横截面"，而不能用于全塔。对于整个吸收塔，气、液相的浓度分布都沿塔高变化，吸收速率也在变化。所以要在全塔范围应用吸收速率关系式，就要采用微分方法，然后积分得到填料层的总高度。

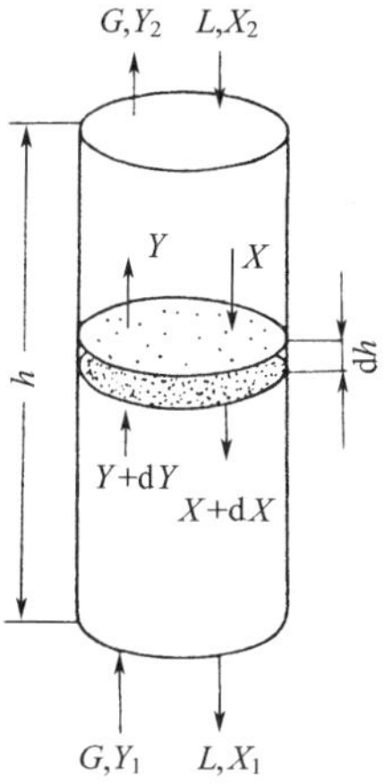

图 5-15 微元填料层的物料衡算

如图 5-15 所示，在填料层中取 dh 为微元填料层高度，则上面分析所得的文字关系式可表达为

$$\mathrm{d}h=\frac{q_{nG}\mathrm{d}Y}{N_A a\Omega}=\frac{q_{nG}\mathrm{d}Y}{K_Y a\Omega(Y-Y_e)}$$

或

$$\mathrm{d}h=\frac{q_{nL}\mathrm{d}X}{N_A a\Omega}=\frac{q_{nL}\mathrm{d}X}{K_X a\Omega(X_e-X)}$$

式中 Ω—— 塔截面积，m^2；

a—— 单位体积填料层所提供的有效传质面积，m^2/m^3。

设 G 和 L 分别为单位塔截面积上的惰性气体流量[kmol/(m^2 · s)]和纯吸收剂流量[kmol/(m^2 · s)]，分别整理二式并积分得：

$$h=\frac{q_{nG}}{K_Y a\Omega}\int_{Y_2}^{Y_1}\frac{\mathrm{d}Y}{Y-Y_e}=\frac{G}{K_Y a}\int_{Y_2}^{Y_1}\frac{\mathrm{d}Y}{Y-Y_e} \tag{5-41}$$

$$h=\frac{q_{nL}}{K_X a\Omega}\int_{X_2}^{X_1}\frac{\mathrm{d}X}{X_e-X}=\frac{L}{K_X a}\int_{X_2}^{X_1}\frac{\mathrm{d}X}{X_e-X} \tag{5-42}$$

式中 $K_Y a$、$K_X a$—— 气相和液相总体积传质系数，kmol/(m^3 · s)。

单位体积填料层所提供的有效传质面积 a，与填料的形状、尺寸及充填状况（整砌、乱堆）有关，还受流体物性及流动状况的影响，数值不易测定，所以和传质系数合在一起处理。

如果传质速率方程用 $N_A=k_Y(Y-Y_i)=k_X(X_i-X)$ 表示，则填料层高度还可以写成如下的形式：

$$h=\frac{q_{nG}}{k_Y a\Omega}\int_{Y_2}^{Y_1}\frac{\mathrm{d}Y}{Y-Y_i}=\frac{G}{k_Y a}\int_{Y_2}^{Y_1}\frac{\mathrm{d}Y}{Y-Y_i} \tag{5-43}$$

$$h=\frac{q_{nL}}{k_X a\Omega}\int_{X_2}^{X_1}\frac{\mathrm{d}X}{X_i-X}=\frac{L}{k_X a}\int_{X_2}^{X_1}\frac{\mathrm{d}X}{X_i-X} \tag{5-44}$$

式中 $k_Y a$、$k_X a$—— 气相和液相体积传质系数，kmol/(m^3 · s)。

式(5-41) ~ 式(5-44)为低浓度气体稳态吸收塔计算填料层高度的基本公式。

2. 传质单元高度与传质单元数

为了方便起见，将上述计算填料层高度的基本公式改写为传质单元高度和传质单元数之乘积的形式：

$$h=H_{OG}N_{OG}=H_{OL}N_{OL}=H_G N_G=H_L N_L \tag{5-45}$$

气相总传质单元高度： $$H_{OG}=\frac{q_{nG}}{K_Y a\Omega}=\frac{G}{K_Y a}$$

气相总传质单元数： $$N_{OG}=\int_{Y_2}^{Y_1}\frac{\mathrm{d}Y}{Y-Y_e} \tag{5-46}$$

液相总传质单元高度： $H_{OL}=\dfrac{q_{nL}}{K_X a}=\dfrac{L}{K_X a}$

液相总传质单元数： $N_{OL}=\displaystyle\int_{X_2}^{X_1}\dfrac{dX}{X_e-X}$ (5-47)

气相传质单元高度： $H_G=\dfrac{q_{nG}}{k_Y a}=\dfrac{G}{k_Y a}$

气相传质单元数： $N_G=\displaystyle\int_{Y_2}^{Y_1}\dfrac{dY}{Y-Y_i}$ (5-48)

液相传质单元高度： $H_L=\dfrac{q_{nL}}{k_X a}=\dfrac{L}{k_X a}$

液相传质单元数： $N_L=\displaystyle\int_{X_2}^{X_1}\dfrac{dX}{X_i-X}$ (5-49)

可将这些填料层高度计算式写成下列通用表达式：

填料层高度＝传质单元高度×传质单元数

下面以气相总传质单元高度 H_{OG} 为例，分析传质单元高度的物理意义。

如图 5-16(a) 所示，假设某吸收过程所需填料层高度恰好等于一个传质单元高度，即 $h=H_{OG}$，在此情况下有

$$N_{OG}=\int_{Y_2}^{Y_1}\frac{dY}{Y-Y_e}=1$$

在整个填料层中，吸收推动力 $(Y-Y_e)$ 虽是变化的，但总能找到某一个平均值 $(Y-Y_e)_m$ 来代替 $(Y-Y_e)$，并使积分值保持不变，即

$$N_{OG}=\int_{Y_2}^{Y_1}\frac{dY}{Y-Y_e}=\frac{Y_1-Y_2}{(Y-Y_e)_m}=1$$

由此可见，传质单元高度的物理意义是：如果气体流经一段填料后，气相浓度变化量 (Y_1-Y_2) 恰好等于该段填料层内以气相浓度差表示的总推动力的平均值 $(Y-Y_e)_m$，如图 5-16(b) 所示，则该段填料层的高度就是一个气相传质单元高度。

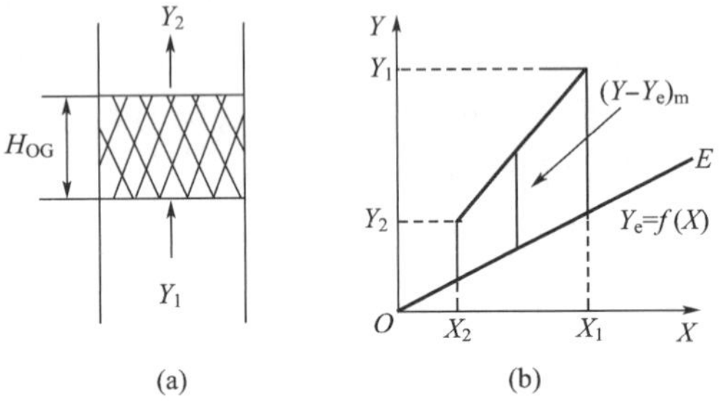

图 5-16 总传质单元高度概念示意图

传质单元高度取决于设备型式、物系的性质及操作条件，表明了过程的传质动力学性能。它能反映传质阻力的大小、填料性能的优劣及润湿情况的好坏。吸收过程的传质阻力越大，填料层的有效传质面积越小，则每个传质单元所相当的填料层高度就越大。

传质单元数反映吸收过程进行的难易程度。生产任务所要求的气相组成变化越大，吸收过程的平均推动力越小，分离的难度越大，所需的传质单元数也就越大。计算填料层高度的关键是如何计算传质单元数。

3. 传质单元数的计算

根据气、液平衡关系呈现直线（或操作范围内是直线）、曲线的情况，这里介绍三种常用的求解传质单元数的方法。

(1) 对数平均推动力法

该方法的应用前提是在吸收过程涉及的浓度范围内平衡关系可以用线性方程 $Y_e=mX+b$（注：b 可以为 0）表示的情况。

当平衡线、操作线都是直线(图 5-17),则任意截面推动力 $\Delta Y = Y - Y_e$ 与 Y 也一定呈直线关系,因此必有

$$\frac{d(\Delta Y)}{dY} = \frac{\Delta Y_1 - \Delta Y_2}{Y_1 - Y_2} = 常数$$

$$dY = \frac{Y_1 - Y_2}{\Delta Y_1 - \Delta Y_2} d(\Delta Y)$$

$$N_{OG} = \int_{Y_2}^{Y_1} \frac{dY}{Y - Y_e} = \frac{Y_1 - Y_2}{\Delta Y_1 - \Delta Y_2} \int_{Y_2}^{Y_1} \frac{d(\Delta Y)}{\Delta Y} = \frac{Y_1 - Y_2}{\Delta Y_1 - \Delta Y_2} \ln \frac{\Delta Y_1}{\Delta Y_2}$$

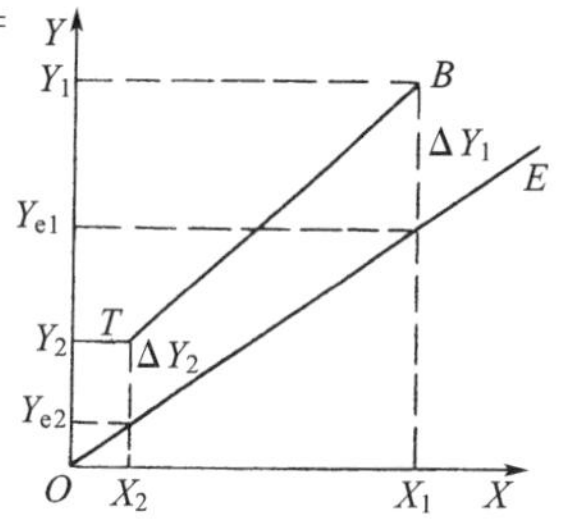

图 5-17 对数平均推动力法求传质单元数

令

$$\Delta Y_m = \frac{\Delta Y_1 - \Delta Y_2}{\ln \frac{\Delta Y_1}{\Delta Y_2}} = \frac{(Y_1 - Y_{e1}) - (Y_2 - Y_{e2})}{\ln \left(\frac{Y_1 - Y_{e1}}{Y_2 - Y_{e2}} \right)} \tag{5-50}$$

则

$$N_{OG} = \frac{Y_1 - Y_2}{\Delta Y_m} \tag{5-51}$$

式中 ΔY_m—— 气相对数平均推动力。

同理,液相总传质单元数为

$$N_{OL} = \int_{X_2}^{X_1} \frac{dX}{\Delta X} = \frac{X_1 - X_2}{\Delta X_m} \tag{5-52}$$

液相对数平均推动力

$$\Delta X_m = \frac{\Delta X_1 - \Delta X_2}{\ln \frac{\Delta X_1}{\Delta X_2}} = \frac{(X_{e1} - X_1) - (X_{e2} - X_2)}{\ln \left(\frac{X_{e1} - X_1}{X_{e2} - X_2} \right)} \tag{5-53}$$

当 $\frac{\Delta Y_1}{\Delta Y_2} < 2$ 或 $\frac{\Delta X_1}{\Delta X_2} < 2$ 时,则 ΔY_m 或 ΔX_m 可用算术平均值代替对数平均值。

【例 5-5】 针对例 5-4 中的物系,求:

(1) 全塔对数平均浓度差;

(2) 填料层高度。气相总传质单元高度为 0.496 m。

解 全塔对数平均浓度差为

$$\Delta Y_m = \frac{\Delta Y_1 - \Delta Y_2}{\ln \frac{\Delta Y_1}{\Delta Y_2}} = \frac{Y_1 - mX_1 - (Y_2 - mX_2)}{ln \frac{Y_1 - mX_1}{(Y_2 - mX_2)}}$$

$$= \frac{0.022\,5 - 0.7 \times 0.021\,4 - (0.000\,45 - 0)}{\ln \frac{0.022\,5 - 0.7 \times 0.021\,4}{0.000\,45 - 0}} = 0.002\,51$$

气相总传质单元数为

$$N_{OG} = \frac{Y_1 - Y_2}{\Delta Y_m} = \frac{0.022\,5 - 0.000\,45}{0.002\,51} = 8.78$$

填料层高度为

$$Z = H_{OG} \cdot N_{OG} = 0.496 \times 5.056 = 2.51 \text{ m}$$

【例 5-6】 在填料逆流吸收塔中,用清水吸收空气-二氧化硫混合气中的 SO_2。已知操作条件下的平衡关系为 $Y_e = 32.5X$,进塔气体中 SO_2 的组成为 0.025(摩尔比,下同),要求出塔气体中 SO_2 的组成为 0.001,空气的流量为 0.025 kmol/s,实际液气比为最小液气比的 1.5 倍,

液相体积总传质系数 K_Xa 为 0.758 kmol/(m³·s)，塔径为 1.5 m。试求所需填料层高度。

解

$$\left(\frac{q_{nL}}{q_{nG}}\right)_{\min}=\frac{Y_1-Y_2}{Y_1/m-X_2}=\frac{0.025-0.001}{\dfrac{0.025}{32.5}-0}=31.2$$

$$\frac{q_{nL}}{q_{nG}}=1.5\times31.2=46.8$$

$$q_{nL}=46.8q_{nG}=46.8\times0.025=1.17\ \text{kmol/s}$$

$$L=\frac{q_{nL}}{\Omega}=\frac{1.17}{\dfrac{\pi}{4}\times1.5^2}=0.662\ \text{kmol/(m}^2\cdot\text{s)}$$

$$\frac{q_{nL}}{q_{nG}}=\frac{Y_1-Y_2}{X_1-X_2},X_2=0$$

$$X_1=\frac{Y_1-Y_2}{\dfrac{q_{nL}}{q_{nG}}}=\frac{0.025-0.001}{46.8}=5.13\times10^{-4}$$

$$\Delta X_1=X_{e1}-X_1=\frac{0.025}{32.5}-5.13\times10^{-4}=2.56\times10^{-4}$$

$$\Delta X_2=X_{e2}-X_2=\frac{0.001}{32.5}-0=3.08\times10^{-5}$$

$$\Delta X_m=\frac{\Delta X_1-\Delta X_2}{\ln\dfrac{\Delta X_1}{\Delta X_2}}=\frac{2.56\times10^{-4}-3.08\times10^{-5}}{\ln\dfrac{2.56\times10^{-4}}{3.08\times10^{-5}}}=1.06\times10^{-4}$$

$$N_{OL}=\frac{X_1-X_2}{\Delta X_m}=\frac{5.13\times10^{-4}-0}{1.06\times10^{-4}}=4.84$$

$$H_{OL}=\frac{L}{K_Xa}=\frac{0.662}{0.758}=0.873\ \text{m}$$

$$h=H_{OL}N_{OL}=0.873\times4.84=4.23\ \text{m}$$

评析 本题的解题思路是由最小液气比求得适宜液气比，再通过全塔物料衡算求得出塔溶液的组成 X_1，然后利用对数平均推动力法求出传质单元数，从而求得填料层高度。

(2) 吸收因数法

吸收因数法的应用前提是在吸收过程涉及的浓度范围内平衡关系可以用线性方程 $Y_e=mX+b$(注：b 可以为 0) 表示的情况。

在塔内任一截面与塔顶稀端之间做物料衡算，得

$$X=X_2+\frac{q_{nG}}{q_{nL}}(Y-Y_2)=X_2+\frac{G}{L}(Y-Y_2)$$

将上式代入式(5-46) 得

$$N_{OG}=\int_{Y_2}^{Y_1}\frac{dY}{Y-Y_e}=\int_{Y_2}^{Y_1}\frac{dY}{Y-(mX+b)}$$

$$=\int_{Y_2}^{Y_1}\frac{dY}{Y-\left\{m\left[X_2+\dfrac{G}{L}(Y-Y_2)\right]+b\right\}}$$

若令 $A=\dfrac{q_{nL}}{mq_{nG}}=\dfrac{L}{mG}$，并将上式积分可得

$$N_{OG}=\frac{1}{1-\frac{1}{A}}\ln\left[\left(1-\frac{1}{A}\right)\frac{Y_1-mX_2}{Y_2-mX_2}+\frac{1}{A}\right] \tag{5-54}$$

式中 A—— 吸收因数,其物理意义是该吸收过程中操作线斜率与平衡线斜率的比值。

令 $S=\frac{1}{A}=\frac{mG}{L}$,$S$ 称为脱吸因数,则式(5-54) 可写成如下形式:

$$N_{OG}=\frac{1}{1-S}\ln\left[(1-S)\frac{Y_1-mX_2}{Y_2-mX_2}+S\right]=f\left(S,\frac{Y_1-mX_2}{Y_2-mX_2}\right) \tag{5-55}$$

将式(5-55) 标绘在半对数坐标系中,可以得到传质单元数的关联图,如图 5-18 所示。

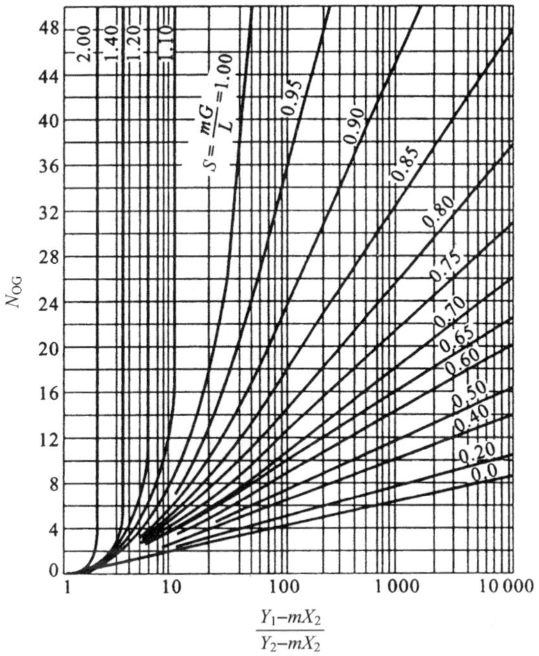

图 5-18 传质单元数的关联图

如图 5-18 所示,当 S 一定时(在确定的操作条件下),$\frac{Y_1-mX_2}{Y_2-mX_2}$ 越大,表示在吸收剂入口组成一定的前提下,要求的回收率越高,则 N_{OG} 越大;而 $\frac{Y_1-mX_2}{Y_2-mX_2}$ 一定时,S 越小,则 N_{OG} 越小。

【例 5-7】 空气和氨的混合气体,在直径为 0.8 m 的填料吸收塔中用清水吸收其中的氨。已知送入的混合气体中空气的流量为 1 390 kg/h,混合气体中氨的分压为 1.34 kPa,吸收后混合气中有 99.5% 的氨被吸收下来。操作温度为 20 ℃,压力为 101.325 kPa 。在操作条件下,平衡关系为 $Y_e=0.75X$。若吸收剂(水) 用量为 52 kmol/h。已知氨的气相总体积传质系数 $K_Ya=314\ \text{kmol/(m}^3\cdot\text{h)}$。试求:(1) 吸收液的出塔组成;(2) 所需填料层高度(用吸收因数法)。

解 (1) $y_1=\frac{1.34}{101.325}=0.013\ 2$, $Y_1=\frac{y_1}{1-y_1}=\frac{0.013\ 2}{1-0.013\ 2}=0.013\ 4$

$Y_2=0.013\ 4\times(1-0.995)=6.7\times10^{-5}$, $X_2=0$

$q_{nG}=\frac{1\ 390}{29}=47.93\ \text{kmol/h}$

$$X_1=\frac{q_{nG}(Y_1-Y_2)}{q_{nL}}=\frac{47.93\times(0.0134-6.7\times10^{-5})}{52}=0.0123$$

(2)
$$S=\frac{mG}{L}=\frac{mq_{nG}}{q_{nL}}=\frac{0.75\times47.93}{52}=0.6913$$

$$\frac{Y_1-mX_2}{Y_2-mX_2}=\frac{0.0134-0}{6.7\times10^{-5}-0}=200$$

$$N_{OG}=\frac{1}{1-S}\ln\left[(1-S)\left(\frac{Y_1-mX_2}{Y_2-mX_2}\right)+S\right]$$

$$=\frac{1}{1-0.6913}\ln[(1-0.6913)\times200+0.6913]=13.4$$

$$H_{OG}=\frac{G}{K_Ya}=\frac{q_{nG}}{K_Ya\Omega}=\frac{47.93}{314\times\frac{\pi}{4}\times0.8^2}=0.304\ \text{m}$$

$$h=H_{OG}\times N_{OG}=0.304\times13.4=4.07\ \text{m}$$

评析　本题中没有直接给出进塔气体中溶质的含量，但可以通过混合气中氨气的分压值与总压值计算出进塔气体中氨的摩尔分数及摩尔比。与对数平均推动力法相比，吸收因数法计算传质单元数的最大优点是不必已知出塔溶液组成 X_1，但对数平均推动力法的公式容易记忆，做题时可根据题意及自己的习惯灵活地选择计算方法。

(3) 图解积分法与数值积分法

当气、液两相的平衡关系 $Y_e=f(X)$ 为一曲线时，虽然操作线为直线，但两线间的距离处处不等，如图 5-19(a) 所示。

以计算气相总传质单元数为例，积分式 $N_{OG}=\int_{Y_2}^{Y_1}\frac{dY}{Y-Y_e}$ 之值等于图 5-19(b) 中曲线下的阴影面积，可用图解积分法求此面积。

具体做法是在 Y_1 和 Y_2 之间的操作线上选取若干点，每一点代表塔内某一截面上气、液两相的组成。分别从每一点做垂线，与平衡线相交，求出各点的传质推动力 $(Y-Y_e)$ 和 $1/(Y-Y_e)$。然后以 Y 为横坐标，以 $1/(Y-Y_e)$ 为纵坐标，做图得到如图 5-19(b) 所示的曲线，曲线下的面积即为 N_{OG} 的值。

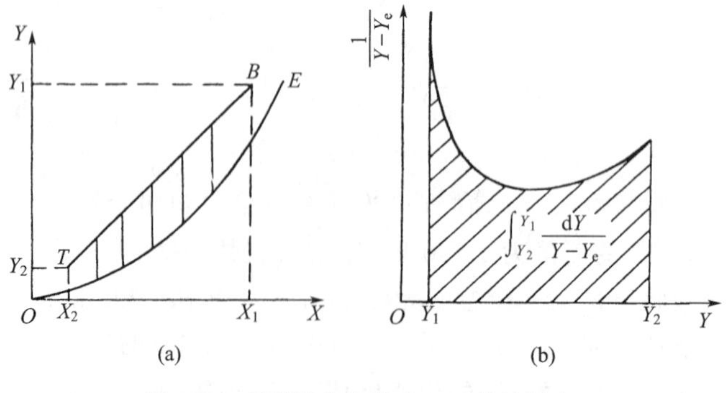

图 5-19　平衡线为曲线时 N_{OG} 的计算法

图解积分法比较烦琐，且准确度较低，可用数值积分法计算。下面介绍常用的辛普森(Simpson) 数值积分法。

在 Y_2 和 Y_1 之间做偶数等分，对每一个值 Y 算出对应的 $f(Y)=1/(Y-Y_e)$，用 Y_0 代替塔顶组成 Y_2，Y_n 代替塔底组成 Y_1，令 $f_i=f(Y_i)$，然后按下式

$$\int_{Y_0}^{Y_n} f(Y)\mathrm{d}Y = \frac{\xi}{3}(f_0 + 4f_1 + 2f_2 + 4f_3 + 2f_4 + \cdots + 2f_{n-2} + 4f_{n-1} + f_n) \quad (5\text{-}56)$$

求积，式(5-56) 中的步长为

$$\xi = \frac{Y_n - Y_0}{n}$$

$$Y_i = Y_{i-1} + \xi,\ f_i = f(Y_i)$$

n 可取任一偶数，n 值越大，计算就越准确。

5.5 填料塔

填料塔是化工分离过程的主要设备之一。与板式塔相比，填料塔具有结构简单、压降低、操作弹性大、塔内持液量小等突出特点，因而在化工生产中得到广泛应用。特别是近年来，随着性能优良的新型填料不断涌现，大型填料塔目前在工业上已非罕见。

5.5.1 填料塔的结构

填料塔的塔体为一圆形筒体，筒内分层装有一定高度的填料，如图 5-20 所示。自塔上部进入的液体通过分布器均匀喷洒于塔截面上。在填料层内液体沿填料表面呈膜状流下。各层填料之间设有液体再分布器，将液体重新均匀分布，以避免发生“壁流现象”。气体自塔下部进入，通过填料缝隙中的自由空间，从塔上部排除。离开填料层的气体可能挟带少量雾状液滴，因此有时需要在塔顶安装除沫器。气、液两相在填料塔内进行逆流接触传质。填料塔生产情况的好坏与是否正确选用填料有很大关系。

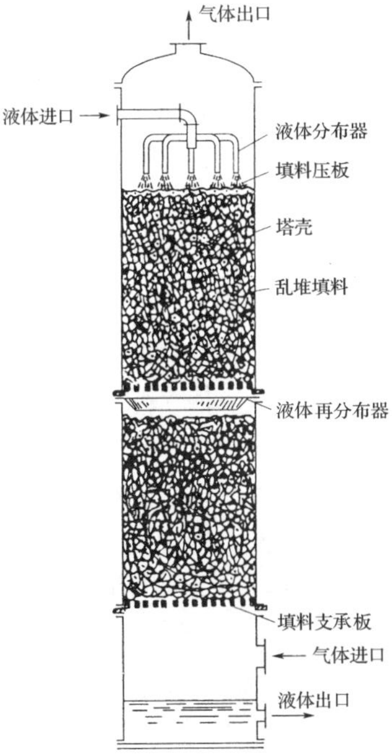

图 5-20 填料塔

填料塔
工作原理

5.5.2 填料的种类与特性

1.填料的种类

填料按其形状可以分为环形、鞍形、波纹形。环形填料主要有拉西环、鲍尔环、阶梯环。鞍形填料主要有矩鞍形、弧鞍形。波纹形填料主要有板形波纹、波纹丝网。这些填料的形状如图 5-21 所示。

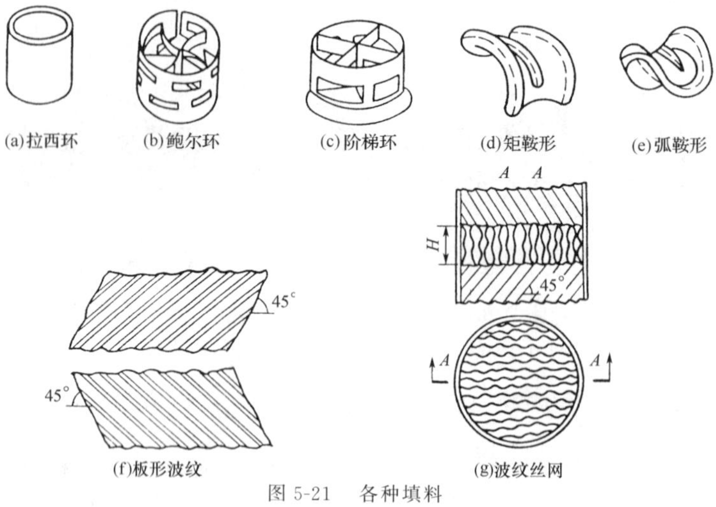

填料

图 5-21　各种填料

(1) 拉西环

拉西环是最古老、最典型的一种填料,其几何形状是外径与高相等的圆筒,具有结构简单、加工方便、造价较低等特点。常用的材料有陶瓷、金属、塑料以及石墨等。拉西环的流体力学及传质规律研究完善。目前虽有应用,但阻力大,传质效率低,已逐渐被新型填料所代替。

(2) 鲍尔环

鲍尔环是在拉西环的基础上改进结构而得到的另一种填料。其结构特点是在普通拉西环的壁上开一层(ϕ25 mm 以下的环)或两层(ϕ50 mm 以上的环)长方形小窗,制造时窗孔的母材并不从环上剪下,而是向中心弯入,在中心处相搭,上下两层窗位置交错。鲍尔环的比表面积和空隙率与拉西环基本相当,但由于环壁开孔,大大提高了环内空间及环内表面的利用率,使气体流动阻力降低,液体分布比较均匀。

(3) 阶梯环

阶梯环是在鲍尔环的基础上改进开发出的填料。其壁面上与鲍尔环一样开有矩形孔,但其高度减少了一半。由于高径比减小,使得气体绕填料外壁的平均路径大为缩短,减小了气体通过填料层的阻力。阶梯环的一端增加了一个锥形翻边,不仅增加了填料的机械强度,而且使填料之间由线接触为主,变成以点接触为主,这样不但增加了填料间的空隙,同时成为液体沿填料表面流动的汇集分散点,可以促进液膜的表面更新,有利于传质。与鲍尔环相比,阶梯环的性能更为优越,是目前所使用的环形填料中最为优良的一种填料。

(4) 弧鞍形

弧鞍形又称贝尔鞍。它的形状如同马鞍,特点是表面全面敞开,结构对称,流体可以在填料两侧表面流动,因而其表面利用率高。另外,其表面流道呈弧线形,故流动阻力小。但是由于其结构对称,易造成填料装填时表面重合(套叠),既减小了暴露的表面,又破坏了填料层的均匀性，影响了传质效率，故在工业上应用较少，而逐步被矩鞍形所取代。

(5) 矩鞍形

为克服弧鞍形容易套叠的缺点，将弧鞍形两端的弧形面改为矩形面，且两面大小不等。矩鞍形堆积时不会套叠，形成的填料层空隙率均匀，从而具有较好的液体分布性能和传质性能。

(6) 波纹形

金属波纹网填料是20世纪60年代发展起来的一种新型规整填料。填料由平行丝网波纹片垂直组装而成。网片波纹倾斜方向与塔轴成一定的倾角(一般为30°或45°)，相邻两片的波纹倾斜方向相反，使波纹片之间形成一系列相互交叉的三角形流道，相邻两盘成90°交叉安放。

(7) 其他新型填料

多孔双面填料。呈圆弧状，加工方便，降低了机械冲压后对填料的划痕，比常规填料更加耐压、耐腐蚀。

改进型矩鞍形填料。独特的内弯圆弧筋片结构使得填料内部通道更为合理，增加了填料的机械强度，有效地增强液相分散度。

菊花型填料。兼有规整、散装填料的特性，具有通量大、压降小等特点。无翻边结构，避免汽液滞留，自分布性能优良。

填料可用陶瓷、金属、塑料等不同材料制成。填料的装填分为乱堆和整砌两种。乱堆填料由小型填料无规则堆积而成，装卸较方便，压降大，适用于ϕ50 mm以下的填料。整砌填料常用规整的填料整齐砌成，适用于ϕ50 mm以上的填料，压降小。

2. 填料的特性

各种填料性能的好坏依靠填料特性数据来反映，其特性数据主要有下列几种。

(1) 填料个数 n

填料个数指单位体积填料中填料的个数。对于乱堆填料来说是一个统计数字，其值由实测方法求得。n值越大，提供的表面积也越大，对吸收越有利。

(2) 比表面积 a_t

比表面积指单位体积填料中填料的表面积，单位为m^2/m^3。

$$a_t = na_0 \quad (a_0 \text{ 指一个填料的表面积})$$

(3) 空隙率 ε

空隙率指干塔状态时单位体积填料所具有的空隙体积，单位为m^3/m^3。

$$\varepsilon = 1 - nV_0 \quad (V_0 \text{ 指一个填料的体积})$$

在操作时由于填料壁上附有一层液体，故实际的空隙率小于上述的空隙率。ε的值越大，气液流动阻力越小，流通能力越大，塔的操作弹性范围越宽。通常来说，单位体积内n值和a_t值越大，则ε的值越小。

(4) 干填料因子及填料因子

比表面积和空隙率两个填料特性所组成的复合量a_t/ε^3称为干填料因子，单位为1/m。

气体通过干填料层的流动特性往往用干填料因子来关联。在有液体喷淋的填料上，部分空隙被液体所占据，空隙率有所减小，比表面积也会发生变化，因而提出了一个相应的湿填料因子，用Φ表示，简称填料因子，用来关联对填料层内气、液两相流动的影响。填料因子需由实验测定。几种常用填料的特性数据见表5-4。

表 5-4　几种常用填料的特性数据

填料名称	规格(直径×高×厚)/mm	材质及堆积方式	比表面积 $m^2 \cdot m^{-3}$	空隙率 $m^3 \cdot m^{-3}$	每 m^3 填料个数	堆积密度 $kg \cdot m^{-3}$	干填料因子 m^{-1}	填料因子 m^{-1}
拉西环	10×10×1.5	瓷质乱堆	440	0.70	720×10^3	700	1 280	500
	25×25×2.5	瓷质乱堆	190	0.78	49×10^3	505	400	450
	50×50×4.5	瓷质乱堆	93	0.81	6×10^3	457	177	205
	80×80×9.5	瓷质乱堆	76	0.68	1.91×10^3	714	243	280
	25×25×0.8	钢质乱堆	220	0.92	55×10^3	640	290	260
	50×50×1.0	钢质乱堆	110	0.95	7×10^3	430	80	175
	76×76×1.5	钢质乱堆	68	0.95	1.87×10^3	400	130	105
	50×50×4.5	瓷质整砌	124	0.72	8.83×10^3	673	339	—
鲍尔环	25×25×0.5	瓷质乱堆	220	0.76	48×10^3	565	—	300
	50×50×4.5	瓷质乱堆	110	0.81	6×10^3	457	—	130
	25×25×0.6	钢质乱堆	209	0.94	61.1×10^3	480	—	160
	50×50×0.9	钢质乱堆	103	0.95	6.2×10^3	355	—	66
	25×25×1.2	塑料乱堆	209	0.90	51.1×10^3	72.6	—	107
阶梯环	25×12.5×1.4	塑料乱堆	223	0.90	81.5×10^3	27.8	—	172
	38.5×19×1.0	塑料乱堆	132.5	0.91	27.2×10^3	57.5	—	115
弧鞍形	25	瓷质	252	0.69	78.1×10^3	725	—	360
	25	钢质	280	0.83	88.5×10^3	1 400	—	148
	50	钢质	106	0.72	8.87×10^3	645	—	—
矩鞍形	40×20×3.0	瓷质	258	0.775	84.6×10^3	548	—	320
	75×45×5.0	瓷质	120	0.79	9.4×10^3	532	—	130

5.5.3　填料塔内气液两相流动特性

填料塔内气、液两相通常为逆流流动。液体从上向下流动过程中，在填料表面上形成膜状流动。液膜与填料表面的摩擦，以及液膜与上升气体的摩擦使液膜产生流动阻力，形成了填料层的压降，并使部分液体停留在填料表面及空隙中。单位体积填料层中滞留的液体体积称为持液量。填料层持液量可由实验测出，也可由经验公式计算。一般来说，适当的持液量对填料塔的操作稳定性和传质是有益的，但持液量过大，将减少填料层的空隙率和气相流通截面积，使压降增大，处理能力下降。为确定塔径，需要选定空塔气速；为确定动力消耗，需要知道气体的压降。

1. 气体通过填料层的压降

对于逆流操作的填料塔，气体通过填料层的压降与填料的类型、尺寸、物性、液体喷淋密度(单位时间、单位塔截面积上的喷淋量)以及空塔气速(指气体通过塔的整个截面时的速度)有关。在液体喷淋密度一定的情况下，随着气体空塔气速增大，气体通过填料层的压降变大。

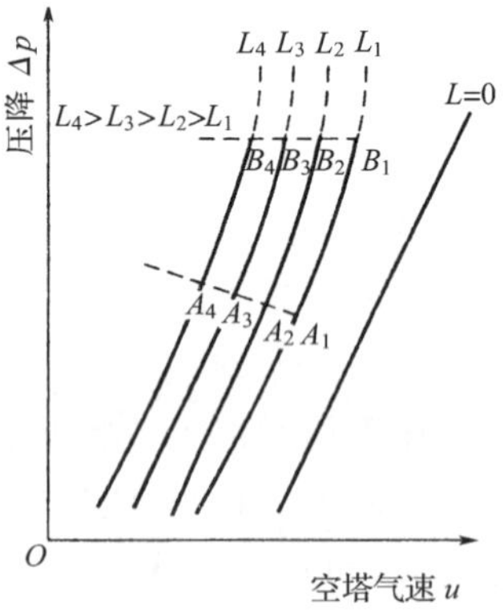

图 5-22　气体通过填料层压降示意图

如图 5-22 所示，在一定的液体喷淋密度下，气体通过填料层时压降与空塔气速的关系曲线可以分为三个区域，分别对应三种状态。图中 A 点以下区域，气相负荷较小，气、液两相之间的作用不明显，填料层的持液量受气速的影响不大，为恒持液区。

图中的 $A \sim B$ 段，空塔气速增至一定值后，气、液间阻力不容忽视，压降随空塔气速增大而较快地增大，压降曲线在 A 点出现转折，该转折点(A 点)称为载点。而后，随着两相之间的作用进一步加强，使得填料表面液膜难以顺利流下，出现拦液现象。再增大空塔气速，此时填料层中的持液量迅速增大，往往可以看到填料层的某个高度上出现“积液层”。若此时不断增加空塔气速，积液层仍在扩大，则会达到“液泛”。B 点称为液泛点。在液泛情况下，因液体占据填料层空隙的程度较严重，气体通过时的阻力大增，流体出现脉动现象，顶端填料往往在液体的腾涌中翻上摔下被打碎，操作基本遭破坏。试验表明，当操作处在载液区（$A \sim B$ 段）时，流体湍动加剧，传质效果好。作为填料塔，液泛时的空塔气速也是最大的极限气速，应控制空塔气速在载点与泛点之间，通常是根据泛点气速确定适宜的操作气速。

2. 压降与液泛速度的确定

液泛速度主要和塔的气、液相负荷及物性、填料的材料和类型以及规格有关，其计算方法不止一种，目前较为广泛使用的方法是利用如图 5-23 所示的填料塔泛点和压降的通用关联图来确定液泛速度。

该关联图是以 X 为横坐标，以 Y 为纵坐标（图 5-23）进行关联的。其中

$$X=\left(\frac{q_{mL}}{q_{mG}}\right)\left(\frac{\rho_G}{\rho_L}\right)^{0.5},\qquad Y=\frac{u^2\Phi\varphi\rho_G}{g\rho_L}\mu_L^{0.2}$$

式中 u—— 空塔气速，m/s；

q_{mL}、q_{mG}—— 液相及气相的质量流量，kg/h 或 kg/s；

ρ_L、ρ_G—— 气相及液相的密度，kg/m^3；

Φ—— 填料因子，m^{-1}；

φ—— 水的密度与溶液密度之比；

μ_L—— 溶液的黏度，mPa·s。

图 5-23 显示出压降与泛点、填料因子、液气比等参数的关系，适用于乱堆的拉西环、鲍尔环和鞍形填料。使用图 5-23 时，先根据塔的气、液相负荷和气、液相密度计算横坐标 X，然后在图 5-23 中乱堆填料的泛点线上确定与其对应的纵坐标 Y，从而求得操作条件下的液泛气速。

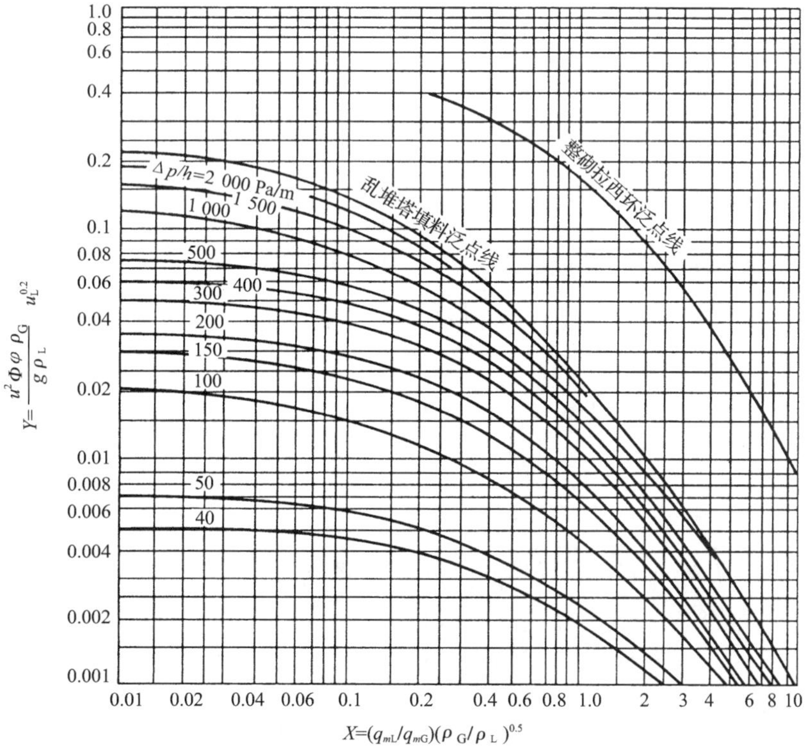

图 5-23 填料塔泛点和压降的通用关联图

欲求气体通过每米填料层的压降，可将操作气速代入纵坐标Y中，求出纵坐标和横坐标的交点，由图5-23上读出交点所对应的压降线，即得气体通过每米填料层的压降Δp。

在常压塔中Δp为150～500 Pa/m较为合理；在真空塔中Δp在80 Pa/m以下为宜。

5.5.4 塔径的计算

填料塔的塔径依据式(5-57)计算。

$$D=\sqrt{\frac{4q_{VG_s}}{\pi u}} \tag{5-57}$$

式中 D——塔径，m；

q_{VG_s}——在操作条件下混合气的体积流量，m^3/s；

u——空塔气速，m/s。

在吸收过程中，由于溶质不断进入液相，故混合气流量由塔底至塔顶逐渐减小。在计算塔径时，一般应以塔底的气体流量为依据。

塔径的大小主要取决于空塔气速，选择较小的空塔气速，则气体通过塔时的阻力小，动力消耗小，但塔径增大，设备投资大而生产能力低，且低气速不利于气、液充分接触，传质效率低。若选择较高的空塔气速，则通过填料层的压降大，动力消耗大，且操做不平稳，难以控制，但塔径小，设备投资小。故塔径的确定应做多方案比较以求经济上优化。通常取泛点气速的0.5～0.85倍。

【例5-8】 某合成氨厂在填料塔中用碳酸钾溶液逆流吸收变换气中的CO_2。已知进塔混合气流量为$11.351\,4\times10^4$ kg/h，密度为12.8 kg/m^3；进塔的液体流量为101.985×10^4 kg/h，密度为1 217 kg/m^3，黏度为0.52 mPa·s。拟采用乱堆50 mm×50 mm×0.9 mm的钢制鲍尔环。试估算填料塔的塔径。

解
$$X=\left(\frac{q_{mL}}{q_{mG}}\right)\left(\frac{\rho_G}{\rho_L}\right)^{0.5}=\frac{101.985\times10^4}{11.351\,4\times10^4}\left(\frac{12.8}{1\,217}\right)^{0.5}=0.921$$

在乱堆填料泛点线上读出相应的纵坐标值为0.023，即

$$Y=\left(\frac{u_f^2\Phi\varphi\rho_G}{g\rho_L}\right)\mu_L^{0.2}=0.023$$

对于50 mm×50 mm×0.9 mm的钢制鲍尔环，$\Phi=66$(由表5-4查得)，$\varphi=\frac{1\,000}{1\,217}=0.822$，

代入上式得泛点气速

$$u_f=\sqrt{\frac{0.023g\rho_L}{\Phi\varphi\rho_G\mu_L^{0.2}}}=\sqrt{\frac{0.023\times9.81\times1\,217}{66\times0.822\times12.8\times0.52^{0.2}}}=0.671\text{ m/s}$$

取空塔气速为

$$u=0.55u_f=0.55\times0.671=0.369\,1\text{ m/s}$$

$$q_{VG_s}=\frac{q_{mG_s}}{\rho_G}=\frac{11.351\,4\times10^4}{12.8}=8.87\times10^3\text{ m}^3/\text{h}$$

塔径

$$D=\sqrt{\frac{4q_{VG_s}}{\pi u}}=\sqrt{\frac{4\times 8.87\times 10^3/3\ 600}{3.14\times 0.369\ 1}}=2.916\ \text{m}$$

取塔径为 3.0 m。

评析 本题的解题思路是根据已知条件通过计算和查图得到泛点气速以及空塔气速，从而估算出塔径。

5.5.5 填料塔的内件

填料塔的内件主要有填料支撑装置、液体分布装置、液体收集及再分布装置等。合理地选择和设计塔内件，对保证填料塔的正常操作及优良的传质性能十分重要。

1. 填料支撑装置

填料支撑装置的作用是支撑塔内填料床层。对填料支撑装置的要求是：

(1) 具有足够的强度和刚度，能承受填料的质量、填料层的持液量以及操作中附加的压力等。

(2) 具有大于填料层空隙率的开孔率，防止在此首先发生液泛现象，进而导致整个填料层的液泛。

(3) 结构合理，有利于气、液两相的均匀分布，阻力要小，便于拆装。

常用的填料支撑装置为栅板式，它是由竖立的扁钢组成的，如图 5-24(a) 所示。扁钢之间的距离一般为填料外径的 0.6 ～ 0.8 倍。

为了克服填料支撑装置的强度与自由截面之间的矛盾，特别是为了适应高空隙率填料的要求，可采用升气管式支撑装置，如图 5-24(b) 所示。气体由升气管上升，通过顶部的孔及侧面的齿缝进入填料层，而液体经底板上的许多小孔流下。

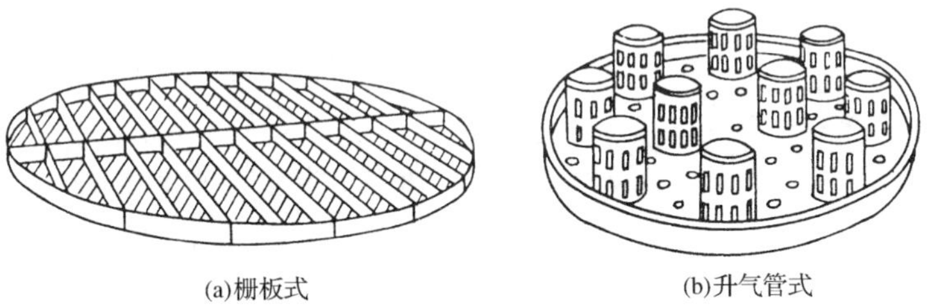

图 5-24 填料支撑装置

2. 液体分布装置

填料塔的传质过程要求塔内任一截面上气、液两相流体能分布均匀，从而实现密切接触、高效传质，其中液体的初始分布至关重要。对液体分布器的要求是：

(1) 具有与填料相匹配的分液点密度和均匀的分配质量。填料比表面积越大，分离要求越高，则液体分布器分布点密度应越大。

(2) 操作弹性大、适应性好。

(3) 为气体提供尽可能大的自由截面率，实现气体的均匀分布，且阻力要小。

(4) 结构合理，便于制造、安装、调整和检修。

液体分布器的结构形式较多，常用的几种介绍如下。

(1) 莲蓬式喷洒器

如图 5-25(a) 所示,液体由半球形喷头的小孔喷出,小孔直径为 3 ~ 10 mm,作同心圆排列,喷洒角不高于 80°,直径为(1/5 ~ 1/3)D。这种喷洒器的优点是结构简单。缺点是小孔容易堵塞,只适用于直径小于 600 mm 的填料塔中。

(2) 多孔管式喷淋器

如图 5-25(b) 所示,多孔管式喷淋器一般在管底部开有 ϕ(3 ~ 6) mm 的小孔。这种喷淋器的优点是结构简单,阻力小。缺点是小孔容易堵塞。多用于中等以下液体负荷的填料塔中。在减压精馏波纹丝网填料塔中,由于液体负荷较小,故常用之。

(3) 齿槽式分布器

如图 5-25(c) 所示,齿槽式分布器具有较大的操作弹性和极好的抗污堵性,特别适合于大气、液相负荷及含有固体悬浮物、黏度大的液体分离。但安装要求水平,以保证液体均匀地流出齿槽。

(4) 筛孔盘式分布器

如图 5-25(d) 所示,液体加至分布盘上,再由盘上的筛孔流下,筛孔盘式分布器适用于直径在 800 mm 以上的填料塔中。这种筛孔盘式分布器的优点是结构紧凑,操作弹性大,且阻力较小。缺点是加工较复杂。

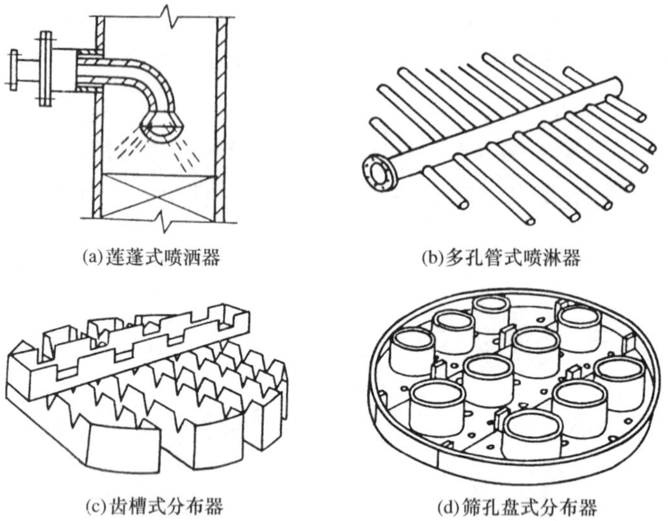

图 5-25　液体分布装置

3. 液体收集及再分布装置

液体沿填料层向下流动时,有偏向塔壁流动的现象,这种现象称为壁流。壁流将导致填料层内气、液分布不均,使传质效率下降。为减小壁流现象,可在填料层内间隔一定高度设置液体再分布装置。

最简单的液体再分布装置为截锥式再分布器,如图 5-26(a) 所示。截锥式再分布器的特点是结构简单,安装方便,但它只能起到将塔壁处的流体再导致塔中央的作用,无液体再分布的功能,一般适用于直径为 0.8 m 以下的塔。

通常情况下,一般将液体收集器及液体分布器同时使用,构成液体收集及再分布装置。液体收集器的作用是将上层填料流下的液体收集,然后送至液体分布器进行再分布。常用的液体收集器为斜板式液体收集器，如图 5-26(b) 所示。

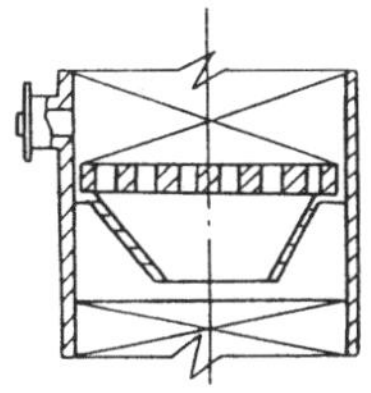
(a)截锥式再分布器

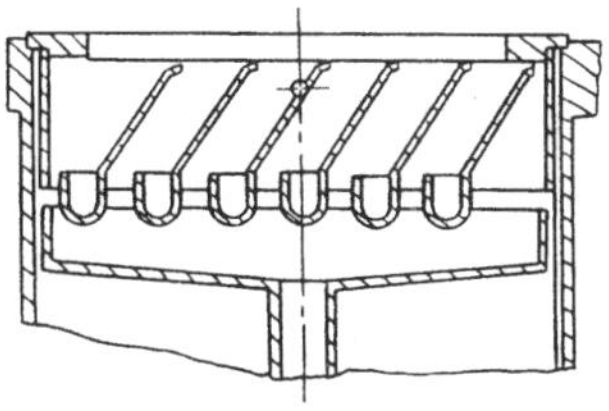
(b)斜板式液体收集器

图 5-26 液体收集及再分布装置

5.6 解吸操作

一般除以制取液相产品为目的的吸收操作外，均需对吸收剂进行回收，以便于循环使用，降低吸收过程的操作成本。解吸操作就是对吸收剂进行回收处理，使溶解在吸收剂中的溶质组分释放出来，得到较纯的溶质组分，同时使吸收剂得以再生而循环使用。

5.6.1 解吸方法

常用的解吸方法有气提解吸法、减压解吸法以及升温解吸法。工程上常将三种方法联合使用，以取得更好的解吸效果。

1. 气提解吸法

气提解吸法也称载气解吸法，其过程类似于逆流吸收，只是解吸时溶质由液相传递到气相。如图 5-27 所示，吸收液从解吸塔的顶部喷淋而下，载气从解吸塔底部通入自下而上流动，气、液两相在逆流接触过程中，溶质不断地由液相转移至气相。与逆流吸收塔相比，解吸塔的顶部为浓端，塔底为稀端。气提解吸所用的载气一般为不含(或含极少)溶质的惰性气体或溶剂蒸气，其作用在于提供与吸收液不相平衡的气相。工程上可以根据解吸工艺要求选用不同的载气，常用的载气有以下几种：

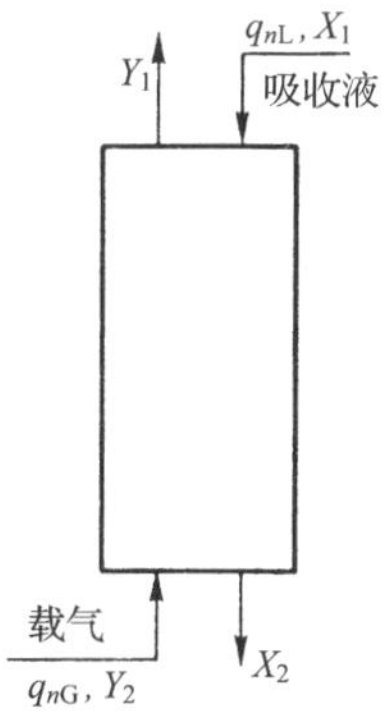

图 5-27 气提解吸过程示意图

(1) 以惰性气为载气

常用的惰性气有空气、氮气和二氧化碳等气体。该法一般用于脱除少量溶质并以吸收剂再生为操作目的，一般难以得到较纯净的溶质。

(2) 以水蒸气为载气

以水蒸气为载气同时又兼作加热源的解吸常称为气提。若溶质为不凝性气体，或溶质冷凝液不溶于水，则可通过蒸气冷凝的方法获得纯度较高的溶质组分；若溶质冷凝液与水发生互溶，要想得到较纯净的溶质组分，还应采用其他的分离方法，如精馏等。

(3) 以吸收剂蒸气作载气

利用吸收剂蒸气作载气，通常的做法是在解吸塔塔底设置一再沸器，使塔釜解吸后的吸收剂汽化返回解吸塔作为解吸载气。实质上这种操作是仅有提馏段的精馏操作。

2. 减压解吸法

吸收剂的减压再生是最简单的吸收剂再生方法之一。在吸收塔内，吸收了大量溶质后的吸收剂进入再生塔并减压，使得溶入吸收剂的溶质得以解吸。该方法最适用于加压吸收而且吸收后的后续工艺处于常压或较低压力的条件。溶质被解吸的程度取决于解吸操作的最终压力和温度。

3. 升温解吸法

一般而言，气体溶质的溶解度随温度的升高而降低。所以，吸收了大量溶质后的吸收剂进入再生塔内并加热使其升温，必将溶质从吸收剂中解吸出来。例如采用“热力脱氧”法处理锅炉用水，就是通过加热使溶解氧从水中逸出。

应予指出，对于实际工程应根据具体情况选择合适的解吸方法，既要满足工艺要求，又要考虑过程的经济合理性。

5.6.2 气提解吸的计算

解吸过程是溶质从液相向气相传递，是与吸收相反的过程。只有当液相中溶质的平衡分压大于气相中溶质分压时，溶质才能解吸出来。所以解吸的推动力是$(Y_e - Y)$或$(X - X_e)$，操作线 BT 在平衡线的下方，如图 5-28(b) 所示，与吸收相反。

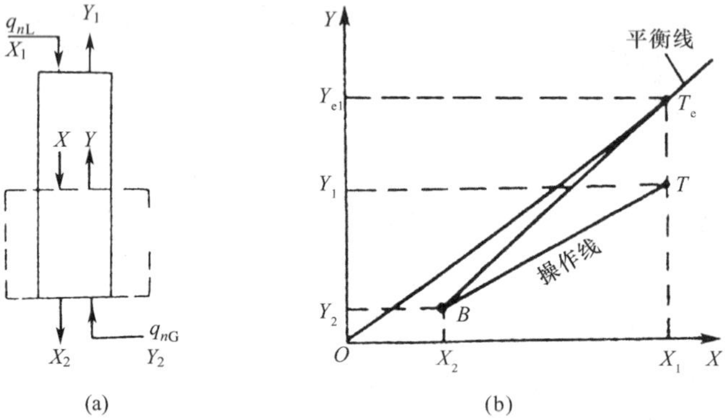

图 5-28 解吸操作线及最小气液比的确定

1. 最小气液比和载气用量的确定

设计计算中，解吸塔进、出液相组成 X_1、X_2 以及入口气体组成 Y_2 都是规定的，多数情况下 $Y_2 = 0$，而出口气体组成 Y_1 则根据适宜的气液比确定。

当解吸所用载气量减少，出口气体组成 Y_1 增大，操作线的 T 点向平衡线靠近，但 Y_1 增大的极限为与 X_1 成平衡，即达到 T_e 点，此时解吸操作线斜率 q_{nL}/q_{nG} 为最大，而气液比为最小，即

$$\left(\frac{q_{nG}}{q_{nL}}\right)_{\min} = \frac{X_1 - X_2}{Y_{e1} - Y_2} \tag{5-58}$$

实际操作中通常取

$$\frac{q_{nG}}{q_{nL}}=(1.2\sim2.0)\left(\frac{q_{nG}}{q_{nL}}\right)_{\min}$$

或

$$q_{nG}=(1.2\sim2.0)(q_{nG})_{\min}$$

当以空气为载气时，载气的流量可取得更大些。

2. 解吸塔填料层高度计算

传质单元高度的计算与吸收过程相同。传质单元数的计算方法与吸收过程的计算方法也相同，但要注意两者传质推动力的方向相反。通常使用以液相为推动力的计算式。当气、液平衡关系符合亨利定律且操作线为直线时，计算填料层高度的计算式为

$$h=H_{OL}N_{OL}=\frac{L}{K_Xa}\int_{X_2}^{X_1}\frac{dX}{X-X_e} \tag{5-59}$$

(1) 对数平均推动力法

$$N_{OL}=\frac{X_1-X_2}{\Delta X_m}$$

其中

$$\Delta X_m=\frac{(X_1-X_{e1})-(X_2-X_{e2})}{\ln\left(\frac{X_1-X_{e1}}{X_2-X_{e2}}\right)} \tag{5-60}$$

(2) 吸收因数法

$$N_{OL}=\frac{1}{1-A}\ln\left[(1-A)\frac{X_1-Y_2/m}{X_2-Y_2/m}+A\right] \tag{5-61}$$

【例 5-9】 用洗油吸收焦炉气中的芳烃，含芳烃的洗油经解吸后循环使用。已知洗油的流量为 8 kmol/h，进入解吸塔的组成为 0.12(摩尔比组成，下同)，要求解吸后的洗油组成不高于 0.005。解吸塔的塔径为 0.8 m，操作压力为 101.325 kPa，温度为 120 ℃。解吸塔塔底通入过热蒸气进行解吸，水蒸气用量为最少用量的 1.6 倍。操作条件下的平衡关系为$Y_e=3.16X$，液相体积总传质系数为 $K_Xa=30\ \text{kmol/(m}^3\cdot\text{h)}$。试求：(1) 解吸塔所需的水蒸气流量；(2) 所需的填料层高度。

解 (1) 由于水蒸气中不含芳烃，故 $Y_2=0$，则

$$\left(\frac{q_{nG}}{q_{nL}}\right)_{\min}=\frac{X_1-X_2}{Y_{e1}-Y_2}=\frac{0.12-0.005}{3.16\times0.12-0}=0.303$$

$$\frac{q_{nG}}{q_{nL}}=1.6\left(\frac{q_{nG}}{q_{nL}}\right)_{\min}=1.6\times0.303=0.485$$

$$q_{nG}=0.485\times8=3.88\ \text{kmol/h}$$

(2)

$$A=\frac{L}{mG}=\frac{q_{nL}}{mq_{nG}}=\frac{1}{3.16\times0.485}=0.652$$

$$N_{OL}=\frac{1}{1-A}\ln\left[(1-A)\frac{X_1-Y_2/m}{X_2-Y_2/m}+A\right]$$

$$=\frac{1}{1-0.652}\ln\left[(1-0.652)\frac{0.12-0}{0.005-0}+0.652\right]=6.315$$

$$H_{OL}=\frac{L}{K_Xa}=\frac{q_{nL}/\Omega}{K_Xa}=\frac{8}{30\times\frac{\pi}{4}\times0.8^2}=0.53\ \text{m}$$

$$h=H_{OL}N_{OL}=0.53\times6.315=3.35\ \text{m}$$

评析　本题的解题思路是：

(1) 通过最小气液比、适宜气液比求得水蒸气的消耗量。

(2) 通过吸收因数法求得传质单元数，进而求得填料层高度。

思考题

5-1　吸收操作的依据是什么？

5-2　吸收操作在化工生产中有哪些应用？

5-3　写出亨利定律表达式及各系数 E,H,m 间的换算关系。

5-4　什么叫分子扩散？写出费克定律表达式。

5-5　何谓等分子反向扩散？何谓单向扩散？各有何特点？

5-6　何谓涡流扩散和对流传质？简述双膜理论的要点。

5-7　吸收推动力和阻力各有哪些表示方法？吸收总系数和分系数有何关系？

5-8　何谓气膜控制和液膜控制？

5-9　为什么吸收过程常采用逆流操作？

5-10　什么是最小液气比和液气比？液气比的大小对吸收操作有何影响？如何确定适宜液气比？

5-11　简述传质单元高度和传质单元数的物理意义。

5-12　填料塔主要由哪些部件组成？各有何作用？

5-13　常用的填料种类有哪些？各有什么特点？

5-14　填料塔的流体力学性能包括哪些？何谓载点？何谓泛点？吸收操作应控制在哪个区域？

5-15　如何计算填料塔塔径？

5-16　常用的解吸方法有哪几种？各有何特点？

习　题

5-1　用吸收塔处理 1 500 m^3 混合气，其中溶质组分 A 的含量为 1.5 kmol，操作温度为 25 ℃，压强为 105 kPa，试求混合气中组分 A 的摩尔分数 y 和摩尔比 Y。($y=0.023\ 6$,$Y=0.024\ 2$)

5-2　已知 101.3 kPa，25 ℃ 时，100 g 水中溶有 1 g 氨，其平衡分压为 0.987 kPa，在此浓度范围内气液平衡关系符合亨利定律。试求：(1) 亨利系数 E；(2) 溶解度系数 H；(3) 相平衡常数 m。($E=94$ kPa,$H=0.591$ kmol/($m^3\cdot$kPa),$m=0.928$)

5-3　常压、25 ℃ 下某体系的平衡关系符合亨利定律，亨利系数 E 为 0.15×10^4 atm，溶质 A 分压为 0.54 atm 的混合气分别与三种溶液接触：(1) 溶质 A 浓度为 0.02 mol/L 的水溶液；(2) 溶质 A 浓度为 0.01 mol/L 的水溶液；(3) 溶质 A 浓度为 0.03 mol/L 的水溶液。试判断上述三种情况下溶质 A 在两相间的转移方向。(气液两相平衡，吸收，解吸)

5-4　某低浓度气体在被吸收时，平衡关系符合亨利定律，溶解度系数为 $H=1.5$ kmol/($m^3\cdot$kPa)，若已知气相传质分系数 $k_G=2.74\times10^{-7}$ kmol/($m^2\cdot$s$\cdot$kPa)，液相传质分系数 $k_L=6.94\times10^{-5}$ m/s。试求气相总传

质系数 K_G，并分析该吸收过程的控制因素及气体溶解的难易程度。[$K_G = 2.73 \times 10^{-7}$ kmol/(m² · s · kPa)]

5-5 某传质过程的总压为 300 kPa，吸收过程传质分系数分别为 $k_Y = 1.07$ kmol/(m² · h) 和 $k_X = 22$ kmol/(m² · h)，气液平衡关系符合亨利定律，亨利系数 E 为 10.67×10^3 kPa，试求：(1) 传质总系数 K_Y 和 K_X；(2) 液相中的传质阻力为气相中的多少倍。[$K_Y = 0.392$ kmol/(m² · h)，$K_X = 13.94$ kmol/(m² · h)，1.73 倍]

5-6 在常压逆流吸收塔中，以清水吸收空气-氨气混合气中的氨。进塔气体中含氨 5%，出塔气体中含氨 0.5%(以上均为体积分数)，出塔液体中氨的摩尔分数为 0.01，气液平衡关系为 $Y_e = 2.5X$，试求塔顶和塔底处以 ΔY 表示的传质推动力。($\Delta Y_2 = 0.027\,4$，$\Delta Y_1 = 0.005\,25$)

5-7 在常压逆流操作的吸收塔中，用清水吸收混合气中溶质 A。已知操作温度为 30 ℃，混合气处理量为 1 000 m³/h，进塔气体中组分 A 的体积分数为 0.05，溶质的回收率为 90%，清水用量为 120 kmol/h，试求塔底吸收液的组成。($X_1 = 0.015$)

5-8 在逆流吸收塔中，进塔气体的摩尔比组成 $Y_1 = 0.01$，溶质的回收率为 99%，操作条件下相平衡关系为 $Y_e = 1.0X$(式中 X、Y 为摩尔比)，试求下列情况下的气相总传质单元数 N_{OG}：(1) 进塔液相为纯溶剂，$\dfrac{q_{nL}}{q_{nG}} = 1.25$；(2) 进塔液相为纯溶剂，$\dfrac{q_{nL}}{q_{nG}} = 1.0$。($N_{OG} = 15.17$，$N_{OG} = 99$)

5-9 在逆流吸收塔中，进塔气的摩尔比组成 $Y_1 = 0.02$，溶质的回收率为 90%，操作条件下相平衡关系为 $Y_e = 1.0X$，试求下列情况下的气相总传质单元数 N_{OG}：(1) 进塔液相为纯溶剂，$\dfrac{q_{nL}}{q_{nG}} = 2.0$；(2) 进塔液相为纯溶剂，$\dfrac{q_{nL}}{q_{nG}} = 1.25$；(3) 入塔液体溶质组成 $X_2 = 0.000\,1$，$\dfrac{q_{nL}}{q_{nG}} = 1.25$；(4) 若进塔液相为纯溶剂，$\dfrac{q_{nL}}{q_{nG}} = 0.8$，则溶质的最大回收率可能为多少？($N_{OG} = 3.41$，$N_{OG} = 5.15$，$N_{OG} = 5.31$，$\varphi_A = 80\%$)

5-10 用纯溶剂对低浓度气体做逆流吸收，可溶组分的回收率为 φ_A，实际液气比为最小液气比的 α 倍。相平衡关系服从亨利定律。试以 φ_A、α 两个参数列出计算 N_{OG} 的计算式。$\left(\dfrac{\alpha\varphi_A}{\alpha\varphi_A - 1}\ln\left[\dfrac{(\alpha - 1)}{\alpha(1 - \varphi_A)}\right]\right)$

5-11 在逆流操作的填料塔中，用清水吸收空气中的氨，要求氨的回收率为 99%，已知吸收塔中填料层高度为 4.5 m，实际的吸收剂用量为最小用量的 1.4 倍，操作条件下的平衡关系可表示为 $Y_e = mX$，试求填料塔的气相传质单元高度。($H_{OG} = 0.360.85$ m)

5-12 在逆流填料吸收塔中，用清水吸收空气-氨气混合气中的氨。进塔气体组成为 $Y_1 = 0.026$(摩尔比，下同)，出塔气体组成 $Y_2 = 0.002\,6$，混合体流量为 100 标准 m³/h，清水用量为 0.1 m³/h。操作压力为 0.95 atm，亨利系数为 0.5 atm，平衡关系为直线。填料层高度为 1.2 m，塔内径为 0.2 m。试求吸收塔的气相体积总传质系数 K_Ya。[$K_Ya = 360.85$ kmol/(m³ · h)]

5-13 在逆流填料吸收塔中，用纯溶剂吸收某混合气中的溶质。在常压、27 ℃ 下操作时混合气流量为 1 200 m³/h，进塔气体组成为 0.05(摩尔分数)。塔截面积为 0.8 m²，填料层高度为 4 m，气相体积总传质系数 $K_Ya = 100$ kmol/(m³ · h)，气液平衡关系为直线，且吸收因数 $A = 1$，试求出塔气体组成 Y_2 和回收率 φ_A。($Y_2 = 0.006\,65$，$\varphi_A = 0.874$)

5-14 以清水在填料塔内逆流吸收空气-氨混合气中的氨，进塔气体中含氨 4.0%(体积分数)，要求回收率为 96%，气相流率 G 为 0.035 kmol/(m² · s)。采用的液气比为最小液气比的 1.6 倍，平衡关系为 $Y_e = 0.92X$，气相体积总传质系数 $K_Ya = 0.043$ kmol/(m³ · s)。试求：(1) 出塔溶液组成 X_1；(2) 所需填料层高度 h。($X_1 = 0.028\,3$，$h = 5.01$ m)

5-15 在一逆流接触的填料吸收塔中，用纯水吸收空气-氨混合气中的氨，入塔气体中含氨 9%，要求回收率为 95%，吸收剂用量为最小用量的 1.2 倍，操作条件下的平衡关系为 $Y_e = 1.2X$。传质单元高度为 0.8 m。试求：填料层高度 h。($h = 7.84$ m)

5-16 在一填料吸收塔中，用清水处理含丙酮蒸气的空气，其中空气的流量为 92 kmol/h，入塔气体浓度 $Y_1 = 0.05$（摩尔比，下同），操作条件为 101.33 kPa 和 25 ℃。出塔溶液浓度 $X_1 = 0.0194$，出塔气体浓度 $Y_2 = 0.002\ 5$，平衡关系为 $Y_e = 2X$。填料层高度为 5 m，塔径为 1 m，试求：(1) 气相体积总传质系数 K_Ya；(2) 每小时可回收多少丙酮；(3) 若把填料层高度增加 3 m，每小时可回收多少丙酮？（182.925 kmol/(m³·h)，4.075 kmol/h，4.204 kmol/h）

5-17 在常压逆流填料吸收塔中，用循环吸收剂吸收混合气中的 SO_2。吸收剂用量为 2 000 kmol/h，其组成为 0.5 g(SO_2)/100 g(H_2O)；混合气流量为 90 kmol/h，其组成为 0.09（摩尔分数），回收率为 80%。在操作条件下物系平衡关系为 $Y_e = 18X - 0.01$。试分别用平均推动力法和吸收因数法求出气相总传质单元数 N_{OG}。（$N_{OG} = 6.65$，$N_{OG} = 6.64$）

5-18 在常压操作的填料吸收塔中，用清水吸收焦炉气中的氨。焦炉气处理量为 6 000 m³/h（标准状态），进塔气体中氨的含量为 3%（摩尔分数），氨的回收率为 98%，水的用量为最小用量的 1.6 倍，操作条件下的平衡关系为 $Y_e = 1.2X$，气相总传质单元高度为 0.65 m。试求：(1) 出塔溶液组成 X_1；(2) 填料层高度 h。（$X_1 = 0.016\ 1$，$h = 5.27$ m）

5-19 某混合气含溶质 A3%（摩尔分数），在常压下用清水逆流吸收，回收率为 99%，已知在操作条件下平衡关系为 $Y_e = 2.0X$，混合气流率为 $G = 0.02$ kmol/(m²·s)，气相体积总传质系数为 $K_Ya = 0.04$ kmol/(m³·s)。如果取液气比为最小液气比的 1.5 倍。试求：(1) 出塔溶液组成 X_1；(2) 填料层高度 h。（$X_1 = 0.010\ 3$，$h = 5.204$ m）

5-20 用纯溶剂吸收某混合气中的可溶组分。进塔气体浓度为 0.048（摩尔分数），要求回收率为 92%。取液气比为最小液气比的 1.6 倍。气液逆流操作，平衡关系 $Y_e = 2.5X$，气相总传质单元高度为0.62 m。试求填料层高 h。（$h = 2.985$ m）

5-21 在逆流操作的常压填料吸收塔中，用清水吸收混合气中的氨。混合气流量为 2 500 m³/h（标准状态），该混合气中氨的浓度为 15 g/m³，要求回收率不低于 98%，操作条件下的相平衡关系为 $Y_e = 1.2X$，水的用量为 3.6 m³/h。试求：(1) 吸收液出塔浓度 X_1；(2) 操作液气比为最小液气比的若干倍。[$X_1 = 0.010\ 83$，$\frac{q_{nL}}{q_{nG}} = 1.554\left(\frac{q_{nL}}{q_{nG}}\right)_{min}$]

5-22 在 30 ℃、常压操作的填料吸收塔中，用清水吸收焦炉气中的氨。焦炉气处理量为 6 000 m³/h（标准状态）。进塔气体中氨的含量为 3%（体积分数），要求氨的回收率不低于 98%。水的用量为最小用量的 1.6 倍，空塔气速取 1.0 m/s。已知操作条件下的平衡关系为 $Y_e = 1.2X$，气相体积总传质系数 $K_Ya = 0.06$ kmol/(m³·s)。试求：(1) 气相总传质单元数（分别用对数平均推动力法及吸收因数法）；(2) 填料层高度 h。（$N_{OG} = 8.1$，$h = 5.27$ m）

5-23 用某吸收剂逆流吸收混合气中的溶质 A，相平衡关系符合亨利定律，相平衡常数为 m。若吸收剂用量为最小用量的 1.5 倍，传质单元高度 $H_{OG} = 0.8$ m，试求：(1) 溶质的回收率 $\varphi_A = 90\%$ 时，所需填料层高度；(2) 溶质的回收率 $\varphi_A = 99\%$ 时，所需填料层高度；(3) 对应上述两种回收率，吸收剂用量有何关系？（$h_1 = 3.704$ m，$h_2 = 8.58$ m，$q_{nL1}/q_{nL2} = 0.91$）

5-24 在一填料塔中，用清水逆流吸收空气 - 氨混合气中的氨。入塔混合气体含氨 5%（摩尔分数，下同），要求氨的回收率不低于 95%，出塔吸收液中氨含量不低于 4%，操作条件下气液平衡关系为 $Y_e = 0.95X$，试求：(1) 最小液气比及适宜液气比；(2) 总传质单元数；(3) 若填料层为无限高时，出塔气体和液体的极限组成。[$(q_{nL}/q_{nG})_{min} = 0.9$，$q_{nL}/q_{nG} = 1.198$，$N_{OG} = 7.71$，$Y_2 = 0$，$X_1 = 0.044$]

5-25 用洗油吸收焦炉气中的芳烃，含芳烃的洗油经解吸后循环使用。已知洗油的流量为 7 kmol/h，进入解吸塔的组成为 0.12（摩尔比，下同），要求解吸后的洗油组成不高于 0.005。解吸塔的塔径为 0.7 m，操作压力为 101.325 kPa，温度为 120 ℃。解吸塔底通入过热蒸气进行解吸，水蒸气消耗量 $q_{nG}/q_{nL} =$

1.5$(q_{nG}/q_{nL})_{min}$。操作条件下的平衡关系为 $Y_e = 3.16X$，液相体积总传质系数为 $K_Xa = 30\ kmol/(m^3 \cdot h)$，试求：(1) 解吸塔所需的水蒸气的质量流量；(2) 所需的填料层高度 h。($q_{mG} = 57.3\ kg/h$，$h = 4.143\ m$)

主要符号说明

符号	意义与单位
A	吸收因数，量纲一的量
a	填料比面积，m^2/m^3
c	混合物总物质的摩尔浓度，$kmol/m^3$
c_A	组分 A 的摩尔浓度，$kmol/m^3$
D	分子扩散系数，m^2/s；塔径，m
D_e	涡流扩散系数，m^2/s
E	亨利系数，kPa
G	气体摩尔流率，$kmol/(m^2 \cdot s)$
h	填料层高度，m
H_G	气相传质单元高度，m
H_L	液相传质单元高度，m
H_{OG}	气相总传质单元高度，m
H_{OL}	液相总传质单元高度，m
J	分子扩散通量，$kmol/(m^2 \cdot s)$
K_G	气相总传质系数，$kmol/(m^2 \cdot s \cdot kPa)$
K_L	液相总传质系数，m/s
k_G	以分压差为推动力的气相传质系数，$kmol/(m^2 \cdot s \cdot kPa)$
k_L	以摩尔浓度为推动力的液相传质系数，m/s
K_Y	以摩尔比差为推动力的气相总传质系数，$kmol/(m^2 \cdot s)$
K_X	以摩尔比差为推动力的液相总传质系数，$kmol/(m^2 \cdot s)$
K_Ya	以摩尔比差为推动力的气相体积总传质系数，$kmol/(m^3 \cdot s)$
K_Xa	以摩尔比差为推动力的液相体积总传质系数，$kmol/(m^3 \cdot s)$
L	液相摩尔流率，$kmol/(m^2 \cdot s)$
M	摩尔质量，kg/kmol
N	传质速率，$kmol/(m^2 \cdot s)$
N_{OG}	气相总传质单元数
N_{OL}	液相总传质单元数
N_G	气相传质单元数
N_L	液相传质单元数
p	总压，溶质分压，kPa
p_{Bm}	惰性组分 B 的对数平均分压，kPa
q_{nL}	液相摩尔流量，kmol/s
q_{nG}	气相摩尔流量，kmol/s
u_f	泛点气速，m/s
x	液相中溶质的摩尔分数
y	气相中溶质的摩尔分数
X	液相溶质摩尔比
Y	气相溶质摩尔比
μ_L	液体黏度，Pa·s
ρ_G	气体密度，kg/m^3
ρ_L	液体密度，kg/m^3

第6章 蒸 馏

6.1 概 述

蒸馏操作一般在塔设备中进行，可使用板式塔，也可使用填料塔。气相和液相在塔板上或填料表面上进行着质量传递。易挥发组分从液相转移至气相，难挥发组分从气相转移至液相。填料塔已在有关吸收的内容中介绍过，本章将以板式塔为例讨论蒸馏过程及设备。

6.1.1 蒸馏过程的分类

蒸馏过程有多种分类方式，可按操作方式、操作条件以及组分数等进行分类。

1. 按流程分类

蒸馏可分为简单蒸馏、平衡蒸馏(闪蒸)、精馏和特殊精馏。简单蒸馏和平衡蒸馏常用于分离混合物中各组分挥发度相差较大，对分离程度要求不高的场合；精馏是借助回流技术来实现高纯度和高回收率的分离操作，它是应用最广泛的蒸馏方式。若混合物中各组分的挥发度相差很小或形成恒沸物，则应采用特殊精馏，如恒沸精馏或萃取精馏等。

2. 按操作压力分类

蒸馏可分为常压蒸馏、加压蒸馏和真空蒸馏。常压下，泡点为室温至 150 ℃左右的混合液，一般采用常压蒸馏；常压下为气态(如空气、石油气)或常压下泡点为室温的混合物，常采用加压蒸馏；对于常压下泡点较高或热敏性物料，宜采用真空蒸馏，以降低操作温度。

3. 按组分数分类

蒸馏可分为双组分(二元)蒸馏和多组分(多元)蒸馏。工业生产中，大多数是多组分蒸馏。双组分蒸馏的原理及计算原则同样适用于多组分蒸馏，因此常以双组分蒸馏为基础进行有关计算。

4. 按操作方式分类

蒸馏可分为间歇蒸馏和连续蒸馏。间歇蒸馏主要用于小规模、多品种的场合，它是一个不稳定的操作过程。而连续蒸馏则适合于大规模的生产，它是一个稳定的操作过程。

本章将重点讨论常压下双组分连续精馏，其他蒸馏方式只做简单介绍。

6.1.2 蒸馏操作的特点

蒸馏操作的优点是适用面广，不仅可以分离液体混合物，还可以分离气体混合物(通过加压的方法把气体混合物变为液体混合物)；操作流程比较简单，可以直接将混合物提纯，不需要外加其他介质。而吸收、萃取等分离方法则需要外加其他介质(溶剂)，并需对介质和所提取的物质进行分离。

蒸馏通过对混合液的加热建立起气液两相体系，气相需要再冷凝液化。因此，蒸馏操作的主要缺点是耗能大。能耗大小是决定是否采用蒸馏方法的主要因素。

6.2 双组分溶液的气液相平衡

6.2.1 双组分理想物系的气液相平衡

根据溶液中同分子间与异分子间作用力的差异，可将溶液分为理想溶液和非理想溶液。

理想物系是指液相为理想溶液，气相为理想气体且服从道尔顿分压定律的物系。严格地讲，理想溶液并不存在，但对于化学结构相似、性质极相近的组分组成的物系，如苯-甲苯、甲醇-乙醇、烃类同系物组成的溶液，在压力不太高(一般不高于 103 kPa)的情况下，可近似按理想物系处理。

1. 利用饱和蒸气压计算气液平衡关系

根据拉乌尔定律，平衡时理想溶液上方的分压为

$$p_A = p_A^0 x_A, \quad p_B = p_B^0 x_B \tag{6-1}$$

式中　x_A、x_B—— 组分 A、B 的摩尔分数；

p_A^0、p_B^0—— 组分 A、B 在溶液温度下的饱和蒸气压，Pa；p_A^0、p_B^0 均为温度的函数。

下标 A 表示易挥发组分(轻组分)；

下标 B 表示难挥发组分(重组分)。

式(6-1)为拉乌尔定律表达式。服从拉乌尔定律是理想溶液的一个最主要的特性。

在指定压力下，溶液沸腾的条件是：

$$p = p_A + p_B = p_A^0 x_A + p_B^0 (1 - x_A) \tag{6-2}$$

整理式(6-2)得

$$x_A = \frac{p - p_B^0}{p_A^0 - p_B^0} \tag{6-3}$$

式(6-3)表示气液平衡时液相组成与平衡温度之间的关系，称为泡点方程。

由于是理想物系，平衡时的气相服从道尔顿分压定律，即

$$y_A = \frac{p_A}{p} = \frac{p_A^0}{p} x_A = \frac{p_A^0}{p} \frac{p - p_B^0}{p_A^0 - p_B^0} \tag{6-4}$$

式(6-4)表示平衡时气相组成与平衡温度之间的关系，称为露点方程。

纯组分的饱和蒸气压 p^0 和温度的关系通常可用安托因(Antoine)方程表示，即

$$\lg p^0 = A - \frac{B}{t + C} \tag{6-5}$$

式中　A、B、C—— 组分的安托因常数，可由有关手册查得。

【例 6-1】　苯(A)-甲苯(B)理想物系的安托因方程为

$$\lg p_A^0 = 6.023 - \frac{1\ 206.35}{t + 220.24}$$

$$\lg p_B^0 = 6.078 - \frac{1\ 343.94}{t + 219.58}$$

式中，p_A^0、p_B^0 的单位为 kPa；t 的单位为 ℃，试求：(1)$t = 80$ ℃，$p = 99.4$ kPa 时的平衡气、液相组成 y_A 与 x_A；(2)$p = 101.325$ kPa，$x_A = 0.501\ 2$ 时的平衡温度 t 及平衡气相组成 y_A。

解　(1)$\lg p_A^0 = 6.023 - \frac{1\ 206.35}{t + 220.24}$，把 $t = 80$ ℃ 代入得 $p_A^0 = 101.25$ kPa。

$\lg p_B^0 = 6.078 - \frac{1\ 343.94}{t + 219.58}$，把 $t = 80$ ℃ 代入得 $p_B^0 = 39.08$ kPa，则

$$x_A = \frac{p - p_B^0}{p_A^0 - p_B^0} = \frac{99.4 - 39.08}{101.25 - 39.08} = 0.97$$

$$y_A = \frac{p_A}{p} = \frac{p_A^0}{p} x_A = \frac{101.25}{99.4} \times 0.97 = 0.988$$

(2) 设 $t = 92.2$ ℃，代入安托因方程求得

$$p_A^0 = 144.56\ \text{kPa}, \quad p_B^0 = 57.79\ \text{kPa}$$

由泡点方程求得，$x_A = 0.501\ 7$，与给定的 x_A 很接近，假设成立，即平衡温度为 $t = 92.2$ ℃。把 $x_A = 0.501\ 7$ 代入露点方程得

$$y_A = 0.716$$

评析　在已知 $p = 101.325$ kPa，$x_A = 0.501\ 2$ 时，要求平衡温度(泡点)，必须使用试差方法。试差时可根据所给出的液相组成，在两组分的沸点之间选择适宜的平衡温度值，这样可以减少试差的次数。本例题为使解题简明，只给出了最后一次试差结果。

2. 用相对挥发度表示的气液平衡关系

蒸馏的依据是混合液中各组分挥发度的不同。在一定条件下纯组分的挥发度由该组分在给定条件下的饱和蒸气压表示。在混合溶液中，由于各组分的相互影响，某一组分的饱和蒸气压比其单独存在时低，故其挥发度用它在气相中的分压与其液相中摩尔分数的比表示，即

$$v_A = \frac{p_A}{x_A}, \quad v_B = \frac{p_B}{x_B} \tag{6-6}$$

对于理想溶液

$$v_A = \frac{p_A}{x_A} = \frac{p_A^0 x_A}{x_A} = p_A^0, \quad v_B = p_B^0$$

显然，溶液中组分的挥发度随温度而变，在使用上不太方便，故引出相对挥发度的概念。习惯上将易挥发组分的挥发度与难挥发组分的挥发度之比称为相对挥发度，以 α 表示，即

$$\alpha = \frac{v_A}{v_B} = \frac{p_A / x_A}{p_B / x_B} \tag{6-7}$$

如果气相服从道尔顿分压定律，则

$$\alpha = \frac{p y_A / x_A}{p y_B / x_B} = \frac{y_A / x_A}{y_B / x_B} \tag{6-8}$$

对于理想溶液，则

$$\alpha = \frac{p_A^0}{p_B^0} \tag{6-9}$$

对于双组分溶液，$x_B = 1 - x_A$，$y_B = 1 - y_A$，将其带入式(6-8)，如果略去下标 A，得到用相对挥发度 α 表示的气液相平衡方程式为

$$y = \frac{\alpha x}{1 + (\alpha - 1)x} \tag{6-10}$$

在一定温度范围内，α 近似为常数。α 的大小反映了混合液分离的难易程度。若 $\alpha = 1$，则由式(6-10)得出 $y = x$，表明这种混合液不能用普通蒸馏方法分离；若 $\alpha > 1$，则 $y > x$。α 越大，y 比 x 大得越多，分离越容易。

【例 6-2】 实验测得常压下丙酮(A)和水(B)混合物的气液相平衡组成为 $y_A = 0.839$，$x_A = 0.4$(均为摩尔分数)，试求此时对应的相对挥发度。

解 $x_A = 0.4$ 时，$x_B = 0.6$；$y_A = 0.839$ 时，$y_B = 0.161$。

代入式(6-8)可得

$$\alpha = \frac{y_A/x_A}{y_B/x_B} = \frac{0.839/0.4}{0.161/0.6} = 7.86$$

3. 双组分理想溶液的气液平衡相图

用相图表达气液平衡关系比较直观，影响蒸馏的因素可在相图上直接反映出来，对于双组分蒸馏过程分析计算非常方便。蒸馏中常用的相图有恒压下的温度 - 组成图和气液平衡相图。

(1) 温度 - 组成图(t-x-y 图)

蒸馏通常在一定外压下进行，物系的相平衡温度随组成而变，故恒压下的温度 - 组成图(t-x-y 图)对蒸馏过程的分析具有重要意义。苯和甲苯的混合液可视为理想溶液，总压为 101.325 kPa 时，其 t-x-y 图如图 6-1 所示。图 6-1 中以温度 t 为纵坐标，液相组成 x 和气相组成 y 为横坐标(x、y 均指易挥发组分的摩尔分数)。图 6-1 中有两条曲线，下面的曲线表示平衡时液相组成与温度的关系，称为液相线；上面的曲线表示平衡时气相组成与温度的关系，称为气相线。两条曲线将整个 t-x-y 图分为三个区域，液相线以下代表尚未沸腾的液体，称为液相区。气相线以上代表过热蒸气区。被两条曲线包围的区域称为气液共存区。

若将温度为 t_1、组成为 x(图中 A 点所示)的溶液加热，当温度达到 t_2(J 点)时，溶液开始沸腾，产生第一个气泡，t_2 称为泡点，故液相线又称为泡点线。同样，若将温度为 t_4、组成为 y(B 点)的过热蒸气冷却，当温度达到 t_3(H 点)时，混合气开始冷凝产生第一滴液滴，t_3 称为露点，故气相线又称为露点线。当某混合物系的总组成与温度位于 K 点时，则此物系被分成互呈平衡的气液两相，其气液相组成分别用 G、L 点表示。两相的量由杠杆定律确定。

如图 6-1 所示，当气液两相达到平衡状态时，气液两相温度相同，但气相中苯的组成(易挥发组分)大于液相组成。当物系组成一定时，其露点温度高于泡点温度。

t-x-y 数据通常由实验测得。对于理想物系，也可通过泡点方程和露点方程求得。

(2) 气液平衡相图(y-x 图)

在蒸馏设计计算中，尤其是用图解方法或近似方法求解蒸馏过程所需理论板数时，常常只涉及体系的平衡组成之间的关系，故可在一定操作条件，将 t-x-y 图转化为 y-x 图，如图 6-2 所示。图 6-2 中对角线为参考线，其方程式为 $y=x$。当溶液达到平衡时，易挥发组分在气相中的

浓度总是大于在液相中的浓度，故其平衡线位于对角线的上方。平衡线离对角线越远，表示该溶液越容易分离。

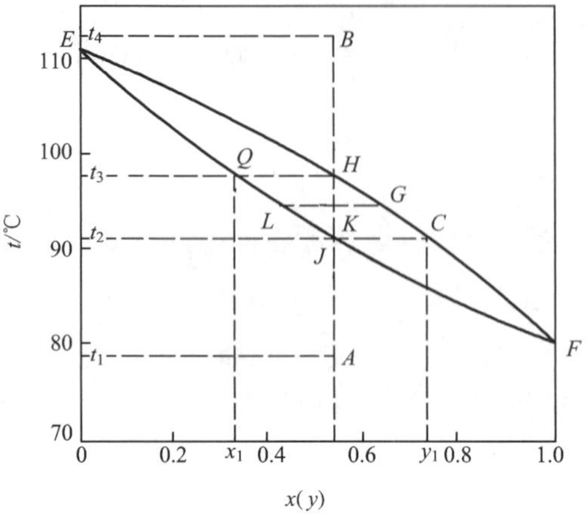

图 6-1　苯 - 甲苯溶液的 t-x-y

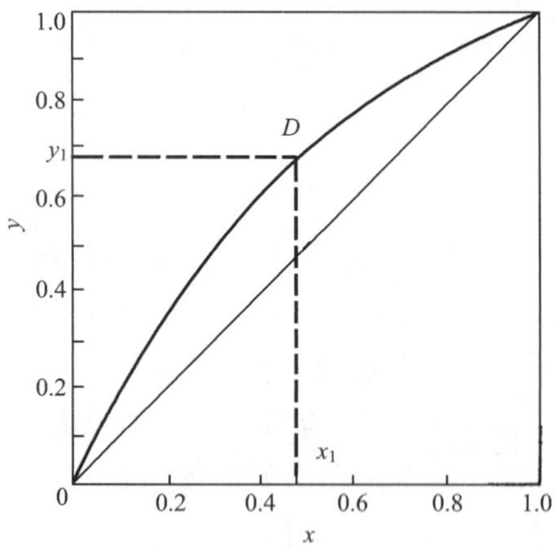

图 6-2　苯 - 甲苯溶液的 y-x 图

应当指出，总压对 t-x-y 关系的影响较大，但对 y-x 关系的影响较小。故当总压变化不大时，总压对 y-x 关系的影响可以忽略不计，但对 t-x-y 的影响则不能忽略。

6.2.2　双组分非理想物系的气液相平衡

实际生产中遇到的大多数溶液为非理想物系。主要有以下三种情况：

(1) 液相为非理想溶液，气相为理想气体。

(2) 液相为理想溶液，气相为非理想气体。

(3) 液相为非理想溶液，气相为非理想气体。

本书只介绍第(1)种情况的气液相平衡关系。溶液为非理想物系的原因，在于不同种类分子之间的作用力与同种分子之间的作用力的大小不同，其表现是溶液中各组分的平衡蒸气压偏离拉乌尔定律，某些溶液产生正偏差，某些溶液产生负偏差，实际溶液中以正偏差居多。

非理想物系的平衡蒸气压可用修正的拉乌尔定律表示，即

$$p_A = p_A^0 x_A \gamma_A, \quad p_B = p_B^0 x_B \gamma_B \tag{6-11}$$

式中　γ—— 组分的活度系数。各组分的活度系数和其组成有关，一般可通过实验数据求取或用热力学公式计算。

当总压不太高，气相为理想气体时，则其平衡气相组成为

$$y_A = \frac{p_A^0}{p} x_A \gamma_A \tag{6-12}$$

所谓正偏差是指溶液上方各组分的蒸气分压比理想溶液的大，乙醇 - 水、正丙醇 - 水即是具有正偏差的溶液。反之，若溶液上方各组分的蒸气分压比理想溶液的小，则这种溶液对拉乌尔定律具有负偏差，硝酸 - 水、氯仿 - 丙酮即是具有负偏差的溶液。

图 6-3 和图 6-4 分别为常压下乙醇 - 水溶液的 t-x-y 图和 y-x 图。图中 M 点是气相组成与液相组成相等的点，称为恒沸点。因 M 点的温度(78.15 ℃)比纯乙醇的沸点(78.3 ℃)和水的沸点(100 ℃)都低，故这种具有正偏差的非理想溶液又称为具有最低恒沸点的恒沸液。相反，硝酸 - 水溶液是具有最高恒沸点的恒沸液。图 6-5 和图 6-6 分别为常压下硝酸 - 水溶液的

t-x-y 图和 y-x 图。恒沸点 N 处的温度(121.9 ℃)比纯硝酸的沸点(86 ℃)和水的沸点(100 ℃)都高。恒沸点处的相对挥发度 $\alpha=1$。

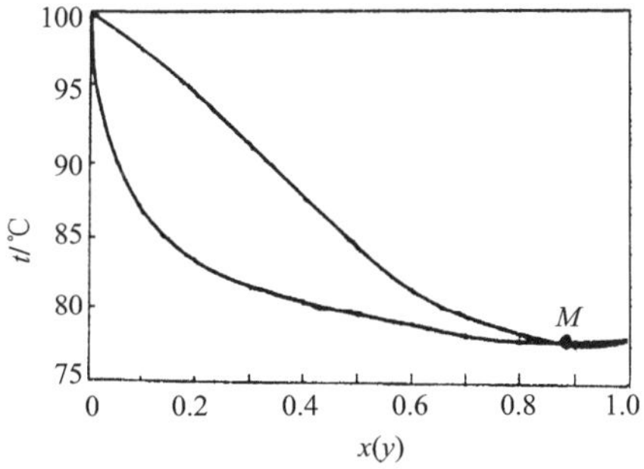

图 6-3 常压下乙醇-水溶液的 t-x-y 图

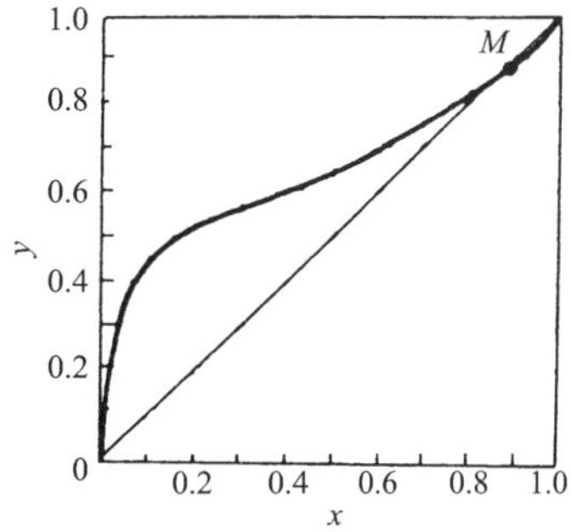

图 6-4 常压下乙醇-水溶液的 y-x 图

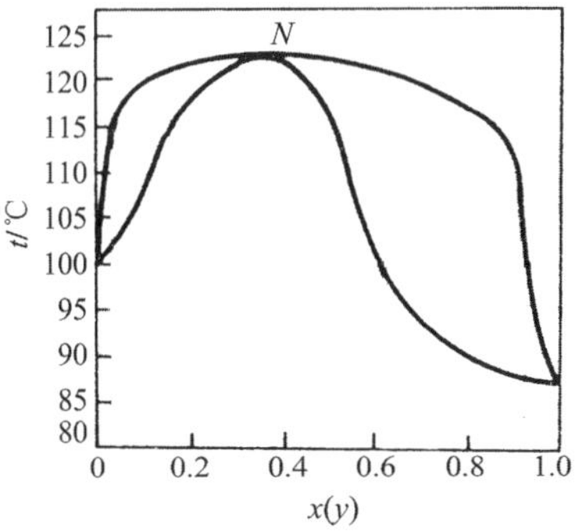

图 6-5 常压下硝酸-水溶液的 t-x-y 图

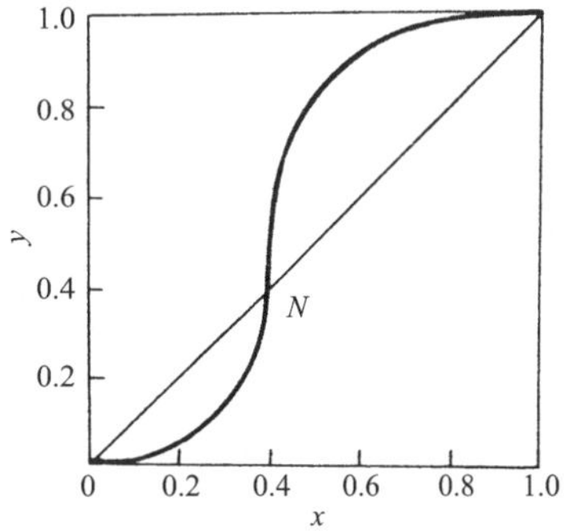

图 6-6 常压下硝酸-水溶液的 y-x 图

6.3 蒸馏与精馏原理

6.3.1 简单蒸馏和平衡蒸馏

1. 简单蒸馏

简单蒸馏又称微分蒸馏,瑞利 1902 年提出了该过程的数学描述方法,故该蒸馏又称瑞利蒸馏。其流程如图 6-7 所示。

简单蒸馏为间歇操作,分批加入原料,蒸馏过程中不断从釜顶采出产品而不采出釜液,待蒸馏结束后将釜液一次性排出。在蒸馏过程中馏出液与釜液的组成互成平衡,且随时间而改变,釜内液体中的轻组分浓度不断下降,相应的蒸气中轻组分浓度也随之降低。所以简单蒸馏是一个非稳态过程。

简单蒸馏只能适用于沸点相差较大而分离要求不高的场合,或者作为初步加工,粗略地分离混合物,例如原油或煤油的初馏。

2. 平衡蒸馏

平衡蒸馏又称闪蒸,是一连续、稳定的单级蒸馏过程,其流程如图 6-8 所示。原料液经过加热器升温(未沸腾),在通过节流阀后因压强突然下降,液体过热,于是发生自蒸发,最终产生相互平衡的气液两相。气相中易挥发组分浓度较高,与之呈平衡的液相中易挥发组分浓度较低,在分离器内气液两相分离后,气相经冷凝成为顶部液态产品,液相则作为底部产品。

平衡蒸馏

与简单蒸馏相比,平衡蒸馏为稳定连续过程,生产能力大,但也不能得到高纯度产物,常用于粗略分离物料。在石油炼制及石油裂解分离过程中常使用多组分溶液的平衡蒸馏。

许多情况下,要求混合液分离为几乎纯净的组分,需要采用精馏装置才能完成这样的任务。

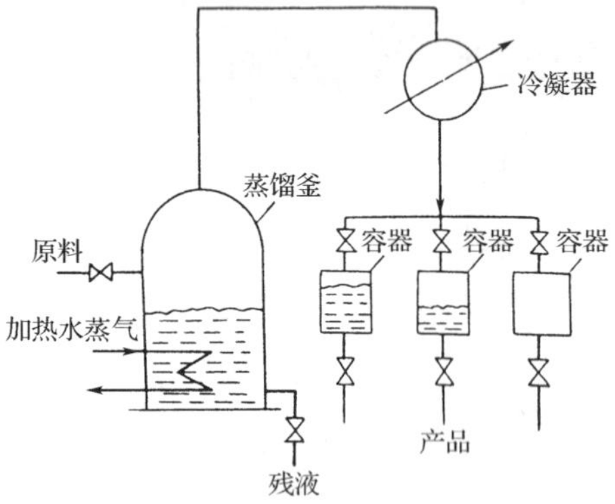

图 6-7　简单蒸馏

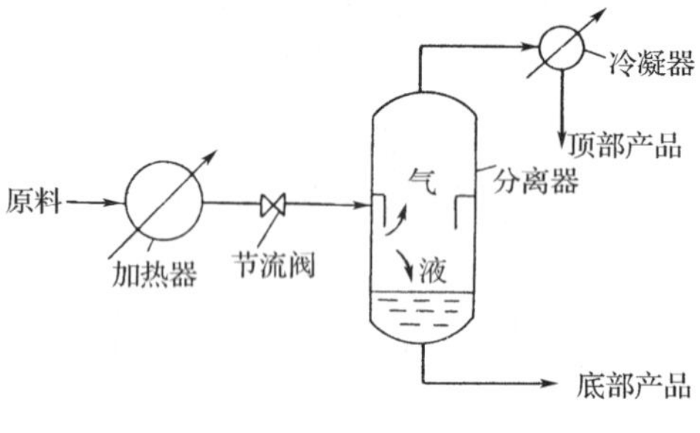

图 6-8　平衡蒸馏

6.3.2　精馏原理

利用混合物中各组分挥发能力的差异,通过液相和气相的回流,使气液两相逆向多级接触,在热能驱动和相平衡关系的约束下,使得易挥发组分(轻组分)不断从液相往气相中转移,而难挥发组分却由气相向液相中迁移,使混合物得到不断分离,称该过程为精馏。精馏过程中,传热、传质过程同时进行,属传质过程控制。精馏过程的原理可利用如图 6-9 所示的物系的 t-x-y 图来说明。将组成为 x_F 的混合液升温使其部分汽化,并将气相和液相分开,两相的组成分别为 y_1 和 x_1,此时 $y_1 > x_F > x_1$,气液两相流量由杠杆定律确定。若将组成为 x_1 的溶液继续进行部分汽化,则可能得到组成分别为 y_2 的气相(图中未标出)和x'_2 的液相,此时 $x'_2 < x_1$,继续将组成为x'_2 的液相进行汽化,又可得到组成为x'_3 的液相,如此将液体混合物进行多次部分汽化,在液相中可获得高纯度的难挥发组分。同时,将组成为 y_1 的气相混合物进行部分冷凝,则可得到组成为 y_2 的气相和组成为 x_2 的液相。继续将组成为 y_2 的气相进行部分冷凝,又可得到组成为 y_3 的气相和组成为 x_3 的液相,显然 $y_3 > y_2 > y_1$。气相混合物经多次部分冷凝后,在气相中可获得高纯度的易挥发组分。

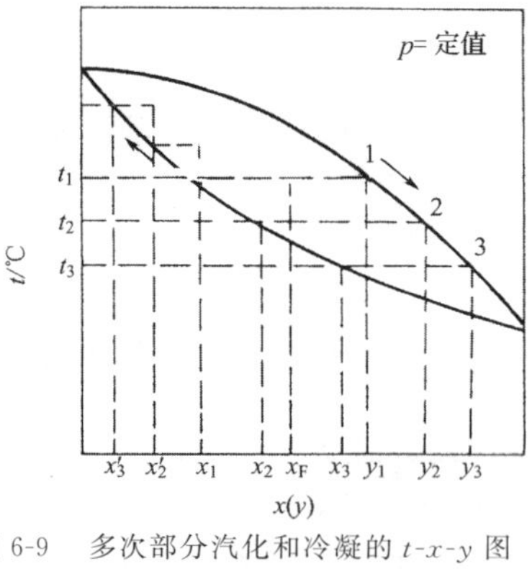

图 6-9　多次部分汽化和冷凝的 t-x-y 图

通过上述分别进行液相的多次部分汽化和气相的多次部分冷凝过程,原理上可获得高纯度的轻、重组分,但因产生大量的中间馏分而使所得产品量极少,回收率很低,并且需要大量的换热设备。工业上的精馏过程是在精馏塔内将部分汽化和部分冷凝过程有机结合而进行操作的。

图 6-10 为连续精馏流程示意图。原料从塔中部适当位置进塔。将塔分为两段。上段为精馏段，不含进料。下段为提馏段，含进料板。冷凝器从塔顶提供液相回流，再沸器从塔底提供气相回流。气液两相回流是精馏的重要特点。

在精馏段，气相在上升的过程中，轻组分得到精制，在气相中不断地增浓，在塔顶获得轻组分产品。在提馏段，液相在下降的过程中，轻组分不断地被提馏出来，使重组分在液相中不断地被浓缩，在塔底获得重组分产品。

精馏过程与其他蒸馏过程最大的区别是前者可在塔两端同时提供纯度较高的液相和气相回流，为精馏过程提供了传质的必要条件。提供高纯度的回流，使得在相同塔板数的条件下，能始终保证一定的传质推动力。理论上，只要塔板数足够多，回流量足够大，就可以在塔顶得到高纯度的轻组分产品，而在塔底获得高纯度的重组分产品。

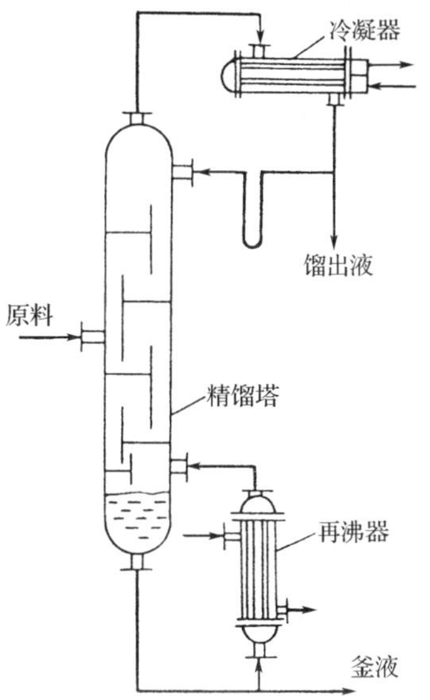

图 6-10 连续精馏流程示意图

6.4 双组分连续精馏塔的计算

工业生产中的蒸馏操作以精馏为主，多数情况下采用连续操作。因此，本节重点讨论连续精馏塔的工艺计算。

当生产任务要求将一定量和组成的原料液分离成指定组成的产品时，精馏塔的计算包括：馏出液及釜液的流量、塔板数、进料口的位置、塔高、塔径等。关于塔高和塔径的计算将在 6.7 节介绍。

6.4.1 全塔物料衡算

全塔物料衡算的主要目的是确定流入与流出物流之间的关系，如根据进料条件和分离要求确定塔两端的产品量。对如图 6-11 所示的精馏塔进行全塔物料衡算，得

$$q_{nF}=q_{nD}+q_{nW} \tag{6-13}$$

对易挥发组分进行全塔物料衡算，得

$$q_{nF}x_F=q_{nD}x_D+q_{nW}x_W \tag{6-14}$$

式中 q_{nF}—— 原料流量，kmol/h；

q_{nD}—— 塔顶产品（馏出液）流量，kmol/h；

q_{nW}—— 塔底产品（釜液）流量，kmol/h；

x_F—— 原料中易挥发组分的摩尔分数；

x_D—— 馏出液中易挥发组分的摩尔分数；

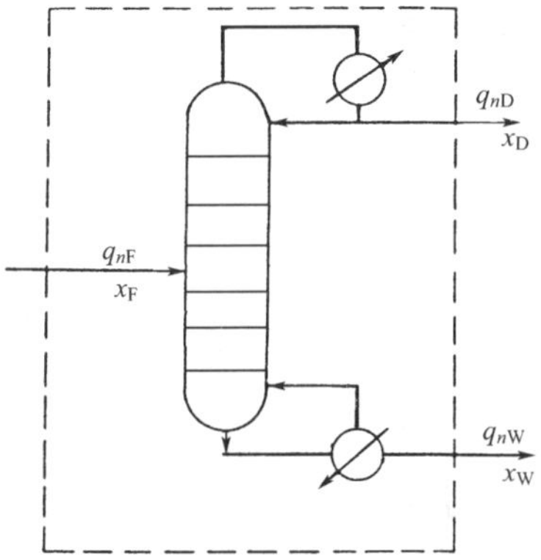

图 6-11 全塔物料衡算

x_W—— 釜液中易挥发组分的摩尔分数。

式(6-13)和式(6-14)中有进料、塔顶产品和塔底产品的流量及组成共6个量。设计计算时，一般进料流量及组成已知，馏出液组成及釜液组成是工艺要求的，利用式(6-13)和式(6-14)可求出馏出液和釜液的流量。

对精馏过程所要求的分离程度除用产品的组成表示外，有时还用回收率表示。

塔顶易挥发组分的回收率为

$$\varphi_D=\frac{q_{nD}x_D}{q_{nF}x_F}\times 100\% \tag{6-15}$$

塔底难挥发组分的回收率为

$$\varphi_W=\frac{q_{nW}(1-x_W)}{q_{nF}(1-x_F)}\times 100\% \tag{6-16}$$

【例6-3】 采用连续精馏塔分离二元理想溶液。进料量为100 kmol/h，进料组成为0.5(摩尔分数，下同)，馏出液组成为0.95，釜液组成为0.05，试求：馏出液及釜液的流量。

解 对全塔进行物料衡算如下：

$$q_{nF}=q_{nD}+q_{nW}$$

$$q_{nF}x_F=q_{nD}x_D+q_{nW}x_W$$

其中，$q_{nF}=100$ kmol/h，$x_F=0.5$，$x_D=0.95$，$x_W=0.05$。

将上述条件代入物料衡算式，得

$$100=q_{nD}+q_{nW}$$

$$100\times 0.5=0.95q_{nD}+0.05q_{nW}$$

解得

$$q_{nD}=q_{nW}=50\ \text{kmol/h}$$

【例6-4】 每小时将15 000 kg含苯0.4(质量分数，下同)和甲苯0.6的溶液，在连续精馏塔中进行分离，要求釜液中含苯不高于0.02，塔顶馏出液中苯的回收率为97.1%。试求馏出液和釜液的流量及组成(以摩尔流量和摩尔分数表示)。

解 苯的摩尔质量为78 kg/kmol，甲苯的摩尔质量为92 kg/kmol。

进料组成：

$$x_F=\frac{40/78}{40/78+60/92}=0.44$$

釜液组成：

$$x_W=\frac{2/78}{2/78+98/92}=0.023\ 5$$

原料液的平均摩尔质量：

$$M_F=0.44\times 78+(1-0.44)\times 92=85.8\ \text{kg/kmol}$$

原料液流量：

$$q_{nF}=\frac{15\ 000}{85.8}=175\ \text{kmol/h}$$

依题意知：

$$\frac{q_{nD}x_D}{q_{nF}x_F}=0.971$$

所以

$$q_{nD}x_D = 0.971 \times 175 \times 0.44 = 74.77\ \text{kmol/h}$$

再由全塔物料衡算式

$$q_{nF} = q_{nD} + q_{nW} = 175$$

$$q_{nF}x_F = q_{nD}x_D + q_{nW}x_W$$

得

$$175 \times 0.44 = 74.77 + 0.0235 q_{nW}$$

解得

$$q_{nW} = 95.0\ \text{kmol/h},\quad q_{nD} = 80.0\ \text{kmol/h},\quad x_D = 0.935$$

6.4.2 理论板的概念及恒摩尔流假定

1. 理论板的概念

理论板是指离开该板的气液两相温度相等、组成互成平衡的理想化塔板。如图6-12所示的第 n 层塔板，离开它的蒸气组成 y_n 与离开该板的液相组成 x_n 成平衡。实际上，塔板上气液两相间的接触时间和接触表面积是有限的，板面上液层浓度不均匀，特别是有溢流的塔板，气液成错流时，甚至气相分布也不均匀。气体上升时夹带液滴（雾沫夹带），液体向下流动时夹带气泡，漏液等都会影响热、质的传递效果。因此，在实际塔板上气液相很难达到平衡。通常在设计过程中先求出理论板数，经修正得到实际板数。

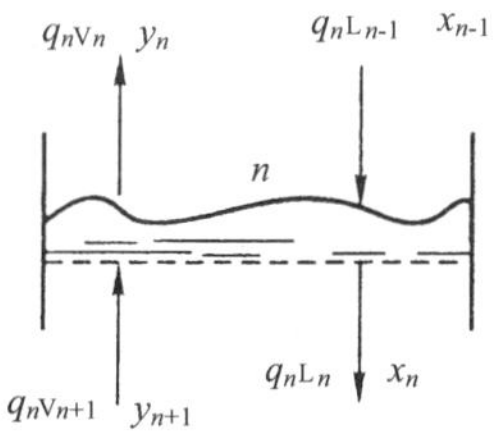

图 6-12 理论板

若气液平衡关系是已知的，如再能得知 x_n 与下一块板上升到该板的蒸气组成 y_{n+1} 的关系，就可以逐板计算，从而求得达到指定分离任务所需的理论板数。而任意板下降液相组成 x_n 与下一板上升蒸气组成 y_{n+1} 之间的这种关系称为操作关系，可由物料衡算式确定。

2. 恒摩尔流假定

为了简化精馏计算，通常引入塔内恒摩尔流假定，即：

(1) 恒摩尔气流

恒摩尔气流是指在精馏塔内，在没有中间进料（侧线采出）的条件下，从精馏段或提馏段每层塔板上升的气相摩尔流量保持不变，即：

精馏段： $$q_{nV1} = q_{nV2} = q_{nV3} = q_{nV} = \text{常数}$$

提馏段： $$q'_{nV1} = q'_{nV2} = q'_{nV3} = q'_{nV} = \text{常数}$$

下标 1,2,… 表示塔板的序号（下同）。

注意，精馏段与提馏段上升的气相摩尔流量不一定相等。

(2) 恒摩尔液流

恒摩尔液流是指在精馏塔内，在没有中间进料（侧线采出）的条件下，从精馏段或提馏段每层塔板下降的液相摩尔流量保持不变，即：

精馏段： $$q_{nL1} = q_{nL2} = q_{nL3} = q_{nL} = \text{常数}$$

提馏段： $$q'_{nL1} = q'_{nL2} = q'_{nL3} = q'_{nL} = \text{常数}$$

注意，精馏段与提馏段下降的液相摩尔流量不一定相等。

恒摩尔气流和恒摩尔液流假定总称为恒摩尔流假定。气液两相接触时，若有 1 kmol 蒸气冷凝，就有 1 kmol 液体汽化，这时恒摩尔流假定才能成立。这一假定应满足以下条件，即：

(1) 各组分的摩尔汽化热相等。

(2) 气液接触时因温度不同而交换的显热可以忽略。

(3) 塔设备保温良好，热损失可以忽略不计。

恒摩尔流虽是一项简化假定，但某些物系能基本符合上述条件，以后介绍的精馏计算均是以恒摩尔流为前提的。

6.4.3 操作线方程

表达由任意板下降的液相组成 x_n 与其下一层塔板上升的气相组成 y_{n+1} 之间关系的方程称为操作线方程。在连续精馏塔中，因原料液不断从塔的中部加入，致使精馏段和提馏段具有不同的操作关系，应分别讨论。

1. 精馏段操作线方程

对如图 6-13 所示的虚线所划定的范围（包括精馏段中第 $n+1$ 块塔板以上的塔段及冷凝器在内）进行物料衡算。

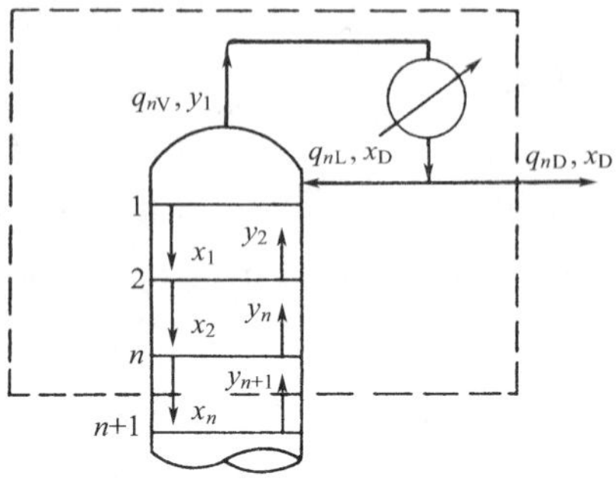

图 6-13 精馏段物料衡算

总物料衡算：

$$q_{nV} = q_{nL} + q_{nD} \tag{6-17}$$

易挥发组分的物料衡算：

$$q_{nV} y_{n+1} = q_{nL} x_n + q_{nD} x_D \tag{6-18}$$

式中 q_{nV}—— 精馏段内每块塔板上升的蒸气量，kmol/h；

q_{nL}—— 精馏段内每块塔板下降的液体量，kmol/h；

y_{n+1}—— 精馏段第 $n+1$ 块塔板上升蒸气中易挥发组分的摩尔分数；

x_n—— 精馏段第 n 块塔板下降液相中易挥发组分的摩尔分数。

将式(6-17) 代入式(6-18)，并整理得

$$y_{n+1} = \frac{q_{nL}}{q_{nV}} x_n + \frac{q_{nD}}{q_{nV}} x_D \tag{6-19}$$

或

$$y_{n+1} = \frac{q_{nL}}{q_{nL} + q_{nD}} x_n + \frac{q_{nD}}{q_{nL} + q_{nD}} x_D \tag{6-20}$$

令 $R = \dfrac{q_{nL}}{q_{nD}}$，代入式(6-20) 中得

$$y_{n+1} = \frac{R}{R+1} x_n + \frac{x_D}{R+1} \tag{6-21}$$

式中 R—— 回流比。R 值的确定将在后面讨论。

式(6-19)、式(6-20) 和式(6-21) 均称为精馏段操作线方程。它表示在一定操作条件下，精馏段内自第 n 块板下降的液相组成 x_n 与其相邻的下一块板（第 $n+1$ 块板）上升的气相组成 y_{n+1} 之间的关系。根据恒摩尔流假定可知 q_{nL} 及 q_{nV} 均为常数。稳定操作时，q_{nD} 为定值，故 R 也为定值。因此，精馏段操作线方程为一直线方程。斜率为 $R/(R+1)$，截距为 $x_D/(R+1)$。

若塔顶蒸气在冷凝器中全部冷凝为液体，则称此冷凝器为全凝器。冷凝液在泡点温度下部分回流入塔，称为泡点回流。在馏出液流量恒定时，回流的液体量由下式确定，即

$$q_{nL}=Rq_{nD} \tag{6-22}$$

对全凝器做物料衡算：

$$q_{nV}=q_{nL}+q_{nD}=(R+1)q_{nD} \tag{6-23}$$

由式(6-22)和式(6-23)可知，精馏段下降的液体量和上升的蒸气量均取决于回流比 R。

【例 6-5】 氯仿和四氯化碳的混合液在一连续精馏塔中进行分离。要求馏出液中氯仿的组成为 0.95(摩尔分数)，馏出液流量为 150 kg/h。塔顶为全凝器。平均相对挥发度 $\alpha=1.6$。回流比 $R=3.0$，试求：(1) 精馏段的上升蒸气量及下降液体量；(2) 第一块塔板下降的液体组成。

解 (1) 氯仿的摩尔质量 $M=119.35$ kg/kmol，四氯化碳的摩尔质量 $M=153.8$ kg/kmol，馏出液的平均摩尔质量

$$\overline{M}=0.95\times119.35+0.05\times153.8=121.1\ \text{kg/kmol}$$

将馏出液的质量流量换算为摩尔流量如下：

$$q_{nD}=\frac{150}{121.1}=1.239\ \text{kmol/h}$$

则精馏段气液相流量为

$$q_{nV}=(R+1)q_{nD}=(3.0+1)\times1.239=4.96\ \text{kmol/h}$$

$$q_{nL}=Rq_{nD}=3.0\times1.239=3.72\ \text{kmol/h}$$

(2) 塔顶为全凝器，则 $y_1=0.95$，根据理论板的概念，有

$$y_1=\frac{\alpha x_1}{1+(\alpha-1)x_1}$$

即

$$0.95=\frac{1.6x_1}{1+(1.6-1)x_1}$$

则 $x_1=0.92$。

评析 本题第一问的解答应用了恒摩尔流的假定。由于各板上升蒸气的摩尔流量相等，下降液流的摩尔流量相等，并非质量流量相等，因此，首先需将馏出液的质量流量换算为摩尔流量。第二问的解答应用了理论板的概念。

2. 提馏段操作线方程

如图 6-14 所示，对虚线所划定的范围(包括提馏段第 m 块塔板以下塔段及再沸器)进行物料衡算。

总物料衡算：

$$q'_{nL}=q'_{nV}+q_{nW} \tag{6-24}$$

易挥发组分物料衡算：

$$q'_{nL}x_m=q'_{nV}y_{m+1}+q_{nW}x_W \tag{6-25}$$

式中　q'_{nV}—— 提馏段内每块塔板上升的蒸气量，kmol/h；

q'_{nL}—— 提馏段内每块塔板下降的液体量，kmol/h；

y_{m+1}—— 提馏段第 $m+1$ 块塔板上升蒸气中易挥发组分的摩尔分数；

x_m——提馏段第 m 块塔板下降液相中易挥发组分的摩尔分数。

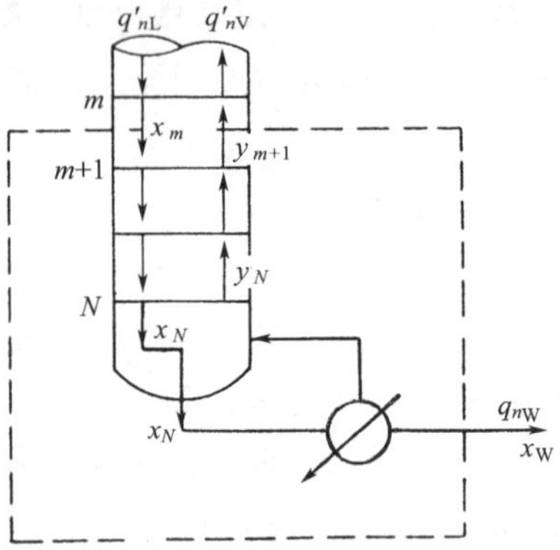

图 6-14　提馏段物料衡算

由式(6-25)可得

$$y_{m+1}=\frac{q'_{nL}}{q'_{nV}}x_m-\frac{q_{nW}}{q'_{nV}}x_W \tag{6-26}$$

将式(6-24)代入式(6-26)，可得

$$y_{m+1}=\frac{q'_{nL}}{q'_{nL}-q_{nW}}x_m-\frac{q_{nW}}{q'_{nL}-q_{nW}}x_W \tag{6-27}$$

式(6-26)和式(6-27)均称为提馏段操作线方程。它表示在一定操作条件下，提馏段内自第 m 块塔板下降的液相组成 x_m 与其相邻的下一层塔板（第 $m+1$ 层板）上升的气相组成 y_{m+1} 之间的关系。根据恒摩尔流假定可知 q'_{nL} 及 q'_{nV} 均为常数。稳定操作时，q_{nW} 与 x_W 也为定值。因此，提馏段操作线方程为一直线方程。但 q'_{nL} 和 q'_{nV} 受进料量及进料热状态的影响。

6.4.4　进料热状态及 q 线方程

在生产实际中，精馏塔的进料可能有 5 种不同的热状态：过冷液体（温度低于泡点）；饱和液体（温度等于泡点）；气液混合物（温度在泡点和露点之间）；饱和蒸气（温度等于露点）；过热蒸气（温度高于露点）。

1. 进料热状态参数

为了分析进料流量及其热状态对精馏操作的影响，根据恒摩尔流假定，对图 6-15 所示进料板进行物料及热量衡算。

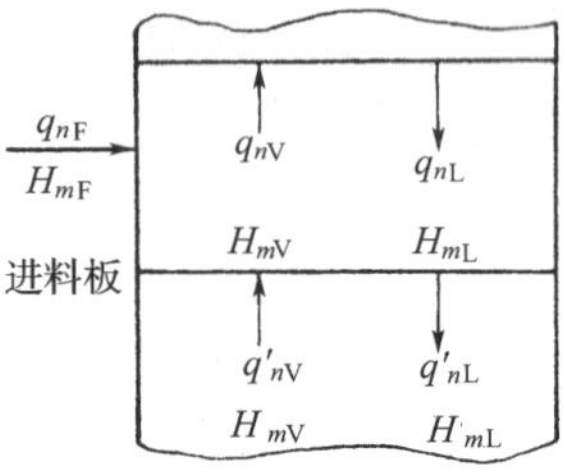

图 6-15　进料板的示意图

物料衡算：

$$q_{nF}+q'_{nV}+q_{nL}=q'_{nL}+q_{nV} \tag{6-28}$$

热量衡算：

$$q_{nF}H_{mF}+q'_{nV}H_{mV}+q_{nL}H_{mL}=q'_{nL}H_{mL}+q_{nV}H_{mV} \tag{6-29}$$

式中　H_{mL}、H_{mV}——塔内液相、气相焓，kJ/kmol；

H_{mF}——塔进料焓，kJ/kmol。

将式(6-29)改写为

$$(q_{nV}-q'_{nV})H_{mV}=q_{nF}H_{mF}-(q'_{nL}-q_{nL})H_{mL}$$

将式(6-28)代入上式，消去式中的 $(q_{nV}-q'_{nV})$ 项，经整理可得

$$\frac{H_{mV}-H_{mF}}{H_{mV}-H_{mL}}=\frac{q'_{nL}-q_{nL}}{q_{nF}} \tag{6-30}$$

令

$$q=\frac{H_{mV}-H_{mF}}{H_{mV}-H_{mL}}=\frac{\text{将 1 kmol 进料变为饱和蒸气所需的热量}}{\text{1 kmol 原料液的汽化热}} \tag{6-31}$$

q 称为进料的热状态参数。由 q 的大小可以判断进料状态及温度。对精馏段与提馏段的气液两相流量存在以下关系：

$$q'_{nL}=q_{nL}+qq_{nF} \tag{6-32}$$

$$q'_{nV}=q_{nV}+(q-1)q_{nF} \tag{6-33}$$

式(6-32) 将精馏段、提馏段下降液体量 q_{nL}、q'_{nL} 关联起来了，即 q'_{nL} 不仅与 q_{nL} 有关，还与 q 的大小有关。同样，由式(6-33) 可知q'_{nV} 与q_{nV} 和q 有关。下面分别讨论五种进料状态下的q。

(1) 过冷液体进料

进料温度低于进料板上液体的泡点温度，入塔后由提馏段上升的蒸气有部分冷凝，放出的潜热将进料加热至泡点，故 q 大于 1。此时，提馏段下降液体流量 q'_{nL} 由三部分组成：

① 精馏段回流的液体量 q_{nL}。

② 原料液的流量 q_{nF}。

③ 提馏段蒸气冷凝的流量。

由于部分上升蒸气冷凝，致使上升到精馏段的蒸气流量小于提馏段的蒸气量，其差额即为蒸气冷凝量，即$q_{nV} < q'_{nV}$，$q'_{nL} > q_{nL} + q_{nF}$，如图 6-16(a) 所示。

(2) 饱和液体进料

因进料温度等于进料板上液体的泡点温度，所以又称泡点进料。由式(6-31) 可知 $q = 1$。$q_{nV} = q'_{nV}$，$q'_{nL} = q_{nL} + q_{nF}$，如图 6-16(b) 所示。

(3) 气液混合物进料

因进料温度介于泡点和露点之间，进料中只有未汽化的部分需要吸收热量变为饱和蒸气，所以由式(6-31) 可知 $0 < q < 1$，由图 6-16(c) 可知，若进料总量为 q_{nF}，其中液体随着精馏段的 q_{nL} 一起进入提馏段，而蒸气则随着提馏段的 q'_{nV} 一起进入精馏段。由式(6-32) 可得

$$q = \frac{q'_{nL} - q_{nL}}{q_{nF}}$$

q 表示了进料中液体量占总进料的分率，称为液相分率。

(4) 饱和蒸气进料

因进料温度等于进料板上液体的露点温度，所以又称为露点进料。进料已是饱和蒸气，无须吸收热量，故 $q = 0$。进料量和提馏段上升蒸气量汇合到一起进入精馏段，即 $q_{nV} = q'_{nV} + q_{nF}$，$q'_{nL} = q_{nL}$。如图 6-16(d) 所示。

(5) 过热蒸气进料

这种情况与过冷液体进料正好相反，进料不仅全部与提馏段上升蒸气 q'_{nV} 汇合进入精馏段，还将由过热蒸气降温变为饱和蒸气，释放出的热量将使精馏段下降的液体额外气化一部分，$q < 0$。进入精馏段的上升蒸气流量包括三部分：

① 提馏段上升的蒸气量 q'_{nV}。

② 原料的流量 q_{nF}。

③ 加料板上部分汽化的蒸气量。

由于部分液体的汽化，下降到提馏段的液体流量将比精馏段的量要少，其差额即为汽化的液体量，即 $q_{nV} > q'_{nV} + q_{nF}$，$q'_{nL} < q_{nL}$。如图 6-16(e) 所示。

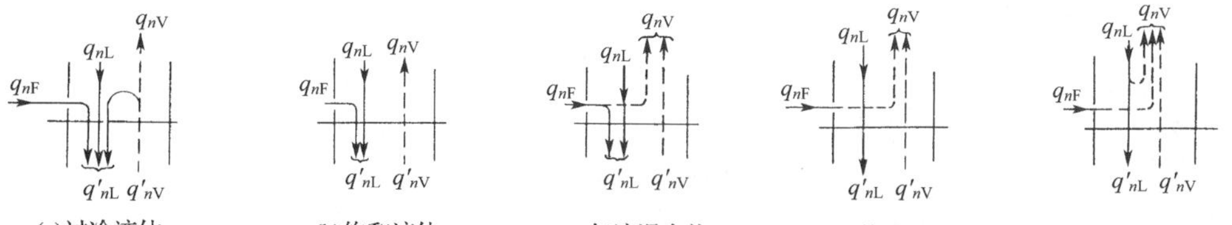

(a)过冷液体　(b)饱和液体　(c)气液混合物　(d)饱和蒸气　(e)过热蒸气

图 6-16　五种进料状态下精馏段与提馏段的气液关系

进料热状态对塔内气、液流量的影响见表6-1。

表6-1　进料热状态对塔内气、液流量的影响

进料热状态	H_{mF} 的范围	q	精馏段、提馏段液、气相流量关系
过冷液体	$H_{mF} < H_{mL}$	>1	$q'_{nL} > q_{nL} + q_{nF}$ $q'_{nV} > q_{nV}$
饱和液体	$H_{mF} = H_{mL}$	1	$q'_{nL} = q_{nL} + q_{nF}$ $q'_{nV} = q_{nV}$
气液混合物	$H_{mV} > H_{mF} > H_{mL}$	$0 \sim 1$	$q'_{nL} > q_{nL}$ $q'_{nV} < q_{nV}$
饱和蒸气	$H_{mF} = H_{mV}$	0	$q'_{nL} = q_{nL}$ $q'_{nV} = q_{nV} - q_{nF}$
过热蒸气	$H_{mF} > H_{mV}$	<0	$q'_{nL} < q_{nL}$ $q'_{nV} < q_{nV} - q_{nF}$

2. q 线方程

在进料板上，同时满足精馏段和提馏段的物料衡算，q 线方程为精馏段操作线与提馏段操作线交点轨迹的方程，因此可以从两条操作线的方程推导出 q 线方程。将精馏段操作线方程式(6-19)和提馏段操作线方程式(6-26)的下标去掉，整理得

$$q_{nV}y = q_{nL}x + q_{nD}x_D \tag{a}$$

$$q'_{nV}y = q'_{nL}x - q_{nW}x_W \tag{b}$$

式(b)减去式(a)，得

$$(q'_{nV} - q_{nV})y = (q'_{nL} - q_{nL})x - (q_{nW}x_W + q_{nD}x_D) \tag{c}$$

由式(6-32)、式(6-33)得

$$q'_{nV} - q_{nV} = (q-1)q_{nF}, \quad q'_{nL} - q_{nL} = qq_{nF}$$

代入式(c)，得

$$(q-1)q_{nF}y = qq_{nF}x - q_{nF}x_F$$

整理得

$$y = \frac{q}{q-1}x - \frac{x_F}{q-1} \tag{6-34}$$

式(6-34)称为 q 线方程或进料线方程。当进料状态一定时，q 为一常数，进料线为直线。

【例6-6】　用一常压精馏塔分离含苯0.44(摩尔分数，下同)的苯-甲苯混合液，要求塔顶产品含苯0.98以上，塔底产品含苯0.023以下，进料量为520 kmol/h，操作回流比 $R=3.0$，试求以下2种加料状态下的 q 值和精馏段与提馏段的气液相流量。(1)饱和液体进料；(2)20 ℃的液体进料。[已知：原料液的泡点温度为94 ℃，混合液体的平均摩尔比热容为158.2 kJ/(kmol·K)，饱和液体变为饱和蒸气所需的摩尔汽化热为33 118 kJ/kmol。]

解　(1)饱和液体进料

$$q = 1$$

根据

$$q_{nF} = q_{nD} + q_{nW}$$

$$q_{nF}x_F = q_{nD}x_D + q_{nW}x_W$$

得

$$520 = q_{nD} + q_{nW} \tag{a}$$

$$520 \times 0.44 = 0.98 q_{nD} + 0.023 q_{nW} \qquad \text{(b)}$$

联立(a)和(b)两式得

$$q_{nD} = 226.6\ \text{kmol/h}, q_{nW} = 293.4\ \text{kmol/h}$$

所以

$$q_{nL} = R q_{nD} = 3.0 \times 226.6 = 679.8\ \text{kmol/h}$$
$$q_{nV} = (R+1) q_{nD} = 4.0 \times 226.6 = 906.4\ \text{kmol/h}$$
$$q'_{nL} = q_{nL} + q_{nF} = 679.8 + 520 = 1\ 199.8\ \text{kmol/h}$$
$$q'_{nV} = q_{nV} = 906.4\ \text{kmol/h}$$

(2)20 ℃ 的液体进料

$$q = \frac{158.2 \times (94-20) + 33\ 118}{33\ 118} = 1.353$$

$$q'_{nL} = q_{nL} + q q_{nF} = 679.8 + 1.353 \times 520 = 1\ 383.36\ \text{kmol/h}$$
$$q'_{nV} = q_{nV} - (1-q) q_{nF} = 906.4 - (1-1.353) \times 520 = 1\ 089.96\ \text{kmol/h}$$

评析　从本题计算结果可以看出，在回流比不变的条件下，进料状态的改变只影响提馏段的气液相流量。

6.4.5　理论板数的计算

连续精馏塔设计型计算的基本步骤是：规定分离要求（如 q_{nD}、x_D 或 φ_D），确定操作条件（选定操作压力、进料状态及回流比等），利用平衡关系和操作线关系计算理论板数。这个过程对于双组分精馏系统比较简单，可采用逐板计算法或图解法。

1. 逐板计算法

逐板计算法是利用相平衡方程和操作线方程，根据塔顶馏出液或塔釜液的组成，从塔顶或塔底开始向塔的进料板方向计算。利用精馏段操作线方程和相平衡方程计算精馏段理论板数，利用提馏段操作线方程和相平衡方程计算提馏段理论板数，精馏段理论板数与提馏段理论板数之和，即为全塔理论板数。

如图 6-17 所示为一连续精馏塔，饱和液体进料，塔釜间接蒸气加热。精馏段理论板数的计算步骤如下：当塔顶最上一层塔板（序号为 1）上升的气体全部被冷凝成饱和液体时，则有：$y_1 = x_D$。因 x_D 由工艺规定，故 y_1 为已知。由相平衡方程计算与 y_1 呈相平衡的液相组成 x_1，通过 x_1 利用精馏段操作线方程计算第二块板上升的气相组成 y_2，依此类推，交替使用相平衡方程和精馏段操作线方程计算精馏段气液两相的组成，直至求得的 $x_n \leqslant x_F$（泡点进料）为止。第 n 块理论板为进料板，属于提馏段，因此精馏段的理论板数为 $(n-1)$。若是其他进料状况，则应计算到 $x_n \leqslant x_Q$ 为止（x_Q 为两操作线交点的横坐标）。

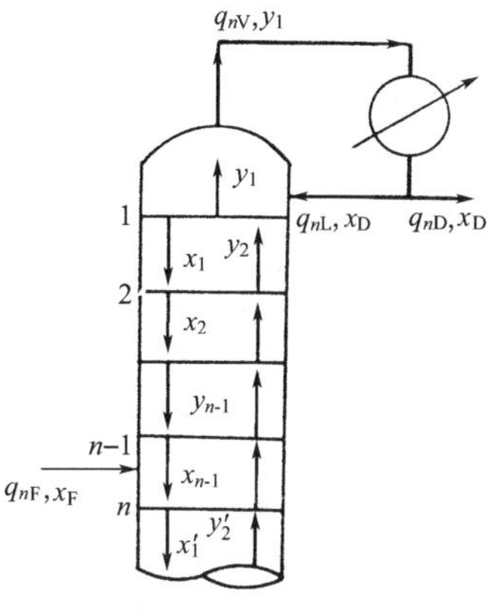

图 6-17　逐板计算法示意图

提馏段理论板数的计算步骤如下：由 x'_1（$x'_1 = x_n$）求得 y'_2，再利用相平衡方程由 y'_2 求出 x'_2。同上，交替使用相平衡方程及提馏段操作线方程，直至 $x'_m \leqslant x_W$ 为止。对于塔底采用间接蒸气加热，再沸器内气液两相互成平衡，相当于一块理论板，故提馏段所需理论板数为 $(m-1)$。

计算过程中采用的相平衡关系的次数即为满足分离要求所需的理论板数。

逐板计算法是求解理论板数的基本方法，概念清晰，计算结果准确。计算机的普及使该法的使用更为快捷方便。

【例 6-7】 在连续精馏塔中分离某两组分理想溶液。已知操作回流比 R 为 3.0，馏出液的组成为 0.95(易挥发组分的摩尔分数)，塔顶采用全凝器。该物系在本题所涉及的浓度范围内的气液相平衡方程为 $y=0.42x+0.58$。试求精馏段内离开第二块理论板(从塔顶往下计)的气液两相组成。

解 精馏段操作线方程为

$$y_{n+1}=\frac{R}{R+1}x_n+\frac{x_D}{R+1}=\frac{3.0}{3.0+1}x_n+\frac{0.95}{3.0+1}=0.75x_n+0.238$$

采用逐板计算法计算第二块理论板的组成 y_2 如下：

$$y_1=x_D=0.95,\ y_1=0.42x_1+0.58=0.95$$

$$x_1=0.881,\ y_2=0.75x_1+0.238=0.899$$

$$y_2=0.899=0.42x_2+0.58,\ x_2=0.76$$

【例 6-8】 在连续精馏塔中分离苯 - 甲苯理想溶液，泡点进料，进料中含苯 0.44(摩尔分数，下同)，要求馏出液和釜液的组成分别为 0.955 和 0.058 5。已知操作回流比 $R=3.0$，物系的平均相对挥发度 $\alpha=2.41$。若塔顶采用全凝器，试用逐板计算法求出完成分离任务所需的理论塔板数和进料位置。

解 相平衡方程：

$$y=\frac{\alpha x}{1+(\alpha-1)x}=\frac{2.41x}{1+1.41x}\ \text{或}\ x=\frac{y}{2.41-1.41y}$$

精馏段操作线方程：

$$y_{n+1}=\frac{R}{R+1}x_n+\frac{x_D}{R+1}=\frac{3.0}{3.0+1}x_n+\frac{0.955}{3.0+1}=0.75x_n+0.239$$

由于泡点进料，$q=1$，则

$$q'_{nL}=q_{nL}+qq_{nF}=Rq_{nD}+q_{nF}$$

$$q'_{nV}=q_{nV}=(R+1)q_{nD}$$

代入提馏段操作线方程得

$$y_{m+1}=\frac{q'_{nL}}{q'_{nV}}x_m-\frac{q_{nW}}{q'_{nV}}x_W=\frac{Rq_{nD}+q_{nF}}{(R+1)q_{nD}}x_m-\frac{q_{nW}x_W}{(R+1)q_{nD}}=\frac{R+q_{nF}/q_{nD}}{R+1}x_m-\frac{q_{nW}/q_{nD}}{R+1}x_W$$

由全塔物料衡算：

$$q_{nF}=q_{nD}+q_{nW}$$

全塔易挥发组分物料衡算：

$$q_{nF}x_F=q_{nD}x_D+q_{nW}x_W$$

得

$$\frac{q_{nF}}{q_{nD}}=\frac{x_D-x_W}{x_F-x_W}=\frac{0.955-0.058\ 5}{0.44-0.058\ 5}=2.35,\ \frac{q_{nW}}{q_{nD}}=1.35$$

将 q_{nF}/q_{nD} 与 q_{nW}/q_{nD} 的数值代入上面的提馏段操作线方程得

$$y_{m+1}=\frac{q'_{nL}}{q'_{nV}}x_m-\frac{q_{nW}}{q'_{nV}}x_W=1.34x_m-0.019\ 7$$

塔顶采用全凝器，则 $y_1=x_D=0.955$。第一块塔板下降液体组成 x_1 由相平衡方程计算得

$$x_1=\frac{y_1}{2.41-1.41y_1}=\frac{0.955}{2.41-1.41\times 0.955}=0.90$$

$$y_2=0.75\times 0.90+0.239=0.914$$

由相平衡方程可以求得第二块板下降的液相组成，$x_2=0.815$。

如此逐板计算，可得

$$y_3=0.85,\quad x_3=0.702$$

$$y_4=0.767,\quad x_4=0.567$$

$$y_5=0.671,\quad x_5=0.458$$

$$y_6=0.583,\quad x_6=0.367$$

因为 $x_6<x_F$，故第六块板为进料板。由于把进料板划在提馏段，故精馏段有五块理论板。自第六块板开始，应改用提馏段操作线方程。

$$y_7=1.34\times 0.367-0.0197=0.472,\quad x_7=0.269$$

如此计算下去，可得

$$y_8=0.34,\quad x_8=0.177$$

$$y_9=0.22,\quad x_9=0.105$$

$$y_{10}=0.12,\quad x_{10}=0.0535$$

因 $x_{10}<x_W$，故完成分离任务所需的理论板为十块(包括塔釜)。

评析　逐板计算理论板数必须已知相平衡方程、精馏段操作线方程和提馏段操作线方程。本题难点在于提馏段操作线方程的计算。由于没有给出进料量，不能直接计算出 q'_{nL} 和 q'_{nV}，只能通过物料衡算求得 q_{nF}/q_{nD} 与 q_{nW}/q_{nD}，从而得到提馏段操作线方程。在从精馏段的逐板计算转到提馏段的逐板计算时，应及时改用提馏段操作线方程。

2. 图解法

上述应用精馏段与提馏段操作线方程和相平衡方程逐板计算理论板数的过程，可以在 y-x 图上图解进行。这种方法称为 McCabe-Thiele 图解法，图解过程如图 6-18 所示，具体步骤如下：

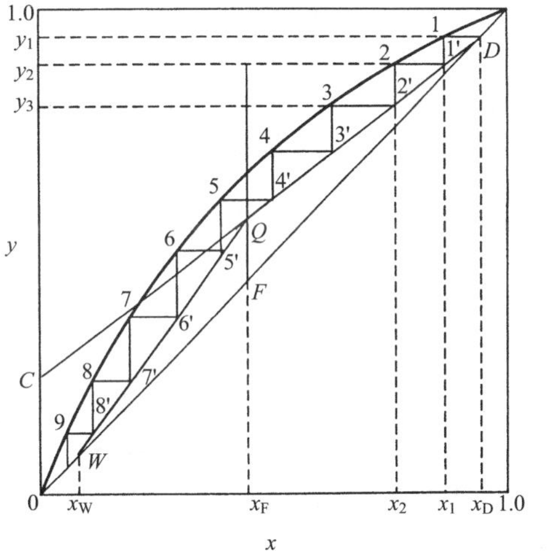

图 6-18　图解法示意图

(1) 在直角坐标系中绘出物系的相平衡曲线和对角线。

(2) 绘出精馏段操作线。由精馏段操作线方程可知，通过点 $D(x_D,x_D)$，做截距为 $x_D/(R+1)$(图(6-18) 中 C 点所示) 的直线即为精馏段操作线。

(3) 绘出进料线。由进料线方程可知，通过点 $F(x_F,x_F)$，做斜率为$\dfrac{q}{q-1}$的直线即为进料线，图(6-18) 中的 q 线为饱和液体进料时的情况，与精馏段操作线相较于 Q 点。

(4) 绘出提馏段操作线。由提馏段操作线方程可知，联结点 $W(x_D,x_D)$ 与点 Q，即得提馏段操作线。

(5) 在平衡线和操作线间做梯级，得到的梯级个数即为理论板数。

如图 6-18 所示，因 $y_1=x_D$，故从塔顶点 $D(x_D,x_D)$ 开始做水平线交平衡曲线于 1，求得与

y_1 呈平衡的液相组成 x_1，由1点做垂线交精馏段操作线于1′点，求得第二块板上升气相组成 y_2。如此在平衡线与精馏段操作线之间做梯级，当梯级跨过两操作线的交点 Q 时，应改在提馏段操作线与平衡线之间做梯级，直至梯级达到或跨过 W 点为止。此时，梯级数 N（含再沸器）为所求的理论塔板数 N，跨过两操作线交点的板为进料板。

在最佳位置进料，完成规定分离要求所需的塔板数最少。若给定了理论板数，则分离程度会最高。在图解法中，跨过两操作线交点的塔板就是最佳进料板。该进料位置是进料组成及热状态与塔板上组成和热状态差别最小的板。

【例6-9】 一连续精馏塔于常压下分离苯-甲苯混合液，饱和液体进料，进料量为100 kmol/h，进料组成为0.4（摩尔分数，下同）。要求馏出液组成为0.95，釜液组成为0.03，操作回流比为2.58，气液平衡关系如图6-19所示。试求：(1) 塔顶及塔底产品的流量；(2) 完成分离任务所需的理论塔板数及进料位置（图解法）。

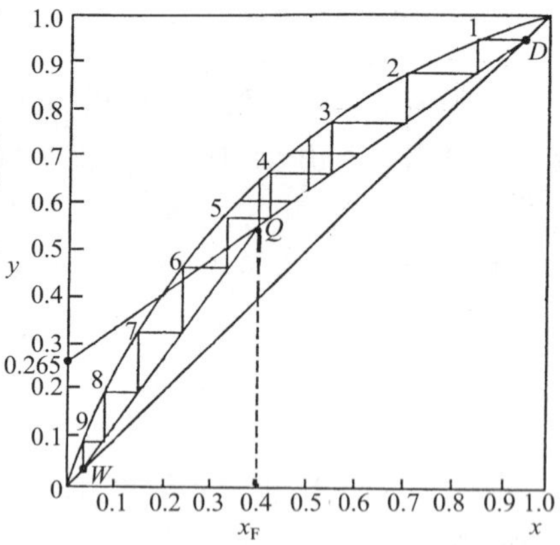

图6-19 例6-9附图

解 (1) 根据

$$q_{nF}=q_{nD}+q_{nW},\quad q_{nF}x_F=q_{nD}x_D+q_{nW}x_W$$

得

$$100=q_{nD}+q_{nW}$$

$$100\times0.4=0.95q_{nD}+0.03q_{nW}$$

联立以上两个方程，可求得

$$q_{nD}=40.2\ \text{kmol/h},\quad q_{nW}=59.8\ \text{kmol/h}$$

(2) 饱和液体进料，$q=1$，q 线方程为 $x=0.4$，精馏段操作线方程为

$$y_{n+1}=\frac{R}{R+1}x_n+\frac{x_D}{R+1}=\frac{2.58}{2.58+1}x_n+\frac{0.95}{2.58+1}=0.721x_n+0.265$$

过 $D(x_D,x_D)$，做截距为0.265的直线，得到精馏段操作线。进料的 q 线与精馏段操作线交于 Q 点，连接 Q 点与 $W(x_W,x_W)$ 点的直线即为提馏段操作线。从 $D(x_D,x_D)$ 点开始，在平衡线与操作线之间画梯级直至梯级达到或跨过 W 点。通过图解法求得完成分离任务所需的塔板数为 $N=9$（包括塔釜），进料位置在第五块理论板。

评析 本题的解题思路如下：

(1) 通过全塔物料衡算及易挥发组分的物料衡算求得塔顶及塔底产品的流量。

(2) 由操作回流比求得精馏段操作线方程，然后在 y-x 图上做出精馏段和提馏段操作线，从而确定出所需的理论塔板数及进料位置。

3. 进料热状态对 q 线及操作线的影响

进料热状态参数 q 值不同，q 线的斜率也不同，q 线与精馏段操作线的交点随之变动，从而影响提馏段操作线的位置。

当进料组成 x_F、操作回流比 R 及塔的两端产品组成 x_D、x_W 一定时，五种不同进料热状态对 q 线及操作线的影响如图6-20所示。

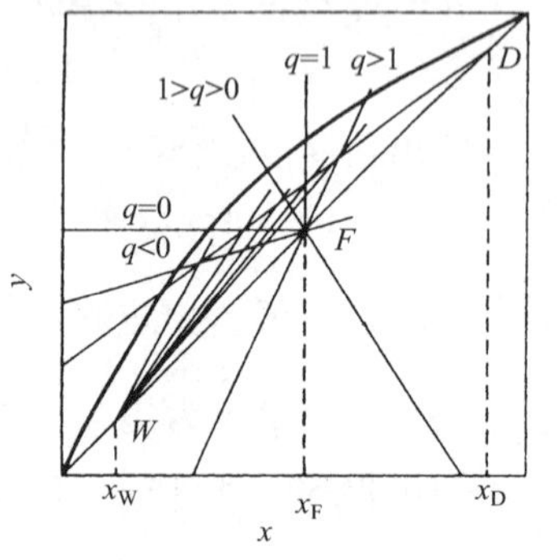

图6-20 进料热状态对 q 线及操作线的影响

6.4.6 回流比的影响与选择

回流比 R 是精馏过程设计和操作的重要参数。R 值的大小直接影响精馏塔的分离能力、系统的能耗和设备的结构尺寸。

当回流比增大时，精馏段操作线斜率 $R/(R+1)$ 增大，精馏段操作线远离平衡线，使得精馏塔内各板传质推动力 Δy 及 Δx 增大，各板的分离能力提高，完成相同分离要求所需的理论板数将会减少。然而由于 R 的增加，导致冷凝器、再沸器的负荷增大，操作费用增加。因而，在确定回流比时，既要考虑满足工艺上的要求，又要考虑设备费用（塔板数及冷凝器、再沸器传热面积）和操作费用的经济性。现就回流比的最大与最小两种极限情况以及适宜回流比分别介绍如下。

1. 全回流与最少理论板数

如果精馏塔在操作过程中将塔顶蒸气全部冷凝，其冷凝液全部返回塔顶作为回流，称此操作为全回流，回流比 R 为无穷大（$R=\infty$）。采用此种操作时，精馏塔通常不进料也不出料，塔内气液两相流量相等，两操作线斜率均为 1，并与对角线重合，如图 6-21 所示。此时，塔内无精馏段和提馏段之分，其操作线方程可表示为

$$y_{n+1}=x_n$$

由于全回流操作时，其操作线与对角线重合而与平衡线的距离达到最大，故可使每块理论板分离能力达到最大。所以完成相同的分离要求所需理论板数最少。如图 6-22 所示，最少理论板数 $N_{\min}$ 可在 y-x 图上的平衡线与对角线之间直接做梯级求得，也可以用下列方法确定。

理想物系气液相平衡关系为

$$\left(\frac{y_A}{y_B}\right)_n=\alpha_n\left(\frac{x_A}{x_B}\right)_n$$

操作线关系为

$$y_{n+1}=x_n$$

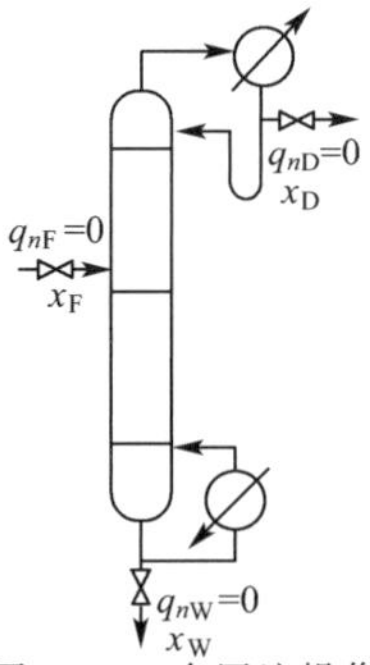

图 6-21 全回流操作

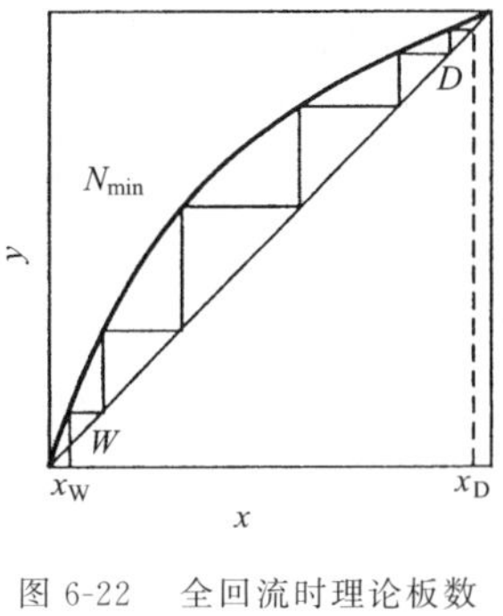

图 6-22 全回流时理论板数

由于塔顶采用全凝器，则有

$$\left(\frac{y_A}{y_B}\right)_1=\left(\frac{x_A}{x_B}\right)_D$$

第一块理论板的气液平衡关系为

$$\left(\frac{y_A}{y_B}\right)_1=\alpha_1\left(\frac{x_A}{x_B}\right)_1=\left(\frac{x_A}{x_B}\right)_D$$

第一块理论板与第二块理论板之间的操作关系为$\left(\frac{y_A}{y_B}\right)_2=\left(\frac{x_A}{x_B}\right)_1$，所以

$$\left(\frac{x_A}{x_B}\right)_D=\alpha_1\left(\frac{y_A}{y_B}\right)_2$$

再代入第二块理论板的气液平衡关系可得

$$\left(\frac{x_A}{x_B}\right)_D=\alpha_1\alpha_2\left(\frac{x_A}{x_B}\right)_2$$

重复上述的逐板计算过程，直至塔釜（塔釜视为第 $N+1$ 块理论板），可得

$$\left(\frac{x_A}{x_B}\right)_D=\alpha_1\alpha_2\cdots\alpha_{N+1}\left(\frac{x_A}{x_B}\right)_W$$

令 $\alpha_m=\sqrt[N+1]{\alpha_1\alpha_2\cdots\alpha_{N+1}}$，则上式可写为

$$\left(\frac{x_A}{x_B}\right)_D=\alpha_m^{N+1}\left(\frac{x_A}{x_B}\right)_W$$

以 N_{min} 代替上式中的 N，并对等式两边取对数，经整理得

$$N_{min}=\frac{\lg\left[\left(\frac{x_A}{x_B}\right)_D\left(\frac{x_B}{x_A}\right)_W\right]}{\lg\alpha_m}-1 \tag{6-35}$$

对于双组分物系，式(6-35) 可略去下标 A、B 写成

$$N_{min}=\frac{\lg\left[\left(\frac{x_D}{1-x_D}\right)\left(\frac{1-x_W}{x_W}\right)\right]}{\lg\alpha_m}-1 \tag{6-36}$$

式中　N_{min}—— 全回流时的最少理论板数（不含再沸器）；

α_m—— 全塔平均相对挥发度。

当塔顶、塔底的相对挥发度相差不大时，α_m 可近似取 α_1 与 α_W 的几何平均值，即

$$\alpha_m=\sqrt{\alpha_1\alpha_W} \tag{6-37}$$

式(6-35) 和式(6-36) 称为芬斯克方程。该方程也可用于多组分精馏，以轻、重关键组分的分离代替双组分的精馏即可。若将式(6-36) 中的 x_W 换成进料组成 x_F，则可利用该式计算精馏段的最少理论板数，但 α_m 应取为塔顶和进料处的平均值，而不是全塔的平均值。

在实际生产中，全回流操作常在精馏塔的开工、调试、精馏塔的上下游生产出现故障时采用。

2. 最小回流比

一方面，随着回流比 R 的减小，操作线将向平衡线方向移动，导致过程传质推动力减小，完成相同分离要求所需理论板数 N 随之增加，从而使塔增高。另一方面，塔内的上升蒸气流量下降，使得冷凝器和再沸器的热负荷减小，精馏过程的能耗下降，塔径 D 也随之减小。当回流比继续减小，使两操作线交点落在平衡曲线上，如图 6-23 中点 E 所示，此时完成规定分离要求所需理论板数为无穷大。此工况下的回流比为该设计条件下的最小回流比 R_{min}。在点 E 的前后（通常为进料板上下区域）各板之间得气液两相组成基本不变，即塔板没有增浓作用，故点 E 称为夹紧点，这个区域称为夹紧区或恒浓区。

如图 6-23 所示，最小回流工况下精馏段操作线 DC 的斜率为

$$\frac{R_{min}}{R_{min}+1}=\frac{x_D-y_q}{x_D-x_q}$$

式中　x_q、y_q——q 线与平衡曲线交点的横、纵坐标。

则最小回流比可表示为

$$R_{\min}=\frac{x_D-y_q}{y_q-x_q} \tag{6-38}$$

x_q、y_q 的计算有两种方法：作图法和解析法。

(1) 作图法

既然 x_q、y_q 为 q 线与平衡曲线交点的横、纵坐标，只需做出 q 线和平衡线，即可求出二者，如图 6-23 所示。需要注意的是，当平衡关系类似图 6-24 所示类型时，应由切点 E' 确定 x_q 和 y_q。

(2) 解析法

将平衡线方程和 q 线方程联立，便可求出 x_q 和 y_q。

对于某些进料状态，可直接推导出相应的 $R_{\min}$ 的计算式。如泡点进料时，$x_q=x_F$，则 $y_q=\dfrac{\alpha x_F}{1+(\alpha-1)x_F}$，将其代入式(6-38) 得

$$R_{\min}=\frac{1}{\alpha-1}\left[\frac{x_D}{x_F}-\frac{\alpha(1-x_D)}{1-x_F}\right] \tag{6-39}$$

饱和蒸气进料时，$y_q=x_F$，即 $x_F=\dfrac{\alpha x_q}{1+(\alpha-1)x_q}$，则

$$R_{\min}=\frac{1}{\alpha-1}\left(\frac{\alpha x_D}{x_F}-\frac{1-x_D}{1-x_F}\right)-1 \tag{6-40}$$

当平衡关系类似图 6-24 所示类型时，应由切点 E' 确定其最小回流比 $R_{\min}$。

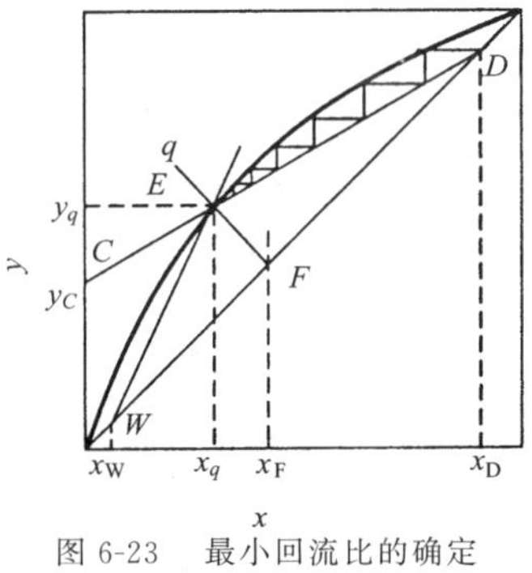

图 6-23　最小回流比的确定

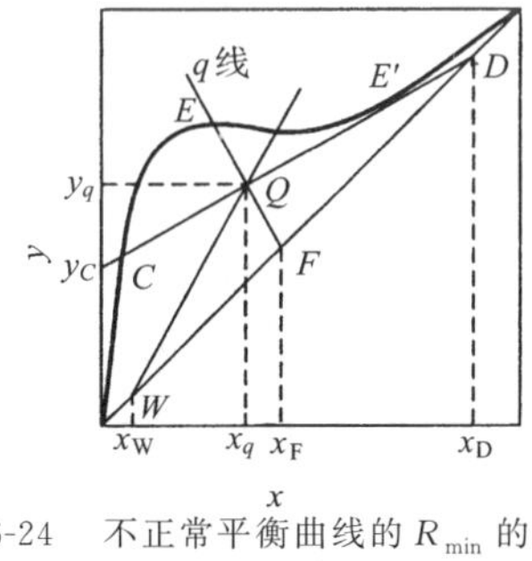

图 6-24　不正常平衡曲线的 $R_{\min}$ 的确定

3. 适宜回流比

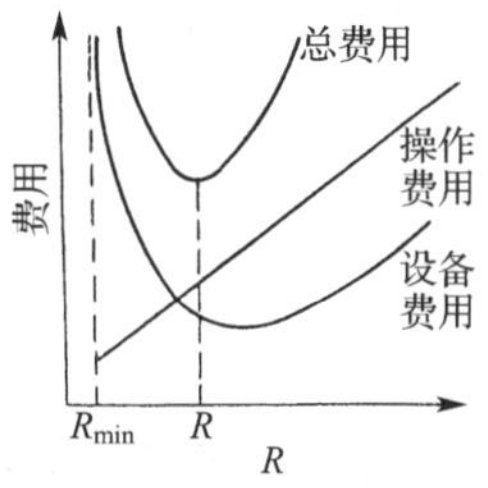

图 6-25　适宜回流比的确定

回流比的大小对精馏塔的总费用存在正、负两方面的影响。回流比对塔的设备费用、操作费用和总费用的影响如图 6-25 所示。当回流比为最小回流比时，塔高为无穷高，设备费用为无穷大。当回流比在最小回流比的基础上提高后，设备费用很快下降为有限大小，总成本下降。当回流比继续增大时，能耗随之增大，则操作费用迅速增大。回流比增到一定程度，塔径的增大变得明显，设备费用开始升高，将使总成本增加。由此可见，存在一个最优的回流比，使得操作费用和设备费用之和为最低，此时的回流比称为适宜回流比。适宜回流比需通过经济衡算确定，在精馏塔的设计中，通常采用由实践总结出来的适宜回流比 R 的范围：$(1.1\sim2.0)R_{\min}$。

【例 6-10】 中石油辽阳石化分公司芳烃厂对二甲苯装置，苯－甲苯精馏塔中分离含苯25%(摩尔百分比，下同)的苯-甲苯混合液，混合液流量为 300 kmol/h，泡点进料。馏出液苯的纯度为99%，塔底甲苯纯度为99%。取回流比为最小回流比的1.1倍，物系相对挥发度为2.5。求：(1) 塔顶苯回收率；(2) 回流比。

解 (1) 做全塔物料衡算：

$$q_{nF} = q_{nD} + q_{nW} \qquad \text{即} \qquad 300 = q_{nD} + q_{nW}$$

$$q_{nF}x_F = q_{nD}x_D + q_{nW}x_W \qquad\qquad 0.25 \times 300 = 0.99q_{nD} + (1-0.99)q_{nW}$$

解得

$$q_{nD} = 73.47 \text{ kmol/h} \quad q_{nW} = 226.53 \text{ kmol/h}$$

$$\varphi_D = \frac{q_{nD}x_D}{q_{nF}x_F} \times 100\% = \frac{73.47 \times 0.99}{300 \times 0.25} \times 100\% = 97\%$$

(2) 泡点进料，$q = 1$，$x_q = x_F = 0.25$，由平衡线方程求 y_q 如下：

$$y_q = \frac{\alpha x_q}{1+(\alpha-1)x_q} = \frac{2.5 \times 0.25}{1+(2.5-1)\times 0.25} = 0.455$$

$$R_{min} = \frac{x_D - y_q}{y_q - x_q} = \frac{0.99 - 0.455}{0.455 - 0.25} = 2.61$$

则 $R = 1.5_{R_{min}} = 1.1 \times 2.61 = 2.87$

评析 本题的解题思路是：

(1) 由全塔的物料衡算和塔顶、塔底产品纯度求得塔顶、塔底产品量，从而求得塔顶苯的回收率。

(2) 根据进料状态求得最小回流比，再求得操作回流比。

6.4.7 理论板数的简捷计算

精馏塔的理论板数除用上述的逐板计算法和图解法计算外，还可用简捷法计算。下面介绍一种应用最为广泛的经验关联图简捷法。

人们曾对许多不同精馏塔的回流比 R、最小回流比 R_{min}、理论板数 N 及最少理论板数 N_{min} 这4个参数进行定量的关联。常见的这种关联如图 6-26 所示，称为吉利兰(Gillilad) 关联图。

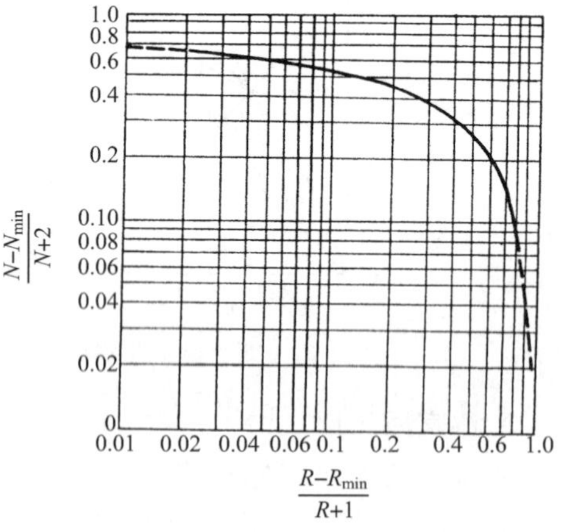

图 6-26 吉利兰关联图

吉利兰关联图为双对数坐标图，它是用8种不同物系，在不同精馏条件下算得结果绘制而成的。这些条件是：组分数目 2～11；进料热状态包括从过冷液体到过热蒸气的5种进料状况；最小回流比 0.53～7.00；相对挥发度 1.26～4.05；理论板数2.4～43.1。

简捷算法虽然误差较大，但是非常简便，可快速算出理论板数，特别适合精馏塔的初步设计。

为了便于使用计算机计算塔板数，图 6-26 中的曲线在 $0.01 < (R-R_{min})/(R+1) < 0.9$ 时，可近似用下式表达：

$$Y = 0.545\ 827 - 0.591\ 422X + 0.002\ 743/X \tag{6-41}$$

式中

$$X=\frac{R-R_{\min}}{R+1},\quad Y=\frac{N-N_{\min}}{N+2}$$

使用简捷法计算理论塔板数的具体步骤是：

(1) 根据精馏给定条件计算 $R_{\min}$，并选择适宜的 R。

(2) 由芬斯克方程及给定条件计算 $N_{\min}$。

(3) 利用图或公式求出理论板数 N。

注意：N 及 $N_{\min}$ 均为不含再沸器的理论板数。

采用简捷法也可估算精馏塔内精馏段及提馏段理论塔板数或进料位置。若计算精馏段理论板数，则用精馏段最少理论板数 $N_{\min 1}$ 代替全塔的 $N_{\min}$ 即可，从而可确定进料位置和精馏段的理论板数。

【例 6-11】 试用简捷法求例 6-10 的理论板。

解 最小理论板数为

$$N_{\min}=\frac{\lg\left(\frac{x_D}{1-x_D}\frac{1-x_W}{x_W}\right)}{\lg\alpha}=\frac{\lg\left(\frac{0.99}{1-0.99}\times\frac{0.99}{1-0.99}\right)}{\lg 2.5}=10$$

$$X=\frac{R-R_{\min}}{R+1}=\frac{2.87-2.61}{2.87+1}=0.067$$

由吉利兰图查得

$$Y=\frac{N-N_{\min}}{N+1}=0.175$$

求得 $N=12.3$（不包括再沸器）

评析 通过简捷法求得的理论板数、进料位置与逐板计算法求得的结果很相近，但计算过程比较简单。

6.4.8 其他蒸馏方式简介

在精馏过程中，有多种加热或进料方式，根据生产要求，其采出方式也有所区别，对此分别讨论如下。

1. 直接蒸气加热

一般精馏是间接蒸气加热，主要是为避免对物料污染。若所分离的混合物是某种易挥发组分的水溶液，则可将加热蒸气直接通入塔釜内，直接加热。这样加热蒸气将热量、质量均带入塔内，同时参与塔的热量、质量的传递。该过程提高了传热效率，可使用温度相对低的加热蒸气，同时，又节省了一台再沸器。

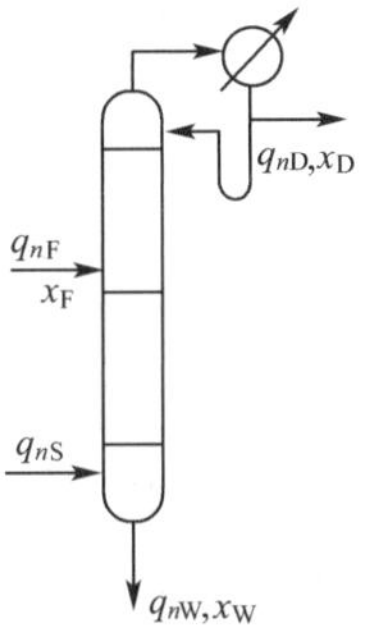

图 6-27 直接蒸气加热示意图

如图 6-27 所示，由物料衡算可知精馏段物料衡算与常规塔完全一致，仅提馏段有所不同，对提馏段进行总物料衡算可得

$$q'_{nL}+q_{nS}=q'_{nV}+q_{nW} \tag{6-42}$$

式中 q_{nS}—— 加入塔釜的蒸气量，kmol/h。

根据恒摩尔流假定

$$q_{nS}=q'_{nV},\quad q'_{nL}=q_{nW}$$

对提馏段易挥发组分物料衡算可得

$$q'_{nL}x_m + q_{nS}y_0 = q'_{nV}y_{m+1} + q_{nW}x_W \tag{6-43}$$

由于饱和蒸气中不含有易挥发组分，故 $y_0=0$，消去 q'_{nV}、q'_{nL}，式(6-43) 经整理得

$$y_{m+1} = \frac{q_{nW}}{q_{nS}}x_m - \frac{q_{nW}}{q_{nS}}x_W \tag{6-44}$$

式(6-44) 为直接蒸气加热时的提馏段操作线方程，与间接蒸气加热时提馏段操作线不同之处是：它与 y-x 图上对角线的交点不在点 $W(x_W, x_W)$ 上，而是在点 $W'(x_W, 0)$ 上，如图 6-28 所示。与间接蒸气加热相比，当 x_D 和 x_W 相同时，直接蒸气加热所需理论板数、回收率、采出量 q_{nD} 均有所降低。若要维持相同产品纯度 x_D 及回收率，则应适当增加理论板数以降低釜液组成 x_W。直接蒸气加热时，塔釜不能起到一块理论板的作用。

2. 多股进料和多侧线采出的精馏

(1) 多股进料

当两股组分相同，组成各异的原料在同一塔中分离，为避免直接混合增加分离的能耗，分别在适宜位置加入。如图 6-29 所示，两股进料将塔分为三段，各段有相应的操作线方程(由物料衡算求得)，各进料也有相应的 q 线方程。

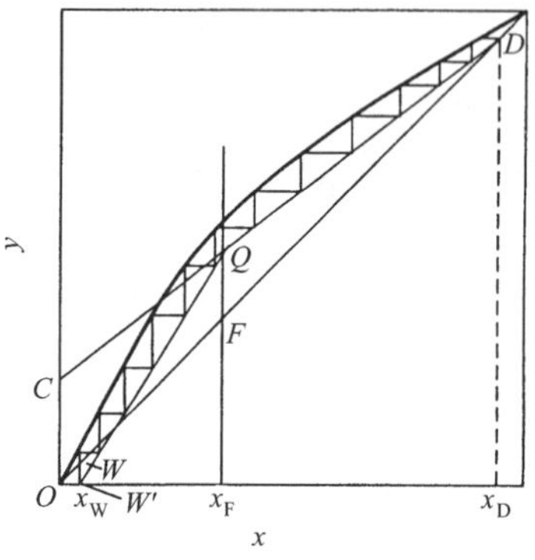

图 6-28　直接蒸气加热时理论板数的图解法

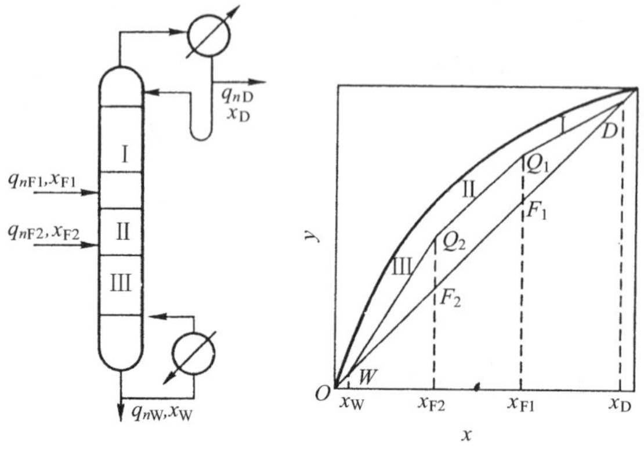

图 6-29　多股进料的精馏

(2) 多侧线采出

当需要获取浓度不同的两种或多种产品，或某组分在某几块塔板上存在富集现象时，为获得该组分产品或消除该组分对塔两端产品的影响，应采取侧线采出的方法，在适宜塔板上将其及时采出，如图 6-30 所示。侧线抽出的产品可为塔板上液体或气体。原油的炼制就是一个非常典型的多侧线采出蒸馏的例子。

若在精馏段有一个侧线采出，则塔被分为三段。塔两端分别用精馏段和提馏段操作线方程，而中段则由物料衡算获得其操作线方程。

3. 塔顶设有分凝器

在一般情况下塔顶蒸气应全部冷凝，并保持一定过冷度，以免蒸气未冷凝而积累，引起塔压升高。如果塔顶蒸气中含有较轻的组分，一般冷却剂难以将其冷凝，提高冷却剂品位又不经济，此时，塔顶可以加设分冷凝器，将未凝的部分轻组分气体采出。

在再沸器中，釜液部分汽化，再沸器相当于一块理论板。在分凝器中，蒸气部分冷凝，分凝

器也相当于一块理论板，流程如图6-31所示。求解理论板方法与常规塔相同，只是第一块理论板为分凝器。

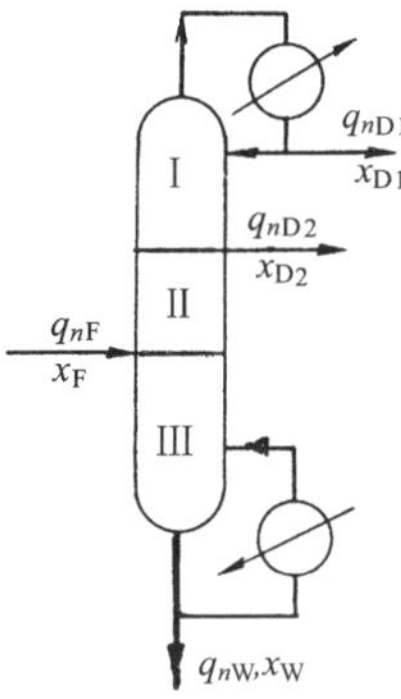

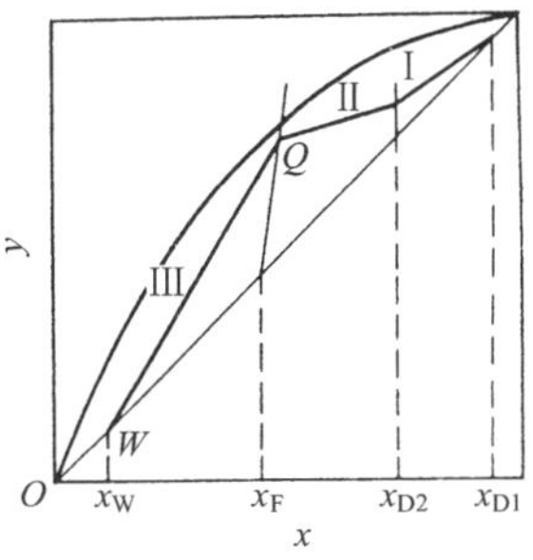

图6-30 多侧线采出的精馏

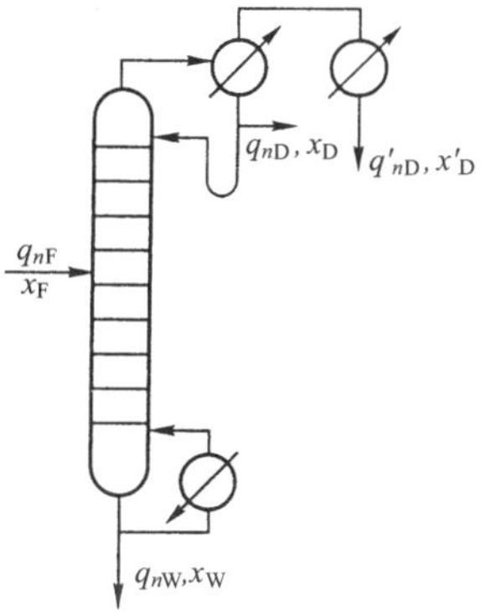

图6-31 塔顶设有分凝器的精馏

6.4.9 精馏操作分析

在实际生产中，无论是精馏塔正常运行，还是由于操作条件的变化和塔性能改变等原因出现非正常现象，均需对塔的操作进行分析。一方面为塔的合理操作提供适宜操作条件的范围，以提高塔的生产能力，降低生产成本；另一方面对不同工况进行分析，在出现故障时为及时、准确的诊断提供必要的信息，以便排除故障，恢复正常生产。

精馏操作发生故障后，最终要影响到产品质量和生产能力。对故障的分析诊断是一项因素复杂、难度较大、涉及面较广、技术性较强的工作。应用精馏过程基本原理，可对常见故障进行初步诊断。生产中常见的问题有产品纯度不合格、塔压波动以及塔内温度异常等。本节只对产品纯度问题进行简单分析。

1.塔的一端产品纯度不合格

导致塔产品不合格的原因有很多，而且比较复杂，但在诸多原因中，首先要考虑塔的物料衡算。因为物料衡算对过程起到控制作用。当进料流量、组成以及分离要求确定时，则采出量也随之确定。当塔顶产品采出量大于原来由全塔总物料衡算得出的采出量时，势必导致塔底重组分更多地进入塔顶产品中，引起塔顶产品纯度下降，而塔底产品中重组分纯度进一步提高，即过度分离。反之，当塔顶产品采出量小于原来由全塔总物料衡算得出的采出量时，则部分轻组分向塔底转移，使得塔底轻组分含量升高，即塔底产品不合格。

由以上分析可知，在采出量不合理的条件下，无论如何改变其他条件，均不可能得到合格的产品。唯一的措施是调整采出量，使之与分离要求相匹配。

2.塔的两端产品纯度不合格

如果新投产或改造后开始投入运行的塔，出现塔两端产品不合格，这与塔在正常运行中出现异常有所不同，前者问题较后者严重。故障的发生通常有两个方面的原因，其一是塔结构，其二是操作条件。而正常运行中的塔应主要从操作条件等因素进行分析诊断。

精馏塔投入运行时，应从小负荷开始调试，达到要求后，逐渐提高负荷，也应对塔进行严格模拟计算，核算采出量是否合理。如果采出量大于合理采出量，首先应采用全回流或减小采出量的措施，使塔顶产品达到分离要求。在塔顶产品达到分离要求的前提下，逐渐加大采出量，同时提高回流比，以保证塔两端的产品均达到分离要求。

当塔两端产品均达到要求后，可逐渐增加进料量，使之达到设计能力。如果当塔顶采出量达到设计产量时，两端产品不符合分离要求，若提高回流比仍不能奏效，同时发现塔内压差显著升高，说明塔板水力学性能（将在板式塔中介绍）受到限制。这种情况应逐渐减少进料量，稳定操作，可使塔两端产品达到分离要求。

如果在操作中，提高回流比 R，塔两端的分离效果变化不大，而塔压差也无明显变化，说明塔板数不足，或是塔板的效率太低。

余国琮

总之，造成产品纯度不合格的因素很多，除了应考虑上述的问题外，还应结合分离物系的实际情况和装置的运行情况综合考虑，以便提出切实可行的解决方案，例如大庆油田和燕山石化的精馏装置，在开车调试期间，我国著名化工专家余国琮先生，以其深厚的理论及实践功底，对原装置及技术参数进行改造调整，超出了原设计的指标，使大庆油田和燕山石化的精馏装置成功开车达产，在当时全国的化工行业产生了广泛的影响。。

6.5 间歇精馏

间歇精馏又称分批精馏，其流程如图 6-32 所示。间歇精馏与连续精馏在原理上基本一致，在操作上又类似于简单蒸馏，即将原料分批加入釜内，每蒸馏完一批原料后，再加入第二批料。所以，对小批量、多品种且经常改变产品要求的分离过程，常采用间歇精馏。间歇精馏有以下特点：

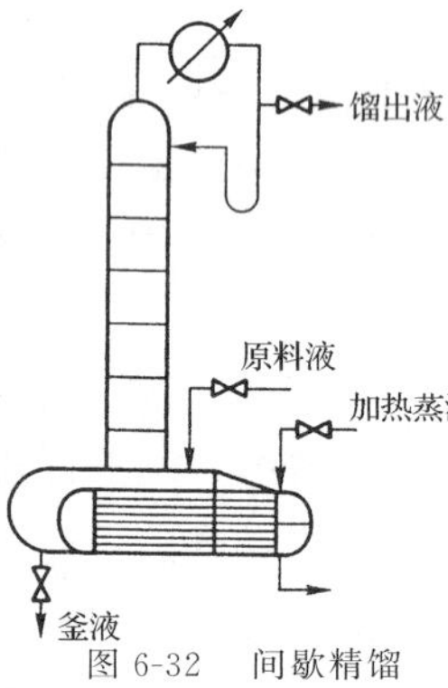

图 6-32　间歇精馏

（1）间歇精馏属于非稳态过程。随着精馏过程的进行，塔釜内的液体量、组成及塔内气液组成分布均发生变化。

（2）间歇精馏只有精馏段，没有提馏段。

间歇精馏有两种基本操作方式：其一是回流比保持恒定，馏出液组成逐渐减小；其二是回流比不断加大，馏出液组成恒定。在实际操作中常将两种方式结合起来进行操作。

6.5.1　恒定回流比的间歇精馏

在间歇精馏过程中，如果将回流比恒定，在采出量不变的条件下，塔内气液流量将恒定，操作线斜率为常数。由于塔釜中轻组分含量不断下降，导致馏出液组成 x_D 不断下降，使得操作线沿对角线平行下移。如图 6-33 所示为具有三块理论板的情况。当馏出液组成为 x_{D1} 时，相应的釜液组成为 x_{W1}；当馏出液组成为 x_{D2} 时，相应的釜液组成为 x_{W2}，直到釜液组成达到规定值为止。

所得馏出液组成是各瞬间组成的平均值。若要求馏出液平均组成为$\overline{x}_D$，则设计时应使操作初期的馏出液组成比平均组成高，这样才能使馏出液的平均组成达到或高于规定值。如规定馏出液的平均组成为$\overline{x}_D$（图 6-34），设计时则应提高到 x_{D1}。显然，最小回流比 R_{min} 应按 x_{D1}

计算,即

$$R_{min}=\frac{x_{D1}-y_{Fe}}{y_{Fe}-x_F}$$

式中 y_{Fe}——与原料液相平衡的气相组成。

确定最小回流比后,再根据物系等实际情况确定出操作回流比,然后按一般作图法即可求得理论板数。

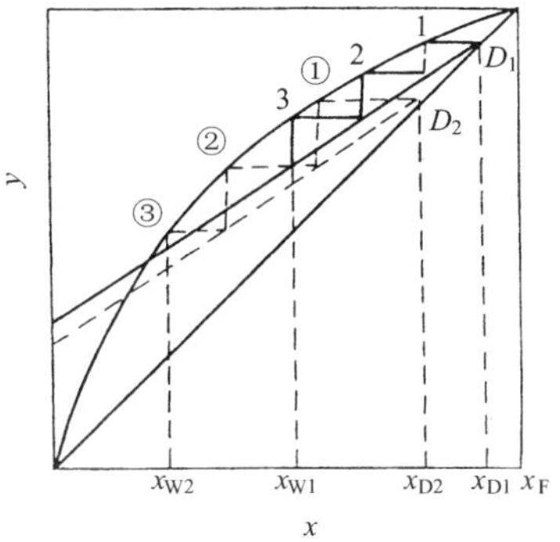

图 6-33 回流比恒定的间歇蒸馏

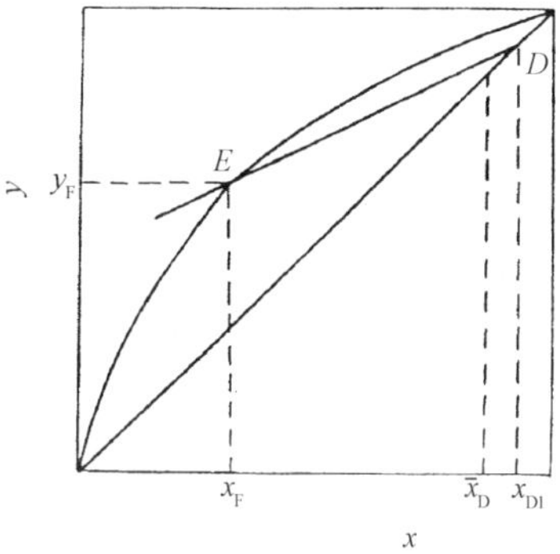

图 6-34 最小回流比的求法

6.5.2 馏出液组成恒定的间歇精馏

在一定理论板数的间歇精馏中,若要维持馏出液组成恒定,必须采用逐渐加大回流比的方法,操作情况如图 6-35 所示。若分离操作在四块理论板下进行,馏出液组成如维持在 x_D,在回流比 R(图 6-35 中实线所示)下进行操作,釜液组成可降到 x_{W1}。随着操作过程的进行,釜液组成不断下降,当降至 x_{W2} 时,如要保持 x_D 不变,只有将回流比加大到 R_1(图 6-35 中虚线所示),使操作线由 DC_1 变为 DC_2。这样不断加大回流比,直到釜液组成达到规定值 x_{We},即停止操作。

为了保证釜液组成达到最终组成 x_{We},塔顶产品组成仍保持 x_D 不变,必须由 x_D 和 x_{We} 确定最小回流比 R_{min}(图 6-36):

$$R_{min}=\frac{x_D-y_{We}}{y_{We}-x_{We}}$$

式中 y_{We}——与 x_{We} 相平衡的气相组成。

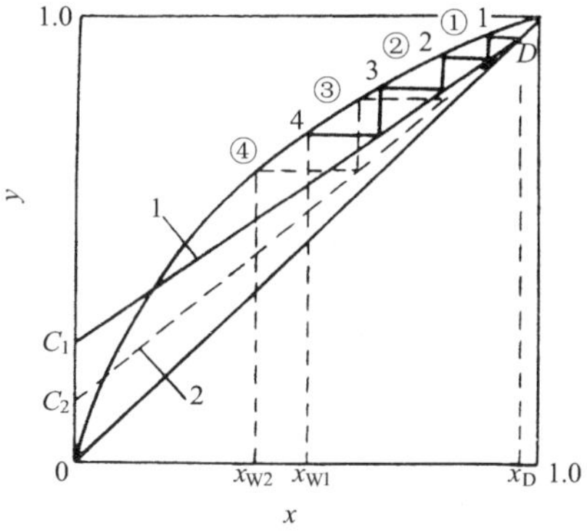

图 6-35 馏出液组成恒定的间歇精馏

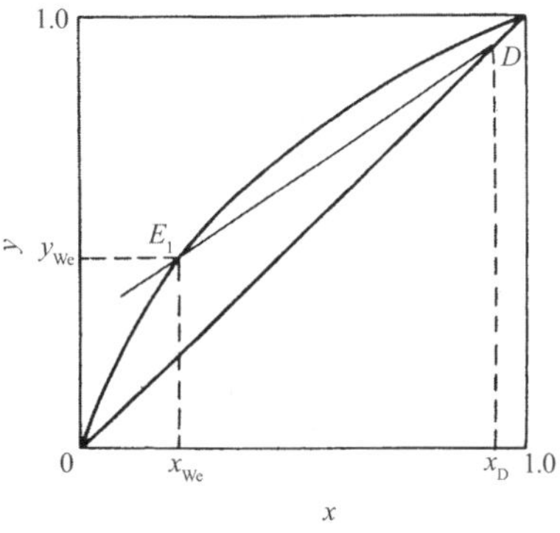

图 6-36 最小回流比的求法

根据 R_{min} 选定适宜回流比 R，再算出操作线在 y 轴上的截距 $\frac{x_D}{R+1}$，就可以按一般作图法求得所需的理论板数。

6.6 恒沸精馏和萃取精馏

一些具有恒沸点的非理想溶液，因该点的相对挥发度等于 1，不能采用常规精馏方法将其完全分离。有些相对挥发度接近 1 的体系，采用常规精馏，则需要理论板数多，回流比大，很不经济。对上述两种情况，可分别采用恒沸精馏和萃取精馏方法进行分离。

6.6.1 恒沸精馏

在双组分混合液中加入第三组分(称为夹带剂)，该组分能与原溶液中的一个或两个组分形成一新的最低恒沸物，恒沸物从塔顶蒸出，塔底引出较纯产品，这种精馏称为恒沸精馏。

乙醇-水的恒沸精馏流程如图 6-37 所示。乙醇-水常压下恒沸点为 78.15 ℃，其恒沸点组成是：乙醇 0.894(摩尔分数，下同)。当加入夹带剂苯时，即可形成更低沸点的三元恒沸物。其组成是：苯 0.544，乙醇 0.23，水 0.226，沸点为 64.6 ℃。在较低温度下，苯与乙醇、水不互溶而分层，从而苯被分离出来。

如图 6-37 所示，塔 1 为恒沸精馏塔，工业乙醇(组成接近恒沸组成的乙醇水溶液)从塔中部适当位置进入，夹带剂从顶部加入。由于苯与进料中乙醇、水形成具有最低恒沸点的三元恒沸物从塔顶蒸出，塔底则获得了无水乙醇。塔顶三元恒沸物经冷凝后送分离器分层。上层主要是苯，返回塔 1 作为回流，苯作为夹带剂循环使用；下层主要是乙醇和水，送入塔 2(苯回收塔)回收少量剩余的苯。塔 2 顶部恒沸物冷凝液并入塔 1 的分离器中，塔底稀乙醇水溶液送至塔 3(乙醇回收塔)中。塔 3 中塔顶产品为乙醇-水的恒沸液(工业乙醇)，送回塔 1 做原料，塔底产品几乎为纯水。

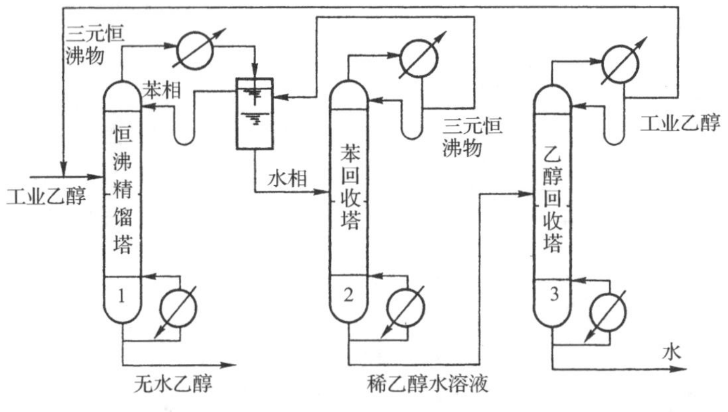

图 6-37　乙醇-水的恒沸精馏流程

夹带剂的选择是能否采用恒沸精馏以及是否经济合理的重要条件。对夹带剂的要求是：

① 夹带剂应能与被分离组分形成新的恒沸物，且该恒沸物易于和塔底组分分离。

② 新恒沸物中夹带剂的含量要少，以便降低操作费用。

③ 新恒沸物最好为非均相混合物，便于用分层法分离。

④ 价格低廉、安全可靠。

6.6.2　萃取精馏

萃取精馏和恒沸精馏相似，也是向原料液中加入第三组分（称为萃取剂或溶剂），以改变原组分间的相对挥发度而达到分离要求的特殊精馏方法。萃取剂本身挥发性很小，不与混合物形成共沸物，却能显著地增大原混合物组分间的相对挥发度。

常压下环己烷与苯相对挥发度接近 1，若以糠醛作为萃取剂，则苯由易挥发组分变为难挥发组分，且相对挥发度发生显著改变。糠醛浓度不同，环己烷对苯的相对挥发度亦不同，见表 6-2。

表 6-2　不同糠醛浓度下环己烷对苯的相对挥发度

糠醛摩尔分数	环己烷对苯的相对挥发度	糠醛摩尔分数	环己烷对苯的相对挥发度
0	0.98	0.6	2.35
0.2	1.38	0.7	2.70
0.4	1.86		

由表 6-2 可以看出，只要加入适量的糠醛，即可改变环己烷与苯的相对挥发度，使其易于采用精馏方法分离。苯-环己烷的萃取精馏流程如图 6-38 所示。萃取剂糠醛在塔 1（萃取精馏塔）上部适当位置加入，原料液在塔中部适当位置进入，在糠醛作用下，环己烷成为易挥发组分，从塔 1 的顶部获得。糠醛和苯的混合液从塔 1 底部排出，进入塔 2（溶剂回收塔）中，苯从塔 2 的顶部分离出来，塔底回收的萃取剂糠醛返回塔 1 循环使用。

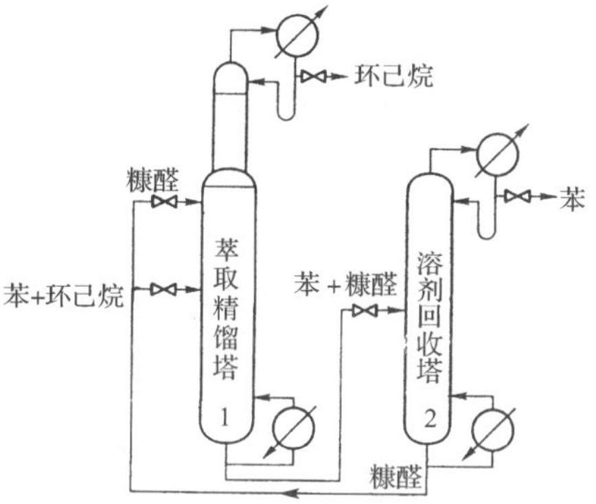

图 6-38　苯-环己烷的萃取精馏流程

选择萃取剂时，主要应考虑：

① 萃取剂应使原组分间相对挥发度发生显著的变化。

② 萃取剂本身的挥发性小，即其沸点应较原混合液中纯组分的高，且不与原组分形成恒沸物。

③ 无毒、无腐蚀性，热稳定性高。

④ 来源方便，价格低廉。

与恒沸精馏相比，萃取精馏具有以下特点：

① 可以作为萃取剂的物质较多，故萃取剂比夹带剂易于选择。

② 萃取剂以液态从塔顶加入，从塔底流出，而夹带剂以气态形式夹带组分从塔顶流出，故萃取精馏的能耗较少。

③ 萃取剂的加入量可以在较大范围内变动，而适宜夹带剂的量多为一定，故萃取精馏的操作方式灵活，易控制。

④ 萃取精馏不宜采用间歇操作方式，而恒沸精馏则可采用间歇操作方式。

6.7 板式塔

蒸馏和吸收是两种典型的传质单元操作，它们所基于的原理虽然不同，但均属于气液间的相际传质过程。从对相际传质过程的要求来讲，它们具有共同的特点，即两相要密切接触，且接触后的两相又要及时得到分离。为此，蒸馏和吸收可在同样的气液传质设备中进行。

气液传质设备的形式多样，目前应用最广的是塔设备。一类是板式塔，另一类是填料塔。板式塔的功能是为混合物的气液两相提供多级的充分有效的接触与及时、完全分离的条件。在每级接触过程中进行传质，然后进行分离。分离后再进行下一级的接触、传质与分离，逐步实现混合物的分离。

本节将主要讨论板式塔的型式、结构、特性、效率以及塔高和塔径的计算方法。

6.7.1 塔板结构

板式塔结构如图 6-39 所示。塔体为一圆筒体，塔体内装有多层塔板。相邻塔板间有一定距离，称为板间距。液相在重力作用下自上而下由塔底排出。气相在压差推动下经塔板上的开孔由下而上穿过塔板上液层，最后由塔顶排出。呈错流流动的气液两相在塔板上进行传质。塔板的功能是使气液两相充分接触，为传质提供足够大而且不断更新的相际接触表面，减少传质阻力。因而塔板应由下述部分组成。

板式塔结构

板式精馏塔工作原理

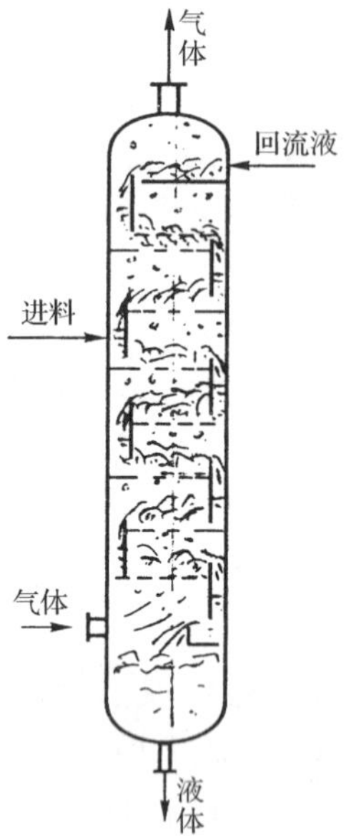

图 6-39　板式塔结构简图

1. 气相通道

塔板上开有一定数量均匀的供气相自下而上流动的通道。气相通道的形式很多，对塔板性能的影响很大，各种不同型式塔板的主要区别就在于气相通道的形式不同。

结构最简单的气相通道为筛孔，如图 6-40 所示。筛孔的直径一般为 3 ～ 8 mm。目前大孔径（12 ～ 25 mm）筛板也得到相当普遍的应用。筛孔塔板及其他型式的气相通道将在塔板型式中介绍。

2. 溢流堰

在每层塔板的出口端装有溢流堰。它的作用是保证塔板上保持一定的液层厚度，以便气液进行传质。最常见的溢流堰为弓形平直堰，其高度为 h_W，长度为 l_W（图 6-40）。

3. 降液管

降液管是液体自上层塔板流到下层塔板的通道。液体经上层塔板的降液管流下，横向穿过塔板，流过溢流堰，进入降液管，流向下层塔板。

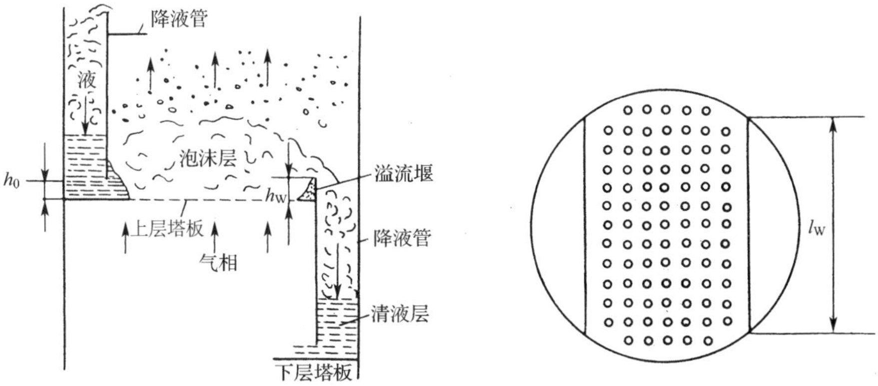

图 6-40　筛板塔示意图

塔板及溢流堰结构

为充分利用塔板的面积，降液管一般为弓形。降液管的下端离下层塔板应有一定高度(图 6-40 中的 h_0)，以保证液体能通畅地流出。为防止气相进入降液管中，h_0 应小于堰高 h_W。

只有一个降液管的塔板称为单流型塔板[图 6-41(a)]。当流道较长时，在液体流动方向形成较大液面落差，使得塔板上阻力分布不均，从而使气相通过塔板时分布不均。流道较长亦会引起液相倾向性漏液，不利于传质。

当塔径或液体流量很大时，可采用双流型塔板[图 6-41(b)]。该流型是将液体分成两半，设有两个溢流堰，来自上一块塔板的液体从两侧流向中心降液管，或从中心流向两侧的降液管，这样减少了单程液相流量，缩短了流道长度，增大了流通截面，从而使阻力减小，塔板液面落差减小，使塔板压降分布比较均匀。

当液体流量继续增大，塔径也随之增大时，双流型可能已不能满足要求，此时可考虑选择四程流型或阶梯流型塔板。四程流型塔板[图 6-41(c)]设有四个溢流堰，液体只需流经 1/4 塔径的距离。阶梯流型塔板[图 6-41(d)]做成阶梯式，在阶梯之间增设溢流堰，以缩短液流长度。

一般情况下尽可能使用单流型塔板。如果塔径大于 2.2 m 时，可以考虑多流型。

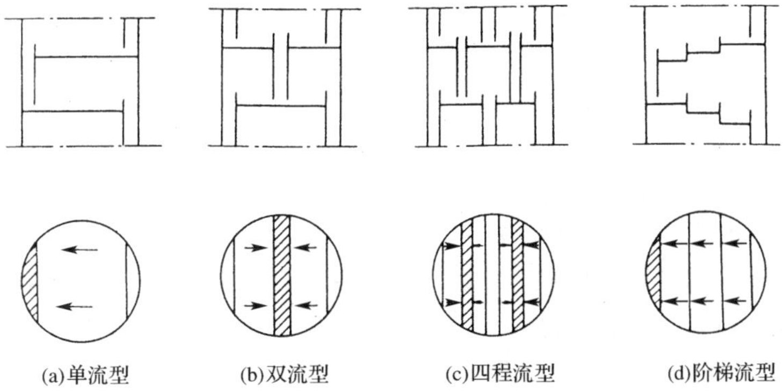

图 6-41　塔板上液流程数的安排

6.7.2 塔板的类型及性能评价

1. 塔板类型

按照气相通过塔板时气相通道形式的不同，塔板可以分为许多类型。现就常用塔板介绍如下。

（1）泡罩塔板

泡罩塔板是工业上最早应用的塔板，其结构如图 6-42 所示，它的主要元件是升气管和泡罩。泡罩分圆形和条形两种，多用圆形，其尺寸一般为 ϕ80 mm、ϕ100 mm、ϕ150 mm 三种直径。泡罩边缘开有纵向齿缝，中心装有升气管。升气管直接与塔板连接固定。塔板下方的气相进入升气管，然后从齿缝吹出与塔板上液相接触进行传质。由于升气管的作用，避免了低气速下的漏液现象。该塔板的优点是操作弹性较大，塔板不易堵塞，适合处理各种物料。其缺点是结构复杂，造价高；板上液层厚，塔板压降大，生产能力及板效率较低。

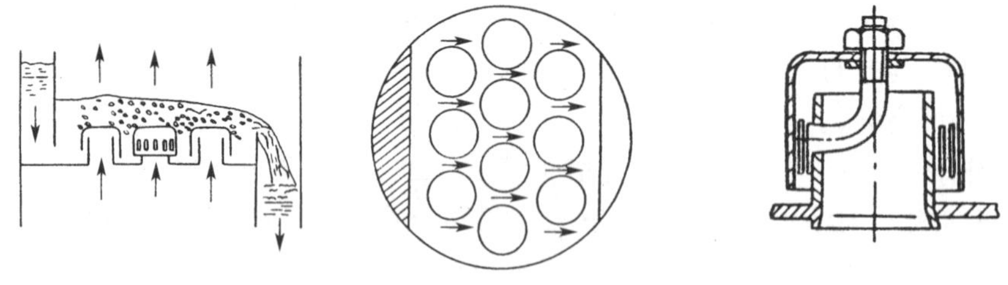

(a)泡罩塔板操作示意图　(b)泡罩塔板平面图　(c)圆形泡罩

图 6-42　泡罩塔板

（2）浮阀塔板

浮阀塔板

浮阀塔板是二战后开始研究，20 世纪 50 年代开始启用的一种新型塔板。后来又逐渐出现各种型式的浮阀，其型式有圆形、方形、条形及伞形等。使用较多的是圆形浮阀，而圆形浮阀又分为多种型式，如图 6-43 所示。浮阀取消了泡罩塔的泡罩与升气管，改在塔上开孔。阀片上装有限位的三条腿，浮阀可随气速的变化上、下自由浮动。

浮阀塔板的优点是结构简单，造价低；塔板开孔率大，生产能力大；由于阀片可随气量变化自由升降，故操作弹性大；因上升气流水平吹过液层，气液接触时间较长，故塔板效率较高。其缺点是处理易结焦、高黏度的物料时，阀片易与塔板黏结；在使用过程中有时会发生阀片脱落或卡死等现象，使塔板效率和操作弹性下降。

国内常用的浮阀有 3 种，如图 6-43 所示的 F1 型、V4 型和 T 型。V4 型浮阀的特点是阀孔被冲压成向下弯的喷嘴形，气体通过阀孔时因流道形状渐变可减小阻力。T 型浮阀则借助固定于塔板的支架限制阀片移动范围。3 种浮阀中，F1 型浮阀最简单，该类型浮阀已被广泛使用。F1 型浮阀又分重阀和轻阀两种，重阀用厚度 2 mm 的钢板冲成，阀质量约 33 g，轻阀用厚度 1.5 mm 的钢板冲成，质量约 25 g。阀重则阀的惯性大，操作稳定性好，但气体阻力大。一般采用重阀，只有要求压降很小的场合，如真空精馏才使用轻阀。

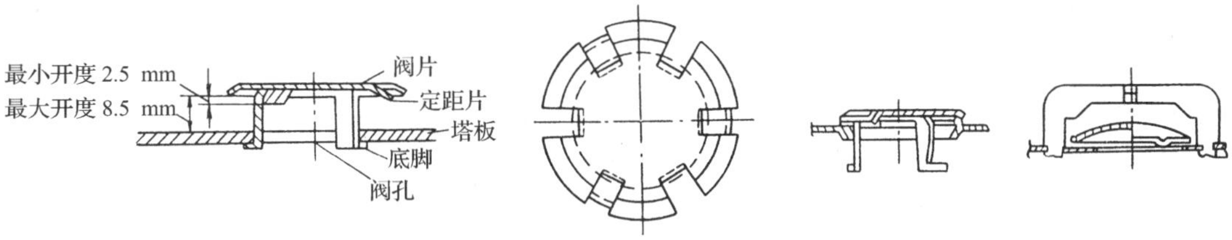

(a)F1型浮阀　　(b)V4型浮阀　　(c)T型浮阀

图 6-43　常用浮阀型式

(3) 筛孔塔板

筛孔塔板(又称筛板)是在塔盘去掉泡罩和浮阀,直接在塔板上按一定尺寸和一定排列方式开圆形筛孔,作为气相通道。气相穿过筛孔进入塔板上液相进行接触传质,如图 6-44 所示。筛板的优点是结构简单,造价低廉;塔板阻力小,生产能力较大;气体分散均匀,传质效率高。其缺点是筛孔易堵塞,不宜处理易结焦、黏度大的物料。

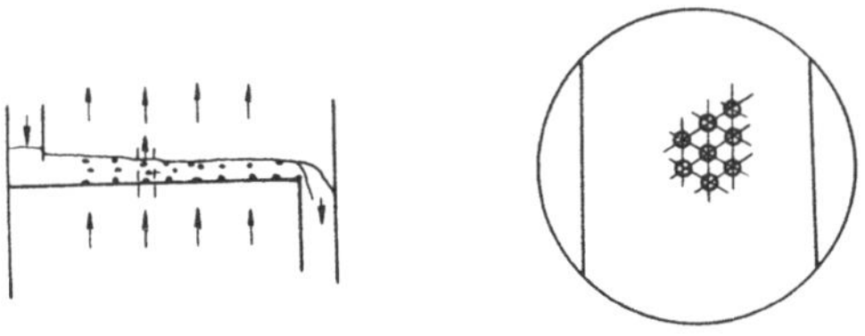

(a)筛孔塔板操作示意图　　(b) 筛孔布置图

图 6-44　筛孔塔板

在筛板塔使用初期,由于对筛板塔性能缺乏了解,操作经验不足,认为筛板塔易漏液、操作弹性小、易堵塞,使应用受到限制。后经研究和操作使用发现,只要设计合理,操作适当,筛板塔即可满足生产所需要的弹性,而且效率较高。若将筛孔增大,堵塞问题也可解决。

除以上介绍的塔板外,还有其他多种型式的塔板,见表 6-3。

表 6-3　其他类型塔板

塔板类型	喷射型塔板	固定阀塔板	离心式塔板
结构说明	塔板上开有规则的板孔,传质元件与板孔连接,其主要功能是用来改善两相接触。	形式上和浮阀塔板类似,固定阀的元件焊接在塔板上或者直接由塔板冲压出来。	塔板上的元件多数以不同支撑形式围绕某中心轴旋转,旋转产生的离心力使塔板上的液体朝塔壁做径向运动。
结构示意图	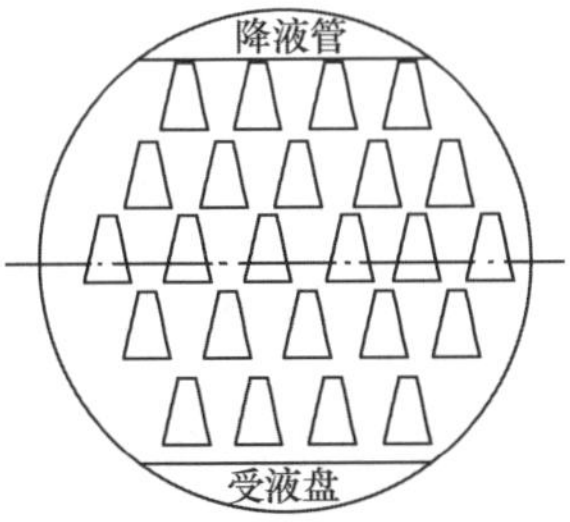	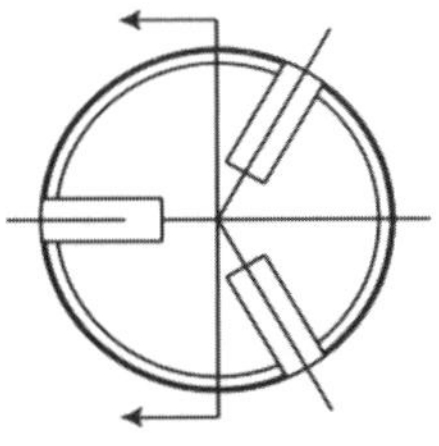	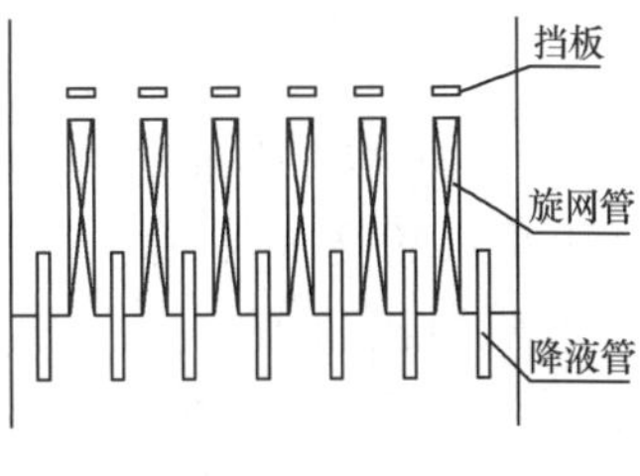

2. 塔板的性能评价

对各种塔板进行比较,做出正确的评价,对了解各种塔板的特点,合理选择板型,具有重要的指导意义。塔板的性能评价指标如下：

(1) 生产能力大，即单位塔截面积上气体和液体的通量大。

(2) 塔板效率高，即完成一定分离任务所需的塔板数少，从而可降低塔高，减少投资。

(3) 压降低，即气体通过单板的压降低，能耗低，这对减压塔尤为重要。

(4) 操作弹性大，即气液相负荷在较大范围内变化时仍能维持板稳定的效率。

(5) 结构简单，造价低，维修方便。

应予指出，对于任何一种塔板都难于同时完全满足上述所有要求，它们大多各具特色，应根据生产的实际情况，有所侧重地进行选择。

6.7.3 板式塔的流体力学性能与操作特性

塔板上依靠自下而上的气体和自上而下的液体在流动中接触而达到传质目的。因此，在某种意义上来说，塔板的性能即操作特性主要取决于塔板的流体力学性能。

1. 板式塔的流体力学性能

(1) 塔板上气液两相接触状态

塔板上气液两相接触状态是决定塔板上流体力学及传热和传质规律的重要因素。研究表明，当液体流量一定，气体速度从小到大变化时，可以观察到以下 4 种接触状态，如图 6-45 所示。

① 鼓泡接触状态

当气速较低时，气体在液层中以鼓泡的形式自由升浮，此时塔板上存在着大量的清液。因气泡占的比例较小，气液两相接触表面积不大，传质效率很低。

② 蜂窝接触状态

当气速增加，气泡的形成速度大于气泡的升浮速度时，气体在液层中累积。气泡之间相互碰撞，形成各种多面体的大气泡，这就是蜂窝发泡状态的特征。在这种接触状态下，塔板上清液层基本消失而形成以气体为主的气液混合物。由于气泡不易破裂，表面得不到更新，所以这种状态对于传热与传质并不有利。

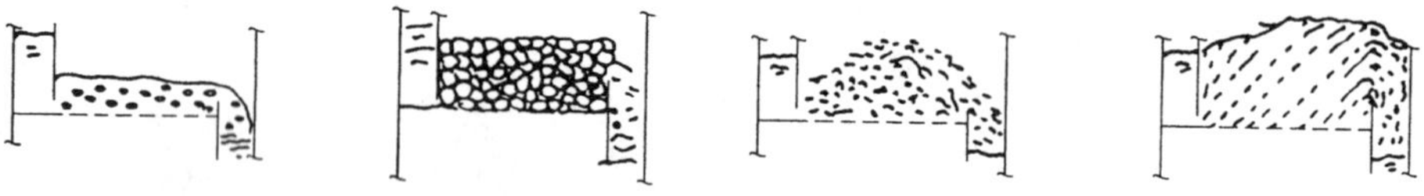

(a)鼓泡接触状态　(b)蜂窝接触状态　(c)泡沫接触状态　(d)喷射接触状态

图 6-45　塔板上的气液接触状态

③ 泡沫接触状态

随气速的增大，气、液接触状态由鼓泡、蜂窝状态逐渐转变为泡沫状态。由于孔口处鼓泡剧烈，各种尺寸的气泡连串迅速上升，将液相拉成液膜展开在气相内，因泡沫剧烈运动，使泡沫不断破裂和生成，从而使表面不断更新。泡沫接触状态的传热与传质效果比前两种状态好，是工业上采用的接触状态之一。

④ 喷射接触状态

随着气速的进一步提高，泡沫状将逐渐转变为喷射状。从筛孔或阀孔中吹出的高速气流将液相分散成高度湍动的液滴群，液相由连续相转变为分散相，两相间传质面为液滴群表面。由于液体横向流经塔板时将多次分散和凝聚，表面不断更新，为传质创造了良好的条件。所以说喷射接触状态是工业上采用的另一重要的气、液接触状态。

(2) 气体通过塔板的压降

上升气流通过塔板时需要克服一定的阻力，该阻力形成塔板的压降。塔板的压降包括：塔板本身的干板压降（板上各部件局部阻力所造成的压降）；气流通过塔板时克服泡沫层静压力的压降以及克服液体表面张力的压降。

塔板压降是影响板式塔操作特性的重要因素。塔板压降增大，一方面塔板上气液两相的接触时间随之延长，塔板效率增大，完成同样分离任务所需的塔板数减少，设备费用降低；另一方面，塔釜温度随之升高，能耗加大，操作费用增加。因此，进行塔板设计时，应综合考虑，在保证较高效率的前提下，降低塔板压降，从而降低能耗，改善塔的操作。

(3) 塔板上的液面落差

液体在板上从入口端流向出口端时必须克服阻力，故塔板上将出现坡度，塔板进、出口侧的液面高度差称为液面落差。液面落差也是影响板式塔操作特性的重要因素。由于它的存在，使得液体入口侧液层厚、气速低，出口处液层薄、气速高，导致气流分布不均匀，从而造成漏液现象，使塔板效率下降。为此，在塔板设计中，如果液相流量或塔径较大，则需采用前述的双流型或多流型塔板，以减小液面落差。

2. 板式塔的操作特性

(1) 塔板中气液相的异常流动

塔板中气液相的异常流动现象包括液泛和严重漏液，是使塔板效率降低甚至使操作无法进行的重要因素，因此，应尽量避免这些异常流动现象的发生。

① 液泛

气液两相在塔内总体上呈逆流流动，并在塔板上维持适宜的液层高度，进行气液两相的接触传质。如果由于某种原因，使得气液两相流动不畅，使塔板上液层迅速积累，以致充满整个空间，破坏塔的正常操作，此现象称为液泛。根据液泛发生原因和过程的不同，将液泛归纳为两类。

a. 液沫夹带液泛

液沫夹带是指上升气流把一些液滴夹带至上一层塔板的现象。液沫夹带造成返混，降低塔板效率。少量夹带不可避免，只有过量的夹带才能引起严重后果。液沫夹带有两种原因引起。其一是气相在液层中鼓泡，气泡破裂，将液沫弹溅至上一层塔板。增加板间距可减少此种夹带量。另一种原因是气相运动是喷射状，将液体分散并可携带一部分液沫流动，此时增加板间距并不起作用。由上述原因诱发的液泛称为液沫夹带液泛。

b. 降液管液泛

当塔内气液两相流量较大，导致降液管内阻力及塔板阻力增大时，均会引起降液管内液层升高。当降液管内液层高度难以维持塔板上液相畅通时，降液管内液层迅速上升，以致达到上一层塔板，逐渐充满塔板空间，即发生液泛。此种液泛称为降液管液泛。

两种液泛互相影响和关联，其最终现象相同。

② 严重漏液

板式塔少量漏液不可避免。当气速进一步降低时，漏液量增大，导致塔板上难以维持正常操作所需的液面，无法操作，此漏液为严重漏液。漏液的发生导致气液两相在塔板上接触时间减少，使得塔板效率下降。通常，为保证塔的正常操作，漏液量不应大于液体流量的10%。

造成漏液的主要原因是气速太小和塔板上液面落差所引起的气流分布不均匀，在塔板液体入口处，液层较厚，往往出现漏液，为此常在塔板液体入口处留出一条不开孔的区域，称为入口安定区。

(2) 塔板负荷性能图

从前面介绍的内容可知，为避免塔板发生异常流动，要求塔板的设计必须满足一定的约束条件。将表示满足各约束条件的适宜操作范围的图形称为塔板负荷性能图。该图以气相负荷(体积流量，下同)为纵坐标，液相负荷为横坐标绘制(图 6-46)。负荷性能图由以下五条线组成。

① 过量液沫夹带线

又称气相负荷上限线(图 6-46 中 ①)。当操作中气液相负荷超过此线时，表明液沫夹带现象严重。它是以液沫夹带量的过量限定值 0.1 kg(液)/kg(干气)为依据确定的。

② 液相下限线(图 6-46 中 ②)

当操作中的液相负荷低于此线时，表明液体流量过低，塔板上液流不能均匀分布，气液接触不良，易产生干吹、偏流等现象，导致塔板效率下降。塔板的适宜操作区应在该线以右。

③ 严重漏液线

又称气相负荷下限线(图 6-46 中 ③)。当操作中的气相负荷低于此线时，将发生严重的漏液现象。此时的漏液量大于液体流量的 10%。塔板的适宜操作区应在该线以上。

④ 液相上限线(图 6-46 中 ④)

当操作中的液相负荷高于此线时，表明液体流量过大，此时液体在降液管中的停留时间过短，进入降液管中的气泡来不及与液相分离而被带入下层塔板(又称气泡夹带)，造成气相返混，使塔板效率下降。塔板的适宜操作区应在该线以左。

⑤ 液泛线(图 6-46 中 ⑤)

当操作中的气液相负荷超过此线时，塔内将发生液泛现象，使塔不能正常操作。塔板的适宜操作区应在该线以下。

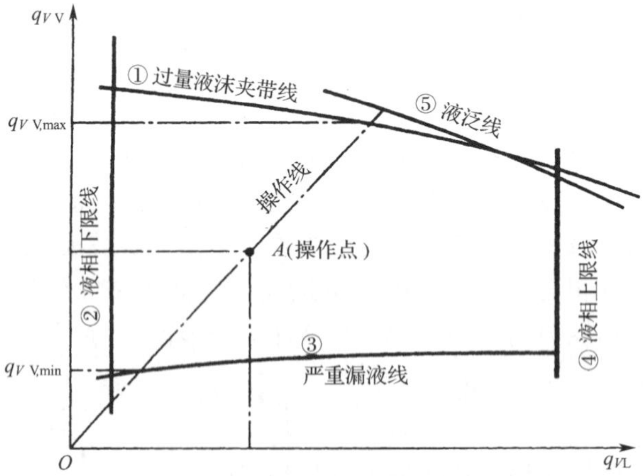

图 6-46 塔板负荷性能图

当塔板结构尺寸初步确定之后，对几个主要水力学参数进行校核，论证其结构是否合理，然后通过绘制负荷性能图，对塔板结构进一步确认。

(3) 板式塔的操作分析

在塔板的负荷性能图中，由五条线所包围的区域称为塔板的适宜操作区。操作时的气相负荷 q_{nV} 与液相负荷 q_{nL} 在负荷性能图中的坐标点称为操作点(以 A 点表示)。在连续精馏塔中，由于回流比为定值，故操作的气液比 q_{nV}/q_{nL} 也为定值。因此，每层塔板上的操作点沿通过原点、斜率为 q_{nV}/q_{nL} 的直线而变化，该线称为操作线。操作线与负荷性能图上曲线的两个交点分别表示塔的上、下操作极限。两极限的气相流量之比称为塔板的操作弹性。设计时，应使操作点尽可能位于负荷性能图的中央。若操作点靠近某一条边界线，则气液相负荷稍有变化，塔的正常操作即被破坏。

若所分离的物系和操作条件一定，负荷性能图完全取决于塔板的结构，即物系、操作条件和塔板结构一定，其负荷性能图随之而定。如果发现操作点的位置不太适宜，需要调整负荷性能图的某一条线的位置。首先应分析影响该线的主要参数，然后做出调整。例如，减小塔板的开孔率可使漏液线下移，增加降液管面积可使液相上限线右移等。

6.7.4 塔板效率

影响板式塔分离能力的因素十分复杂，如塔盘结构、操作条件及物系的性质。这些条件导致气液两相在塔板上流动和接触状态不同，影响传热、传质效果。所有这些都不同程度地使实际塔板的分离能力低于理论板的分离能力，其偏离的程度常以塔板效率来描述。

1. 全塔效率

理论塔板数与实际塔板数之比称为全塔效率。

$$E_T = \frac{N}{N_p} \times 100\% \tag{6-45}$$

式中　N—— 理论塔板数；

N_p—— 实际塔板数。

全塔效率恒小于100%。若已知一定结构的板式塔在一定操作条件下的全塔效率，则可求得实际塔板数。

由于影响塔板效率的因素很复杂，到目前为止尚未得到一个较满意的求全塔效率的关联式。比较可靠的数据来自实际生产及中试实验的测定。对于双组分混合液，全塔效率一般为50% ～ 70%。

奥康内尔（O′Connell）收集了几十个工业塔的塔板效率数据，认为对于蒸馏塔，可用相对挥发度与进料液体黏度的乘积作为参数来表示全塔效率，如图6-47所示。其数据来源只限于泡罩塔和筛板塔。浮阀塔可参照应用，约比图示数据高10%。

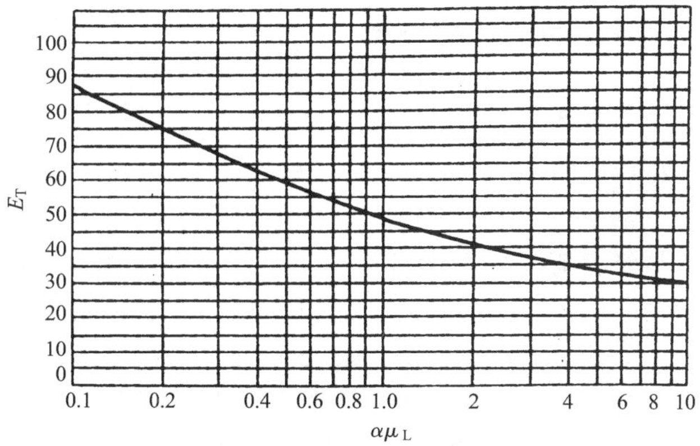

图6-47　精馏塔全塔效率

α 和 μ_L 均取塔顶及塔底平均温度下的值，μ_L 的单位为 mPa·s。

2. 单板效率

全塔效率反映了全塔塔板综合性能，设计使用比较方便，但它不能反映某一段、某一塔板上的效率。为此,提出了单板效率的概念。这里介绍常用的默弗里(Murphree)效率。它是以气相(或液相)经过实际塔板的组成变化值与经过理论板时的组成变化值之比表示的,如图 6-48 所示。

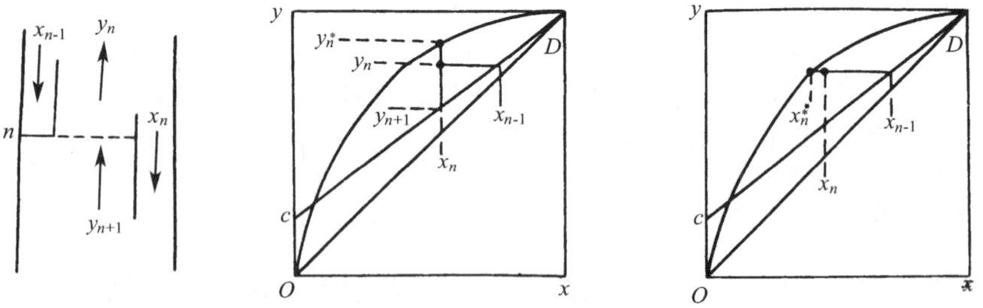

图 6-48 单板效率示意图

以气相表示的单板效率 E_{mV}:

$$E_{mV}=\frac{实际板的气相增浓值}{理论板的气相增浓值}=\frac{y_n-y_{n+1}}{y_n^*-y_{n+1}} \tag{6-46}$$

式中 y_{n+1}—— 进入第 n 块板的气相组成;

y_n—— 离开第 n 块板的气相组成;

y_n^*—— 与离开第 n 块板的液相组成 x_n 成平衡的气相组成。

以液相表示的单板效率 E_{mL}:

$$E_{mL}=\frac{实际板的液相浓度降低值}{理论板的液相浓度降低值}=\frac{x_{n-1}-x_n}{x_{n-1}-x_n^*} \tag{6-47}$$

式中 x_{n-1}—— 进入第 n 块板的液相组成;

x_n—— 离开第 n 块板的液相组成;

x_n^*—— 与离开第 n 块板的气相组成 y_n 成平衡的液相组成。

6.7.5 塔高及塔径的确定

1. 塔高的确定

根据完成所要求的分离任务求得理论板数 N,再根据全塔效率 E_T 即可确定该塔的实际塔板数 N_p。板式塔有效段(气液接触段)高度由实际塔板数和板间距决定,即

$$Z=N_pH_T \tag{6-48}$$

式中 Z—— 塔的有效段高度,m;

H_T—— 板间距,m。

板间距的数值大多是经验值,它的大小和塔径有关,也与物料的性质有关,通常参考塔径 D 选择板间距,最终由塔板水力学性能校核确认。板间距选择参考范围见表 6-4。通常板间距应按规定选取整数,如 200 mm、250 mm、300 mm、350 mm、400 mm、500 mm 等。但是,塔内间距并非均相等,有些板间距应适当加大,例如物料的进料口、侧线采出口及人孔或手孔处的板间距。此外,塔顶气液分离和塔釜均需占一定空间。另外,为满足再沸器的安装需要等,塔必须提高一定高度即裙座高度。塔的实际高度 Z_p 应由下式求得:

$$Z_p=Z+\Delta Z \tag{6-49}$$

式中 ΔZ—— 满足塔其他工艺要求所占高度,m。

表 6-4　板间距和塔径的经验关系

塔径 D/m	板间距 H_T/mm	塔径 D/m	板间距 H_T/mm
0.3～0.5	200～300	1.6～2.0	450～600
0.5～0.8	300～350	2.0～2.4	500～800
0.8～1.6	350～450	＞2.4	≥600

2.塔径的计算

板式塔的塔径依据流量公式计算，即

$$D=\sqrt{\frac{4q_{Vs}}{\pi u}} \tag{6-50}$$

式中　D—— 塔径，m；

q_{Vs}—— 塔内气相的流量，m^3/s；

u—— 空塔气速，m/s。

由式(6-50)可知，计算塔径的关键在于确定适宜的空塔气速。所谓空塔气速是指气相通过塔整个截面积时的速度。空塔气速选得较小，塔径将增大，金属消耗量大，设备投资高。最小空塔气速应大于严重漏液点气速(气速的下限)。另外，最大空塔气速必须小于发生过量液沫夹带或液泛时的气速(气速的上限)。适宜的空塔气速应介于二者之间。设计时，一般依据产生过量液沫夹带时的气速来确定，该气速称为极限空塔气速，以 u_{max} 表示。

极限空塔气速 u_{max} 可依据悬浮液滴沉降原理导出，其结果为

$$u_{max}=C\sqrt{\frac{\rho_L-\rho_V}{\rho_V}} \tag{6-51}$$

式中　u_{max}—— 极限空塔气速，m/s；

ρ_L—— 液相密度，kg/m^3；

ρ_V—— 气相密度，kg/m^3；

C—— 气相负荷因子，m/s。

气相负荷因子 C 与气液负荷、物性及塔板结构有关，一般由实验确定。史密斯(Smith)等人汇集了若干泡罩、筛板和浮阀塔的数据，整理成气相负荷因子与诸影响因素间的关系曲线，如图 6-49 所示。

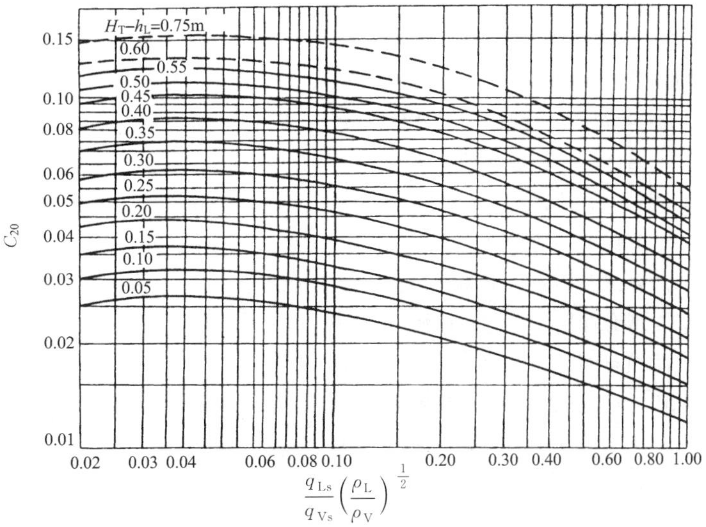

图 6-49　史密斯关联图

图 6-49 中参数 $H_T - h_L$ 反映液滴沉降空间高度对气相负荷因子的影响，其中 h_L 为塔板上清液层高度，对于常压塔一般取 50 ～ 100 mm。图中 q_{L_s}、q_{V_s} 分别为塔内液相、气相流量，单位为 m^3/h。

图 6-49 是按液体表面张力为 20 mN/m 的物系绘制的。若所处理的物系表面张力 σ 为其他值时，则从图中 6-49 查出的 C_{20} 值应按下式校正，即

$$C = C_{20}\left(\frac{\sigma}{20}\right)^{0.2} \tag{6-52}$$

式中 C_{20}—— 表面张力为 20 mN/m 时的气相负荷因子；

σ—— 液体表面张力，mN/m；

C—— 表面张力为 σ 时的气相负荷因子。

按式(6-51) 求出 u_{max} 后，再乘以安全系数可得到适宜的空塔气速，即

$$u = (0.6 \sim 0.8)u_{max}$$

对于减压塔，安全系数应取较低数值。

确定空塔气速后，由式(6-50) 可计算出塔径 D。

思考题

6-1 蒸馏操作的依据是什么？

6-2 蒸馏过程有哪些分类方法？

6-3 何谓理想溶液？理想溶液的相平衡关系有哪些表示方法？

6-4 如何用泡点方程和露点方程计算液相组成及气相组成？

6-5 何谓部分气化和部分冷凝？简述精馏原理。

6-6 精馏操作连续稳定进行的必要条件是什么？

6-7 何谓理论板？理论板的概念有何意义？

6-8 什么是恒摩尔流假定？该假定成立的条件是什么？

6-9 什么是回收率？如何计算易挥发组分和难挥发组分的回收率？

6-10 如何根据物料衡算计算塔顶和塔底产品的产量？

6-11 如何根据物料衡算求精馏段操作线和提馏段操作线？操作线的物理意义是什么？

6-12 精馏塔的进料热状态有哪几种？其进料热状态参数 q 值的大小范围如何？对操作线有何影响？

6-13 写出 q 线(进料) 方程。并说明该方程的物理意义。

6-14 回流比的定义是什么？回流比的改变对精馏操作有何影响？

6-15 什么是全回流？全回流操作有何特点和实际意义？

6-16 什么是最小回流比？如何计算？

6-17 简述用逐板计算法和图解法求取理论板数的方法和步骤。

6-18 常用的塔板类型有哪些？简述泡罩塔板、筛孔塔板、浮阀塔板的简单结构及各自的主要优缺点。

6-19 塔板上气液两相有哪几种接触状态？各有何特点？

6-20 板式塔的流体力学性能主要包括哪些内容？

6-21 什么是塔板负荷性能图？对精馏塔操作及设计有何指导意义。

6-22 何谓全塔效率和单板效率？

6-23 怎样计算精馏塔的塔高和塔径？

习 题

6-1 已知在总压 $p = 26.7$ kPa下某两组分理想溶液的泡点温度为45 ℃，试求其气液相平衡组成。(已知在45 ℃下两组分的饱和蒸气压分别为：$p_A^0 = 29.8$ kPa、$p_B^0 = 9.88$ kPa)($x_A = 0.844, y_A = 0.942$)

6-2 苯和甲苯的安托因方程分别为 $\lg p_A^0 = 6.023 - \frac{1\,206.35}{t + 220.24}$ 和 $\lg p_B^0 = 6.078 - \frac{1\,343.94}{t + 219.58}$。

式中：p_A^0、p_B^0 的单位为kPa，t 的单位为℃，试计算压力为101.33 kPa、温度为84 ℃时苯(A)-甲苯(B)理想物系的平衡组成 x_A 与 y_A。($x_A = 0.814, y_A = 0.918$)

6-3 将含苯0.5(摩尔分数，下同)的苯-甲苯混合液在常压下加热到指定温度，测得平衡液相组成 $x = 0.41$，气相组成 $y = 0.56$，试求该条件下的液相分率。($q_{nW}/q_{nF} = 0.40$)

6-4 某两组分混合蒸气中A组分的含量 $y = 0.6$(摩尔分数)，通过部分冷凝将其中的三分之二冷凝为饱和液体，试求此时的气液相中A的组成。气液平衡关系为 $y = 0.46x + 0.50$($x = 0.528, y = 0.743$)

6-5 某二元物系中易挥发组分的组成 $x_F = 0.42$(摩尔分数，下同)，连续精馏分离得到塔顶产品的组成 $x_D = 0.95$。已知塔顶产品中易挥发组分的回收率为92%，求塔底产品的组成 x_W。($x_W = 0.056\,7$)

6-6 在连续精馏塔中分离二硫化碳和四氯化碳的混合液。原料液流量为1 000 kg/h，组成为0.3(二硫化碳的质量分数，下同)。若要求釜液组成不大于0.05，馏出液中二硫化碳回收率为88%。试求：馏出液的摩尔流量和摩尔组成。($q_{nD} = 3.573$ kmol/h, $x_D = 0.972$)

6-7 在一双组分连续精馏塔中，进入精馏段第 n 块理论板的气相组成 $y_{n+1} = 0.75$(摩尔分数，下同)，从该板流出的液相组成 $x_n = 0.65$，塔内气液比 $q_{nV}/q_{nL} = 2.0$，物系的相对挥发度 $\alpha = 2.5$，试求：(1) 从该板上升的气相组成 y_n；(2) 流入该板的液相组成 x_{n-1}；(3) 回流比 R。($y_n = 0.823, x_{n-1} = 0.796, R = 1$)

6-8 用精馏塔分离某二元混合物，已知精馏段操作线方程为 $y = 0.75x + 0.205$，提馏段操作线方程为 $y = 1.415x - 0.041$，试求：(1) 此塔的操作回流比 R 和馏出液组成 x_D；(2) 饱和液体进料条件下的釜液组成 x_W。($R = 3, x_D = 0.82, x_W = 0.099$)

6-9 今用一连续精馏塔分离苯-甲苯混合液，原料液处理量为100 kmol/h，其中含苯0.4(摩尔分数，下同)，塔顶苯的回收率为99%，塔底甲苯的回收率为98%。现从精馏段某块塔板上测得上升蒸气的组成为0.784，其上一块塔板流下的液体组成为0.715。试求：(1) 塔顶及塔底产品的流量及组成；(2) 操作回流比及精馏段操作线方程。($q_{nD} = 40.8$ kmol/h、$q_{nW} = 59.2$ kmol/h; $x_D = 0.97$; $x_W = 0.006\,75$, $R = 2.7$; $y = 0.73x + 0.262$)

6-10 已知常压连续精馏塔的精馏段操作线和 q 线方程分别为 $y = 0.75x + 0.207\,5$ 和 $y = -0.5x + 1.5x_F$。试求：(1) 回流比；(2) 馏出液组成；(3) q 值。($R = 3$; $x_D = 0.83$; $q = 1/3$)

6-11 在连续精馏塔中分离两组分理想溶液，原料液流量为75 kmol/h，泡点进料。精馏段操作线方程和提馏段操作线方程分别为 $y = 0.723x + 0.263$ 和 $y = 1.25x - 0.018$，试求精馏段及提馏段的上升蒸气量。($q_{nV} = q'_{nV} = 143.6$ kmol/h)

6-12 在常压连续精馏塔中分离含甲醇40%(摩尔分数)的甲醇-水混合液。试求进料温度为40 ℃时的 q 值。已知进料组成下的泡点温度为75.3 ℃。($q = 1.073$)

6-13 用连续精馏塔处理易挥发组分含量为0.24(摩尔分数，下同)的原料液，要求馏出液组成为0.95，釜液组成为0.03。已知进入冷凝器中蒸气量为850 kmol/h，塔顶回流液量为670 kmol/h，试求塔顶、塔釜的产品量及回流比。($q_{nD} = 180$ kmol/h, $q_{nW} = 609.5$ kmol/h, $R = 3.72$)

6-14 在常压下用板式精馏塔分离苯-甲苯混合液，塔顶为全凝器，塔釜用间接蒸气加热，平均相对挥发度为2.47，进料流量为150 kmol/h，组成为0.4(摩尔分数，下同)，饱和蒸气进料，操作回流比为4.0，塔顶馏出液中苯的回收率为 0.97，塔釜采出液中甲苯的回收率为 0.95，试求：(1) 塔顶馏出液及塔釜采出液的组成；(2) 精馏段及提馏段操作线方程；(3) 回流比与最小回流比的比值。($x_D = 0.928$；$x_W = 0.021$；精馏段 $y = 0.8x + 0.185\,6$，提馏段 $y = 1.534x - 0.011\,2$；$R/R_{min} = 1.42$)

6-15 在由一层理论板及塔釜组成的精馏塔中，每小时向塔釜加入苯 - 甲苯混合液 100 kmol，其中苯含量为 0.5(摩尔分数，下同)，泡点进料，要求塔顶馏出液中苯含量为 0.8，塔顶采用全凝器，回流液为饱和液体，回流比为 3.0，物系的相对挥发度为 2.5，试求：(1) 塔顶馏出液的流量；(2) 釜液的流量及组成。($q_{nD} = 17.3$ kmol/h，$q_{nW} = 82.7$ kmol/h；$x_W = 0.437$)

6-16 在一常压连续精馏塔中分离由 A、B 组成的混合液。已知原料液组成为 0.3，要求塔顶产品组成为 0.9，釜液组成为 0.05(均为 A 组分的摩尔分数)，操作回流比为 2.5，试绘出下列进料情况的精馏段操作线和提馏段操作线。(1)$q = 2$；(2) 泡点进料；(3) 气液混合进料，汽化率为 1/2。(答案略)

6-17 在常压连续精馏塔中，分离两组分理想溶液。原料液组成为 0.5(摩尔分数，下同)，饱和蒸气进料。馏出液组成为 0.9，釜液组成为 0.05。操作回流比为最小回流比的 2 倍。操作条件下平均相对挥发度为 3.0。试求：(1) 提馏段操作线方程；(2) 离开第 2 层理论板(从塔顶往下计) 的气相组成 y_2。($y = 1.385x - 0.019\,3$；$y_2 = 0.786$)

6-18 在连续精馏塔中分离苯 - 甲苯混合液。原料液组成为 0.4(摩尔分数，下同)，馏出液组成为0.95。气 - 液混合进料，其中气相占 1/3(摩尔数比)，回流比为最小回流比的 2 倍，物系的平均相对挥发度为 2.5，塔顶采用全凝器，试求从塔顶往下数第二层理论板的上升蒸气组成 y_2。($y_2 = 0.899$)

6-19 在常压连续精馏塔中分离两组分理想溶液。已知原料液组成为 0.6(摩尔分数，下同)，泡点进料，馏出液组成为 0.95，釜液组成为 0.04，回流比为 2.0，物系的平均相对挥发度为 3.5。塔顶为全凝器。试用逐板计算法计算精馏段所需理论板数。($N_T = 2$ 块)

6-20 拟用连续精馏塔分离含苯 0.44(摩尔分数，下同) 的苯 - 甲苯混合液，要求塔顶产品的组成为 0.914，塔顶苯的回收率为 90%，泡点进料，进料量为 100 kmol/h，塔顶设有全凝器，泡点下回流，回流比$R = 1.875$，物系的平均相对挥发度为2.47。(1) 试用图解法求出所需的理论塔板数，并指出进料位置；(2) 如果进料温度为 20 ℃，其他条件不变，此时提馏段内气液两相的流量分别为多少？所需的理论塔板数有何变化？(气液平衡数据见附录)[$N = 10$(包括塔釜)；$N_F = 5$；$q'_{nL} = 216.536$ kmol/h；$q'_{nV} = 159.862$ kmol/h；所需的理论塔板数减少]

6-21 在连续精馏塔中分离两组分理想溶液。已知原料液组成为 0.35(摩尔分数，下同)，馏出液组成为 0.9，回流比为最小回流比的 1.2 倍，物系的平均相对挥发度为 2.0，试求以下两种进料状态下的操作回流比：(1) 饱和液体进料；(2) 饱和蒸气进料。($R_1 = 2.7$；$R_2 = 4.78$)

6-22 用连续精馏塔分离苯 - 甲苯混合液，已知：$x_F = 0.60$，$x_D = 0.98$，$x_W = 0.05$，泡点进料和回流，操作回流比为最小回流比的 1.5 倍，物系的平均相对挥发度 $\alpha = 2.47$。试用简捷法计算所需的理论塔板数。[$N_T = 15$(包括塔釜)]

6-23 用连续精馏塔分离某水溶液，水为难挥发组分，进料量 $q_{nF} = 1.0$ kmol/s，组成为 $x_F = 0.2$(摩尔分数，下同)，原料液以饱和液体的状态加入塔的中部，塔顶馏出量 $q_{nD} = 0.3$ kmol/s，$x_D = 0.6$，$R = 1.2R_{min}$，物系的相对挥发度为 3.0，塔釜用饱和水蒸气直接加热。试求：(1) 水蒸气用量；(2) 提馏段操作线方程。($q'_{nV} = 0.57$ kmol/s；$y = 2.23x - 0.035\,1$)

6-24 在连续精馏塔中分离组成为 0.5(摩尔分数，下同) 的两组分理想溶液。饱和液体进料。塔顶采用分凝器和全凝器。分凝器向塔内提供回流液，其组成为 0.89，全凝器提供组成为 0.96 的产品。塔顶轻组分的回收率为96%。若塔顶第一块板的液相组成为 0.80。试求：(1) 最小回流比和操作回流比；(2) 若塔顶馏出液的流量 $q_{nD} = 100$ kmol/h，则原料液的流量为多少？($R_{min} = 0.855\,8$，$R = 1.167$；$q_{nF} = 200$ kmol/h)

6-25 实验测得常压精馏塔在部分回流下,精馏段某相邻两板的上升气相组成分别为 $y_n=0.885$, $y_{n+1}=0.842$。已知物系平均相对挥发度为 5,回流比为 3.5,馏出液组成为 0.95(摩尔分数),试求以气相组成表示的第 n 层板的单板效率 E_{mV}。($E_{mV}=0.3805$)

6-26 在连续精馏塔中分离两组分理想溶液。物系的平均相对挥发度为 3.0。塔顶采用全凝器。实验测得塔顶第一层塔板的单板效率 E_{mL} 为 0.6,且已知精馏段操作线方程为 $y=0.833x+0.15$,试求离开塔顶第二层板的上升蒸气组成 y_2。($y_2=0.825$)

6-27 在常压连续精馏塔中分离苯 - 甲苯混合液。塔顶为全凝器,塔釜为间接蒸气加热,泡点进料。物系的相对挥发度 $\alpha=2.47$。试计算:(1) 全回流时,$x_D=0.95$,第一块塔板上的气相单板效率 $E_{mv}=0.7$ 时,求第二块塔板上升蒸气组成;(2) 进料量为 180 kmol/h,原料组成为 0.4 时,要求塔顶苯的回收率为0.96,塔釜甲苯的回收率为 0.93 时,求 x_D 和 x_W;(3) 若 $R=1.4R_{min}$,求 R;(4) 写出精馏段操作线方程式。($y_2=0.916$; $x_D=0.9$, $x_W=0.028$; $R=1.753$; $y=0.637x+0.327$)

6-28 对于操作中的二元连续精馏塔,若进料组成及流量不变,塔板数、回流比、进料位置及塔顶产品的采出率 q_{nD}/q_{nF} 也不变。试考虑在 q 值增大的情况下 x_D、x_W 及塔釜蒸发量的变化趋势,只做定性分析。(增大,减小,增大)

6-29 某一连续精馏塔操作一段时间后由于再沸器结垢使传热能力降低,此时馏出液和釜液的组成将如何变化?若要求维持原来的馏出液组成,应采取什么措施?同时会带来什么影响?(略)

主要符号说明

符号	意义与单位	符号	意义与单位
A, B, C	安托因常数	q_{nD}	馏出液摩尔流量,kmol/h
C	计算液泛速度的负荷因子	q_{nF}	进料摩尔流量,kmol/h
C_{20}	液体表面张力为 20 mN/m 时的气相负荷因子	q_{nL}	液相摩尔流量,kmol/h
		q_{nS}	直接蒸气的摩尔流量,kmol/h
D	塔径,m	q_{nV}	气相摩尔流量,kmol/h
E_T	塔板效率	q_{nW}	釜液摩尔流量,kmol/h
H_{mV}	气相摩尔焓,kJ/kmol	q_{Ls}	液相体积流量,m^3/h
H_{mF}	进料摩尔焓,kJ/kmol	q_{Vs}	气相体积流量,m^3/h
H_{mL}	液相摩尔焓,kJ/kmol	R	回流比
H_T	塔板间距,m	r	摩尔汽化热,kJ/kmol
h_{OW}	堰上方液头高度,m	T	热力学温度,K
h_W	堰高,m	t	摄氏度,℃
l_W	堰长,m	x	液相摩尔分数
M	摩尔质量,kg/kmol	y	气相摩尔分数
N	理论塔板数	Z	塔高,m
N_p	实际塔板数	φ_D	馏出液中易挥发组分的回收率
p	系统总压力,kPa	φ_W	釜液中难挥发组分的回收率
q	进料热状态参数	α	相对挥发度

第7章 液液萃取

7.1 概 述

7.1.1 液液萃取原理

液液萃取，又称溶剂萃取，同精馏一样，也是分离液体混合物的一种单元操作。在第5章气体吸收中论述了利用气体混合物中各组分在溶剂中溶解度的不同，对气体混合物进行分离。同理，可利用液体混合物中各组分在溶剂中溶解度的不同，对液体混合物进行分离。

在萃取过程中，所选用的溶剂称为萃取剂（溶剂），以S表示。原料液中的溶质组分用A表示。溶剂组分称为原溶剂或稀释剂，用B表示。萃取的基本流程如图7-1所示。具体步骤是：首先将原料液与萃取剂在混合槽中进行混合，使二者充分接触，在此过程中，溶质A通过两相界面由原料液向萃取剂中传递。之后，原料液和萃取剂在分层器中分为两层。其中一层以萃取剂S为主，并溶有较多的溶质A，称为萃取相，以E表示。另一层以原溶剂B为主，含有未被萃取的溶质A，称为萃余相，以R表示。若萃取剂S与原溶剂B为部分互溶，则萃取相中含有B，萃余相中含有S。

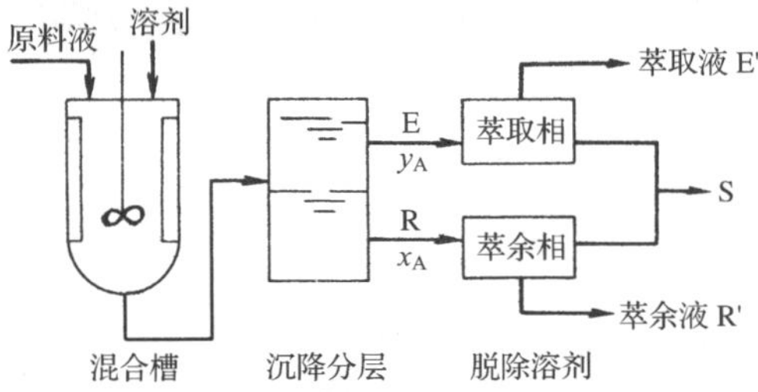

图7-1 萃取的基本流程示意图

由上可知，萃取操作并不能将原料液完全分离，而只能部分分离，将原料液分为不同溶质组成的两种混合液：萃取相E和萃余相R。为了得到产品A，并回收萃取剂S，还需对这两相分别进行分离。通常采用蒸馏、蒸发、结晶的方法。脱除溶剂后的萃取相和萃余相分别称为萃取液和萃余液，以E′和R′表示。

萃取操作包括以下三个过程：

(1) 混合传质过程：原料液和萃取剂充分接触，进行传质，各组分发生了不同程度的相际转移。

(2) 沉降分相过程：分散的液滴凝聚合并，因密度差而分层形成萃取相和萃余相。

(3) 脱除萃取剂过程：萃取相脱除萃取剂得到萃取液，萃余相脱除萃取剂得到萃余液。

在液液萃取过程中，选择合适的萃取剂非常重要，在选择萃取剂时应考虑以下问题：

(1) 萃取剂不能与被分离混合物完全互溶，只能部分互溶；否则，充分混合后只存在一个液相，不能够实现任何分离。

(2) 萃取剂应具有选择性，即萃取剂对 A、B 两组分的溶解度不同。

(3) 萃取剂与被分离混合物的密度不同，这样有利于萃取相与萃余相的分层。

(4) 萃取剂应易于回收，且价格低廉。

用萃取法分离液体混合物时，混合液中的溶质可以是挥发性物质(这种混合液称为挥发性混合液)，也可以是非挥发性物质，如无机盐。当用于分离挥发性混合液时，与蒸馏相比，整个萃取流程更为复杂，但萃取过程本身具有常温操作、无相变以及分离效果好等优点，在某些情况下，仍具有技术上的优势。对于分离某个具体的液体混合物而言，是采用蒸馏还是萃取，主要取决于技术上的可行性和经济上的合理性。一般说来，在下列情况下采用萃取方法更为有利：

(1) 原料液中各组分间的沸点非常接近，或者说组分之间的相对挥发度接近于 1，若采用蒸馏操作很不经济。

(2) 原料液在蒸馏时形成恒沸物，用一般蒸馏方法不能达到所需纯度。

(3) 当所需提纯或分离的组分是热敏性物质时，若直接蒸馏，往往需要在高真空度下进行，而采用常温下的萃取过程通常更为经济。

(4) 原料液中需分离的组分含量很低且为难挥发组分，若采用蒸馏方法需将大量溶剂汽化，能耗很大。

7.1.2　液液萃取在工业中的应用

1. 在石油化工中的应用

随着石油化工的发展，液液萃取已广泛应用于分离和提纯各种有机物，如从芳烃和非芳烃混合物中分离芳烃，从煤焦油中分离苯酚及同系物等，用酯类溶剂萃取乙酸，用丙烷萃取润滑油中的石蜡等。

2. 在生物化工和精细化工中的应用

在生化药物制备过程中，一般会生成很复杂的有机液体混合物，这些物质大多为热敏性物质，不能采用一般的蒸馏方法。若选择适当的萃取剂进行萃取，可以避免组分受热损坏，提高有效物质的回收率。例如青霉素的生产，用玉米发酵得到含青霉素的发酵液，以醋酸丁酯为萃取剂，经过多次萃取可得到青霉素的浓溶液。香料工业中可用正丙醇从亚硫酸纸浆废水中提取香兰素。

3. 在湿法冶金中的应用

随着有色金属使用量的增加，开采矿石中的品位逐年降低，萃取法已逐渐取代了传统的化学沉淀法。目前一般认为价格与铜相当或超过铜的有色金属，如钴、镍、锆等，都应优先考虑萃取法。有色金属冶炼已逐渐成为溶剂萃取应用的重要领域。

随着科学技术的发展，各种新型萃取技术，如双溶剂萃取、超临界萃取及液膜分离技术等相继问世，萃取的应用领域日益扩大，萃取过程将会得到进一步的开发和应用。

7.2 液液萃取相平衡

萃取过程与吸收、蒸馏一样，都是传质过程，其极限即为相际平衡。故讨论萃取操作必须首先了解混合物的相平衡关系。由于液液萃取两相通常为三元混合物，故其组成和相平衡关系的图解表示法与双组分蒸馏和单组分吸收不同。本节首先介绍三元混合物的组成表示法，然后介绍表示液液平衡关系的三角形相图。

7.2.1 三角形坐标图及杠杆规则

1. 三角形坐标图

三角形坐标图通常有等边三角形和等腰直角三角形两种，常使用的是等腰直角三角形，它易于标绘、读取数据和进行图解计算。

一般而言，在萃取过程中很少遇到恒摩尔流的简化情况，故在三角形坐标图中混合物的组成常用质量分数，而较少采用摩尔分数。

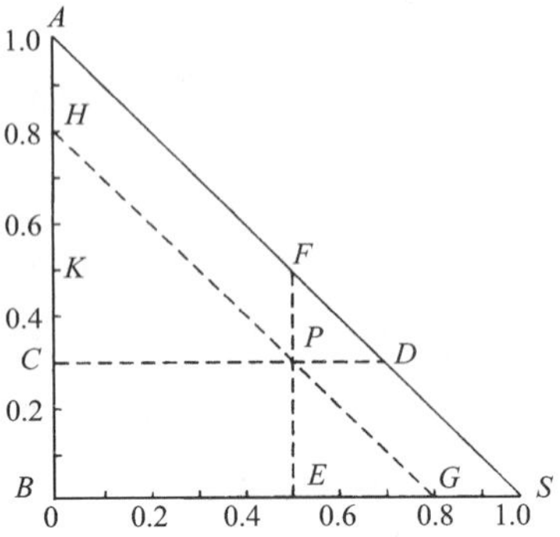

图 7-2　三角形坐标图

如图 7-2 所示，习惯上以顶点 A 表示纯溶质，顶点 B 表示纯原溶剂，顶点 S 表示纯萃取剂。三角形边上的某点，表示二元混合物的质量分数。三角形内的某点，表示三元混合物的质量分数。

例如，图中 K 点组成：$x_A=0.5, x_B=0.5$；P 点组成：$x_A=0.3, x_B=0.2, x_S=0.5$。

组成符合归一性，即

$$\sum x_i = 1 \tag{7-1}$$

在图中确定两组分组成，如 x_A 和 x_B 时，第三组分 x_S 可由归一条件获得，即

$$x_S = 1 - x_A - x_B \tag{7-2}$$

三角形内平行于某一边的线为该边对应顶点组分的等值线，如图 7-2 所示的 CD，即为 $x_A=0.3$ 的等值线。

2. 杠杆规则

在萃取操作时，经常需要确定平衡各相之间的相对数量，这就需要利用杠杆规则。

如图 7-3 所示，将质量为 m_R、组成为 x_A、x_B、x_S 的混合液 R 和质量为 m_E、组成为 y_A、y_B、y_S 的混合液 E 混合，得到一个质量为 m_M、组成为 z_A、z_B、z_S 的混合液 M，其在三角形坐标图中分别以点 R、E 和 M 表示。M 点称为 R、E 点的和点，R 点称为 M、E 点的差点，E 点称为 M、R 点的差点。

总质量衡算：

$$m_M = m_R + m_E \tag{7-3}$$

溶质 A 的质量衡算：

$$m_M z_A = m_R x_A + m_E y_A \tag{7-4}$$

溶剂 S 的质量衡算：

$$m_M z_S = m_R x_S + m_E y_S \tag{7-5}$$

由式(7-3) ～ 式(7-5) 可得

$$\frac{m_E}{m_R} = \frac{\overline{RM}}{\overline{ME}} \tag{7-6}$$

根据杠杆规则，直线 RM 和 ME 通过同一点 M，且具有相同的斜率，因此三个组成点在一条直线上，即 R、E 的和点 M 位于 R、E 点的连接线上。从式(7-6) 可知，M 点所分 RM 和 ME 两线段之比等于 R、E 两混合物的质量之比。由于 m_R、m_E 已知，根据杠杆规则可以确定其和点 M 的位置，并读出其组成 z_A、z_B、z_S。

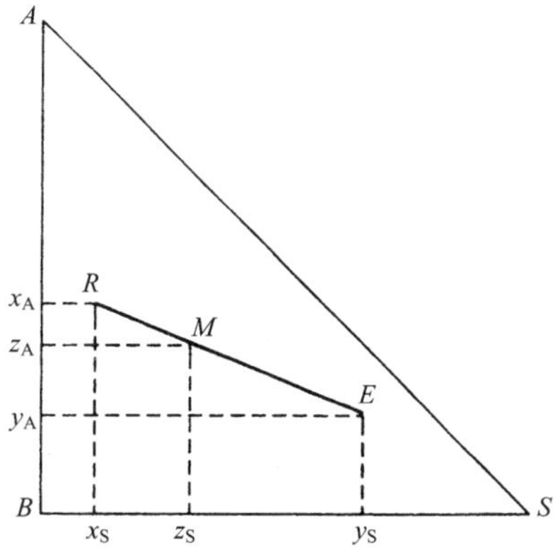

图 7-3　杠杆规则的应用

同理，利用杠杆规则，也可以确定差点的质量和组成。如果从质量为 m_M、组成为 z_A、z_B、z_S 的三元混合液 M 中分离出质量为 m_R、组成为 x_A、x_B、x_S 的混合物 R，剩余混合物点 E 是 M、R 点的差点，其质量由质量守恒定律求解，其组成 y_A、y_B、y_S 由杠杆规则确定，其组成点 E 必落在 RM 的延长线上，且有以下关系：

$$m_E = m_M - m_R \tag{7-7}$$

$$\frac{m_E}{m_M} = \frac{\overline{MR}}{\overline{ER}} \tag{7-8}$$

由上述关系可在图 7-3 中确定 E 点位置，并读出其组成。

【例 7-1】　现将 A、B 混合液 48 kg(A 的质量分数为 0.5) 与 60 kg 纯溶剂 S 混合，试求所得混合液的总组成及混合液的质量。

解　根据 A、B 混合液的组成，在三角形坐标图中的一条边上确定 F 点；由于使用的是纯溶剂，组成点 S 在三角形坐标图中的顶点上，如图 7-4 所示。

连接 S、F 点，则 F、S 二者混合之后的和点 M 必在 FS 上。由杠杆规则可知

$$\frac{m_F}{m_S} = \frac{\overline{MS}}{\overline{MF}}$$

$$\overline{MS} = \frac{m_F}{m_S}\overline{MF} = \frac{48}{60}\overline{MF} = 0.8\overline{MF}$$

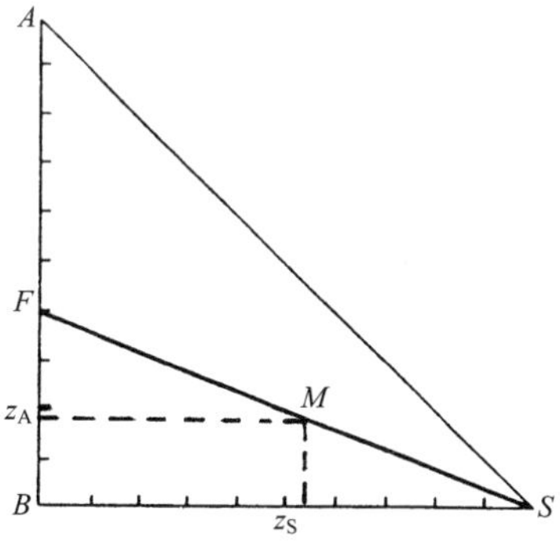

图 7-4　例 7-1 图

由此可以确定和点 M 的位置并读出其组成：

$$z_A = 0.18, z_B = 0.29, z_S = 0.53$$

混合液的质量为

$$m_M = m_F + m_S = 48 + 60 = 108 \text{ kg}$$

7.2.2　三角形相图

根据萃取操作中各组分的互溶性，可将三元物系分为以下三种情况：

(1) 溶质 A 完全溶于溶剂 S 和原溶剂 B，B 与 S 不互溶。

(2) 溶质 A 完全溶于溶剂 S 和原溶剂 B，B 与 S 部分互溶。

(3) 溶质 A 完全溶于原溶剂 B，A 与 S、B 与 S 部分互溶。

习惯上，将溶质A可完全溶于B和S，B与S为部分互溶或完全不互溶的三元混合物系[第(1)、(2)种情况]称为第一类物系。而将形成两对部分互溶混合物的三元混合物系[第(3)种情况]称为第二类物系。其中，第(2)种情况在萃取操作中比较常见，本章将重点讨论该类物系的相平衡关系及相关计算。

将溶质A在液液两相中的平衡关系表示在三角形坐标上，就得到三角形相图。相平衡数据来自实验，或由热力学关系推算。

1. 溶解度曲线及联结线

设溶质A完全溶于溶剂S和原溶剂B，B与S部分互溶，其相平衡关系如图7-5所示，曲线R_0KE_0称为溶解度曲线。溶解度曲线将三角形相图分成两个区域。曲线下方是两相区，曲线外侧是单相区或均相区。溶解度曲线上的点表示单相混合物的组成，因此通常将溶解度曲线上的点称为混溶点。当物系的总组成落在两相区时，混合物就形成了两个相，这两个相互成平衡，称为共轭相。联结两共轭液相组成坐标点的直线称为联结线，如图7-5所示的R_iE_i($i=0,1,2,\cdots,n$)线。萃取操作只能在两相区内进行。

溶解度曲线可通过下述实验方法得到：在一定温度下，取适量的B、S，充分搅拌使之互相溶解并达到平衡，二元混合液体的总组成点如图7-5所示的点M，停止搅拌并静置分层，获得两个平衡的液相(共轭相)。以原溶剂B为主的相称为萃余相，以R_0表示；以溶剂S为主的相称为萃取相，以E_0表示。根据共轭相组成，在图7-5中BS边上可确定R_0和E_0两点。在恒温条件下，再将质量为m_{A_1}的纯A加入混合器中重新搅拌，形成新的三元混合物，其组成点是M_1，停止搅拌，静置分层，得到新的一对共轭相R_1和E_1，并由其组成在图7-5中确定R_1和E_1两点。重复上述过程，恒温下继续加入质量为m_{A_2}、m_{A_3}、…、m_{A_n}的纯A，可获得$(n+1)$对共轭相组成点R_i和E_i($i=0,1,2,\cdots,n$)，当加入A的量使混合液恰好由两相变成均匀的一相时，即图中的K点，则得到了各共轭相的组成数据。联结各共轭相组成点及K点的曲线即为溶解度曲线。

若组分B与S完全不互溶，则点R_0和E_0分别与三角形顶点B及S相重合。

通常联结线的倾斜方向一致，但不平行，如图7-5所示，联结线倾斜程度反映溶质在两相中浓度的相对大小。联结线水平时说明溶质A在两相中的浓度相等。少数物系联结线的倾斜方向发生改变，如图7-6所示。

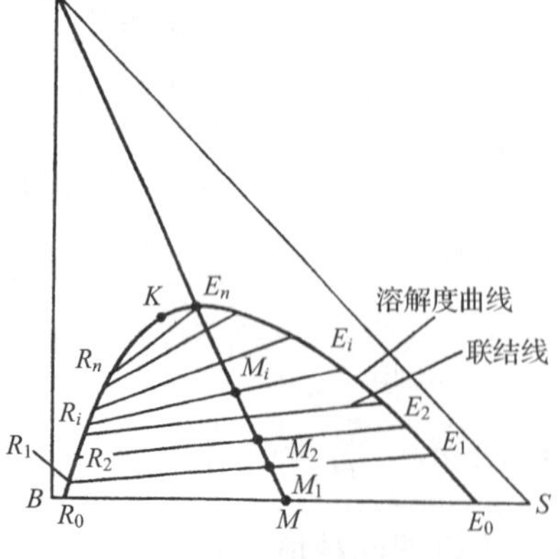

图7-5　溶解度曲线

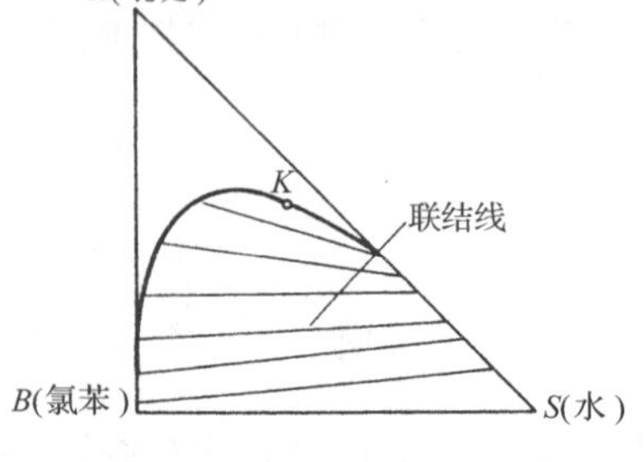

图7-6　联结线斜率的变化

2. 辅助曲线和临界混溶点

由于实验数据有限，三角形相图中的有限条联结线不能满足萃取操作的需要时，可借助辅助曲线确定任一点的平衡关系。

在三角形相图上，从已知联结线的端点 E_i 做 AB 边的平行线，过 R_i 做 BS 边的平行线，两平行线交于 C_i 点（$i=1,2,\cdots,n$），由这些交点可在三角形相图内标绘出一条光滑曲线，即为辅助曲线，如图 7-7 所示。辅助曲线也可以在三角形相图之外，如图 7-8 所示。辅助曲线和溶解度曲线的交点 K 称为临界混溶点。K 点将溶解度曲线分为两部分，靠近溶剂 S 一侧为萃取相部分，靠近原溶剂 B 一侧为萃余相部分。临界混溶点一般并不在溶解度曲线的顶点。临界混溶点也可以通过实验确定。绘出辅助曲线后，就可以根据已知的液相组成确定与其平衡的另一液相组成。

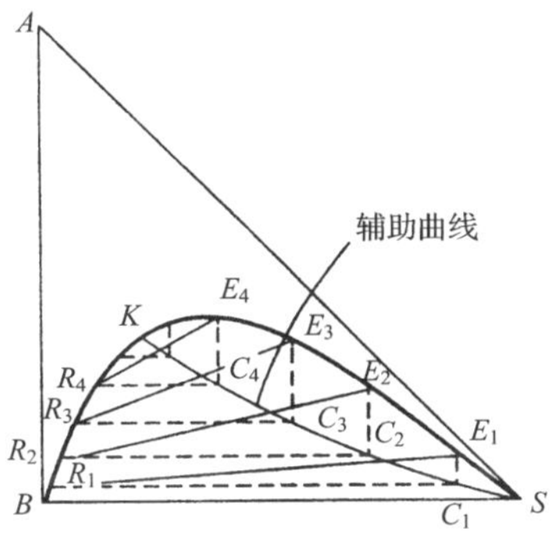

图 7-7 辅助曲线（三角形相图内）

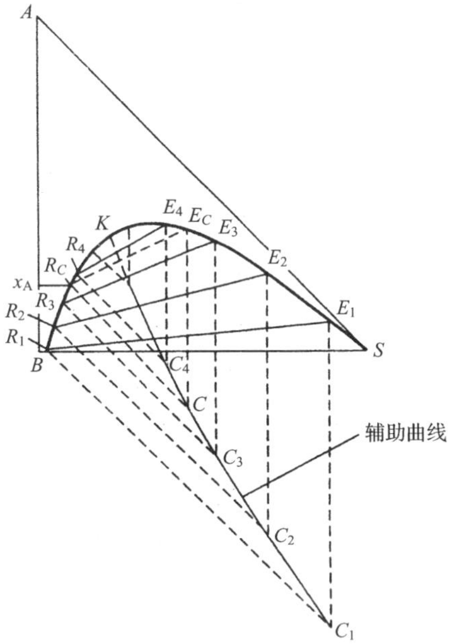

图 7-8 辅助曲线（三角形相图外）

3. 分配曲线及分配系数

萃取操作中，最重要的是溶质组分 A 在萃取相和萃余相的分配关系，因此，将共轭相中溶质 A 的平衡组成直接标绘在直角坐标中，或将溶质 A 的平衡组成由三角形坐标转换成直角坐标，就能获得分配曲线，如图 7-9 所示。分配曲线表示溶质 A 在两相中的平衡关系。在一定温度下，某组分在互相平衡的 E 相与 R 相中的组成之比，称为分配系数，以 k 表示，即

溶质 A：

$$k_A=\frac{y_A}{x_A} \tag{7-9}$$

原溶剂 B：

$$k_B=\frac{y_B}{x_B} \tag{7-10}$$

式中 y_A、y_B—— 萃取相 E 中组分 A、B 的质量分数；

x_A、x_B—— 萃余相 R 中组分 A、B 的质量分数。

k_A 是由实验测定溶质组分 A 在两相中的平衡浓度得到。显然，k_A 值越大，萃取分离的效果越好。对于一定的物系，k_A 和该物系三角形相图中联结线斜率有关。不同物系，k_A 值不同；同一物系，k_A 值随温度而变；在恒定温度下，k_A 值随溶质 A 的组成而变。

4. 温度对相平衡关系的影响

通常情况下，物系温度升高，各组分的溶解度增大，两液相的互溶度增大，单相区扩大，两相区缩小，溶解度曲线的形状和联结线斜率都发生改变，不利于萃取，如图 7-10 所示。但温度太低，液体黏度增大，扩散系数减小，不利于传质。因此，应选择适宜的萃取温度。

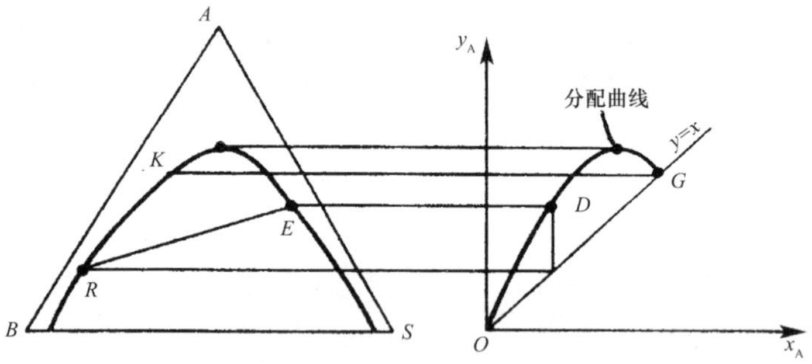

图 7-9　有一对组分部分互溶时的分配曲线

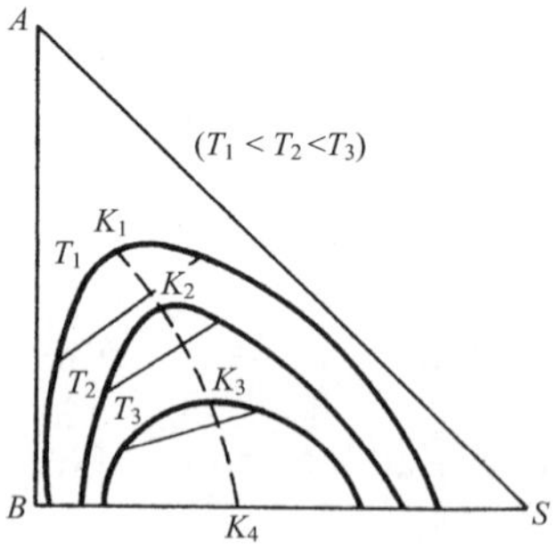

图 7-10　温度对互溶度的影响

7.2.3　萃取剂的选择

萃取剂的性质直接影响萃取操作的经济性，因此选择适宜的萃取剂是萃取操作的关键。通常，萃取剂的选择需考虑以下几个问题。

1. 萃取剂的选择性

萃取剂应具有一定的选择性，即萃取剂对混合液中各组分的溶解度不同，萃取剂应该对溶质的溶解度较大，对其他组分的溶解度较小。选择性的大小通常用选择性系数 β 衡量。

$$\beta=\frac{y_A/y_B}{x_A/x_B}=k_A\frac{x_B}{y_B} \tag{7-11}$$

或

$$\beta=\frac{k_A}{k_B} \tag{7-12}$$

由 β 的定义可知，选择性系数 β 为组分 A、B 的分配系数之比。若 $\beta>1$，说明组分 A 在萃取相中的相对含量比萃余相中的高，即组分 A、B 得到了一定程度的分离。k_A 值越大，k_B 值越小，选择性系数 β 就越大，分离效果越好。

若 $\beta=1$，由式(7-12)可知，$\frac{y_A}{x_A}=\frac{y_B}{x_B}$ 或 $k_A=k_B$，即萃取后脱除溶剂的萃取液和萃余液的组成相同，等于原料液的组成。这说明，在这种情况下，不能采用萃取分离方法。当 β 接近 1 时，也不能采用萃取分离方法，这时的萃取分离效果很差。

选择性系数 β 类似于蒸馏过程的相对挥发度 α，反映了组分 A、B 溶解于萃取剂 S 的能力相对大小。对于萃取操作，β 越大，完成一定分离任务所需的萃取剂量越少，相应的萃取剂的回收费用也越低。

2. 萃取剂与原溶剂的互溶度

在相同温度下，同一种二元混合物与不同萃取剂 S_1、S_2 所构成的相平衡关系如图 7-11 所示。为便于说明组分 B 与 S 的互溶度对萃取分离的影响，首先介绍一下萃取液最高组成的概念。

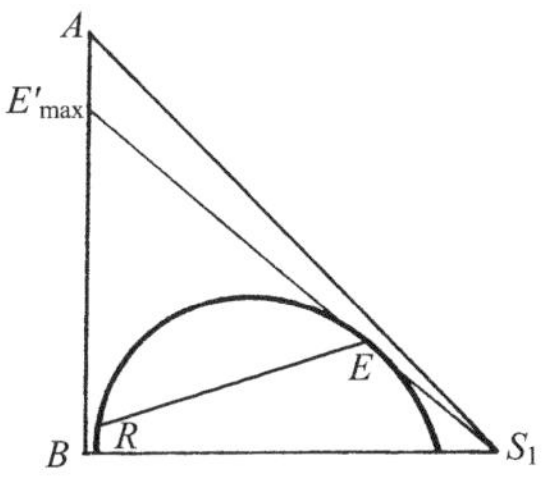

(a)组分 B 与 S_1互溶度小

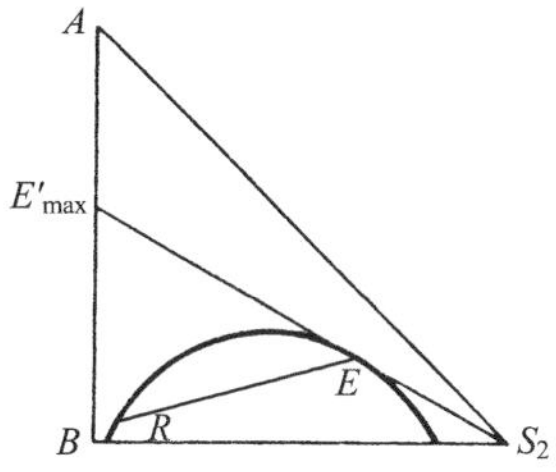

(b)组分 B 与 S_2互溶度大

图 7-11　互溶度对萃取操作的影响

如前所述，萃取操作都是在两相区进行的，达到平衡后均分成两个互成平衡的 E 相和 R 相。若将 E 相脱除溶剂，则得到萃取液。根据杠杆规则，萃取液的组成必为 SE 延长线与 AB 边的交点，溶解度曲线的切线 SE'_{max} 与 AB 边的交点 E'_{max} 即为萃取相脱除溶剂后可能得到的具有最高溶质组成的萃取液，以 E'_{max} 表示，其溶质组成为 y'_{max}。y'_{max} 与组分 B、S 的互溶度有关，互溶度越小，y'_{max} 越高，越有利于萃取分离。比较图 7-11(a)、图 7-11(b) 可看出，萃取剂 S_1 与 B 的互溶度比 S_2 与 B 的互溶度小，因此，选用 S_1 作为萃取剂更有利于分离。

3. 溶剂的可回收性

在萃取过程中，萃取剂的回收费用是整个操作的一项关键经济指标。因此有些溶剂尽管其他性能良好，但由于较难回收而被弃用。萃取剂的回收一般采用蒸馏方法。若溶质组分不易挥发或挥发度较低，常采用蒸发、闪蒸等方法。此外，还有结晶、反萃取等方法。

4. 萃取剂的物理性质

影响萃取过程的主要物理性质有液液两相的密度差、界面张力和液体黏度等。这些性质直接影响萃取过程的接触状态、两相分离的难易和两相的相对流动速度，从而影响萃取过程设备的分离效率和生产能力。两相密度差大，有利于两相的分散和凝聚，有利于两相的相对运动。界面张力小，有利于分散，不利于凝聚，但界面张力过小，液体易乳化，不易两相分离。界面张力大，有利于凝聚，不利于分散，相际接触面减小。由于液滴凝聚在生产中更为重要，因此一般选择具有较大界面张力的萃取剂。黏度大小对传质效果也有影响，黏度小有利于两相的混合和传质，还能降低能耗。

此外，萃取剂还应具有良好的稳定性，不易分解、聚合或与其他组分发生化学反应，腐蚀性小，毒性低，具有较低的凝固点、蒸气压和比热容，资源充足，价格适宜。

选用的萃取剂一般很难同时满足以上要求，应根据物系特点，结合生产实际，多方案比较，权衡利弊，最终选择合适的萃取剂。

【例 7-2】　有一物系选用两种不同的萃取剂，所得的溶解度曲线及联结线斜率不同，如图 7-12 所示。图中 ab、$a'b'$ 为两种情况下的联结线。试求以上两种情况下分配系数 k_A、选择性系数 β。这两种情况是否能用萃取方法进行分离？

解　对于图 7-12(a) 所示的情况，由于联结线 ab 平行于底边 BS，即

$$y_A = x_A$$

所以

$$k_A = \frac{y_A}{x_A} = 1, k_B = \frac{y_B}{x_B} = \frac{0.05}{0.75} = 0.0667$$

$$\beta = \frac{y_A / y_B}{x_A / x_B} = \frac{k_A}{k_B} = 15 > 1$$

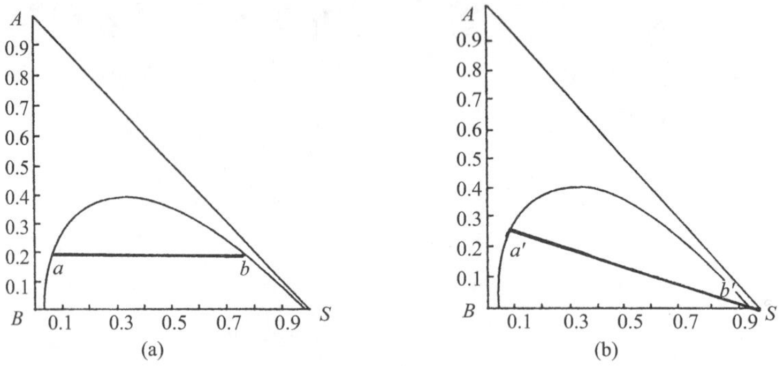

图 7-12　例 7-2 附图

因为 $\beta>1$，所以第一种情况可以用萃取方法。

如图 7-12(b) 所示的情况，由于联结线 $a'b'$ 过 S 点，表明 A、B 两组分在萃取剂中的溶解比例相同，即

$$\frac{y'_A}{y'_B}=\frac{x'_A}{x'_B}$$

$$\beta'=\frac{y'_A/y'_B}{x'_A/x'_B}=1$$

因为 $\beta=1$，所以第二种情况不能用萃取方法。

评析　能否用萃取方法分离，主要取决于选择性系数 β 值，β 值越大，组分 A、B 的分离越容易；若 $\beta=1$ 或 $k_A=k_B$，即萃取相和萃余相在脱除萃取剂 S 后组成相同，并且等于原料液的组成，说明 A、B 两组分不能用此萃取剂分离。

7.3　液液萃取过程的计算

液液萃取操作设备可分为分级接触式和连续接触式两类。本节主要讨论分级接触式萃取过程的计算，对连续接触式萃取过程的计算则做简要介绍。

在分级接触式萃取计算中，萃取操作可分为单级萃取和多级萃取。多级萃取包括多级错流萃取和多级逆流萃取。与其他传质分离过程相似，若单级萃取操作能使两相达到平衡状态，则此萃取设备称为一个理论级。

由于受流体流动和传质动力学条件、设备的影响和操作时间的限制，在实际操作中，两相既不能达到平衡状态，传质后混合液也做不到完全分离，实际接触级的分离能力很难达到理论级的分离能力。

在萃取过程的计算中，操作条件下的平衡关系、原料液的处理量及组成均为已知，过程计算分为设计型计算和操作型计算。在设计型计算中，规定了各级萃取剂的用量及组成，计算达到一定分离程度所需的理论级数。在操作型计算中，已知萃取设备的理论级数，计算分离纯度或料液处理量。本章主要介绍设计型计算。

7.3.1 单级萃取计算

单级萃取是指原料液F和萃取剂S只进行一次混合、传质的分离过程，如图7-13所示。操作可以间歇也可以连续，但生产实际中多为间歇操作。原料液F和萃取剂S充分混合，使一相均匀地分散到另一相中进行萃取，然后进行沉降分层，获得萃取相E和萃余相R，再进行脱萃取剂操作，分别脱除两相中的萃取剂，得到的萃取液E′和萃余液R′即为产品。

对于部分互溶物系，操作条件下的平衡关系由物系性质决定，一般难以表示成简单的函数关系，用三角形相图表示比较简便易行。因此，基于杠杆规则的图解方法是常用的求解部分互溶物系萃取计算的方法，其计算步骤如下：

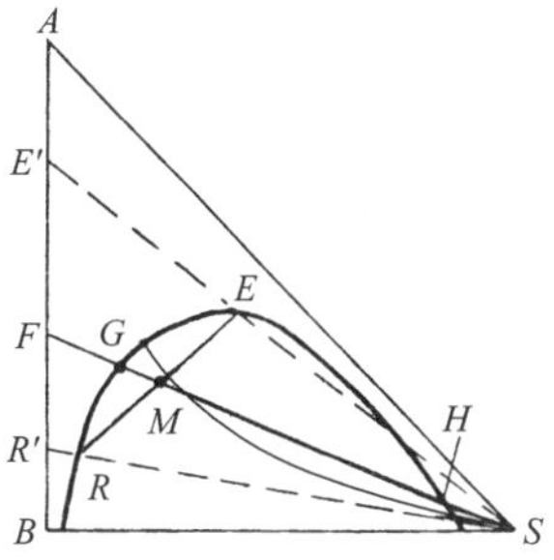

图7-13 单级萃取图解

(1) 由已知的相平衡数据在等腰直角三角形坐标图中做出溶解度曲线和辅助线，如图7-13所示。

(2) 根据原料液的组成确定 F 点，根据萃取剂的组成确定 S 点(若为纯溶剂，则是顶点)，联结点 F、S，则原料液与萃取剂之混合液的组成点 M 必在 FS 连线上。

(3) 若已知萃余相的组成，在图上确定出 R 点，再利用辅助线求得与之平衡的 E 点，做 R 与 E 的联结线，RE 线与 FS 线的交点即为混合液的组成点 M。

(4) 由物料衡算和杠杆规则求出各流股的量：

系统的总物料衡算：

$$m_F + m_S = m_E + m_R = m_M \tag{7-13}$$

$$m_S = \frac{\overline{MF}}{\overline{MS}} m_F \tag{7-14}$$

$$m_E = \frac{\overline{MR}}{\overline{ER}} m_M \tag{7-15}$$

萃取相的组成可由三角形相图直接读出。

萃取液是萃取相脱除萃取剂后所得。如果萃取剂S中不含溶质A，且萃取相能够完全脱除萃取剂S，在三角形相图上，联结 S、E 两点并延长交 AB 边于 E' 点，即为所求的萃取液点，E' 点是 E 和 S 的差点。在图7-13上可以直接读取萃取液的组成，萃取液的量由物料衡算和杠杆规则求出。同理，可确定萃余液 R' 点及萃余液的量，即

$$m_F = m'_E + m'_R \tag{7-16}$$

$$m'_E = \frac{\overline{FR'}}{\overline{E'R'}} m_F \tag{7-17}$$

上述诸式中各线段的长度及各流股的组成均由三角形相图中读取。

以上讨论的是用纯萃取剂进行萃取的情况。实际操作中，萃取剂中可能含少量A、B组分，在三角形相图中，萃取剂组成点将不在顶点而在三角形内，但图解计算方法完全相同。

在单级萃取操作中，对于一定量的原料液，萃取剂用量存在两种极限情况。在萃取剂极限用量情况下，原料液与萃取剂混合后的组成点恰好落在溶解度曲线上，如图7-13所示的 G 和 H 点所示。此时，混合液只有一个相，起不到分离作用。这两种极限用量表示萃取分离的最小溶剂用量 $m_{S,\min}$(G 点对应的萃取剂用量)和最大溶剂用量 $m_{S,\max}$(H 点对应的萃取剂用量)，其值可由杠杆规则确定，即

$$m_{S,\min}=\frac{\overline{FG}}{\overline{GS}}m_F \tag{7-18}$$

$$m_{S,\max}=\frac{\overline{FH}}{\overline{HS}}m_F \tag{7-19}$$

单级萃取的萃取剂用量范围为

$$m_{S,\min}<m_S<m_{S,\max}$$

【例 7-3】 某 A、B、S 三元体系的溶解度曲线如图 7-14 所示。用纯溶剂 S 对 A、B 两组分混合液进行单级萃取。原料液中溶质 A 的质量分数为 0.3，处理量为 100 kg，要求萃余液中溶质 A 的质量分数不大于 0.1。在操作范围内分配系数 k_A 为 1.8。试求：(1) 纯溶剂 S 的用量；(2) 溶质 A 的萃取率 φ_A。

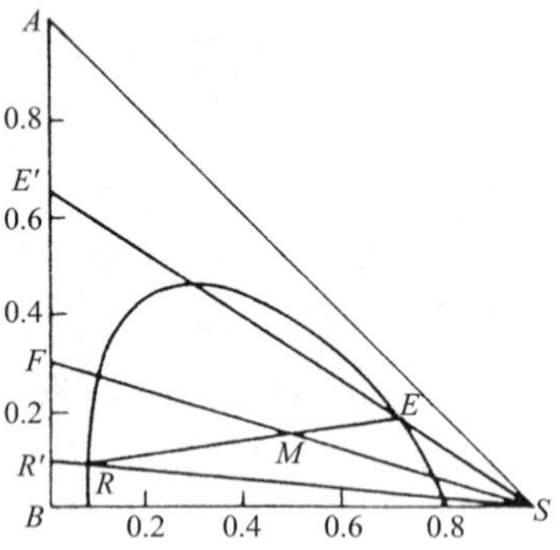

图 7-14　单级萃取图解计算

解　(1) 求纯溶剂 S 的用量

由原料液和萃余液组成在 AB 边上确定 F 和 R' 点，连接 FS 与 $R'S$。$R'S$ 与溶解度曲线交于 R，此点即为萃余相组成点，由图 7-14 读得 $x_A=0.09$，与之平衡的萃取相中组分 A 的组成可通过下式计算：

$$y_A=k_Ax_A=1.8\times0.09=0.162$$

由 $y_A=0.162$，可在溶解度曲线上定出萃取相组成坐标点 E，联结点 S 与点 E 并延长交 AB 边于点 E'，由 E' 点可读得萃取液的组成为 0.65。过点 R 做联结线 RE，与 FS 连线交于 M 点，利用杠杆规则可求得溶剂用量。即

$$m_S=\frac{\overline{FM}}{\overline{MS}}m_F=\frac{26}{26}\times100=100\ \text{kg}$$

(2) 求溶质 A 的萃取率 φ_A

萃取液的量可利用杠杆规则计算：

$$m'_E=\frac{\overline{R'F}}{\overline{E'R'}}m_F=\frac{0.30-0.10}{0.65-0.10}\times100=36.4\ \text{kg}$$

萃取率 $\varphi_A=\dfrac{m'_Ey'_A}{m_Fx_F}=\dfrac{36.4\times0.65}{100\times0.30}=0.789$，即 $\varphi_A=78.9\%$。

评析　本题的解题思路是由原料液和萃取液组成在边上确定 F 和 R' 点，利用分配系数确定互成平衡的 E 相和 R 相，再利用杠杆规则求得纯溶剂 S 的用量和萃取液的量，从而求得溶质 A 的萃取率 φ_A。

7.3.2　多级错流萃取计算

除了选择性系数极高的物系外，一般单级萃取所得萃余相中还含有较多的溶质。为进一步降低萃余相中的溶质含量，可采用多级错流萃取。多级错流萃取实际上是多个单级萃取的组合，其流程如图 7-15 所示。溶剂 S 分别从各级加入，原料液 F 依次通过各级和溶剂接触，经多次萃取，原料液作为萃余相从末级排出，各级排出的萃取相收集在一起进行脱溶剂操作，回收的溶剂可循环使用。

多级错流萃取所用的溶剂总量为各级溶剂用量之和。原则上，各级溶剂用量可以相等也可以不相等。但可以证明，当各级溶剂用量相等时，达到一定分离程度所需溶剂用量最少，故

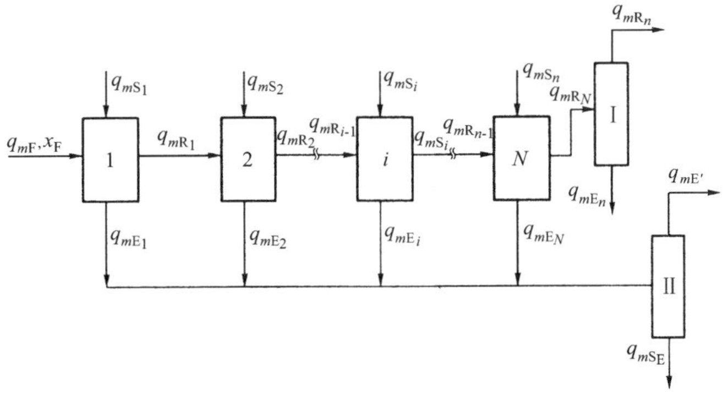

图 7-15　多级错流萃取流程示意图

在多级错流萃取操作中，一般各级溶剂用量相等。

在多级错流萃取过程的设计型计算中，操作条件下的相平衡数据、所处理的原料液流量 q_{mF} 及组成 x_F，溶剂的组成 y_S 和各级溶剂用量及最终萃余相的组成 x_R 均为已知，要求计算达到规定分离要求所需的理论级数。

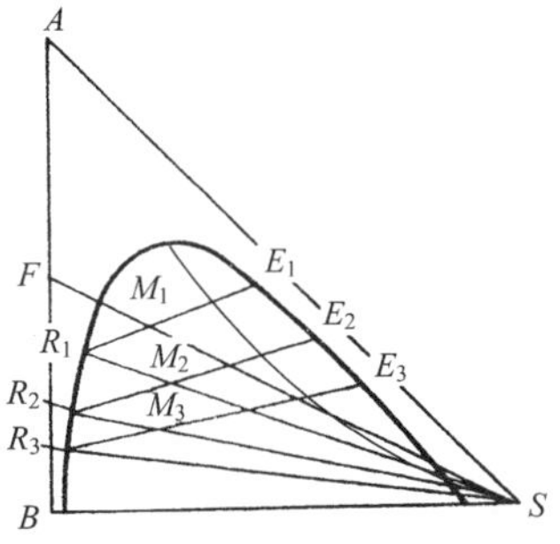

图 7-16　三级错流萃取图解计算

对于原溶剂 B 与萃取剂 S 部分互溶体系，通常根据三角形相图用图解法进行计算，其计算步骤如下：

(1) 根据平衡数据在三角形坐标图中做出溶解度曲线和辅助曲线，如图 7-16 所示。

(2) 联结点 F、S，并根据 F、S 的量依据杠杆规则在 FS 线上确定混合液总组成点 M_1。再利用辅助曲线用试差法做出过 M_1 的联结线 E_1R_1。

(3) 以 R_1 为原料液，加入纯的萃取剂 S，联结 R_1S 并确定混合点 M_2，按与(2)同样的方法可以得到 E_2 和 R_2。

(4) 依此类推，直到某级萃余相中溶质的组成等于或小于要求的组成 x_R 为止，重复做出的联结线的数目即为所需的理论级数。

【例 7-4】　在 25 ℃ 时，以水为溶剂，采用多级错流萃取操作，从醋酸 - 氯仿混合液中萃取醋酸。平衡数据见表 7-1。若每级加入的纯溶剂量为 250 kg/h，使 1 000 kg/h 的混合液从组成为 0.45 降至 0.04(均为质量分数)。试求：(1) 所需的理论级数；(2) 若保持溶剂用量不变，采用单级萃取，其萃余液组成为多少？

表 7-1　25 ℃ 时醋酸 - 氯仿 - 水体系的平衡数据(质量分数)

氯仿层(R 相)		水层(E 相)	
醋酸	水	醋酸	水
0	0.99	0	99.16
6.77	1.38	25.10	73.69
17.72	2.28	44.12	48.58
25.72	4.15	50.18	34.17
27.65	5.20	50.56	31.11
32.08	7.93	49.41	25.30
34.16	10.03	47.87	23.28
42.50	16.50	42.50	16.50

解　(1) 多级错流萃取

由给定的平衡数据绘出物系的溶解度曲线和辅助曲线，如图 7-17 所示。由已知的原料液组成及溶剂组成，确定 F、S 两点，联结 F、S 得到连线 FS，并由杠杆规则求得和点 M_1。

$$q_{mM_1}=q_{mF}+q_{mS}=1\,000+250=1\,250\ \text{kg/h}$$

$$\overline{FM_1}=\frac{q_{mS}}{q_{mM_1}}\overline{FS}=\frac{250}{1\,250}\overline{FS}=\frac{1}{5}\overline{FS}$$

由辅助曲线求通过 M_1 的联结线 E_1R_1，E_1、R_1 即为第一级的萃取相及萃余相的组成点。由杠杆规则即可求得萃余相流量，即

$$q_{mR_1}=\frac{\overline{M_1E_1}}{\overline{R_1E_1}}q_{mM_1}=\frac{8}{16.5}\times 1\,250=606.1\ \text{kg/h}$$

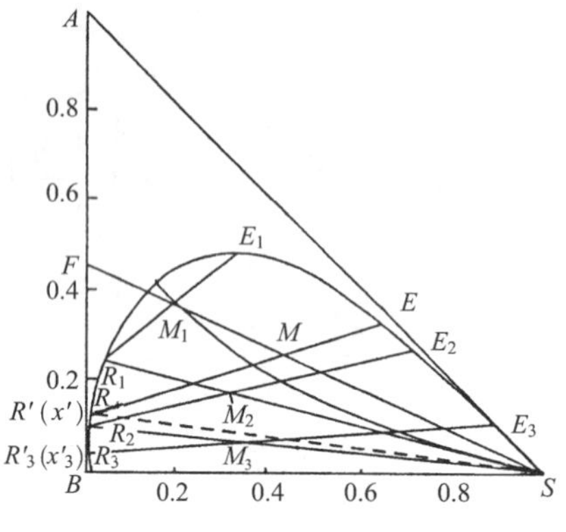

图 7-17　例 7-4 附图

同样的方法可得到

$$q_{mM_2}=q_{mR_1}+q_{mS}=606.1+250=856.1\ \text{kg/h}$$

$$\overline{M_2R_1}=\frac{q_{mS}}{q_{mM_2}}\overline{R_1S}=0.292\overline{R_1S}$$

在 R_1S 连线上确定 M_2 点，并确定通过 M_2 点的联结线 R_2E_2，R_2、E_2 即为第二级的萃取相及萃余相的组成点。由杠杆规则可求得其萃余相的流量，即

$$q_{mR_2}=\frac{\overline{M_2E_2}}{\overline{R_2E_2}}q_{mM_2}=\frac{18.5}{33}\times 856.1=479.9\ \text{kg/h}$$

同样

$$q_{mM_3}=q_{mR_2}+q_{mS}=729.9\ \text{kg/h}$$

$$\overline{M_3R_2}=\frac{q_{mS}}{q_{mM_3}}\overline{R_2S}=0.343\overline{R_2S}$$

M_3 点确定，可求得 R_3、E_3 点，联结 S、R_3 并延长交 AB 于 R_3'，可读得 $x_3'=0.03<0.04$，说明满足分离要求所需的理论级数为 3。

(2) 单级萃取

$$q_{mM}=q_{mF}+3q_{mS}=1\,000+3\times 250=1\,750\ \text{kg/h}$$

$$\overline{FM_1}=\frac{q_{mS}}{q_{mM}}\overline{FS}=\frac{750}{1\,750}\overline{FS}=0.429\overline{FS}$$

M 点确定后可通过辅助线确定 R、E 点，联结 S、R 点与 AB 边交于 R'，可读取

$$x'=0.12$$

评析　对于多级错流萃取，前一级的萃余相为后一级的进料，对于每一级均使用物料衡算和杠杆规则。通过本题可以得出结论：在溶剂用量不变的前提下，多级错流萃取的分离效果好于单级萃取。或者说，达到相同分离要求，多级错流萃取比单级萃取所需溶剂量少。

7.3.3　多级逆流萃取计算

受相平衡的制约，单级萃取和多级错流萃取常常很难达到更高程度的分离要求，所以，在生产实际中，为了用较少的萃取剂达到较好的分离效果，常采用多级逆流萃取。

在多级逆流萃取过程中，原料液与溶剂逆向接触依次通过各级，是一连续操作过程。原料液处理量与溶剂用量均用 kg/h 表示，其组成以质量分数表示，流程如图 7-18 所示。

原料液以流量 q_{mF} 从第 1 级进入，依次经过各级萃取，其溶质组成逐级下降，到第 N 级降

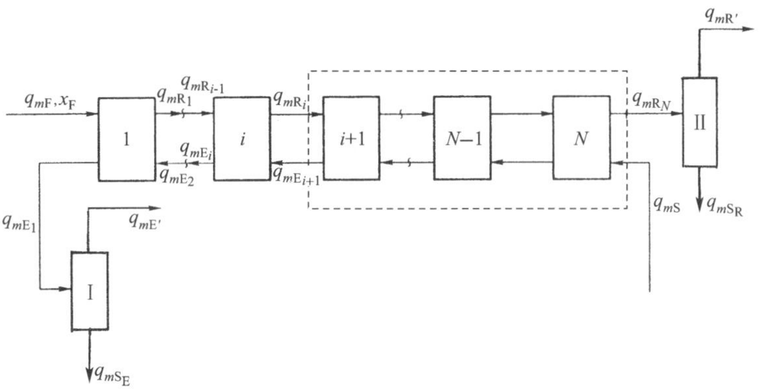

图 7-18　多级逆流萃取流程示意图

到最低。从第 N 级排出的萃余相 R_N，脱除溶剂后得到萃余液，溶剂回收使用。溶剂以流量 q_{mS} 从第 N 级进入系统，依次通过各级和萃余相逆向接触传质，萃取相中溶质组成逐级升高，到第 1 级时达到最高，作为最终的萃取相 E_1 排出，脱除溶剂后获得产品萃取液和溶剂。

在萃取剂用量和理论级相同的条件下，逆流操作比错流操作的传质推动力大，因此，多级逆流萃取比多级错流萃取的分离效果好。或者说，达到相同的分离要求，多级逆流萃取比多级错流萃取的萃取剂用量少。

多级逆流萃取的设计型计算问题，是指给定原料液量 q_{mF} 和组成 x_F、萃取剂用量 q_{mS} 和组成 y_S，求最终萃余相中溶质组成降至一定值所需的理论级数 N。

多级逆流萃取理论级数 N 的求解和精馏、吸收中理论级数的计算相似，应用相平衡和物料衡算两个基本关系，通过逐级计算，直到萃余相浓度小于或等于规定的分离要求为止，所得级数就是所需的理论级数。求解过程可以采用两种图解方法。

1. 三角形坐标图解法

三角形坐标图解法的步骤如下(图 7-19)：

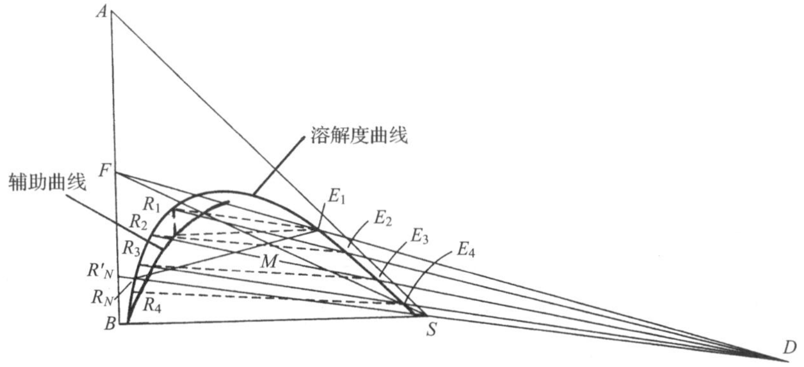

图 7-19　多级逆流萃取图解计算

(1) 根据操作条件下的平衡数据，在三角形坐标图上绘出溶解度曲线和辅助曲线。

(2) 根据原料液和萃取剂的组成，在图上确定 F、S 点(图中是采用纯溶剂)，由溶剂比 S/F 按杠杆规则在 FS 连线上确定点 M。

(3) 由规定的最终萃余相组成在图上定出点 R_N，联结 R_N、M 并延长，与溶解度曲线相交于 E_1 点，此点是最终萃取相的组成点。根据杠杆规则可求出 E_1 和 R_N 的量。注意 E_1、R_N 并不是共轭相。由物料衡算和杠杆规则可得

$$q_{nM}=q_{mE_1}+q_{mR_N} \tag{7-20}$$

$$q_{mE_1}=\frac{\overline{MR_N}}{\overline{E_1R_N}}\cdot q_{mM} \tag{7-21}$$

（4）应用相平衡关系和物料衡算，用图解法求理论级数。

从第 1 级至第 N 级逆流萃取的总物料衡算为

$$q_{mF}+q_{mS}=q_{mE_1}+q_{mR_N}=q_{mM} \tag{7-22}$$

对任意一级做物料衡算：

$$\begin{aligned}
&\text{第 1 级}\quad q_{mF}+q_{mE_2}=q_{mR_1}+q_{mE_1},\quad q_{mE_1}-q_{mF}=q_{mE_2}-q_{mR_1}\\
&\text{第 2 级}\quad q_{mE_2}-q_{mR_1}=q_{mE_3}-q_{mR_2}\\
&\text{第 } i \text{ 级}\quad q_{mE_i}-q_{mR_{i-1}}=q_{mE_{i+1}}-q_{mR_i}\\
&\text{第 } N \text{ 级}\quad q_{mE_N}-q_{mR_{N-1}}=q_{mS}-q_{mR_N}
\end{aligned} \tag{7-23}$$

从第 1 级到第 i 级做物料衡算：

$$q_{mE_1}-q_{mF}=q_{mE_{i+1}}-q_{mR_i} \tag{7-24}$$

由式（7-22）可得

$$q_{mE_1}-q_{mF}=q_{mS}-q_{mR_N}=q_{mD} \tag{7-25}$$

因此

$$q_{mE_{i+1}}-q_{mR_i}=q_{mE_i}-q_{mR_{i-1}}=q_{mD}\quad [i=0,1,2,\cdots,(N-1)] \tag{7-26}$$

由式（7-26）可见，q_{mD} 是进入第 i 级的萃取相 E_{i+1} 和离开该级萃余相 R_i 的流量之差，也是离开第 i 级的萃取相 E_i 和进入该级的萃余相 R_{i-1} 的流量之差。可见，级间两物流之差恒为常数 q_{mD}，各级的物料衡算具有公共差点 D。式（7-26）即为相邻两级间的物料衡算关系，由此式确定的直线称为第 i 级和第 $(i-1)$ 级间的级联线。由杠杆规则可知，R_i、E_{i+1} 和 D 在同一条级联线上，所以各条级联线必相交于同一点 D。D 点称作多级逆流萃取的极点（操作点）。

由式（7-26）可见，q_{mD} 是系统中任一端两股物流的流量之差，即为其净物流，且为一常数，可设想在系统中存在一股流量为 q_{mD} 的虚拟物流。在三角形相图中 D 是 E_1、F 及 S、R_N 的公共差点，因此，由 FE_1 和 R_NS 两线延长线的交点即可确定 D 点。

根据理论级的假设，离开每一级的萃取相 E_i 与萃余相 R_i 互成平衡，故 E_i 和 R_i 应位于联结线的两端。据此，就可以根据联结线与操作线的关系，用逐级计算的方法确定理论级数。具体做法如下：首先根据给定条件确定 F、S 及 R_N 点，由总物料衡算关系式（7-25）确定极点 D 和 E_1。如图 7-19 所示，然后从第 1 级 E_1 点出发，利用平衡关系，即借助辅助曲线确定通过 E_1 点的联线 E_1R_1，获得第 1 级萃余相组成点 R_1；由物料衡算关系，根据式（7-26），联结 R_1、D 两点，即做出 1、2 级间的级联结线 R_1D，交溶解度曲线于 E_2 点，即第 2 级萃取相组成点；从 E_2 点出发，交替使用平衡关系和物料衡算关系，重复以上步骤，逐级图解直到萃余相浓度 x_i 小于规定的萃余相最终组成 x_N，即得所需的理论级数 N。

应予指出，D 点的位置可能在三角形相图的左侧，也可能在其右侧。当第 1 级萃取相 E_1 组成大于原料液组成时，D 在三角形相图中原溶剂 B 点的一侧，式（7-26）中 q_{mD} 是负值；反之，当 E_1 组成小于原料液组成时，D 在三角形相图中溶剂 S 点的一侧，式（7-26）中 q_{mD} 是正值。D 点位置取决于溶剂比，即溶剂用量和原料液量的比值。

【例 7-5】 在多级逆流萃取装置中，以流量为 350 kg/h 的纯溶剂，从 1 000 kg/h 的 A、B 混合液中萃取溶质 A。溶质 A 的组成为 0.3（质量分数，下同），若要求最终萃余相中溶质 A 的组成不大于0.065。试求:(1)所需理论级数;(2)最终萃取相的流量及组成;(3)若将最终萃取相中的溶剂全部脱除,求最终萃取液的组成。操作条件下的溶解度曲线和辅助曲线如图7-20所示。

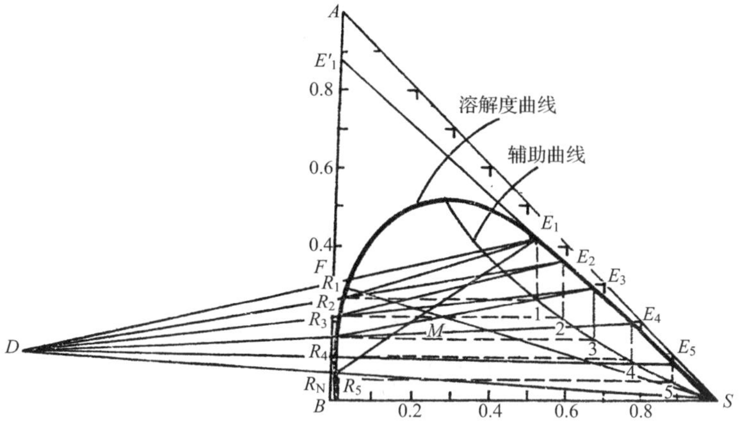

图7-20 例7-5附图

解 (1) 由原料液组成$x_F=0.3$在相图中AB边上确定F点,联结S、F两点,根据杠杆规则可求得和点M,即

$$\frac{q_{mS}}{q_{mF}}=\frac{\overline{MF}}{\overline{MS}}=\frac{350}{1\ 000}=0.35$$

在SF线上定出和点M。按最终萃余相组成$x_N=0.065$在溶解度曲线上定出R_N点,联结R_N与M并延长,与溶解度曲线相交于E_1点,E_1即为离开第1级的萃取相组成点。然后过F、E_1做级联线FE_1,过R_N、S两点做级联线R_NS,延长两级联线相交于D点,D点即为极点。从E_1点出发,借助辅助曲线做一条通过E_1的联结线E_1R_1,即得萃余相R_1。利用物料衡算关系,即联结D、R_1两点,与溶解度曲线交于E_2点;过E_2做联结线,与溶解度曲线交于R_2点,联结D、R_2并延长,与溶解度曲线交于E_3点,……,重复上述方法作图,直至R_5中A组分的组成小于x_N。图中联结线数目为5条,即所需理论级数为5级。

(2) 从图中读出E_1的组成分别为

$$x_A=0.42,\quad x_B=0.06,\quad x_S=0.52$$

$$q_{mM}=q_{mF}+q_{mS}=q_{mE_1}+q_{mR_N}=1\ 000+350=1\ 350\ \text{kg/h}$$

$$q_{mE_1}=\frac{\overline{MR_N}}{\overline{E_1R_N}}q_{mM}=\frac{2.0}{4.3}\times 1\ 350=627.9\ \text{kg/h}$$

(3) 联结S、E_1并延长,交AB边于点E'_1,此点即代表最终萃取液的组成点。由图读得

$$y'_1=0.88$$

评析 本题的解题思路是首先根据已知条件求得极点D,然后通过交替使用平衡关系和物料衡算关系图解计算,直至萃余相的组成达到要求为止。图中联结线的数目即为所需的理论级数。

2. 直角坐标图解法

当萃取过程所需的理论级数N较多时,若仍在三角形相图上进行图解,各种线挤在一起,很难得到准确的结果。此时在直角坐标上利用分配曲线亦可图解求取理论级数。步骤如下:

（1）根据三角形相图，在直角坐标中绘出分配曲线（图 7-21）。

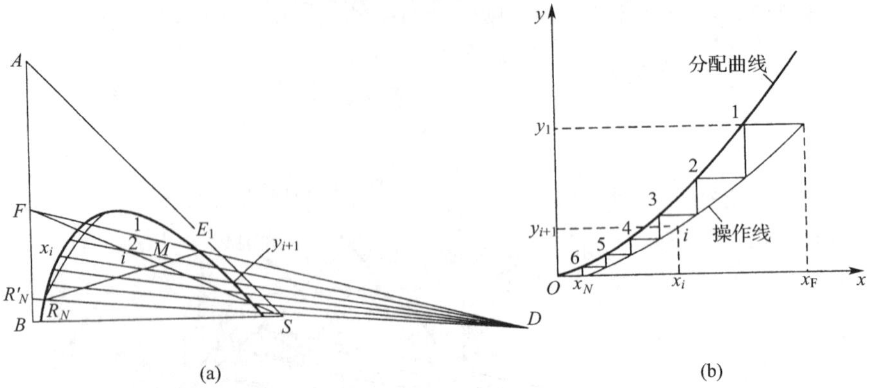

图 7-21　在直角坐标中图解理论级数

（2）在三角形相图给定的操作范围内，过极点 D 引若干条级联线，和溶解度曲线交于 R_1E_2，R_2E_3，…，R_iE_{i+1}，…，再将各组交点所对应的 x_i，y_{i+1} 转换到直角坐标中确定点 $(x_i, y_{i+1})(i=1,2,\cdots,N)$，获得操作线。操作线两个端点是 (x_F, y_1) 和 (x_N, y_S)。

（3）在图中从 x_F 出发，在操作线和分配曲线之间做梯级直到 $x_i < x_N$ 为止，所得到的梯级数就是所需的理论级数。

该图解过程类似于精馏中理论板数的图解法。

7.3.4　微分接触式逆流萃取计算

微分接触式逆流萃取操作是萃取相和萃余相逆流微分接触，通常在塔式设备（如喷洒塔、脉冲筛板塔等）中进行，其流程如图 7-22 所示。重相（如原料液）从塔顶进入塔，从上向下流动，与自下向上流动的轻相（如萃取剂）逆流连续接触，进行传质。萃取结束后，两相分别在塔顶、塔底分离，最终的萃取相从塔顶流出，最终的萃余相从塔底流出。

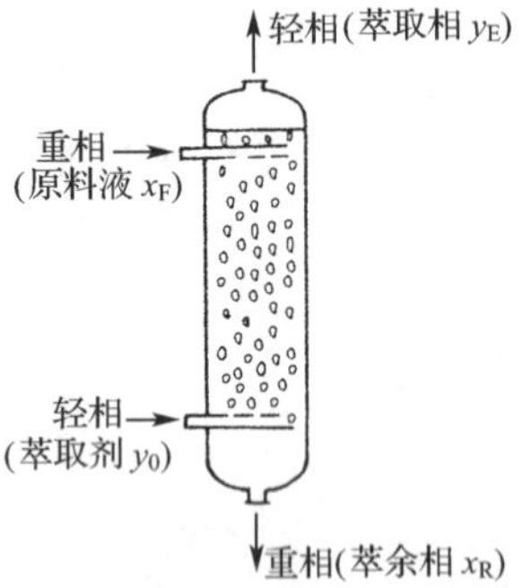

图 7-22　喷洒塔中微分接触式逆流萃取

塔式微分接触式逆流萃取设备的计算与吸收塔的计算类似。塔径的尺寸取决于两液相的流量及适宜的操作速度。塔高（两液相接触传质的有效塔高）的计算通常有以下两种方法。

1. 理论级当量高度法

这种方法是把微分接触逆流萃取作为多级逆流萃取处理，先计算萃取所需的理论级数 N，然后乘以理论级当量高度即得塔高 H：

$$H = N \cdot HETP \tag{7-27}$$

式中　$HETP$——理论级当量高度，m；

N——理论级数；

H——塔高，m。

塔内相当于一个理论级分离能力的高度称为理论级当量高度 $HETP$。$HETP$ 的大小由物系性质、操作条件、设备型式决定，可由实验获得。

2. 传质单元数法

设萃取相自下而上和萃余相逆向接触传质，与气体吸收过程相似，运用传质速率描述萃取过程，如图 7-23 所示，经过微元高度 dH 的传质，萃取相浓度增加了 dy，流量增加了 dq_{mE}。对此微元段做溶质的物料衡算，溶质从萃余相进入萃取相的量等于萃取相中溶质的增量：

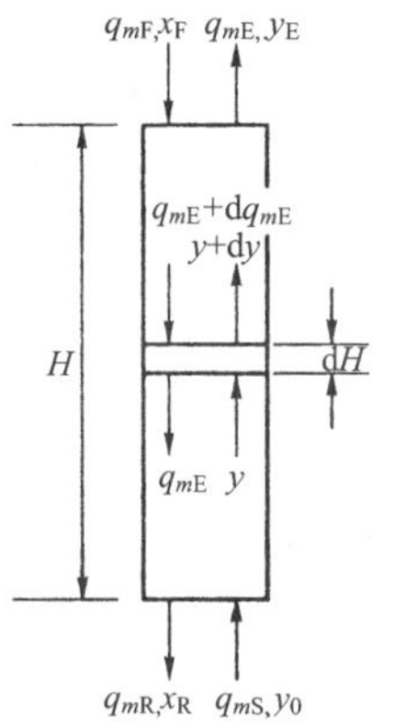

图 7-23 微分接触式逆流萃取

$$d(q_{mE}y)=K_ya\Omega(y_e-y)dH$$

$$dH=\frac{d(q_{mE}y)}{K_ya\Omega(y_e-y)} \tag{7-28}$$

式中 K_ya—— 萃取相体积总传质系数，$kg/(m^3 \cdot h)$；

Ω—— 塔的横截面积，m^2；

y_e—— 和萃余相组成相平衡的萃取相组成，质量分数。

将式(7-28) 积分，得

$$H=\int_{y_0}^{y_E}\frac{d(q_{mE}y)}{K_ya\Omega(y_e-y)} \tag{7-29}$$

式中 y_0—— 原始萃取剂中溶质的组成，质量分数；

y_E—— 最终萃取相中溶质的组成，质量分数。

原则上，对式(7-29) 从塔顶到塔底，即从 $y=y_0$ 到 $y=y_E$ 积分，可求得塔高。积分的困难在于 q_{mE} 与 K_ya 也是变量，因此需视 q_{mE} 与 K_ya 随 y 的变化情况适当处理。

当萃取相中溶质浓度较低，且两溶剂不互溶时，q_{mE} 可视为常数，如 K_ya 也可取平均值作为常数，则对式(7-29) 积分可得

$$H=\frac{q_{mE}}{K_ya\Omega}\int_{y_0}^{y_E}\frac{dy}{y_e-y} \tag{7-30}$$

令

$$H_{OE}=\frac{q_{mE}}{K_ya\Omega} \tag{7-31}$$

$$N_{OE}=\int_{y_0}^{y_E}\frac{dy}{y_e-y} \tag{7-32}$$

式中 H_{OE}—— 稀溶液时萃取相总传质单元高度，m；

N_{OE}—— 稀溶液时萃取相总传质单元数。

因此

$$H=H_{OE}\cdot N_{OE} \tag{7-33}$$

同理，对于萃余相也可写出相似的计算公式。

$$H=H_{OR}\cdot N_{OR} \tag{7-34}$$

$$H_{OR}=\frac{q_{mR}}{K_xa\Omega} \tag{7-35}$$

$$N_{OR}=\int_{x_F}^{x_R}\frac{dx}{x_e-x} \tag{7-36}$$

式中 K_xa—— 萃余相体积总传质系数，$kg/(m^3 \cdot h)$；

x_e—— 和萃取相组成相平衡的萃余相组成，质量分数；

H_{OR}—— 稀溶液时萃余相总传质单元高度，m；

N_{OR}—— 稀溶液时萃余相总传质单元数。

通常传质单元数由操作数据和相平衡数据计算，而传质单元高度根据具体设备和操作条件由实验测定。对于萃取相或萃余相中溶质浓度较高时，萃取塔中萃取段的有效高度的计算本章不做介绍。

7.3.5 回流萃取

在多级逆流或微分接触式逆流操作中，若采用纯溶剂，选择适宜的溶剂比，则只要理论级数足够多，就可使最终萃余相中的溶质组成降至很低，从而在萃余相脱除所含的溶剂后得到较纯的原溶剂。而萃取相则不然，由于受到系统的平衡关系限制，最终萃取相中的溶质组成不会超过与进料组成相平衡的组成，因而萃取相脱除溶剂后得到的萃取液中仍含有较多的原溶剂。为了得到具有更高溶质组成的萃取相，可仿照精馏中采用回流的方法，使最终萃取相脱除溶剂后的萃取液部分返回塔内作为回流，这种操作称为回流萃取。回流萃取操作可在分级接触式或连续接触式设备中进行。

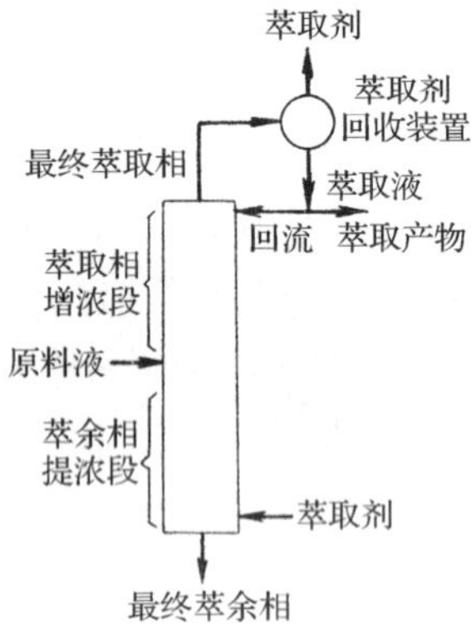

图 7-24 回流萃取操作流程

回流萃取操作流程如图 7-24 所示。原料液和新鲜溶剂分别自塔的中部和底部进入塔内，最终萃余相自塔底排出，塔顶最终萃取相脱除溶剂后，一部分作为塔顶产品采出，另一部分作为回流返回塔顶。

进料口以上称为洗涤段或增浓段，进料口及其以下塔段称为萃取段或提浓段。在提浓段，萃取相组成在上升过程中逐渐增加，萃余相组成在下降过程中逐渐降低，在两相逆流接触过程中，溶质不断地由萃余相进入萃取相，使萃余相中原溶剂的组成逐渐增加，溶质组成逐渐下降，故只要提浓段高度足够，就可使萃余相中的原溶剂组成足够高，从而在脱除溶剂后得到原溶剂组成很高的萃余液。

在增浓段，由于萃取剂对溶质具有较高的选择性，故在两相逆流接触过程中，溶质将从回流液进入萃取相，而萃取相中的原溶剂则向回流液中转移。如此相际传质的结果，将使萃取相中溶质组成逐渐增加，原溶剂的组成逐渐下降，故只要增浓段高度足够，且组分 B、S 互溶度很小，就可以使萃取相中的溶质组成足够高，从而在经萃取剂回收装置脱除溶剂后获得的萃取液溶质组成很高。显然，选择性系数 β 越大，溶质与原溶剂的分离越容易，回流萃取达到规定的分离要求所需的理论级数就越少，相应的提浓段和增浓段高度也越小。

7.4 超临界气体萃取简介

处于超临界条件下的气体对于液体和固体具有显著的溶解能力，而且随着压力和温度的变化，溶解能力可在相当大的范围内变化。用超临界温度和临界压力状态的气体为溶剂，使之与液体或固体原料接触，萃取溶质，再将萃取液分离成溶质和溶剂的操作称为超临界气体萃取。超临界气体又称为超临界流体，属高密度气体或超高压气体。

超临界气体萃取的主要特点是在被分离物中加入一种惰性气体，使其处于临界温度和压力以上，即成为所谓的超临界气体，这时的载气尽管处于很高压力之下，也不能凝缩成为液体，而是始终保持气体状态。在这种条件下，尽管温度不高，却有大量的难挥发性物质进入气相，与该物质在同温度下的蒸气压相比高出 $10^5 \sim 10^6$ 倍。倘若将这种富集了难挥发物质的载气压力降低，难挥发物质将从气相凝析出来，从而实现溶质和气体溶剂的分离。临界或临界点附近的纯物质常被作为溶剂使用。如二氧化碳具有密度高、不燃、无极性、无毒、安全、价格低廉和易于获得等优点，非常适宜用作超临界萃取的溶剂。超临界气体具有气体和液体的中间性质，黏度约为液体的 1%，扩散系数约为液体的 100 倍，因此萃取速度比用液体作溶剂时更有利。

为了使溶解度和选择性更好，可以加入第三种组分使之形成共沸混合物并作为混合溶剂，加入的组分称为助溶剂。亦可使用比临界温度稍低的高压液体作为溶剂。超临界萃取的基本特点如下：

（1）超临界萃取过程操作压力较高。

（2）超临界萃取操作温度一般较低。超临界气体可以在常温或不太高的温度下溶解或选择性溶解难挥发的物质，形成一个负载的超临界相，适用于热敏性和易挥发物质的分离。

（3）超临界萃取同时应用了蒸馏和萃取原理，即与蒸气压和相分离都有关。

（4）体系的沸点和溶解度与气体溶剂和溶质的种类有关。

（5）超临界气体的溶解能力与其密度有关，溶解能力随密度增加而提高。当密度恒定时，则随温度升高而提高。

（6）降低超临界相的压力，可以将其中难挥发物质凝析出来。

（7）超临界气体兼有液体和气体的特点，其萃取效率一般要高于液体萃取。更重要的是它不会引起被萃取物质的污染，而且无须进行溶剂蒸馏。

（8）当溶质在操作温度下为固体时，是气固平衡；当溶质在操作温度下为液体时，是气液平衡。

超临界萃取研究始于 20 世纪 60 年代，正式应用于 20 世纪 70 年代。目前，在化学工业中主要用于废水中微量有机物的去除，共沸混合物的分离，有机化学品的制取等；在医药工业及香料工业中用于药品中有效成分的萃取，脂肪质的分离精制，天然香料的萃取；在食品工业中用于植物油的萃取，咖啡和茶的脱咖啡因，天然色素的萃取等；在能源工业和其他工业中的应用有煤的有效成分提取，渣油脱沥青，重金属及废油的再生，吸附剂再生以及超临界气体色谱的应用等；在大规模生产装置中获得应用的有从石油残渣油中回收各种油品，从咖啡中脱除咖啡因，从酒花中提取有效成分等。

随着科学技术的进步，超临界萃取在食品、医药和精细化工的发展以及石油和煤的深度加工和综合利用，将日益显示出其重要性，并且有越来越广的应用范围。

7.5 液液萃取设备

7.5.1 萃取设备的基本要求与分类

1. 萃取设备的基本要求

对萃取设备的基本要求是为萃取操作提供适宜的传质条件。为了使溶质更快地从原料液进入萃取剂,应使两相充分有效地接触并伴有较高程度的湍流。通常萃取过程中一个液相为连续相,另一个液相以液滴的形式分散在连续的液相中,称为分散相,液滴表面即为两相接触的传质面积。液滴越小,两相的接触面积越大,传质也越快。因此,分散的两相必须进行相对流动以实现液滴聚集与两相分层。同样分散相液滴越小,两相的相对流动越慢,聚合分层越困难。因此,上述两个基本要求是互相矛盾的,在进行萃取设备的设计时,应综合考虑确定适宜的方案。

2. 萃取设备的分类

萃取设备通常按三个依据进行分类:产生逆流流动的方法;接触方式;两相分离方式。萃取设备的分类方法通常有以下几种:

(1) 按两相接触方式分类

萃取设备分为逐级接触式和微分接触式。对于逐级接触式设备,两相逐级接触传质,浓度阶跃式变化。逐级接触式操作可用于间歇操作,亦可用于连续操作。对于微分接触式设备,两相连续接触传质,两相组成连续变化。微分接触式操作用于连续操作。

(2) 按外界是否输入机械能分类

如果两相密度差较大,两相的分散和流动靠密度差即可实现,此设备是重力流动设备,不需要外加功。如果两相密度差较小,界面张力较大,液滴不易分散,就需借助外加能量,如搅拌、振动等来实现分散和流动。

(3) 按设备结构特点和形状分类

萃取设备分为组件式和塔式。组件式多由单级萃取设备组合,根据需要可灵活增减。塔式萃取设备有板式塔、喷洒塔和填料塔等。此外还有一类设备是离心萃取设备。

7.5.2 常用萃取设备简介

1. 混合-澄清槽

混合-澄清槽问世最早,目前仍广泛使用。如图 7-25 所示,它由混合器和澄清槽组成,混合器内有搅拌器。原料液和溶剂同时加入混合器,经搅拌器搅拌,两相充分混合传质,然后流入澄清槽进行沉降分相,即形成重相和轻相。重相和轻相分别从排出口引出。为进一步分离混合物,可将多个混合-澄清槽按逆流或错流流程组合,所需级数按分离要求确定。

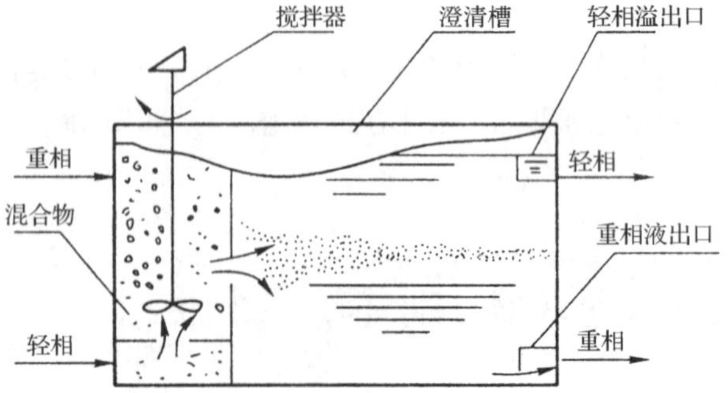

图 7-25 混合-澄清槽

混合-澄清槽有以下优点:

(1) 处理量大,传质效率高,一般单级效率超过 80%。

(2) 结构简单,容易放大和操作。

(3) 两相流量比范围大，运转稳定可靠，易于开、停工。对物系适应性好，对含有少量悬浮固体的物料也能处理。

(4) 易实现多级连续操作，便于调节级数。

混合-澄清槽有以下缺点：

(1) 一般混合-澄清槽占地面积大，溶剂储量大。

(2) 由于需要动力搅拌装置和级间的物流输送设备，因此设备费和操作费较高。

混合-澄清槽广泛应用于湿法冶金工业、原子能工业和石油化工工业，尤其在所需级数少、处理量大的场合，具有一定的实用性和经济性。

2. 塔式萃取设备

通常将高径比很大的萃取装置称为塔式萃取设备。塔式萃取设备分为逐级接触式和微分接触式。在逐级接触式的塔式萃取设备内，两相的混合和分离交替进行。在微分接触式设备内，则分区进行。不同的塔式萃取设备分别采用了不同的结构和方式以促进两相的混合和分离。

(1) 喷洒塔

喷洒塔又称喷淋塔，是微分接触式设备，如图7-26所示。轻重两相分别从塔底和塔顶加入，由于两相存在密度差，使得两相逆向流动。分散装置将其中一相分散成液滴群，在另一连续相中浮升或沉降，使两相接触传质。分散相如果是轻相，轻相液滴扩散到塔顶扩大处，合并形成清液层排出，重相在塔底排出。分散相如果是重相，液滴降到塔底扩大处凝聚形成重相液层排出，轻相作为连续相，由下部进入，沿轴向浮升到塔顶，两相分离后由塔顶排出。

喷洒塔无任何内件，阻力小，结构简单，投资费用少，易维护。但两相很难均匀分布，轴向返混严重。分散相在塔内只有一次分散，无凝聚和再分散作用，因此提供的理论级数不超过1～2级，分散相液滴在运动中一旦合并很难再分散，导致沉降或浮升速度加大，相际接触面和时间减少，传质效率低。另外，分散相液滴在缓慢的运动中表面更新慢，液滴内部湍动程度低，传质系数小。

(2) 筛板萃取塔

筛板萃取塔是逐级接触式设备，依靠两相密度差，在重力作用下两相进行分散并逆向流动。其结构类似气液传质设备的筛板塔，如图7-27所示。筛孔孔径为3～9 mm，孔间距为孔径的3～4倍，开孔率变化范围较宽。工业上常用的板间距为150～600 mm。塔盘上不设出口堰。两相物流在塔内的流程和气液传质类似。若以轻相为分散相，则轻相从塔下部进入，重相从塔上部进入。轻相如蒸馏中的气相，重相如蒸馏中的液相。轻相穿过筛板分散成细小的液滴进入筛板上的连续相——重相层，液滴在重相层内浮升过程中进行传质。穿过重相层的轻相液滴开始合并凝聚，聚集在上层筛板的下侧，实现轻、重组分的分离，并进行轻相的自身混合。当轻相再一次穿过筛板时，轻相再次分散，液滴表面得到更新。这样分散、凝聚交替进行，直到塔顶进行澄清、分层、排出。而连续相重相进入塔内，横向流过塔板，在筛板上和分散相液滴接触和萃取后，由降液管流到下一层板。重复以上过程，直到在塔底和轻相分离形成重相液层排出。如果重相是分散相，则筛板结构如图7-28所示，犹如倒置的筛孔板塔，降液管变成升液管。轻相从筛板下侧横向流过，从升液管进入上一层板。而重相在重力作用下分散成细小液滴，在轻相层中沉降，进行传质。穿过轻相层的重相液滴开始合并、凝聚，聚集在下层筛板上侧。通过多次分散和凝聚实现两相分离，其过程和轻相为分散相完全类似。

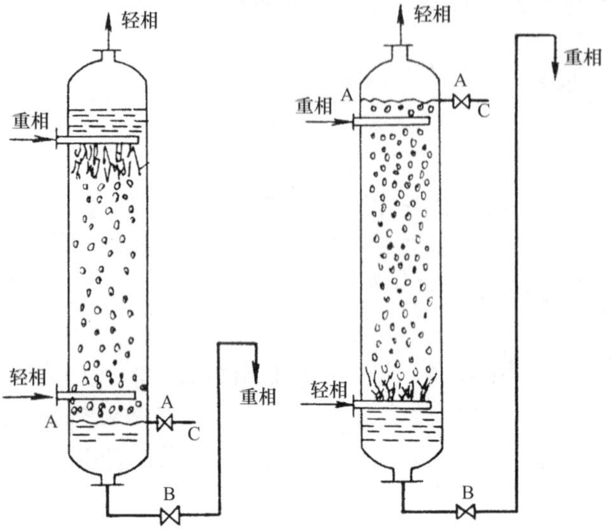

(a)重相为分散相　　(b)轻相为分散相

图 7-26　喷洒塔

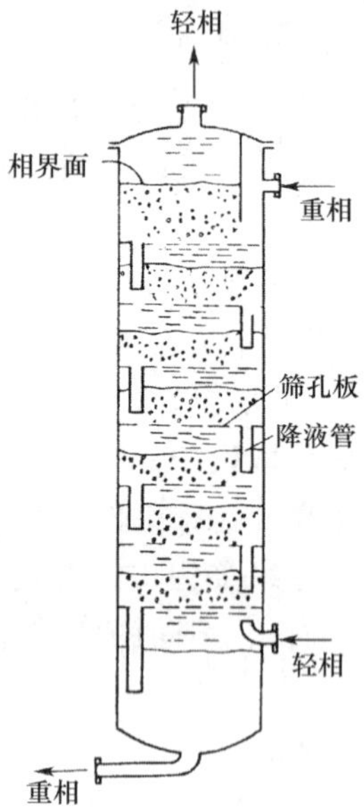

图 7-27　筛板萃取塔(轻相为分散相)

为提高板效率,便于分散相在筛板上形成液滴,筛板应优先选择易被连续相润湿的材料或用塑料涂层。为获得更大的传质面积,应选择体积流量大的相为分散相。

筛板萃取塔由于塔板的限制,减少了轴向返混,同时由于分散相的多次分散和聚集,液滴表面不断更新,因而传质效率较高。加之筛板塔结构简单,造价低廉,可处理腐蚀性料液,因而在工业萃取中得到了广泛应用。

(3) 填料萃取塔

填料萃取塔的结构与精馏和吸收所用的填料塔基本相同,如图 7-29 所示。塔内装填适宜的填料。重相由塔顶进入,塔底排出。轻相由塔底进入,从塔顶排出。连续相充满整个塔。分散相由分布器分散成液滴进入填料层,在与连续相逆流接触中进行传质。在塔内,流经填料表面的连续相扩展为界面和分散相接触。或使流经填料表面的分散相液滴不断破裂和再生。离开填料时,分散相液滴又重新混合,促使表面不断更新。此外,还能抑制轴向返混。

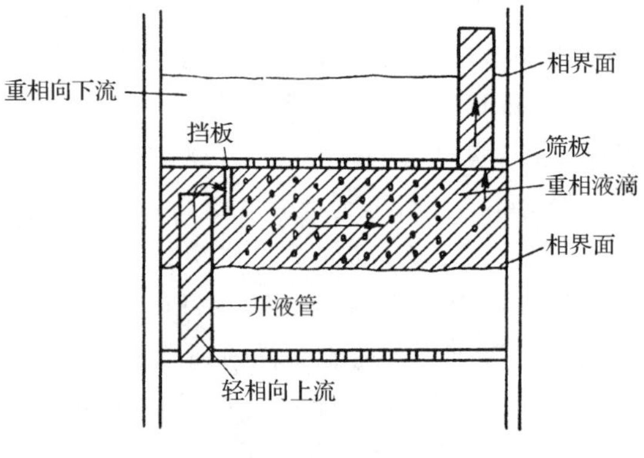

图 7-28　筛板结构示意图(重相为分散相)

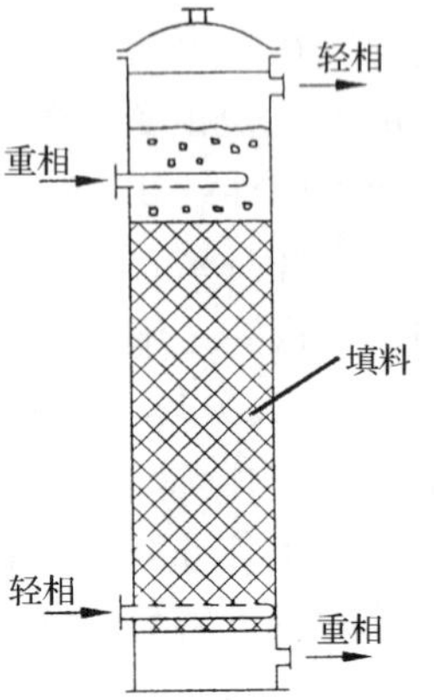

图 7-29　填料萃取塔

为增大相际传质面积，提高传质速率，应选择适当的分散相。为减少塔的壁效应，填料尺寸应小于塔径的1/8～1/10。同时，填料层也应分段放置，各段之间设再分布器。每段填料层高度按经验范围确定。选择填料材质时，除考虑料液的腐蚀性外，还应使填料优先被连续相润湿而不被分散相润湿。塑料和石墨填料易被大部分有机液体润湿。对于金属填料，二者均可润湿。

填料萃取塔结构简单，造价低廉，操作方便，适合于处理腐蚀性料液。尽管传质效率较低，在工业上仍有一定应用。一般在工艺要求的理论级小于3、处理量较小时，可考虑采用填料萃取塔。

(4) 脉冲筛板萃取塔

脉冲筛板萃取塔是外加能量使液体分散的塔式设备，其结构如图7-30所示。塔两端直径较大部分分别为上澄清段和下澄清段。中间为两相传质段，其中装有很多块具有小孔的筛板，筛板间距通常为50 mm，没有降液管。在塔的下澄清段设有脉冲管，由脉冲发生器提供液体的脉冲运动。脉冲作用使塔内液体做上下往复运动，迫使液体经过筛板上的小孔，使分散相以较小的液滴分散在连续相中，并形成强烈的湍动，促进传质过程进行。在脉冲筛板塔内两相的逆流也是通过脉冲运动来实现的。

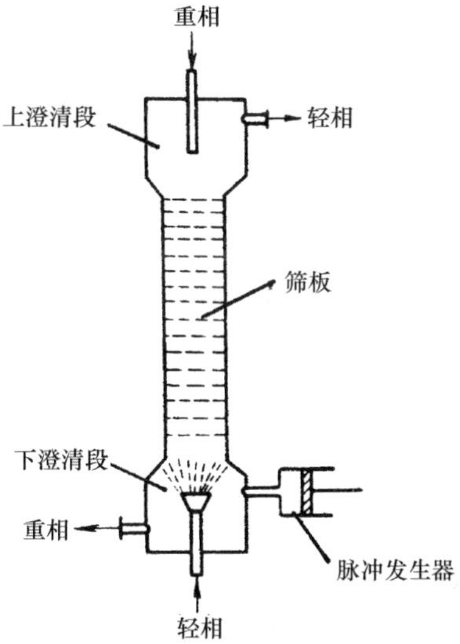

图7-30　脉冲筛板萃取塔

脉冲强度，即输入能量的强度，由脉冲的振幅 A 与频率 f 的乘积 Af 表示，称为脉冲速度。它是脉冲筛板萃取塔操作的主要条件。脉冲速度小，液体通过筛板小孔的速度小，液滴大，湍动弱，传质效率低；脉冲速度增大，形成的液滴小，湍动强，传质效率高。但是脉冲速度过大，液滴过小，液体轴向返混严重，传质效率反而降低，且易液泛。通常脉冲频率为30～200 min^{-1}，振幅为9～50 mm。

脉冲筛板萃取塔的优点是结构简单，传质效率高，可以处理含有固体粒子的料液，在核工业中获得广泛的应用。近年来在湿法冶金和石油化工中的应用也日益受到重视。

脉冲筛板萃取塔的缺点是液体通过能力小，塔径大时产生脉冲运动比较困难。

(5) 往复振动筛板塔

往复振动筛板塔的结构与脉冲筛板萃取塔类似,也是由一系列筛板构成,不同的是这些筛板均固定在可以上下运动的中心轴上,图 7-31 是其结构示意图。操作时由装在塔顶的驱动机械带动中心轴使筛板做往复运动。当筛板向上运动时,迫使筛板上侧的液体经筛孔向下喷射;当筛板向下运动时,又迫使筛板下侧的液体向上喷射。如此随着筛板的上下往复运动,使塔内液体做类似于脉冲筛板塔内的往复运动,因此塔内两相接触面积大,湍动强,传质效率高。

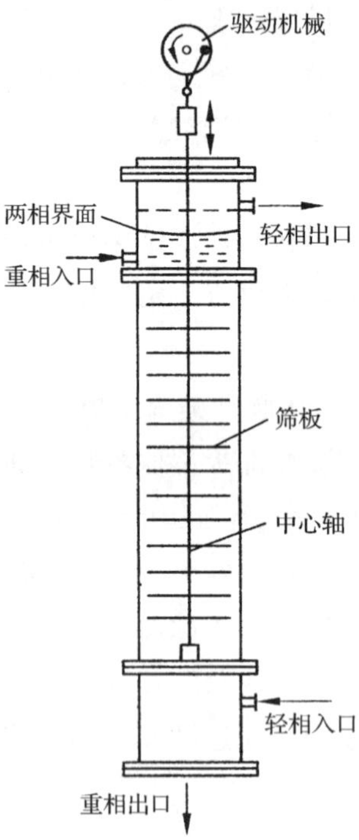

图 7-31　往复振动筛板塔

往复振动筛板塔的孔径较大,一般为 7 ~ 16 mm,开孔率达 55%。由于开孔率大,故液体阻力较小,生产能力较大。与脉冲筛板塔类似,往复振动筛板塔的传质效率主要与往复频率和振幅有关。当振幅一定时,频率加大,效率提高。但频率加大,流体通量变小。要选择合适的频率,才能使通量和效率均佳。一般往复振动的振幅为 3 ~ 50 mm,频率为200 ~ 1 000 min^{-1}。

往复振动筛板塔具有结构简单、通量大、效率高以及可以处理易乳化和含有固体的物系等特点,目前已广泛应用于石油化工、食品、制药和湿法冶金工业。

3. 离心萃取器

离心萃取器是利用离心力的作用使两相快速混合、快速分离的萃取装置。离心萃取器的类型较多,按两相接触方式可分为逐级接触式和微分接触式两类。在逐级接触式萃取器中,两相的作用过程与混合 - 澄清槽类似。而在微分接触式萃取器中,两相接触方式则与连续逆流萃取塔类似。

(1) 转筒式离心萃取器

转筒式离心萃取器是一种单级接触式离心萃取器,其结构如图 7-32 所示。重相和轻相由底部的三通管并流进入混合室,在搅拌桨的剧烈搅拌下,两相充分混合进行传质,然后共同进入高速旋转的转筒。在转筒中,混合液在离心力的作用下,重相被甩向转鼓外缘,而轻相则被挤向转鼓中心。两相分别经轻、重相堰,流至相应的收集室,并经各自的排出口排出。

转筒式离心萃取器结构简单,效率高,易于控制,运行可靠。

(2) 波德式离心萃取器

波德式离心萃取器亦称离心薄膜萃取器,简称 POD 离心萃取器,是一种微分接触式萃取设备,其结构如图 7-33 所示。波德式离心萃取器由一水平转轴和随其高速旋转的圆形转鼓以及固定的外壳组成。转鼓由多孔的长带卷绕而成,其转速很高,一般为 2 000 ~5 000 r/min,操作时轻、重两相分别由转鼓外缘和转鼓中心引入。由于转鼓旋转时产生的离心力作用,重相从中心向外流动,轻相则从外缘向中心流动,同时液体通过螺旋带上的小孔被分散,两相在逆向流动过程中，于螺旋形通道内密切接触进行传质。最后重相和轻相分别由位于转鼓外缘中心的出口通道流出。它适合于处理两相密度差很小或易乳化的物系。波德式离心萃取器的传质效率很高，其理论级数为 3 ～ 12。

离心萃取器的优点是结构紧凑，生产强度高，物料停留时间短，分离效果好，特别适用于两相密度差小、易乳化、难分相及要求接触时间短、处理量小的场合。缺点是结构复杂，制造困难，操作费高。

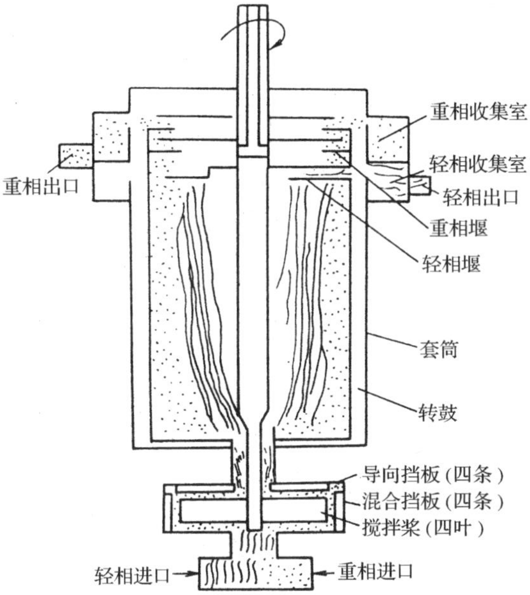

图 7-32 转筒式离心萃取器

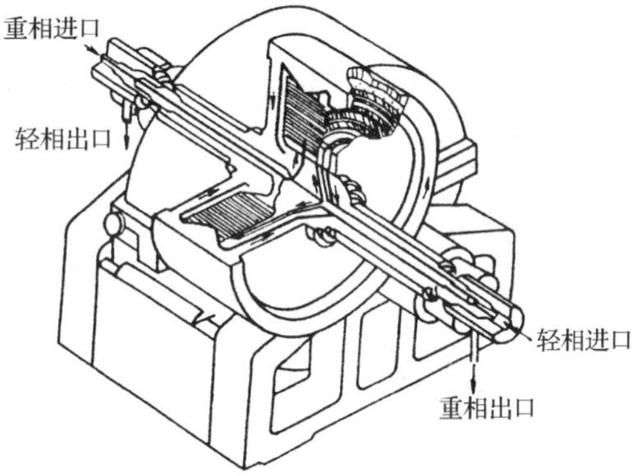

图 7-33 波德式离心萃取器

7.5.3 萃取设备的选择

影响萃取操作的因素很多，如物系性质、操作条件和设备结构等。针对某一物系，在一定的操作条件下，选择适宜的萃取设备以满足生产要求是十分必要的。选择原则如下：

(1) 稳定性及停留时间

有些物系的稳定性很差，要求停留时间尽可能短，选择离心萃取器比较适宜。反之，在萃取过程中伴随有较慢的化学反应，要求有足够的停留时间，选择混合 - 澄清槽比较合适。

(2) 所需理论级数

对某些物系达到一定的分离要求，所需的理论级数较少，如 2 ～ 3 级，各种萃取设备都可以满足。如果所需的理论级数为 4 ～ 5 级，一般选用转盘塔、脉冲塔和振动筛板塔。如果所需的理论级数更多，可选用有外加能量的设备，如混合 - 澄清槽、脉冲筛板塔、往复振动筛板塔等。

(3) 物系的物性

液滴的大小和运动状态与物系的界面张力和两相密度差的比值有关。若其比值较大，物系的界面张力可能较大，液滴较大，不易分散，或两相密度差较小，则相对运动的速度较小，使得相际接触面积减少，湍流程度差，需要外加能量的输入。如果物系易产生乳化，不易分相，选择离心萃取器。反之，物系的界面张力和两相密度差的比值较小时，物系的界面张力可能较小，或两相密度差较大，选择重力流动式比较适宜。

(4) 生产能力

若生产处理量较小或通量较小，应选择填料塔或脉冲塔。反之，选择筛板塔、混合-澄清槽和离心萃取器等。

(5) 防腐蚀及防污染要求

有些物系具有腐蚀性，应选择结构简单的填料塔，其填料可选用耐腐蚀材料。对于有污染的物系，如有放射性的物系，为防止外泄污染环境，应选择屏蔽性能良好的设备，如脉冲塔。

(6) 其他

在选用萃取设备时，还应考虑其他一些因素，如能源供应情况，在电力紧张地区应尽可能选用依靠重力流动的设备。当厂房面积受到限制时，宜选用塔式设备；而当厂房高度受到限制时，则宜选用混合-澄清槽。

思考题

7-1 萃取操作的原理是什么？它在工业生产中有哪些应用？

7-2 对于一种液体混合物，如何决定是采用蒸馏方法还是萃取方法分离？

7-3 如何用三角形坐标图表示三相组成？

7-4 何谓联结线和临界混溶点？如何在溶解度曲线上求取辅助曲线？

7-5 分配系数的定义是什么？它与联结线的斜率有什么关系？

7-6 何谓选择性系数？有何物理意义？为什么说 $\beta = 1$ 的物系不能用萃取方法分离？

7-7 温度对萃取分离效果有何影响？

7-8 选择萃取剂时应考虑哪些因素？

7-9 何谓理论级？在萃取计算中有何作用？为什么一个实际萃取级达不到一个理论级的萃取效果？

7-10 简述用图解法进行单级萃取过程计算的方法和步骤。

7-11 何谓多级错流萃取和多级逆流萃取？各有什么特点？

7-12 简述混合-澄清槽、喷洒塔、筛板萃取塔、填料萃取塔、脉冲筛板萃取塔、往复振动筛板塔、离心萃取器的结构、操作原理及主要特点，选择萃取设备的主要依据是什么？

7-13 什么是超临界萃取？它有哪些优点？

习　题

7-1 丙酮-醋酸乙酯-水的三元混合液在 30 ℃ 时的平衡数据见表 7-2。

表 7-2　习题 7-1 附录

序号	醋酸乙酯相(质量分数)			水相(质量分数)		
	A	B	S	A	B	S
1	0.00	96.5	3.50	0.00	7.40	92.6
2	4.80	91.0	4.20	3.20	8.30	88.5
3	9.40	85.6	5.00	6.00	8.00	86.0
4	13.50	80.5	6.00	9.50	8.30	82.2
5	16.6	77.2	6.20	12.8	9.20	78.0
6	20.0	73.0	7.00	14.8	9.80	75.4
7	22.4	70.0	7.60	17.5	10.2	72.3
8	26.0	65.0	9.00	19.8	12.2	68.0
9	27.8	62.0	10.2	21.2	11.8	67.0
10	32.6	51.0	13.4	26.4	15.0	58.6

要求：(1) 绘出以上三元混合物的三角形相图及辅助曲线；(2) 若将 50 kg 含丙酮 0.3(质量分数，下同)、醋酸乙酯 0.7 的混合液与 100 kg 含丙酮 0.1、水 0.9 的混合液混合，所得的混合物总组成为多少？确定其在相图中的位置；(3) 以上两种混合物混合后所得两共轭相的组成及质量分别为多少？[M(0.19，0.29，0.52)；E(0.22，0.04，0.74)；103.7 kg；R(0.07，0.91，0.02)；46.3 kg　作图人为误差较大，答案仅供参考]

7-2　现有含 15%(质量分数)醋酸的水溶液 30 kg，用 60 kg 纯乙醚在 25 ℃ 下做单级萃取，25 ℃ 时水(B)-醋酸(A)-乙醚(S)的平衡数据见表 7-3。试求：(1) 萃取相、萃余相的量及组成；(2) 平衡两相中醋酸的分配系数、溶剂的选择性系数。

表 7-3　习题 7-2 附录

序号	水层(质量分数)			乙醚层(质量分数)		
	A	B	S	A	B	S
1	0	93.2	6.7	0	2.3	97.7
2	5.1	88.0	6.9	3.8	3.6	92.6
3	8.8	84.0	7.2	7.3	5.0	87.7
4	13.8	78.2	8.0	12.5	7.2	80.3
5	18.4	72.1	9.5	18.1	10.4	71.5
6	23.1	65.0	11.9	23.6	15.1	61.3
7	27.9	55.7	16.4	28.7	23.6	47.7

($m_E = 43.1$ kg，$m_R = 16.9$ kg；$y_A = 0.07$；$y_B = 0.01$；$y_S = 0.92$；$x_A = 0.01$；$x_B = 0.98$；$x_S = 0.01$；$k_A = 7$；$\beta = 700$　作图人为误差较大，答案仅供参考)

7-3　以 100 kg 纯溶剂对 100 kg 含 A、B 的混合液进行单级萃取，从中抽提溶质组分 A。原液中 A 的质量分数为 0.4，操作条件下其溶解度曲线和辅助曲线如图 7-34 所示。试求：(1) 萃取相及萃余相的量和组成；(2) 为使萃余相中的溶质 A 组成降至最小所需的溶剂用量及 $x_{A,\min}$；(3) 为获得萃取液溶质 A 最大组成所需的溶剂用量。

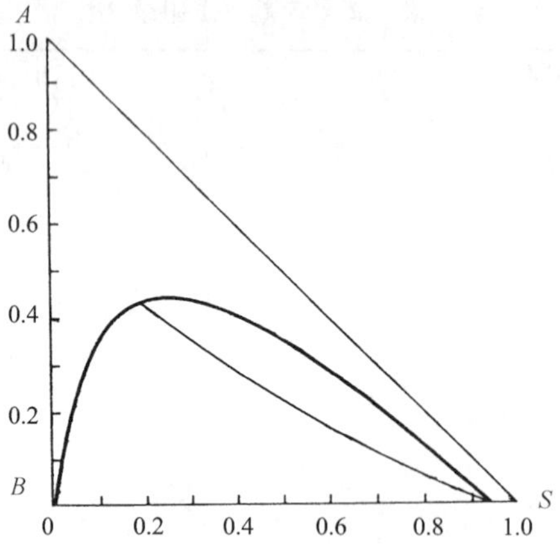

图 7-34　习题 7-3 附图

（$m_E = 136.96$ kg；$m_R = 63.04$ kg；$y_A = 0.26$；$y_B = 0.02$；$y_S = 0.72$；$x_A = 0.09$；$x_B = 0.89$；$x_S = 0.02$；$m_{S,max} = 4\ 300$ kg；$x_{A,min} = 0.01$；$m_S = 206.98$ kg　作图人为误差较大，答案仅供参考）

7-4　在一单级萃取器中，将 350 kg 未知组成的 A、B、S 三组分混合液 F_1 与含组分 A 0.2（质量分数，下同）及组分 B 0.04 的 150 kg 的三组分混合液相混合。静置分层后得到萃取相 180 kg，其中组分 A 的组成为 0.35。试求料液 F_1 及萃余相的组成。操作条件下的溶解度曲线与辅助曲线如图 7-35 所示。（料液组成 $x_A = 0.28$，$x_B = 0.71$，$x_S = 0.01$；萃余相组成 $x_A = 0.12$，$x_B = 0.86$，$x_S = 0.02$　作图人为误差较大，答案仅供参考）

7-5　在互成平衡的均含有 A、B、S 组分的液-液两相中，R 相及 E 相的量分别为 300 kg 和 600 kg，且 R 相中 A 的含量为 0.3（质量分数），该三元混合物系的相图如图 7-36 所示。试求：(1) A、B 组分在两相中的分配系数；(2) 若向混合物中加入溶剂 S，其两相中 A 的组成将如何变化？加入多少溶剂 S 时，系统变成均相混合液？组成为多少？[$k_A = 1.67$；$k_B = 0.35$；$m_S = 23\ 400$ kg；均相时的组成点(0.03，0.01，0.96)　作图人为误差较大，答案仅供参考]

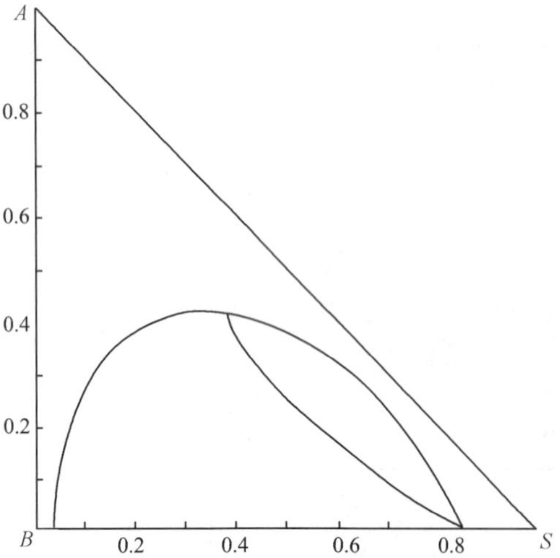

图 7-35　习题 7-4 附图

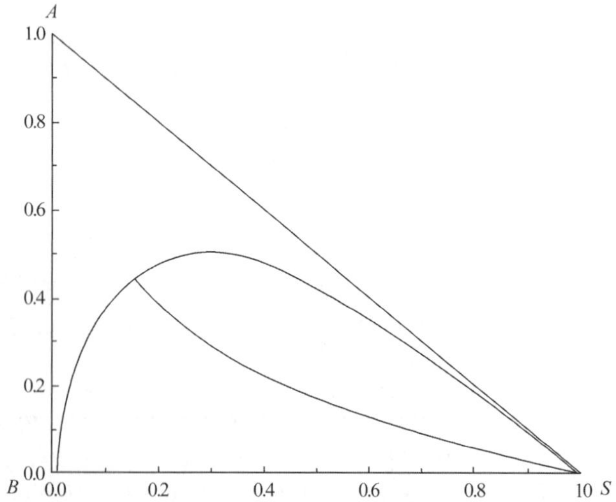

图 7-36　习题 7-5 附图

7-6　以水为萃取剂，采用多级错流萃取操作，从醋酸-氯仿混合液中萃取醋酸。每级加入纯水 500 kg/h，使 1 000 kg/h 的混合液中的醋酸组成由 0.4 降到 0.04（均为质量分数）。25 ℃ 时该物系的平衡数据见表 7-4。试求：(1) 所需的理论级数；(2) 若保持总溶剂用量不变，采用单级萃取，求所得萃余液的组成。（$N = 2$；$x'_A = 0.08$　作图人为误差较大，答案仅供参考）

表 7-4 习题 7-6 附录

序号	氯仿层(质量分数)		水层(质量分数)	
	醋酸	水	醋酸	水
1	0.00	0.99	0.00	99.16
2	6.77	1.38	25.10	73.69
3	17.72	2.28	44.12	48.58
4	25.72	4.15	50.18	34.71
5	27.65	5.20	50.56	31.11
6	32.08	7.93	49.41	25.39
7	34.16	10.03	47.87	23.28
8	42.50	16.50	42.50	16.50

主要符号说明

符号	意义与单位
A	溶质组分
B	原溶剂组分
D	多级逆流萃取极点
E	萃取相
E′	萃取液
F	原料液
H	萃取塔的塔高,m
$HETP$	微分接触式逆流萃取理论级当量高度,m
H_{OE}	稀溶液时萃取相总传质单元高度,m
H_{OR}	稀溶液时萃余相总传质单元高度,m
k_A	溶质 A 的分配系数
k_B	原溶剂 B 的分配系数
K_xa	萃余相总体积传质系数,$kg/(m^3 \cdot h)$
K_ya	萃取相总体积传质系数,$kg/(m^3 \cdot h)$
m_A	溶质组分的质量,kg
m_B	原溶剂组分的质量,kg
m_E	萃取相的质量,kg
m_F	原料液的质量,kg
m_R	萃取相的质量,kg
m_S	溶剂组分用量,kg
$m_{S,max}$	最大溶剂用量,kg
$m_{S,min}$	最小溶剂用量,kg
N	理论级数
N_{OE}	稀溶液时萃取相总传质单元数
N_{OR}	稀溶液时萃余相总传质单元数
q_{mF}	原料液的质量流量,kg/h
q_{mS}	溶剂的质量流量,kg/h
q_{mR}	萃取相的质量流量,kg/h
R	萃余相
R′	萃余液
S	萃取剂(溶剂)组分
x_i(i 为 A、B、S)	萃余相中组分 i 的质量分数
x_F	原料液中溶质 A 的质量分数
y_i(i 为 A、B、S)	萃取相中组分 i 的质量分数
z_i(i 为 A、B、S)	混合液中组分 i 的组成
β	选择性系数

第8章 固体物料的干燥

8.1 概 述

8.1.1 固体去湿方法

在化学工业中，有些固体原料、半成品和成品中含有的水分或其他溶剂(统称为湿分)需要除去，这样的操作称为去湿。去湿方法有三类：

(1)机械去湿法

即通过过滤、压榨、抽吸和离心分离等方法除去湿分，这些方法应用于湿分无须完全除尽的情况，能量消耗较少。

(2)物理化学去湿法

用吸湿性物料如石灰、无水氯化钙等吸收湿分。因这种方法费用高，故只适用于小批量固体物料的去湿，或用于除去气体中的水分。

(3)热能去湿法

即借助热能使溶剂从物料中汽化，并排除所生成的蒸气来除去湿分。这种方法去湿完全，但能耗较大。

用加热的方法使水分或其他溶剂汽化，以除去固体物料中湿分的操作，称为固体物料的干燥。

机械去湿法消耗能量较少，但是只能除去物料中的一部分湿分。在化工生产中，为了使去湿的操作经济而有效，往往先用机械去湿法除去物料中的大部分湿分后再进行干燥，所以干燥操作往往紧跟在结晶、过滤、离心分离等操作过程之后进行，最后得到合格的产品。

干燥的目的是使物料便于运输、加工处理、贮藏和使用。例如，聚氯乙烯的含水量须低于0.2%，否则在其制品中将有气泡生成；抗生素的含水量太高则会影响其使用期限等。干燥在农业部门中也得到普遍的应用，如农副产品的加工。造纸、纺织、制革、木材加工和食品工业中，干燥都是必不可少的操作。

8.1.2 干燥过程的分类

按照操作压力的不同，干燥可分为常压干燥和真空干燥。真空干燥温度较低，适合于热敏性、易氧化或要求产品含湿量极低物料的干燥。

按照操作方式的不同，干燥可分为连续干燥和间歇干燥。连续干燥的优点是生产能力大，热效率高，劳动条件比间歇干燥好，能得到较均匀的产品。间歇干燥的优点是基建费用较低，操作控制方便，适于处理小批量、多品种或要求干燥时间较长的物料。

按照热能传给湿物料的方式，干燥可分为传导干燥、对流干燥、辐射干燥和介电加热干燥，以及由其中两种或三种方式组成的联合干燥。

1. 传导干燥

传导干燥又称间接加热干燥，利用热传导的方式将热量通过金属壁传给湿物料，使湿物料中的湿分汽化，并由周围的气流带走。传导干燥的特点是：热能利用程度较高，但与金属壁面接触的物料在干燥时易过热变质。

2. 对流干燥

对流干燥又称直接加热干燥。载热体（干燥介质）将热能以对流的方式向物料传递热量，将湿物料中湿分汽化，并将湿气带走。对流干燥的特点是：干燥介质通常为热空气，因热空气的温度易调节，物料不易过热；但热空气离开干燥器时，将相当大的一部分热量带走，故热能利用效率比传导干燥低。为了提高热能利用效率，通常采用废气循环等措施降低能耗。

3. 辐射干燥

热以电磁波的形式由辐射器发射至湿物料的表面，被其吸收再转变为热能，将湿分加热汽化，从而达到干燥的目的。

辐射源可分为电能和热能两种。用电能的辐射器采用专供发射红外线、远红外线或微波的装置，照射在被干燥物料上使之加热进行干燥。

4. 介电加热干燥

介电加热干燥是将要干燥的物料置于高频电场内，由于高频电场的交变作用使物料加热而达到干燥的目的。

在传导和对流加热方式的干燥过程中，由于热能皆是从物料表面传至内部，所以物料表面温度高于内部温度，而水分则由内部扩散至表面。在干燥过程中，物料表面水分先汽化，从而形成绝热层，增加内部水分扩散至表面的阻力，所以物料干燥时间较长。而介电加热干燥则相反，湿物料在高频电场内很快被均匀加热，由于水分的介电常数比固体物料的介电常数大得多，在干燥过程中物料内部的水分比表面的水分多，因此物料内部吸收的电能或热能也较多，则物料内部温度比表面温度高。由于温度梯度与水浓度梯度方向相同，故增大了物料内部水分的扩散速率，从而使扩散时间缩短，所得到的干燥产品亦均匀而洁净。但此方法费用较高，所以在工业上的普遍推广受到一定限制。

在上述四种干燥过程中，目前在工业上应用最普遍的是对流干燥。通常使用的干燥介质是空气，被除去的湿分是水分。本章主要讨论这种干燥过程。

8.1.3 对流干燥过程的传热与传质

如图 8-1 所示，在对流干燥过程中，干燥介质热空气将热量 Q 传至物料表面，再由表面传至物料的内部，这是一个传热过程。传热的推动力为空气温度 t 与物料表面温度 θ 之差，即 $\Delta t = t-\theta$。同时，气流中的水蒸气分压 p_v 低于湿物料表面水的分压 p_w，水分汽化并通过物料表面的气膜扩散至热空气的主体，这是一个传质过程。传质的推动力为 $\Delta p_v = p_w - p_v$。由此可见，物料的干燥过程属于传热和传质相结合的过程。

干燥过程进行的条件：被干燥物料表面所产生水蒸气（或其他蒸气）的压力必须大于干燥介质中水蒸气（或其他蒸气）的分压。压差越大，干燥过程进行得越快。所以干燥介质须及时将汽化的水蒸气带走，以保持一定的传质推动力。

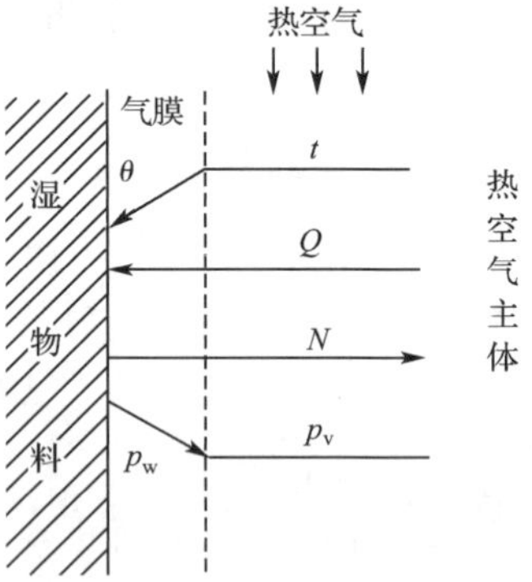

图 8-1　热空气与物料间的传热与传质

8.2 湿空气的性质及湿度图

8.2.1 湿空气的性质

湿空气是干空气和水蒸气的混合物。在对流干燥过程中，最常用的干燥介质是湿空气。干燥时，将湿空气预热成热空气后，与湿物料进行热量与质量交换。可见湿空气既是载热体，又是载湿体。在干燥过程中，湿空气的水蒸气含量、温度及焓等性质都会发生变化。所以，在研究干燥过程之前，首先要了解表示湿空气性质或状态的参数，如湿度、相对湿度、干球温度、露点、湿球温度、湿比体积、湿比热容、焓及绝热饱和温度等物理意义及关系。

1. 湿空气中水蒸气的分压 p_v

作为干燥介质的湿空气是不饱和的空气，即空气中的水蒸气分压低于同温度下水的饱和蒸气压。由于干燥过程的压力较低，因而这种状态下的湿空气通常可作为理想气体来处理。

根据道尔顿分压定律，湿空气的总压 $p_{总}$ 等于绝对干空气的分压 p_a 与水蒸气的分压 p_v 之和。当总压一定时，空气中水蒸气的分压越大，空气中的水蒸气含量亦越大，二者符合以下关系：

$$\frac{n_v}{n_a}=\frac{p_v}{p_a}=\frac{p_v}{p_{总}-p_v} \tag{8-1}$$

式中　n_v—— 湿空气中水蒸气的物质的量，kmol；

n_a—— 湿空气中绝对干空气的物质的量，kmol；

p_v—— 湿空气中水蒸气的分压，kPa。

2. 湿度 H

湿度 H 又称湿含量或绝对湿度，它以湿空气中所含水蒸气的质量与绝对干空气（简称干空气）的质量之比表示。

$$H=\frac{\text{湿空气中水蒸气的质量}}{\text{湿空气中干空气的质量}}=\frac{n_v M_v}{n_a M_a} \tag{8-2}$$

式中 H—— 湿空气的湿度，kg 水 /kg 干空气；

M_v—— 水蒸气的摩尔质量，kg/kmol；

M_a—— 干空气的摩尔质量，kg/kmol。

将式(8-1) 代入式(8-2)，可得

$$H=0.622\times\frac{p_v}{p_{总}-p_v} \tag{8-3}$$

由上式可见，湿度与湿空气的总压及其中水蒸气的分压有关。当总压一定时，湿度则由水蒸气的分压决定。

若水蒸气的分压等于同温度下水的饱和蒸气压 p_s，则表明湿空气呈饱和状态，此时湿空气的湿度称为饱和湿度，用 H_s 表示，即

$$H_s=0.622\times\frac{p_s}{p_{总}-p_s} \tag{8-4}$$

3. 相对湿度 φ

在一定温度及总压下，湿空气中水蒸气的分压 p_v 与同温度下水的饱和蒸气压 p_s 之比的百分数，称为相对湿度，用 φ 表示，即

$$\varphi=\frac{p_v}{p_s}\times 100\% \tag{8-5}$$

当相对湿度 $\varphi=1$ 时，表示湿空气中的水蒸气已达到饱和，此时水蒸气的分压为同温度下水的饱和蒸气压，亦即湿空气中水蒸气分压的最高值。相对湿度 φ 越低，则距饱和程度越远，表示该湿空气吸收水蒸气的能力越强。故相对湿度 φ 能反映湿空气吸收水蒸气的能力，而湿度 H 只能表示出水蒸气含量的绝对值。

将式(8-5) 代入式(8-3)，可得

$$H=0.622\times\frac{\varphi p_s}{p_{总}-\varphi p_s} \tag{8-6}$$

由上式可见，当总压一定时，空气的湿度 H 随着空气的相对湿度及温度而变，即

$$H=f(\varphi,t)$$

4. 湿比体积 v_H

单位质量干空气的体积和所带水蒸气的体积之和称为湿比体积，亦称湿比容，用 v_H 表示，即

$$v_H=\frac{\text{m}^3\ \text{湿空气}}{\text{kg 干空气}}$$

当湿度为 H 时，

$$v_H=v_a+Hv_v$$

式中 v_a—— 干空气的比体积，m^3/kg 干空气；

v_v—— 水蒸气的比体积，m^3/kg 水蒸气。

当压力为 p、温度为 t 时，

$$v_a=\frac{22.4}{29}\times\frac{t+273}{273}\times\frac{101.33}{p}=0.772\times\frac{t+273}{273}\times\frac{101.33}{p} \tag{8-7}$$

$$v_v = \frac{22.4}{18} \times \frac{t+273}{273} \times \frac{101.33}{p} = 1.244 \times \frac{t+273}{273} \times \frac{101.33}{p} \tag{8-8}$$

则湿比体积

$$v_H = (0.772 + 1.244H) \times \frac{t+273}{273} \times \frac{101.33}{p} \tag{8-9}$$

5. 湿比热容 C_H

常压下，将单位质量干空气和所带水蒸气升高 1 ℃ 所需的热量称为湿空气的比热容，简称湿比热，用符号 C_H 表示。根据定义可以写出：

$$C_H = C_a + HC_v = 1.01 + 1.88H \tag{8-10}$$

式中　C_H—— 湿空气的比热容，kJ/(kg 干空气·℃)；

C_a—— 干空气的比热容，约为 1.0 1kJ/(kg 干空气·℃)；

C_v—— 水蒸气的比热容，约为 1.88 kJ/(kg·℃)。

6. 湿空气的焓 I

湿空气中 1 kg 干空气的焓和所带水蒸气的焓之和为湿空气的焓，或称湿空气的热含量。

$$I = I_a + HI_v \tag{8-11}$$

式中　I—— 湿空气的焓，kJ/kg 干空气；

I_a—— 干空气的焓，kJ/kg 干空气；

I_v—— 水蒸气的焓，kJ/kg。

上述空气的焓是根据干空气及液态水在 0 ℃ 时焓为零做基准计算的，因此，对于温度为 t、湿度为 H 的湿空气，其焓包括由 0 ℃ 的水变为 0 ℃ 的水蒸气所需的热及湿空气由 0 ℃ 升温至 t ℃ 所需的显热之和，即

$$I = C_H t + Hr_0 = (1.01 + 1.88H)t + 2\,490H \tag{8-12}$$

式中　r_0——0 ℃ 时水的汽化热，约为 2 490 kJ/kg。

由式(8-12) 可见，湿空气的焓 I 随空气的温度 t、湿度 H 的增大而增大。

7. 露点 t_d

不饱和的湿空气在湿度 H 不变的情况下冷却，达到饱和状态时的温度，称为该湿空气的露点，用符号 t_d 表示。露点是湿空气的一个物理性质，当达到露点时，空气的湿度为饱和湿度。

当空气从露点继续冷却时，其中部分水蒸气便会以水的形式凝结出来。

8. 干球温度 t 及湿球温度 t_w

如图 8-2 所示为干、湿球温度计。温度计的感温球露在空气中，这支温度计称为干球温度计，所测得的温度为空气的干球温度，也是空气的真实温度，用 t 表示。

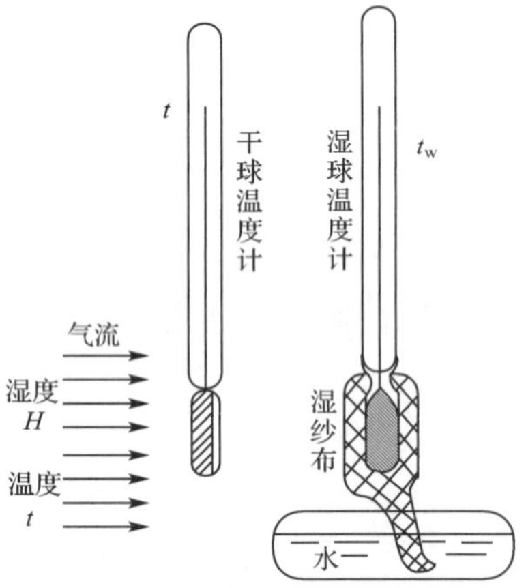

图 8-2　干、湿球温度计

温度计的感温球用纱布包裹，纱布用水保持湿润，这支温度计称为湿球温度计。它在空气中所达到的平衡或稳定的温度称为空气的湿球温度，用符号 t_w 表示。不饱和空气的湿球温度 t_w 低于干球温度 t。

用湿球温度计测定空气湿球温度的机理如下：设有大量的不饱和空气，其温度为 t，水蒸

气分压为 p_v，湿度为 H。该空气以高速（通常气速 > 5 m/s，以减少辐射和热传导的影响）通过湿球温度计的湿纱布表面。设开始时湿纱布水分的温度高于空气的露点，则纱布表面的水蒸气分压比空气中水蒸气分压高，水分便自湿纱布表面汽化，并扩散至空气主体中去。汽化水分所需的潜热，首先只能取自湿纱布中水的显热，因而使水温下降。当水温低于空气的干球温度时，热量则由空气传向纱布中的水分，当由空气到纱布的传热速率恰好等于纱布表面汽化水分所需的传热速率时，达到热平衡，这时湿纱布中的水温即保持恒定，称此时的水温为该空气的湿球温度。因流过湿纱布表面的湿空气流量较大，可认为其温度和湿度均不改变。应指出的是：湿球温度实际上是湿纱布中水分的温度，并不代表空气的真实温度，但它的高低由湿空气的温度、湿度所决定，而与湿纱布水分的初始温度无关。对于某一定干球温度的湿空气，其温度越低，湿球温度就越低。而对于饱和湿空气，其湿球温度与干球温度相等。

9. 绝热饱和温度 t_{as}

如图 8-3 所示为一绝热饱和器，设有温度为 t、湿度为 H 的不饱和空气在绝热饱和器内与大量水接触，水用泵循环，若设备保温良好，则热量只在气液两相之间传递，而对周围环境是绝热的。这时可认为水温完全均匀，故水向空气中汽化时所需的潜热只能取自空气中的显热。这样，空气的温度下降，而湿度增加，即空气失去显热，而水蒸气将此部分热量以潜热的形式带回空气中，故空气的焓值可视为不变（忽略水蒸气的显热），这一过程称为空气的绝热降温增湿过程。空气的绝热降温增湿过程是等焓过程。

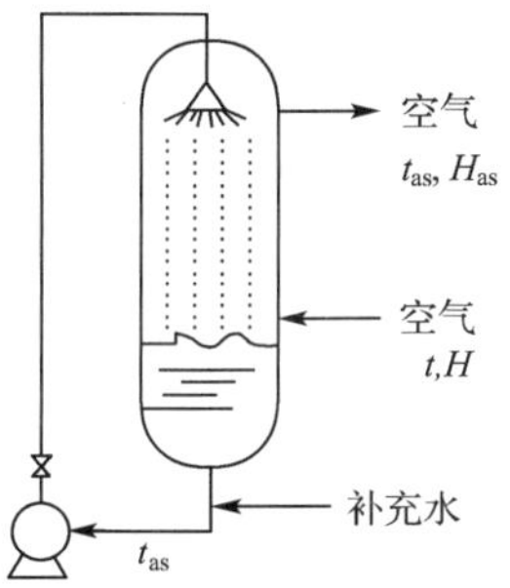

图 8-3　绝热饱和器

绝热降温增湿过程进行到空气被水蒸气所饱和，则空气的温度不再下降，而等于循环水的温度，称此温度为该空气的绝热饱和温度，用符号 t_{as} 表示，其对应的饱和湿度为 H_{as}，此刻水的温度亦为 t_{as}。

应予指出，绝热饱和温度与湿球温度是两个完全不同的概念。前者是湿空气的状态函数，后者则取决于气液两相间的动力学因素。对空气 - 水系统，二者在数值上近似相等，这给干燥计算带来很大方便。因湿球温度 t_w 比较容易测定，而 $t_w = t_{as}$，则可根据空气的干球温度和绝热饱和温度确定空气的状态和其他参数。

从上述结论可看出，空气性质的三个温度 t、t_w（或 t_{as}）及 t_d 的关系如下：

对于不饱和湿空气：

$$t > t_w(t_{as}) > t_d$$

对于饱和湿空气：

$$t = t_w(t_{as}) = t_d$$

【例 8-1】　已知湿空气的总压为 101.3 kPa，相对湿度为 50%，干球温度为 20 ℃。试求：(1) 湿空气的湿度；(2) 湿空气中水蒸气的分压；(3) 露点；(4) 湿空气的湿比体积；(5) 湿空气的湿比热容；(6) 湿空气的焓。

解　$p_{总} = 101.3$ kPa，$\varphi = 50\%$，$t = 20$ ℃，由附录 7 饱和水蒸气表查得，水在 20 ℃ 时的饱和蒸气压 $p_s = 2.33$ kPa。

(1) 湿度 H

$$H = 0.622 \cdot \frac{\varphi p_s}{p_{总} - \varphi p_s} = 0.622 \times \frac{0.5 \times 2.33}{101.3 - 0.5 \times 2.33} = 0.007\ 23\ \text{kg 水 /kg 干空气}$$

(2) 湿空气中水蒸气的分压 p_v

$$p_v = \varphi p_s = 0.5 \times 2.33 = 1.17\ \text{kPa}$$

(3) 露点 t_d

由水蒸气分压查附录 7 得 $t_d = 9$ ℃。

(4) 湿空气的湿比体积

$$v_H = (0.772 + 1.244\ H) \times \frac{t + 273}{273} \times \frac{101.3}{p}$$

$$= (0.772 + 1.244 \times 0.007\ 23)\ \frac{20 + 273}{273} \times \frac{101.3}{101.3} = 0.838\ \text{m}^3\ \text{湿空气}/\text{kg}\ \text{干空气}$$

(5) 湿空气的湿比热容

$$C_H = 1.01 + 1.88H = 1.01 + 1.88 \times 0.007\ 23 = 1.024\ \text{kJ}/(\text{kg 干空气} \cdot ℃)$$

(6) 湿空气的焓

$$I = (1.01 + 1.88H)t + 2\ 490H$$

$$= (1.01 + 1.88 \times 0.007\ 23) \times 20 + 2\ 490 \times 0.007\ 23 = 38.48\ \text{kJ/kg}\ \text{干空气}$$

评析 露点是湿空气在湿度 H 或水蒸气分压 p_v 不变的情况下，冷却达到饱和时的温度，所以从附录 7 水蒸气表中查得 $p_v = 1.17$ kPa 时的温度，即为露点。

8.2.2 湿空气的湿度图

只要规定了表示湿空气性质的参数 p_v、t、φ、H、I、t_w 中两个互相独立的参数，湿空气状态即被确定。确定参数的方法可用前述的公式进行计算，但相对烦琐，而且有时需要用试差法求解。工程上为了方便起见，用算图的形式来表示湿空气各项性质参数之间的关系，这样计算过程就会变得比较简便。下面介绍工程上常用的一种湿度图(也称焓湿图)，即 I-H 图。

1. 焓湿图的构造

在工程计算中，常使用以湿空气的焓 I 为纵坐标、湿度 H 为横坐标的焓湿图，即 I-H 图。

如图 8-4 所示的焓湿图是以总压 101.3 kPa 为基础标绘的。图上任一点都代表一定温度 t 和湿度 H 的湿空气状态。为了避免许多线条挤在一起而难以读出数据，故两轴采用斜角坐标系，其间夹角为 135°。又为了便于读取湿度数据，将横轴上湿度 H 的数值投影于与纵轴正交的辅助水平轴上。图中共有五组线群：

(1) 等湿度线(等 H 线)，是一组与纵轴平行的直线。在同一条等 H 线上的点具有相同的湿度值，其值在水平辅助线上读出。

(2) 等焓线(等 I 线)，是一组与横轴平行的直线。在同一条等 I 线上不同的点所代表的湿空气的状态不同，但都具有相同的焓值，其值在纵轴上读出。

(3) 等温线(等 t 线)，将式(8-12) 改写成

$$I = 1.01t + (1.88t + 2\ 490)H$$

由上式可知，当空气的干球温度 t 不变时，I 与 H 成直线关系，故在 I-H 图上，对应不同的 t，可做出一系列的等 t 线。

不同温度下的等温线是倾斜的，其斜率为 $1.88t + 2\ 490$，故温度愈高，其斜率愈大。因此，许多成直线的等 t 线并不是互相平行的。

(4) 等相对湿度线(等 φ 线)，是根据式(8-6)：

$$H = 0.622 \times \frac{\varphi p_s}{p_{总} - \varphi p_s}$$

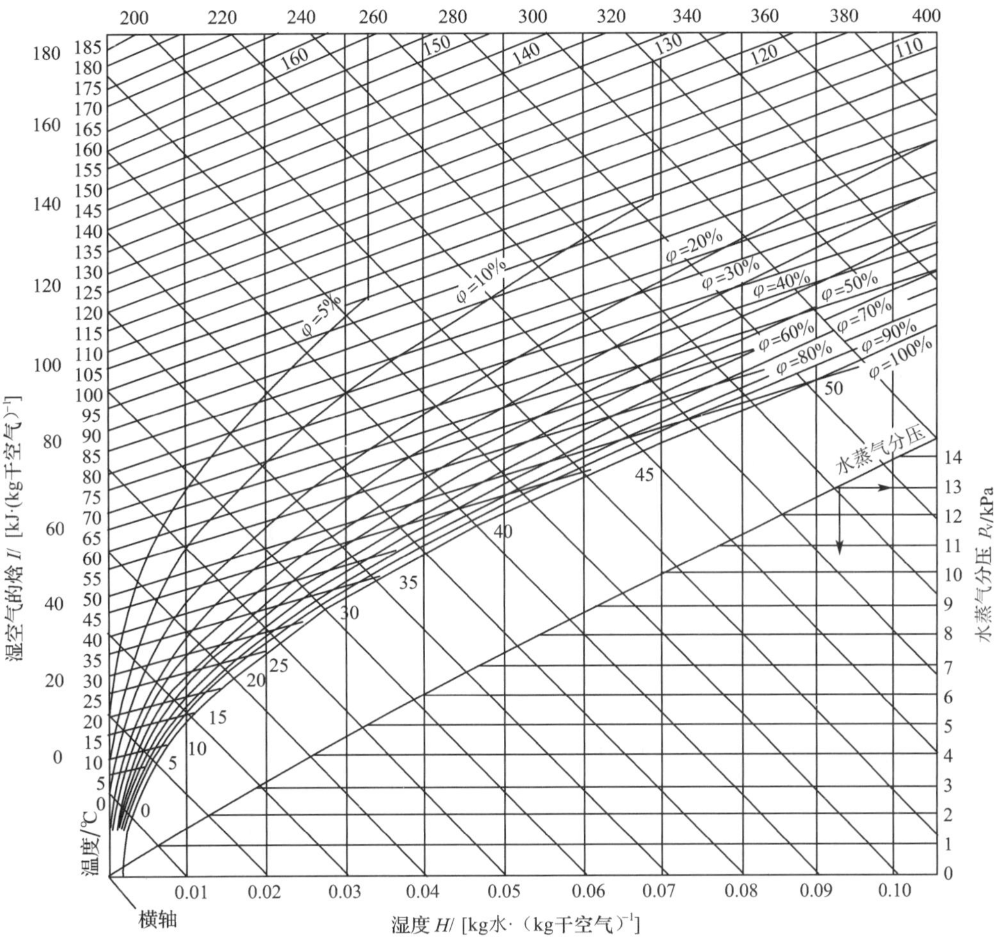

图 8-4　湿空气的 I-H 图(总压 101.33 kPa)

绘制而成的,是一组从坐标原点散发出来的曲线。对于某一 φ 值,若已知温度 t,就可查得对应的饱和蒸气压 p_s,由式(8-6)算出对应的湿度 H,将许多(t,H)点连接起来,就成为某一 φ 值的相对湿度线。同样的方法可绘出 $\varphi=5\%$ 至 100% 的一系列曲线。

由图中可见,当湿空气湿度(H)为一定值时,温度愈高,其相对湿度 φ 值愈低,即其作为干燥介质时,吸收水蒸气的能力愈强,故湿空气进入干燥器之前必须经过预热器预热提高温度,目的除了提高湿空气的焓值使其作为载热体外,也是为了降低其相对湿度而作为载湿体。

图中 $\varphi=100\%$ 的曲线称为饱和空气线,此时空气完全被水蒸气所饱和。饱和空气线以上($\varphi<100\%$)为不饱和区域,此区域对干燥操作有意义;饱和线以下为过饱和空气区,此时湿空气呈雾状,它会使物料增湿,故在干燥操作中要避免。

(5) 水蒸气分压线,表示空气的湿度 H 与空气中的水蒸气分压 p_v 之间的关系。将湿度的表达式改写成

$$p_v=\frac{p_{总}\ H}{0.622+H}$$

由上式可知,当湿空气的总压($p_{总}$)不变时,水蒸气的分压 p_v 随湿度 H 而变化。水蒸气分压标于右端纵轴上,其单位为 kPa。

2. 焓湿图的用法

利用 I-H 图查取湿空气的各项参数非常方便。只要知道表示湿空气性质的各参数中的任意两个在图上有交点的参数，就可以在 I-H 图上定出一个空气状态点，进而查出其他参数。

已知湿空气的某一状态点 A 的位置，如图 8-5 所示。可直接读出通过点 A 的四条参数线的数值，它们是相互独立的参数 t、φ、H 及 I。并可由 H 值从右端纵轴读出水蒸气分压 p_v 值。

由 A 点沿等湿线向下与 $\varphi=100\%$ 饱和空气线相交于 B 点，再由过 B 点的等温线读出露点 t_d 值。

由 A 点沿着等焓线与 $\varphi=100\%$ 饱和空气线相交于 D 点，再由过 D 点的等温线读出湿球温度 t_w（绝热饱和温度 t_{as}）值。

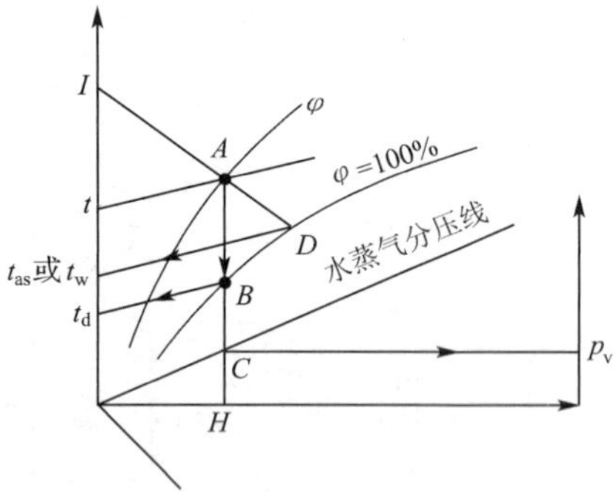

图 8-5　I-H 图的用法

通过上述查图可知，首先必须确定代表湿空气的状态点（例如图 8-5 中的点 A），然后才能查得各种参数。

通常根据下述已知条件之一来确定湿空气的状态点：

(1) 湿空气的干球温度 t 和湿球温度 t_w，如图 8-6(a) 所示。

(2) 湿空气的干球温度 t 和露点 t_d，如图 8-6(b) 所示。

(3) 湿空气的干球温度 t 和相对湿度 φ，如图 8-6(c) 所示。

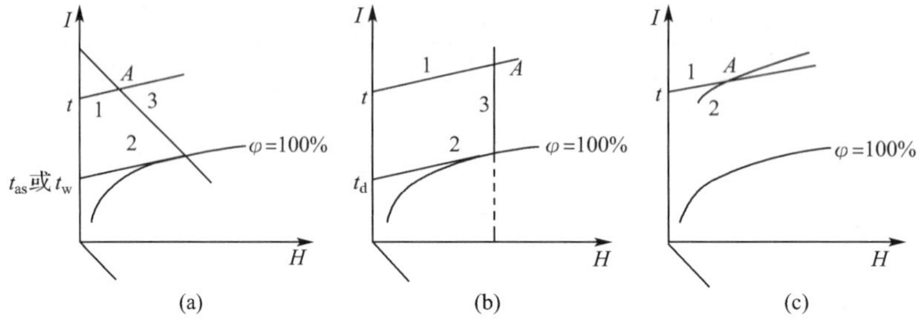

图 8-6　在 I-H 图中确定湿空气的状态点

【例 8-2】 已知湿空气的总压为 101.3 kPa，相对湿度为 50%，干球温度为 20 ℃。试用 I-H 图求解：(1) 湿空气中的水蒸气分压；(2) 湿空气的湿度；(3) 湿空气的焓；(4) 湿空气的露点；(5) 湿空气的湿球温度；(6) 如将干空气流量为700 kg/h 的湿空气从 20 ℃ 预热至117 ℃，求所需热量 Q。

解　如图 8-7 所示，由已知条件：$p_{总}=101.3$ kPa，$\varphi=50\%$，$t_0=20$ ℃，在 I-H 图上定出湿空气的状态点 A 点。

(1) 湿空气中的水蒸气分压

由 A 点沿等 H 线向下交水蒸气分压线

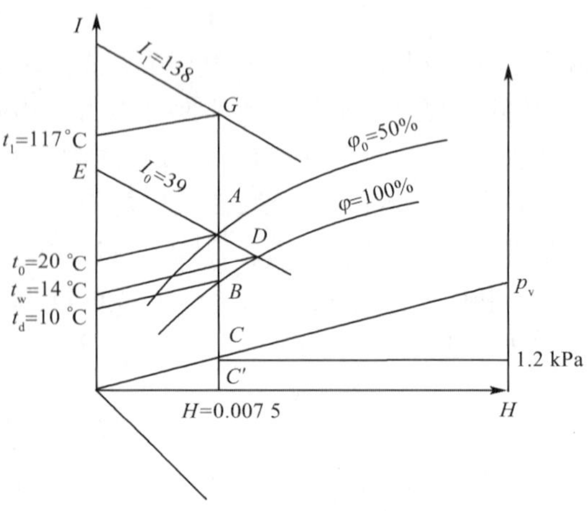

图 8-7　例 8-2 附图

于 C，在图右边纵坐标上读得 $p_v = 1.2$ kPa。

(2) 湿空气的湿度

由 A 点沿等 H 线向下交水平辅助轴于 C 点，读得 $H = 0.0075$ kg水/kg干空气。

(3) 湿空气的焓

通过 A 点做等 I 线的平行线，交纵轴于 E 点，读得 $I_0 = 39$ kJ/kg干空气。

(4) 湿空气的露点

由 A 点沿等 H 线与 $\varphi = 100\%$ 饱和空气线相交于 B 点，由等 t 线读得 $t_d = 10$ ℃。

(5) 湿空气的湿球温度

由 A 点沿等 I 线与 $\varphi = 100\%$ 饱和空气线相交于 D 点，由等 t 线读得 $t_w = 14$ ℃。

(6) 所需热量

因湿空气通过预热器加热，其湿度不变，所以可由 A 点沿等 H 线向上与 $t_1 = 117$ ℃线相交于 G 点，读出 $I_1 = 138$ kJ/kg干空气(即湿空气离开预热器的焓值)。

每小时含700 kg干空气的湿空气通过预热所获得的热量为

$$Q = \frac{700}{3\,600} \times (I_1 - I_0) = 0.194\,4 \times (138 - 39) = 19.25 \text{ kW}$$

评析　计算过程说明，采用焓湿图来求取湿空气的各项参数，与用数学计算相比，不仅计算迅速简便，而且物理意义也较明确。

8.3　干燥过程的物料衡算和热量衡算

对流干燥过程是用热空气除去被干燥物料中的水分，空气在进入干燥器前应经预热器加热。热空气在干燥器中供给湿物料中水分的汽化所需的热量，而汽化的水分又由空气带走，所以干燥过程的计算中应通过干燥器的物料衡算和热量衡算计算出湿物料中水分蒸发量、空气用量和所需热量，再依此选择适宜型号的鼓风机和换热器以及确定干燥器的尺寸等。

8.3.1　干燥过程的物料衡算

1. 物料中含水量的表示方法

(1) 湿基含水量 w

湿基含水量 w 是以湿物料为计算基准的水分的质量分数，即

$$w = \frac{\text{湿物料中水分的质量}}{\text{湿物料的总质量} } \tag{8-13}$$

(2) 干基含水量 X

干基含水量 X 是以湿物料中绝对干物料为计算基准的水分的质量分数，即湿物料中水分的质量与绝对干物料的质量之比：

$$X = \frac{\text{湿物料中水分的质量}}{\text{湿物料中绝对干物料的质量}} \tag{8-14}$$

在工业生产中，通常是以湿基含水量来表示物料中含水量的多少。但是由于湿物料的质量在干燥过程中失去水分而逐渐减少，故用湿基含水量表示时，不能将干燥前后物料的含水量直接相减以表示干燥过程所除去的水分。而绝对干物料的质量在干燥过程中是不变的，故用

干基含水量计算较为方便。这两种含水量之间的换算关系如下：

$$X=\frac{w}{1-w} \tag{8-15}$$

$$w=\frac{X}{1+X} \tag{8-16}$$

2. 物料衡算

通过物料衡算可确定将湿物料干燥到规定的含水量所除去的水分量、空气消耗量。

对于干燥器的物料衡算而言，通常已知条件为单位时间（或每批量）干燥物料的质量、物料在干燥前后的含水量、湿空气进入干燥器的状态（主要指温度、湿度等）。

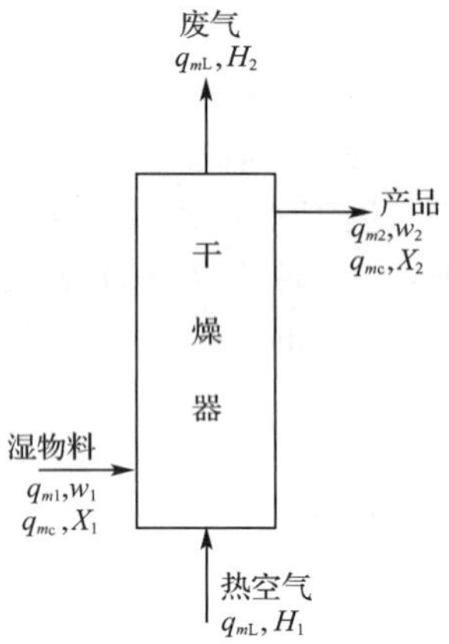

图 8-8　干燥器的物料衡算

（1）水分蒸发量

对如图 8-8 所示的连续干燥器做水分的物料衡算。设：

q_{m1}—— 进入干燥器的湿物料质量流量，kg/s；

q_{m2}—— 出干燥器的产品质量流量，kg/s；

q_{mc}—— 湿物料中绝对干物料的质量流量，kg/s；

w_1、w_2—— 干燥前后物料的湿基含水量，kg 水 /kg 湿物料；

X_1、X_2—— 湿物料和产品的干基含水量，kg 水 /kg 绝对干物料；

H_1、H_2—— 进、出干燥器的湿空气湿度，kg 水 /kg 干空气；

q_{mw}—— 水分蒸发量，kg/h；

q_{mL}—— 干空气消耗量，kg 干空气 /s。

若不计干燥过程中物料损失量，则在干燥前后物料中绝对干物料的质量不变，即

$$q_{mc}=q_{m1}(1-w_1)=q_{m2}(1-w_2) \tag{8-17}$$

由上式可以得出 q_{m1}、q_{m2} 之间的关系：

$$q_{m1}=q_{m2}\frac{1-w_2}{1-w_1} \tag{8-18}$$

$$q_{m2}=q_{m1}\frac{1-w_1}{1-w_2} \tag{8-19}$$

则水分蒸发量为

$$q_{mw}=q_{m1}-q_{m2}=q_{m1}\frac{w_1-w_2}{1-w_2}=q_{m2}\frac{w_1-w_2}{1-w_1} \tag{8-20}$$

若以干基含水量表示，则水分蒸发量可用下式计算：

$$q_{mw}=q_{mc}(X_1-X_2) \tag{8-21}$$

（2）干空气消耗量

湿物料中水分减少量等于空气中水蒸气增加量，即

$$q_{mw}=q_{mL}(H_2-H_1)$$

$$q_{mL}=\frac{q_{mw}}{H_2-H_1} \tag{8-22}$$

式(8-22)两边同除以 q_{mw}，得蒸发 1 kg 水分所消耗的干空气量，称单位干空气消耗量，符号为 l，单位为 kg 干空气 /kg 水。

$$l=\frac{q_{mL}}{q_{mw}}=\frac{1}{H_2-H_1} \tag{8-23}$$

如以 H_0 表示湿空气预热前的湿度，而空气预热前后的湿度不变，故 $H_1=H_0$，则

$$q_{mL}=\frac{q_{mw}}{H_2-H_0}$$

$$l=\frac{1}{H_2-H_0}$$

由上式可知，空气的消耗量随着进入干燥器的空气湿度 H_1 的增大而增多。因为夏季空气湿度大，故应按夏季确定全年最大空气消耗量，以此风量选择鼓风机。

【例8-3】 在一常压连续干燥器中，处理湿物料量为1 000 kg/h。要求物料的含水量由25%减至6%(均为湿基)。干燥介质为空气，初始温度为15 ℃，相对湿度为50%，经预热器加热至110 ℃后进入干燥器，出干燥器时温度降为45 ℃，相对湿度为80%。试求：(1) 水分蒸发量 q_{mw}。(2) 干空气消耗量 q_{mL}、单位干空气消耗量 l。(3) 如鼓风机装在进口处，求鼓风机的风量 q_V。

解 (1) 水分蒸发量 q_{mw}

$$q_{mw}=q_{m1}\frac{w_1-w_2}{1-w_2}=1\,000\times\frac{0.25-0.06}{1-0.06}=202.13\ \text{kg/h}$$

(2) 干空气消耗量 q_{mL}、单位干空气消耗量 l

由 I-H 图查得，空气在 $t_0=15$ ℃、$\varphi_0=50\%$ 时的湿度为 $H_0=0.005$ kg水/kg干空气，在 $t_2=45$ ℃、$\varphi_2=80\%$ 时的湿度为 $H_2=0.052$ kg水/kg干空气，空气通过预热器湿度不变，即 $H_1=H_0$。

$$q_{mL}=\frac{q_{mw}}{H_2-H_1}=\frac{202.13}{0.052-0.005}=4\,300.6\ \text{kg 干空气/h}$$

$$l=\frac{1}{H_2-H_1}=\frac{1}{0.052-0.005}=21.3\ \text{kg 干空气/kg 水}$$

(3) 鼓风机的风量 q_V

$$v_H=(0.772+1.244\,H_0)\times\frac{t_0+273}{273}\times\frac{101.3}{101.3}=(0.772+1.244\times0.005)\times\frac{15+273}{273}$$

$$=0.821\ \text{m}^3\ \text{湿空气/kg 干空气}$$

$$q_V=q_{mL}v_H=4\,300.6\times0.821=3\,531\ \text{m}^3\ \text{湿空气/h}$$

评析 求鼓风机的风量就要将干燥过程中所消耗的干空气量 q_{mL} 转为鼓风机进口条件下的湿空气的体积流量。

8.3.2 干燥过程的热量衡算

通过干燥系统的热量衡算，可以求得：

(1) 预热器消耗的热量。

(2) 向干燥器补充的热量。

(3) 干燥过程消耗的总热量。

1. 预热器的热负荷计算

对如图8-9所示预热器做焓衡算，以1 s为基准，并忽略预热器的热损失，则

$$q_{mL}I_0+Q_p=q_{mL}I_1 \tag{8-24}$$

或

$$Q_p=q_{mL}(I_1-I_0)=q_{mL}(1.01+1.88H_0)(t_1-t_0) \tag{8-25}$$

式中 Q_p—— 预热器的热负荷，kW。

2. 干燥器的热量衡算

对如图 8-9 所示的干燥器做热量衡算，以 1 s 为基准，则

$$q_{mL}I_1 + q_{mc}I_1' + Q_D = q_{mL}I_2 + q_{mc}I_2' + Q_L \tag{8-26}$$

或

$$Q_D = q_{mL}(I_2 - I_1) + q_{mc}(I_2' - I_1') + Q_L \tag{8-27}$$

式中 I_1'—— 湿物料的焓，kJ/kg 绝对干物料；

I_2'—— 产品的焓，kJ/kg 绝对干物料；

Q_D—— 单位时间内向干燥器补充的热量，kW；

Q_L—— 干燥器的热损失，kW。

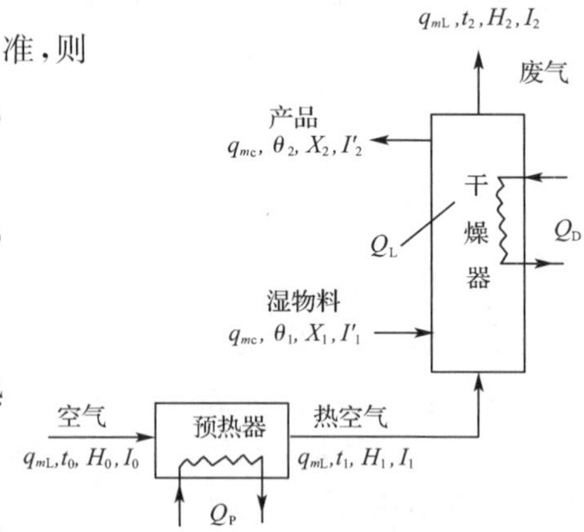

图 8-9　干燥过程的热量衡算

对其中湿物料的焓是以 0 ℃ 为基准时 1 kg 对绝对干物料及其所含水分二者焓之和，以 kJ/kg 绝对干物料表示。若物料温度为 θ、含水量为 X，则其焓为

$$I' = C_s\theta + XC_w\theta = (C_s + XC_w)\theta = C_m\theta \tag{8-28}$$

式中 C_s—— 绝对干物料的比热容，kJ/(kg·℃)；

C_w—— 水的比热容，其值为 4.19 kJ/(kg·℃)；

C_m—— 湿物料的比热容，kJ/(kg 绝对干物料·℃)。

综合式(8-25) 和式(8-27)，可得

$$Q = Q_p + Q_D = q_{mL}(I_2 - I_0) + q_{mc}(I_2' - I_1') + Q_L \tag{8-29}$$

式中 Q—— 干燥过程消耗的总热量，kW。

式(8-25)、式(8-27) 及式(8-29) 为连续干燥过程热量衡算基本方程式，计算时可根据已知条件和要求加以选用。

8.3.3 空气通过干燥器时的状态变化

在运用物料衡算和热量衡算基本方程式时，首先要确定空气离开干燥器时的状态，这就涉及空气通过干燥器时的状态变化过程。

当空气通过预热器时，其温度升高而湿度不变。若空气经预热后温度为 t_1，则空气的状态也就确定了。但是，当空气通过干燥器时，由于空气与物料之间既传热又传质，而且还有外界补充热量的影响，因此离开干燥器时空气状态的确定是比较困难的。通常根据干燥过程中空气焓的变化情况，将干燥过程分为等焓干燥过程和非等焓干燥过程。

1. 等焓干燥过程

等焓干燥条件为：

(1) 不向干燥器补充热量，即 $Q_D = 0$。

(2) 干燥器的热损失可忽略不计，即 $Q_L = 0$。

(3) 物料进出干燥器的焓相等，即 $I_1' = I_2'$。

由式(8-27) 可知，满足上述条件时，$I_1 = I_2$。

实际干燥过程很难满足等焓干燥条件，故等焓干燥也称为理想干燥。

等焓干燥过程空气状态变化如图 8-10 所示。根据新鲜空气的两个状态参数，如 t_0 和 H_0，在 I-H 图上定出湿空气的状态点 A。然后空气在预热器内被加热到 t_1，而湿度不变($H_1 = H_0$)，故从点 A 沿等 H 线向上与等温线 t_1 交于点 B，该点为离开预热器(即进入干燥器) 时空

气的状态点。由于空气在干燥器内按等焓过程变化，即沿过点 B 的等焓线变化，故只要已知空气离开干燥器时的一个参数，如温度 t_2，则过点 B 的等焓线与等温线 t_2 的交点 C 即为空气离开干燥器时的状态点。

2. 非等焓干燥过程

实际干燥过程为非等焓过程，此时空气状态变化情况，或离开干燥器时空气状态的确定，通常应视具体条件，联立干燥过程的物料衡算、热量衡算及焓的定义方程确定。非等焓过程根据空气焓的变化有以下几种情况：

(1) 干燥过程中空气的焓降低

这种过程的条件如下：

① 不向干燥器补充热量，即 $Q_D = 0$。

② 干燥器的热损失不能忽略，即 $Q_L \neq 0$。

③ 物料进出干燥器的焓不相等，即 $I_1' \neq I_2'$，并且 $I_2' > I_1'$。将以上条件代入式(8-27)，可以得到 $I_1 > I_2$。这种过程的操作线 BC_1 在等焓线 BC 的下方，如图 8-11 所示。

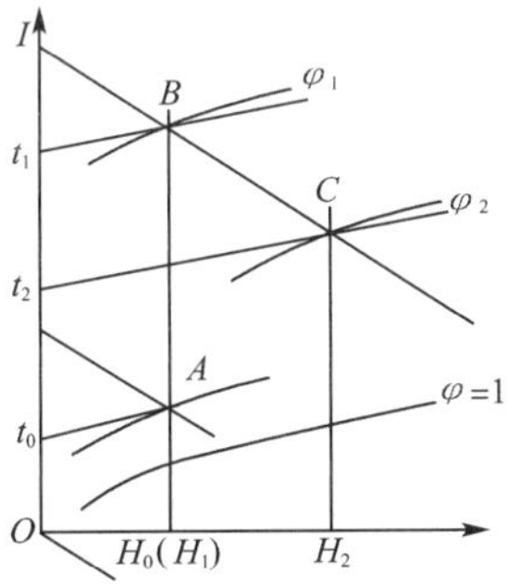

图 8-10 等焓干燥过程空气状态变化示意图

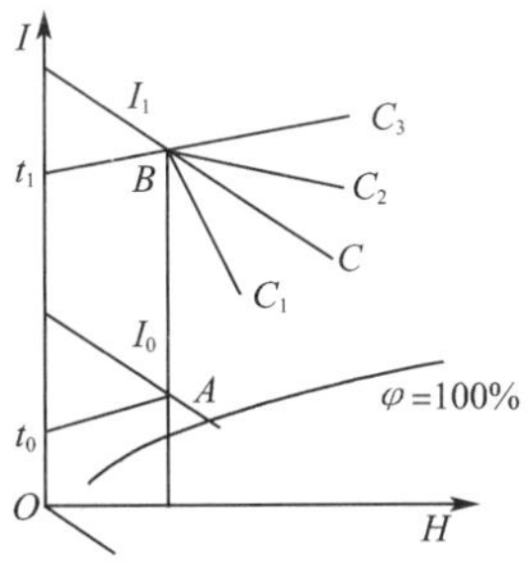

图 8-11 非等焓干燥过程空气状态变化示意图

(2) 干燥过程中空气的焓增大

若向干燥器中补充的热量大于损失的热量与加热物料消耗的热量之和，则 $I_1 < I_2$。这时操作线 BC_2 在等焓线 BC 的上方，如图 8-11 中 BC_2 线所示。

(3) 干燥过程中空气经历等温过程

若向干燥器补充的热量足够多，恰好使干燥过程在等温下进行，即空气在干燥过程中维持恒定的温度 t_1，这种过程的操作线为过 B 点的等温线，如图 8-11 中 BC_3 线所示。

对于实际干燥过程，当干燥器绝热良好、不向干燥器补充热量，且物料进出干燥器时温度十分接近时，可近视按等焓过程处理。

【例 8-4】 在常压连续理想干燥器中干燥某湿物料。已知干燥器生产能力为 280 kg/h(按干燥产品计)，物料含水量 X 由 0.18 降至 0.01(干基含水量)。空气进预热器前温度为 15 ℃、湿度为 0.007 kg 水 /kg 干空气，进干燥器前温度为 85 ℃，出干燥器时温度为 45 ℃，试求：(1) 新鲜空气的消耗量(m^3 湿空气 /h)。(2) 预热器的热负荷(kW)。(3) 预热器中加热水蒸气消耗量(kg/h)(加热水蒸气为压力 200 kPa 的饱和水蒸气)。

解 (1) 新鲜空气的消耗量

绝对干物料的质量流量为

$$q_{mc} = \frac{q_{m2}}{1+X_2} = \frac{280}{1+0.01} = 277.2\ \text{kg/h}$$

水分蒸发量为

$$q_{mw} = q_{mc}(X_1 - X_2) = 277.2 \times (0.18 - 0.01) = 47.12\ \text{kg/h}$$

因为是理想干燥过程，所以 $I_1=I_2$，即

$$(1.01+1.88H_1)t_1+2\,490H_1=(1.01+1.88H_2)t_2+2\,490H_2$$

$$H_2=\frac{(1.01+1.88H_1)t_1+2\,490H_1-1.01t_2}{2\,490+1.88t_2}$$

$$=\frac{(1.01+1.88\times0.007)\times85+2\,490\times0.007-1.01\times45}{2\,490+1.88\times45}$$

$$=0.022\,9\ \text{kg水/kg干空气}$$

干空气消耗量为

$$q_{mL}=\frac{q_{mw}}{H_2-H_1}=\frac{47.12}{0.022\,9-0.007}=2\,963.5\ \text{kg/h}$$

新鲜空气的消耗量为

$$q_V=q_{mL}v_H=q_{mL}(0.772+1.244\ H_0)\frac{t_0+273}{273}$$

$$=2\,963.5\times(0.772+1.244\times0.007)\frac{15+273}{273}=2\,440.6\ \text{m}^3\text{湿空气/h}$$

(2) 预热器的热负荷

$$Q_p=q_{mL}(I_1-I_0)=q_{mL}(1.01+1.88\ H_0)(t_1-t_0)$$

$$=\frac{2\,963.5}{3\,600}\times(1.01+1.88\times0.007)\times(85-15)=58.96\ \text{kW}$$

(3) 预热器中加热水蒸气消耗量

由附录 7 饱和水蒸气表查得加热水蒸气压力为 200 kPa 时，汽化热为 2 205 kJ/kg，则加热水蒸气消耗量为

$$q_{mD}=\frac{Q_p}{r}=\frac{58.96}{2\,205}=0.026\,7\ \text{kg/s}=96.26\ \text{kg/h}$$

评析 本题的关键是该干燥过程为常压理想干燥过程，通过 $I_1=I_2$ 可求得出干燥器时湿空气的湿度 H_2，并且计算新鲜空气消耗量时不必考虑压力的影响。

【例 8-5】 采用常压干燥器干燥湿物料。每小时处理 2 000 kg，干燥操作使物料的湿基含水量由 40% 降至 5%，干燥介质是湿空气，初温为 20 ℃，湿度为 $H_0=0.009$ kg 水/kg 干空气，经预热器加热至 120 ℃ 后进入干燥器，离开干燥器时废气温度为 40 ℃。若在干燥器中空气状态沿等焓线变化，试求：(1) 水分蒸发量 q_{mw}；(2) 干空气消耗量 q_{mL}(kg 干空气/s)；(3) 干燥收率为 95% 时的产品量；(4) 如鼓风机装在新鲜空气入口处，风机的风量应为多少(m^3 湿气/s)？

解 (1) 水分蒸发量为

$$q_{mw}=q_{m1}\frac{w_1-w_2}{1-w_2}=2\,000/3\,600\times\frac{0.4-0.05}{1-0.05}=0.205\ \text{kg/s}$$

(2) 干空气消耗量为

$$q_{mL}=\frac{q_{mw}}{H_2-H_1}=\frac{q_{mw}}{H_2-H_0}$$

H_2 为出干燥器时的湿度，题目中未给出，但已知空气状态沿等焓线变化，即 $I_1=I_2$，而 I_1 可求，空气出口温度又已知，则 H_2 可计算求出。则由 $I_1=I_2$ 得

$$(1.01+1.88H_1)t_1+2\,490H_1=(1.01+1.88H_2)t_2+2\,490H_2$$

$$(1.01+1.88\times0.009)\times120+2\,490\times0.009=(1.01+1.88H_2)\times40+2\,490H_2$$

解得

$$H_2=0.041\ \text{kg 水/kg 干空气}$$

则蒸发 0.204 kg/s 的水分所消耗的干空气量为

$$q_{mL}=\frac{q_{mw}}{H_2-H_1}=\frac{0.205}{0.041-0.009}=6.406\ \text{kg 干空气/s}$$

(3) 干燥收率为 95% 时的产品量

假定干燥过程中无物料损失,则干燥产品量为

$$q_{m2}=q_{m1}\frac{1-w_1}{1-w_2}=\frac{2\,000}{3\,600}\times\frac{1-0.4}{1-0.05}=0.351\ \text{kg/s}$$

又干燥收率的定义为

$$\eta=\frac{\text{实际产品量}}{\text{理论产品量}}\times 100\%$$

所以收率为 95% 的干燥产品量为

$$q'_{m2}=q_{m2}\eta=0.351\times 95\%=0.333\ \text{kg/s}$$

(4) 风机的风量

因鼓风机安装在新鲜空气入口处,故所输送空气的温度由题目可知为 $t_0=20$ ℃,湿度 $H_0=0.009$ kg 水/kg 干空气,此状态下空气的湿比体积为

$$v_H=(0.772+1.244H)\frac{273+t}{273}=(0.772+1.244\times 0.009)\times\frac{273+20}{273}$$
$$=0.841\ \text{m}^3\ \text{湿气/kg 干空气}$$

而由计算得知完成给定生产任务所需绝干空气量为 $q_{mL}=6.406$ kg 干空气/s,则其对应的湿空气的体积流量为

$$q_V=q_{mL}v_H=6.406\times 0.841=5.387\ \text{m}^3\ \text{湿气/s}$$

评析 本题关键在于两点:

(1) 空气通过预热器后的湿度不变,即 $H_1=H_0$。

(2) 在干燥器中空气状态沿等焓线变化,说明是理想干燥过程。

8.4 干燥速率和干燥时间

干燥操作不仅涉及气固两相间的传质和传热,而且涉及水分以气态或液态的形式自内部向表面的传递问题。水分在物料内部的传递速率主要和水分与物料的结合方式(即物料的结构)有关。因此,用干燥的方法除去物料中水分的难易程度因物料的结构不同而异,即使在同一种物料中,结构不同,所含水分的性质也不相同。

8.4.1 物料中所含水分的性质

1. 平衡水分与自由水分

根据物料在一定的干燥条件下,其中所含水分能否用干燥方法除去来划分,物料所含的水分可分为平衡水分与自由水分。

当物料与一定状态的空气(如 t、H 一定)接触后,物料可能被除去水分或吸入水分,直到物料表面水的蒸气压与空气中水蒸气分压相等为止,即物料中的水分与该空气中水蒸气达到平衡状态,此时物料所含水分称为该空气条件(t、H)下物料的平衡水分。平衡水分随物料的种类及空气的状态不同而异,某些物料 25 ℃ 时的平衡曲线如图 8-12 所示。对于同一物料,

当空气温度一定时，改变其相对湿度 φ，平衡水分也将改变。平衡水分用 X^* 表示，单位为 kg 水 /kg 绝对干物料。$(X - X^*)$ 称为自由水分。

如图 8-12 所示，当 $\varphi=0$ 时，各种物料的 $X^*=0$，表示湿物料只有与干空气接触时，才可能获得绝对干物料。各种物料的平衡水分由实验测定。通常物料中平衡水分随温度升高而减小，例如棉花与 $\varphi=50\%$ 的空气接触，当空气温度由 38 ℃ 升高到 93 ℃ 时，平衡水分由0.073 降至 0.057 kg 水 /kg 绝对干物料。由于缺少各种温度下平衡水分的实验数据，因此只要温度变化不大，一般可近似地认为物料的平衡水分与空气的温度无关。

平衡水分是湿物料在一定空气状态下的干燥极限。

2. 结合水分与非结合水分

根据物料与水分结合力的状况，可将物料中所含水分分为结合水分与非结合水分。

(1) 结合水分

包括物料细胞壁内的水分、物料内毛细管中的水分及以结晶水的形态存在于固体物料中的水分等。这种水分由于结合力强，其蒸气压低于同温度下纯水的饱和蒸气压，致使干燥过程的传质推动力降低，故除去结合水分较困难。

(2) 非结合水分

包括机械地附着于固体表面的水分，如物料表面的吸附水分、较大孔隙中的水分等。物料中非结合水分与物料的结合力弱，其蒸气压与同温度下纯水的饱和蒸气压相同，因此，干燥过程中除去非结合水分较容易。

用实验方法直接测定某物料的结合水分与非结合水分较困难，但根据其特点，可利用平衡关系外推得到。图 8-13 是在一定温度下由实验测定的某物料(丝)的平衡曲线(图 8-13 中实线部分)，现将该平衡曲线延长(图中虚线部分)与纵轴相交，交点以下的水分为该物料的结合水分，交点以上的水分为非结合水分。

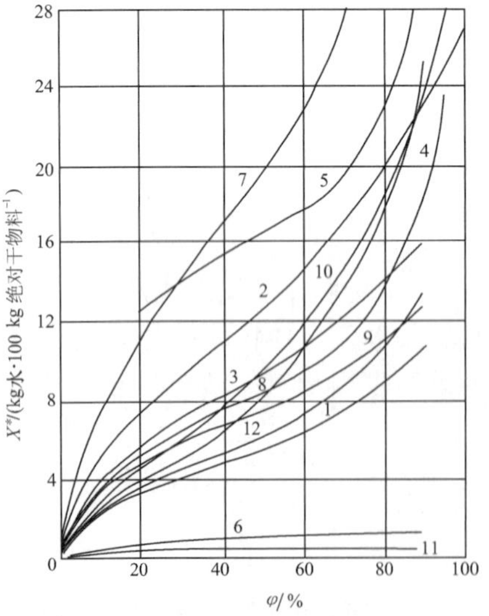

图 8-12　25 ℃ 时某些物料的平衡水分与空气相对湿度的关系

1— 新闻纸；2— 羊毛，毛织物；3— 硝化纤维；4— 丝；5— 皮革；6— 陶土；7— 烟叶；8— 肥皂；9— 牛皮胶；10— 木材；11— 玻璃绒；12— 棉花

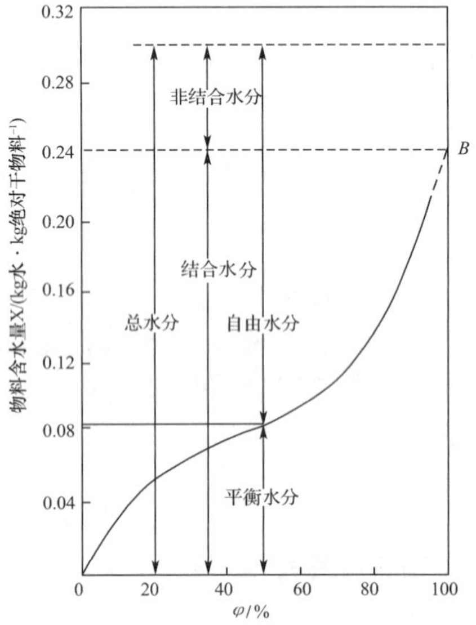

图 8-13　固体物料中所含水分的性质

8.4.2 固体物料的干燥机理

当固体物料与干燥介质接触时，其含水量超过平衡含水量，在开始时水分均匀地分布在物料中，但由于湿物料表面水分的汽化，逐渐形成物料内部与表面的湿度差，物料内部的水分由于扩散作用向表面移动而在表面汽化，汽化的水分被介质及时带走，从而达到使固体物料干燥的目的。

水分自内部向表面扩散与表面汽化同时进行，但在干燥过程的不同阶段，干燥机理并不相同。其原因在于受到物料的结构、性质等条件和干燥介质的影响。实际上，在干燥过程中，一些物料中水分表面汽化的速率小于内部扩散的速率，称为表面汽化控制；另一些物料中水分表面汽化的速率大于内部扩散的速率，称为内部扩散控制。而内部扩散控制与表面汽化控制二者速率相等的情况则很少。

1. 表面汽化控制

某些物料，如纸、皮革等，其内部的水分能迅速地达到物料的表面，因此水分去除为物料表面上水分的汽化速率所限制。这种情况，只要物料表面保持足够潮湿，物料表面的温度可取为空气的湿球温度。因此，空气与物料表面间的温度差为一定值，水分汽化的速率即为干燥速率。此类干燥操作完全由周围干燥介质的情况而定。

2. 内部扩散控制

某些物料，如木材、陶土等，其内部扩散速率较表面汽化速率小，当表面干燥后，内部水分不能及时扩散到表面，因此蒸发表面向物体内部移动。这种情况下，必须设法增加内部的扩散速率，或降低表面的汽化速率。例如，在木材的干燥中，常需采用湿空气为干燥介质，否则木材表面干燥而内部潮湿，将因表面干燥收缩而发生拗曲现象。

8.4.3 恒定干燥条件下的干燥速率

恒定干燥条件，即干燥介质的温度、湿度、流速及与物料的接触方式，在整个干燥过程中均保持恒定。

1. 干燥速率

单位时间内在单位干燥面积上汽化的水分量称为干燥速率，用符号 R 表示，单位为 $kg/(m^2 \cdot s)$。用微分表示为

$$R = \frac{dm_w}{A d\tau} \tag{8-30}$$

式中 m_w —— 汽化的水分量，kg；

A —— 干燥面积，m^2；

τ —— 干燥时间，s。

因为

$$dm_w = -m_c dX$$

所以式(8-30)可写成

$$R = -\frac{m_c dX}{A d\tau} \tag{8-31}$$

式中 m_c —— 湿物料中的绝对干物料量，kg；

X —— 湿物料的干基含水量，kg 水 /kg 绝对干物料。

负号表示物料含水量随着干燥时间的增加而减少。

2. 干燥曲线与干燥速率曲线

干燥过程的计算内容包括确定干燥操作条件、干燥时间及干燥器尺寸，为此，须求出干燥过程的干燥速率。但由于干燥机理及过程皆很复杂，干燥速率的数据多取自实验测定值。为了简化影响因素，测定干燥速率实验是在恒定干燥条件下进行的。如用大量的空气干燥少量的湿物料时可以认为接近恒定干燥条件。

如图 8-14 所示为干燥过程中物料含水量 X 与干燥时间 τ 的关系曲线，此曲线称为干燥曲线。

如图 8-15 所示为物料干燥速率 R 与物料含水量 X 的关系曲线，称为干燥速率曲线。

由干燥速率曲线可见，干燥过程分为恒速干燥和降速干燥两个阶段。

(1) 恒速干燥阶段

此阶段干燥速率如图 8-15 中 BC 段所示。这一阶段中，物料表面充满着非结合水分，其性质与液态纯水相同。在恒定干燥条件下，物料的干燥速率保持恒定，不随物料含水量而变。

在恒速干燥阶段，由于物料内部水分扩散速率大于表面水分汽化速率，故属于表面汽化控制阶段。空气传给物料的热量等于水分汽化所需的热量。物料表面的温度始终保持为空气的湿球温度，此阶段干燥速率的大小主要取决于空气的性质，而与湿物料的性质关系很小。

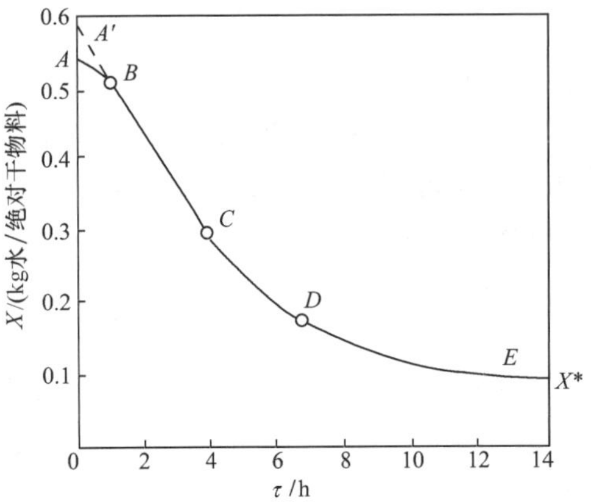

图 8-14　干燥曲线

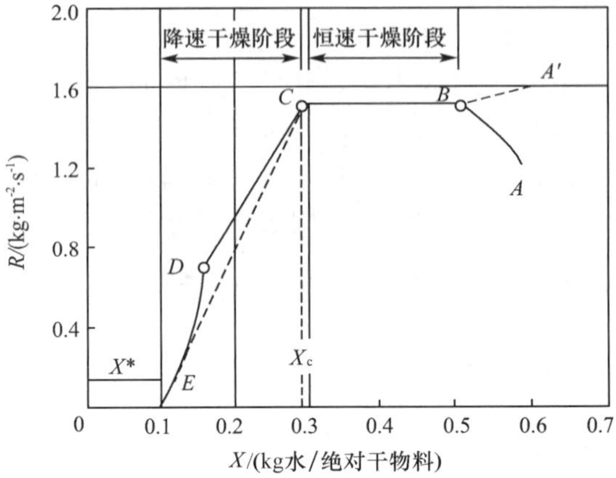

图 8-15　典型的干燥速率曲线(恒定干燥条件)

(2) 降速干燥阶段

如图 8-15 所示，干燥速率曲线的转折点(C 点)称为临界点，与该点对应的物料含水量称为临界含水量，用 X_c 表示。该点的干燥速率仍等于恒速干燥阶段的干燥速率 R_c。当物料的含水量降到临界含水量以下时，物料的干燥速率亦逐渐降低。

图中所示 CD 段为第一降速阶段，这是因为物料内部水分扩散到表面的速率已小于表面水分在湿球温度下的汽化速率，这时物料表面不能维持全面湿润而形成“干区”，由于实际汽化面积减小，从而以物料全部外表面积计算的干燥速率下降。

图中 DE 段称为第二降速阶段，由于水分的汽化面随着干燥过程的进行逐渐向物料内部移动，从而使热、质传递途径加长，阻力增大，造成干燥速率下降。到达 E 点后，物料的含水量已降到平衡水分 X^*，再继续干燥亦不可能降低物料的含水量。

降速干燥阶段的干燥速率主要取决于物料本身的结构、形状和大小等，而与空气的性质关系很小。

干燥过程中空气传给湿物料的热量大于水分汽化所需的热量，故物料表面的温度不断上升，而最后接近于空气的温度。

图中 AB 段为物料预热段，此段所需时间很短，干燥计算中往往忽略不计。

综上所述，当物料含水量大于临界含水量 X_c 时，属于表面汽化控制阶段，即恒速干燥阶段；而当物料含水量小于临界含水量 X_c 时，属于内部扩散控制阶段，即降速干燥阶段。而当达到平衡水分 X^* 时，干燥速率为零。在工业生产中，物料不会被干燥到平衡含水量，而是在临界含水量和平衡水分之间，这需视产品要求和经济核算而定。

8.4.4 恒定干燥条件下干燥时间的计算

在恒定干燥条件下，物料从最初含水量 X_1 干燥至最终含水量 X_2 所需的时间 τ，可根据相同情况下的干燥速率曲线求取。

1. 恒速干燥阶段

设恒速干燥阶段的干燥速率为 R_c，根据干燥速率定义，由式(8-31)有

$$\mathrm{d}\tau = -\frac{m_c \mathrm{d}X}{AR_c}$$

分离变量积分：

$$\int_0^{\tau_1} \mathrm{d}\tau = -\frac{m_c}{AR_c}\int_{X_1}^{X_c} \mathrm{d}X$$

$$\tau_1 = \frac{m_c}{AR_c}(X_1 - X_c) \tag{8-32}$$

2. 降速干燥阶段

在此阶段中，物料的干燥速率 R 随物料的含水量减少而降低，物料从临界含水量 X_c 降至规定的 X_2 所需干燥时间可用多种方法求得，下面介绍常用的两种方法。

(1) 图解积分法

$$\tau_2 = \frac{m_c}{A}\int_{X_c}^{X_2} \frac{\mathrm{d}X}{R} \tag{8-33}$$

此时积分式中的 R 为变量。若干燥曲线已知，不论曲线形状如何，均可用图解法求解，即标绘 $1/R$-X 图，求得 X_c-X_2 对应的面积，再由式(8-33) 求得时间 τ_2。

(2) 近似计算法

近似计算法的依据是假定在降速干燥阶段中干燥速率与物料中的自由水分含量($X - X^*$)成正比，即用临界点 C 与平衡水分点 E 所联结的直线 CE 代替降速干燥阶段的干燥速率曲线，如图 8-15 所示。

$$R = -\frac{m_c \mathrm{d}X}{A\,\mathrm{d}\tau} = K_X(X - X^*) \tag{8-34}$$

式中　K_X—— 近似直线的斜率。可表示为

$$K_X = \frac{R}{X - X^*} = \frac{R_c}{X_c - X^*} \tag{8-35}$$

将式(8-35) 代入式(8-34)，积分并整理，得到降速干燥阶段干燥时间 τ_2 为

$$\tau_2 = \frac{m_c}{AK_X}\ln\frac{X_c - X^*}{X_2 - X^*} = \frac{m_c(X_c - X^*)}{R_c A}\ln\frac{X_c - X^*}{X_2 - X^*} \tag{8-36}$$

【例 8-6】 用一间歇干燥器将一批湿物料从含水量 $w_1 = 27\%$ 干燥到 $w_2 = 5\%$(均为湿基)，湿物料的质量为 200 kg，干燥面积为 0.025 m²/kg 干物料，装卸时间 $\tau' = 1$ h，试确定每批物料的干燥时间。[从该物料的干燥速率曲线可知 $X_c = 0.2$，$X^* = 0.05$，$R_c = 1.5$ kg/(m² · h)]

解　绝对干物料量为

$$m_c = m_1(1-w_1) = 200 \times (1-0.27) = 146\ \text{kg}$$

干燥总面积为

$$A = 146 \times 0.025 = 3.65\ \text{m}^2$$

$$X_1 = \frac{w_1}{1-w_1} = \frac{0.27}{1-0.27} = 0.37$$

$$X_2 = \frac{w_2}{1-w_2} = \frac{0.05}{1-0.05} = 0.053$$

恒速干燥阶段，由 $X_1 = 0.37$ 至 $X_c = 0.2$：

$$\tau_1 = \frac{m_c}{R_c A}(X_1 - X_c) = \frac{146}{1.5 \times 3.65} \times (0.37 - 0.2) = 4.53\ \text{h}$$

降速干燥阶段，由 $X_c = 0.2$ 至 $X^* = 0.05$：

$$K_X = \frac{R_c}{X_c - X^*} = \frac{1.5}{0.2 - 0.05} = 10\ \text{kg/(m}^2 \cdot \text{h)}$$

$$\tau_2 = \frac{m_c}{K_X A}\ln\frac{X_c - X^*}{X_2 - X^*} = \frac{146}{10 \times 3.65}\ln\frac{0.2-0.05}{0.053-0.05} = 15.7\ \text{h}$$

每批物料的干燥时间为

$$\tau = \tau_1 + \tau_2 + \tau' = 4.53 + 15.7 + 1 = 21.23\ \text{h}$$

评析　本题的解题思路是首先把湿基含水量转化为干基含水量，再求得总的干燥面积，最后分段计算恒速、降速干燥阶段的干燥时间，从而求得每批物料的干燥时间。

8.5　干燥设备

8.5.1　干燥器简介

1. 厢式干燥器(盘式干燥器)

厢式干燥器又称盘式干燥器，是一种常压间歇操作的最古老的干燥设备之一。一般小型的称为烘箱，大型的称为烘房。按气流的流动方式，又可分为并流式(热风沿物料的表面通过)、穿流式(热风垂直穿过物料)和真空式。并流式干燥器基本结构如图 8-16 所示，被干燥物料放在盘架 7 上的浅盘内，物料的堆积厚度为 10 ～ 100 mm。新鲜空气由风扇 3 吸入，由加热器 5 预热后沿挡板 6 均匀地在各浅盘内的物料上方掠过，对物料进行干燥，部分废气经空气出口 2 排出，余下的循环使用。废气循环量由空气入口或空气出口的挡板进行调节。空气的流速由物料的粒度而定，应以物料不被气流挟带出干燥器为原则，一般为1 ～ 10 m/s。这种干燥器的浅盘可放在能移动的小车盘架上，以方便物料的装卸，减轻劳动强度。

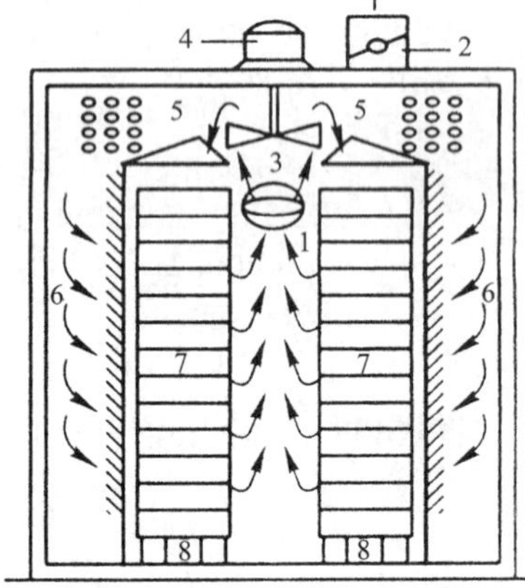

图 8-16　厢式干燥器(小车式)

1— 空气入口；2— 空气出口；3— 风扇；4— 电动机；5— 加热器；6— 挡板；7— 盘架；8— 移动轮

若被干燥的是热敏性物料，或高温下易燃、易爆的危险性物料，或物料中的湿分在常压下难以汽化，或物料中的湿分产生的蒸气需要回收，厢式干燥器可在真空下操作，称为真空式干燥器。

厢式干燥器的优点是结构简单，设备投资少，适应性强。缺点是劳动强度大，装卸物料热损失大，产品质量不易均匀。厢式干燥器一般应用于少量、多品种物料的干燥，尤其适合作为实验室的干燥装置。

2. 洞道式干燥器

若需要干燥大量物料，可将厢式干燥器发展为连续的或半连续的操作，即称为洞道式干燥器，如图 8-17 所示。干燥器主体为狭长的洞道，内敷设轨道，一系列的小车载着盛于浅盘中或悬挂在架上的湿物料通过洞道，在洞道中湿物料与热空气接触而被干燥。小车可以连续或间歇地进出洞道。

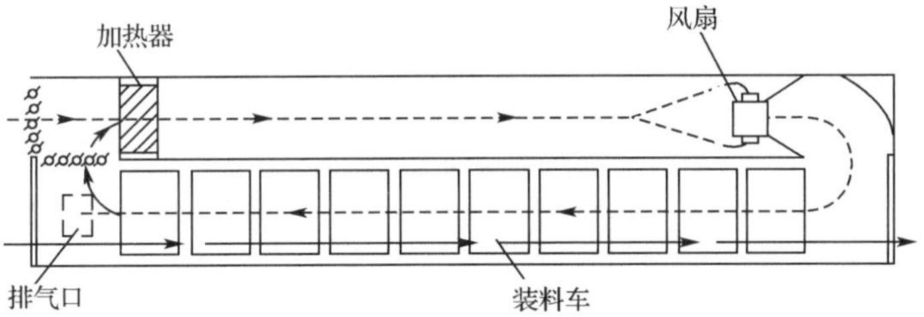

图 8-17　洞道式干燥器

由于洞道式干燥器的容积大，小车在器内停留时间长，因此适用于处理量大、干燥时间长的物料，例如木材、陶瓷等的干燥。干燥介质为热空气或烟道气。气流速度一般应大于 3 m/s。洞道中也可进行中间加热或废气循环操作。

3. 气流干燥器

气流干燥也称"瞬时干燥"，是使加热介质（空气、惰性气体等）和待干燥固体颗粒直接接触，并使待干燥固体颗粒悬浮于流体中，以达到干燥目的。气流干燥器主要由空气加热器、加料器、干燥管、旋风分离器和鼓风机等设备组成，基本流程如图 8-18 所示。其主要设备是直立的圆筒形干燥管，其长度一般为 10 ～ 20 m。热空气（或烟道气）进入干燥管底部，将加料器连续送入的湿物料吹散，并悬浮在其中。介质速度应大于湿物料最大颗粒的沉降速度，于是在干燥器内形成了一个气、固体间进行传热传质的气力输送床。一般物料在干燥管中停留的时间为 0.5 ～ 3.0 s。干燥后的物料随气流进入旋风分离器，产品由下部收集，湿空气经袋式除尘器（或湿法、电除尘等）回收粉尘后排出。

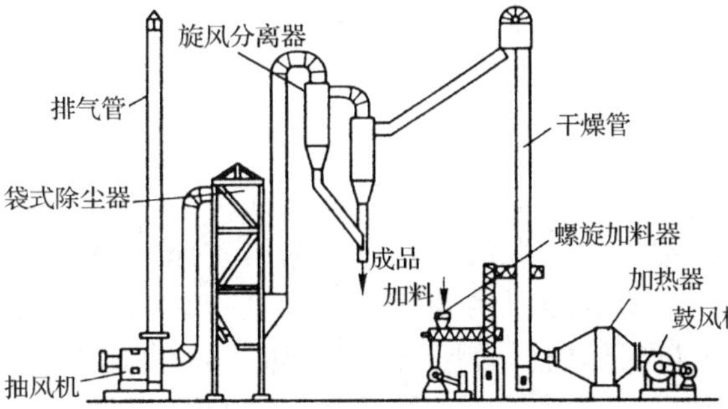

图 8-18　气流干燥器基本流程图

气流干燥器的优点是：处理量大，干燥强度大；干燥时间短，可以采用高温介质，对热敏性物料的干燥尤为适宜；结构相对简单，占地面积小，成本费用低。缺点是：必须有高效能的粉尘收集装置，不适宜有毒物质的干燥；对结块、不易分散的物料需要性能好的加热装置，有时还需要附加粉碎过程。

4. 喷雾干燥器

喷雾干燥是用喷雾器将悬浮液、乳浊液等喷洒成直径为 10 ～ 200 μm 的液滴后进行干燥。因液滴小，饱和蒸气的气压大，分散于热气流中，水分迅速汽化而达到干燥目的。

常用的喷雾干燥器流程如图 8-19 所示。浆料用送料泵压至喷雾器（压力式喷嘴），经压力式喷嘴喷成雾滴而分散在热气流中，雾滴在干燥塔内与热气流接触，使其中的水分迅速汽化，成为微粒或细粉落到干燥塔底。产品由风机吸至旋风分离器中而被回收，废气经风机排出。由此可知，喷雾干燥由四个过程组成：溶液喷雾，空气与雾滴混合，雾滴干燥，产品的分离和收集。喷雾干燥器也可逆流操作，即热空气从干燥器下部沿圆周分布进入。喷雾器为重要部件，它的优劣将直接影响产品质量。

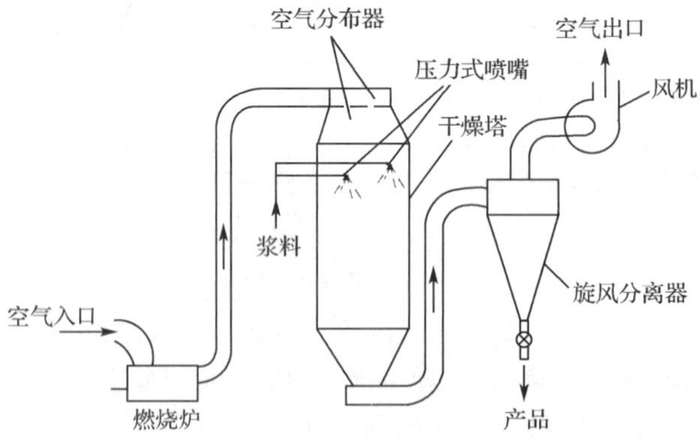

图 8-19　喷雾干燥器流程

喷雾干燥器的优点：

① 在高温介质中，干燥过程极快，干燥时间短，适于处理热敏性物料。

② 处理物料种类广泛，如溶液、悬浮液、浆状物料等皆可。

③ 喷雾干燥可直接获得干燥产品，简化了工艺流程。

④ 能得到速溶的粉末或空心细颗粒。

⑤ 过程易于连续化、自动化，并可减轻粉尘飞扬，改善劳动环境。

喷雾干燥器的缺点：

① 热效率低，设备占地面积大，设备成本高。

② 对气固混合物的分离要求较高，一般需要两级除尘，回收设备投资大。

5. 流化床干燥器

流化床干燥器适用于粉粒状物料，如图 8-20 所示为单层流化床干燥器。湿物料经进料器进入床层，热空气由下而上通过多孔式气体分布板。当气速（指空床气速）较低时，颗粒床层呈静止状态，气流穿过颗粒间的空隙，此时颗粒床层为固定床。当气速增加到一定程度后，颗粒床层开始松动，并略有膨胀，在小范围内变换位置。气速继续增大到某一数值后，颗粒在气流中呈悬浮状态，形成颗粒与气体的混合层，恰如液体沸腾状态，气固两相激烈运动，相互接触。这种状态的床层称为流化床或沸腾床。气速愈大，流化床层就愈高。当气速增大到颗粒的自由沉降速度时，颗粒开始同气流一起向上流动，成为气流干燥状态。

在流化床中，有的颗粒因短路，在床层中停留时间短，未达到干燥要求即排出；有的颗粒因返混，停留时间较长而产生过度干燥现象。因此单层流化床干燥器仅适用于易干燥、处理量较大而对干燥产品的要求不太高的场合。对于干燥要求较高或所需干燥时间较长的物料，一般可采用多层（或多室）流化床干燥器，如图 8-21 所示。在长方形床层中，沿垂直于颗粒流动方向安装若干垂直挡板，将流化床分隔为几个室，挡板下端距多孔分布板有一定距离，使颗粒能逐室流动，颗粒的停留时间分布较均匀，以防止未干颗粒排出。

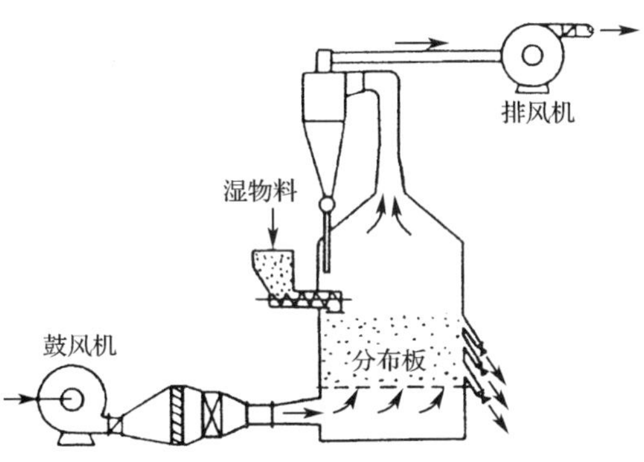

图 8-20 单层流化床干燥器

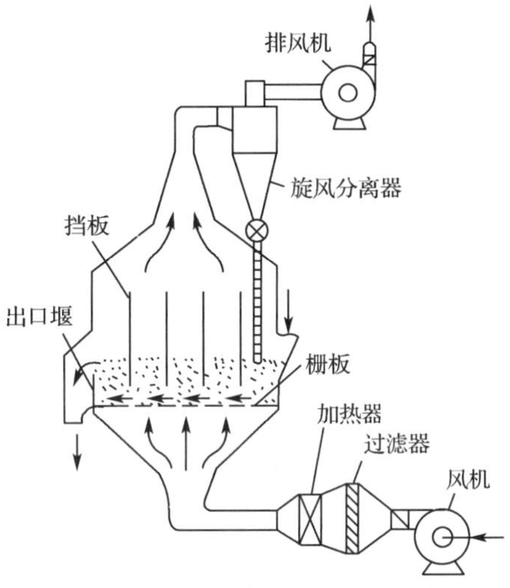

图 8-21 多室流化床干燥器

流化床干燥器的主要优点是：床层温度均匀，并可调节；因传热速度快，处理能力大；停留时间可在几分钟到几小时范围内调节，使物料含水量降至很低；物料依靠进、出口床层高度差自动流向出口，不需要输送装置；结构简单，可动部件少，操作稳定。缺点是对物料的形状和粒度有限制。

8.5.2 干燥器的选用

干燥器的选用是一个受诸多因素影响的过程。在选择干燥器时要考虑以下因素。

1. 被干燥物料的性质

选择干燥器最初以被干燥物料的干、湿物料的物理性质为基础，如腐蚀性、毒性、可燃性等。首先应考虑被干燥物料的形态。物料的形态不同，处理这些物料的干燥器也不同。在处理液态物料时，所选择的设备通常限于喷雾干燥器、转鼓干燥器和搅拌间歇真空干燥器。对黏度不太大的液体物料，也可采用旋转闪蒸干燥器和惰性载体干燥。对于粉粒状物料可以考虑流化床式干燥器或气流干燥器。而厢式干燥器和洞道式干燥器对物料形态的适应性较宽，从粉粒、块、片、短纤维到膏糊状物料均适用。

2. 物料的干燥特性

湿物料不同，其干燥特性曲线或临界含水量也不同，所需的干燥时间可能相差悬殊，应选择不同类型的干燥器。干燥器的选择应考虑湿物料中湿分的类型、初始混含量和最终湿含量、允许的最高干燥温度、产品的粒度分布等。对于吸湿性物料或临界含水量高、难于干燥的物料，应选择干燥时间长的干燥器，而临界含水量低、易于干燥的物料及对温度比较敏感的物料，则可选择干燥时间短的干燥器，如气流干燥器、喷雾干燥器。对产品不能受污染（如食品、药品等）或易氧化的物料，干燥介质必须纯化或采用间接加热方式的干燥器。对要求产品有良好外观的物料，在干燥过程中干燥速度不能太快，否则可能使表面硬化或严重收缩，这时应选择干燥条件比较温和的干燥器，如带有废气循环的干燥器。

3. 处理量

被干燥湿物料的量也是选择干燥器时需要考虑的主要问题之一。一般来说，处理量小，宜选用厢式干燥器；处理量大，连续操作的干燥器更适宜。当然，操作方式并不是决定生产能力的唯一因素。

4. 价格、安全和环境因素

为节省能源，在满足干燥要求的前提下，应尽可能选择热效率高的干燥器。若排出的废气中含有污染环境的粉尘或有毒物质，应选择合适的干燥器来减少排出的废气量，或选择对排出的废气能加以处理的干燥器。

干燥器的选择通常需考虑设备价格、操作费用、产品质量、安全等方面，最终提出一个综合评价方案。

思考题

8-1 固体去湿的方法有哪些？

8-2 对流干燥过程进行的条件是什么？

8-3 表示湿空气性质的参数有哪些？

8-4 湿空气湿度大，则其相对湿度也大，这种说法对吗？为什么？

8-5 干球温度、湿球温度、露点三者有何区别？它们的大小顺序如何？在什么条件下，三者数值相等？

8-6 湿球温度和绝热饱和温度有何区别？对什么物系二者数值上近似相等？

8-7 如何在 I-H 图上确定空气状态点？又如何由状态点在 I-H 图上确定空气的有关性质？

8-8 湿物料含水量表示方法有哪几种？如何相互换算？

8-9 如何确定干燥过程需要的干空气消耗量及新鲜空气消耗量？

8-10 如何计算预热器的热负荷 Q_p 和单位时间内向干燥器中补充的热量 Q_D？

8-11 等焓干燥过程进行的条件是什么？

8-12 对等焓干燥过程，在 I-H 图上如何确定空气出干燥器时的状态？

8-13 如何区分平衡水分和自由水分，结合水分及非结合水分？

8-14 干燥过程有哪几个阶段？它们各有何特点？

8-15 恒定干燥条件指什么？如何计算恒定干燥条件下的干燥时间？

8-16 厢式干燥器、气流干燥器、喷雾干燥器及流化床干燥器的特点是什么？

8-17 选择干燥器时应考虑哪些因素？

习　题

8-1 湿空气总压力为 101.33 Pa，干球温度为 40 ℃，露点为 25 ℃，试求：(1) 水蒸气的分压；(2) 湿度；(3) 相对湿度；(4) 焓。(3.17 kPa，0.02 kg 水 /kg 干空气，0.43，91.7 kJ/kg 干空气）

8-2 湿空气总压为 50 kPa，干球温度为 60 ℃，相对湿度为 40%，试求：(1) 水蒸气的分压；(2) 湿度；(3) 湿比体积。(7.97 kPa，0.118 kg 水 /kg 干空气，2.274 m^3 湿空气 /kg 干空气）

8-3 已知湿空气中水蒸气的分压 $p_v = 2.34$ kPa，总压 $p_{总} = 101.325$ kPa，分别求温度为 50 ℃ 及 120 ℃ 时的相对湿度 φ。($\varphi_1 = 18.98\%$，$\varphi_2 = 1.18\%$）

8-4 空气温度为 28 ℃，压力为 101.3 kPa，所含水蒸气的分压 $p_v = 2.76$ kPa，试求：(1) 湿度；(2) 相对湿

度;(3) 比热容;(4) 焓;(5) 湿比体积;(6) 露点;(7) 绝热饱和温度。[0.017 4 kg 水 /kg 干空气,0.715,1.043 kJ/(kg 干空气·℃),72.5 kJ/kg 干空气,0.876 m^3 湿空气 /kg 干空气,22.22 ℃,23.7 ℃]

8-5 用湿设备将空气中的部分水蒸气除去,操作压力为101.33 kPa,空气进口温度为20 ℃,水蒸气的分压为6.62 kPa,出口处水蒸气的分压为1.4 kPa。试计算每100 m^3 进口空气所除去的水分量。(3.922 kg 水)

8-6 含水量为40%的木材干燥后含水量降至20%(以上均为湿基),试求从100 kg原湿木材中蒸发出的水。(25 kg)

8-7 用一干燥器干燥某物料,已知湿物料处理量为1 000 kg/h,含水量由40% 干燥至5%(均为湿基)。试计算除去的水分量和干燥收率为94% 时的产品量。(368.4 kg/h,594 kg/h)

8-8 用连续干燥器干燥某物料,已知湿物料处理量为0.3 kg/s,物料由含水量 40% 干燥至 5%(均为湿基),试求绝对干物料的质量流量 q_{mc}、水分蒸发量 q_{mw} 及产品质量流量 q_{m2}。(0.18 kg/s,0.111 kg/s,0.189 kg/s)

8-9 在常压连续干燥器中干燥某湿物料,每小时处理物料 1 000 kg,经干燥后物料含水量由 40% 降至5%(均为湿基)。进干燥器空气温度为10 ℃,其中所含水蒸气的分压为1.0 kPa,空气在40 ℃、$\varphi = 70\%$ 下离开干燥器。试求所需新鲜空气量(kg/s)。40 ℃ 下水的饱和蒸气压为 7.4 kPa。(3.77 kg/s)

8-10 某物料在连续理想干燥器中进行干燥。物料处理量为1 kg/s,物料含水量由5% 降到1%(均为湿基)。空气初始温度为20 ℃,湿度为0.005 kg水 /kg干空气,空气进干燥器时温度为150 ℃,出干燥器时温度为 70 ℃。试求:(1) 干空气消耗量;(2) 预热器的热负荷。(1.3 kg 干空气 /s;172.3 kW)

8-11 常压下在一等焓干燥器中将含水率为 3.7% 的盐类结晶干燥至 0.5%(均为湿基)。已知空气在20 ℃、湿度为0.01 kg水 /kg干空气状态下预热到120 ℃ 后进入干燥器,废气出口湿度为0.03 kg水 /kg干空气。干空气的流量为 8 000 kg/h。试求:(1) 每小时加入干燥器的湿物料量;(2) 废气出口温度。(4 975 kg/h,69.1 ℃)

8-12 利用气流干燥器将含水量 20% 的物料干燥至 5%(均为湿基)。已知湿物料处理量为1 000 kg/h。空气初始温度为20 ℃,湿度为0.011 kg水 /kg干空气,空气经预热后进入干燥器,空气离开干燥器时温度为60 ℃、湿度为0.04 kg水 /kg干空气,干燥过程可视为等焓过程。试求:(1) 干空气消耗量,m^3/h(按进预热器状态计);(2) 进干燥器时空气温度;(3) 预热器传热量。(4 595.4 m^3/h,133.2 ℃,176.46 kW)

8-13 在恒定干燥条件下干燥某湿物料。降速干燥阶段干燥速率曲线为直线,且已知恒速干燥阶段干燥速率 R_c 为 1.5 kg/(m^2·h),临界含水量 X_c 为 0.2(干基,下同),平衡水分 X^* 为 0.05,单位干燥面积的绝对干物料量 m_c/A 为 40 kg 绝对干物料 /m^2。湿物料质量为 2 000 kg,试求将该物料由含水量 $X_1 = 0.38$ 降到 $X_2 = 0.1$ 时所需的干燥时间。(9.19 h)

8-14 在常压连续干燥器中干燥某固体湿物料。已知新鲜空气温度为15 ℃、湿度为0.007 3 kg水 /kg干空气、焓为 35 kJ/kg 干空气,该空气在预热器中预热至 90 ℃ 后进入干燥器,离开干燥器的废气温度为50 ℃、湿度为0.023 kg水 /kg干空气,固体湿物料初始含水量为13%(湿基,下同),干燥产品含水量为0.99%。干燥产品量为 237 kg/h。试求:(1) 经预热后湿空气的湿度和焓;(2) 干燥过程中除去的水分量;(3) 干空气消耗量;(4) 预热器的热负荷。(0.007 3 kg 水 /kg 干空气;110.3 kJ/kg 干空气,32.7 kg/h,2 082.8 kg 干空气 /h,44.4 kW)

8-15 物料在常压理想干燥器中进行干燥,湿物料的流率为1 kg/s,初始湿含量(湿基,下同)为3.5%,干燥产品的湿含量为0.5%。空气状况为:初始温度为25 ℃、湿度为0.005 kg水 /kg干空气,经预热后进入干燥器的温度为 160 ℃,如果离开干燥器的温度选定为 60 ℃,试分别计算需要的干空气消耗量及预热器的热负荷。(0.765 kg 干空气 /h,105.3 W)

8-16 某湿物料在恒定干燥条件下经过 5.5 小时的干燥,其干基含水量自 0.35 降至 0.10。若在相同干燥条件下,需要物料含水量从0.35降至0.05,试求干燥时间。物料的临界含水量为0.15,平衡水分为0.04,假设在降速阶段中干燥速率与物料自由水分含量($X - X^*$)成正比。(9.56 h)

8-17 恒定干燥条件下在箱式干燥器内将湿物料由湿基含水量 25% 干燥到 6%,湿物料的处理量为

150 kg,实验测得临界干基含水量为 0.2,试计算:(1) 总共除去的水分量;(2) 恒速干燥阶段和降速干燥阶段各除去的水分量?(30.32 kg,15 kg,15.32 kg)

主要符号说明

符号	意义与单位
A	干燥面积 m^2
C_p	比定压热容,kJ/(kg·℃)
C_a	干空气的比热容,约为 1.01kJ/(kg 干空气·℃)
C_H	湿空气的比热容,kJ/(kg 干空气·℃)
C_s	绝对干物料的比热容,kJ/(kg·℃)
C_v	水蒸气的比热容,kJ/(kg·℃)
C_w	水的比热容,4.19 kJ/(kg·℃)
H	湿空气的湿度,kg 水/kg 干空气
H_{as}	温度为 t_{as} 下的饱和湿度,kg 水/kg 干空气
H_w	温度为 t_w 下的气体湿度,kg 水/kg 干空气
H_s	饱和湿度,kg 水/kg 干空气
I	湿空气的焓,kJ/kg 干空气
l	单位干空气消耗量,kg 干空气/kg 水
M	摩尔质量,kg/kmol
M_a	干空气的摩尔质量,kg/kmol
M_v	水蒸气的摩尔质量,kg/kmol
n_a	湿空气中绝对干空气的物质的量,kmol
n_v	湿空气中水蒸气的物质的量,kmol
$p_{总}$	湿空气的总压,Pa
p_a	绝对干空气的分压,Pa
p_v	湿空气中水蒸气的分压,Pa
p_s	饱和蒸气压,Pa
p^*	平衡分压,Pa
q_{mL}	干空气消耗量,kg/s
q_m	固体物料的质量流量,kg/s
q_{mc}	湿物料中绝对干物料的质量流量,kg/s
Q_p	预热器的热负荷,kW
Q_D	单位时间内干燥器补充的热量,kW
Q_L	干燥器的热损失,kW
r	汽化潜热,kJ/kg
R	干燥速率,kg/(m^2·s)
t	干球温度,℃
t_{as}	绝热饱和温度,℃
t_d	露点,℃
t_w	湿球温度,℃
v_a	干空气的比体积,m^3/kg 干空气
v_H	湿比体积,m^3 湿空气/kg 干空气
w	湿基含水量,kg 水/kg 湿物料
X	干基含水量,kg 水/kg 绝对干物料
θ	物料表面温度,℃
τ	干燥时间,s
φ	相对湿度

参考文献

[1] Perry J H. Chemical Engineer's Handbook. 6th ed. New York. Mc. Graw-Hill,1984

[2] McCabe W L,Smith J C,Harriott P. Unit Operations of Chemical Engineering. 6th ed. 北京:化学工业出版社, 2003

[3] 李云倩. 化工原理(上、下). 北京:中央广播电视大学出版社,1991

[4] 柴诚敬,等. 化工原理学习指导. 天津:天津科学技术出版社,1997

[5] 姚玉英. 化工原理(上、下). 天津:天津科学技术出版社,1992

[6] 丛德滋,等. 化工原理详解与应用. 北京:化学工业出版社,2002

[7] 王世广. 化工原理. 上册. 北京:高等教育出版社,2002

[8] 樊希山. 化工原理. 下册. 北京:高等教育出版社,2002

[9] 匡国柱. 化工原理学习指导. 2 版. 大连:大连理工大学出版社,2009

[10] 蒋维钧,等. 化工原理(上、下). 2 版. 北京:清华大学出版社,2003

[11] 贾绍义,柴诚敬. 化工传质与分离过程. 北京:化学工业出版社,2001

[12] 潘国昌,郭庆丰. 化工设备设计. 北京:清华大学出版社,1996

[13] 管国锋,赵汝溥. 化工原理. 2 版. 北京:化学工业出版社,2003

[14] 王志魁. 化工原理. 2 版. 北京:化学工业出版社,1998

[15] 柴诚敬,张国亮. 化工流体流动与传热. 北京:化学工业出版社,2000

[16] 陈敏恒,等. 化工原理(上). 2 版. 北京:化学工业出版社,1999

[17] 张洪流. 流体流动与传热. 北京:化学工业出版社,2002

[18] 时钧,汪家鼎,等. 化学工程手册. 北京:化学工业出版社,1996

[19] 汪家鼎,陈家镛. 溶剂萃取手册. 北京:化学工业出版社,2001

[20] 赵文,等. 化工原理. 北京:石油大学出版社,2002

[21] 贺匡国. 化工容器及设备简明设计手册. 北京:化学工业出版社,2002

[22] 朱家骅,等. 化工原理(上). 北京:科学出版社,2001

[23] 王树楹. 现代填料塔技术指南. 北京:中国石化出版社,1998

[24] 叶世超,等. 化工原理(下). 北京:科学出版社,2002

[25] 吴俊生,等. 分离工程. 上海:华东工学院出版社,1992

附　录

附录 1　常用物理量 SI 单位和因次

物理量	单位	单位符号	因次
长度	米	m	[L]
时间	秒	s	[T]
质量	千克	kg	[M]
力，重量	牛[顿]	N($kg\cdot m\cdot s^{-2}$)	[MLT^{-2}]
速度	米每秒	m/s	[LT^{-1}]
加速度	米每二次方秒	m/s^2	[LT^{-2}]
密度	千克每立方米	kg/m^3	[ML^{-3}]
压力，压强	帕[斯卡]	Pa(N/m^2)	[$ML^{-1}T^{-2}$]
能[量]，功，热量	焦[耳]	J($kg\cdot m^2\cdot s^{-2}$)	[ML^2T^{-2}]
功率	瓦[特]	W(J/s)	[ML^2T^{-3}]
[动力]黏度	帕[斯卡]·秒	Pa·s($kg\cdot m^{-1}\cdot s^{-1}$)	[$ML^{-1}T^{-1}$]
运动黏度	二次方米每秒	m^2/s	[L^2T^{-1}]
表面张力	牛[顿]每米	N/m($kg\cdot s^{-2}$)	[MT^{-2}]
扩散系数	二次方米每秒	m^2/s	[L^2T^{-1}]

附录 2　SI 制与其他单位制的换算关系

物理量	SI 制	c. g. s 制	工程单位制	英制
长度	1 m	1×10^2 cm	米	3.281 ft(英尺)　39.37 in(英寸)
面积	1 m^2	1×10^4 cm^2	米^2	10.76 ft^2　1.55×10^3 in^2
体积	1 m^3	1×10^6 cm^3	米^3	35.31 ft^3　6.1×10^4 in^3
质量	1 kg	1×10^3 g	0.102 公斤·秒^2/米	2.205 lb(磅)
力	1 N(牛顿)	1×10^5 dyn(达因)	0.102 公斤(力)	0.224 8 lbf
密度	1 kg/m^3	1×10^{-3} g/cm^3	0.102 公斤·秒^2/米^4	0.062 43 lb/ft^3
压力	1 Pa(帕)N/m^2	1×10^{-5} bar(巴)	0.102 公斤/米^2	1.45×10^{-4} lbf/in^2
能、功、热	1 J(焦耳) (=1 N·m)	1×10^7 erg(尔格) erg=dyn·cm	0.102 公斤·米	0.737 6 lbf·ft　9.486×10^{-4}B. t. U(英热单位)
功率、传热速率	1 kW(=1 000 J/s)	1×10^{10} erg/s	102 公斤·米/秒	737.6 lb f·ft/s
黏度	1 Pa·s	10 P(泊)(g/cm·s)	0.102	0.671 9 lb/ft·s
(动力黏度)		1 P=100 cP	公斤·秒/米^2	
运动黏度	1 m^2/s	1×10^4(St)cm^2/s	1 米^2/秒	3.875×10^4 ft^2/h
扩散系数	1 m^2/s	1×10^4 cm^2/s	3 600 米^2/小时	3.875×10^4 ft^2/h
表面张力	1 N/m	1×10^3 dyn/cm	0.102 公斤/米	0.068 52 lbf/ft
比热容	1 J/(kg·K)	2.389×10^{-4} cal/(g·K)	2.389×10^{-4} 千卡/(公斤·K)	2.389×10^{-4} B·t·U/(1b·°F)
导热系数	1 W/(m·K)	2.389×10^{-3} cal/(cm·s·K)	2.398×10^{-4} 千卡/(米·秒·K)	0.577 9 B·t·U/(ft·h·°F)
传热系数 (给热系数)	1 W/(m^2·K)	2.389×10^{-5} cal/(cm^2·s·K)	0.860 千卡/(米^2·时·K)	0.176 B·t·U/(ft^2·h·°F)

注：质量：1 英吨(长吨)＝1.016
1 斯勒格(slug)＝32.192 磅(质量)
1 美吨(短吨)＝0.907 2
力：1 N＝1[kg·m/s^2]＝1/9.81[公斤(力)]＝10^5[达因]
1 史登(sten)＝10^3[N]
压强：1[公斤 f/厘米^2]＝98 100[牛顿/米^2]
1 mmHg＝1 托(Torr)＝133.32 N/m^2
1 atm＝101 325 N/m^2

长度：1 公里＝0.621 4 英里＝0.540 0 国际海里
1 密耳(mil)＝0.001 英寸
1 埃(Å)＝10^{-10} 米
温度换算：℃＝(F－32)/1.8；Δt＝ΔF/1.8；K＝℃＋273.15
面积：1 km^2＝100 公顷＝10^6 平方米
体积：1 英加仑(Ukgal)＝4.546 09×10^{-3} m^3
1 美加仑(usgal)＝3.785 41×10^{-3} m^3

附录 3　某些液体的重要物理性质

名称	分子式	密度 kg·m^{-3} (20 ℃)	沸点/℃ (101.3 kPa)	汽化热 kJ·kg^{-1} (101.3 kPa)	比热容 kJ·kg^{-1}·K^{-1} (20 ℃)	黏度 10^{-3} Pa·s (20 ℃)	导热系数 W·m^{-1}·K^{-1} (20 ℃)	体积膨胀系数 10^{-3}℃$^{-1}$ (20 ℃)	表面张力 10^{-3} N·m^{-1} (20 ℃)
水	H_2O	998.2	100	2258	4.183	1.005	0.599	0.182	72.8
盐水	25%NaCl	1 188.8	107		3.39	2.3	0.57(30 ℃)	0.44	
硫酸	H_2SO_4	1 831	340(分解)		1.47(98%)	23	0.38	0.57	
硝酸	HNO_3	1 513	86	481.1		1.17(10 ℃)			
盐酸	30%HCl	1 149			2.55	2(31.5%)	0.42		
二硫化碳	CS_2	1 262	46.3	352	1.005	0.38	0.16	1.21	32
戊烷	C_5H_{12}	626	36.07	357.5	2.25(15.6 ℃)	0.229	0.113	1.59	16.2
己烷	C_6H_{14}	659	68.74	335.1	2.31(15.6 ℃)	0.313	0.119		18.2
庚烷	C_7H_{16}	684	98.43	316.5	2.21(15.6 ℃)	0.411	0.123		20.1
辛烷	C_8H_{18}	763	125.67	306.4	2.19(15.6 ℃)	0.540	0.131		21.8
三氯甲烷	$CHCl_3$	1 489	61.2	253.7	0.992	0.58	0.138 (30 ℃)	1.26	28.5 (10 ℃)
四氯化碳	CCl_4	1 594	76.8	195	0.850	1.0	0.12		26.8
苯	C_6H_6	879	80.1	394	1.704	0.737	0.148	1.24	28.6
甲苯	C_7H_8	867	110.63	363	1.70	0.675	0.138	1.09	27.9
苯乙烯	C_8H_8	911(15.6 ℃)	145.2	(352)	1.733	0.72			
氯苯	C_6H_5Cl	1 106	131.8	325	1.298	0.85	0.14(30 ℃)		32
硝基苯	$C_6H_5NO_2$	1 203	210.9	396	1.465	2.1	0.15		41
苯胺	$C_6H_5NH_2$	1 022	184.4	448	2.068	4.3	0.174	0.85	42.9
酚	C_6H_5OH	1 050 (50 ℃)	181.8 (熔点 40.9 ℃)	511		3.4 (50 ℃)			
萘	$C_{10}H_8$	1 145 (固体)	217.9 (熔点 80.2 ℃)	314	1.805 (100 ℃)	0.59 (100 ℃)			
甲醇	CH_3OH	791	64.7	1 101	2.495	0.6	0.212	1.22	22.6
乙醇	C_2H_5OH	789	78.3	846	2.395	1.15	0.172	1.16	22.8
乙二醇	$C_2H_4(OH)_2$	1 113	197.6	780	2.349	23			47.7
甘油	$C_3H_5(OH)_3$	1 261	290(分解)			1 499	0.59	0.53	63
乙醚	$(C_2H_5)_2O$	714	34.6	360	2.336	0.24	0.14	1.63	18
乙醛	CH_3CHO	783(18 ℃)	20.2	574	1.88	1.3(18 ℃)			21.2
丙酮	CH_3COCH_3	792	56.2	523	2.349	0.32	0.174		23.7
甲酸	HCOOH	1 220	100.7	494	2.169	1.9	0.256		27.8
乙酸	CH_3COOH	1 049	118.1	406	1.997	1.3	0.174	1.07	23.9
乙酸乙酯	$CH_3COOC_2H_5$	901	77.1	368	1.92	0.48	0.14(10 ℃)		
煤油		780～820				3	0.15	1.00	
汽油		680～800				0.7～0.8	0.19(30 ℃)	1.25	

附录 4　某些气体的重要物理性质

名称	分子式	密度 $kg \cdot m^{-3}$ (0℃,101.3kPa)	相对分子质量	比热容 $kJ \cdot kg^{-1} \cdot K^{-1}$ (20℃,101.3kPa)		$k=\frac{C_p}{C_V}$	黏度 $10^{-5} Pa \cdot s$ (101.3kPa)	沸点/℃ (101.3 kPa)	汽化热 $kJ \cdot kg^{-1}$ (101.3kPa)	临界点		导热系数 $W \cdot m^{-1} \cdot K^{-1}$ (0℃,101.3kPa)
				C_p	C_V					温度/℃	压强/MPa	
氮	N_2	1.2507	28.02	1.047	0.745	1.40	1.7	−195.78	199.2	−147.13	3.39	0.022 8
氨	NH_3	0.771	17.03	2.22	1.67	1.29	0.918	−33.4	1373	+132.4	11.29	0.021 5
氩	Ar	1.7820	39.94	0.532	0.322	1.66	2.09	−185.87	162.9	−122.44	4.86	0.017 3
乙炔	C_2H_2	1.171	26.04	1.683	1.352	1.24	0.935	−83.66(升华)	829	+35.7	6.24	0.018 4
苯	C_6H_6	—	78.11	1.252	1.139	1.1	0.72	+80.2	394	+288.5	4.83	0.008 8
丁烷(正)	C_4H_{10}	2.673	58.12	1.918	1.733	1.108	0.81	−0.5	386	+152	3.80	0.013 5
空气	—	1.293	(28.95)	1.009	0.720	1.40	1.73	−195	197	−140.7	3.77	0.024
氢	H_2	0.08985	2.016	14.27	10.13	1.407	0.842	−252.754	454	−239.9	1.30	0.163
氦	He	0.1785	4.00	5.275	3.182	1.66	1.88	−268.85	18.5	−267.96	0.229	0.144
二氧化氮	NO_2	—	46.01	0.804	0.615	1.31	—	+21.2	711.8	+158.2	10.13	0.040 0
二氧化硫	SO_2	2.867	64.07	0.632	0.502	1.25	1.17	−10.8	394	+157.5	7.88	0.0077
二氧化碳	CO_2	0.96	44.01	0.837	0.653	1.30	1.37	−782(升华)	574	+31.1	7.38	0.013 7
氧	O_2	1.42895	32	0.913	0.653	1.40	2.03	−182.93	213.2	−118.82	5.04	0.024 0
甲烷	CH_4	0.717	16.04	2.223	1.700	1.31	1.03	−161.58	511	−82.15	4.62	0.030 0
一氧化碳	CO	1.250	28.01	1.047	0.754	1.40	1.66	−101.48	211	−140.2	3.50	0.022 6
戊烷(正)	C_5H_{12}	—	72.15	1.72	1.574	1.09	0.874	+36.08	360	+917.1	3.34	0.012 8
丙烷	C_3H_8	2.020	44.1	1.863	1.650	1.13	0.795(18℃)	−42.1	427	+95.6	4.36	0.014 8
丙烯	C_3H_6	1.914	42.08	1.633	1.436	1.17	0.835(20℃)	−47.7	440	+91.4	4.60	—
硫化氢	H_2S	1.589	34.08	1.059	0.804	1.30	1.166	−60.2	548	+100.4	19.14	0.013 1
氯	Cl_2	3.217	70.91	0.481	0.355	1.36	1.29(16℃)	−33.8	305.4	+144.0	7.71	0.007 2
氯甲烷	CH_3Cl	2.308	50.49	0.741	0.582	1.28	0.989	−24.1	405.7	+148	6.69	0.008 5
乙烷	C_2H_6	1.357	30.07	1.729	1.444	1.20	0.85	−88.50	486	+32.1	4.95	0.018 0
乙烯	C_2H_4	1.261	28.05	1.528	1.222	1.25	0.985	−103.7	481	+9.7	5.14	0.016 4

附录 5　水的物理性质

温度 ℃	饱和蒸气压 kPa	密度 $kg \cdot m^{-3}$	焓 $kJ \cdot kg^{-1}$	比热容 C_p $kJ \cdot kg^{-1} \cdot K^{-1}$	导热系数 λ $10^{-2} W \cdot m^{-1} \cdot K^{-1}$	黏度 μ $10^{-5} Pa \cdot s$	体积膨胀系数 β $10^{-4} K^{-1}$	表面张力 σ $10^{-3} N \cdot m^{-1}$	普兰特准数 Pr
0	0.608 2	999.9	0	4.212	55.13	179.21	−0.63	75.6	13.66
10	1.226 2	999.7	42.04	4.191	57.45	130.77	+0.70	74.1	9.52
20	2.334 6	998.2	83.90	4.183	59.89	100.50	1.82	72.6	7.01
30	4.247 4	995.7	125.69	4.174	61.76	80.07	3.21	71.2	5.42
40	7.376 6	992.2	167.51	4.174	63.38	65.60	3.87	69.6	4.32
50	12.34	988.1	209.30	4.174	64.78	54.94	4.49	67.7	3.54
60	19.923	983.2	251.12	4.178	65.94	46.88	5.11	66.2	2.98
70	31.164	977.8	292.99	4.178	66.76	40.61	5.70	64.3	2.54
80	47.379	971.8	334.94	4.195	67.45	35.65	6.32	62.6	2.22
90	70.136	965.3	376.98	4.208	67.98	31.65	6.95	60.7	1.96
100	101.33	958.4	419.10	4.220	68.04	28.38	7.52	58.8	1.76
110	143.31	951.0	461.34	4.238	68.27	25.89	8.08	56.9	1.61
120	198.62	943.1	503.67	4.250	68.50	23.73	8.64	54.8	1.47
130	270.25	934.8	546.38	4.266	68.50	21.77	9.17	52.8	1.36
140	361.47	926.1	589.08	4.287	68.27	20.10	9.72	50.7	1.26
150	476.24	917.0	632.60	4.312	68.38	18.63	10.3	48.6	1.18
160	618.28	907.4	675.33	4.346	68.27	17.36	10.7	46.6	1.11
170	792.59	897.3	719.29	4.379	67.92	16.28	11.3	45.3	1.05
180	1 003.5	886.9	763.25	4.417	67.45	15.30	11.9	42.3	1.00
190	1 255.6	876.0	807.63	4.460	66.99	14.42	12.6	40.8	0.96
200	1 554.77	863.0	852.43	4.505	66.29	13.63	13.3	38.4	0.93
210	1 917.72	852.8	897.65	4.555	65.48	13.04	14.1	36.1	0.91
220	2 320.88	840.3	943.70	4.614	64.55	12.46	14.8	33.8	0.89
230	2 798.59	827.3	990.18	4.681	63.73	11.97	15.9	31.6	0.88
240	3 347.91	813.6	1 037.49	4.756	62.80	11.47	16.8	29.1	0.87
250	3 977.67	799.0	1 085.64	4.844	61.76	10.98	18.1	26.7	0.86
260	4 693.75	784.0	1 135.04	4.949	60.48	10.59	19.7	24.2	0.87
270	5 503.99	767.9	1 185.28	5.070	59.96	10.20	21.6	21.9	0.88
280	6 417.24	750.7	1 236.28	5.229	57.45	9.81	23.7	19.5	0.89
290	7 443.29	732.3	1 289.95	5.485	55.82	9.42	26.2	17.2	0.93
300	8 592.94	712.5	1 344.80	5.736	53.96	9.12	29.2	14.7	0.97
310	9 877.96	691.1	1 402.16	6.071	52.34	8.83	32.9	12.3	1.02
320	11 300.3	667.1	1 462.03	6.573	50.59	8.53	38.2	10.0	1.11
330	12 879.6	640.2	1 526.19	7.243	48.73	8.14	43.3	7.82	1.22
340	14 615.8	610.1	1 594.75	8.164	45.71	7.75	53.4	5.78	1.38
350	16 538.5	574.4	1 671.34	9.504	43.03	7.26	66.8	3.89	1.60
360	18 667.1	528.0	1 761.39	13.984	39.54	6.67	109	2.06	2.36
370	21 040.9	450.5	1 892.43	40.319	33.73	5.69	264	0.48	6.80

附录 6　干空气的物理性质(101.3 kPa)

温度 ℃	密度 ρ $kg \cdot m^{-3}$	比热容 C_p $kJ \cdot kg^{-1} \cdot K^{-1}$	导热系数 λ $10^{-2} W \cdot m^{-1} \cdot K^{-1}$	黏度 μ $10^{-5} Pa \cdot s$	普兰特准数 Pr	温度 ℃	密度 ρ $kg \cdot m^{-3}$	比热容 C_p $kJ \cdot kg^{-1} \cdot K^{-1}$	导热系数 λ $10^{-2} W \cdot m^{-1} \cdot K^{-1}$	黏度 μ $10^{-5} Pa \cdot s$	普兰特准数 Pr
−50	1.584	1.013	2.035	1.46	0.728	140	0.854	1.013	3.489	2.37	0.684
−40	1.515	1.013	2.117	1.52	0.728	160	0.815	1.017	3.640	2.45	0.682
−30	1.453	1.013	2.198	1.57	0.723	180	0.779	1.022	3.780	2.53	0.681
−20	1.395	1.009	2.279	1.62	0.716	200	0.746	1.026	3.931	2.60	0.680
−10	1.342	1.009	2.360	1.67	0.712	250	0.674	1.038	4.268	2.74	0.677
0	1.293	1.005	2.442	1.72	0.707	300	0.615	1.048	4.605	2.97	0.674
10	1.247	1.005	2.512	1.77	0.705	350	0.566	1.059	4.908	3.14	0.676
20	1.205	1.005	2.593	1.81	0.703	400	0.524	1.068	5.210	3.31	0.678
30	1.165	1.005	2.675	1.86	0.701	500	0.456	1.093	5.745	3.62	0.687
40	1.128	1.005	2.756	1.91	0.699	600	0.404	1.114	6.222	3.91	0.699
50	1.093	1.005	2.826	1.96	0.698	700	0.362	1.135	6.711	4.18	0.706
60	1.060	1.005	2.896	2.01	0.696	800	0.329	1.156	7.176	4.43	0.713
70	1.029	1.009	2.966	2.06	0.694	900	0.301	1.172	7.630	4.67	0.717
80	1.000	1.009	3.047	2.11	0.692	1 000	0.277	1.185	8.071	4.90	0.719
90	0.972	1.009	3.128	2.15	0.690	1 100	0.257	1.197	8.502	5.12	0.722
100	0.946	1.009	3.210	2.19	0.688	1 200	0.239	1.206	9.153	5.35	0.724
120	0.898	1.009	3.338	2.29	0.686						

附录7　饱和水蒸气表

1. 按温度排列

温度	绝对压强	蒸气密度	焓/$(kJ \cdot kg^{-1})$		汽化热	温度	绝对压强	蒸气密度	焓/$(kJ \cdot kg^{-1})$		汽化热
℃	kPa	$kg \cdot m^{-3}$	液体	蒸气	$kJ \cdot kg^{-1}$	℃	kPa	$kg \cdot m^{-3}$	液体	蒸气	$kJ \cdot kg^{-1}$
0	0.608 2	0.004 84	0	2 491.1	2 491.1	135	313.11	1.715	567.73	2 731.0	2 163.3
5	0.873 0	0.006 80	20.94	2 500.8	2 479.86	140	361.47	1.962	589.08	2 737.7	2 148.7
10	1.226 2	0.009 40	41.87	2 510.4	2 468.53	145	415.72	2.238	610.85	2 744.4	2 134.0
15	1.706 8	0.012 83	62.80	2 520.5	2 457.7	150	476.24	2.542	632.21	2 750.7	2 118.5
20	2.334 6	0.017 19	83.74	2 530.1	2 446.3	160	618.28	3.252	675.75	2 762.9	2 087.1
25	3.168 4	0.023 04	104.67	2 539.7	2 435.0	170	792.59	4.113	719.29	2 773.3	2 054.0
30	4.247 4	0.030 36	125.60	2 549.3	2 423.7	180	1 003.5	5.145	763.25	2 782.5	2 019.3
35	5.620 7	0.039 60	146.54	2 559.0	2 412.1	190	1 255.6	6.378	807.64	2 790.1	1 982.4
40	7.376 6	0.051 14	167.47	2 568.6	2 401.1	200	1 554.77	7.840	852.01	2 795.5	1 943.5
45	9.583 7	0.065 43	188.41	2 577.8	2 389.4	210	1 917.72	9.567	897.23	2 799.3	1 902.5
50	12.340	0.083 0	209.34	2 587.4	2 378.1	220	2 320.88	11.60	942.45	2 801.0	1 858.5
55	15.743	0.104 3	230.27	2 596.7	2 366.4	230	2 798.59	13.98	988.50	2 800.1	1 811.6
60	19.923	0.130 1	251.21	2 606.3	2 355.1	240	3 347.91	16.76	1 034.56	2 796.8	1 761.8
65	25.014	0.161 1	272.14	2 615.5	2 343.1	250	3 977.67	20.01	1 081.45	2 790.1	1 708.6
70	31.164	0.197 9	293.08	2 624.3	2 331.2	260	4 693.75	23.82	1 128.76	2 780.9	1 651.7
75	38.551	0.241 6	314.01	2 633.5	2 319.5	270	5 503.99	28.27	1 176.91	2 768.3	1 591.4
80	47.379	0.292 9	334.94	2 642.3	2 307.8	280	6 417.24	33.47	1 225.48	2 752.0	1 526.5
85	57.875	0.353 1	355.88	2 651.1	2 295.2	290	7 443.29	39.60	1 274.46	2 732.3	1 457.4
90	70.136	0.422 9	376.81	2 659.9	2 283.1	300	8 592.94	46.93	1 325.54	2 708.0	1 382.5
95	84.556	0.503 9	397.75	2 668.7	2 270.5	310	9 877.96	55.59	1 378.71	2 680.0	1 301.3
100	101.33	0.597 0	418.68	2 677.0	2 258.4	320	11 300.3	65.95	1 436.07	2 648.2	1 212.1
105	120.85	0.703 6	440.03	2 685.0	2 245.4	330	12 879.6	78.53	1 446.78	2 610.5	1 116.2
110	143.31	0.825 4	460.97	2 693.4	2 232.0	340	14 615.8	93.98	1 562.93	2 568.6	1 005.7
115	169.11	0.963 5	482.32	2 701.3	2 219.0	350	16 538.5	113.2	1 636.20	2 516.7	880.5
120	198.64	1.119 9	503.67	2 708.9	2 205.2	360	18 667.1	139.6	1 729.15	2 442.6	713.0
125	232.19	1.296	525.02	2 716.4	2 191.8	370	21 040.9	171.0	1 888.25	2 301.9	411.1
130	270.25	1.494	546.38	2 723.9	2 177.6	374	22 070.9	322.6	2 098.0	2 098.0	0

2. 按压强排列

绝对压强	温度	蒸气密度	焓/$(kJ \cdot kg^{-1})$		汽化热	绝对压强	温度	蒸气密度	焓/$(kJ \cdot kg^{-1})$		汽化热
kPa	℃	$kg \cdot m^{-3}$	液体	蒸气	$kJ \cdot kg^{-1}$	kPa	℃	$kg \cdot m^{-3}$	液体	蒸气	$kJ \cdot kg^{-1}$
2.5	20.9	0.018 36	87.45	2 531.8	2 444.3	600.0	158.7	3.168 6	670.22	2 761.4	2 091.1
3.0	23.5	0.021 79	98.38	2 536.8	2 438.1	700.0	164.7	3.665 7	696.27	2 767.8	2 071.5
3.5	26.1	0.025 23	109.30	2 541.8	2 432.5	800.0	170.4	4.161 4	720.96	2 773.7	2 052.7
4.0	28.7	0.028 67	120.23	2 546.8	2 426.6	900.0	175.1	4.652 5	741.82	2 778.1	2 036.2
4.5	30.8	0.032 05	129.00	2 550.9	2 421.9	1×10^3	179.9	5.143 2	762.68	2 782.5	2 019.7
5.0	32.4	0.035 37	135.69	2 554.0	2 418.3	1.1×10^3	180.2	5.633 9	780.34	2 785.5	2 005.1
6.0	35.6	0.042 00	149.06	2 560.1	2 411.0	1.2×10^3	187.8	6.124 1	797.92	2 788.5	1 990.6
7.0	38.8	0.048 64	162.44	2 566.3	2 403.8	1.3×10^3	191.5	6.614 1	814.25	2 790.9	1 976.7
8.0	41.3	0.055 14	172.73	2 571.0	2 398.2	1.4×10^3	194.8	7.103 8	829.06	2 792.4	1 963.7
9.0	43.3	0.061 56	181.16	2 574.8	2 393.6	1.5×10^3	198.2	7.593 5	843.86	2 794.5	1 950.7
10.0	45.3	0.067 98	189.59	2 578.5	2 388.9	1.6×10^3	201.3	8.081 4	857.77	2 796.0	1 938.2
15.0	53.5	0.099 56	224.03	2 594.0	2 370.0	1.7×10^3	204.1	8.567 4	870.58	2 797.1	1 926.1
20.0	60.1	0.130 68	251.51	2 606.4	2 354.9	1.8×10^3	206.9	9.053 3	883.39	2 798.1	1 914.8
30.0	66.5	0.190 93	288.77	2 622.4	2 333.7	1.9×10^3	209.8	9.539 2	896.21	2 799.2	1 903.0
40.0	75.0	0.249 75	315.93	2 634.1	2 312.2	2×10^3	212.2	10.033 8	907.32	2 799.7	1 892.4
50.0	81.2	0.307 99	339.80	2 644.3	2 304.5	3×10^3	233.7	15.007 5	1 005.4	2 798.9	1 793.5
60.0	85.6	0.365 14	358.21	2 652.1	2 293.9	4×10^3	250.3	20.096 9	1 082.9	2 789.8	1 706.8
70.0	89.9	0.422 29	376.61	2 659.8	2 283.2	5×10^3	263.8	25.366 3	1 146.9	2 776.2	1 629.2
80.0	93.2	0.478 07	390.08	2 665.3	2 275.3	6×10^3	275.4	30.849 4	1 203.2	2 759.5	1 556.3
90.0	96.4	0.533 84	403.49	2 670.8	2 267.4	7×10^3	285.7	36.574 4	1 253.2	2 740.8	1 487.6
100.0	99.6	0.589 61	416.90	2 676.3	2 259.5	8×10^3	294.8	42.576 8	1 299.2	2 720.5	1 403.7
120.0	104.5	0.698 68	437.51	2 684.3	2 246.8	9×10^3	303.2	48.894 5	1 343.5	2 699.1	1 356.6
140.0	109.2	0.807 58	457.67	2 692.1	2 234.4	10×10^3	310.9	55.540 7	1 384.0	2 677.1	1 293.1
160.0	113.0	0.829 81	473.88	2 698.1	2 224.2	12×10^3	324.5	70.307 5	1 463.4	2 631.2	1 167.7
180.0	116.6	1.020 9	489.32	2 703.7	2 214.3	14×10^3	336.5	87.302 0	1 567.9	2 583.2	1 043.4
200.0	120.2	1.127 3	493.71	2 709.2	2 204.6	16×10^3	347.2	107.801 0	1 615.8	2 531.1	915.4
250.0	127.2	1.390 4	534.39	2 719.7	2 185.4	18×10^3	356.9	134.481 3	1 699.8	2 466.0	766.1
300.0	133.3	1.650 1	560.38	2 728.5	2 168.1	20×10^3	365.6	176.596 1	1 817.8	2 364.2	544.9
350.0	138.8	1.907 4	583.76	2 736.1	2 152.3						

附录 8 有机液体相对密度（液体密度与 4 ℃水的密度之比）共线图

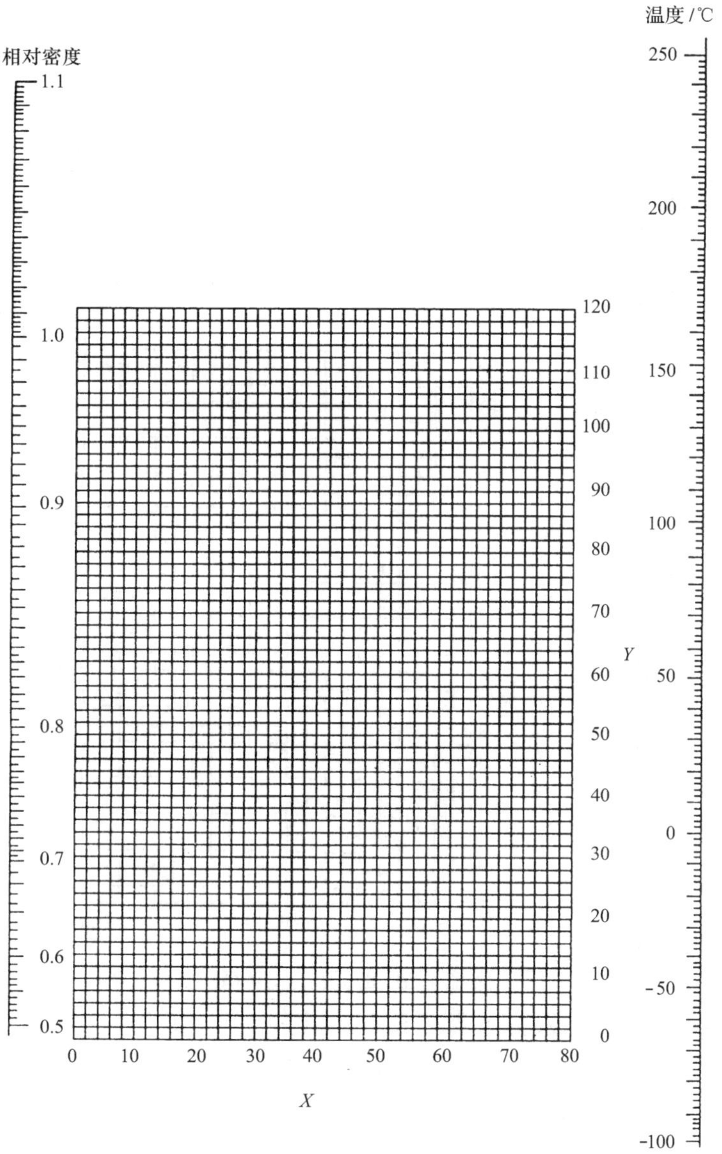

有机液体相对密度共线图坐标值

名称	X	Y	名称	X	Y	名称	X	Y	名称	X	Y
乙炔	20.8	10.1	十一烷	14.4	39.2	甲酸乙酯	37.6	68.4	氟苯	41.9	86.7
乙烷	10.3	4.4	十二烷	14.3	41.4	甲酸丙酯	33.8	66.7	癸烷	16.0	38.2
乙烯	17.0	3.5	十三烷	15.3	42.4	丙烷	14.2	12.2	氨	22.4	24.6
乙醇	24.2	48.6	十四烷	15.8	43.3	丙酮	26.1	47.8	氯乙烷	42.7	62.4
乙醚	22.6	35.8	三乙胺	17.9	37.0	丙醇	23.8	50.8	氯甲烷	52.3	62.9
乙丙醚	20.0	37.0	三氢化磷	28.0	22.1	丙酸	35.0	83.5	氯苯	41.7	105.0
乙硫醇	32.0	55.5	己烷	13.5	27.0	丙酸甲酯	36.5	68.3	氰丙烷	20.1	44.6
乙硫醚	25.7	55.3	壬烷	16.2	36.5	丙酸乙酯	32.1	63.9	氰甲烷	21.8	44.9
二乙胺	17.8	33.5	六氢吡啶	27.5	60.0	戊烷	12.6	22.6	环己烷	19.6	44.0
二硫化碳	18.6	45.4	甲乙醚	25.0	34.4	异戊烷	13.5	22.5	乙酸	40.6	93.5
乙丁烷	13.7	16.5	甲醇	25.8	49.1	辛烷	12.7	32.5	乙酸甲酯	40.1	70.3
丁酸	31.3	78.7	甲硫醇	37.3	59.6	庚烷	12.6	29.8	乙酸乙酯	35.0	65.0
丁酸甲酯	31.5	65.5	甲硫醚	31.9	57.4	苯	32.7	63.0	乙酸丙酯	33.0	65.5
异丁酸	31.5	75.9	甲醚	27.2	30.1	苯酚	35.7	103.8	甲苯	27.0	61.0
乙酸(异)甲酯	33.0	64.1	甲酸甲酯	46.4	74.6	苯胺	33.5	92.5	异戊醇	20.5	52.0

附录 9　液体黏度共线图

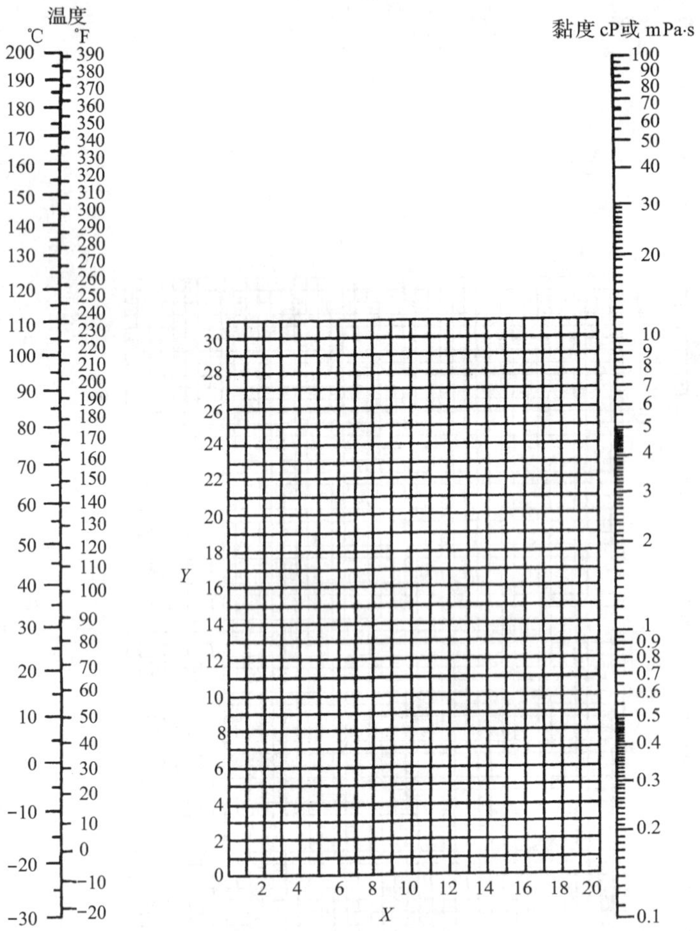

液体黏度共线图坐标值

序号	名称	X	Y	序号	名称	X	Y	序号	名称	X	Y
1	水	10.2	13.0	21	庚烷	14.1	8.4	41	乙醇(100%)	10.5	13.8
2	盐水(25%NaCl)	10.2	16.6	22	辛烷	13.7	10.0	42	乙醇(95%)	9.8	14.3
3	盐水(25%$CaCl_2$)	6.6	15.9	23	三氯甲烷	14.4	10.2	43	乙醇(40%)	6.5	16.6
4	氨	12.6	2.0	24	四氯化碳	12.7	13.1	44	乙二醇	6.0	23.6
5	氨水(26%)	10.1	13.9	25	二氯乙烷	13.2	12.2	45	甘油(100%)	2.0	30.0
6	二氧化碳	11.6	0.3	26	苯	12.5	10.9	46	甘油(50%)	6.9	19.6
7	二氧化硫	15.2	7.1	27	甲苯	13.7	10.4	47	乙醚	14.5	5.3
8	二硫化碳	16.1	7.5	28	邻二甲苯	13.5	12.1	48	乙醛	15.2	14.8
9	溴	14.2	13.2	29	间二甲苯	13.9	10.6	49	丙酮	14.5	7.2
10	汞	18.4	16.4	30	对二甲苯	13.9	10.9	50	甲酸	10.7	15.8
11	硫酸(110%)	7.2	27.4	31	乙炔	13.2	11.5	51	乙酸(100%)	12.1	14.2
12	硫酸(100%)	8.0	25.1	32	氯苯	12.3	12.4	52	乙酸(70%)	9.5	17.0
13	硫酸(98%)	7.0	24.8	33	硝基苯	10.6	16.2	53	乙酸酐	12.7	12.8
14	硫酸(60%)	10.2	21.3	34	苯胺	8.1	18.7	54	乙酸乙酯	13.7	9.1
15	硝酸(95%)	12.8	13.8	35	酚	6.9	20.8	55	乙酸戊酯	11.8	12.5
16	硝酸(60%)	10.8	17.0	36	联苯	12.0	18.3	56	氟利昂-11	14.4	9
17	盐酸(31.5%)	13.0	16.6	37	萘	7.9	18.1	57	氟利昂-12	16.8	5.6
18	氢氧化钠(50%)	3.2	25.8	38	甲醇(100%)	12.4	10.5	58	氟利昂-21	15.7	7.5
19	戊烷	14.9	5.2	39	甲醇(90%)	12.3	11.8	59	氟利昂-22	17.2	4.7
20	乙烷	14.7	7.0	40	甲醇(40%)	7.8	15.5	60	煤油	10.2	16.9

例：求苯在 50 ℃时的黏度，从本表序号 26 查得苯的 $X=12.5$，$Y=10.9$。把这两个数值标在共线图的 Y-X 坐标上得一点，把这点与图中左方温度尺上 50 ℃的点连成一直线，延长，与右方黏度标尺相交，由此交点定出 50 ℃苯的黏度为 0.44 cP。

附录 10　气体黏度共线图（常压下用）

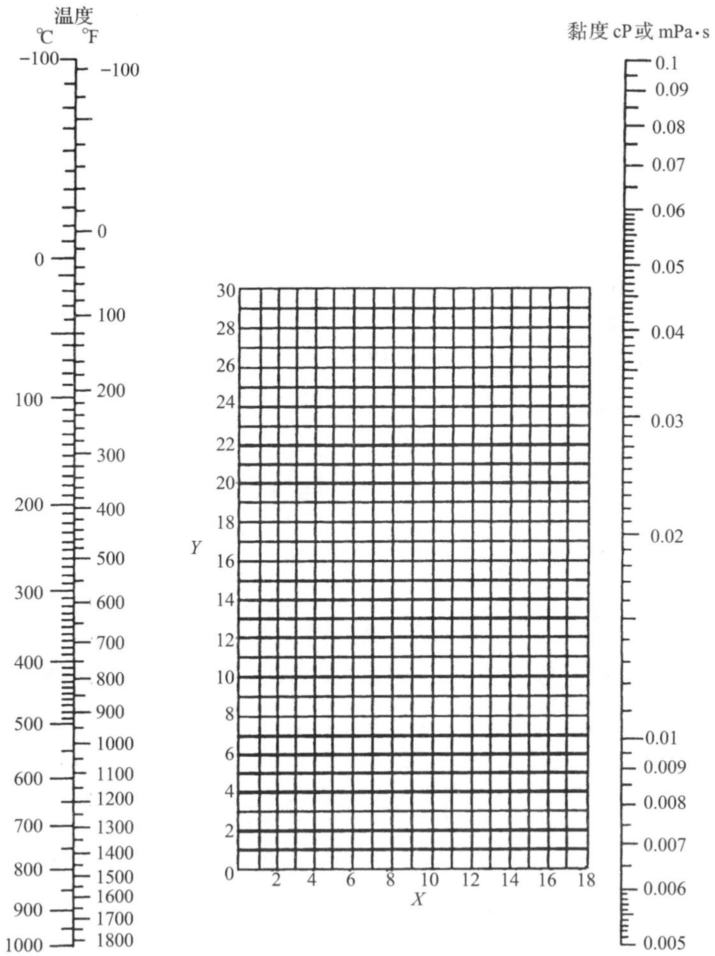

气体黏度共线图坐标值

序号	名称	X	Y	序号	名称	X	Y
1	空气	11.0	20.0	21	乙炔	9.8	14.9
2	氧	11.0	21.3	22	丙烷	9.7	12.9
3	氮	10.6	20.0	23	丙烯	9.0	13.8
4	氢	11.2	12.4	24	丁烯	9.2	13.7
5	$3H_2+1N_2$	11.2	17.2	25	戊烷	7.0	12.8
6	水蒸气	8.0	16.0	26	己烷	8.6	11.8
7	二氧化碳	9.5	18.7	27	三氯甲烷	8.9	15.7
8	一氧化碳	11.0	20.0	28	苯	8.5	13.2
9	氨	8.4	16.0	29	甲苯	8.6	12.4
10	硫化氢	8.6	18.0	30	甲醇	8.5	15.6
11	二氧化硫	9.6	17.0	31	乙醇	9.2	14.2
12	二硫化碳	8.0	16.0	32	丙醇	8.4	13.4
13	一氧化二氮	8.8	19.0	33	醋酸	7.7	14.3
14	一氧化氮	10.9	20.5	34	丙酮	8.9	13.0
15	氟	7.3	23.8	35	乙醚	8.9	13.0
16	氯	9.0	18.4	36	乙酸乙酯	8.5	13.2
17	氯化氢	8.8	18.7	37	氟利昂-11	10.6	15.1
18	甲烷	9.9	15.5	38	氟利昂-12	11.1	16.0
19	乙烷	9.1	14.5	39	氟利昂-21	10.8	15.3
20	乙烯	9.5	15.1	40	氟利昂-22	10.1	17.0

附录 11 气体比热容共线图

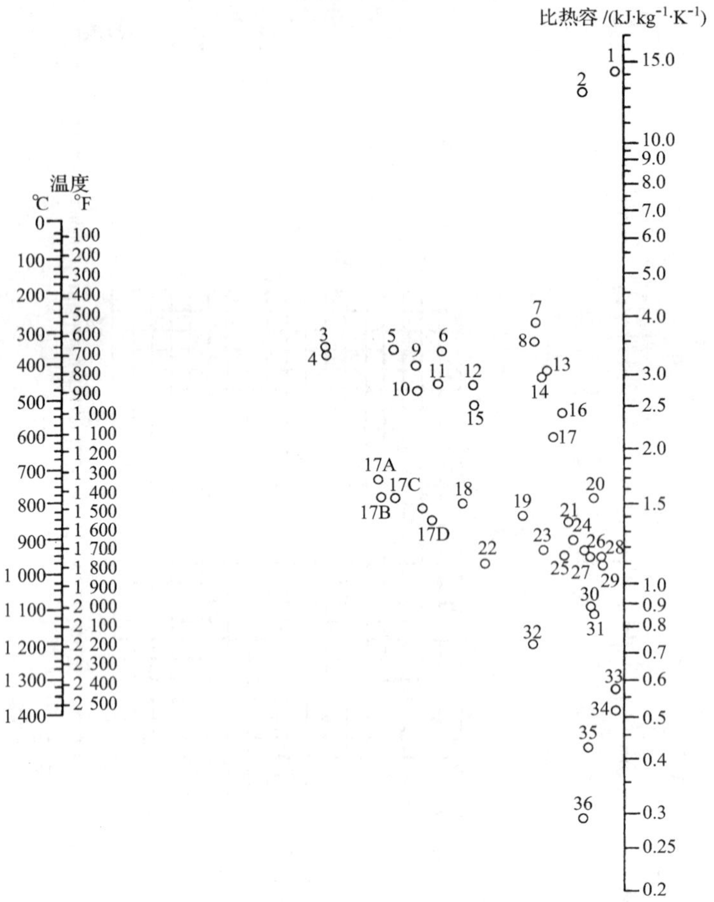

气体比热容共线图中的编号

编号	名称	温度范围/℃	编号	名称	温度范围/℃	编号	名称	温度范围/℃
27	空气	0～1 400	24	二氧化碳	400～1 400	9	乙烷	200～600
23	氧	0～500	22	二氧化硫	0～400	8	乙烷	600～1 400
29	氧	500～1 400	31	二氧化硫	400～1 400	4	乙烯	0～200
26	氮	0～1 400	17	水蒸气	0～1 400	11	乙烯	200～600
1	氢	0～600	19	硫化氢	0～700	13	乙烯	600～1 400
2	氢	600～1 400	21	硫化氢	700～1 400	10	乙炔	0～200
32	氯	0～200	20	氟化氢	0～1 400	15	乙炔	200～400
34	氯	200～1 400	30	氯化氢	0～1 400	16	乙炔	400～1 400
33	硫	300～1 400	35	溴化氢	0～1 400	17B	氟利昂-11	0～500
12	氨	0～600	36	碘化氢	0～1 400	17C	氟利昂-21	0～500
14	氨	600～1 400	5	甲烷	0～300	17A	氟利昂-22	0～500
25	一氧化氮	0～700	6	甲烷	300～700	17D	氟利昂-113	0～500
28	一氧化氮	700～1 400	7	甲烷	700～1 400			
18	二氧化碳	0～400	3	乙烷	0～200			

附录 12 液体比热容共线图

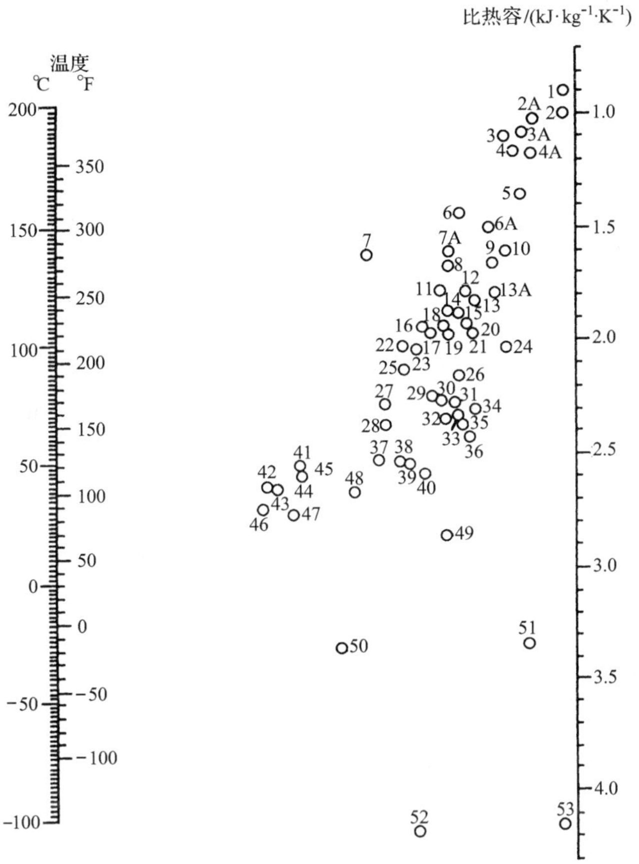

液体比热共线图中的编号

编号	名称	温度范围/℃	编号	名称	温度范围/℃	编号	名称	温度范围/℃
53	水	10～200	6A	二氯甲烷	-30～60	47	异丙醇	-20～50
51	盐水(25%NaCl)	-40～20	3	过氯乙烯	-30～40	44	丁醇	0～100
49	盐水(25%$CaCl_2$)	-40～20	23	苯	10～80	43	异丁醇	0～10
52	氨	-70～50	23	甲苯	0～60	37	戊醇	-50～25
11	二氧化硫	-20～100	17	对二甲苯	0～100	41	异戊醇	10～100
2	二氧化碳	-100～25	18	间二甲苯	0～100	39	乙二醇	-40～200
9	硫酸(98%)	10～45	19	邻二甲苯	0～100	38	甘油	-40～20
48	盐酸(30%)	20～100	8	氯苯	0～100	27	苯甲醇	-20～30
35	己烷	-80～20	12	硝基苯	0～100	36	乙醚	-100～25
28	庚烷	0～60	30	苯胺	0～130	31	异丙醚	-80～200
33	辛烷	-50～25	10	苯甲基氯	-20～30	32	丙酮	20～50
34	壬烷	-50～25	25	乙苯	0～100	29	乙酸	0～80
21	癸烷	-80～25	15	联苯	80～120	24	乙酸乙酯	-50～25
13A	氯甲烷	-80～20	16	联苯醚	0～200	26	乙酸戊酯	0～100
5	二氯甲烷	-40～50	16	联苯-联苯醚	0～200	20	吡啶	-50～25
4	三氯甲烷	0～50	14	萘	90～200	2A	氟利昂-11	-20～70
22	二苯基甲烷	30～100	40	甲醇	-40～20	6	氟利昂-12	-40～15
3	四氯化碳	10～60	42	乙醇(100%)	30～80	4A	氟利昂-21	-20～70
13	氯乙烷	-30～40	46	乙醇(95%)	20～80	7A	氟利昂-22	-20～60
1	溴乙烷	5～25	50	乙醇(50%)	20～80	3A	氟利昂-113	-20～70
7	碘乙烷	0～100	45	丙醇	-20～100			

附录 13　液体汽化热共线图

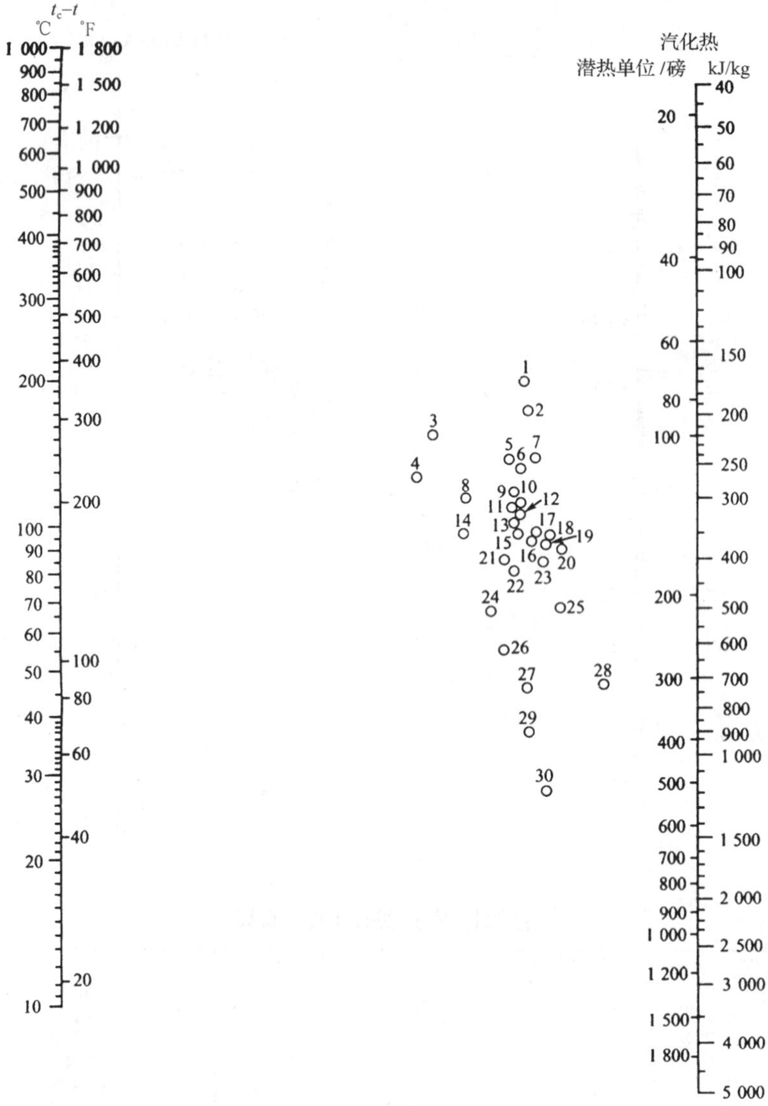

液体汽化热共线图中的编号

编号	名称	t_c/℃	(t_c-t)/℃	编号	名称	t_c/℃	(t_c-t)/℃	编号	名称	t_c/℃	(t_c-t)/℃
30	水	374	100～500	11	己烷	235	50～225	26	乙醇	243	20～140
29	氨	133	50～200	10	庚烷	267	20～300	24	丙醇	264	20～200
19	一氧化氮	36	25～150	9	辛烷	296	30～300	13	乙醚	194	10～400
21	二氧化碳	31	10～100	20	一氯甲烷	143	70～250	22	丙酮	235	120～210
4	二硫化碳	273	140～275	8	二氯甲烷	216	150～250	18	乙酸	321	100～255
14	二氧化硫	157	90～160	7	三氯甲烷	263	140～270	2	氟利昂-11	198	70～225
25	乙烷	32	25～150	2	四氯化碳	283	30～250	2	氟利昂-12	111	40～200
23	丙烷	96	40～200	17	氯乙烷	187	100～250	5	氟利昂-21	178	70～250
16	丁烷	153	90～200	13	苯	289	10～400	6	氟利昂-22	96	50～170
15	异丁烷	134	80～200	3	联苯	527	175～400	1	氟利昂-113	214	90～250
12	戊烷	197	20～200	27	甲醇	240	40～250				

例：求水在 $t=100$ ℃时的汽化热，从上表中查得水的编号为 30，又查得水的 $t_c=374$ ℃，故得 $t_c-t=374-100=274$ ℃，在共线图的 t_c-t 标尺上定出 274 ℃的点，与图中编号为 30 的圆圈中心点连一直线，延长到汽化热的标尺上，读出交点读数为 2 260 kJ/kg。

附录 14　某些液体的表面张力及常压下的沸点

液体	沸点/℃	表面张力 σ $10^{-3}\,N \cdot m^{-1}$	液体	沸点/℃	表面张力 σ $10^{-3}\,N \cdot m^{-1}$
液态氮	−209.9	8.5(−196℃)	蚁酸	100.7	37.5(17℃)
苯胺	184.4	42.9(−20℃)			30.8(80℃)
丙酮	56.2	26.2(0℃)	二硫化碳	46.3	33.6(19℃)
		21.2(40℃)			29.4(46℃)
		18.6(60℃)	甲醇	64.7	22.6(20℃)
苯	80.10	31.6(0℃)	丙醇	97.2	23.8(20℃)
		27.6(30℃)	乙醇	78.3	24.1(0℃)
		23.7(60℃)			22.8(20℃)
水	100	75.6(0℃)			20.2(40℃)
		72.8(20℃)			18.4(60℃)
		66.2(60℃)	甲苯	110.63	28.8(15℃)
		58.9(100℃)	乙酸	118.1	27.8(20℃)
		52.8(130℃)	氯仿	61.2	28.5(10℃)
液态氧	−183	13.2(−183℃)			21.7(60℃)
乙醚	34.6	17.0(20℃)	四氯化碳	76.8	26.8(20℃)
乙酸乙酯	77.1	23.9(20℃)			

附录 15　某些气体和蒸气的导热系数

物质	温度/K	导热系数 $W \cdot m^{-1} \cdot K^{-1}$	物质	温度/K	导热系数 $W \cdot m^{-1} \cdot K^{-1}$	物质	温度/K	导热系数 $W \cdot m^{-1} \cdot K^{-1}$
丙酮	273	0.009 8	四氯化碳	319	0.007 1	乙烯	202	0.011 1
	319	0.012 8		373	0.009 0		273	0.017 5
	373	0.017 1		457	0.011 12		323	0.026 7
	457	0.025 4	氯	273	0.007 4		373	0.027 9
空气	273	0.024 2	三氯甲烷	273	0.006 6	正庚烷	473	0.019 4
	373	0.031 7		319	0.008 0		373	0.017 8
	473	0.039 1		373	0.010 0	正己烷	273	0.012 5
	573	0.045 9		457	0.013 3		293	0.013 8
氨	213	0.016 4	硫化氢	273	0.013 2	氢	173	0.011 3
	273	0.022 2	水银	473	0.034 1		223	0.014 4
	323	0.027 2	甲烷	173	0.017 3		273	0.017 3
	373	0.032 0		223	0.025 1		323	0.019 9
苯	273	0.009 0		273	0.030 2		373	0.022 3
	319	0.012 6		323	0.037 2		573	0.030 8
	373	0.017 8	氯甲烷	273	0.014 4	氮	173	0.016 4
	457	0.026 3		373	0.022 2		273	0.024 2
	485	0.030 5		273	0.006 7		323	0.027 7
正丁烷	273	0.013 5		319	0.008 5		373	0.031 2
	373	0.023 4	乙烷	373	0.010 9	氧	173	0.016 4
异丁烷	273	0.013 8		485	0.016 4		223	0.020 6
	373	0.024 1		203	0.011 4		273	0.024 6
二氧化碳	223	0.011 8		239	0.014 9		323	0.028 4
	273	0.014 7	乙醇	273	0.018 3		373	0.032 1
	373	0.023 0		373	0.030 3	丙烷	273	0.015 1
	473	0.031 3	乙醚	293	0.015 4		373	0.026 1
	573	0.039 6		373	0.021 5	二氧化碳	273	0.008 7
二硫化物	273	0.006 9		273	0.013 3		373	0.011 9
	280	0.007 3		319	0.017 1	水蒸气	319	0.020 8
一氧化碳	84	0.007 1		373	0.022 7		373	0.023 7
	94	0.008 0		457	0.032 7		473	0.032 4
	213	0.023 4		485	0.036 2		573	0.042 9
							673	0.054 5
							773	0.076 3

注：表中所列出的极限温度数值是实验范围的数值，若外推到其他温度，建议将所列出的数据按 $\lg \lambda$ 对 $\lg T$（λ 为导热系数，$W \cdot m^{-1} \cdot K^{-1}$；$T$ 为热力学温度，K）作图，或者假定 Pr 与温度（或压强，在适当范围内）无关。

附录 16 某些液体的导热系数

液体	温度/K	导热系数 $W \cdot m^{-1} \cdot K^{-1}$	液体	温度/K	导热系数 $W \cdot m^{-1} \cdot K^{-1}$	液体	温度/K	导热系数 $W \cdot m^{-1} \cdot K^{-1}$
乙酸(100%)	293	0.171	乙苯	303	0.149	硝基苯	303	0.164
乙酸(50%)	293	0.35	乙苯	333	0.142	硝基苯	373	0.152
丙酮	303	0.177	乙醚	303	0.138	硝基甲苯	303	0.216
丙酮	348	0.164	乙醚	348	0.135	硝基甲苯	333	0.208
丙烯醇	298~303	0.180	汽油	303	0.135	正辛烷	333	0.14
氨	298~303	0.05	三元醇(100%)	293	0.284	石油	293	0.180
氨水溶液	293	0.45	三元醇(80%)	293	0.327	蓖麻油	273	0.173
氨水溶液	333	0.50	三元醇(60%)	293	0.381	蓖麻油	293	0.168
正戊醇	303	0.163	三元醇(40%)	293	0.448	橄榄油	373	0.164
异戊醇	303	0.152	三元醇(20%)	293	0.481	正戊烷	303	0.135
苯胺	273~293	0.173	三元醇(100%)	373	0.284	氯化钾(15%)	305	0.58
苯	303	0.159	正庚烷	303	0.140	氯化钾(30%)	305	0.56
苯	333	0.151	正己烷	303	0.138	氢氧化钾(21%)	305	0.58
正丁醇	303	0.168	正庚醇	303	0.163	氢氧化钾(42%)	305	0.55
正丁醇	348	0.164	正庚醇	348	0.157	硫酸钾(10%)	305	0.60
异丁醇	283	0.157	正己醇	303	0.164	正丙醇	303	0.171
氯化钙盐水(30%)	303	0.55	正丙醇	348	0.156	正丙醇	348	0.164
氯化钙盐水(15%)	303	0.59	煤油	293	0.149	异丙醇	303	0.157
二硫化碳	303	0.161	煤油	348	0.140	盐水(25%NaCl)	303	0.57
二硫化碳	348	0.152	盐酸 12.5%	305	0.52	盐水(12.5%NaCl)	303	0.59
四氯化碳	273	0.185	盐酸(25%)	305	0.48	硫酸(90%)	303	0.36
四氯化碳	341	0.163	盐酸(38%)	305	0.44	硫酸(60%)	303	0.43
氯苯	283	0.144	水银	301	0.36	硫酸(30%)	303	0.52
三氯甲烷	303	0.138	甲醇(100%)	293	0.215	二氧化硫	288	0.22
乙酸乙酯	293	0.175	甲醇(80%)	293	0.267	二氧化硫	303	0.192
乙醇(100%)	293	0.182	甲醇(60%)	293	0.329	甲苯	303	0.149
乙醇(80%)	293	0.237	甲醇(40%)	293	0.405	甲苯	348	0.145
乙醇(60%)	293	0.305	甲醇(20%)	293	0.492	松节油	288	0.128
乙醇(40%)	293	0.388	甲醇(100%)	323	0.197	二甲苯邻位	293	0.155
乙醇(20%)	293	0.486	氯甲烷	258	0.192	对位、间位	293	0.155
乙醇(100%)	323	0.151	氯甲烷	303	0.154			

附录 17 某些固体材料的导热系数

1. 常用金属的导热系数

材料	导热系数/$(W \cdot m^{-1} \cdot ℃^{-1})$					材料	导热系数/$(W \cdot m^{-1} \cdot ℃^{-1})$				
	0 ℃	100 ℃	200 ℃	300 ℃	400 ℃		0 ℃	100 ℃	200 ℃	300 ℃	400 ℃
铝	227.95	227.95	227.95	227.95	227.95	镍	93.04	82.57	73.27	63.97	59.31
铜	383.79	379.14	372.16	367.51	362.86	银	414.03	409.38	373.32	361.69	359.37
铁	73.27	67.45	61.64	54.66	48.85	锌	112.81	109.90	105.83	101.18	93.04
铅	35.12	33.38	31.40	29.77	—	碳钢	52.34	48.85	44.19	41.87	34.89
镁	172.12	167.47	162.82	158.17	—	不锈钢	16.28	17.45	17.45	18.49	—

2. 常用非金属材料的导热系数

材料	温度/℃	导热系数 $W \cdot m^{-1} \cdot ℃^{-1}$	材料	温度/℃	导热系数 $W \cdot m^{-1} \cdot ℃^{-1}$
软水	30	0.043 03	泡沫塑料	—	0.046 52
玻璃棉	—	0.034 89~0.697 8	木材(横向)	—	0.139 6~0.174 5
保温灰	—	0.069 78	(纵向)	—	0.383 8
锯屑	20	0.046 52~0.058 15	耐火砖	230	0.872 3
棉花	100	0.069 78	耐火砖	1 200	1.639 8
厚纸	20	0.139 6~0.348 9	混凝土	—	1.279 3
玻璃	30	1.093 2	绒毛毡	—	0.046 52
	−20	0.756 0	85%氧化镁粉	0~100	0.069 78
搪瓷	—	0.872 3~1.163	聚氯乙烯	—	0.116 3~0.174 5
云母	50	0.430 3	酚醛加玻璃纤维	—	0.259 3
泥土	20	0.697 8~0.930 4	酚醛加石棉纤维	—	0.294 2
冰	0	2.326	聚酯加玻璃纤维	—	0.259 4
软橡胶	—	0.129 1~0.159 3	聚碳酸酯	—	0.190 7
硬橡胶	0	0.150 0	聚苯乙烯泡沫	25	0.041 87
聚四氟乙烯	—	0.241 9	聚苯乙烯泡沫	−150	0.001 745
泡沫玻璃	−15	0.004 885	聚乙烯	—	0.329 1
泡沫玻璃	−80	0.003 489	石墨	—	139.56

附录 18 管子规格(摘录)

1. 水煤气输送钢管(摘自 GB/T 3091—2015)

公称直径 DN mm(in)	外径/mm	壁厚/mm 普通管	壁厚/mm 加厚管	公称直径 DN mm(in)	外径/mm	壁厚/mm 普通	壁厚/mm 加厚
6(1/8)	10.00	2.00	2.50	40(3/2)	48.00	3.50	4.25
8(1/4)	13.50	2.25	2.75	50(2)	60.00	3.50	4.50
10(3/8)	17.00	2.25	2.75	65(5/2)	75.50	3.75	4.50
15(1/2)	21.25	2.75	3.25	80(3)	88.50	4.00	4.75
20(3/4)	26.75	2.75	3.50	100(4)	114.00	4.00	5.00
25(1)	33.50	3.25	4.00	125(5)	140.00	4.50	5.50
32(5/4)	42.25	3.25	4.00	150(6)	165.00	4.50	5.50

注:GB/T 3091—200“水、煤气输送管”是适用于输送水、煤气及采暖系统的钢管。

2. 普通无缝钢管

(1)热轧无缝钢管(摘自 GB/T 8163—2018)

外径/mm	壁厚/mm 从	壁厚/mm 到	外径/mm	壁厚/mm 从	壁厚/mm 到	外径/mm	壁厚/mm 从	壁厚/mm 到	外径/mm	壁厚/mm 从	壁厚/mm 到
32	2.5	8	83	3.5	24	152	4.5	36	325	8	75
38	2.5	8	89	3.5	24	159	4.5	36	377	9	75
45	2.5	10	95	3.5	24	168	5	45	426	9	75
57	3	13	102	3.5	28	180	5	45	480	9	75
60	3	14	108	4	28	194	5	45	530	9	75
63.5	3	14	114	4	28	203	6	50	560	9	75
68	3	16	121	4	30	219	6	50	600	9	75
70	3	16	127	4	32	245	6.5	50	630	9	75
73	3	19	133	4	32	273	6.5	50			
76	3	19	140	4.5	36	299	7.5	75			

注:壁厚有 2.5、2.8、3、3.5、4、4.5、5、5.5、6、(6.5)、7、(7.5)、8、(8.5)、9、(9.5)、10、11、12、(13)、14、(15)、16、(17)、18、(19)、20、22、(24)、25、(26)、28、30、32、(34)、(35)、36、(38)、40、(42)、(45)、(48)、50、56、60、63、(65)、70、75(单位:mm)。

(2)冷拔(冷轧)无缝钢管(摘自 GB/T 8163—2018)

外径/mm	壁厚/mm 从	壁厚/mm 到	外径/mm	壁厚/mm 从	壁厚/mm 到	外径/mm	壁厚/mm 从	壁厚/mm 到	外径/mm	壁厚/mm 从	壁厚/mm 到
6	0.25	1.6	28	0.4	7	63	1	12	110	1.4	12
8	0.25	2.5	32	0.4	8	70	1	14	120	1.5	12
10	0.25	3.5	38	0.4	9	75	1	12	130	3	12
16	0.25	5	44.5	1	9	85	1.4	12	140	3	12
20	0.25	6	50	1	12	95	1.4	12	150	3	12
25	0.4	7	56	1	12	100	1.4	12			

注:壁厚有 0.25、0.30、0.4、0.5、0.6、0.8、1.0、1.2、1.4、(1.5)、1.6、1.8、2.0、2.2、2.5、2.8、3.0、3.2、3.5、4.0、4.5、5.0、5.5、6.0、6.5、7.0、7.5、8.0、8.5、9.0、9.5、10、12、(13)、14(单位:mm)。

(3)热交换器用普通无缝钢管

外径/mm	壁厚/mm	外径/mm	壁厚/mm
19	2	38	2.5
25	2	57	2.5
	2.5		3.5
		(51)	3.5

注:管长有 1 000、1 500、2 000、2 500、3 000、4 000、6 000(单位:mm)。

3. 承插式铸铁管(摘自 GB 3421—82,已废止)

公称直径/mm	内径/mm	壁厚/mm	有效长度/mm	公称直径/mm	内径/mm	壁厚/mm	有效长度/mm
75	75	9	3 000	400	403.6	11	4 000
100	100	9	3 000	450	453.8	11.5	4 000
125	125	9	4 000	500	504	12	4 000
150	150	9	4 000	600	604.8	13	4 000
200	201.2	9.4	4 000	(700)	705.4	13.8	4 000
250	252	9.8	4 000	800	806.4	14.8	4 000
300	302.4	10.2	4 000	(900)	908	15.5	4 000

注:括号内尺寸不推荐使用。

附录 19　泵规格(摘录)

型号	流量 $m^3 \cdot h^{-1}$	扬程 m	转速 $r \cdot min^{-1}$	必需气蚀余量/m	效率 %	功率/kW 轴功率	功率/kW 配带功率	质量 kg	外形尺寸(长×宽×高)/mm
IS50-32-125	7.5 12.5 15	20	2 900	2.0	60	1.13	2.2	33	465×190×252
	3.75 6.3 7.5	5	1 450	2.0	54	0.16	0.55	33	465×195×252
IS50-32-160	7.5 12.5 15	32	2 900	2.0	54	2.02	3	42	465×240×292
	3.75 6.3 7.5	8	1 450	2.0	48	0.28	0.55	42	465×240×292
IS50-32-200	7.5 12.5 15	525 50 48	2 900	2.0 2.0 2.5	38 48 51	2.62 3.54 3.84	5.5	49	465×240×340
	3.75 6.3 7.5	13.1 12.5 12	1 450	2.0 2.0 2.5	33 42 44	0.41 0.51 0.56	0.75	49	465×240×340
IS50-32-250	7.5 12.5 15	82 80 78.5	2 900	2.0 2.0 2.5	28.5 38 41	5.67 7.16 7.83	11	78	600×320×405
	3.75 6.3 7.5	20.5 20 19.5	1 450	2.0 2.0 2.5	23 32 35	0.91 1.07 1.14	15	78	600×320×405
IS65-50-125	15 25 30	20	2 900	2.0	69	1.97	3	33	465×210×252
	7.5 12.5 15	5	1 450	2.0	64	0.27	0.55	33	465×210×252
IS65-50-160	15 25 30	35 32 30	2 900	2.0 2.0 2.5	54 65 66	2.65 3.35 3.71	5.5	42	465×240×292
	7.5 12.5 15	8.8 8.0 7.2	1 450	2.0 2.0 2.5	50 60 60	0.36 0.45 0.49	0.75	42	465×240×292
IS65-40-200	15 25 30	53 50 47	2 900	2.0 2.0 2.5	49 60 61	4.42 5.67 6.29	7.5	50	485×265×340
	7.5 12.5 15	13.2 12.5 11.8	1 450	2.0 2.0 2.5	43 55 57	0.63 0.77 0.85	1.1	50	485×265×340
IS65-40-250	15 25 30	80	2 900	2.0	53	10.3	15	88	600×320×405
	7.5 12.5 15	20	1 450	2.0	48	1.42	2.2	88	600×320×405
IS65-40-315	15 25 30	127 125 123	2 900	2.5 2.5 3.0	28 40 44	18.5 21.3 22.8	30	105	625×345×450
	7.5 12.5 15	32 32 31.7	1 450	2.5 2.5 3.0	25 37 41	2.63 2.94 3.16	4	105	625×345×450
IS80-65-125	30 50 60	22.5 20 18	2 900	3.0 3.0 3.5	64 75 74	2.87 3.63 3.93	5.5	37	485×240×292
	15 25 30	5.6 5 4.6	1 450	2.5 2.5 3.0	55 71 72	0.42 0.48 0.51	0.75	37	485×240×292
IS80-65-160	30 50 60	36 32 29	2 900	2.5 2.5 3.0	61 73 72	4.82 5.97 6.59	7.5	45	485×265×340
	15 25 30	9 8 7.2	1 450	2.5 2.5 3.0	55 69 68	0.67 0.75 0.86	1.5	45	485×265×340

（续表）

型号	流量 $m^3 \cdot h^{-1}$	扬程 m	转速 $r \cdot min^{-1}$	必需气蚀余量/m	效率 %	功率/kW 轴功率	功率/kW 配带功率	质量 kg	外形尺寸（长×宽×高）/mm
IS80-50-200	30	53	2 900	2.5	55	7.87	15	52	485×265×340
	50	50		2.5	69	9.87			
	60	47		3.0	71	10.8			
	15	13.2	1 450	2.5	51	1.06	2.25	52	485×265×340
	25	12.5		2.5	65	1.31			
	30	11.8		3.0	67	1.44			
IS80-50-250	30	84	2 900	2.5	52	13.2	22	93	625×320×405
	50	80		2.5	63	17.3			
	60	75		3.0	64	19.2			
	15	21	1 450	2.5	49	1.75	3	93	625×320×405
	12	20		2.5	60	2.27			
	30	18.8		3.0	61	2.52			
IS80-50-315	30	128	2 900	2.5	41	25.5	37	110	625×320×505
	50	125		2.5	54	31.5			
	60	123		3.0	57	35.3			
	15	32.5	1 450	2.5	39	3.4	5.5	110	625×320×505
	12	32		2.5	52	4.19			
	30	31.5		3.0	56	4.6			
IS100-80-125	60	24	2 900	4.0	67	5.86	11	42	485×280×340
	100	20		4.5	78	7.00			
	120	16.5		5.0	74	7.28			
	30	6	1 450	2.5	64	0.77	1.5	42	485×280×340
	50	5		2.5	75	0.91			
	60	4		3.0	71	0.92			
IS100-80-160	60	36	2 900	3.5	70	8.42	15	67	600×280×360
	100	32		4.0	78	11.2			
	120	28		5.0	75	12.2			
	30	9.2	1 450	2.0	67	1.12	2.2	67	600×280×360
	50	8.0		2.5	75	1.45			
	60	6.8		3.5	71	1.57			

附录 20　9-19 型离心通风机规格（摘录）

机号	转速 $r \cdot min^{-1}$	全风压 Pa	风量 $m^3 \cdot h^{-1}$	所需功率 kW	电动机 型号	电动机 功率/kW	传动方式	外形尺寸（长×宽×高）/mm
4	2 900	3 584	824	1.16	Y902-2	2.2	A	420×587×715
		3 665	970	1.33				
		3 647	1 116	1.48				
		3 579	1 264	1.64				
		3 507	1 410	1.80	Y100L-2	3		
		3 384	1 558	1.97				
		3 253	1 704	2.17				
4.5	2 900	4 603	1 174	2.07	Y112M-2	4	A	544×661×782
		4 684	1 397	2.38				
		4 672	1 616	2.68				
		4 580	1 839	2.98				
		4 447	2 062	3.29				
		4 297	2 281	3.63	$Y132S_1$-2	5.5		
		4 112	2 504	4.03				
5	2 900	5 697	1 610	3.43	$Y132S_2$-2	7.5	A	659×734×868
		5 768	1 932	3.98				
		5 740	2 254	4.50				
		5 639	2 576	5.04				
		5 517	2 844	5.54				
		5 323	3 166	6.17				
		5 080	3 488	6.86	$Y160M_1$-2	11		
5.6	2 900	7 182	2 262	6.05	$Y160M_1$-2	11	A	723×821×962
		7 273	2 714	7.02				
		7 236	3 167	7.93				
		7 109	3 619	8.88				
		6 954	3 996	9.76	Y160L-2	18.5		
		6 709	4 448	10.88				
		6 400	4 901	12.09				

（续表）

机号	转速 $r\cdot min^{-1}$	全风压 Pa	风量 $m^3\cdot h^{-1}$	所需功率 kW	电动机 型号	电动机 功率/kW	传动方式	外形尺寸 (长×宽×高)/mm
6.3	2 900	9 149	3 220	10.91	Y160L-2	18.5	A	877×925×1 085
		9 265	3 865	12.65				
		9 219	4 509	14.30				
		9 055	5 153	16.00				
		8 857	5 690	17.59	$Y200L_1$-2	30		
		8 543	6 334	19.60				
		8 148	6 978	21.79				
7.1	2 900	11 717	4 610	19.83	$Y200L_2$-2	37	D	1 230×1 042×1 278
		11 868	5 532	22.99				
		11 807	6 454	25.99				
		11 596	7 376	29.09				
		11 340	8 144	31.98	Y250M-2	55		
		10 935	9 066	35.63				
		10 426	9 988	39.62				
8	2 900	15 034	6 594	36.02	Y280S-2	75	D	1 256×1 173×1 428
		15 229	7 913	41.75				
		15 151	9 232	47.21				
		14 877	10 550	52.83				
		14 546	11 649	58.08				
		14 021	12 968	64.71	Y315S-2	110		
		13 362	14 287	71.95				
8	1 450	3 620	3 297	4.5	Y132M-4	7.5	D	1 256×1 173×1 428
		3 665	3 957	5.22				
		3 647	4 616	5.90				
		3 584	5 275	6.60	Y160L-4	15		
		3 507	5 825	7.26				
		3 384	6 484	8.09				
		3 231	7 144	8.99				
9	1 450	4 597	4 695	8.11	Y160L-4	15	D	1 289×1 318×1 586
		4 655	5 633	9.41				
		4 632	6 572	10.63				
		4 551	7 511	11.90				
		4 453	8 294	13.08	Y180L-4	22		
		4 297	9 233	14.58				
		4 101	10 171	16.21				
10	1 450	5 840	6 440	13.38	Y200L-4	30	D	1 317×1 464×1 748
		5 941	7 942	16.03				
		5 891	9 445	18.59				
		5 740	10 947	21.12				
		5 495	12 450	23.84				
		5 244	13 952	26.79	Y255S-4	37		
		4 958	15 455	29.88				
11.2	1 450	7 364	9 047	23.58	Y225M-4	45	D	1 565×1 641×1 947
		7 491	11 158	28.25				
		7 428	13 269	32.76				
		7 236	15 380	37.22				
		6 927	17 491	42.02	Y280S-4	75		
		6 609	19 602	47.21				
		6 246	21 713	52.66				
11.2	960	3 182	5 990	6.84	Y180L-6	15	D	1 565×1 641×1 947
		3 237	7 388	8.20				
		3 210	8 785	9.51				
		3 128	10 182	10.80				
		2 996	11 580	12.19				
		2 860	12 978	13.70	$Y200L_2$-6	22		
		2 705	14 375	15.28				
12.5	1 450	9 229	12 577	40.84	Y280S-4	75	D	1 603×1 830×2 156
		9 390	15 512	48.92				
		9 310	18 447	56.72				
		9 068	21 381	64.46	Y315S-4	110		
		8 678	24 316	72.76				
		8 278	27 251	81.75				
		7 822	30 186	91.18				

附录 21 管壳式热交换器系列标准(摘自 JB/T 4714、4715—92)

1. 固定管板式

换热管为 ϕ19 的换热器基本参数(管心距 25 mm)

公称直径 DN/mm	公称压力 PN/MPa	管程数 N	管子根数 n	中心排管数	管程流通面积/m^2	计算换热面积/m^2 换热管长度 L/mm					
						1 500	2 000	3 000	4 500	6 000	9 000
159	1.60 2.50 4.00 6.40	1	15	5	0.002 7	1.3	1.7	2.6	—	—	—
219			33	7	0.005 8	2.8	3.7	5.7	—	—	—
273		1	65	9	0.011 5	5.4	7.4	11.3	17.1	22.9	—
		2	56	8	0.004 9	4.7	6.4	9.7	14.7	19.7	—
325		1	99	11	0.017 5	8.3	11.2	17.1	26.0	34.9	—
		2	88	10	0.007 8	7.4	10.0	15.2	23.1	31.0	—
		4	68	11	0.003 0	5.7	7.7	11.8	17.9	23.9	—
400	0.60 1.00 1.60 2.50 4.00	1	174	14	0.030 7	14.5	19.7	30.1	45.7	61.3	—
		2	164	15	0.014 5	13.7	18.6	28.4	43.1	57.8	—
		4	146	14	0.006 5	12.2	16.6	25.3	38.3	51.4	—
450		1	237	17	0.041 9	19.8	26.9	41.0	62.2	83.5	—
		2	220	16	0.019 4	18.4	25.0	38.1	57.8	77.5	—
		4	200	16	0.008 8	16.7	22.7	34.6	52.5	70.4	—
500		1	275	19	0.048 6	—	31.2	47.6	72.2	96.8	—
		2	256	18	0.022 6	—	29.0	44.3	67.2	90.2	—
		4	222	18	0.009 8	—	25.2	38.4	58.3	78.2	—
600		1	430	22	0.076 0	—	48.8	74.4	112.9	151.4	—
		2	416	23	0.036 8	—	47.2	72.0	109.3	146.5	—
		4	370	22	0.016 3	—	42.0	64.0	97.2	130.3	—
		6	360	20	0.010 6	—	40.8	62.3	94.5	126.8	—
700		1	607	27	0.107 3	—	—	105.1	159.4	213.8	—
		2	574	27	0.050 7	—	—	99.4	150.8	202.1	—
		4	542	27	0.023 9	—	—	93.8	142.3	190.9	—
		6	518	24	0.015 3	—	—	89.7	136.0	182.4	—
800	0.60 1.00 1.60 2.50 4.00	1	797	31	0.140 8	—	—	138.0	209.3	280.7	—
		2	776	31	0.068 6	—	—	134.3	203.8	273.3	—
		4	722	31	0.031 9	—	—	125.0	189.8	254.3	—
		6	710	30	0.020 9	—	—	122.9	186.5	250.0	—
900	0.60 1.00 1.60 2.50 4.00	1	1 009	35	0.178 3	—	—	174.7	265.0	355.3	536.0
		2	988	35	0.087 3	—	—	171.0	259.5	347.9	524.9
		4	938	35	0.041 4	—	—	162.4	246.4	330.3	498.3
		6	914	34	0.026 9	—	—	158.2	240.0	321.9	485.6
1 000		1	1 267	39	0.223 9	—	—	219.3	332.8	446.2	673.1
		2	1 234	39	0.109 0	—	—	213.6	324.1	434.6	655.6
		4	1 186	39	0.052 4	—	—	205.3	311.5	417.7	630.1
		6	1 148	38	0.033 8	—	—	198.7	301.5	404.3	609.9
(1 100)		1	1 501	43	0.265 2	—	—	—	394.2	528.6	797.4
		2	1 470	43	0.129 9	—	—	—	386.1	517.7	780.9
		4	1 450	43	0.064 1	—	—	—	380.8	510.6	770.3
		6	1 380	42	0.040 6	—	—	—	362.4	486.0	733.1

注:表中的管程流通面积为各程平均值。括号内公称直径不推荐使用。管子为正三角形排列。

换热管为 ϕ25 的换热器基本参数(管心距 32 mm)

公称直径 DN/mm	公称压力 PN/MPa	管程数 N	管子根数 n	中心排管数	管程流通面积/m^2		计算换热面积/m^2 换热管长度 L/mm					
					ϕ25×2	ϕ25×2.5	1 500	2 000	3 000	4 500	6 000	9 000
159	1.60 2.50 4.00 6.40	1	11	3	0.003 8	0.003 5	1.2	1.6	2.5	—	—	—
219			25	5	0.008 7	0.007 9	2.7	3.7	5.7	—	—	—
273		1	38	6	0.013 2	0.011 9	4.2	5.7	8.7	13.1	17.6	—
		2	32	7	0.005 5	0.005 0	3.5	4.8	7.3	11.1	14.8	—
325		1	57	9	0.019 7	0.017 9	6.3	8.5	13.0	19.7	26.4	—
		2	56	9	0.009 7	0.008 8	6.2	8.4	12.7	19.3	25.9	—
		4	40	9	0.003 5	0.003 1	4.4	6.0	9.1	13.8	18.5	—
400	0.60 1.00 1.60 2.50 4.00	1	98	12	0.033 9	0.030 8	10.8	14.6	22.3	33.8	45.4	—
		2	94	11	0.016 3	0.014 8	10.3	14.0	21.4	32.5	43.5	—
		4	76	11	0.006 6	0.006 0	8.4	11.3	17.3	26.3	35.2	—
450		1	135	13	0.046 8	0.042 4	14.8	20.1	30.7	46.6	62.5	—
		2	126	12	0.021 8	0.019 8	13.9	18.8	28.7	43.5	58.4	—
		4	106	13	0.009 2	0.008 3	11.7	15.8	24.1	36.6	49.1	—
500	0.60 1.00 1.60 2.50 4.00	1	174	14	0.060 3	0.054 6	—	26.0	39.6	60.1	80.6	—
		2	164	15	0.028 4	0.025 9	—	24.5	37.3	56.6	76.0	—
		4	144	15	0.012 5	0.011 3	—	21.4	32.8	49.7	66.7	—
600		1	245	17	0.084 9	0.076 9	—	36.5	55.8	84.6	113.5	—
		2	232	16	0.040 2	0.036 4	—	34.6	52.8	80.1	107.5	—
		4	222	17	0.019 2	0.017 4	—	33.1	50.5	76.7	102.8	—
		6	216	16	0.012 5	0.011 3	—	32.2	49.2	74.6	100.0	—
700		1	355	21	0.123 0	0.111 5	—	—	80.0	122.6	164.4	—
		2	342	21	0.059 2	0.053 7	—	—	77.9	118.1	158.4	—
		4	322	21	0.027 9	0.025 3	—	—	73.3	111.2	149.1	—
		6	304	20	0.017 5	0.015 9	—	—	69.2	105.0	140.8	—
800	0.60 1.60 2.50	1	467	23	0.161 8	0.146 6	—	—	106.3	161.3	216.3	—
		2	450	23	0.077 9	0.070 7	—	—	102.4	155.4	208.5	—
		4	442	23	0.038 3	0.034 7	—	—	100.6	152.7	204.7	—
		6	430	24	0.024 8	0.022 5	—	—	97.9	148.5	119.2	—
900		1	605	27	0.209 5	0.190 0	—	—	137.8	209.0	280.2	422.7
		2	588	27	0.101 8	0.092 3	—	—	133.9	203.1	272.3	410.8
		4	554	27	0.048 0	0.043 5	—	—	126.1	191.4	256.6	387.1
		6	538	26	0.031 1	0.028 2	—	—	122.5	185.8	249.2	375.9
1 000		1	749	30	0.259 4	0.235 2	—	—	170.5	258.7	346.9	523.3
		2	742	29	0.128 5	0.116 5	—	—	168.9	256.3	343.7	518.4
		4	710	29	0.061 5	0.055 7	—	—	161.6	245.2	328.8	496.0
		6	698	30	0.040 3	0.036 5	—	—	158.9	241.1	323.3	487.7
(1 100)	4.00	1	931	33	0.322 5	0.292 3	—	—	—	321.6	431.2	650.4
		2	894	33	0.154 8	0.140 4	—	—	—	308.8	414.1	624.6
		4	848	33	0.073 4	0.066 6	—	—	—	292.9	392.8	592.5
		6	830	32	0.047 9	0.043 4	—	—	—	286.7	384.4	579.9

注:表中的管程流通面积为各程平均值。括号内公称直径不推荐使用。管子为正三角形排列。

2. 浮头式

公称直径 DN/mm	管程度 N	管子根数 n①		中心排管数		管程流通面积 /m²			A② /m²							
		d				$d\times\delta_r$			$L=3$ m		$L=4.5$ m		$L=6$ m		$L=9$ m	
		19	25	19	25	19×2	25×2	25×2.5	19	25	19	25	19	25	19	25
325	2	60	32	7	5	0.005 3	0.005 5	0.005 0	10.5	7.4	15.8	11.1	—	—	—	—
	4	52	28	6	4	0.002 3	0.002 4	0.002 2	9.1	6.4	13.7	9.7		—	—	—
426	2	120	74	8	7	0.010 6	0.012 6	0.011 6	20.9	16.9	31.6	25.6	42.3	34.4	—	—
400	4	108	68	9	6	0.004 8	0.005 9	0.005 3	18.8	15.6	28.4	23.6	38.1	31.6	—	—
500	2	206	124	11	8	0.018 2	0.021 5	0.019 4	35.7	28.3	54.1	42.8	72.5	57.4	—	—
	4	192	116	10	9	0.008 5	0.010 0	0.009 1	33.2	26.4	50.4	40.1	67.6	53.7	—	—
600	2	324	198	14	11	0.028 6	0.034 3	0.031 1	55.8	44.9	84.8	68.2	113.9	91.5	—	—
	4	308	188	14	10	0.013 6	0.016 3	0.014 8	53.1	42.6	80.7	64.8	108.2	86.9	—	—
	6	284	158	14	10	0.008 3	0.009 1	0.008 3	48.9	35.8	74.4	54.4	99.8	73.1	—	—
700	2	468	268	16	13	0.041 4	0.046 4	0.042 1	80.4	60.6	122.2	92.1	164.1	123.7	—	—
	4	448	256	17	12	0.019 8	0.022 2	0.020 1	76.9	57.8	117.0	87.9	157.1	118.1	—	—
	6	382	224	15	10	0.011 2	0.012 9	0.011 6	65.6	50.6	99.8	76.9	133.9	103.4	—	—
800	2	610	366	19	15	0.053 9	0.063 4	0.057 5	—	—	158.9	125.4	213.5	168.5	—	—
	4	588	352	18	14	0.026 0	0.030 5	0.027 6	—	—	153.2	120.6	205.8	162.1	—	—
	6	518	316	16	14	0.015 2	0.018 2	0.016 5	—	—	134.9	108.3	181.3	145.5	—	—
900	2	800	472	22	17	0.070 7	0.081 7	0.074 1	—	—	207.6	161.2	279.2	216.8	—	—
	4	776	456	21	16	0.034 3	0.039 5	0.035 3	—	—	201.4	155.7	270.8	209.4	—	—
	6	720	426	21	16	0.021 2	0.024 6	0.022 3	—	—	186.9	145.5	251.3	195.6	—	—
1 000	2	1 006	606	24	19	0.089 0	0.105	0.095 2	—	—	260.6	206.6	350.6	277.9	—	—
	4	980	588	23	18	0.043 3	0.050 9	0.046 2	—	—	253.9	200.4	341.6	269.7	—	—
	6	892	564	21	18	0.026 2	0.032 6	0.029 5	—	—	231.1	192.2	311.0	258.7	—	—
1 100	2	1 240	736	27	21	0.110 0	0.127 0	0.116 0	—	—	320.3	250.2	431.3	336.8	—	—
	4	1 212	716	26	20	0.053 6	0.062 0	0.056 2	—	—	313.1	243.4	421.6	327.7	—	—
	6	1 120	692	24	20	0.032 9	0.039 9	0.036 2	—	—	289.3	235.2	389.6	316.7	—	—
1 200	2	1 452	880	28	22	0.129 0	0.152 0	0.138 0	—	—	374.4	298.6	504.3	402.2	764.2	609.4
	4	1 424	860	28	22	0.062 9	0.074 5	0.067 5	—	—	367.2	291.8	494.6	393.1	749.5	595.6
	6	1 348	828	27	21	0.039 6	0.047 8	0.043 4	—	—	347.6	280.9	468.2	378.4	709.5	573.4
1 300	4	1 700	1 024	31	24	0.075 1	0.088 7	0.080 4	—	—	—	—	589.3	467.1	—	—
	6	1 616	972	29	24	0.047 6	0.056 0	0.050 9	—	—	—	—	560.2	443.3	—	—

注：①排管数按正方形旋转 45°排列计算。

②计算换热面积按光管及公称压力 2.5 MPa 的管板厚度确定。

附录 22 某些二元物系气液平衡数据

1. 乙醇-水(101.3 kPa)

乙醇摩尔分数/%		温度/℃	乙醇摩尔分数/%		温度/℃
液相	气相		液相	气相	
0.0	0.0	100	32.73	58.26	81.5
1.90	17.00	95.5	39.65	61.22	80.7
7.21	38.91	89.0	50.79	65.64	79.8
9.66	43.75	86.7	51.98	65.99	79.7
12.38	47.04	85.3	57.32	68.41	79.3
16.61	50.89	84.1	67.63	73.85	78.74
23.37	54.45	82.7	74.72	78.15	78.41
26.08	55.80	82.3	89.43	89.43	78.15

2. 苯-甲苯(101.3 kPa)

苯摩尔分数/%		温度/℃	苯摩尔分数/%		温度/℃
液相	气相		液相	气相	
0.0	0.0	110.6	59.2	78.9	89.4
8.8	21.2	106.1	70.0	85.3	86.8
20.0	37.0	102.2	80.3	91.4	84.4
30.0	50.0	98.6	90.3	95.7	82.3
39.7	61.8	95.2	95.0	97.9	81.2
48.9	71.0	92.1	100.0	100.0	80.2

3. 甲醇-水(101.3 kPa)

甲醇摩尔分数/%		温度/℃	甲醇摩尔分数/%		温度/℃
液相	气相		液相	气相	
5.31	28.34	92.9	29.09	68.01	77.8
7.67	40.01	90.3	33.33	69.18	76.7
9.26	43.53	88.9	35.13	73.47	76.2
12.57	48.31	86.6	46.20	77.56	73.8
13.15	54.55	85.0	52.92	79.71	72.7
16.74	55.85	83.2	59.37	81.83	71.3
18.18	57.75	82.3	68.49	84.92	70.0
20.83	62.73	81.6	85.62	89.62	68.0
23.19	64.85	80.2	87.41	91.94	66.9
28.18	67.75	78.0	100.0	100.0	64.7